Guía para la identificación de los mamíferos de México

Keys for Identifying Mexican Mammals

Sergio Ticul Álvarez-Castañeda
Centro de Investigaciones Biológicas del Noroeste, S. C.
Instituto Politécnico Nacional 195
La Paz, Baja California Sur 23096, México

Ticul Álvarez
Escuela Nacional Ciencias Biológicas
Laboratorio de Cordados Terrestres
Carpio y Plan de Ayala, Distrito Federal 11340, México

Noé González-Ruiz
Universidad Autónoma Metropolitana, Unidad Iztapalapa
Departamento de Biología
Apartado Postal 55-535, Distrito Federal 09340, México

Diana Dorantes Salas
Centro de Investigaciones Biológicas del Noroeste, S. C.
Instituto Politécnico Nacional 195
La Paz, Baja California Sur 23096, México

Guía para la identificación de los mamíferos de México

Sergio Ticul Álvarez-Castañeda
Ticul Álvarez
Noé González-Ruiz

Keys for Identifying Mexican Mammals

REVISED AND UPDATED EDITION

Traducción por / /Translation by: Diana Dorantes Salas

Johns Hopkins University Press
Baltimore

© 2017 Johns Hopkins University Press
All rights reserved. Published 2017
Printed in the United States of America on acid-free paper
9 8 7 6 5 4 3 2 1

Johns Hopkins University Press
2715 North Charles Street
Baltimore, Maryland 21218-4363
www.press.jhu.edu

Library of Congress Control Number: 2016945056

A catalog record for this book is available from the British Library.

ISBN-13: 978-1-4214-2210-7
ISBN-10: 1-4214-2210-7

Special discounts are available for bulk purchases of this book. For more information, please contact Special Sales at 410-516-6936 or specialsales@press.jhu.edu.

Johns Hopkins University Press uses environmentally friendly book materials, including recycled text paper that is composed of at least 30 percent post-consumer waste, whenever possible.

A Lia y Lia,
mi familia,
mis maestros
y todos los que me han apoyado a caminar
por las brechas de la ciencias y vida

Contenido/Contents

Prólogo
Foreword

os mamíferos son un grupo muy importante para el hombre porque con él han
compartido estrechamente la biósfera. Se han constituido en aliados, depredadores, competidores, o en un recurso natural renovable de suma importancia a través
de la historia de la humanidad. Las diferentes especies que se distribuyen en México
pueden ser identificadas por cualquier persona interesada en el conocimiento de los
mamíferos. Estas claves permitirán la identificación de las especies que se distribuyen
desde Estados Unidos de América hasta zonas del Norte de América Central compar-
tidas con México.

El grupo de los mamíferos es para el humano uno de los de mayor importancia,
debido a que ha sido una relevante fuente de materiales que han sido indispensables
para su supervivencia entre los que destacan los productos cárnicos, peleteros y
óseos. La primera forma de agrupar a los mamíferos debió ser en benéficos, perju-
diciales y de peligro, siendo el objetivo el buen uso de los recursos, optimizar esfuer-
zos y velar por la seguridad del grupo y del individuo. El desarrollo de la civiliza-
ción ha permitido que estas clasificaciones se hayan refinado, creando subdivisiones
y fomentado la selección de especies, destacando las características específicas de
cada grupo de mamíferos.

En esta obra se presentan claves específicas para todas las especies de mamíferos terrestres que se consideran con distribución en México, según los registros
actualizados hasta 2013. La nomenclatura utilizada es extraída directamente de la
bibliografía. Los problemas taxonómicos y nomenclatoriales son frecuentes en la
sistemática, por lo que constantemente cambian en función de la nueva información
que se obtiene y la interpretación de los datos. El realizar un análisis de los cambios
nomenclatoriales es por sí misma una obra. En este tenor debemos de considerar
que el equipo liderado por José Ramírez-Pulido está realizando ese trabajo desde
hace varios años y de manera muy puntual, por lo que está de más intentar duplicar
ese esfuerzo.

El origen de estas claves se remonta a finales de los años cincuenta, cuando se
realiza la primera versión para roedores, como parte de la tesis de licenciatura de
Ticul Álvarez "Catálogo de los Roedores de México", presentada en 1959. Estas no
fueron publicadas debido a que se imprime la obra de "Los mamíferos de Norte
América" (Hall y Kelson 1959), por lo que la novedad y la aportación quedan en
un segundo plano. Esta obra queda guardada dentro de la tesis hasta mediados de
los ochenta, cuando se retoman y se amplían a todas las especies de mamíferos de

Mammals are a very important group for man because they have shared the biosphere closely. They have become allies, predators, competitors, or a highly important renewable natural resource throughout the history of mankind. The different species that are distributed in Mexico can be identified by any of the persons interested in mammal knowledge. The keys in this work will allow identifying the species distributed in the United States of America and Northern Central America that are shared with Mexico.

Mammals are for humans one of the most important groups because they have been a priority source of material for their survival. Among those that stand out are meat, fur, and bone products. In the first place mammals should have been grouped as beneficial, harmful, and dangerous. The objective of this classification would be to make good use of the resources, optimize efforts, and safeguard the group and the individual. The course of civilization has allowed refining these classifications, creating subdivisions, and fostering species selection, particularly specific characteristics of different mammal groups.

This work shows specific keys for all terrestrial mammal species considered with distribution in Mexico according to existing records up to 2013. The nomenclature used was extracted directly from the bibliography. Taxonomic and nomenclature problems are frequent in systematics, so they are constantly changing based on the new information obtained and data interpretation. Analyzing nomenclature changes is on itself a complete work. In this tenor, we should consider that the team led by José Ramírez-Pulido has been performing this work for several years in a timely manner making this effort unnecessary to duplicate.

The origin of these keys goes back to the end of the 1950s, when the first version for rodents was performed as part of the Bachelor's thesis of Ticul Álvarez "Catálogo de los Roedores de México", defended in 1959. They were not published then because the work "The Mammals of North America" (Hall and Kelson 1959) went into print, so the novel contribution stayed in the background. The work was kept within the thesis up to the mid-1980s when it were retaken and expanded to all mammal species of Mexico. By then, the main focus was to have some keys in Spanish illustrated and updated in nomenclature to make Mexican mammal species

México. En ese entonces, el enfoque principal que se tenía era contar con unas claves en castellano, ilustradas y actualizadas en la nomenclatura que ayudaran a la fácil identificación de las especies de mamíferos de México. Para hacer que unas claves funcionen necesitan ser revisadas varias veces y ponerlas a prueba con personas que no conozcan los ejemplares y se basen únicamente en la información que se proporciona en el escrito para la identificación y no en sus experiencias previas.

Entre los años ochenta y principio de los noventa, existe una serie de cambios en la taxonomía y nomenclatura muy importantes, acción que se ha mantenido hasta nuestras fechas. Esta dinámica causó que la obra se dividiera en dos publicaciones. La primera "Claves de los murciélagos" (Álvarez *et al.* 1994), y la segunda fase debió de haber sido el resto de los mamíferos, pero los Cricetidae y los Soricomorpha son problemáticos. Es por ello, que la segunda parte está en constante revisión y no se publica, a pesar de la gran cantidad de borradores que se generan.

La única parte que integra claves de todos los grupos que es publicado es para los mamíferos del noroeste de México (Álvarez y Álvarez-Castañeda 2000), como parte del corolario. Ulterior a este tiempo se siguen actualizando los cambios taxonómicos y nomenclatoriales, así como adecuando y corrigiendo las claves. De hecho, estos borradores pasan a ser vías de identificación primaria en algunas instituciones académicas. Es a finales de 2012 cuando se decide que es tiempo de sacar la primera versión integral de las claves, con todos los cambios hechos hasta 2013. Sabemos que continuará habiendo cambios taxonómicos y nomenclatoriales. Debido a esto, en primera instancia se plantea que se estarán realizando actualizaciones de las guías en promedio entre cada cinco y diez años.

A diferencia de las obras publicadas previamente que versan sobre aspectos taxonómicos de las especies de mamíferos (Álvarez *et al.* 1994; Álvarez y Álvarez-Castañeda 2000) y otras exitosas para un grupo en particular como la guía de campo para murciélagos (Medellín *et al.* 1998, 2008). Estas claves incorporan dos elementos adicionales que ayudan a la confirmación de la identificación de las especies: la distribución de una manera sucinta y las características diagnósticas, morfológicas y craneales. Esta es la cuarta versión que se ha realizado de una obra que compile una clave que incluya todas las especies de mamíferos terrestres de México y la primera en español. Las tres anteriores son las realizadas por Hall y Kelson (1959), Hall (1981) y Villa y Cervantes-Reza (2003). Con relación a la última versión existente, además de la diferencia de 10 años, se incrementa el número de especies que actualmente se reconocen para México y se destacan las especies denominadas como crípticas. La obra de Hall (1981) se realizó antes del conocimiento de la sistemática generada en base a la información de estudios moleculares (ADN), lo que ha repercutido incluso en el cambio de nombre a nivel de órdenes. Es entonces, muy importante contar con una recapitulación de la información de las especies, en la que se proporcione información actualizada de su distribución, estatus de conservación y una breve descripción morfológica, que permita la correcta identificación.

identification easier. To make some keys function, they need to be revised several times and tested with persons who do not know the specimens based only on the data provided in the text for identification and not on their own previous experiences.

During the 1980s and the beginning of the 1990s a series of very important nomenclature and taxonomic changes occurred and have continued to change until now. This dynamics caused the work to be split in two parts. The first one "Las claves de los murciélagos" (Álvarez *et al.* 1994) was published; the second one should have dealt with the rest of the mammals, but the Cricetidae and the Soricomorpha were problematic. Thus the second part was still in constant revision, and it had not been published in spite of the great number of drafts it had generated.

The only part that integrated keys for all the mammal groups of northwestern Mexico (Álvarez and Álvarez-Castañeda 2000) was published as part of the corollary. Subsequently, taxonomic and nomenclature changes continued being updated, and the keys were adapted and corrected. In fact, these drafts are now means of primary identification in some academic institutions. It was at the end of 2012 when the decision was made that time had come to bring out the first integral version of the keys where all the changes until 2012 had been considered. We know taxonomic and nomenclature changes will continue to be constant, and thus it was planned to update the keys from five to ten years in average.

Different from the works previously published dealing with taxonomic aspects of mammal species (Álvarez *et al.* 1994; Álvarez and Álvarez–Castañeda 2000) and other successful ones for a particular group as the field guide for bats (Medellín *et al.* 1998, 2008), these keys incorporate additional elements that help to confirm and identify species, their succinct distribution, cranial, morphologic, and diagnostic characteristics. This is the fourth version of a work that compiles a key for all the terrestrial mammals of Mexico and the first one in Spanish. Previous works are the ones done by Hall and Kelson (1959), Hall (1981), and Villa and Cervantes-Reza (2003). In relation to the last existing version besides the 10-year difference, the number of species currently known for Mexico has increased and the species named as cryptic stand out. Hall's (1981) work was done before systematics knowledge was generated based on data from molecular studies (DNA), which has also affected name change at order level. Therefore, recapitulating species information is very important where information on their distribution, conservation status, and a brief morphological description are updated to allow their correct identification.

Introducción

Introduction

L as claves se presentan en un orden alfabético, más que evolutivo; se eligió esta organización para hacer práctico y fácil el trabajo de identificación de las especies, están dirigidas a apoyar a quienes no son especialistas del grupo, un orden filogenético implica un conocimiento general del grupo. Las claves se encuentran jerárquicamente ordenadas, primero por Orden, dentro de este por Familia y a lo interno por Subfamilias, según sea el caso. El acomodo de los géneros y especies está en función de las características que permitieron su separación de la manera más prístina y didáctica.

Con base en la especies consideradas con distribución en México hasta diciembre de 2013, se realizaron claves específicas para cada Orden. En total en esta obra se trabajan con 37 Familias, 50 Subfamilias, 172 géneros y 496 especies. El llevar a esta versión implicó un trabajo de compilación e infinidad de versiones, por más de 28 años, que han sido revisadas y probadas en diferentes condiciones. Sabemos que esta versión es todavía perfectible, en tipificación de características y diseño de diagramas de características confusas, sin considerar que con el tiempo puede haber cambios en la descripción, fusión y fisión de diferentes especies. Es por esto, que invitamos al lector que nos comunique aquellos detalles, mejoras o errores que detecten, para que sean integrados en las futuras versiones, debido a que esta obra se deberá estar actualizando con periodicidad.

Necesidad de guías de identificación

El número de estudios que se realizan con los mamíferos de México está aumentando con el tiempo. Sin embargo, además que frecuentemente la identificación de las especies no es fácil, se aúnan los constantes cambios nomenclatoriales y taxonómicos que se realizan cotidianamente. La correcta identidad de las especies es primordial para la información biológica que se genera durante las colectas o avistamientos realizados en estudios ecológicos, evaluaciones ambientales, inventarios faunísticos o cualquier otro trabajo que se esté realizando. Es por esto, que la presente guía trata, en lo posible, de apoyar en la identificación de las especies con características externas y craneales, para su uso directo en el campo y en laboratorio, y así proporcionar mayor certidumbre a los trabajos que se presenten. Es por esto recomendable que la revisión final se realice en el laboratorio, con el material necesario para confirmar la asignación específica final de la especie.

The keys are shown in alphabetical order. More than just an evolutionary organization, it was chosen to make species identification work practical and easy. They are directed to support those who are not specialists in mammals whereas a phylogenetic order implies general knowledge. The keys are organized in hierarchical order; first by order, within it by family, and internally by subfamilies, as the case may be. Genera and species are in function of the characteristics that allow their separation in the most pristine and didactic manner.

Based on the species considered with distribution in Mexico up to December 2012, specific keys were performed for each one of the orders. This work comprises a total of 37 families, 50 subfamilies, 172 genera, and 496 species that implied compiling work and an infinite number of versions for more than 28 years, and which have been reviewed and tested in different conditions. We know it can still be improved by typifying and designing diagrams with confusing characteristics without considering that with time, description, fusion, and fission of different species will exist. Thus we invite the reader to communicate those details, improvements, or mistakes detected to integrate them in future editions because this work should be updated periodically.

The need for identification guides

The number of studies performed on mammals of Mexico is increasing with time. Although identifying species is usually not an easy task, more so as nomenclature and taxonomic changes are done daily. The correct identity of species is a priority because of the biological information generated from the different collections or sightings performed in ecological studies, environmental assessments, faunistic inventories, or in any other work in progress. Therefore, the objective of this guide is to support species identification as much as possible with external and cranial characteristics for their direct use in the field and in the laboratory providing more certainty to the works that arise. Thus the final review should be performed in the laboratory with the necessary material to confirm the final species assignment.

Las presentes claves y sus múltiples versiones anteriores, han sido probadas por estudiantes y profesionales por más de 25 años. En este proceso, se han realizado correcciones para que esta obra trabaje de la manera más óptima posible. El lector debe de tomar en cuenta que los mamíferos como seres vivos, que incluyen varias poblaciones, están sujetos a presiones ambientales a las que responden con procesos adaptativos y evolutivos distintos. Es por eso que en la guía se utilizó la información que describe a las especies, pero es probable encontrar variación individual y entre poblaciones dentro de la distribución de la especie, con variantes en la coloración, descripción del cráneo y las medidas somáticas y craneales. Por ello, en caso de que una descripción no se ajuste a un ejemplar en particular, se recomienda revisar los datos para las otras especies similares, según la clave que se esté utilizando.

En este tiempo que se ha trabajado en la elaboración de las claves, probándolas y volviéndolas a probar, nos percatamos que existen tres factores principales para que las claves reduzcan su efectividad:

1) *Inexperiencia o desconocimiento del grupo con el que se trabaja.* Cuando no se ha trabajado con un grupo en particular y se utilizan estas, u otras claves, para realizar la primera identificación de los ejemplares. En este aspecto, el factor limitante para la efectividad es el desconocimiento de los caracteres utilizados en la descripción para la identificación de las especies. Para esto, se han tomado dos rutas diferentes. La primera es apoyarse con figuras que ayuden a la comprensión de los caracteres que estén asociados con una clave. En muchos casos, se ilustran las dos opciones utilizadas en la clave para que el lector pueda gráficamente observarlas y entenderlas. La segunda ruta incluye un glosario de los términos utilizados en el documento y que a nuestro criterio necesitan ser explicados.

2) *Caracteres confusos.* Existen especies en las que las diferencias entre ellas son mínimas y éstas se pueden distinguir por caracteres que son más comparativos, que cualitativos o cuantitativos. En algunos casos, a esto se pueden adicionar a características cuantitativas, como el caso de *Pteronotus dayvi* y *P. gymnonotus*, en que las diferencias morfológicas, aunadas a la variación, no pueden ser utilizadas para diferéncialas, pero la *P. dayvi* es notoriamente menor que *P. gymnotus*. En otros casos las diferencias no son tan tangibles, como por ejemplo en las especies de los géneros *Sorex* o *Peromyscus*. En estos casos las opciones presentadas para la separación entre especies son confusas para muchos de los usuarios de las claves y esto es causa de la dificultad real existente para la diferenciación de las especies. En el caso de las especies del género *Lasiurus* y *Rhogeessa* se tienen muchas especies crípticas, las que únicamente se pueden diferenciar por caracteres moleculares y su área teórica de distribución.

3) *Variación en los caracteres.* En el diseño de las claves se utilizaron en todo lo posible caracteres que no presenten variación con respecto a la edad de los individuos y están enfocadas a la identificación de ejemplares adultos. En el caso de los juveniles o subadultos, las claves pueden no ser muy precisas. Ante algunos problemas con la identificación, es recomendable determinar la edad relativa de los ejemplares. Para la mayoría de las especies, la metodología más fácil es por medio de las piezas dentarias, como es el caso de la presencia de todos los molariformes (en particular la erupción del último) y el patrón de desgaste de los dientes, la ausencia de pelo de cría, la conversión de las partes cartilaginosas a óseas y el cierre de las suturas entre los huesos craneales. En el caso de ejemplares viejos, el desgaste excesivo de las piezas dentarias por la edad puede limitar la identificación, como sería el caso de las especies del género *Glossophaga*. Las cuatro especies presentes

These keys and their multiple previous versions have been tested by students and professionals for more than 25 years. In this process, corrections have been made to have them work the best way possible. The reader should take into account that mammals are living organisms that include several populations and are subject to environmental pressures with different adaptive and evolutionary processes. Thus the information describing the species was used in the guide, but individual variation might be found among populations within species distribution showing variance in color, cranial description, and somatic and cranial measurements. Therefore, in case a description does not adjust to a particular specimen, data should be checked for other similar species according to the key in use.

While working in the keys, in testing and retesting them, it made us aware there are three main factors that could reduce key efficiency:

1) *Inexperience or lack of information of the group.* When one has not worked yet with a particular group and these or other keys are used to carry out the first identification of the specimens, the limiting factor for effectiveness is the lack of knowledge of the characters used in the description to identify the species. For this reason, two different routes have been taken. The first one is to put a series of figures that help understand the characters associated to a key. In many cases, the two options used in the key are illustrated, so the reader can graphically observe and understand them. The second route includes a glossary of the terms used in the document, and which to our criteria had to be explained.

2) *Confusing characters.* There are species where differences among them are minimal, so they can be distinguished by characters that are more comparative than qualitative or quantitative. In some cases, quantitative characteristics can be added, as is the case of *Pteronotus dayvi* and *P. gymnonotus* in that morphological differences together with variation cannot be used to differentiate them, but *P. dayvi* is notoriously smaller than *P. gymnotus*. In other cases the differences are not that tangible, for example, in species of the genera *Sorex* or *Peromyscus*. In these cases the options shown by the separation between species are confusing for many key users making it really difficult to differentiate species. In the case of species of the genera *Lasiurus* and *Rhogeessa* many cryptic species can only be identified by molecular characters and their theoretical distribution area.

3) *Variation in characters.* When designing the keys, characters that did not show variation with respect to the individuals' age and focused on identifying, adult specimens were used as much as possible. In the case of juveniles or sub-adults the keys might not be precise, so it is necessary to determine the relative age of the specimens to avoid problems with identification. The easiest methodology to determine age in the majority of the species is centered on dental pieces, as is the case of the presence of all molar forms (particularly the eruption of the last molar) and the deterioration pattern of the teeth; absence of hair in the young; conversion of the cartilage parts to bones; and suture closure of the cranial bones. In the case of older specimens, excessive wear of the dental pieces by age can limit their identification, as is the case of the genus *Glossophaga*. The four

en México se diferencian por el tamaño y posición de los cuatro incisivos inferiores, pero con la edad estas piezas dentarias se pueden perder, por lo que su asignación específica se puede complicar de manera importante.

Como usar está guía

Es conveniente que para usar la guía se tenga acceso a una cinta métrica en caso de ejemplares medianos o grandes y de una regla en el caso de ejemplares pequeños, aunque lo más recomendable es tener un vernier o pie de rey. En este caso existen desde los más sencillos de metal o plástico que se pueden adquirir en muchas tiendas hasta los digitales más precisos, delicados y caros. Pero con uno de plástico es suficiente para el trabajo en campo. Es necesario también contar con una lupa, mínimo de 10x para poder observar diversas características que se describen. Cuando el trabajo es en laboratorio es más recomendable una lupa estereoscópica.

Esta guía se intentó elaborar con el objetivo de no tener que ser un experto en mastozoología para utilizarla, aunque en algunos casos no se pudo evitar el uso de palabras técnicas, pero todas éstas se definen en el glosario o en las figuras. También se intentó al máximo utilizar únicamente características de los organismos a identificar, pero en ocasiones las morfológicas son difíciles de apreciar para una persona no especialista o son especies morfológicamente crípticas y las distinciones son únicamente con análisis genéticos. En estos casos, se optó por la aplicación de datos geográficos, por ser fáciles de determinar y más distinguibles.

En esta obra se incluyeron dos guías en una. La primera se basa en características externas de las diferentes especies, mientras que la segunda, en las craneales. Para la mayoría de las especies se puede usar únicamente una de las dos guías, pero en conjunto, ambas certifican la identificación de las especies, por lo cual, es conveniente tratar en la mayor cantidad de veces combinar las dos opciones presentadas. La realización de las claves con la combinación de caracteres externos y del cráneo no fue sencilla, ya que en ciertas ocasiones no son del todo compatibles para poder hacer una clave de identificación lógica. A ninguno de los dos elementos se les dío mayor peso en el momento de la realización de las claves, aunque en algunos casos nos fue imposible contar con ambas opciones, por lo que se utiliza la más apropiada para la diferenciación de las especies. Cuando se menciona sólo los caracteres externos o craneales, por carecer de información diagnóstica del otro grupo de características, se recomienda que se continúe con la identificación utilizando ambas opciones que se presentan en la clave dicotómica, y analizar cuál de las dos se ajusta más en la descripción y distribución, para tener la posible identificación. Estos problemas se presentarán principalmente en algunas de las subfamilias de murciélagos y roedores, donde las diferencias entre especies son específicas y en muchos casos sutiles.

La guía se ha divido en una guía general, en la que se presenta la identificación para los diferentes órdenes. En este punto, se determina una sección en la que se dan las guías para Familias y Subfamilias, donde se encuentra la guía para la identificación de los géneros y las especies. Todos los Ordenes, Familias y Subfamilias se encuentran en estricto orden alfabético para facilitar su localización.

Cada una de las guías de identificación está compuesta por claves dicotómicas, con dos opciones para la identificación. Una de ellas será la que más se adecue a las características del ejemplar a identificar. Al llegar al final de una de las claves,

species in Mexico differ in size and position of the four lower incisive teeth, but with age these dental pieces can be lost and thus its specific designation can get complicated in an important manner.

How to use the guide

When using this guide it is convenient to have a tape measure available in case of medium or large specimens and a ruler in case of smaller specimens although it is highly recommended to have a caliper scale. In this case one can find from the simplest one in metal or plastic that can be purchased in many stores to the most precise, delicate, and expensive digital instrument. However, a plastic one is enough for field work. It is also necessary to have a magnifying glass, a minimum of 10 x to be able to observe several characteristics that are described. When the work is done in the laboratory, a stereoscopic magnifying glass is highly recommended.

The objective of this guide was not to be an expert mammalogist to be able to use it; although in some cases the use of technical words could not be avoided, they are all defined in the glossary or in the figures. Only the characteristics of the organisms to be identified were used as much as possible. However, morphological characteristics are sometimes difficult to be appreciated by a non-specialist or they are morphologically cryptic species and their distinctions can be observed only by genetic analyses. In these cases the option was geographical data because they are more distinguishable and easier to determine.

In this work two guides are included in one. The first one is based on external characteristics of the different species while the second one uses cranial. For the majority of the species only one of the guides could be used, but both certify species identification, so it is convenient to try to combine both options as much as possible. Making the keys by combining external and cranial characters was not easy because many times they are not compatible to make an identification key logical. None of the two elements was given a higher weight when making the keys although in some cases it was impossible to count on both and thus the most useful to differentiate species was chosen. When only the external or cranial characters are mentioned due to lack of diagnostic information of the other group of characteristics, it is recommended to continue using both options shown in the dichotomous key and analyze which of the two adjusts more to the description and distribution to make the identification possible. These problems happen mainly with some of the rodent and bat subfamilies where differences among species are specific and in many cases subtle.

The work has been organized in a general guide where identification for the different orders is listed. In this part, a section with family and subfamily guide for families is provided where the genera and species identification guide is found. All orders, families, and subfamilies are listed in strict alphabetical order to facilitate their location.

Each one of the identification guides is composed of dichotomous keys with two identification options; one of them is the most adequate for the characteristics of the specimen to be identified. At the end of one of the

se da la distribución conocida de la especie, en función de patrones generales de distribución. Posteriormente, el nombre científico válido de la especie hasta junio de 2016.

Después de la nomenclatura se anexa un párrafo con una descripción de la especie. En primer término las características externas, incluyendo coloración y caracteres morfológicos. En segundo, los craneales y dos medidas de longitud que sirven para orientar en el tamaño del ejemplar, una que puede ser tomada en campo con el individuo vivo y otra craneal para trabajo en laboratorio. En ambos casos hay que considerar que estas medidas se tomaron de intervalos registrados en la bibliografía y otras directamente de ejemplares de museo, que incluyen a la representatividad de la especie. En todo lo posible, se intentó considerar la variación de los especímenes o poblaciones colectadas en México, pero tenemos que reconocer que para varias especies sólo se tienen datos de una población, por lo que ejemplares de poblaciones diferentes pueden ser ligeramente mayores o menores que el intervalo presentado. Además, al ser individuos vivos sujetos a procesos de selección, pueden existir los que estén fuera del intervalo y no concuerden completamente con las características descritas.

La información que se proporciona posterior al nombre de la especie conjunta todas las características presentes o ausentes que pueden ayudar a la certificación de la identificación. En algunas ocasiones, estos caracteres fueron usados dentro de la guía, pero en lo general se intentó compilar las que más fácilmente nos puedan servir para la asignación del nombre específico. Para tener una mayor certidumbre, se recomienda que durante la identificación las características descritas en esta sección sean revisadas y analizadas contra el ejemplar a identificar.

Las obras también incluyen los aspectos usados para la descripción de las especies, así como las medidas que se documentan. En relación a las medidas, se utilizaron tres diferentes, aunque solamente se aplican dos al mismo tiempo: longitud total y condilobasal. En el caso de los murciélagos se sustituyó la longitud total por la del antebrazo. Se utilizan pocas medidas debido a que éstas sólo están enfocadas a ser usadas como un referente del tamaño, a causa de que hay varias especies que morfológicamente son similares, pero que existe una diferencia significativa en aspectos merísticos. Es importante considerar que los intervalos que se dan para las medidas son relativos, ya que pueden existir variaciones en función a la región geográfica y subespecie.

Revisión bibliográfica. Para la elaboración de la guía se revisó toda la literatura existente sobre los mamíferos de México, en algunos casos se utilizó un artículo únicamente para obtener una medida. Esta información se integró con la obtenida directamente de los ejemplares de museo y de la experiencia en campo de los diferentes autores. Para evitar incrementar el tamaño de la sección de la guía, es en este punto donde se da la bibliografía consultada de toda la obra.

Distribución

El conocer el área de distribución de las especies es muy importante, ya que ayuda indirectamente a confirmar la identificación o puede ser una puerta importante para saber que se tiene un nuevo aporte científico. En la actualidad, los estudios genéticos han develado una gran cantidad de especies crípticas, por lo que la distribución de las especies se ha visto modificada de una manera significativa en algunos de los casos. En condiciones normales, estos tipos de análisis no se pueden obtener de una

keys, the known distribution of the species is given according to the general distribution patterns, and then, the valid scientific name for the species up to June 2016.

After the nomenclature, a paragraph with the species description is included. First, the external part is described including color and morphological characteristics; then, the cranial and two length measurements that lead to the sample size, of which one can be taken in the field with the live individual, and the other cranial one for laboratory work. In both cases, it is important to consider these measurements were taken from intervals recorded in the bibliography and others directly from museum samples, including the most representative for the species. Variation of specimens or populations collected in Mexico was considered as much as possible, but we have to acknowledge that for several species only data of one population were available. Therefore, samples of different populations could be different or slightly higher or lower than the interval shown. Moreover, live individuals are subject to selection processes, so those out of the interval might not completely agree with the characteristics described.

The information provided after the species name gathers all the characteristics present or absent that could help certify its identification. In some cases, these characters were used within the guide, but our intention was generally to compile those that most easily could help assign the specific name. For more certainty, the characteristics described in this section should be reviewed and analyzed against the sample to be identified.

The work also includes the aspects used to describe the species as well as the measurements documented. In relation to the measurements, three different ones were used although only two were applied at the same time: total and condylobasal length. In the case of bats, total length was substituted by the forearm. Few measurements are used because they are only focused on size as several species are morphologically smaller but have a significant difference in meristic aspects. It is important to consider that the intervals provided for the measurements are relative because there could be variations depending on the specimens' geographic region and subspecies.

Bibliographical review. When writing the guide, all the existing literature on mammals of Mexico was reviewed, and in some cases an article was used only to obtain a measurement. Data were integrated to that obtained directly from the museum specimens and field experience of the different authors. To avoid increasing the size of the section of the guide, it is at this point that the literature of the whole work is given.

Distribution

It is very important to know the species distribution area because it can help to confirm its identification indirectly or it can be an important door to know it is something new for science. Nowadays, genetic studies have revealed a great number of cryptic species, which is why species distribution has been modified significantly in some cases. In normal conditions, these types of analyses cannot be obtained regularly making distinction of cryptic species

manera regular, por lo que la distinción de especies crípticas es más complicada, y el análisis de la distribución puede ser una vía de identificación. Por este motivo se decidió utilizar la distribución como otro carácter que ayude a la identificación de las especies.

Con la finalidad de dar una mejor información, se ha creado un mapa general de los patrones de distribución que son concordantes con la mayoría de las especies, y con base en esto se regionalizó la República Mexicana. Se debe de considerar que la distribución que se menciona es aproximada, sólo para dar una referencia más y ubicar a las especies de mejor manera, por lo que pueden existir variaciones con respecto al patrón presentado. Cabe aclarar que únicamente se considera en esta obra la distribución de especies para México.

La distribución se proporciona después de que termina la clave, que nos lleva a la identificación de las especies, y antes del nombre de la misma. Se encuentra entre paréntesis y menciona una o varias de las regiones que se han determinado en el mapa. Existen algunos casos de especies que solamente se conocen de sitios muy específicos en la República Mexicana, *e. g. Myotis peninsularis*, Sierra de la Laguna en Baja California Sur; *Scapanus antonyi*, Sierra San Pedro Mártir, Baja California; *Sorex stizodon* de San Cristóbal de las Casas, Chiapas. Es por esto que no se mencionan las regionalizaciones sino los sitios de donde se han registrado. Para el caso de las especies endémicas de México, esto se especifica claramente.

Otras especies se encuentran restringidas a áreas pequeñas *i. e. Sorex macrodon*, de los límites de Veracruz con Oaxaca y Puebla. Por otro lado, se tienen especies de amplia distribución, pero ausentes de algunas áreas específicas, por lo que es más fácil recalcar las zonas de ausencia que todas las de presencia *e. g. Didelphis virginiana*, todo México, excepto la península de Baja California, *Dasypus novemcinctus*, todo México, excepto zonas áridas y norte del altiplano central y la Península de Baja California.

La República Mexicana (Figura 1) se dividió en trece regiones (Figura 2), tres de ellas con subdivisiones norte y sur: Altiplano central, Depresión de Chiapas, Depresión del Balsas, Desierto Sonorense, Eje Volcánico Trasversal, Península de Baja California, Península de Yucatán, Planicie Costera de Chiapas, Planicie Costera del Golfo, Planicie Costera del Pacífico, Sierra de Chiapas, Tierras altas del norte de Chiapas y Valles de Oaxaca. Cuando una especie no ocupa toda la división mencionada se especifica el área dentro de la región, Planicie Costera del Pacífico de Michoacán al sur o Planicie Costera del Pacífico de Guerrero al norte.

Península de Baja California. La Península incluye a los estados de Baja California y Baja California Sur. Esta zona se caracteriza por la presencia de una gran cantidad de islas. En general tiene un clima cálido y vegetación xerófila, destacan zonas de clima templado y con bosque en el extremo austral y boreal.

Desierto de Sonora. Incluye las partes bajas del noroeste de Sonora. Tiene como límite al este la Sierra Madre Occidental y al sur la Planicie Costera del Pacífico. Es una región muy árida y con vegetación xerófila.

Sierra Madre Occidental. Cadena montañosa que corre a lo largo de la vertiente del Pacífico desde el norte de la Cuenca del balsas. Al lado oeste queda siempre la planicie costera del Pacifico y al este el altiplano central.

Altiplano central. Se considera el área también conocida como altiplanicie mexicana, meseta central o mesa central. Tiene como límite sur al Eje Volcánico

more complicated, and the distribution analysis could be a way to identify them. For this reason distribution was used as another character that could help in species identification.

In order to provide better information, a general map with distribution patterns concordant with the majority of the species was created, and it was used to divide Mexico in regions. The distribution should be considered as approximate, only to provide reference and locate the species better, so variations could exist with respect to the pattern shown. It is worth to mention this work only considers species distribution for Mexico.

The distribution is provided after the key that takes us to identifying the species and before its name. It is found in parenthesis and mentions one or several of the regions determined in the map. In some cases, only specific sites in Mexico are known for the species, *e. g. Myotis peninsularis*, Sierra de la Laguna in Baja California Sur; *Scapanus antonyi*, Sierra San Pedro Mártir, Baja California; *Sorex stizodon* in San Cristóbal de las Casas, Chiapas, which is why instead of the regions, the sites where they have been recorded are mentioned. In case of endemic species of Mexico, it is clearly specified.

Other species are restricted to small areas *e. g. Sorex macrodon*, from the limits of Veracruz with Oaxaca and Puebla. On the other hand, there are species with a wide distribution area but absent in some specific ones, so it is easier to highlight the areas of absence than those of presence *e. g. Didelphis virginiana*, all over Mexico, except for the Baja California peninsula; *Dasypus novemcinctus*, all over Mexico, except for dry lands and northern areas of the central high plateau and the Baja California peninsula.

Mexico (Fig. 1) was divided in sixteen regions (Fig. 2), three of which have northern and southern subdivisions: Mexican Plateau, Chiapas Basin, Balsas Basin, Sonora Desert, Trans-Mexican Volcanic Belt, Baja California Peninsula, Yucatán Peninsula, Chiapas Coastal Plains, Gulf Coastal Plains, Pacific Coastal Plains, Sierra de Chiapas, Chiapas Highlands, Oaxaca Valley. When a species does not occupy all the division mentioned, the area within the region is specified as Pacific Coastal Plains from Michoacan southward or Gulf Coastal Plains from Guerrero northward.

Baja California Peninsula. The north that corresponds to the State of Baja California and the south to the State of Baja California Sur. The region is characterized by the presence of a great number of islands. In general its climate is warm with xerophytic vegetation where temperate climate areas with forest stand out in the southern and northern regions.

Sonora Desert. It includes the lowlands of northwestern Sonora, limiting to the east with Sierra Madre Occidental and with Pacific Coastal Plains to the south with a very dry region and xerophytic vegetation.

Sierra Madre Occidental. Mountain range that runs along the Pacific coast from the northern Balsas Basin whose west side is always the Pacific Coastal Plain and to the east the Mexican Plateau.

Mexican Plateau. It is also known as altiplanicie mexicana, meseta central or mesa central limiting with Trans-Mexican Volcanic Belt to the

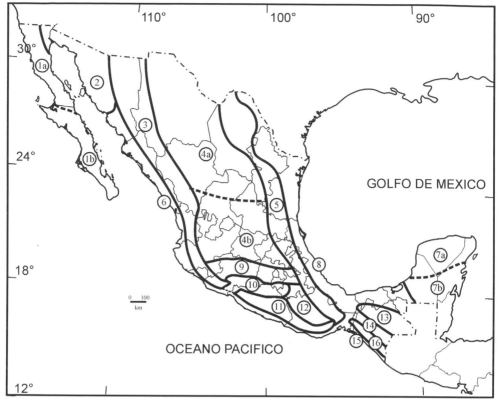

Figura/figure 1. Mapa de México con las divisiones geográficas utilizadas para describir la distribución de especies en este trabajo. Map of Mexico with the geographical divisions used to describe species distributions in this work. 1) Península de Baja California/Baja California Peninsula: parte norte/northern part, 1b parte sur/southern part. 2) Desierto de Sonora/Sonora Desert. 3) Sierra Madre Occidental/Sierra Madre Occidental. 4) Altiplano central/Mexican Plateau: 4a parte norte/northern part, 4b parte sur/southern part. 5) Sierra Madre Oriental/Sierra Madre Oriental. 6) Planicie Costera del Pacífico/Pacific Coastal Plains. 7) Península de Yucatán/Yucatán Peninsula: a parte norte/northern part, b parte sur/southern part. 8) Planicie Costera del Golfo/Gulf Coastal Plains. 9) Eje Volcánico Trasnversal/Trans-Mexican Volcanic Belt. 10) Cuenca del Balsas/Balsas Basin. 11) Sierra Madre del Sur/Sierra Madre del Sur. 12) Valles centrales de Oaxaca/Oaxaca Valley. 13) Tierras altas de Chiapas/Chiapas Highlands. 14) Valle central de Chiapas/Chiapas Basin. 15) Planicie Costera de Chiapas/Chiapas Coastal Plains. 16) Sierra Madre de Chiapas/Sierra Madre of Chiapas.

Transversal, al oeste a la Sierra Madre de Occidente y al este la Sierra Madre de Oriente. Está dividida por la Sierra de Zacatecas. Al norte es conocida como llanuras boreales, altiplano septentrional, meseta central del norte, o región de los bolsones. La del sur se conoce como: Mesa Central, mesa central del sur, mesa de Anáhuac o altiplanicie meridional. La vegetación, en general, se considera como desértica a árida.

Sierra Madre Oriental. Cadena montañosa que corre a lo largo de la vertiente del Golfo desde el norte del Istmo de Tehuantepec. Al lado este queda siempre la Planicie Costera del Golfo y al oeste el Altiplano Central al norte, el Eje Volcánico Trasversal al centro y los Valles centrales de Oaxaca al sur.

Planicie Costera del Pacífico. Incluye todas las tierras bajas de la vertiente del Océano Pacífico, desde Sonora hasta el sur de Oaxaca. La vegetación original predominante eran las selvas baja caducifolia.

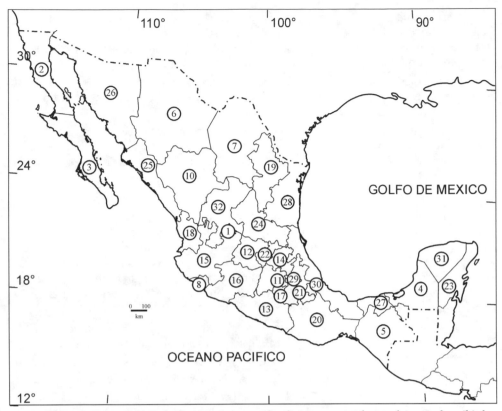

Figura/figure 2. Mapa de la República Mexicana con las divisiones estatales usadas para describir las distribuciones de las especies tratadas en la presente obra. Map of Mexico with state divisions used to describe the distributions of the species dealt with. 1) Aguascalientes, 2) Baja California, 3) Baja California Sur, 4) Campeche, 5) Chiapas, 6) Chihuahua, 7) Coahuila, 8) Colima, 9) Distrito Federal, 10) Durango, 11) Estado de México, 12) Guanajuato, 13) Guerrero, 14) Hidalgo, 15) Jalisco, 16) Michoacán, 17) Morelos, 18) Nayarit, 19) Nuevo León, 20) Oaxaca, 21) Puebla, 22) Querétaro, 23) Quintana Roo, 24) San Luis Potosí, 25) Sinaloa, 26) Sonora, 27 Tabasco, 28) Tamaulipas, 29) Tlaxcala, 30) Veracruz, 31) Yucatán, 32) Zacatecas

south, Sierra Madre de Occidente to the west, and Sierra Madre Oriental to the east and divided by Sierra de Zacatecas. In the northern region it is known as northern plains, northern highlands, north-central plateau, or lagoon region. The southern region is known as central plateau, south-central plateau, Anahuac tableland, or southern highland. Vegetation in general is considered as desert or dry.

Sierra Madre Oriental. Mountain range that runs along the Gulf side from the north of the Isthmus of Tehuantepec whose eastern side is always the Gulf Coastal Plain to the west, the Mexican Plateau to the north, at the central part the Trans-Mexican Volcanic Belt, and the Oaxaca Valley to the south.

Pacific Coastal Plains. It includes all the lowlands of the Pacific Ocean slope from Sonora to southern Oaxaca where the predominant original vegetation is low deciduous forest.

Península de Yucatán. Con dos divisiones, seca al norte y húmeda la sur. La Península incluye los estados de Campeche, Quintana Roo y Yucatán. Se distingue porque su parte media boreal es seca con selva baja caducifolia, mientras que la austral es húmeda con selvas medias y altas perennifolias.

Planicie Costera del Golfo. Incluye todas las tierras bajas de la vertiente del Golfo de México, desde Tamaulipas hasta Campeche. La vegetación original predominante eran las selvas húmedas.

Eje Volcánico Trasversal. Es conocida también como Sierra Volcánica Trasversal. Tiene como límite norte el Altiplano, al sur la Depresión del Balsas, al este la Sierra Madre Oriental y al oeste la Sierra Madre Occidental. Incluye varias sierras, entre la que destaca la Sierra Nevada. La vegetación domínate es de bosques.

Cuenca del Balsas. Es conocida también como cuenca del Río Balsas. Tiene como límite norte al Eje Volcánico Transversal y al sur la Sierra Madre de Occidente, también conocida en esta parte como Sierra Madre del Sur. El río principal que recorre esta cuenca recibe varios nombres entre los que destacan Atoyac, Mezcala y Balsas. Incluye una gran cantidad de ríos tributarios. Antes de desembocar al mar, el Río Balsas es el límite entre los estados de Guerrero y Michoacán. Es una región con vegetación xerófila.

Sierra Madre del sur. Cadena montañosa que corre a lo largo de la vertiente del Pacífico desde al sur de la Cuenca del Balsas hasta el Istmo de Tehuantepec.

Valles centrales de Oaxaca. Se ubican entre el Macizo Mixteco y la Sierra Madre del Sur. Tienden a ser cálidos secos. La vegetación principal es de tipo xerófila.

Tierras altas de Chiapas. Se ubican entre la Depresión central y la Planicie Costera del Golfo y el sur de la Península de Yucatán, se continúan con los macizos montañosos de América del Centro. Esta región se caracterizaba por la presencia de selvas húmedas y muchas de ellas medias y altas.

Valle central de Chiapas. Tiene como límite norte las Tierras altas de Chipas y al sur la Sierra de Chiapas. Tiene conexión directa con el Istmo de Tehuantepec hacia el oeste. Son tierras bajas recorridas por el Río Grijalva y con un ambiente cálido seco.

Planicie Costera de Chiapas. Incluye todas las tierras bajas de la vertiente del Océano Pacífico de Chiapas. La vegetación original predominante eran las selvas húmedas.

Sierra Madre de Chiapas. Es la prolongación de la Sierra Madre Occidental después de Istmo de Tehuantepec y se continúa con las tierras altas de América del Centro. La vegetación es de bosques en las partes altas y selvas medias y altas en las laderas.

Protección

En la actualidad es muy importante conocer el estado de protección de las especies según las leyes mexicanas, es por eso que hemos decidido indicarlo después de la distribución. Al realizar trabajo de campo e identificación in *situ*, se torna aún más importante determinar el estado de protección de las especies antes de proceder con cualquier tipo de manejo. La relevancia de saber el grado de protección de una especie estriba en aspectos biológicos-ecológicos, conservación y legales.

Yucatán Peninsula. It has two divisions, dry to the north and humid to the south. The peninsula includes the states of Campeche, Quintana Roo, and Yucatán. What sets it apart is that its mid-northern area is dry with low deciduous forests while the southern one is humid with mid- to high evergreen forests.

Gulf Coastal Plains. It includes all the lowlands of the Gulf of Mexico slope from Tamaulipas to Campeche where the predominant original vegetation is humid forest.

Trans-Mexican Volcanic Belt. It is also known as Sierra Volcánica Trasversal, limiting with Mexican Plateau to the north, Balsas Basin to the south, Sierra Madre Oriental to the east, and Sierra Madre Occidental to the west. It includes several mountain chains, among which Sierra Nevada stands out where forests are the dominant vegetation.

Balsas Basin. It is also known as Cuenca del Río Balsas. It limits with Trans-Mexican Volcanic Belt to the north and to the south with Sierra Madre Occidental, also known as Sierra Madre del Sur in that area. The main river running on this basin has several names, among those that stand out are Atoyac, Mezcala, and Balsas, and it includes a great number of tributary rivers. Before flowing into the sea, the Río Balsas is the geographic limit between the states of Guerrero and Michoacán in a region with xerophytic vegetation.

Sierra Madre del sur. Mountain range that runs along the Pacific coast from southern Balsas Basin to the Isthmus of Tehuantepec.

Oaxaca Valley. It is located from the Macizo Mixteco and Sierra Madre del Sur. It is usually dry and hot, and the main vegetation is xerophytic.

Chiapas Highlands. They are located from the central depression and the coastal plains of the Gulf southward of the Yucatan Peninsula, extending to the mountain chains of Central America. This region is characterized by the presence of rainforests, many of which are medium and high.

Chiapas Basin. It limits to the north with Chiapas Highlands and with Sierra Madre de Chiapas to the south with a direct connection with Isthmus of Tehuantepec toward the west. The lowlands run by the Río Grijalva and have dry warm environment.

Chiapas Coastal Plains. It includes all the lowlands of the Chiapas Pacific Ocean slope.

Sierra Madre de Chiapas. It is the extension of Sierra Madre Occidental past Isthmus of Tehuantepec and continues down to the highlands of Central America with forests in the high areas and medium to high rainforests in the hillsides

Protection

Nowadays, it is very important to know the state of species protection according to the Mexican laws. Thus we decided to include it after distribution. When doing fieldwork and identification *in situ*, it turns out to be more important to determine the state of species protection before proceeding with any management type. The relevance of knowing the species protection degree lies within bio-ecological, conservation, and legal aspects.

Aspectos biológicos-ecológicos. Por lo general, la información que se tiene sobre las especies consideradas como en peligro es mínima, debido a sus bajas poblaciones. El decremento en sus números puede ser por el aprovechamiento directo, la modificación del hábitat o la introducción de especies exóticas, entre otros. Es por esto que la pronta identificación de las especies nos permite obtener información valiosa que puede ser utilizada para su entendimiento y la implementación de medidas de conservación.

Es muy recomendable que en caso de trabajar con especies bajo estas condiciones se tome la mayor cantidad de datos posibles. Como es el caso del estado de reproducción, talla, sexo, actividad, comportamiento, aspectos ecológicos, de nicho, asociaciones con otras especies animales y vegetales, tipo de vegetación, grado de alteración del hábitat, etc. Esta información en conjunto puede dar puntos clave para el entendimiento de las especies y ulteriormente apoyar las acciones y políticas de conservación.

Aspectos de conservación. El método de evaluación del riesgo de extinción (MER) es utilizado para determinar la situación actual de las especies de una manera cuantitativa, pero se desconoce para la gran mayoría de las especies de México, y esto es por falta de información de datos base en los que se puedan fundamentar los análisis. En varias ocasiones se tiene la capacidad de observar a estas especies en campo, pero por el desconocimiento y la falta de una identificación correcta, la información no se obtiene y se continúa con ese hueco, lo que no abona en un mejor entendimiento de las especies y no se ve reflejado en las políticas de conservación implementadas.

Aspectos legales. El trabajo con especies de mamíferos tiene que estar respaldado por permisos específicos de la autoridad correspondiente, sobre todo para aquellas consideradas dentro de alguna de las categorías de protección. Por otra parte, la información generada puede ser aplicada por el personal encargado del cuidado de la fauna en la toma de las medidas pertinentes de manera mediata. En la obra, se ha empleado una nomenclatura sencilla, donde la palabra NOM implica que la especie se encuentra incluida dentro de la Norma Oficial Mexicana 059-ECOL (2010) que es la más reciente que aplica a México. El segundo elemento es una serie de asteríscos (*) que aumentan a medida que la especie se encuentre catalogada en mayor riesgo, quedando de la siguiente manera: NOM* =Sujeta a protección especial, NOM** = Amenazada, NOM*** = En peligro de extinción y NOM**** = probablemente extinta en el medio silvestre. En el caso de las que se consideran extintas se menciona esto explícitamente en un paréntesis después del nombre de la especie.

Algunos de estos acrónimos están seguidos por las siglas "ssp" que significa que al menos una de las subespecies con distribución en México está bajo una categoría de riesgo, mientras que para el resto no es el caso. Cuando hay más de una subespecie en esta condición y cada una de ellas tiene un nivel de protección diferente, se consideró el más alto. Si las iniciales "ssp" no están presentes quiere decir que el estado de protección aplica a toda la especie y todas sus subespecies.

Bio-ecological aspects. In general, the available information on species considered endangered is minimal because of their low populations. The decrease in numbers might be due to direct exploitation, habitat modification, or exotic species introduction, among others. Thus the reason why prompt species identification allows us to obtain valuable information that can be used for their understanding and implementing conservation measures.

It is highly recommended when working with species under these conditions to take as much information as possible, such as the state of reproduction, size, sex, activity, behavior, ecological, niche, and association aspects with other animal and plant species, type of vegetation, degree of habitat alteration, etc. These data can jointly provide key points to understand the species and subsequently support conservation policies and actions.

Conservation aspects. The method of extinction risk assessment (MER, for its abbreviation in Spanish) is used to determine the current situation of the species quantitatively; it is unknown for the great majority of the species of Mexico due to lack of information of the database on which the analyses can be based. In several occasions despite the capability of observing these species in the field, the lack of knowledge and the correct identification, the information is not obtained and the gap continues, which does not contribute to a better understanding of the species and it is not reflected in implemented conservation policies.

Legal aspects. Working with mammal species has to be backed up by specific permits from the corresponding authorities, above all for those considered within any of the protection categories. On the other hand, the information generated can be applied by the staff in charge of caring for fauna in pertinent and immediate decision making. In our work, a simple nomenclature has been used where the word NOM implies the species is included in the Official Mexican Norm 059-ecol (2010), the most recent one that applies to Mexico. The second element is a series of asterisks (*) that increase in number as the species is catalogued at greater risk, as follows: NOM* = Subject to especial protection, NOM** = Threatened, NOM*** = In danger of extinction, and NOM**** = Probably extinct in the wilderness. In case of those considered extinct, it is mentioned explicitly in parenthesis after the species name.

Some of these acronyms are followed by the abbreviation "ssp" which means that at least one of the subspecies with distribution in Mexico is under a risk category while it is not the case for the rest; when more than one subspecies is found in this condition and each one of them has a different protection level, the highest one is considered. If "ssp" is not written, it means the state of protection applies to all the species and all its subspecies.

Agradecimientos

Es necesario agradecer a muchísimas personas que ayudaron y apoyaron con este proyecto, ya sea con ayudar al desarrollo, atender puntos particulares o revisar y probar las claves en innumerables ocasiones, esperando no se nos olvide a nadie de todas estas personas, nos permitimos agradecer a: Elizabeth Arellano, Patricia Cortés Calva, Issac Camargo Pérez, Mayra De la Paz Cuevas, Carmen Izmene Gutiérrez Rojas, Juan Carlos López Vidal, Consuelo Lorenzo, Evelyn Rios Mendoza, Nansy Sánchez, Cintya Segura, Jorge Villalpando. A Leticia Cab y Jacqueline Tun Balam por apoyar con la edición de las figuras. A Diana Leticia Dorantes Salas por la traducción y edición en Inglés. En especial a Lia Méndez y Lia Álvarez por las multiples revisiones a las diferentes versiones y su gran apoyo incondicional y en todo momento.

En relación al material utilizado para revisar e ilustrar los ejemplares, se debe de agradecer también a las colecciones de mamíferos siguientes: Centro de Investigaciones Biológicas del Noroeste, Colección Nacional de Mamíferos del Instituto de Biología de la Universidad Nacional Autónoma de México, Departamento de Prehistoria del Instituto Nacional de Antropología e Historia, El Colegio de la Frontera Sur, Escuela Nacional de Ciencias Biológicas del Instituto Politécnico Nacional, Universidad Autónoma Metropolitana, unidad Iztapalapa; Museum of Vertebrate Zoology de la Universidad de California en Berkeley.

Acknowledgments

It is necessary to acknowledge many persons who helped and supported this project, either in its development, tending to specific points, or revising and testing the keys in countless occasions, and we hope not to leave anyone out. Our gratitude to Elizabeth Arellano, Patricia Cortés Calva, Issac Camargo Pérez, Mayra De la Paz Cuevas, Carmen Izmene Gutiérrez Rojas, Juan Carlos López Vidal, Consuelo Lorenzo, Evelyn Rios Mendoza, Nansy Sánchez, Cintya Segura, and Jorge Villalpando; to Leticia Cab and Jacqueline Tun Balam for their support with editing the figures; to Diana Leticia Dorantes Salas for translation and edition of the English version of this work. Very special thanks to Lia Méndez and Lia Álvarez for the multiple reviews of the different versions and unconditional great support at all times.

In relation to the material used to check and illustrate the specimens, the following collections should be acknowledged: Centro de Investigaciones Biológicas del Noroeste, Colección Nacional de Mamíferos del Instituto de Biología de la Universidad Nacional Autónoma de México, Departamento de Prehistoria del Instituto Nacional de Antropología e Historia, El Colegio de la Frontera Sur, Escuela Nacional de Ciencias Biológicas del Instituto Politécnico Nacional, Universidad Autónoma Metropolitana, Unidad Iztapalapa; Museum of Vertebrate Zoology of the University of California at Berkeley.

Características de los mamíferos

Mammal characteristics

Los mamíferos son vertebrados, por consiguiente tienen todas las características de este grupo, que incluyen: un nervio dorsal y un notocordio, que por lo menos está presente en la etapa embrionaria y que posteriormente forma la columna vertebral. La presencia de los arcos faríngeos durante el desarrollo embrionario y las membranas fetales (amnios y alantoides) que permiten separar a este grupo de los peces y anfibios. Los mamíferos y las aves, a diferencia de los reptiles, son homeotermos, su corazón presenta cuatro cavidades y los dos sistemas circulatorios son completamente independientes. El sistema reproductivo de los mamíferos es mucho más complejo que el de las aves y son vivíparos (a excepción de los integrantes de la subclase Prototheria). Los cuidados parentales son más estrechos y todos los jóvenes se alimentan por amamantamiento de las glándulas lactógenas (mamarias). Las características distintivas de los mamíferos se pueden dividir en externas, internas y osteológicas.

Características externas

Pelo. El pelaje o pelo está presente por lo menos en alguna parte del desarrollo del organismo. Esta estructura es única y diagnóstica para el grupo de los mamíferos. Cubre completamente el cuerpo en la mayoría de las especies, aunque en el caso de algunas especies marinas, se encuentra muy reducido. En el caso de las ballenas está prácticamente ausente; sin embargo, se encuentran unas cuantas vibrisas (pelo modificado como elemento sensorial táctil) en las puntas de los labios, y en los jóvenes todavía está presente de manera aislada. El pelo es una extensión dérmica, como el caso de los cuernos, uñas, garras o astas. Nace del folículo piloso que se encuentra en la dermis, al igual que la papila. La papila dérmica cuenta con el suplemento de sangre y el material para que pueda crecer, siendo el crecimiento forzado a salir a través de la epidermis. El folículo piloso es por donde sale el pelo, que puede albergar uno o varios y usualmente tiene un conducto de la glándula sebácea que tiene como función mantenerlo en buenas condiciones. Algunos se encuentran conectados al sistema nervioso y al músculo horripilador, que permite que el pelo pueda ser erecto.

En corte trasversal, se observa que está formado por tres diferentes partes. La más externa y donde se encuentran las ornamentaciones se llama cutícula o córtex,

Mammals are vertebrates, thus they have all the characteristics of this group including a dorsal nerve and a notochord, at least present in the embryo stage and later forming the spinal column. The presence of the pharyngeal arches during embryonic development and fetal membranes (amnion, chorion, and alantoid) allow separating this group from fish and amphibians. Mammals and birds differ from reptiles because they are homeothermal. Their heart has four cavities and two circulatory systems that are completely independent. Mammals' reproductive system is much more complex than that of birds. They are viviparous (except for those in the subclass Prototheria), so parental care is under closer supervision, and all young are fed by suckling the lactogen (mammary) glands. The distinctive characteristics of mammals can be divided into external, internal, and osteologic.

External characteristics

Hair. Hair or fur is present at least at some part of the development of the individual. The structure is unique and diagnostic for mammals. It covers the body completely in the majority of the species although it is reduced in the case of some marine species; in the case of whales, it is practically absent. However, some vibrissae (modified hair as a sensorial tactile element) are found in the tips of the lips, and they are still present in the young in an isolated manner. Hair is a dermal extension, as is the case of horns or antlers, nails, and claws. It sprouts from the pili follicle found in the dermis same as the papilla. Dermal papilla has blood supplement and the material for hair to grow and be forced to sprout from the epidermis. The pili follicle can host one or several hairs; it usually has a duct to the sebaceous gland with the function of keeping it in good conditions. Some are found connected to the nervous system and to the horripilate muscle that makes hair bristle.

In a transversal cut hair shows three different parts. The most external one is called the cuticle or cortex where ornamentation is found; it gives

hace el volumen del cuerpo del pelo y muchas veces contiene los pigmentos. La parte media que puede ser trasparente o contener la coloración que dan los tonos rojizos y la más interna, la médula, donde usualmente se encuentra la coloración obscura, además es la que determina el diámetro del pelo. Cuando hay ausencia de médula el pelo es delgado, mientras que en el grueso la tienen fragmentada.

Se clasifica en función de las estructuras epiteliales o de la estructura de la médula. Para el caso de las estructuras del córtex, tiene una serie de estructuras ornamentarías que varían mucho en función de las diferentes especies. En cierto momento pueden ser lo suficientemente características para la identificación de algunas de las especies. Las estructuras del córtex pueden ser en forma de escamas, espinas, semicírculos o diferentes estructuras. En la médula se presentan diferentes patrones entre los que destacan: A) Sin la presencia de médula, cuando ésta no existe. B) La médula es discontinua, cuando está separada por pequeños espacios de aire. C) Intermedia, separada por varios espacios de aire de manera discontinúa y arregladas en un patrón irregular. D) Continua, en los cuales los espacios de aire están separados en forma de columna de una manera continua y E) Fragmentaria, cuando los espacios de aire se encuentran de una manera irregular a través de toda la médula.

Se divide en dos grandes grupos. El primero es el de las vibrisas, que es un pelo que se encuentra en folículos especializados con sensibilidad por estar conectados al sistema nervioso. Se utiliza como una extensión del sistema sensorial del individuo. Dentro de esta división hay pelos que son considerados como activos, por lo que poseen un sistema de músculos que permiten su control voluntario y los pasivos que no poseen el control voluntario.

El segundo grupo es el del cuerpo, que puede o no contener inervaciones musculares y que su función principal es la protección, aunque algunos de ellos pueden tener en el folículo inervación nerviosa, por lo que también se puede considerar como de función pasiva. Este grupo de pelo se divide a la vez en dos, el de guarda que también es considerado como externo, de cobertura o de superficie. El de guarda puede presentar tres variantes: A) Las espinas, que son modificaciones con una función defensiva como en el caso de los puerco-espines. B) Las cerdas, usualmente pigmentado y esparcido sobre todo el cuerpo que tiene como función proteger y mimetizar o dar colorido a los ejemplares como puede ser el pelo principal de los caballos o de los leones y C) El de cobertura, que es fuerte o débil en las puntas, pero con la base siempre débil. El segundo grupo del cuerpo es el de lana, térmico o dérmico, siempre está formado por pelo suave y muy cerrado entre sí, a su vez se divide en tres tipos: A) Lana que es largo, suave y rizado. B) Abrigo, usualmente es delgado, fino y relativamente corto, y C) El vello, usualmente es fino y corto, y está presente principalmente en fetos o mamíferos recién nacidos, además de toda la superficie corporal del humano. Esta clasificación también incluye al lanugo que es el pelo de los embriones.

El pelo normalmente está coloreado y destacan dos pigmentos presentes en los mamíferos. La melanina, que tiene como resultado el color negro o castaño oscuro. La melanina se ubica a través de la longitud del córtex y de la médula. El segundo pigmento es la xantofila, que proporciona coloraciones rojizas-amarillentas y se encuentra sólo en la médula, como una banda subdérmica. En algunos animales como el caso de los conejos que presentan varias coloraciones en el pelo, puede presentar estos tipos de coloraciones considerándose el blanco como la coloración por la ausencia de la melanina. El pelo que combina los tres colores usualmente es conocido como

volume to the hair and usually contains pigments. The middle part can be transparent or contain reddish coloration. The third part is the medulla, the most internal one where dark coloration is found besides determining hair diameter. When the medulla is absent, hair is thin while with thick hair, it is fragmented.

Hair is classified in function of the epithelial or medullar structures. In the case of the cortex, it has a series of ornamental structures which vary much in function of the different species. In a certain moment they can be sufficient characteristics to identify some of the species. Cortex structures could be in the shape of scales, thorns, semicircles, or have other structures. The medulla shows different patterns, among which those that stand out are: (A) No presence of medulla when it does not exist; (B) Discontinuous medulla when it is separated by small air gaps; (C) Intermediate, separated by several air gaps discontinuously and arranged in an irregular pattern; (D) Continuous, when air gaps are separated continuously with the shape of a column; and (E) Fragmentary, when air gaps are found irregularly throughout the medulla.

Hair is divided in two large groups. The first one is the vibrissae that are hairs found in specialized sensitive follicles because they are connected to the nervous system; they are used as an extension of the individual's sensorial system. Hair within this division is considered active when it has a muscle system allowing self-control and passive when it does not have one.

The second group is body hair that can have or not have muscle innervations and whose main function is protection although some can have nervous innervations in the follicle, which could also be considered as a passive function. This hair group is divided in two. The first one is guard hair also considered as external, coverage, or surface hair that can show three variants: (A) spines, modifications with a defensive function as is the case of porcupines; (B) bristles, usually pigmented and scattered all over the body with the function of protecting and changing or providing color to the specimens as with horse or lion hair; and (C) Coverage hair, strong or weak on the tip but always weak on the base. The second group of body hair is thermal or dermal wool always formed by soft and very close hair, which is also divided in three types: (A) wool is long, soft and curly; (B) coat is usually thin, fine, and relatively short; and (C) under fur is usually fine and short and found mainly in fetus or newly born mammals besides all human body surface. This classification also includes lanugo in mammalian embryos.

Hair is normally colored, and two pigments stand out in mammals. Melanin provides black or dark brown. It is located through the cortex longitude and the medulla as a sub-dermal band. Some animals, as in the case of rabbits that show different hair coloration, can show these types of colors considering white as coloration due to melanin absence. Hair combining the three colors is usually known as sardinian or brownish gray (colloquially known in Spanish as 'pardo', but here this term is used for brown colors). Coloration is determined by genetics, so the same species could show radiations in function to population or individuals, as well as a dark phase with a great amount of

sardo (coloquialmente también se le conoce como pardo, pero nosotros utilizaremos el término pardo para los llamados colores "café"). La coloración está determinada por la genética, por lo que una misma especie puede presentar radiaciones en función poblacional o de individuos, así como también fases oscuras, donde existe una gran cantidad de melanina, por consiguiente se llaman individuos melánicos o la ausencia de los pigmentos, en el cual todo el pelo será blanco, conocido como albino. Cabe hacer la aclaración, que al ser los individuos albinos carentes de melanina, el iris del ojo también carecerá de color.

Pina (oreja). Es una estructura cartilaginosa que se encuentra rodeando la abertura del oído, está presente en la mayor cantidad de las especies, aunque en los organismos fosoriales y acuáticos puede estar muy reducida o ausente. Esta estructura tiene como función mejorar el sentido de la audición.

Cuernos. Son una proyección ósea del hueso frontal y puntiagudo, que se encuentra envuelto por una capa de queratina que forma una funda córnea. Los cuernos son perennes y no se mudan cada año, además de ser de crecimiento continuo. Se presentan en ambos sexos y varían mucho en función de las diferentes especies.

Astas. Son exclusivas de la familia Cervidae. Las astas son diferentes de los cuernos en que se mudan cada año. Crecen y se caen cada año en relación al ciclo reproductivo de las especie. Las astas están mucho más desarrollados en los machos, excepto en el reno (*Rangifer tarandus*) donde los individuos adultos de ambos sexos las presentan. Las astas son importantes durante el apareamiento.

Uñas, garras y pezuñas. Son una estructura anexa de la piel localizada en las regiones distales de los miembros. Están formadas principalmente por células muertas endurecidas que contienen queratina y una proteína fibrosa. Las uñas están presente prácticamente solo en primates. Las garras o zarpas son afiladas. Están disenadas para ayudar a sujetar la presa, a cavar y escalar. Constan internamente de dos capas; el subunguis, el tejido interno, cuyo grano es paralelo a la dirección de crecimiento a partir de la matriz ungular, y el unguis, un tejido queratinoso y duro formado por fibras cuyo grano corre perpendicular a la dirección de crecimiento. Al crecer el unguis más velozmente, la garra se ahúsa hacia el extremo, adoptando la forma puntiaguda típica. La pezuña es una uña muy desarrollada, que cubre los dedos de las patas en los animales ungulados. Los animales que tienen pezuñas se les llaman ungulados, principalmente con dos órdenes Perisodáctilo con número non de pezuñas y artiodáctilos con número par. Este grupo de animales caminan apoyando su peso en las pesuñas

Características internas

Glándulas lactógenas. También llamadas mamarias, son las glándulas encargadas de la producción de la leche, alimento que se les proporciona a las crías de los mamíferos. Se consideran como glándulas sebáceas modificadas y constan de una serie de conductos que llegan hasta el pezón, donde la cría succiona (mama) la leche. Algunas especies (*e. i.* Artiodactyla) tienen lo que se denomina cisterna. En el caso de las especies que no tienen cisterna, la leche queda almacenada directamente en la glándula y tiene que ser succionada por la cría.

Los pezones o tetas se encuentran dentro de la denominada línea de la leche que corre desde las axilas hasta la ingle. La localización de los pezones varía en cada especie, pero siempre están dentro de esta línea imaginaria. En los elefantes es axilar,

melanin; thus they are called melanic individuals (colored hair) or albinos (non-melanic) with all hair white. It is worth mentioning that because albinos lack melanin, the iris will also lack color.

Pinna. The pinna (ear) is a cartilage structure surrounding the ear opening in the majority of the species although in some fossorial and aquatic organisms, it could be reduced or absent. Its function is to improve the sense of hearing.

Horns. Horns are sharp pointed projections from the frontal bone covered by a keratin layer forming a corneal sac. Horns are perennial, do not shed every year, and their growth is continuous. Both sexes have horns, which vary in function of the different species.

Antlers. They are exclusively from the Cervidae family and differ from horns in that they shed and grow every year in relation to the species reproductive cycle. Antlers are much more developed in males except for reindeer (*Rangifer tarandus*) where adult individuals of both sexes have them. They are important when mating.

Nails, claws, and hooves. Nails are attached to the skin and located in the distal regions of the limbs formed mainly by dead hardened cells containing keratin and a fibrous protein. They are present practically only in primates. Claws are sharp nails designed to help hold the prey, dig, and climb; they have two layers: the subunguis is an internal tissue whose grain is parallel to growth direction starting from the ungular matrix; and the unguis is a keratin and hard tissue formed by fibers whose grain runs perpendicular to growth direction. When the unguis grows rapidly, the claw tapers toward the extreme adopting a typical sharp point. The hoof is a highly developed nail covering the toes in ungulates' legs. Animals with hooves are called odd-toed ungulates, referring to the orders Perissodactyla and even-toed referring to Artiodactyla. This group of animals walks supporting their body weight in the hooves.

Internal characteristics

Lactogen glands. Lactogen glands also called mammary glands are in charge of producing milk, food provided to mammals' litters. They are considered modified sebaceous glands composed by a series of ducts that reach down to the teat or nipple where the young sucks milk. Some species, (*i. e.* Artiodactyla) have a cistern. In the case of species that do not have one, milk is stored directly in the gland and has to be sucked by the young.

The nipples or teats are found within the milk line that runs from the armpit to the groin. The location of the nipples varies in each species, but they are always within this imaginary line; they are axillar in elephants, pectoral

en los primates y quiróptera pectoral, en varias especies de roedores abdominales y en los artiodáctilos inguinales.

Algunos grupos de mamíferos no presentan pezones, como es el caso de los Monotremata (ornitorrincos y equidnas), los que reciben la leche que escurre por el pelo de la región mamaria. Otro caso es el de algunas especies de mamíferos marinos que carecen de labios, por lo que no pueden mamar, así que las glándulas tienen músculos que inyectan la leche a presión dentro del hocico de la cría.

Leche. Es una secreción nutritiva de color blanquecino opaco producida por las glándulas lactógenas (mamarias) de las hembras. Esta capacidad es una de las características que definen a los mamíferos. La principal función de la leche es la de nutrir a los hijos hasta que son capaces de digerir otros alimentos. Está constituida en promedio por el 85 % de agua y el 15 % en peso seco por proteínas (20 %), grasas (20 %) y azúcares (60 %), aunque estas proporciones pueden variar, así para el caso de las especies que viven en las regiones árticas, la cantidad de grasa se incrementa.

Glándulas sudoríparas. Están encargadas de secretar agua con sales minerales (sudor), que tienen como función principal el enfriar la epidermis por evaporación, eliminando algunas sustancias de desecho. Muchas especies de mamíferos no las presentan o están restringidas a algunas partes del cuerpo, como es el caso de roedores y carnívoros. Las especies que no presentan estas glándulas, en el mayor de los casos controlan la temperatura por jadeo.

Glándulas sebáceas. Tienen una secreción oleácea, que tiene como principal función la lubricación del pelo y de la epidermis. En algunas especies de vida acuática, la secreción es tan conspicua, que el pelo puede ser prácticamente impermeable.

Glándulas odoríferas. Estas glándulas tienen varias funciones, como atrayentes sexuales durante el periodo de reproducción, para marcar el territorio principalmente por machos o para protección, como el caso de los zorrillos.

Placenta. A excepción de los Monotremata, que nacen a partir de huevos, todos los demás mamíferos son placentados y nacen vivos. Dependiendo de la especie pueden tener diferentes tiempos de desarrollo asociado a las madres. Existen distintos tipos de placenta que permite el intercambio de sustancias entre la madre y el feto (hemocorial, endoteliocorial, sindesmocorial y epiteliocorial).

Cerebro con dos hemisferios. En el cerebro se determinan procesos de memoria y razonamiento. Aunque las dimensiones varían grandemente entre los diferentes órdenes de mamíferos, en general son las más grandes en comparación con otros grupos de vertebrados.

Diafragma. Los mamíferos presentan el diafragma que es un músculo que separa la cavidad de los pulmones del resto de la cavidad de las vísceras. En las aves también está presente pero no es muscular.

Músculos faciales. Los mamíferos presentan músculos faciales muy bien desarrollados, que les permite gesticular y trasmitir información por esta vía a sus congéneres u otras especies.

Glóbulos rojos anucleados. Las células de los glóbulos rojos o hematíes carecen de núcleo cuando son maduras (a excepción de los camellos).

Corazón con cuatro cavidades. El corazón cuenta con dos ventrículos y dos aurículas, lo que permite tener completamente separada la circulación sanguínea pulmonar de la sistémica, lo que le permite tener una mejor aireación y un metabolismo más alto y constante.

in primates and Chiroptera, abdominal in several rodent species, and in the groin area in Artiodactyla.

Some mammal groups do not have teats as in the case of Monotremata (platypus and echidna), so they get the milk that drains from the mammary hair region. Another case is that of marine mammals that lack lips and cannot suck, so the glands have muscles that inject milk with pressure into the young's mouth.

Milk. Milk is a whitish opaque nutritional secretion produced by the lactogen (mammary) glands in females. This capability is one of the characteristics that define mammals. The main function of milk is to nurture the young until they are capable of digesting other food. It is constituted in average by 85 % of water and 15 % in dry weight composed by proteins (20 %), lipids (20 %) and sugar (60 %) although these proportions could vary, as in the case of species living in the Artic regions where the amount of lipids increase.

Sweat glands. Sweat glands are in charge of secreting water with mineral salts (sweat), whose main function is to cool down the epidermis by evaporation eliminating some waste substances. Many mammal species do not have them or are restricted to some body parts, as in the case of rodents and carnivores. The species that do not have these glands control temperature by heavy breathing in the majority of the cases.

Sebaceous glands. Sebaceous glands have an oleaginous secretion whose main function is lubricating hair and epidermis. In some aquatic species, secretion is so conspicuous that hair could be practically impermeable.

Odoriferous glands. Odoriferous glands have several functions as sexual appeal during the reproduction period, marking territory (mainly by males), or for protection as in the case of skunks.

Placenta. The placenta is a temporary organ in all mammals born live except for Monotremata, which are born from eggs. Depending on the species the fetus could have different development time associated to the mother. Different types of placenta allow exchanging substances between the mother and the fetus (hemochorial, endothelochorial, sindesmochorial, and epitheliochorial).

Brain with two hemispheres. Memory and reason processes are determined in the brain. Despite the great variation among the different mammalian orders, they are the biggest ones compared with other vertebrate groups in general.

Diaphragm. All mammals have the diaphragm, a muscle separating the thoracic cavity (lungs) from the rest of the viscera. It is also present in birds, but it is not muscular.

Facial muscles. Mammals show well developed facial muscles that allow them to make gestures and transmit information through body language to their congeners or to other species.

Anucleate red cells. Red cells or blood corpuscles are anucleate when they are mature (except for camels).

Heart with four cavities. The heart has two ventricles and two atria that allow separating pulmonary from systemic circulation providing better ventilation and a higher and constant metabolism.

Homeotermia y endotermia. Esto implica que los mamíferos son capaces de regular su temperatura y mantenerla constante mediante su metabolismo, independientemente de la temperatura ambiental. Poseen la facultad de termo regularse, es decir, bajar la temperatura corporal en ambientes cálidos gracias a procesos como la sudoración y el jadeo o de incrementarla en ambiente fríos con trabajo muscular.

Características óseas

Dientes. Los dientes son las estructuras o piezas duras que sirven para masticar, morder, retener las presas o el alimento, además suelen usarse para el ataque o defensa. Están formados típicamente por una materia dura llamada dentina cubierta por esmalte. El tipo y número de dientes varía mucho de unas especies a otras. En la dentición definitiva de la mayoría de mamíferos se distinguen incisivos, caninos, premolares y molares.

Los dientes están divididos en dos regiones principales: la corona, que es la parte que queda por arriba de la encía cuando la pieza está completamente desarrollada y la raíz, que está por debajo de la encía y embebida en el hueso. La raíz está contenida dentro del alveolo dentario y está adherida al hueso por una sustancia química denominado cemento, cubre parcialmente el cuello y a veces parte de la corona. La raíz contiene la parte viva del diente, llamada médula, constituida por tejido esponjoso con vasos sanguíneos en la que se encuentran además los nervios que pasan a través del canal de la raíz. Muchos dientes presentan entre la corona y la raíz un área intermedia denominada cuello y que está a la altura de la superficie de la encía.

En los mamíferos, el cuerpo del diente está formado por la dentina (tejido duro y hasta cierto punto elástico, semejante al hueso en su estructura y químicamente). La dentina puede estar cubierta total o parcialmente por esmalte que es un material duro, compacto y por lo general blanco o nacarado. El esmalte se constituye principalmente por sales de calcio y de magnesio en forma de columnas prismáticas.

La corona puede estar cubierta completamente por esmalte, en ese caso se forman cúspides y crestas, pero en algunos otros existen partes de la corona sin esmalte, por lo que la combinación de esmalte y dentina en las coronas permite que el desgaste no sea homogéneo. La combinación de estos dos materiales con dureza diferencial permite la creación de crestas o biseles que ayudan en el caso de los molares a la molienda del alimento (artiodáctilos) y en los incisivos para un mejor corte (roedores). Algunos dientes presentan el cingulum (es un borde o banda del diente que se ubica entre la región de la corona y la raíz), en incisivos, caninos y premolares con una sola cúspide. Esta estructura en algunas especies es considerada como carácter taxonómico.

Los dientes se dividen en dos tipos con relación a su crecimiento, los braquiodontes que presentan una corona baja y las raíces largas y delgadas, su crecimiento se detiene al alcanzar su máximo tamaño. En contraposición están los hipsodontes, en los que la corona es alta y las raíces cortas, siendo el crecimiento de la corona continuo.

Otra característica de los mamíferos es que son difiodontos, lo que implica que en la mayoría de las especies se presentan dos tipos de denticiones. La primera, en la que los dientes son conocidos como dientes de leche o deciduos, lácteal o infantil y que está asociada al periodo inmaduro de los individuos de las especies.

Homeothermy and endothermy. Mammals are capable of regulating their temperature and maintaining it constantly by their metabolism, independently from environmental temperature. They can thermoregulate, in other words, they can lower their body temperature in hot environments thanks to processes as sweating and panting or increase it in cold environments with muscular work.

Bone characteristics

Teeth. Teeth are the hard structures or pieces used for chewing, biting, holding prey or food besides being used for attacking or defending. They are formed typically by a hard matter called dentin covered by enamel. The type and number of teeth vary much from one species to the others. In the majority of mammals, permanent teeth can be distinguished as incisors, canines, premolars, and molars.

Teeth have two main areas: the crown that sits above the gum line when it is completely developed and the root sitting below the gum line and embedded in the bone. The root is contained within the dental alveolus and attached to the bone by a chemical substance called cement, covering the neck partially and sometimes part of the crown. The root contains the live part of the tooth called medulla, constituted by spongy tissue with blood vessels that move through the root channel together with nerves. Many teeth show an intermediate area between the crown and the root called neck at the gum surface.

In mammals the tooth body is formed by dentin (hard and elastic tissue at some point, similar to bone chemically and structurally). Dentin can be covered totally or partially by enamel, which is hard, compact, and generally white or pearly. Enamel is formed mainly by calcium and magnesium salts in prismatic columns.

The crown can be completely covered by enamel; in this case, cusps or crests are formed, but there are parts of the crown without enamel in other mammals. Thus the combination of enamel and dentin in the crowns allows wear not to be homogeneous. Besides, the combination of these two materials with different hardness allows the creation of crests or bevels, which in the case of molars help for grinding food (Artiodactyla) and in the incisives for a better cut (rodents). Some teeth have the cingulum (an edge or belt in anterior teeth located between the crown and the root) in incisors, canines, and premolars with only one cusp. In some species this structure is considered a taxonomic character.

Teeth are divided in two types with respect to growth. Brachyodont teeth show a low crown and long and thin roots; growth stops when they reach their maximum size. In contrast, hypsodont teeth show a high crown and short roots, and growth is continuous.

Another mammal characteristic is they are diphyodont, which implies the majority of the species have two types of teething. The first set, known as milk (deciduous), baby or lacteal teeth, is associated to the immature period of species individuals. The second one, known as permanent, is adult teeth which cannot be replaced in case they are lost. As already mentioned some

La segunda, conocida como permanente, son los dientes de adulto que en caso de perderse no podrán ser repuestos. Algunas especies tienen piezas dentarias difiodontas, que cambian y otras monofilodontas que cuando salen no se vuelven a cambiar. Solamente un pequeño número de especies, y en particular muchos de los odontocetos (delfines, zífidos y ballenas dentadas), no presentan dos tipos de denticiones, sino que conservan sus mismos dientes desde el principio, a esto se le llama dentición monofilodonta.

En los mamíferos existen dos maneras para la sustitución de los dientes. En el caso de la mayoría de las especies, y más en relación con la dentición de leche, la sustitución se realiza por desplazamiento de la pieza en dirección oclusal, por lo que la nueva pieza emerge desde el hueso hacia la boca, hasta que ocupa la posición definitiva. En este tipo de sustitución en ocasiones se presenta la pérdida de varias piezas al mismo tiempo, por lo que la cría no tiene capacidad de masticar bien la comida, por ello, en muchas especies la sustitución se da durante el periodo de lactancia.

El segundo tipo de sustitución es el que se presentan en especies herbívoras, que por su tipo de alimentación el desgaste de los molares es muy alto, pero no pueden pasar tiempo sin la capacidad de alimentarse. La sustitución es en dirección posterior-anterior, de manera que cuando el molariforme es expulsado, ya existe otro en funcionamiento. Así, para el caso del elefante, tiene en total seis molariformes, pero solamente dos están en funcionamiento al mismo tiempo.

La colocación de los dientes superiores en el maxilar y premaxilar, y los inferiores en la mandíbula forman el arco dentario, los cuales pueden encontrarse pegados entre sí o con espacios entre los dientes. Cuando existe un espacio entre piezas dentarias por la falta natural de las mismas se llama diastema, como es el caso de los roedores, donde el canino está ausente y se presenta un espacio entre los incisivos y los molariformes.

Tipos de dientes en mamíferos. Los mamíferos presentan heterodoncia, que significa tener diferentes tipos de piezas dentales. La heterodoncia se puede modificar o perder de manera secundaria donde todos los dientes presentan la misma forma, como es en el caso de los Odontoceti (delfines) y Cingulata (armadillos), o se han perdido por completo en los Pilosa (osos hormigueros). En el caso de las ballenas, los dientes han desaparecido y en su lugar se han desarrollado estructuras fibrosas a manera de placas de queratina, llamadas ballenas o barbas, que les sirven para filtrar sus alimentos.

Los dientes se dividen en cuatro grupos: incisivos, caninos, premolares y molares, estos dos últimos en conjunto también pueden ser conocidos como dientes yugales, dientes de las mejillas, dientes maxilares o molariformes.

Para facilitar el estudio con los dientes, el hocico de los mamíferos se divide en cuatro cuadrantes, dos superiores y dos inferiores, y cada uno de estos en derecho e izquierdo.

Incisivos. Los incisivos superiores siempre están en alvéolos del premaxilar y por lo general presentan una sola raíz. Para los marsupiales, el número máximo que puede tener por cada cuadrante superior es de cinco y por cada inferior es de cuatro. En los placentados es de tres por cuadrante. En los procesos evolutivos, la mayoría de los mamíferos han perdido incisivos, por lo que se considera que la pérdida de piezas de este tipo es de la línea media del cuerpo hacia el canino, así por ejemplo los roedores sólo presentan un incisivo de cada lado, por lo que han perdido los primeros superiores e inferiores. Desde el punto de vista evolutivo los roedores conservan el tercer incisivo y perdieron el primero y el segundo. Este tipo de piezas dentarias pueden presentar muchas variaciones, así por ejemplo: en el caso de los narvales, en los machos se desarrolla mucho el incisivo izquierdo, a manera de pico. En el caso de

species have diphyodont teeth that change and others have monophylodont that are never replaced once they come out. Only a small number of species, particularly many Odontoceti and Ziphiidae (dolphins, toothed and beaked whales), do not show two types of teething but retain the same teeth from the beginning called monophylodont teething.

Mammals have two ways of substituting teeth. In the majority, and more related to baby teething, substitution is performed by the new piece emerging from the bone toward the mouth and displacing the first piece in occlusal direction until it embeds in the definite position. Sometimes this type of substitution shows the loss of several pieces, and at the same time makes it hard for the young to chew food well, so in many species substitution takes place during lactation.

The second substitution type takes place in herbivore species because molar wear is very high due to the type of food, and they cannot spend time without being able to feed. Substitution is in posterior-anterior direction, so when the molar is expelled, another one is ready to be used. Thus in the case of the elephant, it has a total of six molars but only two are working at the same time.

The setting of the superior teeth in the maxillar and premaxilar bone and the inferior ones in the jaw form the dental arch might be adhered among themselves or with spaces in between. When a space is found between dental pieces because they are naturally missing, it is called diastema, as in rodents where the canine is absent leaving a space between the incisors and the molars.

Types of teeth in mammals. Mammals can be heterodont, which means they have different types of dental pieces. Heterodont dentition can be modified or lost secondarily where all teeth show the same form, as in the case of Odontoceti (dolphins) and Cingulata (armadillo), or they have been lost completely as in Pilosa (anteaters). In the case of whales, teeth have disappeared, and in their place fibrous keratin plates called baleens or whalebones are developed, helping to filter food.

Teeth are divided in four groups: incisors, canines, premolars, and molars; these two last ones are known jointly as jugal, cheek, maxillary, or molariform teeth.

To make studying teeth easier, mammals' muzzle is divided in four quadrants, two superior and two inferior, and each one of these in right and left.

Incisors. Superior incisors are always in premaxilar alveoli and generally show only one root. For marsupials, the maximum number each superior quadrant can have is five and four for each inferior one. Placental mammals have three per quadrant. In evolutionary processes, the majority of mammals have lost incisors, so the loss of this type of dental pieces is from the middle body line towards the canine. For example, rodents only show one incisor in each side, so they have lost the two first superior and inferior ones. From the evolutionary point of view, rodents conserve the third incisor and have lost the first and second one. This type of dental pieces can show many variations. For example, in the case of narwhals, males develop the left incisor much more as a beak. In the case of elephants, they show tusks for

los elefantes, presentan las defensas o "colmillos" que son los incisivos desarrollados como dimorfismo sexual de las especies. En el caso de los murciélagos hematófagos o vampiros, los incisivos (generalmente mencionados como caninos o colmillos) presentan una cara con filo con la que el animal corta la piel del organismo del que se alimentan para beber la sangre que escurre. En los insectívoros, principalmente las musarañas tienen protuberancias, que les ayuda a poder atrapar los insectos. En el caso de los colugos o lemures planeadores (Dermoptera) los incisivos son en forma de peine (pectinados), lo que utilizan para acicalares el pelo.

Caninos. Son los dientes más anteriores con raíz en el maxilar. Siempre presentan una sola raíz, son unicúspide y a lo mucho se puede presentar uno por cuadrante. Estos dientes son usados para sujetar, capturar y matar a las presas. Por lo general están muy desarrollados en las especies de hábitos depredadores, poco desarrolladas en los omnívoros y muy poco desarrollados o ausentes en los herbívoros. En algunas especies que carecen de caninos existen incisivos o premolares unicúspides que pueden aparentar ser el canino. Para el caso de muchos Soricidae (musarañas), el canino es un diente unicúspide y no es distinguible de los incisivos y premolares. En contraparte, en las morsas machos, estas piezas pueden llegar a medir hasta dos metros de longitud.

Premolares. Piezas dentarias posteriores a los caninos y anteriores a los molares, más sencillas que éstos. Pueden ser unicúspides, bicúspides o molariformes, siempre tienen dientes de leche que les preceden a los definitivos. En muchas especies no es fácil diferenciarlos de los molares, aunque por lo general son más pequeños y con menos crestas. El número máximo que pueden tener los placentados por cuadrante es de cuatro y los marsupiales de tres.

Molares. Piezas dentarias posteriores a los premolares y por lo general con más cúspides o complicados. Pueden ser unicúspides, bicúspides o molariformes. Nunca tienen dientes de leche que les precedan, por lo que son monofilodontos. El número máximo que pueden tener los placentados por cuadrante es de tres y los marsupiales de cuatro.

Fórmulas dentales. La fórmula dentaria es el conjunto de letras y números que se emplean para expresar las clases y cuantía de las piezas dentarias características de las especies. De manera que se utiliza la "I" para los incisivos, la "C" para los caninos "P" o "PM", para los premolares y "M" para los molares. Seguido a la letra, se pone el número de piezas. Cabe aclarar que la fórmula representa el número de dientes de un lado del hocico, por lo que para obtener el número total de piezas se debe de multiplicar por dos. Cuando las letras son mayúsculas se refieren a las piezas superiores y minúsculas a las inferiores. Cuando es una fórmula general de una especie, posteriormente a la letra se colocan en forma de quebrados el número de dientes superiores e inferiores y al final el número de dientes totales.

La fórmula dental primitiva de los marsupiales es I 5/4, C 1/1, P 3/3, M 4/4 = 50 y de los placentados I 3/3, C 1/1, P 4/4, M 3/3 = 44. La fórmula del humano es: I 2/2, C 1/1, P 2/2, M 3/3 = 23. En la mandíbula superior es: I2, C1, P2, M3 y en la mandíbula inferior es: i2, c1, p2, m3.

Diente tribosfénico. El patrón básico de los molares de los mamíferos proviene de un molar triangular formado por tres cúspides denominado como trígono o tribosfénico. En la mandíbula superior, la cúspide principal ubicada en el ápice interno del triángulo (lingual), se denomina protocono. La cúspide anterior externa (labial) es el paracono y la posterior externa (labial) es el metacono. En el caso muy particular de los dientes bunodontes se presenta una cuarta cúspide interna

defense, which are incisors developed as species sexual dimorphisim. In the case of hematophagus bats or vampires, incisors (generally mentioned as canine or conical teeth) show a pointed end with which the animal cuts the skin of the organisms they feed upon to suck the blood that drips. Insectivora, mainly muskrats, have protrusions that help them trap insects. In the case of colugo or flying lemur (Dermoptera) incisors are in the shape of a toothcomb (pectinate), used both for grooming or feeding.

Canines. Canines are front teeth with maxillary root. They always show one root only, unicuspid, and only one per quadrant. These teeth are used to hold, capture, and kill prey. In general they are well developed in the species of predator habits, little developed in omnivores, and very little developed or absent in herbivores. In some species that lack canines, a unicuspid tooth or premolar can resemble the canine. For many Soricidae (muskrats), the canine is a unicuspid tooth, and it is not distinguishable from an incisor or premolar. On the other hand, in male walrus, these dental pieces could measure up to 2 m in length.

Premolars. Premolars are dental pieces posterior to canines and anterior to molars, more simple than the last ones. They can be unicuspid, bicuspid, or molariform, and they always have preceding milk teeth. In many species, they are not easily differentiated from molars although they are generally smaller and with less crests. The maximum number placental mammals may have is four and marsupials three by quadrant.

Molars. Molars are dental pieces posterior to premolars and generally with more or complicated cusps. They can be unicuspid, bicuspid, or molariform. The maximum number placental mammals can have is three and marsupials four by quadrant.

Dental formula. Dental formula is the set of letters and numbers employed to express the types and number of dental pieces that characterize species. That is, "I" is used for incisor, "C" for canines, "P" or "PM" for premolars, and "M" for molars. The number of pieces is next to the letter. It is worth to mention that the formula represents the number of teeth on one side of the snout, so it should be multiplied by two to obtain the total number of pieces. When letters are upper case they refer to superior pieces and lower case to inferior ones. When dealing with a general formula of a species, the number of superior and inferior teeth is written in a fraction format and at the end the number of total teeth.

The primitive dental formula for marsupials is I 5/4, C 1/1, P 3/3, M 4/4 = 50 and that for placental mammals is I 3/3, C 1/1, P 4/4, M 3/3 = 44. The dental formula for humans is: I 2/2, C 1/1, P 2/2, M 3/3 = 23. The superior jaw is I2, C1, P2, M3, and the inferior one is i2, c1, p2, m3.

Tribosphenic teeth. The basic molar pattern in mammals comes from a triangular molar called trigone or tribosphenic molar formed by three cusps. In the superior jaw, the main cusp located in the internal apex of the triangle (lingual) is called protocone. The external anterior cusp (labial) is the paracone, and the external posterior one (labial) is the metacone. In the particular case of bunodont teeth a fourth internal posterior cusp is called

posterior llamada hipocono.

Las crestas equivalentes en los molares de las mandíbulas inferiores se llaman: protoconidio en el borde externo (labial), paraconidio anterior - lingual y metaconidio en la posterior - lingual. A la cúspide posterior labial de los molariforme inferiores en bunodonto es el hipoconidio.

Además de las cúspides principales, los molares pueden presentar cúspides secundarias. Para el caso de los molares superiores son: A) Protocónulo, se encuentra cerca del margen anterior. B) Metastilo, posterior al metacono. C) Mesostilo, cúspide pequeña que suele presentarse entre el metacono y el paracono. D) Hipostilo, entre el hipocono y el metacono. Algunos molariformes presentan un área masticadora accesoria posterior a la que se denomina talón, en el caso de los superiores, y talónido en los inferiores.

Patrones de los molariformes. Los premolares y molares tienen diferentes formas en relación a la función masticatoria que ellos tienen. Cada una de estas formas recibe un nombre en particular, de los que a continuación se dan los más comunes y usados.

Haplodonta. Dientes de retención. Son piezas cónicas con la superficie de contacto carente de tubérculos, por lo que no se identifican las crestas del trígono. Presentes en delfines.

Zalambdonto o secodonto. Dientes cortadores. Dientes en forma de "V", con el vértice a la parte lingual. La cresta lingual es el protocono y la media es el paracono. El metacono está muy poco desarrollada. Presente en insectívoros del grupo Tenrecidae y Chrysochloridae.

Dilambdodonto. Diente cortador. Dientes en forma de "W" en el que las cúspides se une a través de crestas del metaestilo-metacono-mesoestilo-paracono-paraestilo. El protocono no queda incluido en el patrón de crestas. El patrón es característico de pequeños mamíferos que comen insectos como los Soricidae, Talpidae, Dermóptera y algunos Chiroptera.

Bunodonto. Diente triturador. Dotado de puntas o protuberancias romas, donde se presentan las tres cúspides del tribosfenico y en la parte posterior lingual el hipocono. Este patrón se encuentra en el humano, cerdo y gorila.

Selenodonto. Diente moledor. Las cúspides se han modificado a manera de crestas en forma de lunas o semilunares y generalmente con la corona alta. El patrón es característico de los Artiodactyla.

Lofoselenodonto. Diente moledor. Se considera el diente intermedio entre el selenodonto y el lofodonto.

Lofodonto. Dientes especializados para triturar pasto. En la superficie oclusal se fusionan las cúspides y forman crestas transversales, rectas o curvas, por lo que se utilizan los nombres de lofos.

Loxodonto. Diente moledor. En la cara oclusal presenta pequeñas depresiones entre crestas transversales de esmalte que se intercalan con pares de dentina, como en elefantes.

Zigodonto. Diente Moledor. Las crestas se presentan a manera de pares.

Carnasial. No es un patrón de diente como los casos anteriores, sino que es un diente laminar y especializado para cortar y triturar carne, propio de carnívoros y se forma por la fusión del último premolar y el primer molar superiores.

hypocone.

The equivalent crests in inferior jaw molars are called: protoconid in the external border (labial); paraconid in the anterior lingual border; and metaconid in the posterior lingual one. The posterior labial cusp of the inferior molariforms in bunodont teeth is the hypoconulid.

Besides the main cusps, molars can have secondary cusps. In the case of superior molars, they are: (A) Protoconule, found close to the anterior margin; (B) Metastile, posterior to metacone; (C) Mesostile, small cusp between the metacone and parcone; (D) Hypostyle, between the hypocone and the metacone. Some molariforms show a chewing area as a posterior accessory that is called talon in the case of the superior ones and talonid for the inferior ones.

Molariform patterns. Premolars and molars have different shapes related to their chewing function. Each one of them receives a particular name. The most commonly used are as follows:

Haplodont. Retention teeth. Haplodont teeth are conical pieces with the contact surface lacking tubercules, so trigone crests are not identified in dolphins.

Zalambdont or secodont. Cutting teeth. Zalambdont or secodont teeth are in "V" shape with the vertix in the lingual part. The lingual crest is the protocone and the medium is the paracone. The metacone is little developed. They are found in insectivorous mammals of the group Tenrecidae and Chrysochloridae.

Dilambdodont. Cutting teeth. Dilambdodont are teeth in "W" shape where the cusps are joined by metasylo-metacone-mesostylo-paracone-parastylo crests. The protocone is not included in the crest pattern. This pattern is characteristic of small insectivorous mammals as the Soricidae, Talpidae, Dermoptera, and some Chiroptera.

Bunodont. Grinding teeth. Bunodont teeth have tips or protuberances with the three tribosphenic cusps and the hypocone in the lingual posterior part. This pattern is found in humans, pigs, and gorillas.

Selenodont. Grinding teeth. The cusps in selenodont teeth have been modified as crests in the shapes of moon or half-moon and generally with a high crown. The pattern is characteristic of Artiodactyla.

Lophoselenodont. Grinding teeth. Lophoselenodont teeth are considered intermediate between selenodont and lofodont.

Lophodont. Specialized grass-grinding teeth. Lophodont teeth have amalgamated cusps in the occlusal surface forming transversal, straight or curved crests, so the word lof is used.

Loxodont. Grinding teeth. Loxodont teeth show small depressions in the occlusal side between the transversal enamel crests intermixed with dentine pairs, as in elephants.

Zygodont. Grinding teeth. The crests in zygodont teeth are shown as pairs.

Carnasial. It is not a tooth pattern as the previous ones but a laminar tooth specialized for cutting and grinding meat; it belongs to carnivores formed by the fusion of the last premolar and the first superior molar.

Cráneo. El cráneo en los mamíferos se puede dividir en dos partes. La primera es la caja craneal donde se encuentra el cerebro, mientras en la segunda es el rostro. La mandíbula también se puede considerar dentro del cráneo. Los cartílagos de la laringe no son considerados dentro de este concepto.

Cóndilos occipitales. La presencia de dos cóndilos occipitales que se forman en el hueso exoccipital y que sirven para articularlo con la columna vertebral y son los que permiten hacer movimiento a la cabeza.

El arco cigomático. Es protuberante respecto al cráneo y se encuentra en la parte lateral del cráneo. Este puede estar unido al cráneo también por el proceso temporal. En muchos de los mamíferos el arco cigomático está formado por el hueso yugal.

Ramas mandíbulares. Cada una de las dos ramas de la mandíbula está formado por un sólo hueso denominado dentario. En algunas especies la sínfisis entre estos tiene movimiento (Rodentia), pero en otras es completamente rígida.

La articulación de la mandíbula con el cráneo. La mandíbula se articula directamente sobre el hueso escamoso. Esta es una característica osteológica para diferenciar al grupo Mammalia en los fósiles.

Oído medio. En los mamíferos, el oído medio está compuesto por tres huesos: el yunque, el estribo y el martillo.

Hueso timpánico. Es originalmente el angular de la mandíbula de los reptiles, pero en los mamíferos se encuentra alrededor del oído interno, para protección del mismo.

Narina externa. Esta se abre a través del pasaje nasal.

Paladar secundario. Está formado por los huesos del premaxilar y maxilar, y en algunas ocasiones por el hueso palatino. Es la estructura que divide a boca de las cavidades nasales y que permite a los mamíferos masticar la comida y respirar al mismo tiempo

Dientes en la mandíbula. No son diferentes de algunos de los mamiferoides, pero si hay que destacar que siempre son heterodontos.

Rotación anteroposterior de los miembros. Esta suspensión de las caderas no se considera diagnóstica de los mamíferos, pero si es una característica.

Sistema esquelético. Con referencia a las características esqueléticas de los mamíferos existen varias que pueden ser consideradas como diagnósticas como son:

Columna vertebral. La columna vertebral está formada por una serie de intersegmentos que se llaman vértebras. La columna forma la estructura central de soporte del cuerpo y es la protectora de la médula espinal. Las vértebras están formadas por una parte central o cuerpo que es de forma cilíndrica de donde se proyectan dos procesos óseos para fusionarse dorsalmente y formar el arco neural. También presentan otras series de extensiones como son las zigapófisis, que se entrelazan entre sí para darle mayor firmeza a la columna vertebral. En los mamíferos, existe una fuerte división morfológica entre las vértebras. Se pueden distinguir cinco regiones donde las vértebras de cada región puede ser fácilmente identificada de las otras: cervicales, torácicas, lumbares, sacras y caudales.

Vértebras cervicales. Aquellas relacionadas al cuello, usualmente son siete a excepción de los perezosos que pueden tener seis o nueve. En ballenas, delfines y armadillos las vértebras cervicales usualmente están fusionadas entre ellas, siendo difícil la identificación individual de cada una de ellas. En la vértebra cervical típica los arcos neurales, las espinas pre y post zigapoficas y los procesos trasversales están bien desarrollados. La primera y la segunda vértebras cervicales son claramente

Skull. The skull in mammals can be divided in two parts. The first one is the braincase where the brain is found, while the second one is the face. The jaw can also be considered within the skull. The larynx cartilages are not considered within this concept.

Occipital condyles. The two occipital condyles formed in the exoccipital bone help to articulate it with the spine and allow the head to make movements.

Zygomatic arch. The zygomatic arch is protuberant with respect to the skull and found in the lateral part of the skull. It can be linked to it by the temporal process. In many of the mammals the zygomatic arch is formed by the yugal bone.

Mandibular branches. Each one of the two mandibular branches is formed by only one bone called the dental bone. In some species symphysis between them has movements (Rodentia), but it is completely rigid in others.

The jaw joint and skull. The jaw moves directly on the squamous bone. It is an osteologic characteristic to differentiate the Mammalian group in fossils.

Middle ear. In mammals, the middle ear is formed by three bones: iuncus, stirrup, and hammer.

Eardrum bone. The eardrum bone is originally the angular bone in reptiles' jaws, but it is found around the internal ear in mammals to protect it.

External naris. The external nostril opens up through the nasal passage.

Secondary palate. The secondary palate is formed by the premaxillar and maxillar bones and sometimes by the palatine bone. It is the structure that divides the mouth from the nasal cavities allowing mammals to chew food and breathe at the same time.

Mandibular teeth. Mandibular teeth are not different from some mammals, but we should highlight they are always heterodont.

Anteroposterior and rotational movement of the limbs. Hip suspension is not considered diagnostic of mammals, but it is a characteristic.

Skeletal system. With reference to mammal skeletal features, several could be considered as diagnostic, such as:

Spine. The spine or backbone is formed by a series of intersegments called vertebrae, forming the central supporting structure of the body and protecting the spinal cord. The vertebrae are formed by a central part or cylindrical body where two bone processes project to merge dorsally and form the neural arch. They also show other series of extensions as the zygapophysis that intertwine to provide major firmness to the spine. Mammals have a strong morphological division between vertebrae. Five regions can be distinguished where the vertebrae of each region can be easily identified from the others: cervical, thoracic, lumbar, sacral, and caudal.

Cervical vertebrae. Cervical vertebrae are those related with the neck; they are usually seven except for sloths that can have six or nine. In whales, dolphins, and armadillos, cervical vertebrae are usually merged, which makes individual identification of each of them difficult. In a typical cervical vertebra, the neural arches, pre- and post-zygapophyses and the transversal processes are well developed. The first and second cervical vertebrae are

diferentes. La primera recibe el nombre de atlas, presenta la forma de un anillo careciendo del cuerpo, en la parte anterior tiene dos superficies cóncavas profundas que son las que se articulan con los cóndilos del occipital del cráneo, esta vértebra es la que permite hacer los movimientos superior e inferior del cráneo, (decir sí). La segunda vértebra es el axis, tiene un centro alongado anteriormente y un proceso odontoides. Tiene una espina neural muy grande que se sobre lapa sobre el axis. Esta vértebra es la que permite los movimientos laterales del cráneo (decir no).

Vértebras torácicas. Estas se unen a la costilla por lo que los procesos laterales están bien desarrollados, así como la espina neural. El centro es pequeño y la espina neural está dirigida posteriormente, las zigoapófisis también son pequeñas. El número de vértebras torácicas es muy variable entre especies y ocasionalmente dentro de una misma especie, aunque en algunos grupos se mantienen constantes. Las primeras vértebras sostienen a las costillas, que a su vez se encuentran unidas ventralmente por medio del esternón.

Vértebras lumbares. Usualmente son de cuatro a siete, pero en algunos grupos se pueden encontrar dos, como en los Monotremata, o hasta veintiuna, como en los cetáceos. En general, son largas y delgadas, con la espina neural larga y el proceso trasversal largo, que se proyecta hacia adelante.

Vértebras sacras. Estas vertebras varían entre tres y cinco, pero llegan a ser seis en los Perissodactyla y trece en algunos Xenarthra. Se encuentran fusionadas en una simple estructura llamado sacro y sirve para sostener la cadera pélvica.

Vértebras caudales. Varían mucho en número, desde las especies que no tienen cola, como en el hombre que se fusionan para crear el coxis, hasta quien tiene quince piezas en forma de grandes colas.

Caderas esqueléticas. El esqueleto de los mamíferos presenta dos caderas, aunque en algunos grupos la pélvica casi ha desaparecido. La pélvica consiste de tres huesos, por lo menos en las etapas embrionarias. El más grande y dorsal es el ilium, posterior es el isquium y anterior es el pubis. Los tres elementos pueden ser visibles en muchos ejemplares inmaduros, pero para los adultos se encuentran completamente fusionados. La parte dorsal de estos huesos se articula con el sacro y lateralmente se encuentran los acetábulos que sirven de articulación con la cabeza del fémur.

La segunda cadera es la pectoral, que también presentan muchas variaciones entre las diferentes especies. En todas, la escápula es el elemento más importante. En esta cadera el movimiento de los miembros anteriores es usualmente en el plano anterior-frontal sí sólo se encuentra la escápula presente. En cambio, aquellos que tienen la clavícula bien desarrollada, pueden hacer movimientos circulares. En el caso de los Monotremata existen dos elementos de origen reptiliano, el coracoide y el precoracoide, elementos que se encuentran reducidos al proceso coracoide de la escápula en los mamíferos placentados.

Apéndices. Presentan muchas modificaciones en función del modo de locomoción que realizan las especies. Así, se tienen diferentes formas de estructuras asociadas a los tipos de locomoción presentes en los mamíferos. Las estructuras y sus modificaciones son:

Ambulatorio o de caminar. Es el más característico de los mamíferos primitivos, estos son plantígrados, por lo que tanto el metacarpal como los metatarsianos y los dedos están en contacto con el piso al caminar. Las especies de este grupo tienen usualmente cinco dedos en cada pata y los metacarpales y metatarsales no están modificados. Las patas anteriores y posteriores son del mismo tamaño y la capacidad de movimiento en diferentes direcciones es limitada.

clearly different. The first one is named atlas; it is shaped as a ring lacking the body. In the anterior part, it has two deep concave surfaces that articulate with the cranial occipital condyles. This vertebra allows the skull to make movements up and down (saying yes). The second vertebra is the axis with an elongated center and an odontoid process. It has a very large neural spine overlapping the axis. This vertebra allows lateral cranial movements (saying no).

Thoracic vertebrae. Thoracic vertebrae are linked to the rib which is why the lateral processes are well developed, as well as the neural spine. The center is small, and the neural spine is in posterior direction; zygapohyses are also small. The number of thoracic vertebrae is very variable among species and occasionally within the same species; it is constant in some groups though. The first vertebrae hold the ribs that are ventrally joined by the sternum.

Lumbar vertebrae. Lumbar vertebrae are usually four to seven, but some groups can have two, as in Monotremata, or up to twenty-one as in Cetacea. In general, they are long and thin with the neural spine and the transversal process long, projecting forward.

Sacral vertebrae. These vertebrae vary from three to five but go up to six in Perissodactyla and thirteen in some Xenarthra. They are merged in a simple structure called sacrum and help support the pelvic hip.

Caudal vertebrae. Caudal vertebrae change much in number, from the species without a tail, as in man that are merged to create the coccyx to those that have fifteen pieces in the shape of long tails.

Skeletal hips. Mammals' skeleton shows two hips although in some groups the pelvis has disappeared. The pelvis consists of three bones, at least in the embryo stages. The largest and dorsal is the ilium; the posterior is the ischium; and the anterior is the pubis. The three elements can be visible in many immature samples, but they are completely merged in adults. The dorsal part of these bones articulates with the sacrum, and the acetabulum in the lateral part serves as the joint with the head of the femur.

The second hip is pectoral, which also shows many variations among the different species. In all of them, the scapula is the most important element. In this hip the movement of the anterior limbs is usually in the anterior-frontal position if only the scapula is present. On the other hand, those that have the clavicle well developed can make circular movements. In the case of Monotremata there are two elements of reptilian origin, the coracoid and the precoracoid, which are reduced to the coracoid process of the scapula in placental mammals.

Appendices. The appendices show many changes in function to the locomotion mode that the species performs. Thus there are different forms of structures associated to the types of locomotion in mammals. The structures and their changes are:

Ambulatory or walking. It is the most characteristic movement of primitive mammals; they are plantigrade, thus both the metacarpal and the metatarsal bones are not modified. The anterior and posterior limbs are the same size, and movement capacity in different directions is limited.

Cursorial. Este es uno de los más modificados con respecto al tipo plantígrado. El tipo cursorial está presente en diferentes animales como el caso de los caballos, en éstos el número de dedos se ha reducido, así como el número de metacarpales y metatarsales. El peso del animal descansa en la punta de los dedos y al final de los dedos usualmente se presentan pezuñas por lo que son conocidos como ungulados. El radio se encuentra fusionado con la urna y la tibia con la fíbula, el movimiento lateral de los miembros es muy reducido.

Ingraviportal. Este es para grandes pesos, es un sistema de locomoción presente en los elefantes. Presentan de tres a cinco dedos en las patas anteriores y posteriores, pero los dedos están distribuidos a manera de círculo alrededor de las patas, así gran parte del peso cae sobre los dedos y sobre los toros elásticos abajo de las patas. Se consideran dentro de los subungulados o rectígrados. La parte superior de los miembros es más larga que la inferior, la fíbula y el radio están bien ensanchados y son tan grandes como la urna y la tibia.

Saltatorial. Se encuentra en animales que se mueven por medio de brincos, como el caso de los canguros. Estas modificaciones incluyen la reducción en tamaño de las patas anteriores y una muy notoria elongación de las patas posteriores, así como la elongación de la cola que utilizan como balancín.

También, dentro de los mamíferos se encuentran distintos tipos de locomoción, entre los que destacan las siguientes:

Caminar. Este movimiento se caracteriza por el desplazamiento diagonal de los miembros. Consiste en mover un miembro de cada lado del cuerpo, anterior y uno posterior, mientras sus contrapartes se encuentran apoyadas en el piso, y posteriormente se mueven los dos miembros que se encontraban previamente apoyados.

El paso. Es un movimiento que se encuentra en pocas especies, como son la jirafa, el oso o los camellos. Este movimiento consiste en mover un miembro anterior y posterior del mismo lado simultáneamente, mientras se apoyan en los miembros del lado opuesto.

El trote. Se presenta en la mayoría de los animales que normalmente caminan y consiste en la misma secuencia que el caminar, con la única diferencia de que en cierto momento todos los miembros se encuentran suspendidos en el aire.

El galope. Ocurre en la mayoría de los cuadrúpedos cuando realizan su movimiento a mayor velocidad. En este caso se mueven ambos miembros anteriores y posteriores al mismo tiempo, de manera que cuando se apoyan en los miembros anteriores, los posteriores son desplazados hacia el frente y mientras ambos posteriores se apoyan, los delanteros se desplazan hacia enfrente y así sucesivamente. Existen variaciones a este proceso como es el caso de los conejos, los que no sitúan los miembros anteriores a la misma distancia ni al mismo tiempo, lo que les permite poder realizar cambios de dirección de manera rápida mientras están galopando. Otra modificación que se presentan al galope en algunos animales, es poder hacer el desplazamiento únicamente con las patas posteriores, sin usar las anteriores y desplazando ambas patas de manera alternada. Este tipo de desplazamiento es por una pequeña distancia, como en el caso de gacelas o armadillos, incluso algunos primates en esta fase del movimiento pueden desplazarse una parte de las distancias en dos pies, regresando posteriormente a la posición cuadrúpeda.

Subterránea. Este desplazamiento está desarrollado en individuos adaptados a vivir en madrigueras o túneles subterráneos. Las adaptaciones que presentan son la reducción de los miembros, así como su desarrollo del sistema muscular, cuellos más cortos, elongación del cráneo, miembros anteriores más grandes que los posteriores,

Cursorial. It is one of the most modified movements with respect to the plantigrade type. The cursorial type is found in different animals as in the case of horses where the number of fingers and toes has been reduced, as well as the number of metacarpal and metatarsal bones. The animal weight rests in the tip of its digits, and the hooves are usually at the end of them, which is why they are known as ungulates. The radius is merged with the ulna and the tibia with the fibula; the lateral movement of the limbs is reduced.

Ingraviportal. This locomotion system is for greater weights, as in elephants. They show from three to five toes in both front and hind limbs, but they are distributed in a circle around the legs. Thus a great part of their weight falls on the toes and on the elastic tubercles under the limbs. They are considered within the subungulates or rectigrade. The superior part of the limbs is longer than the inferior one; the fibula and radius are widened, and they are as big as the ulna and tibia.

Saltatorial. The saltatorial type is found in animals that move by jumping as in kangaroos. Modifications include a reduction in front leg size and a very notable elongation in the hind legs, as well as in the tail used as balance.

Also within mammals different types of locomotion are found; among those that outstand are the following:

Walking. Walking is characterized by displacing the limbs diagonally. It consists in the anterior movement of one limb on each side of the body and one posterior while their counterparts are placed on the floor; then the two limbs that were previously standing are moved.

Step. This type of movement is found in few species, as the giraffe, bear, or camel. It consists in moving one anterior and posterior limb from the same side simultaneously, while the limbs in the opposite side are standing.

Jogging. Jogging is found in the majority of the mammals that normally walk. It consists in the same sequence as walking, with the only difference that in a certain time all the limbs are found suspended in the air.

Galloping. Galloping occurs in the majority of the quadrupeds when they move at higher velocity. In this case they move both anterior and posterior limbs at the same time, in a way that when they are standing in the anterior limbs, the posterior ones are displaced toward the front, and while the posterior ones are standing, the anterior limbs are displaced toward the front successively. There are variations to this process as in the case of rabbits that do not place their anterior limbs at the same distance or at the same time, which allows them to perform changes in direction rapidly while they are galloping. Another modification shown in some mammals is to be able to displace the posterior limbs only without using the anterior ones and displacing both limbs alternately. This type of movement is for a small distance, as in the case of the gazelle or armadillo; some primates in this movement stage can go part of the distance in two feet, going back posteriorly to the quadruped position.

Subterranean. This type of movement is developed in individuals that are adapted to living in burrows or subterranean tunnels. The adaptations they show are the reduction of the limbs, as well as the development of their muscular system, shorter necks, and cranial elongation; larger anterior limbs

reducción o desaparición de los ojos, reducción de la pina y la cola, desarrollo de pelos táctiles tanto en la nariz como en la cola. Dentro de este grupo existen dos tipos de desplazamientos. El más utilizado por los topos (Familia Talpidae), consiste en usar la cabeza para hacer el túnel de manera que el organismo se impulsa hacia enfrente con los miembros, forzando la cabeza con los fuertes músculos del cuello para abrir espacio entre la tierra. Este grupo realiza sus túneles en lugares no muy compactos, principalmente entre el suelo y la vegetación. En suelos compactos usan las patas anteriores para mover la tierra de la parte de enfrente del túnel. El segundo grupo son los cavadores. Ejemplo de ello son las tuzas (Familia Geomyidae). Este desplazamiento consiste en excavar la tierra con las uñas y desplazar esa tierra fuera del túnel, de manera que queda una cavidad real y toda la tierra producto de la excavación es trasladada a la superficie.

Arbórea. Este tipo de locomoción se encuentra relacionada principalmente al grupo de los primates y consiste en el desplazamiento entre las ramas de los árboles. Las principales modificaciones son la elongación de los miembros, particularmente los anteriores, desarrollo de un dedo oponible (alux y polex), la tendencia de la cola a ser prensil, la presencia de la clavícula que le permite un mayor movimiento a la cintura escapular y el incremento del tamaño de los ojos para poder tener una visión más estereoscópica.

Este tipo de locomoción se subdivide en tres: trepadora, que se presenta principalmente en aquellos animales que no tienen muy modificados los miembros y las manos, sino que principalmente han desarrollado fuertes uñas que les permiten escalar los troncos más fácilmente, como sería el caso de las ardillas. Braquiatorio, es el más desarrollado en los primates, que se pueden suspender de las ramas con un sólo brazo e irse desplazando con cada uno de ellos. El tercer es el escalador, en el que los animales se pueden sujetar por medio de las manos de los pies o incluso de la cola, ya que ésta es prensil, incluso algunas especies pueden presentar toros aditivos.

Acuática. Este desplazamiento ocurre en el agua. Las modificaciones pueden ser para organismos que viven todo el tiempo en el agua, como para aquellos que pasan parte de su actividad en ella. El problema de la resistencia dentro del agua se soluciona de diferentes maneras, por lo que se presentan niveles de adaptación. El mejor adaptado tiene un cuerpo de manera fusiforme o de manera de torpedo. Con una reducción de los miembros y pérdida de los miembros traseros, el decremento del número de dedos de las manos, la modificación de la cola en aletas, reducción del cuello y un engrosamiento de la capa grasa bajo la piel, lleva como consecuencia la pérdida del pelo. Es característico de los cetáceos y sirénidos. El segundo tipo son los anfibios, aquéllos que pueden desplazarse tanto dentro del agua como en la tierra y que pasan parte de su vida en cada una de las dos superficies. En este caso encontramos como principal característica la presencia de las membranas interdigitales y en algunos casos como en la de los castores modificación de la cola.

El tamaño de los mamíferos.

En general el tamaño es muy variable. Se pueden encontrar desde muy pequeños como es el caso del género *Rhogeessa* (Chiroptera) con distribución en México, que es un murciélago de aproximadamente 46 mm de longitud, considerando 30 mm de cola, o el de los microsorícidos de Norteamérica (musarañas, Soricomorpha), de 65 mm de longitud con la cola de aproximadamente 30 mm. En contraparte,

than the posterior ones; reduction or disappearance of eyes, pinna, and tail; and development of tactile hair both in nose as in the tail. There are two types of displacement within this group. The most used by the moles (Family Talpidae) consists in using the head to make the tunnel in a way the organism is boosted frontward with the limbs, forcing their head with the strong neck muscles to open up space beneath the soil. This group makes their tunnels in places that are not very compacted, mainly between soil and vegetation. In compacted soils they use their front legs to move the part of the soil in front of the tunnel. The second group is the diggers. An example of those is the gophers (Family Geomyidae). This displacement consists in excavating soil with the nails and displacing it out of the tunnel, in a way that a real cavity stays and all the ground product of the excavation is transferred to the surface.

Arborea. Arboreal movement is found mainly in the primate group, which consists on moving among the branches of the trees. The main modifications are limb elongation, mainly the anterior ones; development of one opposed finger (alux and polex); the tendency of the tail to be prehensile; the presence of the clavicle allowing a major movement to the scapular waist, and the increase in size of eyes to have a more stereoscopic vision.

This type of locomotion is subdivided in three: (1) Clinging is shown mainly in those animals whose limbs and hands are not modified much, but they have mainly developed strong nails that allow them to climb tree trunks more easily, as in the case of squirrels. (2) Brachiation is the most developed locomotion in primates allowing them to be suspended in branches with only one arm and moving by displacing themselves with each one of them. (3) Climbing is shown in those animals that can hold themselves with their hands, feet, or even with the tail because it is prehensile; some species can also show added tubercles.

Aquatic. This type of movement occurs in water. Modifications can be found in those living most of the time in water as in those that spend part of their activities in it. The problem of water resistance is solved in different ways, so there are three adaptation levels. The best adapted one has a fusiform body or as a torpedo; reduction of the limbs and loss of the hind ones; a decrease in the number of fingers; modification of the tail in fins; reduction of the neck and thickening of the fat layer under the skin leading to hair loss. It is characteristic of cetaceans and sirens. The second type is amphybians that can displace both in water as in land spending part of their lives in each of the two surfaces. In this case the main characteristic is the presence of interdigital membranes and in some cases modification of the tail as with beavers.

Size of mammals

In general the size of mammals is very variable. They can be found from very small as in the case of the genus *Rhogeessa* (Chiroptera) distributed in Mexico, a bat of approximately 46 mm in length considering 30 mm of tail; or that of the micro-soricidae of North America (shrew, Soricomorpha), 65 mm in length with a tail of approximately 30 mm. On the other hand,

los animales más grandes que se conocen actualmente son mamíferos, para los terrestres es el elefante (*Lophodonta*) que llega a medir hasta aproximadamente 3.3 metros de alto y pesar 6 toneladas. Para los marinos, se considera a la ballena azul (*Balaenoptera*) que tiene una longitud aproximada a los 30 metros, con peso superior a las 100 toneladas.

the largest animals known are actually mammals; for terrestrial animals, the elephant (*Lophodonta*) can measure up to approximately 3.3 m high and weighs 6 tons. For marine animals, the blue whale (*Balaenoptera*) has an approximate length of 30 m with a weight higher than 100 tons.

Listado de especies
Species list

Las presentes claves enlistan 171 géneros y 502 especies de mamíferos para México al 30 de junio del 2016.

These keys listed 171 genera and 502 species of mammals from Mexico at June 30, 2016.

Order Artiodactyla
Family Antilocapridae
　Subfamily Antilocaprinae
　Antilocapra americana

Family Bovidae
　Subfamily Caprinae
　Ovis canadensis
　Subfamily Bovinae
　Bison bison

Family Cervidae
　Subfamily Capreolinae
　Mazama pandora
　Mazama temama
　Odocoileus hemionus
　Odocoileus virginianus

Family Tayassuidae
　Subfamily Tayassuinae
　Dicotyles angulatus
　Dicotyles crassus
　Tayassu pecari

Order Carnivora
Family Canidae
　Subfamily Caninae
　Canis latrans
　Canis lupus
　Urocyon cinereoargenteus
　Vulpes macrotis

Family Felidae
　Subfamily Felinae
　Herpailurus yagouaroundi
　Leopardus pardalis
　Leopardus wiedii

Lynx rufus
Puma concolor
　Subfamily Pantherinae
　Panthera onca

Family Mephitidae
　Conepatus leuconotus
　Conepatus semistriatus
　Mephitis macroura
　Mephitis mephitis
　Spilogale angustifrons
　Spilogale gracilis
　Spilogale putorius
　Spilogale pygmaea

Family Mustelidae
　Subfamily Lutrinae
　Lontra longicaudis
　Enhydra lutris
　Subfamily Mustelinae
　Eira barbara
　Galictis vittata
　Mustela frenata
　Taxidea taxus

Family Otariidae
　Arctocephalus philippii
　Zalopus californicus

Family Phocidae
　Mirounga aungustirostris
　Phoca vitulina

Family Procyonidae
　Subfamily Bassariscinae
　Bassariscus astutus
　Bassariscus sumichrasti
　Potos flavus

Subfamily Procyoninae
Nasua narica
Procyon lotor
Procyon pygmaeus

Family Ursidae
Subfamily Ursinae
Ursus americanus
Ursus arctos

Order Chiroptera
Family Emballonuridae
Subfamily Emballonurinae
Balantiopteryx io
Balantiopteryx plicata
Centronycteris centralis
Diclidurus albus
Peropteryx kappleri
Peropteryx macrotis
Rhynchonycteris naso
Saccopteryx bilineata
Saccopteryx leptura

Family Molossidae
Subfamily Molossinae
Cynomops mexicanus
Eumops auripendulus
Eumops ferox
Eumops hansae
Eumops nanus
Eumops perotis
Eumops underwoodi
Molossus alvarezi
Molossus aztecus
Molossus coibensis
Molossus molossus
Molossus rufus
Molossus sinaloae
Nyctinomops aurispinosus
Nyctinomops femorosaccus
Nyctinomops laticaudatus
Nyctinomops macrotis
Promops centralis
Tadarida brasiliensis

Family Mormoopidae
Mormoops megalophylla
Pteronotus davyi
Pteronotus gymnonotus
Pteronotus parnellii
Pteronotus personatus

Family Natalidae
Natalus lanatus
Natalus mexicanus

Family Noctilionidae
Noctilio albiventris
Noctilio leporinus

Family Phyllostomidae
Subfamily Carolliinae
Carollia perspicillata
Carollia sowelli
Carollia subrufa
Subfamily Desmodontinae
Desmodus rotundus
Diaemus youngii
Diphylla ecaudata
Subfamily Glossophaginae
Anoura geoffroyi
Choeroniscus godmani
Choeronycteris mexicana
Glossophaga commissarisi
Glossophaga leachii
Glossophaga morenoi
Glossophaga soricina
Hylonycteris underwoodi
Leptonycteris nivalis
Leptonycteris yerbabuenae
Lichonycteris obscura
Musonycteris harrisoni
Subfamily Glyphonycterinae
Glyphonycteris sylvestris
Subfamily Lonchorhininae
Lonchorhina aurita
Subfamily Macrotinae
Macrotus californicus
Macrotus waterhousii

Subfamily Micronycterinae
Lampronycteris brachyotis
Micronycteris microtis
Micronycteris schmidtorum
Trinycteris nicefori
Subfamily Phyllostominae
Chrotopterus auritus
Macrophyllum macrophyllum
Mimon cozumelae
Mimon crenulatum
Lophostoma brasiliense
Lophostoma evotis
Phylloderma stenops
Phyllostomus discolor
Tonatia saurophila
Trachops cirrhosus
Vampyrum spectrum
Subfamily Stenodermatinae
Artibeus hirsutus
Artibeus jamaicensis
Artibeus lituratus
Centurio senex
Chiroderma salvini
Chiroderma villosum
Dermanura azteca
Dermanura phaeotis
Dermanura tolteca
Dermanura watsoni
Enchisthenes hartii
Platyrrhinus helleri
Sturnira hondurensis
Sturnira parvidens
Uroderma bilobatum
Uroderma magnirostrum
Vampyressa thyone
Vampyrodes major

Family Thyropteridae
Thyroptera tricolor

Family Vespertilionidae
Subfamily Antrozoinae
Antrozous pallidus
Bauerus dubiaquercus
Subfamily Myotinae

Lasionycteris noctivagans
Myotis albescens
Myotis auriculus
Myotis californicus
Myotis elegans
Myotis evotis
Myotis findleyi
Myotis fortidens
Myotis melanorhinus
Myotis nigricans
Myotis occultus
Myotis pilosatibialis
Myotis planiceps
Myotis thysanodes
Myotis velifer
Myotis vivesi
Myotis volans
Myotis yumanensis
Subfamily Vespertilioninae
Parastrellus hesperus
Perimyotis subflavus
Eptesicus brasiliensis
Eptesicus furinalis
Eptesicus fuscus
Lasiurus blossevillii
Lasiurus borealis
Lasiurus cinereus
Lasiurus ega
Lasiurus intermedius
Lasiurus seminolus
Lasiurus xanthinus
Nycticeius humeralis
Rhogeessa aeneus
Rhogeessa alleni
Rhogeessa bickhami
Rhogeessa genowaysi
Rhogeessa gracilis
Rhogeessa mira
Rhogeessa parvula
Rhogeessa tumida
Corynorhinus mexicanus
Corynorhinus townsendii
Euderma maculatum
Idionycteris phyllotis

Order Cingulata
Family Dasypodidae
  Subfamily Dasypodinae
   Dasypus novemcinctus
  Subfamily Tolypeutinae
   Cabassous centralis

Order Didelphimorphia
Family Didelphidae
  Subfamily Caluromyinae
   Caluromys derbianus
  Subfamily Didelphinae
   Chironectes minimus
   Didelphis marsupialis
   Didelphis virginiana
   Marmosa mexicana
   Metachirus nudicaudatus
   Philander opossum
   Tlacuatzin canescens

Order Lagomorpha
Family Leporidae
   Lepus alleni
   Lepus californicus
   Lepus callotis
   Lepus flavigularis
   Lepus insularis
   Romerolagus diazi
   Sylvilagus audubonii
   Sylvilagus bachmani
   Sylvilagus brasiliensis
   Sylvilagus cunicularius
   Sylvilagus floridanus
   Sylvilagus graysoni
   Sylvilagus insonus
   Sylvilagus mansuetus
   Sylvilagus robustus

Order Perissodactyla
Family Tapiridae
   Tapirella bairdii

Order Pilosa
Family Myrmecophagidae
   Tamandua mexicana

Family Cyclopedidae
   Cyclopes didactylus

Order Primates
Family Atelidae
  Subfamily Atelinae
   Ateles geoffroyi
  Subfamily Alouattinae
   Alouatta palliata
   Alouatta villosa

Order Rodentia
Suborder Myomorpha
Family Cricetidae
  Subfamily Arvicolinae
   Microtus californicus
   Microtus guatemalensis
   Microtus mexicanus
   Microtus oaxacensis
   Microtus pennsylvanicus
   Microtus quasiater
   Microtus umbrosus
   Ondatra zibethicus
  Subfamily Neotominae
   Baiomys musculus
   Baiomys taylori
   Habromys chinanteco
   Habromys delicatulus
   Habromys ixtlani
   Habromys lepturus
   Habromys lophurus
   Habromys schmidlyi
   Habromys simulatus
   Hodomys alleni
   Megadontomys cryophilus
   Megadontomys nelsoni
   Megadontomys thomasi
   Nelsonia goldmani
   Nelsonia neotomodon

Neotoma albigula
Neotoma angustapalata
Neotoma bryanti
Neotoma devia
Neotoma ferruginea
Neotoma goldmani
Neotoma insularis
Neotoma lepida
Neotoma leucodon
Neotoma macrotis
Neotoma melanura
Neotoma mexicana
Neotoma micropus
Neotoma nelsoni
Neotoma palatina
Neotoma phenax
Neotoma picta
Neotomodon alstoni
Onychomys arenicola
Onychomys leucogaster
Onychomys torridus
Osgoodomys banderanus
Peromyscus aztecus
Peromyscus beatae
Peromyscus boylii
Peromyscus bullatus
Peromyscus californicus
Peromyscus caniceps
Peromyscus carletoni
Peromyscus crinitus
Peromyscus dickeyi
Peromyscus difficilis
Peromyscus eremicus
Peromyscus eva
Peromyscus fraterculus
Peromyscus furvus
Peromyscus gratus
Peromyscus guardia
Peromyscus guatemalensis
Peromyscus gymnotis
Peromyscus hooperi
Peromyscus hylocetes
Peromyscus interparietalis
Peromyscus latirostris
Peromyscus leucopus

Peromyscus levipes
Peromyscus madrensis
Peromyscus maniculatus
Peromyscus megalops
Peromyscus mekisturus
Peromyscus melanocarpus
Peromyscus melanophrys
Peromyscus melanotis
Peromyscus melanurus
Peromyscus merriami
Peromyscus mexicanus
Peromyscus nasutus
Peromyscus ochraventer
Peromyscus pectoralis
Peromyscus pembertoni
Peromyscus perfulvus
Peromyscus polius
Peromyscus pseudocrinitus
Peromyscus sagax
Peromyscus schmidlyi
Peromyscus sejugis
Peromyscus simulus
Peromyscus slevini
Peromyscus spicilegus
Peromyscus stephani
Peromyscus truei
Peromyscus winkelmanni
Peromyscus yucatanicus
Peromyscus zarhynchus
Reithrodontomys bakeri
Reithrodontomys burti
Reithrodontomys chrysopsis
Reithrodontomys fulvescens
Reithrodontomys gracilis
Reithrodontomys hirsutus
Reithrodontomys megalotis
Reithrodontomys mexicanus
Reithrodontomys microdon
Reithrodontomys montanus
Reithrodontomys spectabilis
Reithrodontomys sumichrasti
Reithrodontomys tenuirostris
Reithrodontomys zacatecae
Scotinomys teguina
Xenomys nelsoni

Subfamily Sigmodontinae
  Handleyomys alfaroi
  Handleyomys chapmani
  Handleyomys guerrerensis
  Handleyomys melanotis
  Handleyomys rhabdops
  Handleyomys rostratus
  Handleyomys saturatior
  Oligoryzomys fulvescens
  Oryzomys albiventer
  Oryzomys couesi
  Oryzomys nelsoni
  Oryzomys peninsulae
  Oryzomys texesis
  Rheomys mexicanus
  Rheomys thomasi
  Sigmodon alleni
  Sigmodon arizonae
  Sigmodon fulviventer
  Sigmodon hispidus
  Sigmodon leucotis
  Sigmodon mascotensis
  Sigmodon ochrognathus
  Sigmodon planifrons
  Sigmodon toltecus
  Sigmodon zanjonensis
Subfamily Tylomyinae
  Nyctomys sumichrasti
  Otonyctomys hatti
  Ototylomys phyllotis
  Tylomys bullaris
  Tylomys nudicaudus
  Tylomys tumbalensis

Suborder Hystricognatha
InfraOrder Hystricognathi
Family Erethizontidae
  Subfamily Erethizontinae
    Coendou mexicanus
    Erethizon dorsatum

Family Agoutidae
  Subfamily Dasyproctinae
    Dasyprocta mexicana
    Dasyprocta punctata

Family Cuniculidae
  Cuniculus paca

Family Castoridae
  Subfamily Castorinae
    Castor canadensis

Family Geomyidae
  Subfamily Geomyinae
    Cratogeomys castanops
    Cratogeomys fulvescens
    Cratogeomys fumosus
    Cratogeomys goldmani
    Cratogeomys merriami
    Cratogeomys perotensis
    Cratogeomys planiceps
    Geomys arenarius
    Geomys personatus
    Geomys tropicalis
    Heterogeomys hispidus
    Heterogeomys lanius
    Orthogeomys grandis
    Pappogeomys bulleri
    Thomomys atrovarius
    Thomomys bottae
    Thomomys fulvus
    Thomomys nayarensis
    Thomomys nigricans
    Thomomys sheldoni
    Thomomys umbrinus
    Zygogeomys trichopus

Family Heteromyidae
  Subfamily Dipodomyinae
    Dipodomys compactus
    Dipodomys deserti
    Dipodomys gravipes
    Dipodomys merriami
    Dipodomys nelsoni
    Dipodomys ordii
    Dipodomys ornatus
    Dipodomys phillipsii
    Dipodomys simulans
    Dipodomys spectabilis

Subfamily Heteromyinae
Heteromys desmarestianus
Heteromys gaumeri
Heteromys goldmani
Heteromys irroratus
Heteromys nelsoni
Heteromys pictus
Heteromys salvini
Heteromys spectabilis
Subfamily Perognathinae
Chaetodipus ammophilus
Chaetodipus arenarius
Chaetodipus artus
Chaetodipus baileyi
Chaetodipus californicus
Chaetodipus eremicus
Chaetodipus fallax
Chaetodipus formosus
Chaetodipus goldmani
Chaetodipus hispidus
Chaetodipus intermedius
Chaetodipus lineatus
Chaetodipus nelsoni
Chaetodipus penicillatus
Chactodipus pernix
Chaetodipus rudinoris
Chaetodipus siccus
Chaetodipus spinatus
Perognathus amplus
Perognathus flavescens
Perognathus flavus
Perognathus longimembris
Perognathus merriami

Suborder Sciuromorpha
Family Sciuridae
Subfamily Pteromyinae
Glaucomys volans
Subfamily Sciurinae
Ammospermophilus harrisii
Ammospermophilus interpres
Ammospermophilus leucurus
Callospermophilus madrensis
Cynomys ludovicianus
Cynomys mexicanus

Ictidomys mexicanus
Ictidomys parvidens
Neotamias bulleri
Neotamias dorsalis
Neotamias durangae
Neotamias merriami
Neotamias obscurus
Neotamias solivagus
Notocitellus adocetus
Notocitellus annulatus
Otospermophilus beecheyi
Otospermophilus variegatus
Sciurus aberti
Sciurus alleni
Sciurus arizonensis
Sciurus aureogaster
Sciurus colliaei
Sciurus deppei
Sciurus griseus
Sciurus nayaritensis
Sciurus niger
Sciurus oculatus
Sciurus variegatoides
Sciurus yucatanensis
Tamiasciurus mearnsi
Xerospermophilus spilosoma
Xerospermophilus tereticaudus

Order Soricomorpha
Family Soricidae
Subfamily Soricinae
Cryptotis alticola
Cryptotis goldmani
Cryptotis goodwini
Cryptotis griseoventris
Cryptotis lacandonensis
Cryptotis magnus
Cryptotis mayensis
Cryptotis merriami
Cryptotis mexicanus
Cryptotis nelsoni
Cryptotis obscurus
Cryptotis parvus
Cryptotis peregrina
Cryptotis phillipsii

Cryptotis tropicalis
Megasorex gigas
Notiosorex cockrumi
Notiosorex crawfordi
Notiosorex evotis
Notiosorex villai
Sorex arizonae
Sorex emarginatus
Sorex ixtlanensis
Sorex macrodon
Sorex mediopua
Sorex milleri
Sorex monticola
Sorex oreopolus
Sorex orizabae
Sorex ornatus
Sorex saussurei
Sorex sclateri
Sorex stizodon
Sorex ventralis
Sorex salvini
Sorex veraepacis

Family Talpidae
  Subfamily Scalopinae
    Scalopus aquaticus
    Scapanus anthonyi
    Scapanus latimanus

Claves de ordenes

Order key

1. Cuerpo de forma fusiforme, óptimos para la vida acuática; miembros en forma de paleta, con aleta dorsal; caudal con dos lóbulos. Conductos nasales abriéndose hacia el exterior en la parte dorsal del cráneo ..... Cetacea (no incluida en la clave)

1a. Cuerpo de forma variable, si de forma fusiforme y óptimos para la vida acuática, sin aleta dorsal; caudal con un solo lóbulo; miembros con extremidades. Conductos nasales horizontales abriéndose en la parte anterior del rostro 2

2. Cola muy larga, generalmente desnuda; dedo pulgar oponible a los demás. Total de dientes 50; cinco incisivos superiores y cuatro molares inferiores y superiores .... Didelphiomorpha (pag. 219)

2a. Cola y pulgar variable. Sin dientes o menos de 50; nunca más de tres superiores incisivos y tres molares a cada lado 3

3. Menos de tres dedos, nunca cubiertos por pezuña, cuando tienen más de tres dedos presentan caparazón. Sin dientes, cuando presentes todos de la misma forma y con diastema entre ellos 4

3a. Nunca con caparazón, sí menos de tres dedos, éstos están cubiertos por una pezuña. Con dientes por lo menos de dos formas distintas 5

4. Cuerpo cubierto de pelo, con dos o tres dedos; con uñas fuertes. Sin dientes ni arcos zigomáticos .... Pilosa (pag. 245)

4a. Cuerpo cubierto por un caparazón; más de tres dedos en cada miembro. Con dientes y arcos zigomáticos .... Cingulata (pag. 215)

5. Cabeza menor de 150.0 mm y sin dientes caninos en vista frontal. Un incisivo inferior a cada lado y en forma de bisel 6

5a. Cabeza mayor de 150.0 mm, en caso de ser menor con dientes caninos. Más de un incisivo inferior a cada lado y no en forma de bisel o sin incisivos inferiores 7

6. Cola pequeña y en forma de borla; orejas largas y estrechas. Con dos incisivos superiores a cada lado, el segundo más pequeño y situado en la parte posterior del primero; cráneo no completamente osificado, con fontanelas .... Lagomorpha (pag. 229)

6a. Cola larga o corta, pero nunca en forma de borla; orejas tan largas como anchas. Con un incisivo superior a cada lado; cráneo bien osificado, sin fontanelas .... Rodentia (pag. 257)

7. Especímenes pequeños, de menos de 100 gramos de peso. Longitud de la cabeza y el cráneo menos de 50.0 mm, si mayor, los molares con la superficie oclusal claramente en forma de "W" 8

7a. Especímenes grandes, de más de 300 gramos de peso. Longitud de la cabeza y el cráneo más de 50.0 mm, si menor, la cara oclusal de los molares no en forma de "W" 9

8. Miembros anteriores en forma de ala. Caninos perfectamente diferentes de los incisivos y premolares; huesos del zigomático presentes, cuando ausentes, los dientes presentan diastema .... Chiroptera (pag. 127)

8a. Miembros anteriores no en forma de ala. Caninos aunque presentes no se pueden diferenciar de los incisivos y premolares .... Soricomorpha (pag. 407)

1. Fusiform body, optimum for aquatic life; paddle-shape limbs; dorsal and tail fins with two lobes. Nasal conducts open to the exterior in the dorsal part of the skull .... Cetacea (not included in the key)

1a. Body in variable shape; fusiform and optimum for aquatic life, no dorsal fin; tail fin with one lobe; limbs with appendages. Horizontal nasal conducts open in the anterior part of the face 2

2. Very long tail, generally bare; thumb opposed to the rest. 50 teeth in total; five upper incisors; four lower and upper molars stand out .... Didelphiomorpha (p. 219)

2a. Variable tail and thumb. No teeth or less than 50; never greater than three upper incisors and molars on each side 3

3. Less than three digits, never covered by a hoof; if greater than three, with a shell. No teeth; if any all have the same shape and with diastema between them 4

3a. Digits never with a shell; if less than three, they are covered by a hoof. Teeth at least in two different shapes 5

4. Body covered by hair; two or three digits; strong nails. No teeth or zygomatic arches .... Pilosa (p. 245)

4a. Body covered by a shell; more than three digits in each limb. Teeth and zygomatic arches .... Cingulata (p. 215)

5. Head smaller than 150.0 mm and no canine teeth in frontal view. One lower incisor on each side and in bevel shape 6

5a. Head larger than 150.0 mm; if smaller, with canine teeth. More than one lower incisor on each side and not in bevel shape or without lower incisors 7

6. Small tail shaped as a tassel; long and narrow ears. Two upper incisors on each side; the second one smaller and located on the back part of the first one; skull completely ossified with fontanelles .... Lagomorpha (p. 229)

6a. Large or short tail but never in a tassel shape; ears as long as wide. One upper incisor on each side; well-ossified skull without fontanelles ..... Rodentia (p. 257)

7. Small specimens less than 100 grams in weight. Skull and head length less than 50.0 mm in length; if larger, molars with occlusal surface clearly shaped as a W-shaped 8

7a. Large specimens greater than 300 grams in weight. Skull and head length greater than 50.0 mm; if smaller, molar occlusal surface is not W-shaped 9

8. Front limbs are wing shaped. Canines are perfectly distinct from incisors and premolars; zygomatic bones are present; if absent, teeth show diastema .... Chiroptera (p. 127)

8a. Front limbs are not wing shaped. Canines although present cannot be differentiated from incisors and premolars .... Soricomorpha (p. 407)

9. Miembros con tres dedos cubiertos por pezuñas o en forma de paleta. Huesos nasales muy reducidos, de manera que los orificios nasales se ven muy grandes; molares con lofos transversales 10

9a. Miembros y patas de varias formas. Huesos nasales largos; dientes de diferentes formas, pero no con lofos transversales 11

10. Tres dedos en cada pata y cubiertos por pezuñas; con una pequeña probóscide y ojos pequeños en relación al tamaño de la cabeza. Tres incisivos superiores e inferiores; caninos presentes en ejemplares viejos .... Perissodactyla (pag. 241)

10a. Miembros en forma de remos; cara ancha; labios grandes en forma de belfos; ojos proporcionales al tamaño de la cabeza. Incisivos cuando presentes uno superior e inferior; caninos ausentes .... Sirenia (pag. 403)

11. Miembros largos y delgados, igualmente que la cola. Fosa temporal y orbital completamente separadas por una pared ósea, de tal manera que la órbita ocular está dirigida hacia adelante; foramen magnum situado en la cara ventro-posterior del cráneo .... Primates (pag. 251)

11a. Miembros variables. Fosa temporal y orbital continuas, cuando mucho con una barra posteroexterna que las delimita, pero sin la pared ósea que las separa ... 12

12. Miembros con dos dedos funcionales cubiertos por pezuñas (pezuña hendida). Incisivos superiores ausentes; cuando presentes caninos largos y triangulares en sección transversal .... Artiodactyla (pag. 81

12a. Miembros con cuatro dedos, sin pezuña o en forma de remos. Con incisivos superiores presentes; canino en forma elíptica en corte transversal ....
.... Carnivora (pag. 95)

9. Limbs with three digits covered by hooves or in paddle-shape. Very reduced nasals in a way that nostrils seem very big; molars with transversal lophos 10

9a. Limbs of several shapes. Long nasals; teeth in different shapes without transversal lophos 11

10. Three digits in each leg and covered by hooves; a small proboscis and small eyes in relation to head size. Three upper and lower incisors, canines present in old specimens .... Perissodactyla (p. 241)

10a. Paddle-shape limbs; wide face: big muzzle-shape lips; eyes in proportion to head size. One lower and upper incisors if any; no canines .... Sirenia (p. 403)

11. Long and thin limbs, same as with the tail. Temporal and orbital pits completely separated by a bone wall in such a way that the eye socket is directed frontward; foramen magnum situated in the ventro-posterior side of the skull ....
.... Primates (p. 251)

11a. Variable limbs. Continuous temporal and orbital pits at the most with a posteroexternal bar limiting them but without the bone wall that separates them 12

12. Limbs with two functional digits covered by hooves. No upper incisors; long and triangular canines if any in transversal section .... Artiodactyla (p. 81)

12a. Limbs with four digits, no hooves or in oar shape. Upper incisors; elliptical canine in transversal cut .... Carnivora (p. 95)

Artiodactyla

Orden de mamíferos de ungulados, con pezuñas y con cuernos o astas. Están representados por tres subórdenes Ruminantiamorpha (berrendos, antílopes, ovejas, toros, venados, jirafas y ciervos almizcleros), Suina (cerdos y pecaríes) y Tylopoda (camellos). Se caracterizan por que la postura del pie es digitígrada (Tylopoda) o unguligrada (Ruminantiamorpha y Suina); presentan dos o cuatro dígitos en las patas delanteras, cuando presentan cuatro, dos de ellos están reducidos y no tocan el suelo, los otros dos dígitos principales casi iguales en tamaño, no simétricos en forma (axis de simetría pasa entre el tercero y cuarto digito); fémur sin el tercer trocante. Son de distribución cosmopolita. En México está representado por cuatro familias: Antilocapridae, Bovidae, Cervidae, y Tayassuidae

Literatura utilizada para las claves, taxonomía y nomenclatura del Orden Artiodactyla. Familia Cervidae. Se anotan la especie *Mazama pandora* previamente identificada como *M. americana pandora* (Medellín *et al.* 1998). *M. americana* no se distribuye en México (Groves y Grubb 2011). Familia Tayassuidae. Los géneros *Dicotyles* y *Tayassu* de la familia Tayassuidae se utilizan de acuerdo con Grubb (1993, 2005). *Dicotyles angulatus* y *D. crassus* son usados de acuerdo con Groves y Grubb (2011).

Se utilizaron las revisiones de los géneros de la Familia Tayassuidae (Miller 1914, Woodburne 1968). De los Mammalian species Mayer y Wetzel (1987).

1. Cuerpo compacto y cilíndrico; miembros proporcionalmente cortos; pelo largo y a manera de cerdas. Con incisivos superiores; caninos bien desarrollados y en corte transversal de forma triangular (Figura A1); molariformes bunodontes .... Tayassuidae (pag. 90)

1a. Cuerpo alargado; miembros proporcionalmente largos; pelo corto. Sin incisivos superiores; caninos cuando presentes reducidos en tamaño y en corte transversal no de forma triangular; molariformes selenodontos 2

2. Cornamenta en forma de cuernos simples, presentes en ambos sexos. Nasal articulado con el lacrimal (Figura A2) ....Bovidae (pag. 86)

2a. Cornamenta en forma de asta o cuerno, cuando este último es ramificada (Fig. AR3). Nasales no articulados con el lacrimal (Figura A3) 3

3. Cuernos presentes tanto en machos como en hembras y naciendo arriba de los frontales y proyectándose perpendicularmente, diámetro anteroposterior

The order of ungulate mammals with hooves and horns or antlers are represented by three suborders (1) Ruminantiamorpha (pronghorn, antelope, sheep, bull, deer, giraffe, and musk deer); Suina (pigs and peccary); and Tylopoda (camels). They are characterized by their digitigrade foot posture (Tylopoda) or unguligrade (Ruminantiamorpha and Suina); they have two or four digits in the frontal legs; when four two of them are small and do not touch the ground; the other two main digits are almost the same in size but not symetrical in shape (simetry axis is between the third and fourth digit); femur without the third trochanter. The order has a cosmopolitan distribution. In Mexico they are represented by four families: Antilocapridae, Bovidae, Cervidae, and Tayassuidae.

Literature used for the keys, taxonomy and nomenclature of the Order Artiodactyla. Family Cervidae. We used the species *Mazama pandora* previously identified as *M. americana pandora* (Medellín *et al.* 1998). *M. americana* does not range in Mexico (Groves and Grubb 2011). Family Tayassuidae. The genera *Dicotyles* and *Tayassu* for the family Tayassuidae are used according to Grubb (1993, 2005). *Dicotyles angulatus* and *D. crassus* are used according to Groves and Grubb (2011).

We used the review of the Family Tayassuidae genera (Miller 1914, Woodburne 1968). From Mammalian species Mayer and Wetzel (1987).

1. Compact and cylindrical body; limbs proportionally short; long and bristle-like hair. Upper incisors present; canines well-developed in triangular shape in a transversal cut (Figure A1); bunodont molariforms .... Tayassuidae (p. 91)

1a. Extended body; limbs proportionally long; short hair. Upper incisors absent; upper canines absent or reduced in size and in transversal cut not triangular; selenodont molariforms 2

2. Antlers in the shape of simple horns in both sexes. Nasal articulating with lachrymal (Figure A2) .... Bovidae (p. 87)

2a. Antlers in pole or when in horn shape they are branched. Nasal not articulating with lachrymal (Figure A3) 3

3. Horns present both in males and females growing above the frontal bone and projecting perpendicularly; anterior-posterior diameter much larger than the

mucho mayor que el transversal; coloración clara con una franja obscura en la parte anterior del cuello. Molariformes alargados e hipsodontos (Figura A4) ... . Antilocapridae (pag. 86)

3a. Astas en lugar de cuernos, usualmente ausentes en hembras y naciendo por detrás de las órbitas, con la rama principal proyectándose hacia adelante y a los lados, diámetro anteroposterior casi igual al transversal. Molariformes cuadrados y braquiodontos (Figura A5) .... Cervidae (pag. 88)

A1

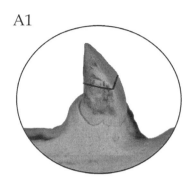

A2

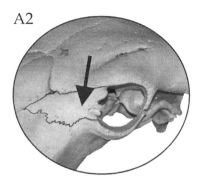

transversal one; light colors with a dark stripe in the front part of the neck. Extended and hipsodont molariforms (Figure A4) ...... Antilocapridae (p. 87)

3a. Antlers instead of horns; usually absent in females which grow behind the orbital pits with the main beam projecting toward the front and sides; anterior-posterior diameter almost equal to the transversal one. Square and brachyodont molariforms (Figure A5) .... Cervidae (p. 89)

A3

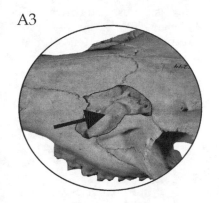

A4

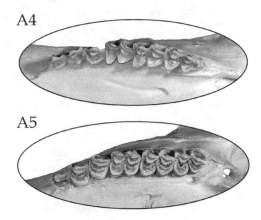

A5

Familia Antilocapridae

Familia de mamíferos que incluye sólo una especie, el berrendo o antílope americano (*Antilocapra americana*). Se caracteriza por tener cuernos y no astas; médula del hueso cubierta por una funda de queratina que esta bifurcada en individuos maduros; la funda es decidua anualmente (característica única de la familia); ambos sexos tienen cuernos, pero los de las hembras son pequeños; cola corta; piernas especialmente largas y delgadas. Se distribuyen exclusivamente en América del norte. Pertenecen al Orden Artiodactyla, Infraorden Pecora.

Antilocapra americana pertenece a la Subfamilia Antilocaprinae. Su distribución está restringida al altiplano y Península de Baja California. NOM*). Se caracteriza por tener una coloración dorsal pardo claro con una mancha blanca en el pecho y el centro del rostro negro; centralmente blanco al igual que las ancas y la cola; cuernos siempre con dos ganchos, más conspicuos en los machos. Cráneo: tiene las proyecciones óseas en los frontales de manera perpendicular a los frontales donde se inserta la parte cornea del cuerno. Longitud total 1,245.0 a 1,472.0 mm; longitud total del cráneo 245.0 a 290.0 mm).

Familia Bovidae

Familia de mamíferos que incluye entre otros a los toros, antílopes, ovejas y cabras. Se caracteriza por ser de tamaño pequeño a grande (altura de la cruz 25.0 a 200.0 cm); cuernos siempre presentes en machos, variable en hembras, no ramificados, con una funda de queratina endurecida; funda y el hueso del cuerno no son deciduos; cola larga o corta, no en mechón; cuello moderadamente largo; caninos superiores ausentes. Se distribuyen naturalmente en América del norte, Eurasia, África. Pertenecen al Orden Artiodactyla, Infraorden Pecora. Cada una de las especies presentes en México pertenece a una Subfamilia diferente, así en el caso de *Bison bison* (Bovinae) y en el de *Ovis canadensis* (Caprinae).

1. Cuernos dirigidos lateralmente y hacia arriba. Longitud mayor del cráneo más de 400.0 mm (en los estados de Chihuahua y Coahuila. NOM*) ....
.... Bovinae: *Bison bison*
(Coloración dorsal pardo oscuro, con la cabeza más oscura y el pelo más largo; con una notoria barba de pelo; morro muy alto; *cuernos pequeños, dirigidos hacia arriba.* Cráneo: *tiene las proyecciones óseas en los frontales de manera paralela al eje de los frontales donde se inserta la parte cornea del cuerno.* Longitud total en hembras 2,132.0 a 2,896.0 mm y en machos 3,042.0 a 3,803.0 mm).

1a. Cuernos dirigidos posteriormente, en los machos sumamente desarrollados en forma de rizo. Longitud mayor del cráneo menos de 400.0 mm (Chihuahua, Coahuila, Sonora y Península de Baja California. NOM***) ....
.... Caprinae: *Ovis canadensis*
(Coloración dorsal pardo claro con la parte frontal del hocico blanquecina; parte de atrás de la cadera blanca; *cuernos curvados en forma de tornillo, más desarrollado en los machos y en las hembras apenas alcanzan un octavo de vuelta.* Cráneo: *tiene las proyecciones óseas en los frontales curvadas hacia atrás donde se inserta la parte cornea del cuerno.* Longitud total hembras 1,166.0 a 1,887.0 mm, machos 1,326 a 1,953.0 mm; basilar hembras 228.0 a 252.0 mm, machos 258.0 a 287.0 mm).

Family Antilocapridae

Family of mammals that includes only one species; the pronghorn or American antelope (*Antilocapra Americana*) is characterized by having horns and not antlers; bone marrow is covered by a keratin sheath, forked in mature individuals; the sheath sheds annually (a unique characteristic of the family); both sexes have horns, but those from females are small; short tail; limbs especially long and thin; they are distrusted exclusively in North America and belong to the Order Artiodactyla, Infraorder Pecora.

Antilocapra americana belongs to the subfamily Antilocaprinae. Its distribution is restricted to the Mexican Plateau and to the Baja California Peninsula (NOM*). It is characterized by having light brownish dorsal pelage with a white spot on the chest and black in the central part of the face; white stomach same as the rump and tail; horns always with two hooks, more conspicuous in males. The skull has frontal bone projections perpendicular to those where the corneal part of the horn is inserted. Total length 1,245.0 to 1,472.0 mm; total length of the skull 245.0 to 290.0 mm).

Family Bovidae

Family of mammals that includes bulls, antelopes, sheep, and goats from small to large sizes (25.0 to 200.0 cm in height); horns always present in males; variable in females and not branched with a hardened keratinous sheath; sheath and bone marrow are not deciduous; large or short tail, not ending in a lock of hair; neck moderately long; upper canines absent. Their natural distribution is in North America, Eurasia, and Africa. They belong to the Order Artiodactyla, Infraorder Pecora. Each one of the species in Mexico belongs to a different subfamily, as in the case of the *Bison bison* (Bovinae) and *Ovis canadensis* (Caprinae).

1. Horns in lateral direction and upwards. Major skull length greater than 400.0 mm (in the states of Chihuahua and Coahuila. NOM*) .... Bovinae: *Bison bison*

(Dorsal pelage dark brown; head darker and longer hair with a notorious beard; very high hump; *small horns directed upwards*. Skull: *bone projections in frontal bones parallel to the frontal axes where the horn cornea is inserted*. Total length in females 2,132.0 to 2,896.0 mm; in males 3,042.0 to 3,803.0 mm).

1a. Horns in posterior direction and extremely developed in males in lock shape. Larger skull length less than 400.0 mm (Chihuahua, Coahuila, Sonora and the Baja California Peninsula. NOM***) .... Caprinae: *Ovis canadensis*

(Dorsal pelage brown with muzzel whitish; back part of the hip white; *curved horns in screw shape*, more developed in males; in females they barely reach an eighth of a turn. Skull: *bone projections in the frontal bones, posterior and curved toward the back where the corneal part of the horn is inserted*. Total length in females 1,166.0 to 1,887.0 mm; males 1,326 to 1,953.0 mm; basilar length females 228.0 to 252.0 mm; males 258.0 to 287.0 mm).

Familia Cervidae

Familia de mamíferos que incluye a los ciervos o venados. Se caracteriza por tener un tamaño de pequeño a grande (altura a la cruz 30-240 cm); la cornamenta se encuentra únicamente en machos (excepto en el género *Rangifer*) y es generalmente una estructura compleja (en forma de clavo en la mayoría de los géneros pequeños), cuando está en crecimiento tiene una funda de piel denominada "terciopelo"; la cornamenta se pierde generalmente cada año; estomago con cuatro cámaras. Se distribuye en todo el mundo, excepto para el extremo norte de África y todo Australasia. Pertenecen al Orden Artiodactyla, Infraorden Pecora. Las cuatro especies de los dos géneros pertencen a la Subfamilia Capreolinae.

1. Miembros de igual tamaño; astas más de la mitad de la longitud de la cabeza y ramificadas. Bula auditiva moderadamente inflada; longitud condilobasal mayor de 230.0 mm .... *Odocoileus* (pag. 88)

1a. Miembros anteriores más cortos que los posteriores; astas generalmente menos de la mitad de la longitud de la cabeza y no ramificadas, aunque en algunos casos existe una pequeña horqueta cerca del extremo distal (Figura A6). Bula auditiva ligeramente inflada; longitud condilobasal menos de 230.0 mm .... *Mazama* (pag. 88)

Odocoileus

1. Coloración dorsal de la cola pardo con bordes blancos; astas con un tronco principal de donde salen las ramificaciones; longitud de la oreja aproximadamente 50 % de la longitud de la cabeza. Fosa lacrimal somera (todo México, excepto la Península de Baja California) .... *Odocoileus virginianus*

(Coloración dorsal pardo; punta del hocico negro y parte posterior blanca, garganta color blanco; **cola larga con toda la parte ventral blanca** y la dorsal del color del lomo; ancas del color del lomo; **orejas proporcionales al tamaño de la cabeza.** Cráneo: **astas sin un tronco principal de donde salen las ramificaciones, sino que son bifurcaciones;** *astas con más de dos puntas en adultos.* La **fosa lacrimal es somera.** Longitud total 1,340.0 a 2,062.0 mm, condilobasal 170.0 a 246.5 mm).

1a. Coloración dorsal de la cola negra; astas dividiéndose progresivamente en dos ramas de igual diámetro; longitud de la oreja de aproximadamente 75 % de la longitud de la cabeza. Fosa lacrimal profunda (Altiplano, Desierto de Sonora y Península de Baja California. NOM*ssp) .... *Odocoileus hemionus*

(Coloración dorsal pardo; punta del hocico negro y parte posterior blanca, garganta color blanco; **cola corta con la parte ventral blanca, pero la punta negra,** dorsal y las ancas blancas; **orejas de tamaño mayor en proporción al tamaño de la cabeza.** Cráneo: **astas sin un tronco principal de donde salen las ramificaciones, sino que son bifurcaciones;** *astas con más de dos puntas en adultos.* La **fosa lacrimal es profunda.** Longitud total 1,370.0 a 1,800.0; condilobasal 23.6 a 25.2 mm).

Mazama

1. Color rojizo; inserción de ambas astas paralelas. Distancia interna de la base de las astas igual o menor que la anchura del occipital (de Oaxaca en la Planicie Costera del Pacífico y Tamaulipas en la Planicie Costera del Golfo al sur y la Península de Yucatán) .... *Mazama temama*

Family Cervidae

Family of mammals that include deer from small to large size (height 30-240 cm); antlers found only in males (except for the genus *Rangifer*) generally with complex structures (nail-shaped in the majority of the small genera) and with a skin sheath named "velvet" when growing; antlers are lost generally each year; stomach with four chambers. Their distribution is around the world except for the extreme northern part of Africa and all Australasia. They belong to the Order Artiodactyla, Infraorder Pecora. The four species of the two genera belong to the Subfamily Capreolinae.

1. Limbs same size; antlers greater than half the length of the head and branched. Auditory bullae moderately inflated; condylobasal length greater than 230.0 mm .... *Odocoileus* (p. 89)

1a. Front limbs shorter than hind limbs; antlers generally less than half of the head length and unbranched although in some cases a small fork is found close to the distal extreme (Figure A6). Auditory bullae lightly inflated; condylobasal length less than 230.0 mm .... *Mazama* (p. 89)

Odocoileus

1. Dorsal tail hair brown with white edges; antlers with a main beam where points or tines grow; ear approximately 50 % length of head. Lachrymal fossa shallow (all over Mexico except the Baja California Peninsula) .... *Odocoileus virginianus*

(Dorsal pelage brown; tip of the snout black and back part white; throat white; **long tail with underparts white** and dorsal part same color as back; limbs same color as back; **ears in proportion to head size**. Skull: **antlers without a main beam split in pairs;** *antlers with more than one beam.* **Superficial lachrymal duct**. Total length 1340.0 to 2062.0 mm; condylobasal length 170.0 to 246.5 mm).

1a. Dorsal tail hair black; antlers split progressively in two beams of the same diameter; ear approximately 75 % length of head. Lachrymal fossa shallow (Mexican Plateau, Sonora Desert, and Baja California Peninsula NOM*ssp.) .... *Odocoileus hemionus*

(Dorsal pelage brown; tip of the snout black and posterior part white; throat white; **short tail with underparts white but the tip black** and dorsal parts and limbs white; **ears larger size in proportion to head size**. Skull: **antlers without a main beam split in pairs;** *antlers with more than one beam.* **Lachrymal duct deep**. Total length 1,370.0 to 1,800.0; condylobasal length 23.6 to 25.2 mm).

Mazama

1. Reddish pelage; insertion of both parallel antlers. Internal distance from the base of the horns equal or less than occipital breadth (from Oaxaca in the Pacific Coastal Plain and Tamaulipas on the Gulf Coastal Plain toward the south and the Yucatan Peninsula) .... *Mazama temama*

(**Coloración dorsal rojizo incluyendo todo el hocico**, garganta de color más claro, pero no blanco; cola relativamente larga con la parte ventral blanca, la dorsal y las ancas del color del lomo; orejas de tamaño proporcional al de la cabeza; *astas con una o dos puntas en adultos*. Cráneo: *astas con una sola rama*, ocasionalmente con una ramificación; **inserción de las astas paralelo**. Longitud total 1,700.0 a 1,800.0 mm, condilobasal 162.0 a 171.0 mm).

1a. Color pardo-grisáceo; inserción de las astas divergente. Distancia interna de la base de las astas mayor que la anchura del occipital (Figura A6; en el norte de la Península de Yucatán) .... *Mazama pandora*

(**Coloración pardo-grisáceo incluyendo todo el hocico**, garganta de color más claro pero no blanco; cola relativamente larga con la parte ventral blanca; la coloración dorsal y las ancas del color del lomo; orejas de tamaño proporcional al de la cabeza; *astas con una o dos puntas en adultos*. Cráneo: *astas con una sola rama*, ocasionalmente con una ramificación; **inserción de las astas divergente**. Longitud total 1,750.0 a 1,850.0 mm, condilobasal 161.3 a 177.0 mm).

Familia Tayassuidae

Familia de mamíferos que incluye a los pecaríes, taguas, tayasus, chanchos de monte, puercos de monte o jabalíes americanos. Se caracterizan por tamaño medio (altura a la cruz 75.0 a 105.0 cm); cuerpo cubierto con cerdas; dígitos de tres a cuatro, pero sólo dos funcionales para la locomoción; hocico alargado, movible, aplanado anteriormente; dos metatarsales y metacarpales fusionados. Se distribuyen desde el norte de México hasta Argentina. Pertenecen al Orden Artiodactyla, Infraorden Suina. Las tres especies presentes en México pertenecen a la Subfamilia Tayassuinae.

1. Piel sin un collar blanco, pero con los labios superiores blancos. Maxilar expandido lateralmente a la altura de los molares; sin cresta en el paladar; longitud del cráneo mayor de 260.0 mm (del sur de Veracruz en la Planicie Costera del Golfo al sur y la región sur de la Península de Yucatán. NOM*ssp) .... *Tayassu pecari*

(Coloración dorsal y ventral pardo jaspeado en tonos de pardo grisáceo oscuro, **con una mancha blanca en la mandíbula inferior, mejillas y garganta, pero no presenta un collar de pelos blancos**; regularmente presenta una banda dorsal de pelos más largos y más oscuros que la región lateral; *cuerpo robusto y patas proporcionalmente cortas; cabeza triangular*. Cráneo: el canino es de manera triangular y su longitud es más el doble de la diastema; cresta sagital en la parte posterior del cráneo y muy bien desarrollada. Longitud mayor del cráneo 255.0 a 295.0).

1a. Piel con un collar blanco o amarillento; los labios superiores no blancos. Maxilar no expandido lateralmente a la altura de los molares; con cresta en el paladar al nivel del canino y el primer premolar; longitud del cráneo menor de 260.0 mm (todo México excepto el Altiplano Central, depresión del Balsas y Península de Baja California) .... *Dicotyles* (pag. 92)

(**Dorsal reddish color including all the snout**; throat lighter but not white; relatively long tail with underparts white; dorsal part and limbs same color as back; ears in proportion to head size; *antlers with only one beam, occasionally with one branching.* Skull: **parallel insertion of antlers**. Total length 1700.0 to 1800.0 mm; condylobasal length 162.0 to 171.0 mm).

1a. Grayish-brown; divergent antler insertion. Internal distance of the antler base larger than the occipital breadth (Figure A6; north of the Yucatan Peninsula) .... *Mazama pandora*

(**Grayish brown pelage including the whole snout**; throat lighter but not white; relatively long tail with underparts white, dorsal part and limbs same color as back; ears in proportion to head size; *antlers with only one beam, occasionally with one branching.* Skull: **divergent antler insertion**. Total length 1,750.0 to 1,850.0 mm; condylobasal length 161.3 a 177.0 mm).

A6

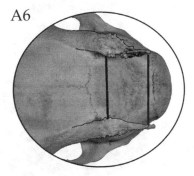

Family Tayassuidae

Family of mammals including peccaries, Chacoan peccary, white-lipped peccary, wild hogs, and wild pigs or American wild boar. They are characterized by their medium size (height from 75.0 to 105.0 cm); body covered with bristles; three to four digits but only two are functional in locomotion; extended snout, moveable, flattened anteriorly; two metatarsals and two middle metacarpals fused together. They are distributed from northern Mexico to Argentina. They belong to the Order Artiodactyla, Infraorder Suina. The three species are found in Mexico and belong to the Subfamily Tayassuinae.

1. Skin without a white or yellowish collar but upper lips white. Maxilla expanded laterally to the height of molars; no crest in the palate; length of skull larger than 260.0 mm (southern Veracruz in the Southern Gulf Coastal Plain and the southern region of the Yucatan Peninsula. NOM*ssp.) .... *Tayassu pecari*

(Dorsal and underparts brown and speckled in dark grayish brown **with white spots in the inferior jaw, cheeks, and throat but it does not show a white hair collar**; regularly showing a dorsal stripe of longer and darker hairs than in the lateral area; *robust body and limbs proportionally short; head triangular.* Skull: canine is triangular and its length is greater than double the diastema; sagittal crest in the posterior part of the skull and very well developed. Length 255.0 to 295.0).

1a. Skin with a white or yellowish collar; upper lips are not white. Maxilla is not expanded laterally to the level of molars; with crest in the palate at the level of the canine and first premolar; skull length less than 260.0 mm (all over Mexico except for the high Central Plateau, Balsas Basin, and the Baja California Peninsula) .... *Dicotyles* (p. 93)

Dicotyles

1. Collar de color blanco o amarillento; pelos con la región oscura más amplia. Cráneo largo con occipitales anchos y palatales angostos; rostro curvo (Figura A7; en la Planicie costa del Pacífico desde Sonora y Chihuahua al sur hasta Oaxaca y en la Planicie Costera del Golfo de Tamaulipas y Coahuila al sur) ......
.... *Dicotyles angulatus*

(Coloración dorsal y ventral café jaspeado en tonos de café grisáceo oscuro; **con un collar de tonos más claros que recorre de los hombros al pecho**; regularmente presenta una banda dorsal de pelos más largos y más oscuros que la región lateral; *cuerpo robusto y patas proporcionalmente cortas; cabeza triangular.* Cráneo: el canino es de manera triangular y es igual o menor de la distancia de la diastema; cresta sagital ausente en la parte posterior del cráneo o muy poco desarrollada. Longitud total 905.0 a 1,390.0 mm; condilobasal 221.0 a 270.0 mm.

1a. Collar de color de diversos tonos, a menudo indistinguible; pelos con la región clara más amplia. Cráneo corto con occipitales delgados y palatales anchos; rostro recto (Figura A8; en la Planicie Costera del Golfo desde Veracruz al sur, incluyendo todo Chiapas y la Península de Yucatán) .... *Dicotyles crassus*

(Coloración dorsal y ventral café jaspeado en tonos de café grisáceo oscuro; **con un collar de tonos más claros que recorre de los hombros al pecho, a menudo indistinguible; pelos con la región clara más amplia**; *cuerpo robusto y patas proporcionalmente cortas; cabeza triangular.* Cráneo: el canino es de manera triangular; cresta sagital ausente en la parte posterior del cráneo o muy poco desarrollada. Longitud mayor del cráneo 229.0 a 254.0 mm.

A7

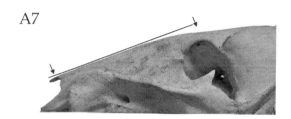

Dicotyles

1. White collar; pelage with a wider dark area. Skull long with wide occipital and narrow palatal bones; rostrum curved (Figure A7; in the Coastal Pacific Plain from Sonora and Chihuahua southward to Oaxaca and in the Gulf Coastal Plains of Tamaulipas and Coahuila southward) ....
.... *Dicotyles angulatus*

(Dorsal and underparts brown pelage and speckled in dark grayish brown shades; **a collar in lighter shades running from the shoulders to the chest**; regularly showing a dorsal stripe with longer and darker hairs than in the lateral area; *body robust and limbs proportionally short; head triangular.* Skull: canine is triangular and equal or less than the distance to the diastema; sagittal crest absent in the posterior part of the skull or very little developed. Total length 905.0 to 1,390.0 mm; condylobasal length 221.0 to 270.0 mm).

1a. Collar in several shades frequently undistinguishable; hairs with a wider and lighter area. Skull short with thin occipitals and wide palatals; rostrum straight (Figure A8; in the Gulf Coastal Plain from Veracruz southward including all Chiapas and the Yucatan Peninsula) .... *Dicotyles crassus*

(Dorsal and underparts brown pelage and speckled with grayish brown shades; **a collar in lighter shades running from the shoulders to the chest frequently undistinguishable; hairs with a wider and lighter area**; *body robust and limbs proportionally short; head triangular.* Skull: canine is triangular; sagittal crest absent in the posterior part of the skull or very little developed. Length greater than skull 229.0 to 254.0 mm).

A8

Carnivora

Orden de mamíferos que incluye a los perros, osos, gatos, lobos marinos, focas, etc. Se caracterizan por tener los caninos grandes, semi o circulares transversalmente, filosos, curveados y por la presencia de la carnasia. De distribución prácticamente cosmopolita. Tiene dos Subórdenes Caniformia y Feliformia. En México está representado por ocho familias: Felidae (Feliformia) y Canidae, Mephitidae, Mustelidae, Otariidae, Phocidae, Procyonidae y Ursidae (Caniformia).

Literatura utilizada para las claves, taxonomía y nomenclatura del Orden Carnivora. Familia Canidae. Se basó en la especie *Vulpes macrotis* (Wozencraft 2005). Se utilizó la revisión del género *Canis* (Jackson 1951). Familia Mephitidae. Se utiliza la Familia Mephitidae de acuerdo con Dragoo y Honeycutt (1997), *Conepatus mesoleucus* es considerado como sinónimo de *C. leuconotus* (Dragoo *et al.* 2003). Se incluye a *Spilogale angustifrons* (Wozencraft 2005). Se utilizó la revisión del género *Spilogale* (Howell 1906; Van Gelder 1959). Familia Procyonidae. Consideramos *Procyon insularis* como una subespecie de *P. lotor* (Helgen y Wilson 2005). Se utilizó la revisión del género *Procyon* (Goldman 1950). Familia Mustelidae. Se utilizó la revisión del género *Mustela* (Hall 1951).

De los Mammalian species: Currier (1983); Dragoo y Sheffield (2009); Hwang y Larivière (2001); Kinlaw (1995); Larivière (1999); Larivière (2001); Larivière y Walton (1997, (1998); Murray y Gardner (1997); Oliveira (1998a y b); Pasitschniak-Arts (1993); Poglayen-Neuwall y Toweill (1988); Presley (2000); Stewart y Huber (1993); Verts *et al* (2001); Wade-Smith y Verts (1982); Yeen y Larivière (2001); Yensen y Tarifa (2003).

1. Miembros anteriores en forma de remo; sin cola. Dos incisivos inferiores; todos los dientes post-caninos de la misma forma, generalmente cónicos 2

1a. Miembros anteriores no en forma de remo, con dedos bien diferenciados; con cola. Tres incisivos inferiores; dientes post-caninos de forma diferente entre sí
.... 3

2. Oreja pequeña; extremidades posteriores dirigidas hacia adelante y son funcionales para caminar. Número total de dientes 24 o menos; con canal aliesfenoides (Figura CR1); dientes usualmente unicúspides, proceso postorbital bien desarrollado .... Otariidae (pag. 116)

2a. Sin oreja; extremidades posteriores dirigidas hacia atrás, pero no funcionales para caminar. Número total de dientes 26 o más; sin canal aliesfenoides (Figura CR2); dientes no unicúspides; proceso postorbital ausente ... Phocidae (pag. 118)

Order of mammals including dogs, bears, cats, sea lions, seals, and so on characterized by having big, sharp, curved and the prescence of the carnassial, semi or transversely circular canines. Their distribution is mainly cosmopolitan. They have two Suborders: Caniform and Feliform. In Mexico it is represented by eight families: Felidae (Feliformia) and Canidae, Mephitidae, Mustelidae, Otariidae, Phocidae, Procyonidae, and Ursidae (Caniformia).

Literature used for the keys, taxonomy and nomenclature of the Order Carnivora. Family Canidae. We used the species *Vulpes macrotis* (Wozencraft 2005) and the review of the genus *Canis* (Jackson 1951). Family Mephitidae. We used the Family Mephitidae according to Dragoo and Honeycutt (1997), *Conepatus mesoleucus* were considered as junior synonym of *C. leuconotus* (Dragoo *et al.* 2003). *Spilogale angustifrons* is included (Wozencraft 2005). We used the revision of the genus *Spilogale* (Howell 1906; Van Gelder 1959). Family Procyonidae. We dealt with *Procyon insularis* as a subspecies of *P. lotor* (Helgen and Wilson 2005). We used the revision of the genus *Procyon* (Goldman 1950). Family Mustelidae. We used the revision of the genus *Mustela* (Hall 1951).

From Mammalian species: Currier (1983); Dragoo and Sheffield (2009); Hwang and Larivière (2001); Kinlaw (1995); Larivière (1999); Larivière (2001); Larivière and Walton (1997, (1998); Murray and Gardner (1997); Oliveira (1998a and b); Pasitschniak-Arts (1993); Poglayen-Neuwall and Toweill (1988); Presley (2000); Stewart and Huber (1993); Verts *et al* (2001); Wade-Smith and Verts (1982); Yeen and Larivière (2001); Yensen and Tarifa (2003).

1. Front limbs in paddle-shape; no tail. Two lower incisors; all post-canine teeth same shape, generally conical 2
1a. Front limbs not paddle-shape with well-defined digits; with tail. Three inferior incisors; post-canine teeth with a different shape among themselves 3

2. Small ears; hind limbs directed frontward and functional for walking. Total number of teeth 24 or less; with an alisphenoid channel (Figure CR1); teeth usually unicuspid; well-developed postorbital process .... Otariidae (p. 117)
2a. No ears; hind limbs directed backwards, but not functional for walking. Total number of teeth 26 or more; no alisphenoid channel (Figure CR2); teeth not unicuspid; postorbital process absent .... Phocidae (p. 119)

3. Garras aplanadas lateralmente, afiladas y retráctiles. Tres molariformes inferiores; carnasia superior en forma de navaja y sin talón (Figura CR3) .... Felidae (pag. 104)

3a. Garras no aplanadas lateralmente, si afiladas no retráctiles o uñas. Más de tres molariformes inferiores; carnasia superior con talón bien desarrollado o en forma cuadrada (Figura CR4) 4

CR1

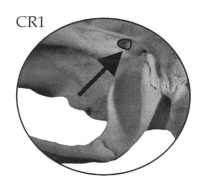

4. Coloración homogénea o jaspeada, pero nunca con bandas, líneas, manchas o anillos de un color contrastante, ni presencia de membranas interdigitales, ni colas prensiles. Abertura posterior del canal aliesfenoides presente al exterior (Figura CR5); molariformes totales 26 5

4a. Coloración con bandas, líneas, manchas o anillos de un color contrastante o presencia de membranas interdigitales o colas prensiles. Abertura posterior del canal aliesfenoides ausente al exterior (Figura CR6); molariformes totales 24 o menos 6

5. Tamaño mediano; miembros delgados y sin garras bien desarrolladas. Septo de la bula timpánica longitudinal; cuarto molariforme superior afilado (en forma de carnasia; Figura CR7); longitud condilobasal menor de 280.0 mm .... Canidae (pag. 100)

5a. Tamaño grande; miembros robustos y con garras bien desarrolladas. Septo de la bula timpánica no longitudinal; cuarto molariforme superior aplanado con pequeñas cúspides (no en forma de carnasia; Figura CR8); longitud condilobasal mayor de 280.0 mm .... Ursidae (pag. 124)

6. La cola presenta anillos en los que se intercala el color dorsal y blancuzco (este contraste puede ser poco notorio en algunas especies), sí no presenta los anillos el ejemplar debe de ser color oro viejo y tener la cola prensil. Con dos molares superiores; carnasia superior moledora .... Procyonidae (pag. 120)

CR5

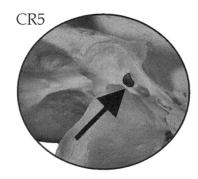

CR4

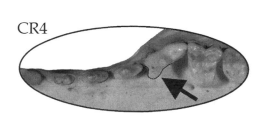

3. Claws flattened laterally, sharp, and retractile. Three lower molariforms; upper carnassial in razor blade shape and without a heel (Figure CR3) ....
.... Felidae (p. 105)

3a. Claws not flattened laterally if sharp, not retractile or with fingernails. More than three lower molariforms; upper carnassial with well-developed heel or in a square shape (Figure CR4) 4

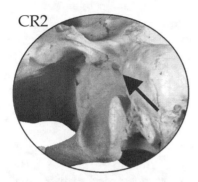

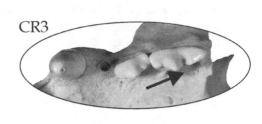

4. Coloration homogeneous or grizzle but never with contrast stripes or spots or annulated color pattern, no hind digits webbed, no prehensile tail. Posterior opening of the alisphenoid channel present toward the exterior (Figure CR5); total molariforms 26 5

4a. Coloration with stripes or spots or annulated color pattern or hind digits webbed or prehensile tail. Posterior opening of the alisphenoid channel absent toward the exterior (Figure CR6); total molariforms 24 or less 6

5. Medium size; slim limbs with digits not well-developed claws. Longitudinal septo of the auditory bullae; fourth upper molariform sharp (in carnassial shape; Figure CR7); condylobasal length less than 280.0 mm ... Canidae (p. 101)

5a. Large size; robust limbs with well-developed claws. Septo of the auditory bullae not longitudinal; forth upper molariform flat with small crest (not in carnassial shape; Figure CR8); condylobasal length greater than 280.0 mm ....
.... Ursidae (p. 125)

6. Tail shows grizzly rings with dorsal and whitish color (which could be little notorious in some species), if rings are not present, the specimen´s color must be old gold and have prehensile tail. Two upper molars; upper grinder carnassial .... Procyonidae (p. 121)

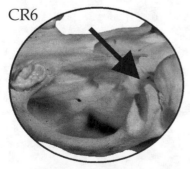

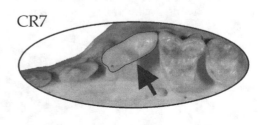

6a. La cola sin anillos que intercalen diferentes colores, pero sí pueden tener dos o más colores en líneas longitudinales. Con un molar superior; carnasia superior cortante 7

7. Los ejemplares son de diferentes colores, pero nunca negros con franjas longitudinales blancas en el dorso; cuerpos muy alargados. Longitud del cráneo mayor de 850.0 mm; sin glándulas odoríferas que se mezclan con la orina como medio de defensa .... Mustelidae (pag. 112)

7a. Los ejemplares de color negro, usualmente con franjas blancas longitudinales en el dorso; cuerpos tienden a ser más compactos. Longitud del cráneo menor de 850.0 mm; con glándulas odoríferas que se mezclan con la orina como medio de defensa .... Mephitidae (pag. 108)

Familia Canidae

Familia que incluye a lobos, perros, zorros, coyotes y chacales. Se caracterizan por tener caninos bien desarrollados, las garras relativamente rectas, no retráctiles; cráneo alargado; rostro relativamente largo y estrecho; proceso mastoideo más pequeño que el proceso paroccipital; carnasial bien desarrollada. De distribución prácticamente cosmopolita excepto Madagascar, Nueva Zelanda e Islas Filipinas. Pertenecientes al Orden Carnivora, Suborden Caniformia. Todas las especies presentes en México pertenecen a la Subfamilia Caninae.

1. Coloración jaspeada en tonos de gris (formada por la combinación de pelos gris claro y negro) en el lomo y rostro, el resto del ejemplar en tonos rojizo canela. Cresta temporal en forma de guitarra (Figura CR9); con una depresión frontal a la altura de los procesos postorbitales; borde ventral de la mandíbula elevándose al nivel del proceso angular (formando un escalón; todo México) ...
.... *Urocyon cinereoargenteus*

(Coloración dorsal jaspeada en tonos grises, pecho y garganta blancos, patas, costados y orejas ocrácea rojiza y contrastando con la dorsal; **orejas menores al 50 % de la longitud de la cabeza**; cola larga y peluda, con la parte dorsal negruzca. Cráneo: *cresta sagital en forma de guitarra*; la sección dentro de los parietales tan ancha como larga; mandíbula con un "escalón" en la parte próxima al proceso angular. Longitud total 800.0 a 1,125.0 mm, condilobasal 110.0 a 130.0 mm).

1a. En combinaciones de diferentes coloraciones, pero diferente a la descrita anteriormente. Cresta temporal no bien marcada, ni en forma de guitarra; sin depresión frontal a la altura de los procesos postorbitales; borde ventral de la mandíbula continua a todo lo largo (sin formar un escalón) 2

2. Longitud de la oreja igual o mayor del 50 % de la longitud de la cabeza; longitud total menor de 535.0 mm; longitud de la pata trasera menor de 150.0 mm. Longitud condilobasal menos de 125.0 mm; proceso postorbital bien desarrollado; anchura postorbital notablemente menos que el ancho interorbital

CR8

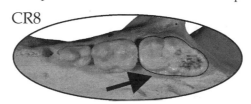

6a. Tail with no grizzly rings with different colors, but it can have two or more colors in longitudinal lines. One upper molar; cutting upper carnassial 7

7. Specimens are of different colors but never black with longitudinal white dorsal stripes; bodies are extended. Length of skull greater than 850.0 mm; no odoriferous glands mixed with urine as a means of defense .... Mustelidae (p. 113)

7a. Specimens are black and usually with white longitudinal dorsal stripes; bodies tend to be more compact. Skull longitude less than 850.0 mm; odoriferous glands mixed with urine as a means of defense .... Mephitidae (p. 109)

Family Canidae

Family including wolves, dogs, foxes, and jackals that are characterized by having well developed canines and claws, relatively straight and not retractile; skull extended; rostrum relatively long and narrow; mastoid process smaller than the paroccipital process; well-developed carnassial. Their distribution is practically cosmopolitan except for Madagascar, New Zealand, and the Philippine Islands. They belong to the Order Carnivora, Suborder Caniformia. All the species in Mexico belong to the Subfamily Caninae.

1. Color speckled in gray shades (formed by the combination of light gray and black hairs) on the back and rostrum; the rest of the specimens in reddish cinnamon. Temporal crest in guitar shape (Figure CR9); frontal depression at the level of the postorbital processes; ventral border of the jaw rising to the level of the angular process (forming a step; all over Mexico) .... *Urocyon cinereoargenteus*

(Dorsal pelage speckled in gray shades; chest and throat white; limbs, sides, and ears reddish ochre and contrasting with dorsal; **ears shorter than 50 % of head length**: long and hairy tail with dorsal part blackish. Skull: *sagittal crest in guitar shape*; the section inside the parietal bones same breath as length; jaw with a "step" in the proximal part to the angular process. Total length 800.0 to 1125.0 mm, condylobasal length 110.0 to 130.0 mm).

1a. A combination of different colors but different to those described previously. Temporal crest not well defined or in guitar shape; no frontal depression at the level of the postorbital process; ventral border of the snout continuous in all its length (not forming a step) 2

2. Ear length equal to or greater than 50 % of the head length; total length less than 535.0 mm; length of hind limbs less than 150.0 mm. Condylobasal length less than 125.0 mm; postorbital process well-developed; postorbital breadth notably

CR9

(Altiplano, Desierto Sonorense y Península de Baja California. NOM**) ....
.... *Vulpes macrotis*
(Coloración homogénea en el dorso, generalmente de colores pálidos y homogéneos, no jaspeados; orejas más del 50 % de la longitud de la cabeza. Cráneo: **cresta sagital sin forma de lira; mandíbula sin un "escalón" en la parte próxima al proceso angular**. Longitud total 730.0 a 840.0 mm, condilobasal 114.4 mm).

2a. Longitud de la oreja menor del 40 % de la longitud de la cabeza; longitud total mayor de 535.0 mm; longitud de la pata trasera mayor de 150.0 mm. Longitud condilobasal más de 125.0 mm; proceso postorbital poco desarrollado; anchura postorbital igual o mayor que la anchura interorbital .... *Canis* (pag. 102)

Canis

1. Longitud total mayor de 1,000.0 mm; longitud de la oreja 45 % o menor de la longitud de la pata trasera: ancho del rinario mayor de 30.0 mm. Diámetro antero-posterior del canino mayor de 11.0 mm; longitud del cráneo mayor de 210.0 mm; caja craneal delgada posterodorsalmente; constricción postorbital relativamente angosta (Figura CR10; actualmente regiones frías de los estados del norte de México. NOM***) .... *Canis lupus*
(Coloración dorsal jaspeada en tonos de pardo amarillento a oscuro con entrepelado negro; región ventral amarillo crema; longitud del cuerpo mayor de 1,000.0 mm; longitud de la oreja menor de 60 % o menos de la longitud de la pata trasera. Cráneo: **diámetro antero posterior del canino mayor de 11.0 mm**; longitud de cráneo en hembras mayor de 205.0 y 215.0 mm en machos; mandíbula sin un "escalón". **Longitud total 1,300.0 a 2,046.0 mm**, condilobasal 203.3 a 269.3 mm).

1a. Longitud total menor de 1,000.0 mm; longitud de la oreja más del 60 % de la longitud de la pata trasera; ancho del rinario menor de 30.0 mm. Diámetro antero-posterior del canino menos de 11.0 mm; longitud del cráneo menos de 210.0 mm; caja craneal ancha posterodorsalmente; constricción postorbital relativamente ancha (Figura CR11; en todo México) .... *Canis latrans*
(Coloración dorsal jaspeada en tonos de pardo amarillento a oscuro con entrepelado negro; región ventral amarillo crema; longitud del cuerpo pequeña; longitud de la oreja más del 60 % o más en proporción a la pata trasera . Cráneo: **diámetro antero posterior del canino menos de 11.0 mm**; longitud de cráneo en hembras menor de 205.0 y 215.0 mm en machos; mandíbula sin un "escalón". **Longitud total 1,000 a 1,350**; condilobasal 160.2 a 203.5 mm).

CR10

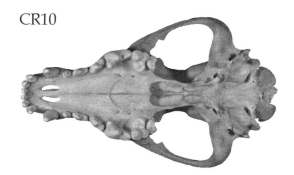

less than interorbital breadth (Mexican Plateau, Sonora Desert, and the Baja California Peninsula NOM**) .... *Vulpes macrotis*

(Homogeneous dorsal color, generally pale and homogeneous, not speckled; ears greater than 50 % of head length. Skull: *sagittal crest not in a guitar shape; jaw without a "step" in the proximal part to the angular process.* Total length 730.0 to 840.0 mm, condylobasal length 114.4 mm).

2a. Ear length equal to or less than 40 % of the head length; total length greater than 535.0 mm; length of hind limbs greater than 150.0 mm. Condylobasal length greater than 125.0 mm; postorbital process little developed; postorbital breadth same or greater than interorbital breadth .... *Canis* (p. 103)

Canis

1. Total length greater than 1,000.0 mm; ear length 45 % or less than the length of hind limbs; breadth of rhinarium greater than 30.0 mm. Anterior posterior length of canine greater than 11.0 mm; cranial length greater than 210.0 mm; postorbital constrictions relatively narrow (Fig. CR10; currently cold regions of the northern states of Mexico. NOM***) .... *Canis lupus*

(Dorsal pelage speckled in shades from yellowish brown to dark brown with grizzly black; underparts are cream yellow; length of largest body 1,000.0 mm; length of smallest ear 60 % or less than the length of the hind limb. Skull: **anterior posterior diameter of the canine larger than 11.0 mm**; skull length in females larger than 205.0 and 215.0 mm in males; jaw without a "step". **Total length 1,300.0 to 2,046.0 mm**, condylobasal length 203.3 to 269.3 mm).

1a. Total length less than 1,000.0 mm; ear length greater than 60 % of hind limb length; breadth of rhinarium less than 30.0 mm. Diameter of the anterior posterior canine less than 11.0 mm; skull length less than 210.0 mm; braincase posteriorly and dorsally wide; postorbital constriction relatively wide (Figure CR11; all over Mexico) .... *Canis latrans*

(Dorsal pelage speckled in shades of yellowish brown to dark grizzly brown with black; underparts are cream yellow; small body size; ear length greater than 60 % or more in proportion with the hind limb. Skull **anterior posterior diameter of the canine less than 11.0 mm**; length in females less than 205.0 and 215.0 mm in males; jaw without a "step". **Total length 1,000 to 1,350 mm**, condylobasal length 160.2 to 203.5 mm).

CR11

Familia Felidae

Familia que incluye a los todos los gatos, leones, puma, jaguar, pantera, etc. Se caracterizan por poseer un cuerpo esbelto, oído agudo y excelente vista. A excepción de los guepardos, todos los félidos pueden retraer sus garras dentro de una vaina protectora mientras no las usan. Son cosmopolitas en estado natural a excepción de Australia, Antárctico, Groenlandia, Madagascar, Nueva Guinea, y Nueva Zelanda. Pertenecen al Orden Carnivora, Suborden Feliformia, Infraorden Feloidea. Todas las especies presentes en México pertenecen a la Subfamilia Felinae o Pantherinae. Las diferencias entre estas dos familias se basan en características del grado de osificación en la garganta, lo que les permite rugir a los Pantherinae pero no a los Felinae. Por las características se decidió incluir a ambas Subfamilias dentro de la misma clave.

1. Cola corta, menor del 25 % de la longitud del cuerpo; pelos de los lados de la cabeza alargados. Tres molariformes superiores en cada maxila (de Oaxaca hacia el Norte, a excepción de las dos planicies costeras de Tamaulipas y Jalisco al sur) .... *Lynx rufus*

(Coloración dorsal jaspeada, en manchas y líneas, en tonos de grises y pardos; *cola muy corta; orejas de forma triangular y terminadas con un mechón de pelo negro.* Cráneo: *con dos premolares superiores*; no arqueado en vista lateral; borde anterior de los nasales al mismo nivel o por delante del borde anterior del foramen palatino. Longitud total hembras 710.0 a 1,219.0 mm, machos 787.0 a 1,252.0 mm, condilobasal hembras 103.0 a 117.0 mm, machos 109.0 a 125.0 mm).

1a. Cola larga, mayor del 25 % de la longitud cabeza-cuerpo; pelos de los lados de la cabeza no alargados. Cuatro molariformes superiores en cada maxila 2

2. Longitud total mayor de 1,400.0 mm. Longitud del cráneo mayor de 158.0 mm ... 3

2a. Longitud total menor de 1,400.0 mm. Longitud del cráneo menor de 158.0 mm
.... 4

3. Coloración dorsal uniforme. Borde posterior de los temporales con un proceso sobre los frontales; (Figura CR12), longitud del cráneo menor de 237.0 mm (todo México) .... *Puma concolor*

(*Coloración dorsal uniforme en tonos de pardo claro a pardo grisáceo*, vientre blancuzco; región alrededor de los labios blanca y región media del rostro más oscuro; cola larga con la punta negra. Cráneo: *los huesos temporales tienen unos pequeños procesos en la parte superior del cráneo que se insertan en el frontal, pueden ser vistos en posición dorsal o lateral.* Longitud total hembras 2,000.0 a 2,100.0 mm, machos 2,200.0 a 2,300.0 mm, condilobasal hembras 140.0 a 156.0 mm, machos 152.0 a 159.0 mm).

3a. Coloración dorsal manchado o negra. Borde posterior de los temporales sin un proceso sobre los frontales (Figura CR13); longitud del cráneo mayor de 237.0 mm (de Sonora en la Planicie Costera del Pacífico y Tamaulipas en la Planicie Costera del Golfo al sur y la Península de Yucatán. NOM*) .... *Panthera onca*

(Coloración dorsal de pardo clara a pardo rojiza, *con manchas pardas más oscuras rodeadas por líneas no continuas de color más oscuras o negras*; parte superior del hocico de un color homogéneo; región alrededor de los labios blanca; parte ventral clara, pero conservando el patrón de manchas; cola larga; cabeza proporcionalmente grande. Existe una forma melánica, pero se pueden en algunos casos apreciar el patrón manchado. Cráneo: *los huesos temporales no tienen los procesos en la parte superior del cráneo que se insertan en el frontal.* Longitud total 1,727.0 a 2,419.0 mm, condilobasal 199.5 a 237.5).

4. Coloración dorsal homogénea. En vista lateral el cráneo ligeramente arqueado; borde anterior de los nasales por delante del borde anterior del foramen palatino, de tal manera que en vista dorsal no se pueden ver los forámenes palatinos (Figura CR14; de Sonora en la Planicie Costera del Pacífico y Tamaulipas en la Planicie Costera del Golfo al sur y la Península de Yucatán. NOM**) .... *Herpailurus yagouaroundi*

Family Felidae

Family including all the cats, lions, cougars, jaguars, panthers, and so on characterized by a slim body, sharp ear, and excellent sight. Except for the cheetah, all Felidae can retract their claws within a protective sheath when not in use. They are cosmopolitan in their natural state with the exception of Australia, Antarctica, Greenland, Madagascar, New Guinea, and New Zeland. They belong to the Order Carnivora, Suborder Feliformia, Infraorder Feloidea. All the species in Mexico belong to the Subfamily Felinae and Pantherinae. Differences between these two families are based on ossification characteristics in the throat that allow the Pantherinae to roar while Felinae cannot. Because of their characteristical type both Subfamilies were included within the same key.

1. Short tail, less than 25 % of the body length; hairs on head sides extended. Three upper molariforms in each jaw (from Oaxaca northward except for the two coastal plains of Tamaulipas and Jalisco southward) .... *Lynx rufus*
(Dorsal pelage speckled, spotted, and striped in shades of gray and brown; **very short tail**; **ears in triangular shape ending with a lock of black hair**. Skull: *two upper premolars*; not arched in side view; anterior border of the nasals at the same level or in front of the anterior border of the palatine foramen in dorsal view. Total length of females 710.0 to 1,219.0 mm; males 787.0 to 1,252.0 mm, condylobasal length in females 103.0 to 117.0 mm; males 109.0 to 125.0 mm).

1a. Long tail, greater than 25 % of the body length; hairs on head sides not extended. Four upper molariforms in each jaw 2

2. Total length larger than 1,400.0 mm. Skull length greater than 158.0 mm 3

2a. Total length less than 1,400.0 mm. Skull length less than 158.0 mm 4

3. Dorsal pelage uniform. Posterior border of the temporal bones with a process on the frontal (Figure CR12); skull length less than 237.0 mm (all over Mexico) ......
.... *Puma concolor*
(*Uniform dorsal pelage in shades from light to grayish brown*, whitish abdomen, area around the lips white, medium area of rostrum darker; long tail with black tip. Skull: *temporal bones have small processes in the upper part of the skull inserted in the frontal, which can be seen in dorsal or lateral view*. Total length in females 2,000.0 to 2,100.0 mm; males 2,200.0 to 2,300.0 mm, condylobasal length in females 140.0 to 156.0 mm; males152.0 to 159.0 mm).

3a. Dorsal pelage spotted or black. Posterior border of the temporal bones without a process on the frontal (Figure CR13); skull length greater than 237.0 mm (from Sonora in the Pacific Coastal Plains and Tamaulipas in the Gulf Coastal Plains southward and the Yucatan Peninsula. NOM*) .... *Panthera onca*
(Dorsal pelage light to reddish brown *with darker brown spots surrounded by stripes in a darker color or blackish but not continuous*; upper part of the jaw in a homogeneous color; area around the lips white; underparts white but conserving the spotted pattern; long tail; head proportionally big. There is a melanic form; in some cases the spotted pattern can be seen. Skull: *temporal bones do not have processes in the upper part of the skull and are inserted in the frontal bone*. Total length 1,727.0 to 2,419.0 mm, condylobasal length 199.5 to 237.5).

4. Dorsal pelage homogeneous. In lateral view, skull slightly arched; front border of the nasals in front of the anterior palatine foramen in such a way that nasals cover the palatine foramina in dorsal view (Figure CR14; from Sonora in the Coastal Pacific Plains and Tamaulipas in the Coastal Gulf Plains and the Yucatan Peninsula NOM**) .... *Herpailurus yagouaroundi*

(Coloración dorsal homogénea jaspeada entre pelos gris y pardos, sin manchas; parte superior del hocico y región alrededor de los labios poco más oscura que el dorso; parte ventral del mismo tono que la dorsal; orejas pequeñas; patas proporcionalmente cortas y cola larga. Cráneo: ligeramente arqueado en vista lateral; *borde anterior de los nasales por delante del borde anterior del foramen palatino en vista dorsal, de tal manera que los nasales tapan los forámenes palatinos.* Longitud total 888.0 a 1,372.0 mm, condilobasal 81.2 a 109.2)

4a. Coloración dorsal con manchas o bandas. En vista lateral el cráneo fuertemente arqueado; borde anterior de los nasales por detrás del borde anterior del foramen palatino, de tal manera que en vista dorsal se pueden ver los forámenes palatinos (Figura CR15) .... *Leopardus* (pag. 106)

CR12 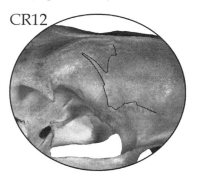   CR13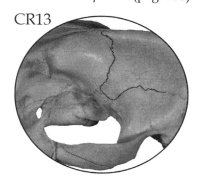

Leopardus

1. Longitud del cuerpo mayor de 650.0 mm; coloración dorsal pardo arena a amarillo claro, con manchas pardo-negruzco; longitud de la pata trasera mayor de 145.0 mm; peso mayor a 7.0 kg. Longitud del cráneo mayor de 120.0 mm; longitud de la carnasia superior mayor de 12.7 mm (de Sonora en la Planicie Costera del Pacífico y Tamaulipas en la Planicie Costera del Golfo al sur y la Península de Yucatán. NOM*) .... *Leopardus pardalis*

(Coloración dorsal de pardo clara a pardo rojiza, con manchas pardas más oscuras rodeadas por líneas discontinuas de color oscuro; *manchas de la parte media del cuerpo muy alargadas, dos veces más largas que anchas*; parte superior del hocico de un color homogéneo; región alrededor de los labios blanca; parte ventral blanca. Cráneo: fuertemente arqueado en vista de perfil; borde anterior de los nasales por detrás del borde anterior del foramen palatino en vista dorsal; longitud del cráneo mayor de 120.0 mm y de la carnasia superior de 12.7 mm. Longitud total hembras 1,050.0 a 1,189.0 mm, machos 1,057.0 a 1,230.0 mm, condilobasal hembras 111.3 114.7 mm, machos 122.0 a 132.0 mm).

1a. Longitud del cuerpo menor de 700.0 mm; coloración dorsal pardo grisáceo pálido a leonado, con manchas pardo-negruzco; longitud de la pata trasera menor de 145.0 mm; peso menor a 5.0 kg. Medidas craneales menores que las anteriores (del sur Sonora en la Planicie Costera del Pacífico y Tamaulipas en la Planicie Costera del Golfo al sur y la Península de Yucatán. NOM*) .... *Leopardus wiedii*

(Coloración dorsal de pardo claro a pardo rojizo, con manchas pardas más oscuras rodeadas por líneas no continuas de color oscuro, *manchas en la parte media del cuerpo en general muy alargadas tres veces más largas que anchas*; parte superior del hocico de un color homogéneo; región alrededor de los labios blanca; parte ventral blanca; cola larga, mayor que la longitud de las extremidades traseras; *cabeza proporcionalmente pequeña en relación al cuerpo*. Cráneo fuertemente arqueado en vista lateral; borde anterior de los nasales por detrás del borde anterior del foramen palatino en vista dorsal; longitud del cráneo menor de 120.0 mm y de la carnasia superior de 12.7 mm Longitud total de hembras 805.0 a 1,029.0 mm, machos 862.0 a 1,300.0 mm, condilobasal 81.1 a 94.0 mm).

(Dorsal pelage homogeneous, speckled, grizzly with gray and brown hair, no spots; upper part of the jaw around the lips a little darker than the back; underparts same color as back; ears small; limbs proportionally short and long tail. Skull: slightly arched in side view; *front border of the nasals in front of the anterior palatine foramen in dorsal view in such a way that nasals cover the palatine foramina.* Total length 888.0 to 1,372.0 mm, condylobasal length 81.2 to 109.2).

4a. Dorsal pelage with spots or stripes. In lateral view, skull strongly arched; front border of the nasals behind the anterior border of the palatine foramen in such a way that palatine foramina can be seen in dorsal view (Figure CR15) ....
.... *Leopardus* (p. 107)

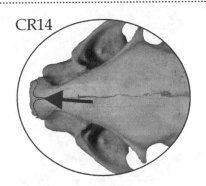
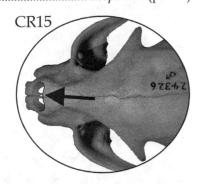

Leopardus

1. Body length larger than 650.0 mm; dorsal pelage from sand brown to light yellow with blackish brown spots; length of hind limb larger than 145.0 mm; weight heavier than 7.0 kg. Length of skull greater than 120.0 mm; length of upper carnassial longer than 12.7 mm (from Sonora in the Coastal Pacific Plains and Tamaulipas in the Coastal Gulf Plains southward and the Yucatan Peninsula NOM*) .... *Leopardus pardalis*

(Dorsal pelage from light to reddish brown with darker brown spots surrounded by discontinuous lines of darker color; *spots at the middle part of the body generally extended in a proportion two times larger than wider;* upper part of the jaw in homogeneous color; area around the lips white; underparts white. Skull: strongly arched in side view; front border of the nasals behind the anterior palatine foramen in dorsal view; skull length greater than 120.0 mm and upper carnassial longer than 12.7 mm. Total length in females 1,050.0 to 1,189.0 mm; males 1057.0 to 1230.0 mm, condylobasal length females 111.3 to 114.7 mm; males 122.0 to 132.0 mm).

1a. Smaller body length less than 700.0 mm; dorsal grayish pale brown to tawny-colored with blackish brown spots; length of hind limbs less than 145.0 mm; weight less than 5.0 kg. Cranial measurements less than the anterior ones (from southern Sonora in the Coastal Pacific Plains and Tamaulipas in the Coastal Gulf Plains southward and the Yucatan Peninsula NOM*) .... *Leopardus wiedii*

(Dorsal pelage from light to reddish brown with darker spots and surrounded by discontinuous lines in darker color; *spots very extended in general in the middle part of the body in a proportion three times larger than wider;* upper part of the jaw in homogeneous color; area around the lips white; underparts white; long tail longer than length of hind limbs; *head proportionally smaller in relation to body size.* Skull strongly arched in side view; front border of nasals behind the anterior border of the palatine foramen in dorsal view. Skull length less than 120.0 mm and upper carnassials greater than 12.7 mm. Total length in females 805.0 to 1,029.0 mm; males 862.0 to 1,300.0 mm, condylobasal length 81.1 to 94.0 mm).

Familia Mephitidae

Familia que incluye a los zorrillos o mofetas. Se caracteriza por tener el proceso post-mandibular a menudo prominente y curveado alrededor de la fosa mandibular, a menudo cerrando la mandíbula inferior en este sitio; tamaño de pequeño a mediano; cola variable, pero generalmente larga; postura de la pata plantígrada; glándulas productoras de olores fuertes y desagradables. Pertenecen al Orden Carnivora, Suborden Caniformia, Superfamilia Musteloidea. En esta familia no se reconocen Subfamilias.

1. Coloración general negra, con una o dos franjas blancas dorsales que cubren la mayor parte del dorso. Dos premolares superiores .... *Conepatus* (pag. 108)

1a. Coloración variada, pero las franjas blancas dorsales raramente cubren todo el dorso. Tres premolares superiores 2

2. Tamaño pequeño, menos de 500.0 mm; pelos dorsales cortos, menos de 20.0 mm; coloración negra con muchas bandas o manchas blancas, longitudinales y transversales dando una apariencia de arlequín. Palatino terminando al nivel o ligeramente por atrás del borde posterior del último molar (Figura CR16); perfil del cráneo recto, cuando arqueado con la parte más alta en la caja craneal ....
.... *Spilogale* (pag. 110)

2a. Tamaño pequeño, más de 500.0 mm; pelos dorsales largos, más de 20.0 mm; coloración negra, cuando mucho con dos bandas o manchas blancas dorsolaterales. Palatino terminando anteriormente al borde posterior del último molar (Figura CR17); perfil del cráneo arqueado con la parte más alta en la región interorbital .... *Mephitis* (pag. 110)

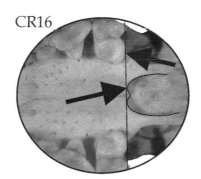

CR16

Conepatus

1. Longitud de la cola menos de un tercio de la total; dorso con dos bandas blancas y separadas por una negra de mucho menor anchura que cualquiera de las blancas. Foramen anterorbital doble o simple (de Veracruz por la Planicie Costera del Golfo al sur y la Península de Yucatán. NOM***ssp) .... *Conepatus semistriatus*

(*Coloración dorsal negro* **con dos franjas en el dorso de color blanco que recorre desde la frente hasta el lomo o la cadera**; *cola corta y blanca*; sin una franja blanca en el centro del rostro; hocico alargada y desnudo. Cráneo: la parte más alta del cráneo se encuentra a la altura de la región occipital; con tres molariformes; último molariforme proporcionalmente más grande que el penúltimo; foramen anterorbital doble o simple. Longitud total 533.0 a 688.0 mm, condilobasal de 78.0 mm).

1a. Longitud de la cola más de un tercio de la total; dorso con una ancha banda blanca. Foramen anterorbital simple (Figura CR18; todo México, excepto la Península de Baja California, Desierto Sonorense y donde está *Conepatus semistriatus*) .... *Conepatus leuconotus*

Family Mephitidae

Family including skunks or stink badgers is characterized by having the post-mandibular process frequently prominent and curved around the mandibular cavity and closing the lower jaw in this site; size from small to medium; tail variable but generally long; limb posture plantigrade; glands produce strong and noxious odors. They belong to the Order Carnivora, Suborder Caniformia, Superfamily Musteloidea. No subfamilies are recognized in this family.

1. Color generally black with one or two white stripes over all the back. Two upper premolars .... *Conepatus* (p. 109)

1a. Color varied but never white all over the back. Three upper premolars 2

2. Small size less than 500.0 mm; dorsal hair small less than 20.0 mm; black pelage with many longitudinal and transversal white stripes or spots giving it the appearance of a harlequin. Palatine ending at the level or behind the posterior border of the last molar (Figure CR16); cranial side view straight, when arched, with the highest part in the braincase .... *Spilogale* (p. 111)

2a. Medium size greater than 500.0 mm; dorsal hair larger than 20.0 mm; black pelage, as much as two dorsal whitish lines or spots. Palatine ending in front of the posterior border of the last molar (Figure CR17); arched cranial side view with the highest part in the inter-orbital area .... *Mephitis* (p. 111)

CR17

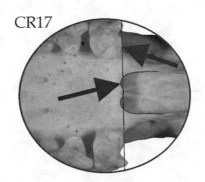

Conepatus

1. Length of tail less than one third of the total; back with two white stripes separated by a black one much smaller in breadth than any of the white ones. Double or single anterior orbital foramen (in Veracruz from the Coastal Gulf Plains southward and the Yucatan Peninsula. NOM***ssp.) .... *Conepatus semistriatus*

(*Dorsal pelage black* with **two white stripes on the back running from the forehead to the back or hip**; *short and white tail*; no white stripe on the central part of the rostrum; extended and bare snout. Skull: the highest part is found at the height of the occipital area and with three molariforms; last molariform proportionally larger than the next to the last; double or single anterior orbital foramen. Total length 533.0 to 688.0 mm, condylobasal length 78.0 mm).

1a. Length of tail greater than one third of the total; back with one white and wide stripe. Single anterior orbital foramen (Figure CR18; all over Mexico, except for the Baja California Peninsula, the Sonora Desert, and where *Conepatus semistriatus* is found) .... *Conepatus leuconotus*

(*Coloración dorsal negro* con una franja media de color blanco que recorre desde la frente hasta la punta de la cola; *cola corta y blanca*; hocico alargado y desnudo. Cráneo: la parte más alta del cráneo se encuentra a la altura de la región occipital; con tres molariformes; último molariforme proporcionalmente más grande que el penúltimo; foramen anterorbital simple. Longitud total 900.0 mm, condilobasal de 83.3 mm).

Mephitis

1. Bandas blancas sin mezcla de pelo negro. Bula timpánica pequeña, menos del 12 % de la longitud condilobasal (norte del Altiplano y Planicie del norte de Tamaulipas) .... *Mephitis mephitis*

(**Coloración dorsal y ventral negra con dos franja en el dorso de color blanco que recorre desde la frente hasta el lomo o la cadera**; con una línea blanca en la parte media del rostro; cola larga y blanca con entrepelado negro. Cráneo: la parte más alta del cráneo se encuentra a la atura de la región interorbital y con cuatro molariformes; último molariforme proporcional al penúltimo; *palatino terminando anteriormente al borde posterior del último molar*; **bula timpánica pequeña, menos del 12 % de la longitud condilobasal**. Longitud total 575.0 a 800.0 mm; condilobasal 6.2 a 7.4 mm)

1a. Bandas blancas con mezcla de pelo negro. Bula timpánica grande, mayor del 12 % de la longitud condilobasal (todo México, excepto las dos Penínsulas, Desierto Sonorense, la Planicie Costera del Pacífico de Michoacán al sur y toda la Planicie Costera del Golfo) .... *Mephitis macroura*

(Coloración dorsal negra con franjas dorsales blancas de forma y longitud variable, generalmente con una línea blanca en la parte media del rostro; región ventral negro; cola larga, blanca, negra o entremezclado de los dos colores. Cráneo: la parte más alta del cráneo se encuentra a la altura de la región interorbital y con cuatro molariformes, último molariforme proporcional al penúltimo; *palatino terminando anteriormente al borde posterior del último molar*; **bula timpánica grande, mayor del 12 % de la longitud condilobasal**. Longitud total de 598.0 a 678.0 mm, condilobasal de 59.0 a 63.0 mm).

Spilogale

1. Coloración dorsal de las patas anteriores y posteriores blancas; bandas dorsales continuas hasta la cadera; longitud total menor de 290.0 mm y cola menor de 90.0 mm para ambos sexos. Longitud basilar menor de 38.0 mm; (de Sinaloa a Oaxaca en la Planicie Costera del Pacífico. NOM**) .... *Spilogale pygmaea*

(Coloración dorsal y ventral negro con una serie de franjas blancas dos centrales en el lomo que se continúan hacia la cadera y después hasta las patas delanteras, una lateral que recorre de la altura del ojo a la parte media del lomo uniendo ambas en la frente a manera de una línea facial; coloración dorsal de las patas anteriores y posteriores blancas; bandas dorsales continuas. Cráneo: cresta sagital poco desarrollada o ausente; cuatro molariformes. Longitud total 240.0 a 282.0 mm, condilobasal 40.0 a 44.0 mm).

1a. Coloración dorsal de las patas anteriores y posteriores negras; bandas dorsales no continuas hasta la cadera; longitud total mayor de 290.0 mm y cola siempre mayor de 90.0 mm para ambos sexos. Longitud basilar mayor de 38.0 mm 2

(*Dorsal pelage black* with **a medium white stripe running from the forehead to the tail**; *short and white tail*; snout extended and bare. Skull: the highest part at the level of the occipital area and with three molariforms; last molariform proportionally larger than the next to the last; single anterior orbital foramen. Total length 900.0 mm, condylobasal length 83.3 mm).

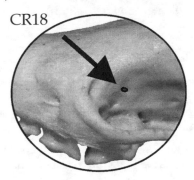

CR18

Mephitis

1. White stripes with no mixture of black hair. Small auditory bullae less than 12 % of condylobasal length (northern part of the Mexican Plateau and lowland of Tamaulipas) .... *Mephitis mephitis*

(**Black dorsal and ventral black with two white dorsal stripes running from the forehead to the hip**; a white line on the middle part of the rostrum; long and white hair grizzly with black. Skull: the highest part is at the level of the inter-orbital region with four molariforms; last molariform proportional to the first to the last; *palatine ending in front of the posterior border of the last molar*; **small auditory bullae less than 12 % of condylobasal length**. Total length 575.0 to 800.0 mm, condylobasal length 6.2 to 7.4 mm).

1a. White stripes mixed with black hair. Large auditory bullae larger than 12 % of condylobasal length (All over Mexico except for the two peninsulas, the Sonora Desert, Coastal Pacific Plains of Michoacán southward, and all the Coastal Gulf Plains) .... *Mephitis macroura*

(**Dorsal pelage black with white stripes in different shapes and forms, generally with a white stripe in the middle part of the rostrum**; black underparts; tail long and grizzly with black and white hair. Skull: the highest part of the skull is found at the level of the inter-orbital region with four molariforms, the last one proportional to the first to the last; *palatine ending in front of the posterior border of the last molar*; **large auditory bullae, larger than 12 % of condylobasal length**. Total length 598.0 to 678.0 mm, condylobasal 59.0 to 63.0 mm).

Spilogale

1. Dorsal pelage of hind and front limbs white; dorsal stripes continuous down to the hip; total length less than 290.0 mm and tail less than 90.0 mm for both sexes. Basal length less than 38.0 mm; (from Sinaloa to Oaxaca in the Pacific Coastal Plains. NOM**) .... *Spilogale pygmaea*

(*Black dorsal and underparts with a series of white stripes; two central ones on the back continuing toward the hip and then to the front limbs*; one lateral running from the level of the eye to the middle part of the back both linking on the forehead as a rostrum line; white and black hair; **white dorsal pelage of hind and front limbs; dorsal stripes continuous down to the hip**; tail white with black hair. Skull: sagittal crest little developed or absent; four molariforms. Total length 240.0 to 282.0 mm, condylobasal length 40.0 to 44.0 mm).

1a. Dorsal pelage of hind and front limbs black; dorsal stripes not continuous to the hip; total length greater than 290.0 mm and tail always greater than 90.0 mm for both sexes. Basal length greater than 38.0 mm 2

2. Líneas blancas dorsales delgadas; longitud total mayor de 450.0 mm en machos, mayor de 400.0 mm hembras; longitud condilobasal mayor de 54.0 mm en machos, mayor de 50.0 mm en hembras (únicamente en la parte centro y norte de Tamaulipas y posiblemente Nuevo León) .... *Spilogale putorius*

(*Coloración dorsal y ventral negro con una o dos franjas blancas en el lomo que se continúan hacia los costados, una lateral que recorre de la altura del ojo a la parte media del lomo* y unas que parten de la parte media del lomo a las extremidades; **con cuatro o seis líneas blancas dorsales continuas desde la parte posterior de la cabeza; con una mancha blanca en la frente**; la cola es negro y blanco. Cráneo: cresta sagital bien desarrollada; cuatro molariformes. Longitud total de hembras 403.0 a 470.0 mm, machos 453.0 a 470.0 mm, condilobasal de hembras 51.2 a 56.4 mm, machos 53.6 a 61.9 mm).

2a. Líneas blancas dorsales gruesas; longitud total menor de 450.0 mm en machos, menor de 430.0 mm hembras; longitud condilobasal menor de 60.0 mm en machos, menor de 54.0 mm en hembras 3

3. En general, mayor proporción del color negro; longitud total mayor de 360.0 mm en machos, mayor de 330.0 mm hembras (la parte norte del altiplano, incluyendo la Península de Baja California) .... *Spilogale gracilis*

(*Coloración dorsal y ventral negro con una serie de franjas blancas de mucho contraste, siendo dominante la coloración negra, una central en el lomo*, una lateral que recorre de la altura del ojo a la parte media del lomo y unas que parten de la parte media del lomo a las extremidades; **en general, mayor proporción del color negro, dando la apariencia de ser negro con franjas blancas**; la cola es negra y blanca. Cráneo: cresta sagital bien desarrollada; cuatro molariformes. Longitud total de hembras 330.0 a 431.0 mm, machos 360 a 457 mm, condilobasal de hembras 47.2 a 53.8 mm, machos 49.9 a 59.7 mm).

3a. En general, mayor proporción del color blanco; longitud total menor de 400.0 mm en machos, menor de 300.0 mm hembras (de la parte sur del altiplano, Eje Volcánico Transversal, Valles de Oaxaca, todo Chiapas y la parte centro este de la Península de Yucatán) .... *Spilogale angustifrons*

(*Coloración dorsal y ventral negra con una serie de franjas blancas una central en el lomo, una lateral que recorre de la altura del ojo a la parte media del lomo* y unas que parten de la parte media del lomo a las extremidades; **en general, mayor proporción del color blanco, dando la apariencia de ser blanco con franjas negras**; la cola es negra y blanca. Cráneo: cresta sagital bien desarrollada; cuatro molariformes. Longitud total de hembras 300.0 a 343.0 mm, machos 310.0 a 398.0 mm; condilobasal de hembras 44.8 a 54.2 mm, machos 44.0 a 49.1 mm).

Familia Mustelidae

Familia de hábitos terrestres y acuáticos, conocidos como martas, nutrias, comadrejas entre otros. Se caracteriza por tener el proceso post-mandibular a menudo prominente y curveado alrededor de la fosa mandibular, frecuentemente cerrando la mandíbula inferior en este sitio; tamaño de pequeño a mediano (15.0 a 155.0 cm); cola variable, pero generalmente larga; postura de la pata plantígrada (tejones) a digitígrada (comadrejas); con membrana interdigital en nutrias. De distribución cosmopolita a excepción de Oceanía y Madagascar. Pertenecen al Orden Carnivora, Suborden Caniformia, Superfamilia Musteloidea. Las especies presentes en México pertenecen a dos Subfamilias diferentes Lutrinae que incluye al grupo de las nutrias y Mustelinae que incluye al resto de los mustélidos.

1. Cola muy ancha en su base, tan ancha como la región de la cadera; patas con membrana interdigital. Último molariforme igual o más grande que el penúltimo .... Lutrinae (pag. 114)

1a. Base de la cola mucho más delgada que el área de la cadera; patas sin membrana interdigital. Último molariforme menor que el penúltimo ....
.... Mustelinae (pag. 114)

2. White dorsal stripes thin; total length greater than 450.0 mm in males and greater than 400.0 mm in females. Condylobasal length greater than 54.0 mm in males and greater than 50.0 mm in females (only in the central and northern parts of Tamaulipas and possibly Nuevo León) .... *Spilogale putorius*

(*Black dorsal and underparts with one or two white stripes on the back continuing toward the sides, one lateral stripe running from the level of the eye to the middle part of the back* and some that start from the middle part of the back to the limbs; **four or six white continuous dorsal lines from the back part of the head; white spot on the forehead**; black and white tail. Skull: well-developed sagittal crest; four molariforms. Total length females 403.0 to 470.0 m; males 453.0 to 470.0 mm, condylobasal length females 51.2 to 56.4 mm; males 53.6 to 61.9 mm).

2a. White dorsal stripes narrow; total length less than 450.0 mm in males and less than 430.0 mm in females. Condylobasal length less than 60.0 mm in males and less than 54.0 mm in females 3

3. In general, greater proportion of black; total length greater than 360.0 mm in males and greater than 330.0 mm in females (the northern part of the Mexican Plateau, including the Baja California Peninsula) .... *Spilogale gracilis*

(*Black dorsal and underparts with a series of very contrasting white stripes where black dominates*; one central stripe on the back, one lateral running from the level of the eye to the middle part of the back, and some starting from the middle part of the back to the limbs; **in general, greater proportion of black appearing to be black with white stripes**; black and white tail. Skull: well-developed sagittal crest; four molariforms. Total length in females 330.0 to 431.0 mm; males 360.0 to 457.0 mm, condylobasal length females 47.2 to 53.8 mm; males 49.9 to 59.7 mm).

3a. In general greater proportion of white; total length less than 400.0 mm in males and less than 300.0 mm in females (from the southern part of the Mexican Plateau, Trans-Mexican Volcanic Belt, Oaxaca valleys, all Chiapas, and the central eastern part of the Yucatan Peninsula) .... *Spilogale angustifrons*

(*Black dorsal and underparts parts with a series of white stripes, one central on the back, one lateral running from the level of the eye to the middle part of the back*, and some starting from the middle part of the back to the limbs; **in general, greater proportion of white appearing to be white with black stripes**; black and white tail. Skull: sagittal crest well developed; four molariforms. Total length in females 300.0 to 343.0 mm; males 310.0 to 398.0 mm, condylobasal length females 44.8 to 54.2 mm; males 44.0 to 49.7 mm).

Family Mustelidae

Family of terrestrial and aquatic habits known as martens, otters, weasels, among others characterized by having a prominent post-mandibular process curved around the jaw pit and often the lower jaw closing in this site; size from small to medium (15.0 to 155.0 cm); tail is variable but generally long; plantigrade limb position (badgers) to digitigrades (weasels); interdigital membranes in otters; Cosmopolitan distribution except for Oceania and Madagascar. They belong to the Order Carnivora, Suborder Caniformia, Superfamily Musteloidea. The species in Mexico belong to two different families Lutrinae that includes otters and Mustelinae that includes the rest of the mustelids.

1. Very wide tail on the base, as wide as the hip region; hind digits webbed. Last molariform equal to or larger than the first to the last .... Lutrinae (p. 115)

1a. Base of the tail much slimmer than the hip area; hind digits not webbed. Last molariform smaller than the first to the last .... Mustelinae (p. 115)

Subfamilia Lutrinae

1. Con la cabeza de un color contrastante con el resto del cuerpo, por lo general en tono dorados pálidos. Dos incisivos inferiores a cada lado; foramen lacerado grande cerca de 8.0 mm (Figura CR19; Océano Pacífico de Baja California al Norte. NOM*) .... *Enhydra lutris*

(*Coloración de la cabeza dorada-plateada, contrastando con el resto del cuerpo por lo general oscuro*; cola aplanada dorsoventralmente; patas traseras con membrana interdigital y casi tres veces más grandes que las delanteras. Cráneo: con cuatro dientes molariformes grandes, último molariforme casi tan ancho como el espacio entre los dos últimos molariformes; anchura mastoidea casi igual a la anchura del cráneo a la altura de la región de las bulas; *incisivos inferiores dos a cada lado; foramen lacerado grande cerca de 8.0 mm.* Longitud total en hembras 1,289.0 mm, machos 1,478.0 mm, longitud condilobasal en hembras 131.0 a 133.0 mm, machos 141.0 a 146.0 mm).

1a. Con la cabeza de un color similar al resto del cuerpo. Incisivos inferiores tres a cada lado; foramen lacerado pequeño, generalmente no conspicuo (ríos de aguas cálidas de ambas planicies costeras. NOM**) .... *Lontra longicaudis*

(*Coloración del cuerpo pardo, no contrastando con la coloración de la cabeza*; cola aplanada dorsoventralmente; patas traseras de tamaño similar a las delanteras y con membrana interdigital; planta del pie sin mechones de pelo en los dedos; rinario con pelo lateral. Cráneo: con cinco dientes molariformes; molariformes pequeños, último molariforme casi dos veces el ancho del espacio entre los dos últimos molariformes; anchura mastoidea mucho menor que la anchura del cráneo a la altura de la región de las bulas; *incisivos inferiores tres a cada lado; foramen lacerado pequeño, generalmente no conspicuo.* Longitud total 890 a 1,200 mm, basal en hembras 92.6 a 101.0).

Subfamilia Mustelinae

1. Cuerpo muy largo y con las extremidades muy cortas. Longitud basilar menos de 70.0 mm (todo México a excepción de la Península de Baja California [existe un registro en el extremo noroeste] y Desierto Sonorense) .... *Mustela frenata*

(*Coloración dorsal pardo canela en el dorso y el vientre con tonos de ocre; las poblaciones de México con una mancha blanca en la frente; punta de la cola negra*; cuerpo alargado; no espigados; con los miembros cortos, de menos de un sexto de la longitud del cuerpo. Cráneo. talonoides del primer molar inferior puntiagudo. Longitud total en hembras 280.0 a 350.0 mm, machos 330.0 a 420.0 mm, condilobasal en hembras 35.0 a 47.0 mm, machos 39.0 a 54.0 mm).

1a. Cuerpo y extremidades en proporciones normales. Longitud basilar más de 70.0 mm 2

2. Coloración parda con una línea blanca desde la nariz a por lo menos la mitad del cuerpo; cuerpo de apariencia aplastada dado principalmente por los pelos laterales que son muy largos; cola corta menos del 20 % de la longitud total. En vista ventral cráneo de forma triangular (Figura CR20); anchura mastoidea más de 65.0 mm; bula auditiva inflada, su borde ventral con altura mayor de 10.0 mm sobre el basioccipital (Altiplano, Desierto Sonorense y Península de Baja California. NOM**) .... *Taxidea taxus*

(*Coloración dorsal de gris a pardo, pero con una marcada línea blanca que corre desde la punta de la nariz al dorso*; dos manchas blancas longitudinales a la altura de los ojos; cuerpo robusto y tiende a verse más ancho que alto; *no espigados con los miembros cortos de menos de un sexto de la longitud del cuerpo y garras bien desarrolladas; cola corta.* Cráneo: el paladar se proyecta por detrás de la línea de los últimos molares más del ancho del último molar; último molar casi igual de ancho que de largo; procesos supraoculares puntiagudos; anchura del cráneo a la atura de las bulas notoriamente más ancho que el resto de la caja craneal. Longitud total en hembras 521.0 a 790.0 mm, machos 629.0 a 870.0 mm; condilobasal media 10.9 a 11.7 mm).

2a. Coloración del cuerpo negra o parda, pero nunca con la banda blanca descrita anteriormente; cuerpo cilíndrico; cola muy larga más del 20 % de la longitud total. En vista dorsal cráneo no de forma de triángulo; anchura mastoidea menos de 65.0 mm 3

Subfamily Lutrinae

1. Head color contrasting with the rest of the body generally in pale golden shades. Two lower incisors on each side; large and lacerated foramen close to 8.0 mm (Figure CR19; Baja California Pacific Ocean northward. NOM*) .... *Enhydra lutris*
   (*Silvery-golden head contrasting with the rest of the body generally dark*; tail flattened dorsally and ventrally; hind digits webbed and three times larger than forelimb digits. Skull: four large molariforms, last one almost as wide as the space between the two last ones; mastoid breadth almost equal to cranial breadth at the level of the auditory bulla region; *two lower incisors on each side; large and lacerated foramen close to 8.0 mm*. Total length in females 1,289.0 mm; males 1,478.0 mm, condylobasal length in females 131.0 to 133.0 mm; in males 141.0 to 146.0 mm).

1a. Head with a similar color to the rest of the body. Three lower incisors on each side; small and lacerated foramen and generally inconspicuous (warm-water rivers of both coastal plains. NOM**) .... *Lontra longicaudis*
   (*Brown body hair, not contrasting with head color*; dorsally and ventrally flattened tail; size of hind limbs similar to front ones with hind digits webbed; foot sole without locks of hair in digits; lateral rhinarium. Skull: five small molariforms, last molar wide almost twice the space breadth between the two last ones; mastoid breadth much less than skull breadth at the auditory bullae region; *three lower incisors on each side; small and lacerated foramen and generally inconspicuous*. Total length 890 to 1,200 mm; basal length in females 92.6 to 101.0).

Subfamily Mustelinae

1. Very long body and very short limbs. Basal length less than 70.0 mm (all over Mexico except for the Baja California Peninsula [one record in the extreme northwest] and the Sonora Desert) .... *Mustela frenata*
   (*Cinnamon brown dorsal pelage on the back and abdomen with shades of ochre; populations of Mexico with a white spot on the forehead; tip of tail black*; extended body; not tall and slim; short limbs less than a sixth of body length. Skull: sharp talonoid of the first lower molar. Total length in females 280.0 to 350.0 mm; males 330.0 to 420.0 mm, condylobasal length in females 35.0 to 47.0 mm; males 39.0 to 54.0 mm).

1a. Body and limbs in normal proportion. Basal length greater than 70.0 mm 2

2. Brown pelage with a white line from the nose to at least the middle part of the body, appearing to be flat mainly because of very long lateral hair; short tail less than 20 % of total length. Skull in triangular shape in ventral view (Figure CR20); mastoid breadth greater than 65.0 mm; inflated auditory bullae; ventral border higher than 10.0 mm on the basal occipital bone (Mexican Plateau, the Sonora Desert, and the Baja California Peninsula. NOM**) .... *Taxidea taxus*
   (*Dorsal pelage from gray to brown but with a marked white line running from the tip of the nose to the back*; two white longitudinal spots at the level of the eyes; robust body tending to appear wider than taller; *not tall and slim with well-developed short limbs less than one sixth of body length; short tail*. Skull: palate projected behind the line of the last molars greater than the breadth of the last one, with almost the same breadth as length; sharp supraocular processes; skull breadth at the level of the auditory bullae notoriously wider than the rest of the braincase. Total length in females 521.0 to 790.0 mm; males 629.0 to 870.0 mm, average condylobasal length 10.9 to 11.7 mm).

2a. Black or brown body pelage but never with the white stripe described previously; cylindrical body; very long tail greater than 20 % of total length. The skull is not in triangular shape in dorsal view; mastoid breadth less than 65.0 mm 3

3. Coloración del cuerpo negra, cuello y cabeza blancos. Primer molar inferior (carnasia) no cortante (de Nayarit en la Planicie Costera del Pacífico y Tamaulipas en la Planicie Costera del Golfo al sur, la Península de Yucatán. NOM*) .... *Eira barbara*

(*Coloración dorsal usualmente oscura, con la cabeza y cuello en tonos dorados-amarillento que contrastan con el resto del cuerpo*; patas largas, espigados con los miembros largo, entre un cuarto o quinto de la longitud del cuerpo; cola larga y peluda negruzca o pardo oscuro. Cráneo: el paladar se proyecta por detrás de la línea de los últimos molares más del ancho del último molar; último molar mucho más ancho que largo; procesos supraoculares muy puntiagudos; **primer molar inferior (carnasia) no cortante**; anchura del cráneo a la atura de las bulas no notoriamente más ancho que el resto de la caja craneal. Longitud total en hembras 999.0 a 1,095.0 mm, machos 1,075.0 a 1,125.0 mm, condilobasal en hembras 98.0 a 108.5 mm, machos 101.0 a 120.5 mm).

3a. Coloración parda, no negra, ni con la cabeza y cuello blancos. Primer molar inferior (carnasia) cortante (de Oaxaca en la Planicie Costera del Pacífico y Veracruz en la Planicie Costera del Golfo al sur, la Península de Yucatán. NOM**) .... *Galictis vittata*

(*Coloración dorsal jaspeada por lo general oscura negruzca, con una franja blanca desde la frente a los hombros, que pasa por debajo de las orejas y arriba de los ojos*, en muchos ejemplares esta línea divide la cabeza en dos colores oscuro abajo y blanco arriba; región ventral y patas negra; no espigados; con los miembros cortos de menos de un sexto de la longitud del cuerpo; cola corta. Cráneo: el paladar se proyecta por detrás de la línea de los últimos molares más del ancho del último molar; último molar mucho más ancho que largo; procesos supraoculares ligeramente puntiagudos; **primer molar inferior (carnasia) cortante**; anchura del cráneo a la atura de las bulas notoriamente más ancho que el resto de la caja craneal. Longitud total 600.0 a 760.0 mm, condilobasal 80.3 a 97.9mm).

Familia Otariidae

Familia que incluye a los lobos marinos. Se caracterizan por tener orejas visibles y facilidad para caminar sobre la tierra, debido a que las extremidades posteriores están dirigidas hacia adelante y son funcionales en el desplazamiento terrestre. De distribución cosmopolita en todas las costas de los mares templados y fríos. Pertenecen al Orden Carnivora, Suborden Caniformia, Superfamilia Pinnipedia.

Las especies presentes en México pertenecen a dos Subfamilias diferentes Arctocephalinae que incluye al grupo de los lobos finos (*Arctocephalus philippii*) y Otariinae, entre los que se encuentra el león marino de California (*Zalophus californianus*).

1. Longitud total menor de 2,000.0 mm en machos y 1,500.0 mm en hembras. Palatino angosto con lados paralelos entre el primer premolar superior y el tercer premolar superior (Figura CR21); bula timpánica lisa, redondeada (costa del Océano Pacifico, de Acapulco hacia el norte) .... Arctocephalinae: *Arctocephalus philippii*

(*Coloración dorsal gris negruzco con tonos gris amarillentos en la cabeza y cuello*; región ventral pardo negruzco; los machos mucho más grandes que las hembras; oreja pequeña; aletas posteriores dirigidas hacia adelante y son funcionales en el desplazamiento terrestre; tamaño corporal chico. Cráneo: **bula timpánica redondeada**; constricción interorbital bien marcada dando la apariencia de un reloj de arena; **hileras de dientes molariformes más ancha en la parte media**).

3. Black body pelage, white neck and head. First lower molar (carnassials) not cutting (from Nayarit in the Coastal Pacific Plains, Tamaulipas in the Gulf Coastal Plains southward, and the Yucatan Peninsula. NOM*) .... *Eira barbara*
(Dorsal pelage usually dark, head and neck in yellowish-golden shades contrasting with the body; long and thin limbs about one fourth or fifth of body length; long, dark brown or blackish hairy tail. Skull: palate projecting behind the line of the last molars greater than the breadth of the last ones; the last molar much wider than longer; very sharp supraocular processes; **first lower molar (carnassials) not cutting**; skull breadth at the height of the auditory bullae not notoriously wider than the rest of the braincase. Total length in females 999.0 to 1,095.0 mm; males 1,075.0 a 1,125.0 mm, condylobasal length in females 98.0 to 108.5 mm; males 101.0 to 120.5 mm).

3a. Brown not black, head or neck not white. First lower molar (carnassials) cutting (from Oaxaca in the Pacific Coastal Plains and Veracruz in the Gulf Coastal Plains southward, and the Yucatan Peninsula. NOM**) .... *Galictis vittata*
(Dorsal pelage generally blackish dark with a white stripe from the forehead to the shoulders passing under the ears and above the eyes; in many specimens, this line divides the head in two shades, darker below and white above; limbs and underparts black; not tall or slim; short limbs at least one sixth of body length; short tail. Skull: palate projecting behind the line of the last molar, which is wider than larger; slightly sharp supraocular processes; **first lower molar (carnassials) cutting**; skull breadth at the height of the auditory bullae notoriously wider than the rest of the braincase. Total length 600.0 to 760.0 mm, condylobasal length 80.3 to 97.9 mm).

Family Otariidae

Family including sea lions is characterized by having specimens with visible ears and the facility to walk on land because their back limbs are directed forward making them functional in terrestrial displacement. Their distribution is cosmopolitan in all temperate and cold coastlines. They belong to the Order Carnivora, Suborder Caniformia, Superfamily Pinnipedia.

The species in Mexico belong to two different Subfamilies: Arctocephalinae that includes the group of fur seals (*Arctocephalus philippii*) and Otariinae, among which the California sea lion (*Zalophus californianus*) is found.

1. Total length less than 2,000.0 mm in males and 1,500.0 mm in females. Narrow palatine with parallel side between the first and third upper premolars (Figure CR21); smooth and rounded auditory bullae (Pacific Ocean coastline from Acapulco toward the north) .... Arctocephalinae: *Arctocephalus philippii*
(Blackish gray dorsal pelage with yellowish gray shades on head and neck; blackish brown underparts region; males much larger than females; small ears; back fins directed toward the front, functional for terrestrial displacement; small body size. Skull: *rounded auditory bullae*; well-defined interorbital constriction in an hourglass shape; *molariform toothrow wider in the middle part*).

CR19
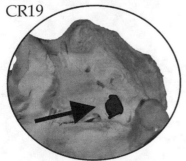

CR20
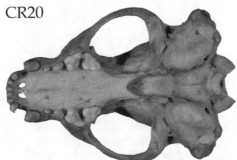

1a. Longitud total mayor de 2,000.0 mm en machos y 1,500.0 mm en hembras. Palatino ancho con lados oblicuos ensanchándose posteriormente entre el primer premolar superior y el tercer premolar superior (Figura CR22); bula timpánica irregular (costa del Océano Pacífico de Nayarit hacia el Norte, incluyendo el Golfo de California) .... Otariinae: *Zalophus californianus*

(*Coloración de pardo a pardo oscuros, los machos mucho más grandes que las hembras*; oreja pequeña; aletas posteriores dirigidas hacia adelante y son funcionales en el desplazamiento terrestre; tamaño del cuerpo grande. Cráneo: *bula timpánica no redondeada*; constricción interorbital marcada, pero no apariencia de un reloj de arena; *hileras de dientes molariformes convergiendo anteriormente*).

CR21

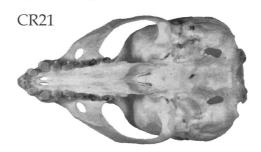

Familia Phocidae

Familia que incluye a las focas. Se caracterizan por no tener orejas visibles, ni facilidad para caminar sobre la tierra. De distribución en todas las costas de los mares templados y fríos. Pertenecen al Orden Carnivora, Suborden Caniformia, Superfamilia Pinnipedia. En esta familia no se reconocen Subfamilias.

1. Longitud total mayor de 3,000.0 mm; machos con pequeña probóscide. Con un incisivo inferior a cada lado; premaxilar no en contacto con los nasales (Figura CR23; costa del Océano Pacifico de Isla Cedros, Baja California Sur hacia el Norte) .... *Mirounga angustirostris*

(Coloración dorsal pardo amarillento entrepelado con gris y oscuro en la espalda; región ventral amarillenta; *los machos mucho más grandes que las hembras; los machos con una gran probóscide*; sin oreja; aletas posteriores dirigidas hacia atrás no funcionales en el desplazamiento terrestre. Cráneo: *primer molariforme más grande que los demás*; espacio entre las bulas similar al ancho entre ellas).

1a. Longitud total menor de 2,500.0 mm; machos sin probóscide. Dos incisivos inferiores a cada lado; premaxilar en contacto con los nasales (costa del océano Pacifico) 2

2. Longitud total menor de 1,900.0 mm; las uñas en las aletas bien desarrolladas. Con tres incisivos superiores (en las costas templadas del Océano Pacifico) ....
.... *Phoca vitulina*

(Coloración dorsal con mucha variación, dorsal usualmente amarillo grisáceo con manchas irregulares pardo oscuro o negruzcas; región ventral amarillo blanquecino, usualmente con manchas pardo oscuro; sin fuerte contraste de tamaños entre sexos; los machos sin probóscide; sin oreja; aletas posteriores dirigidas hacia atrás no funcionales en el desplazamiento terrestre; *las uñas en las aletas bien desarrolladas*; longitud total menor de 1,900.0 mm. Cráneo: *tercer molariforme es el más grande que los demás*; espacio entre las bulas mucho mayor a su ancho).

2a. Longitud total mayor de 1,800.0 mm; las uñas en las aletas poco desarrolladas. Con dos incisivos superiores (en las costas del Golfo de México. NOM**** considerada como extinta) .... *Monachus tropicalis*

1a. Total length larger than 2,000.0 mm in males and 1,500.0 mm in females. Wide palatine with slanting sides widening posteriorly between the first and third upper premolars (Figure CR22); irregular auditory bullae (Pacific Ocean coastline from Nayarit northward, including the Gulf of California) .... Otariinae: *Zalophus californianus*

(**Brown to dark brown shades; males bigger than females**; small ears; back fins directed frontward and functional in terrestrial displacement; big body size. Skull: **auditory bullae not rounded**, marked interorbital constriction but not in a hourglass shape; **molariform row converging anterior**).

CR22

Family Phocidae

Family including seals whose specimens are characterized by not having visible ears or ability to walk on land. They are distributed in all the coasts of temperate and cold seas. They belong to the Order Carnivora, Suborder Caniformia, Superfamily Pinnipedia. No subfamilies are recognized in this family.

1. Total length larger than 3,000.0 mm; males with small proboscis. One lower incisor on each side; premaxilla not in contact with nasals (Figure CR23; Pacific Ocean coastline from Isla Cedros, Baja California Sur northward) .... *Mirounga angustirostris*

(Yellowish brown dorsal pelage grizzly with gray and darker on the back; yellowish underparts; **males much bigger than females and with a big proboscis**; no ear; back fins directed backward not functional in terrestrial displacement. Skull: **first molariform is the largest of all**; space between auditory bullae similar to its breadth).

1a. Total length less than 2,500.0 mm; males without proboscis. Two lower incisors on each side; premaxilla in contact with nasal pits (Pacific Ocean coast) ... 2

2. Length less than 1,900.0 mm; well-developed fingernails in fins. Three upper incisors (in the temperate coasts of the Pacific Ocean) .... *Phoca vitulina*

(Much variation in dorsal color, usually grayish yellow with irregular dark brown or blackish spots; underparts whitish yellow, usually with dark brown spots; no strong contrast in size between sexes; males without proboscis; no ear; back fins directed backwards not functional in terrestrial displacement; **well-developed fingernails in fins**; total length less than 1,900.0 mm. Skull: **third molariform is the largest of all**; space between auditory bullae much greater than its breadth).

2a. Total length larger than 1,800.0 mm; fingernails in fins are little developed. Two upper incisors (in the coasts of the Gulf of Mexico. NOM**** considered extinct) .... *Monachus tropicalis*

(Coloración dorsal pardo grisáceo sin manchas; región ventral blanco o amarillento; sin fuerte contraste de tamaños entre sexos; los machos sin probóscide; sin oreja; aletas posteriores dirigidas hacia atrás no funcionales en el desplazamiento terrestre; *las uñas en las aletas poco desarrolladas*; longitud total mayor de 1,800.0 mm. Cráneo: *segundo molariforme más grande que los demás*; espacio entre las bulas mucho mayor al ancho de las bulas).

Familia Procyonidae

Familia que incluyen a los mapaches, cacomixtles y coatíes entre otros. Se caracteriza por ser de tamaño medio (600.0 a 1,350.0 mm); cola corta a mediana, generalmente anillada con bandas alternadas negras y claras; postura de la pata plantígrada o semiplantigrada; carnasial pobremente desarrollado (excepto *Bassariscus*), molares superiores generalmente con hipoconos. Se distribuyen únicamente en América. Pertenecen al Orden Carnivora, Suborden Caniformia, Superfamilia Musteloidea. Las especies presentes en México pertenecen a dos Subfamilias diferentes; Bassariscinae que incluye a las especies de los cacomixtles y micos de noche, y la Procyoninae que incluye a los mapaches y coatíes.

1. Rostro menor de 45.0 mm; molares casi aplanados; caninos con surcos .... Bassariscinae (pag. 120)

1a. Rostro mayor de 45.0 mm; molares con cúspides bien definidas; caninos sin surcos .... Procyoninae (pag. 122)

Subfamilia Bassariscinae

1. Cola color oro viejo nunca anillada, prensil. Anchura del primer molar superior menos de 135 % de su longitud (de Michoacán en la Planicie Costera del Pacífico y Tamaulipas en la Planicie Costera del Golfo al sur, la Península de Yucatán y Valles de Oaxaca. NOM*) .... *Potos flavus*

(Coloración dorsal dorada intensa a pálido, homogénea, vientre más ocre; *cola prensil con el mismo color que el dorso, sin anillos, prensil y casi tan larga como la longitud del cuerpo*; orejas redondas. Cráneo: con tres premolares superiores e inferiores; hileras de los dientes molariformes paralelas; mandíbula muy ancha en la regiones del proceso articular. No se cumplen la tres siguientes condiciones en ningún ejemplar: primer molar casi tan ancho como largo; sin diastema entre los premolares; y anchura del rostro a la atura de los premolares menor que a la altura de los caninos. Longitud total 845.0 a 1,300.0 mm, condilobasal 79.1 a 95.1mm).

1a. Cola con anillos blancos y negros alternos; nunca prensil. Anchura del primer molar superior más de 135 % de la longitud del mismo (en todo México) .... *Bassariscus* (pag. 122)

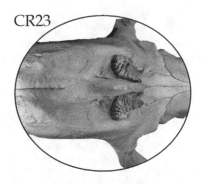

(Grayish brown dorsal pelage without spots; yellowish white underparts; no strong contrast in size between sexes; males without proboscis; no ear; back fins directed backward and not functional in terrestrial dispersal; *fingernails in fins are little developed*; total length larger than 1,800.0 mm. Skull: *the second molariform is the largest of all*; the space between auditory bullae is much greater than breadth).

Family Procyonidae

Family including racoons, cacomistles, and coatis among others whose specimens are characterized by medium size (600.0 to 1,350.0 mm); short to medium size tail, generally ringed with alternating black and light colored stripes; plantigrade or semiplantigrade limb posture; carnassials poorly developed (except *Bassariscus*); superior molars generally with hypocones. They are distributed only in America and belong to the Order Carnivora, Suborder Caniformia, Superfamily Musteloidea. The species in Mexico belong to two different families: Bassariscinae that includes the cacomistles and kinkajous and Procyoninae that includes raccoons and coaties.

1. Rostrum less than 45.0 mm; molars mainly flat; canines with a groove .... Bassariscinae (p. 121)

1a. Rostrum greater than 45.0 mm; molars with well define crest; canines without a groove .... Procyoninae (p. 123)

Subfamily Bassariscinae

1. Tail old gold colored, never marked with rings and prehensile; breadth of first upper molar less than 135 % its length (from Michoacán in the Pacific Coastal Plains and Tamaulipas in the Gulf Coastal Plains southward, the Yucatán Peninsula and Oaxaca valleys. NOM*) .... *Potos flavus*

(Dorsal pelage homogeneous from intense gold to pale and abdomen more ochre; *tail prehensile of the same color than back without rings, prehensile, almost as long as body length*; round ears. Skull: three upper and lower premolars; parallel molariform line; very wide jaw in the region of the articular process; the following condition is not met at the same time in one specimen: first molar almost as wide as long; no diastema between premolars; rostrum wide larger at the premolar level than at the canine level. Total length 845.0 to 1,300.0 mm, condylobasal length 79.1 a 95.1mm).

1a. Very clearly marked with alternating black and white rings, never prehensile; breadth of first upper molar greater than 135 % of its length (all over Mexico) ... . *Bassariscus* (p. 123)

Bassariscus

1. Garras no retráctiles; orejas puntiagudas. Carnasia superior triangular (Figura CR24); primero y segundo incisivos superiores bicúspides (de Michoacán en la Planicie Costera del Pacífico y Veracruz en la Planicie Costera del Golfo al sur, la Península de Yucatán y Valles de Oaxaca. NOM***) ... *Bassariscus sumichrasti*

(Coloración dorsal pardo grisáceo, siendo más oscuro en el centro de la espalda; región ventral amarillo pálido; cola muy larga y con anillos blancos y negros alternos; cuerpo alargado; **grarras no retráctiles**; **orejas anchas con el borde blanco**; rostro negro con marcadas manchas blancas alrededor de los ojos; *cola muy larga y claramente con anillos blancos y negros alternos, y nunca prensil.* Cráneo: con cuatro premolares superiores e inferiores; hilera de los dientes molariformes en forma de arco; no se cumple la siguiente condición, primer molar casi tan ancho como largo y diastema entre los premolares y anchura del rostro a la atura de los premolares menor que la anchura a la altura de los caninos; **carnasia superior triangular**; **incisivos primero y segundo superiores bicúspides**. Longitud total 790.0 a 1,003.0 mm, condilobasal 83.0 a 84.7 mm).

1a. Garras semirretráctiles; orejas redondeadas. Carnasia superior irregular (Figura CR25); primero y segundo incisivos superiores unicúspides (de Oaxaca al norte a excepción de la Planicie Costera del Golfo. NOM*ssp) .... *Bassariscus astutus*

(Coloración dorsal grisáceo, siendo más oscuro en el centro de la espalda; región ventral crema a blanco; cola muy larga y con anillos blancos y negros alternos; cuerpo alargado; **uñas semirretráctiles**; **orejas redondeadas**; *cola muy larga y claramente con anillos blancos y negros alternos, y nunca prensil.* Cráneo: con cuatro premolares superiores e inferiores; hilera de los dientes molariformes en forma de arco; no se cumple la siguiente condición primer molar casi tan ancho como largo y diastema entre los premolares y anchura del rostro a la atura de los premolares menor que la anchura a la altura de los caninos; **carnasia superior irregular**; **incisivos primero y segundo superiores unicúspides**. Longitud total 616.0 a 811.0 mm, condilobasal en hembras 76.4 a 78.1 mm, machos 81.0 a 85.2 mm).

CR24

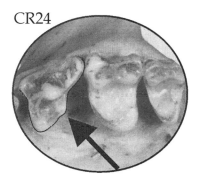

Subfamilia Procyoninae

1. Cola muy larga, más del 50 % de la longitud total del cuerpo; rinario alargado; rostro comprimido lateralmente. Anchura entre los caninos menor que la interorbital; con diastema entre el canino y el primer premolar superior (todo México a excepción de la Península de Baja California, Desierto Sonorense y centro del Altiplano. NOM**ssp) .... *Nasua narica*

(*Coloración dorsal de naranja rojizo, pardo a gris, en los hombros entrepelado con crema*; región ventral más clara que la dorsal; manchas arriba de los ojos y parte baja del hocico blanca; la cola muy larga más del 50% de la longitud total, con o sin anillos de coloración más clara y es común que se desplacen con la cola en vertical; *rinario alargado y móvil*; *manchas blancas alrededor de los ojos.* Cráneo: con cuatro premolares superiores e inferiores; hilera de los dientes molariformes en forma de arco; mandíbula de una proporción normal en toda su extensión; primer molar casi tan ancho como largo y diastema entre los premolares y anchura del rostro a la atura de los premolares menor que la anchura a la altura de los caninos. Longitud total 850.0 a 1,340.0 mm, condilobasal 100.8 a 128.9 mm).

1a. Cola corta aproximadamente del 40 % de la longitud total del cuerpo; rinario no alargado; rostro no comprimido lateralmente. Anchura entre los caninos mayor que la interorbital; sin diastema entre el canino y el primer premolar superior .... *Procyon* (pag. 124)

Bassariscus

1. Claws are not retractile; sharp ears. Triangular upper carnassials (Figure CR24); bicuspid first and second upper incisors (from Michoacan in the Pacific Coastal Plains and Veracruz in the Gulf Coastal Plains southward, the Yucatan Peninsula, and Oaxaca valleys. NOM***) .... *Bassariscus sumichrasti*

(Dorsal pelage grayish brown and darker in the central part of the back; underparts pale yellow; very long tail and marked with alternate black and white rings; extended body; **claws not retractile**; **sharp ears, wide ears with white border**; black rostrum with marked white spots around the eyes; *very long tail and clearly marked with alternating black and white rings, and never prehensile.* Skull: four upper and lower premolars; arched molariform line; the following condition is not met, first molar almost as wide as long and diastema between premolars and rostrum breadth at the level of the premolars less than the breadth at the level of the canines; first and second upper incisors bicuspid; **triangular upper carnassials; bicuspid first and second upper incisors**. Total length 790.0 to 1,003.0 mm, condylobasal length 83.0 to 84.7 mm).

1a. Semi-retractile claws; rounded ears. Irregular upper carnassials (Figure CR25); unicuspid first and second upper incisors (from Oaxaca northward except for the Coastal Gulf Plains. NOM*ssp.) .... *Bassariscus astutus*

(Dorsal pelage grayish, darker in the central part of the back; underparts cream to white; very long tail and marked with alternate black and white rings; extended body; *very long tail and clearly marked with alternating black and white rings, and never prehensile.* Skull: four upper and lower premolars; arched molariform line; the following condition is not met, first molar almost as long as wide and diastema between premolars and rostrum breadth at the level of the premolars less than the breadth of the canines; **unicuspid first and second upper incisors; irregular upper carnassials**. Total length 616.0 to 811.0 mm, condylobasal length in females 76.4 to 78.1 mm; males 81.0 to 85.2 mm).

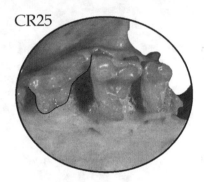

CR25

Subfamily Procyoninae

1. Very long tail, greater than 50 % of the body length; rhinarium extended; rostrum extended and laterally compressed. Rostrum breadth at canine level less than interorbital breadth; diastema between the canine and first upper premolar (all over Mexico except for the Baja California Peninsula, the Sonora Desert, and the Mexican Plateau. NOM**ssp.) .... *Nasua narica*

(*Dorsal pelage from reddish orange, brown to gray; males have grizzly cream hair;* underparts lighter than back; spots above the eyes and lower part of the snout white; **very long tail more than 50 % of the total length**, with or without colored rings lighter shades and commonly displaced with the tail in vertical position; *extended and mobile rhinarium; white spots around the eyes.* Skull: four upper and lower premolars; arched molariform line; jaw in normal proportion in all its extension; first molar almost as wide as long and diastema between premolars and rostrum breadth at the height of the premolars less than breadth at the height of the canines. Total length 850.0 to 1 340.0 mm, condylobasal length 100.8 to 128.9 mm).

1a. Short tail approximately 40 % of body length; rostrum not laterally compressed; rhinarium not extended. Rostrum breadth at canine level greater than interorbital breadth; no diastema between the canine and the first upper premolar .... *Procyon* (p. 125)

Procyon

1. Con diastema entre el segundo y tercer premolar superior; longitud del cráneo menos de 100.0 mm; longitud de los molares superiores menor de 36.0 mm (endémico de la isla Cozumel, Quintana Roo. NOM*) .... *Procyon pygmaeus*

(Coloración dorsal jaspeada de grisácea a pardo, *con un marcado antifaz negro en el rostro*, centro del rostro, incluyendo rinario, oscuro; lados del hocico blancuzco; región ventral amarillento; *cola corta, pero anillada de oscuro a blancuzco*. Cráneo: con cuatro premolares superiores e inferiores; hilera de los dientes molariformes en forma de arco; no se cumplen la siguiente condiciones primer molar casi tan ancho como largo; diastema entre los premolares y anchura del rostro a la atura de los premolares menor que la anchura a la altura de los caninos. **Longitud total en hembras 665.0 mm, machos 667.0 mm**, condilobasal en hembras 91.9 mm, machos 93.7 mm).

1a. Sin diastema entre el segundo y tercer premolar superior; longitud del cráneo mayor de 100.0 mm; longitud de los molares superiores mayor de 36.0 mm (todo México. En particular los ejemplares de las islas Tres Marías, Nayarit, fueron considerados como una especie diferente *Procyon insularis*. NOM*ssp) .... *Procyon lotor*

(Coloración dorsal jaspeada de grisácea a pardo; *con un marcado antifaz negro en el rostro*, centro del rostro, incluyendo rinario, oscuro; lados del hocico blancuzco; región ventral amarillento; *cola corta, pero anillada de oscuro a blancuzco*. Cráneo: con cuatro premolares superiores e inferiores; hilera de los dientes molariformes en forma de arco; no se cumplen la siguiente condiciones primer molar casi tan ancho como largo; diastema entre los premolares y anchura del rostro a la atura de los premolares menor que la anchura a la altura de los caninos. **Longitud total en hembras 603.0 a 909.0 mm, machos 634.0 a 950.0 mm**, condilobasal en hembras 89.4 a 115.9 mm, machos 94.3 a 125.8 mm).

Familia Ursidae

Familia conocidas comúnmente como osos. Se caracterizan por ser de tamaño grande (1,100.0 a 2,600.0 mm); tener la cola corta; la postura de la pata plantígrada; garras largas, curveadas, no retráctiles. Son principalmente omnívoros. Pertenecen al Orden Carnívora, Suborden Caniformia, Superfamilia Arctoidea. Todas las especies presentes en México son de la Subfamilia Ursinae.

1. La parte superior de la cadera y el lomo a la misma altura; garras de las patas delanteras ligeramente más grandes que las de las posteriores. Longitud del segundo molar superior menos de 29.5 mm (de Durango, Zacatecas, San Luis Potosí y Tamaulipas, al norte por el Altiplano y las Sierras Madres. NOM***ssp) .... *Ursus americanus*

(Coloración negra o pardo muy oscuro, hocico de color pardo claro; **la parte superior de la cadera y el lomo a la misma altura; garras de las patas delanteras ligeramente más grandes que las de las posteriores, pero no el doble**. Cráneo: al trazar una línea de perfil entre el paladar y el rostro se observa una forma triangular; los nasales sobresalen anteriormente a la sutura entre el nasal y el maxilar; **longitud del segundo molar superior menos de 29.5 mm**. Longitud total en hembras 1,220.0 a 1,640.0 mm, machos 1300.0 a 1840.0 mm, condilobasal en hembras 222.0 a 260.0 mm, machos 254 a 300 mm).

1a. La parte superior del lomo más alta que la de la cadera; garras de las patas delanteras el doble de grandes que las de las traseras. Longitud del segundo molar superior más de 29.5 mm (De Durango al norte por la Sierra Madre de Occidente, en Coahuila en la Sierra Madre de Oriente y Sierras del norte de la Península de Baja California. NOM****) .... *Ursus arctos*

(Coloración de pardo a pardo muy oscuro, pero nunca negra; hocico del mismo color que el resto de la cabeza; **el lomo más alto que cualquier otra parte del cuerpo; garras de las patas delanteras el doble de grandes que las de las traseras**. Cráneo: al trazar una línea de perfil entre el paladar y el rostro no se observa una forma triangular; los nasales no sobresalen anteriormente a la sutura entre el nasal y el maxilar; **longitud del segundo molar superior mayor de 29.5 mm**. Longitud total en hembras media 1,510.0 mm, machos media 1,640.0 mm, condilobasal en hembras media 345.0 mm, machos media 380 mm).

Procyon

1. Diastema between the second and third upper premolar; skull length less than 100.0 mm; length of upper molars less than 36.0 mm (endemic of Isla Cozumel, Quintana Roo. NOM*) .... *Procyon pygmaeus*

(Speckled dorsal pelage from grayish to brown; *with a marked black mask on the rostrum*; dark central part of the rostrum including rhinarium; whitish sides of the snout; yellowish underparts; *short tail but ringed from dark to whitish*; digits darker than the color of the limbs. Skull: four upper and lower premolars; arched molariform line; the following condition is not met, first molar almost as wide as long and diastema between premolar and rostrum breadth at the level of premolars less than the breadth at the level of the canines. **Total length in females 665.0 mm; males 667.0 mm,** condylobasal length in females 91.9 mm; males 93.7 mm).

1a. No diastema between the first and third upper premolars; skull length greater than 100.0 mm; length of upper molars longer than 36.0 mm (all over Mexico. In particular, the specimens from the Tres Marías islands, Nayarit were considered a different species from *Procyon insularis*. NOM*ssp.) .... *Procyon lotor*

(Speckled dorsal pelage from grayish to brown; *marked black rostrum mask*; dark central part of the rostrum including rhinarium; whitish sides of the snout; yellowish underparts; *short tail but ringed from dark to whitish*. Skull: four upper and lower premolars; molariform line arched; the following condition is not met, first molar almost as long and diastema between premolar and rostrum breadth at the height of premolars less than the breadth at the height of the canines. **Total length in females 603.0 to 909.0 mm; males 634.0 to 950.0 mm,** condylobasal length in females 89.4 to 115.9 mm; males 94.3 to 125.8 mm).

Family Ursidae

Family commonly known as bears whose specimens are characterized by their big size (1,100.0 a 2,600.0 cm); short tail; plantigrade foot posture; long, curved, and non-retractile claws. They are mainly omnivorous and belong to the Order Carnivora, Suborder Caniformia, Superfamily Arctoidea. All the species in Mexico belong to the Subfamily Ursinae.

1. Upper part of the hip and back at the same height; claws of fore foot slightly bigger than those in hind foot. Length of second upper molar less than 29.5 mm (from Durango, Zacatecas, San Luis Potosí, and Tamaulipas northward by the Mexican Plateau and Sierras Madres. NOM***ssp.) .... *Ursus americanus*

(Black or very dark brown pelage; light brown snout; **upper part of the hip and back at the same level; claws of fore foot slightly bigger than those in hind foot, but not doble**. Skull; a triangular shape can be observed when tracing a profile line between the palate and rostrum; nasal conducts stand out frontward to the suture between the nasal and maxilla; **length of the second upper molar less than 29.5 mm**. Total length in females 1,220.0 to 1,640.0 mm; males 1,300.0 to 1,840.0 mm, condylobasal length in females 222.0 to 260.0 mm; males 254 to 300 mm).

1a. The upper part of the back over the upper parts of the hip; claws in fore foot double in length to those in hind foot. Length of the second upper molar greater than 29.5 mm (from Durango northward by the Sierra Madre de Occidental, in Coahuila in Sierra Madre de Oriental, and northern Sierras of the Baja California Peninsula. NOM****) .... *Ursus arctos*

(Brown to darker brown but never black; snout of the same color than all the head; **back higher than any other part of the body; claws in fore foot double the size of those in hind foot**. Skull: no triangular shape is observed when tracing a profile line between the palate and rostrum; nasals do not stand out frontward over the suture between the nasal and maxilla; **length of the second upper molar larger than 29.5 mm**. Average total length in females 1,510.0 mm; average in males 1,640.0 mm; average condylobasal length in females 345.0 mm; average in males 380 mm).

Único orden de mamíferos que vuelan, incluye a todos los murciélagos. Representan aproximadamente un 20 % de todas las especies de mamíferos. Se caracterizan por tener los miembros anteriores modificados en forma de ala; ulna reducida y no funcional; radio relativamente grande; esternón generalmente con quilla; fosa glenoidea de la escápula dirigida dorsalmente; huesos ligeramente tubulares; vértebras torácicas y cervicales sin espina neural; cráneo en forma de domo, frecuentemente inflado en la región de la caja craneal y cóncavo en la región frontal. Son de distribución prácticamente cosmopolita. Tiene dos subórdenes Megachiroptera (murciélagos diurnos del viejo mundo, no presentes en México) y Microchiroptera (murciélagos nocturnos de todo el mundo). En México está representado por ocho familias: Emballonuridae, Molossidae, Mormoopidae, Natalidae, Noctilionidae, Phyllostomidae, Thyropteridae, y Vespertilionidae.

Literatura utilizada para las claves, taxonomía y nomenclatura del Orden Chiroptera. Familia Emballonuridae. Se emplea a *Diclidurus albus* en lugar de *D. virgo* (Hood y Gardner 2008) y *Centronycteris centralis*, previamente identificado como *C. maximiliani* (Simmons y Handley 1998).

Familia Molossidae. Se utiliza el género *Cynomops* en lugar de *Molossops* (Peters *et al*. 2002). Se utiliza la especie *Eumops ferox* y se considera que *E. glaucinus* no tienen distribución en México (Mcdonough *et al*. 2008). Se ocupa la especie *Eumops nanus* previamente considerada como *E. bonariensis*, que no tienen distribución en México (Eger 2008). Se incluye a *Molossus alvarezi* (González–Ruiz *et al*. 2011), pero no *Molossus bondae* porque no tienen distribución en México (López-González y Presley 2002). Familia Natalidae. Se utiliza la especie *Natalus lanatus* (Tejedor 2005) y *Natalus mexicanus* en lugar de *N. stramineus* (Tejedor 2006, 2011).

Familia Phyllostomidae. Se considera a *Artibeus triomylus* como subespecies de *jamaicensis* (Larsen *et al*. 2007, 2010), y *Artibeus intermedius* como subespecies de *A. lituratus* (Redondo *et al*. 2008, Marchán–Rivadeneira *et al*. 2012). Se utilizan los géneros *Dermanura* y *Enchisthenes* (Van Den Bussche *et al*. 1998).

Se utiliza la especie *Carollia sowelli* previamente identificada como *C. brevicauda* (Baker *et al*. 2002). *Mimon cozumelae* se considera como subespecies de *M. bennettii* (Gregorin *et al*. 2008). Se considera a *Sturnira ludovici* como sinónimo de *S. hondurensis* (Gardner 2008b) y *S. lilium* de *S. parvidens* (Velazco y Patterson

The only order of mammals that fly includes all bats representing approximately 20 % of all mammal species. They are characterized by having front limbs modified in wing shape; a reduced and not functional ulna; slightly large radius; sternum generally with a keel; the scapula glenoid fossa is directed dorsally; bones are generally tubullar; toraxic and cervical vertebrae without a neural spine; skull in dome shape, frequently inflated in the braincase region and concave in the frontal region. Their distribution is practically cosmopolitan. They have two suborders: Megachiroptera (diurnal bats of the Old World, not found in Mexico) and Microchiroptera (nocturnal bats found worldwide). In Mexico the order is represented by eight families: Emballonuridae, Molossidae, Mormoopidae, Natalidae, Noctilionidae, Phyllostomidae, Thyropteridae, and Vespertilionidae.

Literature used for the keys, taxonomy and nomenclature of the Order Chiroptera. Family Emballonuridae. We dealt with *Diclidurus albus* instead of *D. virgo* (Hood and Gardner 2008) and *Centronycteris centralis*, previously identified as *C. maximiliani* (Simmons and Handley 1998).

Family Molossidae. We used the genera *Cynomops* instead of *Molossops* (Peters *et al*. 2002). We used the species *Eumops ferox* for Mexico considering that *E. glaucinus* is without range in Mexico (Mcdonough *et al*. 2008). We used the species name *Eumops nanus* to the previously dealt with as *E. bonariensis* now without range in Mexico (Eger 2008). *Molossus alvarezi* was included (González–Ruiz *et al*. 2011) but not *Molossus bondae* because it does not range in Mexico (López-González and Presley 2002). Family Natalidae. We used the species *Natalus lanatus* (Tejedor 2005), and *Natalus mexicanus* instead of *N. stramineus* (Tejedor 2006, 2011).

Family Phyllostomidae. We considered *Artibeus triomylus* as a subspecies of *A. jamaicensis* (Larsen *et al*. 2007, 2010), and *A. intermedius* as a subspecies of *A. lituratus* (Redondo *et al*. 2008, Marchán–Rivadeneira *et al*. 2012). The genera *Dermanura* and *Enchisthenes* were used (Van Den Bussche *et al*. 1998).

We used the species *Carollia sowelli* previously identified as *C. brevicauda* (Baker *et al*. 2002). *Mimon cozumelae* is considered as subspecies of *M. bennettii* (Gregorin *et al*. 2008). We dealt with *Sturnira ludovici* as a junior synonym of *S. hondurensis* (Gardner 2008b) and *S. lilium* as *S. parvidens* (Velazco and Patterson 2013). We

2013). Se incluyen a *Trinycteris nicefori* (Escobedo–Morales *et al*. 2006), y *Vampyressa thyone* a la previamente identificada como *V. pusilla thyone* (Lim *et al*. 2003).

Familia Vespertilionidae. Se incluye la subfamilia Myotiinae de acuerdo con Hoofer y Van Den Bussche (2003). Se considera a *Myotis ciliolabrum* como M. *melanorhinus* (Simmons 2005). El género *Baeodon* es colocado dentro *Rhogeessa* (Baird *et al*. (2008). Se utiliza la especie *R. bickhami* (Baird *et al*. 2012). Se considera la división del género *Pipistrellus* en *Perimyotis* para la especie previamente identificada como *Pipistrellus subflavus* y *Parastrellus* para *Pipistrellus hesperus* (Menu 1984; Hoofer y Van Den Bussche 2003).

Se utilizan las revisiones de la familia y géneros de murciélagos (Miller 1907; Jones y Carter 1976), Famila Mormoopidae (Smith 1972), Natalidae (Tejedor 2011), *Artibeus* (Davis 1984), *Carollia* (Pine 1972), *Corynorhinus* (Piaggio y Perkins 2005; Tumlison 1991), *Eptesicus* (Davis y Gardner 2008), *Euderma* (Handley 1959), *Eumops* (Eger 1977), *Glossophaga* (Webster 1993), *Macrotus* (Anderson y Nelson 1965), *Micronycteris* (Andersen 1906; Porter *et al*. 2007), *Myotis* (Miller y Allen 1928; Jones *et al*. 1970; Genoways y Jones 1969; La Val 1973a; Mantilla-Meluk y Muñoz-Garay 2014), *Plecotus* (Handley 1959), *Pipistrellus* (Hall y Dalquest 1950), *Rhogeessa* (La Val 1973b), *Sturnira* (Iudica 2000), *Tadarida* (Shamel 1931), *Tonatia* (Goodwin 1942), *Uroderma* (Davis 1968), *Vampyrodes* (Velazco y Simmons 2011), Vespertilionidae (Miller 1897).

De los Mammalian species: Álvarez-Castañeda y Bogan (1998); Ávila–Flores *et al*. (2002); Best *et al*. (2002); Braun *et al*. (2009); Burnett *et al*. (2001); Cole y Wilson (2006); Cramer *et al*. (2001); Cudworth y Koprowski (2010); Czaplewski (1983); De la Torre y Medellín (2010); Gannon *et al*. (1989); Herd (1983); Hernández–Meza *et al*. (2005); Holloway y Barclay (2001); Hood y Jones (1984); Jennings *et al*. (2002); Kenneth (1987); Kiser (1995); Kurta y Baker (1990); Kwiecinski (2006); Medellín y Arita (1989); Ortega y Alarcón–D. (2008); Ortega y Arita (1997); Ortega y Castro-Arellano (2001); Ortega *et al*. (2009); Roots y Baker (2007); Solmsen y Schilemann (2007); Vonhof (2000); Yee (2000).

1. Con hoja nasal (Figura CH1); con o sin cola .... Phyllostomidae (pag. 154)

1a. Sin hoja nasal y con cola 2

2. Extremo posterior de la cola proyectándose a la mitad del uropatagio, nunca incluido en el borde posterior del mismo (Figura CH2) 3

2a. Uropatagio recorrido en su totalidad por la cola, algunas veces ésta se prolonga más del borde posterior del mismo 5

3. Segundo dedo del ala sin falanges, sólo con metacarpo ....
.... Emballonuridae (pag. 132)

3a. Segundo dedo del ala con falanges 4

4. Uñas de las patas muy grandes y planas lateralmente; longitud de la pata, medida en seco, más de 70 % de la longitud de la tibia ....
.... Noctilionidae (pag. 152)

4a. Uñas de la pata no marcadamente planas ni puntiagudas; longitud de la pata menos del 70 % de la tibia .... Mormoopidae (pag. 148)

5. Con discos adhesivos en la muñeca y en el tobillo .... Thyropteridae (pag. 186)

5a. Sin discos adhesivos 6

included *Trinycteris nicefori* (Escobedo–Morales *et al.* 2006) and *Vampyressa thyone* which was previously identified as *V. pusilla thyone* (Lim *et al.* 2003).

Family Vespertilionidae. The subfamily Myotiinae is listed according to Hoofer and Van Den Bussche (2003). We consider *Myotis ciliolabrum* as *M. melanorhinus* (Simmons 2005). The genus *Baeodon* is considered as a *Rhogeessa* (Baird *et al.* (2008). We used the species *R. bickhami* (Baird *et al.* 2012). We used the division of the genus *Pipistrellus* in *Perimyotis subflavus* previously identified as *Pipistrellus subflavus* and *Parastrellus hesperus* to previously identified as *Pipistrellus hesperus* (Menu 1984, Hoofer and Van Den Bussche 2003).

We used the review of families and genera of bats (Miller 1907; Jones and Carter 1976), Family Mormoopidae (Smith 1972), Natalidae (Tejedor 2011), *Artibeus* (Davis 1984), *Carollia* (Pine 1972), *Corynorhinus* (Piaggio and Perkins 2005; Tumlison 1991), *Eptesicus* (Davis and Gardner 2008), *Euderma* (Handley 1959), *Eumops* (Eger 1977), *Glossophaga* (Webster 1993), *Macrotus* (Anderson and Nelson 1965), *Micronycteris* (Andersen 1906; Porter *et al.* 2007), *Myotis* (Miller and Allen 1928; Jones *et al.* 1970; Genoways and Jones 1969; La Val 1973a; Mantilla-Meluk y Muñoz-Garay 2014), *Plecotus* (Handley 1959), *Pipistrellus* (Hall and Dalquest 1950), *Rhogeessa* (La Val 1973b), *Sturnira* (Iudica 2000), *Tadarida* (Shamel 1931), *Tonatia* (Goodwin 1942), *Uroderma* (Davis 1968), *Vampyrodes* (Velazco and Simmons 2011), Vespertilionidae (Miller 1897).

From Mammalian species: Álvarez-Castañeda and Bogan (1998); Ávila–Flores *et al.* (2002); Best *et al.* (2002); Braun *et al.* (2009); Burnett *et al.* (2001); Cole and Wilson (2006); Cramer *et al.* (2001); Cudworth and Koprowski (2010); Czaplewski (1983); De la Torre and Medellín (2010); Gannon *et al.* (1989); Herd (1983); Hernández–Meza *et al.* (2005); Holloway and Barclay (2001); Hood and Jones (1984); Jennings *et al.* (2002); Kenneth (1987); Kiser (1995); Kurta and Baker (1990); Kwiecinski (2006); Medellín and Arita (1989); Ortega and Alarcón–D. (2008); Ortega and Arita (1997); Ortega and Castro-Arellano (2001); Ortega *et al.* (2009); Roots and Baker (2007); Solmsen and Schilemann (2007); Vonhof (2000); Yee (2000).

1. Nasal leaf (Figure CH1); with or without tail .... Phyllostomidae (p. 155)

1a. No nasal leaf and with tail 2

2. Extreme back part of the tail projecting toward the middle part of the uropatagium, never included in the posterior border (Figure CH2) 3

2a. Uropatagium running totally by the tail, sometimes extending over its posterior border 5

3. Second wing digit without phalange, only with metacarpal .... Emballonuridae (p. 133)

3a. Second wing digit with phalanges 5

4. Very large fingernails in limbs and flat laterally; length of limb in dry measurement greater than 70 % of the tibia length .... Noctilionidae (p. 153)

4a. Fingernails in limbs not clearly flat or sharp; length of limb less than 70 % of the tibia .... Mormoopidae (p. 149)

5. Adhesive disks in the wrist and in the ankle .... Thyropteridae (p. 187)

5a. No adhesive disks 6

6. Orejas formando una especie de visera sobre los ojos (Figura CH3); extremo posterior de la cola extendiéndose por lo menos 7.0 mm posteriormente del borde del uropatagio .... Molossidae (pag. 138)

6a. Orejas sin formar una visera y ampliamente separadas en su parte media dorsal; si la punta de la cola queda libre del borde posterior del uropatagio, mide menos de 7.0 mm 7

7. Pabellón de la oreja en forma de embudo (Figura CH4); longitud de la tibia más del 47 % de la del antebrazo. Caja craneal de forma esférica .... Natalidae (pag. 152)

7a. Pabellón de la oreja no tiene forma de embudo; longitud de la tibia menos del 47 % de la del antebrazo .... Vespertilionidae (pag. 188)

CH1

CH2

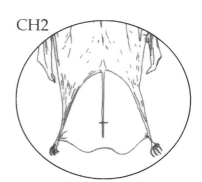

Familia Emballonuridae

Familia que incluye a los murciélagos que presentan bolsas en las alas. Los embalonuridos se caracterizan por tener un tamaño de pequeño a mediano (antebrazo 35.0 a 66.0 mm); con un saco glandular presente en la membrana anterior del ala, cerca del codo en la mayoría de los géneros (ausente en todos los demás Microchiropteros) o en la base de la cola; pina moderadamente grande y redondeada, frecuentemente unida a las bases, sin extensión ventral bajo el ojo; trago presente y pequeño; tercer digito con dos falanges. Con ocurrencia geográfica pantropical. Pertenecen al Orden Chiroptera, Suborden Microchiroptera, Superfamilia Emballonuroidae. Todas las especies con distribución en México están incluidas dentro de la Subfamilia Emballonuroinae.

1. Pelaje blanco. Proceso postorbital ancho, casi confundido con la cresta supraorbital (Figura CH5; de Nayarit en la Planicie Costera del Pacífico y de Veracruz en la Planicie Costera del Golfo al sur, parte húmeda de la Península de Yucatán) .... *Diclidurus albus*

(*Coloración dorsal y ventral blanca*; **sin saco alar, pero uno muy pequeño cerca de la punta de la cola**. Cráneo: hueso premaxilar separado del maxilar; proceso postorbital poco ancho; primer premolar menor de aproximadamente un cuarto del tamaño del segundo premolar. Longitud antebrazo 63.0 a 69.0 mm, del cráneo 17.0 a 19.6 mm).

1a. Pelaje no blanco. Proceso postorbital delgado 2

2. Sin saco alar en el plagiopatagio 3

2a. Con saco alar en el plagiopatagio (Figura CH6) 4

6. Ears forming a type of visor over the eyes (Figure CH3); extreme posterior part of the tail extending at least 7.0 mm toward the back of the uropatagium border .... Molossidae (p. 139)

6a. Ears not forming a visor and widely separated in the dorsal medium part; if the tip of the tail is free from the posterior border of the uropatagium, it measures less than 7.0 mm 7

7. Outer ear in the shape of a funnel (Figure CH4); length of tibia greater than 47 % of the forearm; braincase in spherical shape .... Natalidae (p. 153)

7a. Outer ear is not in funnel shape; length of tibia less than 47 % of the forearm .... Vespertilionidae (p. 189)

CH3

CH4

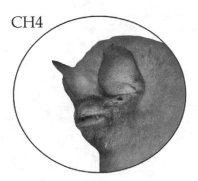

Family Emballonuridae

The Family Emballonuridae includes sac-winged bats that are characterized by having small to medium size (forearm from 35.0 to 66.0 mm) with a glandular sac in the anterior wing membrane, close to the elbow in the majority of the genera (absent in all the rest Microchiroptera) or at the base of the tail; the pinna is moderately large and round, frequently joined at the base without ventral extension under the eye; a small tragus; third digit with two phalanges. Pantropical geographical occurrence; they belong to the Order Chiroptera, Suborder Microchiroptera, Superfamily Emballonuroidea. All species with distribution in Mexico are included within the Subfamily Emballonuroinae.

1. White hair. Wide postorbital process almost mixed up with the supraorbital crest (Figure CH5; from Nayarit in the Pacific Coastal Plains and from Veracruz in the Gulf Coastal *Plains* southward, and the humid part of the Yucatan Peninsula) .... *Diclidurus albus*

(*Dorsal pelage and underparts white*; **no wing sac, but a very little one close to the tip of the tail**. Skull: premaxillar bone separated from the maxilla; postorbital process a little wide; first premolar approximately less than one fourth of the size of the second one. Length of forearm from 63.0 to 69.0 mm, skull 17.0 to 19.6 mm).

1a. Hair not white. Thin postorbital process 2

2. No wing sac in the plagiopatagium 3

2a. Wing sac in the plagiopatagium (Figure CH6) 4

3. Antebrazo menor de 41.0 mm y con cinco a siete mechones de pelo color claro. Premolar superior anterior con tres cúspides; cavidad basiesfenoides dividida por un septo (Figura CH7; del sur de Veracruz, Tabasco, Campeche, y norte de Chiapas. NOM***) .... *Centronycteris centralis*
(Coloración dorsal y ventral de amarillo a pardo grisáceo; sin saco alar; las orejas en forma de una hoz; las alas se unen hasta el tobillo; *con cinco a siete mechones de pelo color claro*. Cráneo: hueso premaxilar separado del maxilar; fosa basiesfenoidal dividida por un septo; primer premolar superior con cúspides distinguibles anterior y posterior. Longitud antebrazo 43.0 a 49.0 mm, del cráneo 14.5 a 15.0 mm).

3a. Antebrazo mayor de 41.0 mm y sin mechones de pelo color claro. Cavidad basiesfenoides no dividida por un septo (Figura CH8; de Oaxaca en la Planicie Costera del Pacífico y de Veracruz en la Planicie Costera del Golfo al sur, parte húmeda de la Península de Yucatán. NOM***) .... *Rhynchonycteris naso*
(Coloración dorsal jaspeada, amarillenta o pardo grisáceo, con franjas paralelas más claras en el lomo, pero no muy contrastante; ventral de amarillo pálido a grisáceo; sin saco alar; *la nariz es muy afilada y da la impresión de tener una pequeña probóscide*. Cráneo: hueso premaxilar separado del maxilar; fosa basiesfenoidal no dividida por un septo; primer premolar de aproximadamente un tercio del tamaño del segundo premolar. Longitud antebrazo 36.0 a 40.0 mm, del cráneo 11.2 a 12.6 mm).

4. Con dos líneas paralelas contrastantes en el dorso, desde el hombro hasta la cadera; saco alar en el propatagio cerca del antebrazo, con la apertura en dirección al antebrazo (Figura CH6c). Rostro y hueso frontal muy recto formando un ángulo mayor a 160 grados .... *Saccopteryx* (pag. 138)

4a. Sin líneas dorsales; saco alar en el propatagio separado del antebrazo y con la apertura en dirección a la punta del ala o del cuerpo (Figura CH6b). Rostro y hueso frontal no recto, con un ángulo menor a 160 grados 5

5. Longitud del antebrazo menor de 41.0 mm; saco alar al centro del propatagio, con la apertura en dirección al cuerpo (Figura CH6a). Parte anterior del rostro inflada (Figura CH9); cavidad del basiesfenoides dividida o no por un septo .... *Balantiopteryx* (pag. 136)

5a. Longitud del antebrazo mayor de 41.0 mm; saco alar cerca del borde anterior de propatagio, con la apertura en dirección a la punta del ala. Parte anterior del rostro no inflada (Figura CH10); cavidad del basiesfenoides no dividida .... *Peropteryx* (pag. 136)

CH5

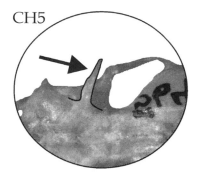

CH6

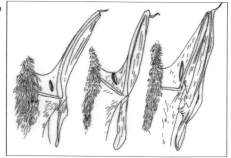

3. Forearm less than 41.0 mm and with five to seven locks of light hair color. Front upper premolar with three cusps; basisphenoidal cavity divided by a septum (Figure CH7; south of Veracruz, Tabasco, Campeche, and north of Chiapas. NOM***) .... *Centronycteris centralis*

(Dorsal pelage and underparts from yellowish to grayish brown; no wing sac; ears shaped as a sickle; wings joined down to the ankle; *five to seven locks of light hair color.* Skull: premaxillary bone separated from the maxilla; basisphenoidal cavity divided by a septum; first upper premolar with distinct anterior and posterior cusps. Forearm length 43.0 to 49.0 mm, skull 14.5 to 15.0 mm).

3a. Forearm longer than 41.0 mm and without locks of light hair color. Basisphenoidal cavity is not divided by a septum (Figure CH8; from Oaxaca to the Pacific Coastal Plains and from Veracruz in the Gulf Coastal Plains southward, and the humid part of the Yucatan Peninsula. NOM***) ....
.... *Rhynchonycteris naso*

(Dorsal pelage speckled yellowish or grayish brown with lighter parallel bands on the back but not very contrasting; underparts pale yellowish to grayish; no wing sac; **very sharp nose giving the impression of having a small proboscis**. Skull: premaxillary bone separated from the maxilla; basisphenoidal cavity not divided by a septum; first premolar approximately one third of the size of the second one. Length of forearm 36.0 to 40.0 mm, skull 11.2 to 12.6 mm).

4. Two contrasting parallel lines on the back from the shoulder to the hip; wing sac in the propatagium close to the forearm with the opening in direction to the forearm (Figure CH6c). Face and frontal bone straight with an angle greater than 160° .... *Saccopteryx* (p. 139)

4a. No dorsal lines; wing sac in the propatagium separated from the forearm and the opening in direction to the tip of the wing or body (Figure CH6b). Face and frontal bone not straight with an angle less than 160°................................... 5

5. Length of forearm less than 41.0 mm; wing sac in the central part of the propatagium and the opening in direction to the body (Figure CH6a). Anterior part of the face inflated (Figure CH9); basisphenoidal pit divided or not by a septum .... *Balantiopteryx* (p. 137)

5a. Length of forearm greater than 41.0 mm; wing sac close to the anterior border of the propatagium and the opening in direction to the tip of the wing. Anterior part of the face not inflated (Figure CH10); basisphenoidal pit not divided .... *Peropteryx* (p. 137)

CH7

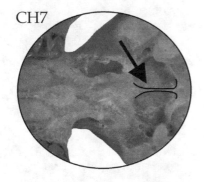

CH8

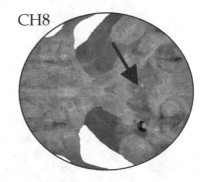

CH9

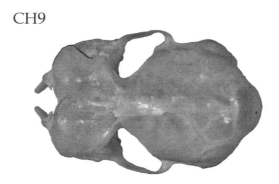

Balantiopteryx

1. Longitud del antebrazo más de 38.2 mm; coloración en tonos grisáceos; membrana alar con el borde blanco. Fosa interpterigoidea delgada, en forma de "V" (del sur de Sonora en la Planicie Costera del Pacífico y de Veracruz en la Planicie Costera del Golfo al sur, sur de la Península de Baja California, Depresión del Balsas, Valles de Oaxaca y parte húmeda sur de la Península de Yucatán) .... *Balantiopteryx plicata*

(**Coloración dorsal gris pálido**, dando la impresión de ser un color mate; región ventral pálida; *saco alar pequeño en los machos al centro del propatagio en forma de "semilla de café"*; el antebrazo en tonos rosáceos. Cráneo: hueso premaxilar separado del maxilar; fosa basiesfenoidal dividida o no por un septo región anterior del rostro con dos protuberancias semiesféricas; primer premolar menor de aproximadamente un cuarto del tamaño del segundo premolar; **fosa interpterigoidea delgada, en forma de "V"**. Longitud antebrazo 40.0 a 45.0 mm, del cráneo 11.5 a 14.8 mm).

1a. Longitud del antebrazo menos de 38.9 mm; coloración general en tonos pardos; membrana alar sin borde blanco. Fosa interpterigoidea ancha y en forma de "U" (base de la Sierra Madre Oriental en el sur de Veracruz, norte de Oaxaca y Chiapas) .... *Balantiopteryx io*

(**Coloración dorsal pardo oscuro**; región ventral pardo grisáceo; *saco alar en los machos al centro del propatagio en forma de "semilla de café"*. Cráneo: hueso premaxilar separado del maxilar; fosa basiesfenoidal dividida o no por un septo; región anterior del rostro con dos protuberancias semiesféricas; primer premolar menor de aproximadamente un cuarto del tamaño del segundo premolar; **fosa interpterigoidea ancha y en forma de "U"**. Longitud antebrazo 36.0 a 40.0 mm, del cráneo 12.4 a 12.9 mm).

Peropteryx

1. Longitud del antebrazo mayor de 45.0 mm; orejas de color negro. Cráneo mayor de 16.0 mm (de Oaxaca en la Planicie Costera del Pacifico y de Tabasco en la Planicie Costera del Golfo al sur, Planicie Costera de Chiapas. NOM***) ....
.... *Peropteryx kappleri*

(Coloración dorsal de pardo rojizo oscuro a pardo oscuro; región ventral pardo oscuro; pelo largo; hocico casi desnudo y muy elongado; *saco alar en el borde frontal del propatagio*; la membrana de las alas llegan hasta el tobillo; **orejas de color negro**. Cráneo: hueso premaxilar separado del maxilar; fosa basiesfenoidal no dividida por un septo; primer premolar menor de aproximadamente un cuarto del tamaño del segundo premolar. **Longitud antebrazo 45.0 a 52.0 mm**, del cráneo 16.0 17.8 mm).

1a. Longitud del antebrazo menor de 48.2 mm; orejas pardo oscuro, pero no negro. Cráneo menor de 16.0 mm (de Oaxaca en la Planicie Costera del Pacífico y de Tabasco en la Planicie Costera del Golfo al sur, la Península de Yucatán) ....
.... *Peropteryx macrotis*

(Coloración dorsal de pardo rojizo a pardo oscuro; región ventral pardo grisáceo; hocico casi desnudo y muy alongado; *saco alar en el borde frontal del propatagio*; la membrana de las alas llegan hasta el tobillo; **orejas pardo oscuro**. Cráneo: hueso premaxilar separado del maxilar; fosa basiesfenoidal no dividida por un septo; primer premolar menor de aproximadamente un cuarto del tamaño del segundo premolar. **Longitud antebrazo 43.0 a 48.0 mm, del cráneo 12.0 a 15.0 mm**).

CH10

Balantiopteryx

1. Length of forearm greater than 38.2 mm; color in grayish shades; wing membrane with white border. Interpterygoid fossa narrow V-shaped (from southern Sonora in the Pacific Coastal Plains and from Veracruz in the Gulf Coastal Plains southward, south of the Baja California Peninsula, Balsas Basin, Oaxaca valleys, and humid southern part of the Yucatan Peninsula) ....
.... *Balantiopteryx plicata*

(**Dorsal pelage pale gray** giving the impression of being a dull color; pale underparts; *small wing sac in males at the central part of the propatagium in the shape of a "coffee seed"*; forearm in pinkish shades. Skull: premaxillary bone separated by the maxilla; basisphenoidal pit divided or not by a septum; anterior region of the face with two semispherical protuberances; first premolar approximately one fourth less than the size of the second one; **interpterygoid fossa narrow V-shaped**. Length of forearm 40.0 to 45.0 mm, skull 11.5 to 14.8 mm).

1a. Length of forearm less than 38.9 mm; general color in shades of brown; wing membrane without a white border. Interpterygoid fossa broadly U-shaped (slopes of the Sierra Madre Oriental in southern Veracruz, north of Oaxaca and Chiapas) .... *Balantiopteryx io*

(**Dark brown dorsal color**; underparts grayish brown; *wing sac in males at the central part of the propatagium in the shape of a "coffee seed"*. Skull: premaxillary bone separated by the maxilla; basisphenoidal pit divided or not by a septum; anterior region of the face with two semispherical protuberances; first premolar approximately one fourth smaller than the size of the second one; **interpterygoid fossa broadly U-shaped**. Length of forearm 36.0 to 40.0 mm, skull 12.4 to 12.9 mm).

Peropteryx

1. Length of forearm greater than 45.0 mm; black ears. Skull bigger than 16.0 mm (from Oaxaca in the Pacific Coastal Plains and Tabasco in the Gulf Coastal Plains southward, and Coastal Plains of Chiapas. NOM***) .. *Peropteryx kappleri*

(Dorsal pelage from dark reddish brown to dark brown; underparts dark brown; long hair; snout almost bare and very elongated; *wing sac in the frontal border of the propatagium*; wing membrane reaches down to the ankle; **black ears**. Skull: premaxillary bone separated by the maxilla; basisphenoidal pit not divided by a septum; first premolar approximately one fourth less than the size of the second one. **Forearm length 45.0 to 52.0 mm, skull 16.0 to 17.8 mm**).

1a. Length of forearm less than 48.2 mm; dark brown ears but not black. Skull less than 16.0 mm (from Oaxaca in the Pacific Coastal Plains and Tabasco in the Gulf Coastal Plains, and the Yucatan Peninsula) .... *Peropteryx macrotis*

(Dorsal pelage from reddish brown to dark brown; underparts grayish brown; snout almost bare and very elongated; *wing sac in the frontal border of the propatagium*; the wing membrane reaches the ankle; **dark brown ears but not black**. Skull: premaxillary bone separated from the maxilla; basisphenoidal pit not divided by a septum; first premolar approximately one fourth smaller than the size of the second one. **Length of forearm 43.0 to 48.0 mm, skull 12.0 to 15.0 mm**).

Saccopteryx

1. Longitud del antebrazo mayor de 43.0 mm y del cuerpo de 45.0 mm; coloración negruzca con dos líneas blanquecinas dorsales y paralelas desde el hombro hasta la cadera. Longitud de la serie de dientes maxilares más de 5.8 mm (de Jalisco en la Planicie Costera del Pacífico y de Veracruz en la Planicie Costera del Golfo al sur, parte húmeda de la Península de Yucatán) .... *Saccopteryx bilineata*

(***Coloración dorsal negruzco*** *con dos líneas dorsales paralelas muy bien marcadas*; región ventral negruzca; *saco alar bien desarrollado en machos y es paralelo al antebrazo.* Cráneo: hueso premaxilar separado del maxilar; fosa basiesfenoidal dividida por un septo; primer premolar menor de aproximadamente un cuarto del tamaño del segundo premolar; proceso postorbital grande y relativamente ancho. Longitud antebrazo 44.0 a 48.0 mm, del cráneo 15.7 a 15.9 mm).

1a. Longitud del antebrazo menor de 43.0 mm y del cuerpo de 45.0 mm; coloración en tonos pardos con dos líneas dorsales y paralelas claras y contrastantes, pero no blanquecinas. Longitud de la serie de dientes maxilares menor de 5.8 mm (Costa de Chiapas. NOM***) .... *Saccopteryx leptura*

(***Coloración dorsal pardo oscuro*** *con dos líneas dorsales paralelas muy bien marcadas*, pero no contrastantes; región ventral parda grisácea; *saco alar bien desarrollado en machos y es paralelo al antebrazo.* Cráneo: hueso premaxilar separado del maxilar; fosa basiesfenoidal dividida por un septo; primer premolar menor de aproximadamente un cuarto del tamaño del segundo premolar proceso postorbital grande y relativamente ancho. Longitud antebrazo 37.0 a 43.0 mm, del cráneo 13.1 a 14.4 mm).

Familia Molossidae

En esta familia se caracterizan por ser de tamaño mediano a grande entre los murciélagos (antebrazo de 29.0 a 80.0 mm); poseen alas largas y estrechas, adaptadas para el vuelo rápido en espacios abiertos; pina generalmente grande, puntiaguda o redondeada, frecuentemente unida a través de la frente y generalmente proyectándose hacia atrás más que verticalmente sobre la cabeza; trago muy pequeño o ausente; tercer dedo doblado hacia el lado del metacarpal cuando el ala esta doblada; pulgar relativamente grande. Se distribuye en América y Madagascar. Pertenecen al Orden Chiroptera, Suborden Microchiroptera. Todas las especies con distribución en México están incluidas dentro de la Subfamilia Molossinae.

1. Labio superior sin surcos o canales perpendiculares a la apertura de la boca. Premaxilares en contacto entre sí, algunas veces se presenta una muesca, pero no se extiende más atrás de las raíces de los incisivos 2

1a. Labio superior con marcados surcos o canales perpendiculares a la apertura de la boca. Premaxilares no en contacto en su parte media anterior, debido a una muesca que se extiende hacia atrás de las raíces de los incisivos (Figura CH11) 5

2. Orejas angostas hacia la base; antitrago redondeado con una escotadura en la base; pelos en la cadera largos a manera de cerdas que sobrepasa al resto. Anchura del incisivo superior (del extremo interior al exterior), igual o mayor que la longitud del diente .... *Molossus* (pag. 144)

2a. Sin las características anteriores; sí el antitrago es redondeado, los pelos en la cadera son cortos. Anchura de los incisivos superiores, mucho menor que la longitud del diente 3

3. Orejas angostas hacia la base; antitrago redondeado con una escotadura en la base. Palatino en forma de domo (de Nayarit en la Planicie Costera del Pacífico y sur de Veracruz en la Planicie Costera del Golfo al sur, la Península de Yucatán) .... *Promops centralis*

Saccopteryx

1. Length of forearm longer than 43.0 mm and body 45.0 mm; blackish color with two dorsal and parallel whitish lines from the shoulders to the hip. Length of maxillay teeth line greater than 5.8 mm (from Jalisco in the Pacific Coastal Plains and from Veracruz in the Gulf Coastal Plains southward, and the humid part of the Yucatan Peninsula) .... *Saccopteryx bilineata*

(**Dorsal pelage blackish** *with two well defined parallel dorsal lines*; underparts blackish; wing sac well developed in males and parallel to the forearm. Skull: premaxillary bone separated from the maxilla; basisphenoidal pit divided by a septum; first premolar approximately one fourth smaller than the size of the second one; big and relatively wide postorbital process. Length of forearm 44.0 to 48.0 mm, skull 15.7 to 15.9 mm).

1a. Length of forearm less than 43.0 mm and body 45.0 mm; color in pale shades with two light and contrasting dorsal and parallel lines but not whitish. Length of maxillary teeth less than 5.8 mm (coastal lowlands of Chiapas. NOM***) .... *Saccopteryx leptura*

(**Dorsal pelage brown** *with two dorsal well-defined parallel lines but not contrasting*; underparts grayish brown; wing sac well developed in males and parallel to the forearm. Skull: premaxillary bone separated from the maxilla; basisphenoidal pit divided by a septum; first premolar approximately one fourth smaller than the size of the second premolar; postorbital process big and relatively wide. Length of forearm 37.0 to 43.0 mm, skull 13.1 to 14.4 mm).

Family Molossidae

The species of this family are characterized by being medium to large size among bats (forearm 29.0 to 80.0 mm); they have long and narrow wings adapted for fast flight in open spaces; the pinna is generally large, sharp or rounded, frequently bound through the forehead and generally projecting backward more than vertically over the head; very small tragus or absent; third finger bent toward the metacarpal when the wing is folded; thumb relatively big. They are distributed in America and Madagascar. They belong to the Order Chiroptera, Suborder Microchiroptera. All the species with distribution in Mexico are included within the Subfamily Molossinae.

1. Upper lip without perpendicular grooves to the mouth opening. Premaxillary bones in contact among them, sometimes showing a notch but not extending back of the incisor roots 2

1a. Upper lip with perpendicular grooves to the mouth opening. Premaxillary bones not in contact in the middle anterior part, due to a medial emargination extending back of the incisor roots (Figure CH11) 5

2. Narrow ears toward the base; rounded antitragus with a low neckline notch on the base; long hair on the hip as bristles that standout from the rest. Breadth of upper incisors (from the extreme interior to the exterior) same or longer than the tooth length .... *Molossus* (p. 145)

2a. None of the previous characteristics; if the antitragus is rounded, hair on the hip is short. Breadth of upper incisors much less than tooth length 3

3. Narrow ears toward the base; rounded antitragus with a low neckline on the base. Palatine in dome shape (from Nayarit in the Pacific Coastal Plains and south of Veracruz in the Gulf Coastal Plains southward, and the Yucatan Peninsula) .... *Promops centralis*

(Coloración dorsal pardo grisáceo, pardo oscuro a negruzco, sin pelos largos en la cadera; región ventral parda grisácea oscura; antitrago circular con una muesca en la base; longitud de la cola más de la mitad que la del cuerpo, la parte final de la cola está libre del uropatagio. Cráneo: *palatino claramente en forma de domo*; sin una emarginación en el paladar entre los incisivos superiores. Longitud antebrazo 51.0 a 57.0, del cráneo 21.0 a 21.8 mm).

3a. Orejas no angostas hacia la base; antitrago no redondeado y sin una escotadura en la base. Palatino plano o ligeramente arqueado 4

4. Uropatagio grueso y rígido, con pelaje en la parte dorsal hasta la mitad del fémur; rostro notablemente aplanado. Longitud del rostro igual al ancho a la altura de los lacrimales (de Jalisco en la Planicie Costera del Pacífico al sur, parte húmeda de la Península de Yucatán y norte de Chiapas. NOM***) .... *Cynomops mexicanus*

(Coloración dorsal de pardo oscuro a negruzcos; región ventral pardo grisáceo; antitrago prácticamente cuadrado, orejas no se unen sobre la cabeza; sin surcos en el labio superior; la parte final de la cola está libre del uropatagio. Cráneo: sin una emarginación en el paladar entre los incisivos superiores. Longitud antebrazo 34.0 a 38.0 mm, del cráneo 17.0 a 20.6 mm).

4a. Uropatagio no grueso y no rígido, sin pelaje en la parte dorsal hasta la mitad del fémur; rostro subcilíndrico. Longitud del rostro mayor al ancho a la altura de los lacrimales .... *Eumops* (pag. 140)

5. Orejas cuando se doblan sobre el rostro no sobresalen notablemente de la punta de la nariz; orejas no unidas en las base; segunda falange del cuarto dedo más de 5.0 mm. Anchura anterior del rostro marcadamente mayor que la anchura interorbital (todo México a excepción de la Península de Yucatán) .... *Tadarida brasiliensis*

(Coloración dorsal de gris, pardo grisáceo a pardo oscuro; región ventral pálida; antitragos pequeño, ancho y de forma similar a la de un triángulo; *orejas grandes, pero no sobrepasan el hocico, no unidas en la base*; con surcos en el labio superior; la parte final de la cola está libre del uropatagio. Cráneo: con una emarginación en el paladar entre los incisivos superiores; ancho anterior del rostro mucho más que la interorbital. Longitud antebrazo 41.0 a 45.0 mm, del cráneo 14.6 a 18.4 mm).

5a. Orejas cuando se doblan sobre el rostro sobrepasan por mucho la punta de la nariz; orejas unidas en las base; segunda falange del cuarto dedo menos de 5.0 mm. Anchura anterior del rostro mayor que la interorbital .... *Nyctinomops* (pag. 146)

Eumops

1. Longitud del antebrazo mayor de 52.0 mm. Longitud del cráneo mayor de 22.0 mm 2

1a. Longitud del antebrazo menor de 52.0 mm. Longitud del cráneo menor de 22.0 mm 5

(Dorsal pelage grayish brown, dark brown to blackish, no long hairs on the hip; underparts dark grayish brown; circular antitragus with a notch on the base; length of tail greater than half of the body length; the end of the tail is free from the uropatagium. Skull: *palatine clearly in dome shape*; no emargination in the palate between the upper incisors. Length of forearm 51.0 to 57.0, skull 21.0 to 21.8 mm).

3a. Ears not narrow toward the base; antitragus not rounded and without a low neckline on the base. Plain palatine or slightly arched 4

4. Uropatagium thick and rigid, hair on the dorsal part to the middle part of the femur; rostrum notably flat and length equal to the breadth at the level of the lachrymal (from Jalisco in the Pacific Coastal Plains southward, the humid part of the Yucatan Peninsula, and north of Chiapas. NOM***) .... *Cynomops mexicanus*

(Dorsal pelage from dark brown to blackish; underparts grayish brown; antitragus practically square, ears not joint on the head; no grooves in the upper lip; the end of the tail is free from the uropatagium. Skull: no emargination in the palate between the upper incisors. Length of forearm 34.0 to 38.0 mm, skull 17.0 to 20.6 mm).

4a. Uropatagium not thick or rigid, no hair from the dorsal part to the middle part of the femur; subcylindrical face. Rostrum length greater to the breadth at the level of the lachrymal .... *Eumops* (p. 141)

5. Ears not extending considerably beyond the tip of the nose when laid over the face; ears not conjoined at the base; second phalange of the fourth finger greater than 5.0 mm. Anterior breadth of the rostrum distinctly greater than the interorbital breadth (all over Mexico except for the Yucatan Peninsula) .... *Tadarida brasiliensis*

(Dorsal pelage gray, grayish to dark brown; underparts pale; small and wide antitragus in the shape of a triangle; *big ears but not beyond the snout nor joint on the base*; grooves in the upper lip; end of the tail free from the uropatagium. Skull: one emargination in the upper incisors; breadth of anterior part of the face much greater than the interorbital. Length of forearm 41.0 to 45.0 mm, skull 14.6 to 18.4 mm).

5a. Ears extending considerably beyond the tip of the nose when laid over the rostrum; ears conjoined at the base; second phalange of the fourth finger less than 5.0 mm. Anterior breadth of the rostrum greater than interorbital breadth .... *Nyctinomops* (p. 147)

Eumops

1. Length of forearm greater than 52.0 mm. Length of skull greater than 22.0 mm 2

1a. Length of forearm less than 52.0 mm. Length of skull less than 22.0 mm 5

2. Longitud del antebrazo mayor de 73.0 mm. Longitud del cráneo mayor de 30.0 mm (del Eje Volcánico Trasversal al norte, a excepción de la Península de Baja California y la Planicie Costera del Golfo) .... *Eumops perotis*

(Coloración dorsal pardo, pelo con la base blanca; región ventral pálida; antitrago de forma de medio círculo con la base ancha; orejas grandes y cartilaginosas, aparentando una gorra y extendiéndose por delante de la nariz; hocico ancho y aplanado. Cráneo: sin una emarginación en el paladar entre los incisivos superiores; margen posterior del paladar posterior al margen posterior de los últimos molares; cráneo robusto con el rostro prácticamente al mismo nivel que la caja craneal; primer premolar muy pequeño de lado labial; *rostro más largo que la anchura a la altura del lacrimal*. **Longitud antebrazo 72.0 a 83.0 mm, del cráneo 30.3 a 32.9 mm**).

2a. Longitud del antebrazo menor de 73.0 mm. Longitud del cráneo menor de 30.0 mm 3

3. Longitud del antebrazo en promedio mayor de 64.0 mm. Longitud de los dientes maxilares mayor de 11.0 mm (de Sonora en la Planicie Costera del Pacífico al sur .... *Eumops underwoodi*

(Coloración de grisácea a pardo rojiza; **con unos pelos largos que sobresalen en la cadera**; orejas grandes y cartilaginosas y extendiéndose por delante de la nariz, aparentando una gorra; antitrago de forma de medio círculo con la base ancha; hocico ancho y aplanado. Cráneo: sin una emarginación en el paladar entre los incisivos superiores; margen posterior del paladar posterior a una línea trazada entre el margen posterior de los últimos molares; cráneo robusto con el rostro prácticamente al mismo nivel que la caja craneal; primer premolar muy pequeño de lado labial; *rostro largo más largo que la anchura a la altura del lacrimal*. **Longitud antebrazo 66.0 a 71.0 mm, del cráneo 28.8 a 29.9 mm**).

3a. Longitud del antebrazo en promedio menor de 64.0 mm. Longitud de los dientes maxilares menor de 11.0 mm 4

4. Pelaje dorsal negro o muy oscuro; tragus pequeño y puntiagudo con longitud aproximada de 3.5 mm desde la escotadura. Con cresta lacrimal (de Oaxaca en la Planicie Costera del Pacífico y sur de Veracruz en la Planicie Costera del Golfo al sur, parte húmeda y este de la Península de Yucatán) ....
.... *Eumops auripendulus*

(Coloración pardo oscura a negruzca; ventral pardo grisáceo oscuro; **tragus pequeño y puntiagudo midiendo aproximadamente 3.5 mm desde la escotadura**; orejas grandes y cartilaginosas, aparentando una gorra y extendiéndose por delante de la nariz; hocico ancho y aplanado. Cráneo: sin una emarginación en el paladar entre los incisivos superiores; margen posterior del paladar posterior a una línea trazada entre el margen posterior de los últimos molares; cráneo robusto con el rostro prácticamente al mismo nivel que la caja craneal; primer premolar muy pequeño de lado labial; *rostro largo más largo que la anchura a la altura del lacrimal*. Longitud antebrazo 57.0 a 63.0 mm, del cráneo 23.0 a 25.2 mm).

4a. Pelaje dorsal claro o poco oscuro; tragus grande y cuadrado, con longitud aproximada de 4.5 mm desde la escotadura. Sin cresta lacrimal (de Jalisco en la Planicie Costera del Pacífico y Veracruz en la Planicie Costera del Golfo al sur, la Península de Yucatán, Depresión del Balsas y Valles de Oaxaca) .. *Eumops ferox*

(Coloración pardo grisácea a grisácea, con pelos largos que sobresalen en la cadera; región ventral pardo grisáceo pálido; **tragus grande y cuadrado, con longitud aproximada de 4.5 mm**; orejas grandes y cartilaginosas, aparentando una gorra y extendiéndose por delante de la nariz; hocico ancho y aplanado. Cráneo: sin una emarginación en el paladar entre los incisivos superiores; margen posterior del paladar posterior a una línea trazada entre el margen posterior de los últimos molares; cráneo robusto con el rostro prácticamente al mismo nivel que la caja craneal; primer premolar muy pequeño de lado labial; *rostro largo más largo que la anchura a la altura del lacrimal*. Longitud antebrazo 59.0 a 61.0 mm, del cráneo 21.0 a 25.3 mm).

5. Color pardo con la base oscura; pelo corto. Forámenes basiesfenoides grandes y profundos, tercera comisura del tercer molar superior del mismo largo que la segunda (tierras bajas de Chiapas) .... *Eumops hansae*

(Coloración dorsal pardo oscuro o negruzco; región ventral pardo grisáceo oscuro; antitrago de forma de medio círculo con la base ancha; hocico ancho y aplanado; orejas grandes y cartilaginosas, aparentando una gorra, la parte distal de forma cuadrada. Cráneo: sin una emarginación en el paladar entre los incisivos superiores; margen posterior del paladar extendiéndose posteriormente a una línea trazada entre el margen posterior de los últimos molares; cráneo robusto con el rostro prácticamente al mismo nivel que la caja craneal; primer premolar muy pequeño de lado labial; **forámenes basiesfenoides grandes y profundos, tercera comisura del tercer molar superior del mismo largo que la segunda**; *rostro más largo que la anchura a la altura del lacrimal*. Longitud antebrazo 37.0 a 42.0 mm, del cráneo 18.4 a 21.7 mm).

2. Length of forearm greater than 73.0 mm. Length of skull greater than 30.0 mm (from the Trans-Mexican Volcanic Belt northward, except for the Baja California Peninsula and the Gulf Coastal Plains) .... *Eumops perotis*

(Brown dorsal pelage with the base white; pale underparts; antitragus in the shape of a half circle with a wide base; long ears and cartilaginous resembling a cap and extending to the front of the nose; wide and flat snout. Skull: without palate emargination between the upper incisors; posterior border of the palate posterior to the posterior edge of the last molars; skull robust with the face practically at the same level than the braincase; first premolar very small in the lips side; *rostrum length greater than the lachrymal breadth*. **Length of forearm 72.0 to 83.0 mm, skull 30.3 to 32.9 mm**).

2a. Length of forearm less than 73.0 mm. Length of skull less than 30.0 mm 3

3. Length of forearm averaging greater than 64.0 mm. Length of maxillary teeth greater than 11.0 mm (from Sonora in the Pacific Coastal Plains southward) .....
.... *Eumops underwoodi*

(Color from grayish to reddish brown; some longer hairs stand out from the hip; big and cartilaginous ears extending to the front of the nose resembling a cap; antitragus in the shape of a half circle with the base wide; wide and flat snout. Skull: without an emargination in the palate between the upper incisors; posterior margin of the palate posterior to a line traced between the posterior margin of the last molars; robust skull with the rostrum practically at the same level as the braincase; first premolar very small at the lips side; rostrum length greater than th*e lachrymal breadth*. **Length of forearm 66.0 to 71.0 mm, skull 28.8 to 29.9 mm**).

3a. Length of forearm averaging less than 64.0 mm. Length of maxillary teeth less than 11.0 mm 4

4. Dorsal pelage black or very dark; small and sharp tragus measuring approximately 3.5 mm from the low neckline. Lachrymal crest (from Oaxaca in the Pacific Coastal Plains and southern Veracruz in the Gulf Coastal Plains southward, and the humid and eastern parts of the Yucatan Peninsula) .... *Eumops auripendulus*

(From dark brown to blackish; underparts dark grayish brown; **small and sharp tragus measuring approximately 3.5 mm from the low neckline**; big and cartilaginous ears resembling a cap and extending frontward to the nose; flat and wide muzzle. Skull: no palatal emargination between the upper incisors; posterior palatal margin at a line traced between the posterior margin of the last molars; skull robust with the rostrum practically at the same level as the braincase; the first premolar very small at the lips side; *rostrum length greater than the lachrymal breadth*. Length of forearm from 57.0 to 63.0 mm, skull 23.0 to 25.2 mm).

4a. Light dorsal pelage or a little dark; big and square tragus with an approximate length of 4.5 mm from the notch. No lachrymal crest (from Jalisco in the Pacific Coastal Plains and Veracruz in the Gulf Coastal Plains southward, the Yucatan Peninsula, Balsas Basin, and Oaxaca valleys) .... *Eumops ferox*

(From grayish brown to grayish with long hairs that stand out on the hip; underparts pale grayish brown; **big and square tragus with an approximate length of 4.5 mm**; big cartilaginous ears resembling a cap and extending frontward to the nose; wide and flat muzzle. Skull: no palatal emargination between the upper incisors; posterior palatal margin posterior to a line traced between the posterior margin of the last molars; skull robust with the rostrum practically at the same level as the braincase; first premolar very small at the lips side; *rostrum length greater than the lachrymal breadth*. Length of forearm from 59.0 to 61.0 mm, skull 21.0 to 25.3 mm).

5. Brown pelage with the base dark; short hair. Big and deep basisphenoidal pits; third commissure of the third upper molar same length as the second one (lowlands of Chiapas) .... *Eumops hansae*

(Dorsal pelage dark brown or blackish; underparts dark grayish; antitragus in the shape of a half circle with wide base; wide and flat muzzle; big and cartilaginous ears resembling a cap and square distal part. Skull: no palatal emargination between the upper incisors; posterior palatal margin posterior to the palate extending backwards to a line traced between the posterior margin of the last molars; skull robust with the rostrum practically at the same level as the braincase; first premolar very small at the lips side; *rostrum length greater than the lachrymal breadth*; **big and deep basisphenoidal pits; third commissure of the third upper molar same length as the second one**. Length of forearm from 37.0 to 42.0 mm, skull 18.4 to 21.7 mm).

5a. Color pardo-grisáceo con la base pálida; pelo largo. Forámenes basiesfenoides pequeños y someros; tercera comisura del tercer molar superior no del mismo largo que la segunda (de Veracruz en la Planicie Costera del Golfo al sur y la Península de Yucatán. NOM***) .... *Eumops nanus*

(**Coloración dorsal pardo a pardo grisácea pálida, sin pelos largos en la cadera; región ventral pardo grisácea**; antitrago de forma de medio círculo con la base ancha; hocico ancho y aplanado; orejas grandes y cartilaginosas, aparentando una gorra y extendiéndose por delante de la nariz. Cráneo: sin una emarginación en el paladar entre los incisivos superiores; margen posterior del paladar posterior a una línea trazada entre el margen posterior de los últimos molares; cráneo robusto con el rostro prácticamente al mismo nivel que la caja craneal; primer premolar muy pequeño de lado labial; **forámenes basiesfenoides pequeños y someros; tercera comisura del tercer molar superior no del mismo largo que la segunda**; *rostro largo más largo que la anchura a la altura del lacrimal*. Longitud antebrazo 39.0 a 48.0 mm, del cráneo 16.4 a 20.1 mm).

Molossus

1. Longitud del antebrazo mayor a 44.0. Longitud del cráneo mayor de 19.0 mm; ancho a través del tercer molar superior más de 8.2 mm 2

1a. Longitud del antebrazo menor a 41.0. Longitud del cráneo menor de 18.8 mm; ancho a través del tercer molar superior menos de 8.2 mm 4

2. Coloración dorsal, la mayoría de las veces negra opaca; pelo dorsal unicolor. Longitud del antebrazo generalmente mayor de 47.0 mm (de Sinaloa en la Planicie Costera del Pacífico y los Estados Unidos en la Planicie Costera del Golfo al sur, Península de Yucatán, Depresión del Balsas y Valles de Oaxaca) .. .. *Molossus rufus*

(**Coloración dorsal generalmente negra opaca**, pero ocasionalmente anaranjado o pardo chocolate, con finas cerdas en la cadera; *orejas de tamaño medio, unido en la base, tragus tan ancho como alto*; región ventral pardo grisáceo oscuro; antitrago circular con una muesca en la base; pelos largos en la cadera; orejas más cortas que el rostro y angostas. Cráneo: sin una emarginación en el paladar entre los incisivos superiores. Longitud antebrazo 47.0 a 54.4 mm, del cráneo 21.1 a 24.5).

2a. Coloración dorsal, la mayoría de las veces pardo chocolate, nunca negra; pelo dorsal marcadamente bicolor (blanco en la mitad basal y pardo chocolate en la mitad distal). Longitud del antebrazo generalmente menor de 49.0 mm 3

3. Dorsalmente de coloración pardo chocolate oscura. Longitud del cráneo menor de 21.0 mm; longitud de los dientes maxilares menores de 11.5 en las hembras y 12.0 en los machos (Península de Yucatán) .... *Molossus alvarezi*

(**Coloración dorsal pardo chocolate oscura**; *orejas de tamaño medio, unido en la base, tragus tan ancho como alto*; orejas más cortas que el rostro y angostas; antitrago circular con una muesca en la base; pelos largos en la cadera; la mitad basal del pelo de color blanco, claramente contrastante con la mitad distal. Cráneo: crestas lamboideas poco desarrolladas sus extremos distales menos anchos que la caja craneal; sin una emarginación en el paladar entre los incisivos superiores. Longitud antebrazo 42.7 a 47.8, del cráneo 19.1 a 20.1).

3a. Dorsalmente de coloración pardo media a oscura. Longitud del cráneo mayor de 21.0 mm; longitud de los dientes maxilares mayores de 11.4 en las hembras y 11.8 en los machos (de Sinaloa a Chiapas por la Planicie Costera del Pacífico) .... *Molossus sinaloae*

(Coloración dorsal pardo rojizo a pardo oscuro, pero nunca negruzco; región ventral pardo; **la mitad basal del pelo de color blanco, claramente contrastante con la mitad distal**; antitrago circular con una muesca en la base; *orejas de tamaño medio, unido en la base, tragus tan ancho como alto*; pelos largos en la cadera; orejas más cortas que el rostro y angostas. Cráneo: crestas lamboideas muy desarrolladas sus extremos distales más anchos que la caja craneal; sin una emarginación en el paladar entre los incisivos superiores. Longitud antebrazo 46.8 a 50.8, del cráneo 21.1 a 23.1).

4. Pelo dorsal largo (mayor de 4.0 mm) y marcadamente bicolor, blanco mitad basal y pardo chocolate en la mitad distal (en México sólo en la Planicie Costera de Oaxaca y Chiapas) .... *Molossus molossus*

5a. Grayish brown pelage with the base pale; long hair. Basisphenoidal pits small and shallow; third commissure of the third upper molar not the same length as the second one (from Veracruz in the Gulf Coastal Plain southward and the Yucatan Peninsula. NOM***) .... *Eumops nanus*

(Dorsal pelage from brown to pale grayish brown; no long hairs on hip; underparts pale grayish; antitragus in the shape of a half circle with the base wide; wide and flat muzzle; big and cartilaginous ears resembling a cap and extending frontward to the nose. Skull: no palatal emargination between the upper incisors; posterior palatal margin posterior to a line traced between the posterior margin of the last molars; skull robust with the rostrum practically at the same level as the braincase; first premolar very small at the lips side; **basisphenoidal pits small and shallow; third commissure of the third upper molar not the same length as the second one**; *rostrum length greater than the lachrymal breadth.* Length of forearm from 39.0 to 48.0 mm, skull 16.4 to 20.1 mm).

Molossus

1. Length of forearm greater than 44.0. Length of skull greater than 19.0 mm; breadth through the third upper molar greater than 8.2 mm 2

1a. Length of forearm less than 41.0. Length of skull less than 18.8 mm; breadth through the upper molar less than 8.2 mm 4

2. Dorsal pelage usually dull black; dorsal hair unicolor; length of forearm generally greater than 47.0 mm (from Sinaloa to the Pacific Coastal Plains and the southern part of the United States in the Gulf Coastal Plains southward, the Yucatan Peninsula, Balsas Basin, and Oaxaca valleys) .... *Molossus rufus*

(Dorsal pelage generally dull black but occasionally orange or chocolate brown with fine bristles on the back; *ear of medium size, attached at the base, tragus as wide as high*; underparts dark grayish brown; circular antitragus with a notch on the base; long hair on the hip; ears shorter than the face and narrow. Skull: no palatal emargination in the palate between the upper incisors. Length of forearm from 47.0 to 54.4 mm, skull 21.1 to 24.5).

2a. Dorsal pelage usually chocolate brown, never black; dorsal hair noticeably bicolor (half of the basal hair white and the distal half chocolate brown); length of the forearm generally less than 49.0 mm 3

3. Dorsal pelage dark chocolate brown. Length of skull less than 21.0 mm; length of maxilla teeth less than 11.5 in females and 12.0 in males (the Yucatan Peninsula) .... *Molossus alvarezi*

(Dorsal pelage dark chocolate brown; *ear of medium size, attached at the base, tragus as wide as high*; ears shorter than the face and narrow; circular antitragus with a notch on the base; long hair on the hip; half of the basal white clearly contrasting with the distal half. Skull: lamboidal crests little developed in their distal limits narrower than the braincase; no palatal emargination between the upper incisors. Length of forearm from 42.7 to 47.8, skull 19.1 to 20.1).

3a. Dorsal pelage from medium to dark brown. Length of skull greater than 21.0 mm; length of maxillary teeth greater than 11.4 in females and 11.8 in males (from Sinaloa to Chiapas in the Coastal Pacific Plains) .... *Molossus sinaloae*

(Dorsal pelage from reddish brown, but never dark and blackish brown; underparts brownish; **half basal hair white, clearly contrasting with the distal half; circular antitragus with a notch in the base;** *ear medium size attached at the base, tragus as wide as high*; long hairs on the hip; ears shorter than the face and narrower. Skull: lamboidal crests well developed in their distal limits wider than the braincase; no palatal emargination between the upper incisors. Length of forearm from 46.8 to 50.8, skull 21.1 to 23.1).

4. Dorsal hair long (greater than 4.0 mm) and noticeably bicolor, half basal white and half distal chocolate brown (in México only in the Coastal Plains of Oaxaca and Chiapas) .... *Molossus molossus*

(Coloración dorsal pardo grisáceo pálido a pardo oscuro, con pelos largos en la cadera; región ventral pardo grisáceo; **antitrago circular con una muesca en la base; pelos largos en la cadera**; *orejas de tamaño medio, unido en la base, tragus tan ancho como alto*; la base del pelo color blanco; orejas más cortas que el rostro y angostas. Cráneo: sin una emarginación en el paladar entre los incisivos superiores. Longitud antebrazo 35.7 a 42.2 mm, del cráneo 15.8 a 18.4).

4a. Pelo dorsal corto (menor de 3.5 mm) y unicolor o indistinguiblemente bicolor .. 5

5. Cresta sagital y lamboidea marcadamente desarrollada; ancho a través del tercer molar superior usualmente menor a 7.8 mm (sólo en la Planicie Costera del Chiapas) .... *Molossus coibensis*

(Coloración dorsal de pardo a pardo oscuro; *orejas de tamaño medio, unido en la base, tragus tan ancho como alto*; orejas más cortas que el rostro y angostas; antitrago circular con una muesca en la base; pelos largos en la cadera. Cráneo: sin una emarginación en el paladar entre los incisivos superiores; **cresta sagital y lamboidea marcadamente desarrollada; ancho a través del tercer molar superior usualmente menor a 7.8 mm.** Longitud antebrazo 32.6 a 36.8, del cráneo 15.6 a 18.4).

5a. Cresta sagital y lamboidea pobremente desarrollada; ancho a través del tercer molar superior usualmente mayor a 7.8 mm (de Sinaloa a Oaxaca por la Planicie Costera del Pacífico) .... *Molossus aztecus*

(Coloración dorsal de pardo a pardo oscuro; orejas más cortas que el rostro y angostas; *orejas de tamaño medio, unido en la base, tragus tan ancho como alto*; antitrago circular con una muesca en la base; pelos largos en la cadera. Cráneo: sin una emarginación en el paladar entre los incisivos superiores; **cresta sagital y lamboidea pobremente desarrollada; ancho a través del tercer molar superior usualmente mayor a 7.8 mm.** Longitud antebrazo 36.6 a 38.4, del cráneo 17.2 a 19.0).

Nyctinomops

1. Longitud del antebrazo más de 55.0 mm. Longitud del cráneo mayor de 21.5 mm (Del sur Eje Volcánico Trasversal al norte, a excepción de la Península de Baja California) .... *Nyctinomops macrotis*

(Coloración dorsal pardo oscuro; región ventral pálida; antitrago pequeño rectangular; *orejas unidas en la base y largas que sobresalen al rostro*; con surcos en el labio superior; la parte final de la cola está libre del uropatagio. Cráneo: con una emarginación en el paladar entre los incisivos superiores; ancho anterior del rostro poco más que la interorbital; margen posterior del paladar a la misma altura que una línea trazada entre el margen posterior de los últimos molares. **Longitud antebrazo 58.0 a 64.0 mm, del cráneo 22.2 a 24.0 mm**).

1a. Longitud del antebrazo menos de 55.0 mm. Longitud del cráneo menor de 21.5 mm 2

2. Con pelos en la cadera más largos que sobrepasa al resto; coloración grisácea. Superficie oclusal del primer molar superior cuadrada; borde posterior del palatino por detrás del nivel posterior de los terceros molares (Figura CH12, del Eje Volcánico Trasversal al norte y Península de Baja California, a excepción de la Planicie Costera del Golfo) .... *Nyctinomops femorosaccus*

(Coloración dorsal de gris a pardo opaco; región ventral pálida; antitrago pequeño rectangular; *orejas unidas en la base y largas que sobresalen al rostro*; con surcos en el labio superior. Cráneo: con una emarginación en el paladar entre los incisivos superiores; ancho anterior del rostro poco más que la interorbital; margen posterior del paladar a la misma altura que una línea trazada entre el margen posterior de los últimos molares. Longitud antebrazo 46.0 a 50.0 mm, del cráneo 45.5 a 49.2 mm).

2a. Sin pelos en la cadera más largos que sobre salen a todos; coloración parda. Superficie oclusal del primer molar superior más ancha posterior que anteriormente, debido a la presencia del hipocono que forma un talón; palatino al mismo nivel que el borde posterior de los terceros molares (Figura CH13) 3

3. Longitud del antebrazo mayor de 45.0 mm. Longitud del cráneo mayor de 20.0 mm (de Sonora en la Planicie Costera del Pacífico y Tamaulipas en la Planicie Costera del Golfo al sur) .... *Nyctinomops aurispinosus*

(Dorsal pelage from pale grayish brown to dark brown with long hairs on the hip; underparts grayish brown; **circular antitragus with a notch on the base; long hairs on the hip;** *ear medium size, attached at the base, tragus as wide as high;* hair base white; ears shorter than the rostrum and narrow. Skull: no palatal emargination between the upper incisors. Length of forearm from 35.7 to 42.2 mm, skull 15.8 to 18.4).

4a. Dorsal hair short (less than 3.5 mm) unicolor or undistinguishably bicolor 5

5. Sagittal and lamboidal crest noticeably developed; wide through the third upper molar usually less than 7.8 mm (only in the Coastal Plains of Chiapas) ....
.... *Molossus coibensis*

(Dorsal pelage from pale to dark brown; *ear medium size, attached at the base, tragus as wide as high;* ears shorter than rostrum and narrower; circular antitragus with a notch on the base; long hair on the hip. Skull: no palatal emargination between the upper incisors; **sagittal and lamboidal crest noticeably developed; wide through the third upper molar usually less than 7.8 mm.** Length of forearm from 32.6 to 36.8, skull 15.6 to 18.4).

5a. Sagittal and lamboidal crest poorly developed; wide through the third upper molar usually greater than 7.8 mm (from Sinaloa to Oaxaca on the Pacific Coastal Plains) .... *Molossus aztecus*

(Dorsal pelage from pale to dark brown; *ear of medium size, attached at the base, tragus as wide as high;* ears shorter than rostrum and narrower; circular antitragus with a notch on the base; long hairs on the hip. Skull: no palatal emargination between the upper incisors; **sagittal and lamboidal crest poorly developed; wide through the third upper molar usually greater than 7.8 mm.** Length of forearm from 36.6 to 38.4, skull 17.2 to 19.0).

Nyctinomops

1. Length of forearm greater than 55.0 mm. Length of skull greater than 21.5 mm (from south of the Trans-Mexican Volcanic Belt northward, except for the Baja California Peninsula) .... *Nyctinomops macrotis*

(Dorsal pelage dark brown; underparts pale; small and rectangular antitragus; *long ears joint on the base and going beyond the rostrum;* grooves in the upper lip; the end of the tail is free from the uropatagium. Skull: one emargination in the palate between the upper incisors; anterior breadth of the face little greater than the interorbital; posterior margin of the palate at the same height as a line traced between the posterior margin of the last molars. **Length of forearm 58.0 to 64.0 mm, skull 22.2 to 24.0 mm).**

1a. Length of forearm less than 55.0 mm. Length of skull less than 21.5 mm 2

2. Hair on hip longer that stand out from the rest; grayish. Square occlusal surface of the first upper molar; back border of the palatine behind the posterior level of the third molars (Figure CH12, from the Trans-Mexican Volcanic Belt northward and the Baja California Peninsula, except for the Gulf Coastal Plains) .... *Nyctinomops femorosaccus*

(Dorsal pelage from gray to dull brown; pale underparts; small rectangular antitragus; *long ears joined on the base and go beyond the face;* grooves in the upper lips. Skull: one emargination in the palate between the upper incisors; anterior breadth of the face little greater than the interorbital; posterior palate margin at the same height than a line traced between the posterior margin and the last molars. Length of forearm 46.0 to 50.0 mm, skull 45.5 to 49.2 mm).

2a. No long hairs on the hip that stand out from the rest; brown pelage. Occlusal posterior surface of the first upper molar wider than the anterior one because of the presence of the hyponcone forming a heel; palatine at the same level as the posterior border of the third molars (Figure CH13) 3

3. Length of forearm longer than 45.0 mm. Length of skull greater than 20.0 mm (from Sonora in the Pacific Coastal Plains and Tamaulipas in the Gulf Coastal Plains southward) .... *Nyctinomops aurispinosus*

(Coloración dorsal de pardo rojizo a pardo oscuro; región ventral pálido; antitrago pequeño rectangular; *orejas unidas en la base y largas que sobresalen al rostro*; con surcos en el labio superior. Cráneo: con una emarginación en el paladar entre los incisivos superiores; ancho anterior del rostro poco más que la interorbital; margen posterior del paladar posterior a una línea trazada entre el margen posterior de los últimos molares. Longitud antebrazo 47.8 a 51.4 mm, del cráneo 20.5 a 21.6 mm).

3a. Longitud del antebrazo menor de 45.0 mm. Longitud del cráneo menor de 20.0 mm (de Michoacán en la Planicie Costera del Pacífico y Tamaulipas en la Planicie Costera del Golfo al sur, la Península de Yucatán, Depresión del Balsas y Valles de Oaxaca) .... *Nyctinomops laticaudatus*

(Coloración dorsal de pardo rojizo a pardo oscuro, pero con la base blanquecina; región ventral pálido, con la base blanquecina y la punta amarillenta; antitrago pequeño rectangular; *orejas unidas en la base y largas que sobresalen al rostro*; con surcos en el labio superior. Cráneo: con una emarginación en el paladar entre los incisivos superiores; ancho anterior del rostro poco más que la interorbital; margen posterior del paladar posterior a una línea trazada entre el margen posterior de los últimos molares. Longitud antebrazo 41.0 a 45.0 mm, de cráneo 16.7 a 18.5 mm).

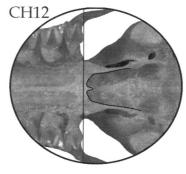

CH12

Familia Mormoopidae

Murciélagos que son llamados "murciélagos bigotudos". Se caracterizan por un desarrollo filiforme en los labios y una franja de pelos tiesos en sus hocicos. Contiene dos géneros de tamaño pequeño a mediano (antebrazo 37 - 63 mm); hoja nasal del hocico rudimentaria; pliegues conspicuos de la piel en la barbilla; trago presente, con pliegues de piel secundarios en los bordes; pina grande, frecuentemente unida en la base, con extensiones ventrales bajo los ojos; tercer dígito con tres falanges. Se distribuyen de México a América del Sur. Pertenecen al Orden Chiroptera, Suborden Microchiroptera, Superfamilia Noctilionoidea. En esta familia no se reconocen Subfamilias.

1. Con pliegues debajo del labio inferior y uno que se continua desde la oreja hasta debajo de la comisura de la boca. Frontales elevándose fuertemente sobre el plano del rostro (Figura CH14; casi en ángulo de 90 grados); segundo premolar inferior no es notablemente más pequeño que el primero (todo México a excepción del norte de la Península de Baja California y noroeste de Sonora) .... *Mormoops megalophylla*

(Coloración dorsal de amarillo pálido o anaranjado a pardo oscuro; región ventral más pálida que la dorsal; con muchos pliegues en la cara, en ambos labios; prácticamente pareciera que no tiene hocico; cola quedando libre a la mitad del uropatagio. Cráneo: *hueso frontal elevándose fuertemente sobre el plano del rostro*; segundo premolar inferior no es notablemente más pequeño que el primer. Longitud antebrazo 52.0 a 57.0 mm, del cráneo 13.6 a 14.9 mm).

1a. Sin pliegues debajo del labio inferior, ni próximos a las orejas. Frontales no elevándose fuertemente sobre el plano del rostro (Figura CH15); segundo premolar inferior notablemente más pequeño que el primero .... *Pteronotus* (pag. 150)

(Dorsal pelage from reddish brown to dark brown; pale underparts; small rectangular antitragus; *long ears joined on the base go beyond the base*; grooves in the upper lip. Skull: an emargination in the palate between the upper incisors; anterior breadth of the face little greater than the interorbital; back margin of the palate posterior to a line traced between the posterior margin of the last molars. Length of forearm 47.8 to 51.4 mm, skull 20.5 to 21.6 mm).

3a. Length of forearm less than 45.0 mm. Length of skull less than 20.0 mm (from Michoacán in the Pacific Coastal Plains and Tamaulipas in the Gulf Coastal Plain southward, the Yucatan Peninsula, Balsas Basin, and Oaxaca Valleys) ...
.... *Nyctinomops laticaudatus*

(Dorsal pelage from reddish brown to dark brown but with whitish base; pale underparts, with whitish base and yellowish tip; small rectangular antitragus; *long ears joined on the base go beyond the rostrum*; grooves in the upper lip. Skull: one emargination in the palate between the upper incisors; anterior rostrum breadth slightly greater than the interorbital; back margin of the palate posterior to a line traced between the posterior margin of the last molars. Length of forearm 41.0 to 45.0 mm, skull 16.7 to18.5 mm).

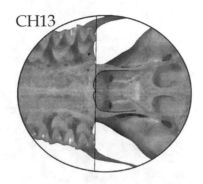

CH13

Family Mormoopidae

Bats called "mustached bats" are characterized by having filiform development on the lips and a strip of stiff hair on their muzzles. The family has two genera from small to medium size (forearm 37 - 63 mm); rudimentary nasal leaf of the muzzle; conspicuous skin folds on the chin; tragus with secondary skin folds on the borders; big pinna, frequently joined on the base with low ventral extensions under the eyes; third digit with three phalanges. They are distributed from Mexico to South America. They belong to the Order Chiroptera, Suborder Microchiroptera, Superfamily Noctilionoidea. There are no subfamilies known in this family.

1. Folds under the lower lip and one that continues from the ear to underneath the mouth commissure. Frontals rise above the rostrum (Figure CH14; almost in a 90° angle); second lower premolar noticeably smaller than the first one (all México except for the northern Baja California Peninsula and northwestern Sonora) .... *Mormoops megalophylla*

(Dorsal pelage pale yellow or from orange to dark brown; underparts lighter than the dorsal one; many folds on the rostrum and both lips; it practically seems it does not have a muzzle; tail free at the middle of the uropatagium. Skull: *frontal bone rising strongly above the rostrum level*; second lower premolar not noticeably smaller than the first one. Length of forearm from 52.0 to 57.0 mm, skull 13.6 to 14.9 mm).

1a. No folds beneath the lower lip or close to the ears. Frontals no rise above the rostrum(Figure CH15); second lower premolar noticeably smaller than the first one.. *Pteronotus* (p. 151)

CH14

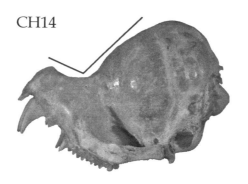

Pteronotus

1. La membrana de las alas unidas entre sí en la parte media del dorso. Anchura mastoidea mayor que el ancho de la caja cráneo 2

1a. La membrana de las alas no unida entre sí en el dorso. Anchura mastoidea y casi igual que el ancho de la caja craneal, pero no mayor 3

2. Longitud del antebrazo mayor de 50.0 mm. Longitud de los dientes maxilares mayor de 7.1 mm (partes bajas y húmedas de Veracruz, Tabasco y Chiapas. NOM**) .... *Pteronotus gymnonotus*

(Coloración dorsal y ventral de anaranjada a pardo; sin pliegues en la cara; **con la membrana alar uniéndose en la espalda**; orejas puntiagudas, el doble de largo que de ancho; área alrededor del ojo sin pelo; cola quedando libre a la mitad del uropatagio. Cráneo: *rostro más o menos en el mismo plano que los frontales*; segundo premolar inferior notablemente más pequeño que el primero; anchura en el basioccipital entre las bulas mayor que el ancho de una bula. **Longitud antebrazo 50.0 a 55.0 mm, del cráneo 15.4 a 17.2 mm**).

2a. Longitud del antebrazo menor de 50.0 mm. Longitud de los dientes maxilares menor de 7.1 mm (de Sonora en la Planicie Costera del Pacífico y Tamaulipas en la Planicie Costera del Golfo al sur, la Península de Yucatán, sur de la Península de Baja California, Depresión del Balsas y Valles de Oaxaca) ....
.... *Pteronotus davyi*

(Coloración dorsal y ventral de naranja a pardo oscuro; sin pliegues en la cara; **con la membrana alar uniéndose en la espalda**; orejas puntiagudas, el doble de largo que de ancho; área alrededor del ojo sin pelo; cola quedando libre a la mitad del uropatagio. Cráneo: *rostro más o menos en el mismo plano que los frontales*; segundo premolar inferior notablemente más pequeño que el primero; anchura en el basioccipital entre las bulas mayor que el ancho de una bula. **Longitud antebrazo 43.0 a 49.0 mm, del cráneo 13.9 a 15.6 mm**).

3. Longitud del antebrazo mayor de 48.0 mm. Longitud condilobasal mayor de 17.0 mm; hueso basioccipital constreñido entre las bulas, casi tan ancho como la fosa pterigoides (de Sonora en la Planicie Costera del Pacífico y Tamaulipas en la Planicie Costera del Golfo al sur, la Península de Yucatán, Depresión del Balsas y Valles de Oaxaca) .... *Pteronotus parnellii*

(Coloración dorsal y ventral pardo a pardo oscuro; sin pliegues en la cara; **con la membrana alar no uniéndose en la espalda**; orejas puntiagudas, el doble de largo que de ancho; área alrededor del ojo sin pelo; cola quedando libre a la mitad del uropatagio. Cráneo: *rostro más o menos en el mismo plano que los frontales*; segundo premolar inferior notablemente más pequeño que el primero; anchura en el basioccipital entre las bulas igual o menor que el ancho de una bula; incisivos superiores grandes y en forma de cuña, par interno claramente bifurcados con una base amplia. **Longitud antebrazo 55.0 a 63.0, del cráneo 17.3 a 22.2 mm**).

3a. Longitud del antebrazo menor de 48.0 mm. Longitud condilobasal menor de 17.0 mm; hueso basioccipital no constreñido entre las bulas, más ancho que la fosa pterigoides (de Sonora en la Planicie Costera del Pacífico y sur de

CH15

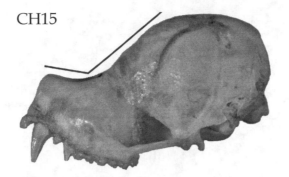

Pteronotus

1. Wing membrane joined together on the middle of the back. Mastoid breadth is greater than the breadth of the braincase 2

1a. Wing membrane not joined together on the back. Mastoid breadth is almost the same as that of the braincase 3

2. Forearm length greater than 50.0 mm. Maxillary tooth length greater than 7.1 mm (lowlands and humid parts of Veracruz, Tabasco, and Chiapas. NOM**) .. .. *Pteronotus gymnonotus*

(Dorsal pelage and underparts from orange to brown; no folds on the rostrum; **wing membrane joined on the back**: pointed ears, double the length than breadth; hairless area around the eye; hair free at the middle part of the uropatagium. Skull: *rostrum more or less at the same level as the frontals*; second lower premolar noticeably smaller than the first one; basioccipital breadth between the auditory bullae greater than the breadth of one auditory bullae. **Length of forearm from 50.0 to 55.0 mm, skull 15.4 to 17.2 mm**).

2a. Forearm length less than 50.0 mm. Maxillary tooth length less than 7.1 mm (from Sonora in the Pacific Coastal Plains and Tamaulipas in the Gulf Coastal Plains southward, the Yucatan Peninsula, southern part of the Baja California Peninsula, Balsas Basin, and Oaxaca valleys) .... *Pteronotus davyi*

(Dorsal pelage and underparts from orange to dark brown; no folds on the rostrum; **wing membrane joined on the back**; pointed ears, double the length than breadth; hairless area around the eyes; tail free at the middle part of the uropatagium. Skull: *rostrum more or less at the same level as the frontals*; second lower premolar noticeably smaller than the first one; basioccipital breadth between auditory bullae greater than the breadth of one auditory bullae. **Length of forearm from 43.0 to 49.0 mm, skull 13.9 to 15.6 mm**).

3. Forearm length greater than 48.0 mm. Condylobasal length greater than 17.0 mm; basioccipital bone constricted between the auditory bullae, almost as wide as the pterygoid fossa (from Sonora in the Pacific Coastal Plains and Tamaulipas in the Gulf Coastal Plains, the Yucatan Peninsula, Balsas Basin, and Oaxaca valleys) .... *Pteronotus parnellii*

(Dorsal pelage and underparts from brown to dark brown; no folds on the rostrum; **wing membrane not joined on the back**; pointed ears, double the length than breadth; hairless area around the eye; tail free at the middle part of the uropatagium. Skull: *rostrum more or less at the same level as the frontals*; second lower premolar noticeably smaller than the first one; basioccipital breadth between the auditory bullae same or less than the breadth of one auditory bullae; big upper premolars in wedge shape; internal pair clearly forked with a wide base. **Length of forearm from 55.0 to 63.0, skull 17.3 to 22.2 mm**).

3a. Forearm length less than 48.0 mm. Condylobasal length less than 17.0 mm; basioccipital bone not constricted between the auditory bullae, wider than the pterygoid fossa (from Sonora in the Pacific Coastal Plains and southern

Tamaulipas en la Planicie Costera del Golfo al sur, la parte sur de la Península de Yucatán, Depresión del Balsas y Valles de Oaxaca) ...... *Pteronotus personatus*

(Coloración dorsal y ventral pardo a pardo oscuro; sin pliegues en la cara; **con la membrana alar no uniéndose en la espalda**; orejas puntiagudas, el doble de largo que de ancho; área alrededor del ojo sin pelo; cola quedando libre a la mitad del uropatagio. Cráneo: *rostro más o menos en el mismo plano que los frontales*; segundo premolar inferior notablemente más pequeño que el primero; anchura en el basioccipital entre las bulas mayor que el ancho de una bula; incisivos superiores reducidos; con una pequeña diastema entre ellos los incisivos externos y el canino, par interno claramente bilobular con una base angosta y redondeada. **Longitud antebrazo 42.0 a 48.0 mm, del cráneo 13.4 a 15.2 mm**).

Familia Natalidae

Murciélagos conocidos como "murciélagos de orejas de embudo". Representada por tres géneros. Se caracterizan por tener las orejas en forma de embudo; tamaño pequeño (antebrazo 27.0 a 42.0 mm); hocico liso; sin crecimientos de piel hacia fuera; pina grande, con forma de embudo, separada, sin extensiones ventrales bajo los ojos; trago presente, pequeño, triangular; tercer dígito con dos falanges; pulgar relativamente pequeño. Se distribuye en trópicos y subtropicos de América incluyendo las Antillas. Pertenecen al Orden Chiroptera, Suborden Microchiroptera, Superfamilia Nataloidea. En esta familia no se reconocen Subfamilias.

1. Con menor cantidad de pelo, carece de mechones de pelos cerca de la base de los dedos de las patas; sin pliegues en el borde superior externo de las orejas (de Sonora en la Planicie Costera del Pacífico y Tamaulipas en la Planicie Costera del Golfo al sur, la Península de Yucatán, sur de la Península de Baja California, Depresión del Balsas y Valles de Oaxaca) .... *Natalus mexicanus*

(Coloración dorsal y ventral amarillenta a rojiza; pelo largo y sedoso; *orejas en forma de embudo*, sin pliegues en el borde superior externo; patas y cola muy largas, más del 80 % de la longitud del cuerpo; **sin mechones de pelos cerca de la base de los dedos de las patas**. Cráneo: caja craneal muy esférica que se levanta abruptamente del rostro; con seis molariformes superiores e inferiores. Longitud antebrazo 35.3 a 40.0 mm, del cráneo 15.2 a 16.5 mm).

1a. Con mayor cantidad de pelo, sobresalen unos mechones cerca de los dedos de las patas; con dos a cuatro pliegues en el borde superior externo de las orejas (conocido en la actualidad de Sonora-Guerrero y Veracruz) .... *Natalus lanatus*

(Coloración dorsal y ventral amarillenta a rojiza; pelo largo y sedoso; *orejas en forma de embudo*, con pliegues en el borde superior externo; patas y cola muy largas, más del 80 % de la longitud del cuerpo; **con mechones de pelos cerca de la base de los dedos de las patas**. Cráneo: caja craneal muy esférica que se levanta abruptamente del rostro; con seis molariformes superiores e inferiores. Longitud antebrazo 35.4 a 38.6 mm, del cráneo 15.0 a 16.4 mm).

Familia Noctilionidae

Murciélagos denominados como "murciélagos bulldog", por la semejanza de su rostro al de este perro. Se consideran como murciélagos pescadores aunque en realidad son principalmente insectívoros. Se caracteriza por tener un tamaño medio grande para los murciélagos (antebrazo de 55.0 a 90.0 mm); labios gruesos, doblados, con hendidura media y formando distintas bolsas en las mejillas; pina grande, puntiaguda, separada, sin la extensión ventral bajo los ojos; trago presente, pequeño; el tercer dígito con dos falanges. Distribución restringida a América tropical. Pertenecen al Orden Chiroptera, Suborden Microchiroptera, Superfamilia Noctilionoidea. En esta familia no se reconocen Subfamilias.

Tamaulipas in the Gulf Coastal Plains southward, southern part of the Yucatan
Peninsula, Balsas Basin and Oaxaca valleys) .... *Pteronotus personatus*
(Dorsal pelage and underparts from brown to dark brown; no folds on the rostrum; **wing membrane not joined on the back**; pointed ears; double the length than breadth; hairless area around the eye; tail free at the middle part of the uropatagium. Skull: *rostrum more or less at the same level as the frontals*; second lower premolar noticeably smaller than the first one; basioccipital breadth between the auditory bullae greater than the breadth of one auditory bullae; reduced upper incisors with a small diastema between the external incisors and the canine; internal pair clearly forked with a narrow and rounded base. **Length of forearm from 42.0 to 48.0** mm, skull **13.4 to 15.2 mm**).

Family Natalidae

Bats known as "funnel-eared bats" are represented by three genera. They are characterized by having funnel shaped ears; small size (forearm from 27.0 to 42.0 mm); smooth muzzle: no hair growth; big pinna separated, no ventral extensions under the eyes; small triangular tragus; third digit with two phalanges; thumb relatively small; distributed in the tropics and subtropics of America including the Antilles. They belong to the Order Chiroptera, Suborder Microchiroptera, Superfamily Nataloidea. No subfamilies are known in this family.

1. Lesser amount of hair, lacking locks of hair close to the base of the digits in the
   limbs; no folds in the upper external border of the ears (from Sonora in the
   Pacific Coastal Plains and Tamaulipas in the Gulf Coastal Plains southward,
   the Yucatan Peninsula, southern part of the Baja California Peninsula, Balsas
   Basin, and Oaxaca valleys) .... *Natalus mexicanus*
   (Dorsal pelage and underparts from yellowish to reddish; long and silky hair; *ears shaped as a funnel, no folds in the upper external border*; very long limbs and tail, greater than 80 % of the body length; **no locks of hair close to the base of digits in the limbs**. Skull: spherical braincase that rises abruptly from the rostrum; six upper and lower molariforms. Length of forearm from 35.3 to 40.0 mm, skull 15.2 to 16.5 mm).

1a. More hair; locks of hair stand out close to the digits of the limbs; two to four
    folds on the upper external border of the ears (known currently from Sonora-
    Guerrero and Veracruz) .... *Natalus lanatus*
    (Dorsal pelage and underparts from yellowish to reddish; long and silky hair; *ears shaped as a funnel, folds on the upper external border*; long limbs and tail, greater than 80 % of body length; **locks of hair close to the base of digits in limbs**. Skull: pherical braincase that rises abruptly from the rostrum; six upper and lower molariforms. Length of forearm from 35.4 to 38.6 mm, skull 15.0 to 16.4 mm).

Family Noctilionidae

Bats known as "bulldog bats" because their face resembles this dog breed are mainly insectivorous and are considered as fishing bats. They are characterized by having a medium large size for bats (forearm from 55.0 to 90.0 mm); full lips, folded, with a medium cleft and forming different pouches on the cheeks; large pinna, pointed and separated without the ventral extension under the eyes; small tragus; the third digit with two phalanges. Distribution restricted to tropical America. They belong to the Order Chiroptera, Suborder Microchiroptera, Superfamily Noctilionoidea. There are no subfamilies known in this family.

1. Longitud de la pata mayor de 23.0 mm y la del antebrazo de 73.0 mm. Longitud del cráneo mayor de 25.0 mm (de Sinaloa en la Planicie Costera del Pacífico y de Veracruz en la Planicie Costera del Golfo al sur y parte húmeda y costas de la Península de Yucatán) .... *Noctilio leporinus*

(Coloración de gris claro a amarillo anaranjado, con una línea más clara en el dorso; *patas grandes con las uñas muy bien desarrolladas, largas y planas; longitud de las patas y uñas casi equivalente a la longitud del cuerpo y la cabeza*; con belfos grandes; orejas proyectándose hacia delante, el doble de largo que de ancha. Cráneo: región mastoidea bien desarrollada en forma de "repisa"; cresta sagital notoria; narinas con apertura anterior; cráneo fuerte; dientes grandes y bien desarrollados. **Longitud antebrazo 81.6 a 88.1 mm, del cráneo 25.3 a 26.4 mm**).

1a. Longitud de la pata menor de 23.0 mm y la del antebrazo de 73.0 mm. Longitud del cráneo menor de 25.0 mm (Partes bajas de Chiapas. NOM*) .... *Noctilio albiventris*

(Coloración de gris claro a amarillo anaranjado, *patas grandes con las uñas muy bien desarrolladas, largas y planas; longitud de las patas y uñas menor de la longitud del cuerpo y la cabeza*; con belfos grandes; orejas proyectándose hacia delante, el doble de largo que de anchas. Cráneo: región mastoidea bien desarrollada en forma de "repisa"; cresta sagital notoria; narinas con apertura anterior; cráneo fuerte; dientes grandes y bien desarrollados. **Longitud antebrazo 58.4 mm, del cráneo 17.2 mm**).

Familia Phyllostomidae

Murciélagos conocidos como "murciélagos hoja nasal o de lanza". Se caracteriza por tener la mayoría de las especies una protuberancia filiforme como una lanza sobre la nariz; son de tamaño variable, pequeño a relativamente grande para los murciélagos (antebrazo de 25.0 a 110.0 mm); hoja nasal erguida, conspicua presente en el hocico (rudimentaria en algunos géneros); pina pequeña a grande, variable en forma, generalmente separada, sin extensión ventral bajo el ojo; trago presente y pequeño; el tercer dígito con tres falanges. Distribución restringida a América tropical. Pertenecen al Orden Chiroptera, Suborden Microchiroptera, Superfamilia Noctilionoidea. Está familia tiene en México nueve Subfamilias Carolliinae, Desmodontinae, Glossophaginae, Glyphonycterinae, Lonchorhininae, Macrotinae, Micronycterinae, Phyllostominae y Sternodermatinae.

1. Dedo pulgar muy desarrollado y funcional para caminar, con un cojinete en la parte ventral. Incisivos superiores en forma de navaja (Figura CH16); total de 26 dientes o menos .... Desmodontinae (pag. 160)

1a. Dedo pulgar no desarrollado y no funcional para caminar, sin un cojinete en la parte ventral. Incisivos superiores pequeños y de forma cilíndrica; más de 26 dientes totales 2

2. Hoja nasal tan larga (mayor de 25.0 mm) como las orejas. Perfil dorsal del rostro fuertemente convexo con una profunda depresión entre las órbitas (Figura

CH16

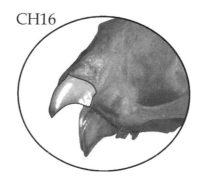

1. Limb length greater than 23.0 mm and forearm 73.0 mm. Skull length greater than 25.0 mm (from Sinaloa in the Pacific Coastal Plains and Veracruz in the Gulf Coastal Plains southward, and humid and coastal part of the Yucatan Peninsula) .... *Noctilio leporinus*

(Color from light gray to orange yellow with a lighter line on the back; *big limbs with claws almost equivalent to body and head length; big lips*; ears projecting frontward, double the length than breadth. Skull: well defined mastoid region in the shape of a shelf; notorious sagittal crest; nostrils with front opening. Skull: strong; big teeth and well developed. **Length of forearm from 81.6 to 88.1** mm, skull **25.3 to 26.4 mm**).

1a. Limb length less than 23.0 mm and forearm 73.0 mm. Skull length less than 25.0 mm (Lowlands of Chiapas. NOM*) ....*Noctilio albiventris*

(Color from light gray to orange yellow; *big limbs with well-developed long and flat claws; length of limbs and claws less than body and head length*; big lips; ears projecting frontward, double the length than breadth. Skull: well defined mastoid region shaped as a shelf; notorious sagittal crest; nostrils with front opening; strong skull, big and well developed teeth. **Length of forearm from 58.4** mm, skull **17.2 mm**).

Family Phyllostomidae

The majority of bat species known as "leaf- or spear-nosed bats" are characterized by having a filiform appendage resembling a spear on their nose; they have a variable size from small to relatively large for bats (forearm from 25.0 to 110.0 mm); erect and conspicuous nasal leaf on the muzzle (rudimentary in some genera); from small to large pinna, generally separated, without ventral extension under the eye; small tragus; third digit with three phalanges. Distribution restricted to tropical America. They belong to the Order Chiroptera, Suborder Microchiroptera, Superfamily Noctilionoidea. This family has nine subfamilies in Mexico: Carolliinae, Desmodontinae, Glossophaginae, Glyphonycterinae, Lonchorhininae, Macrotinae, Micronycterinae, Phyllostominae, and Sternodermatinae.

1. Thumb well developed and functional for walking, with a bearing on the ventral side. Upper incisors shaped as a knife (Figure CH16); a total of 26 teeth or less .... Desmodontinae (p. 161)

1a. Thumb not developed and not functional for walking, without a bearing on the ventral side. Small upper incisors and cylindrical; greater than 26 teeth in total 2

2. Nasal leaf as long (greater than 25.0 mm) as ears. Dorsal border of the rostrum strongly convex with a deep depression between the eye sockets (Figure

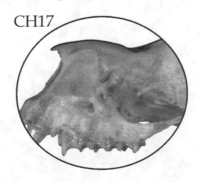

CH17

CH17) .... Lonchorhininae (pag. 166)

2a. Hoja nasal (menor de 25.0 mm) mucho más corta que las orejas. Perfil dorsal del rostro no convexo; sin depresión entre las órbitas 3

3. Orejas dos veces el tamaño de la cabeza y punta de la cola libre del uropatagio; longitud total menor de 110.0 mm. Bula auditiva grande, su máximo diámetro mayor que la distancia entre las bulas .... Macrotinae (pag. 168)

3a. Orejas no dos veces el tamaño de la cabeza, en caso de tener una proporción similar, la punta de la cola no queda libre del uropatagio. Bula auditiva pequeña, su diámetro máximo igual a la distancia entre las bulas 4

4. Rostro delgado y alargado; distancia entre el ojo y el tragus menor a la distancia entre el ojo y el labio inferior; lengua larga con vellosidades en la parte distal. Hocico cilíndrico; la corona de los dientes no en forma de "W" y dientes proporcionalmente pequeños; muchas de las especies con diastema entre los molariformes (Figura CH18) .... Glossophaginae (pag. 160)

4a. Rostro corto y ancho; distancia entre el ojo y el tragus mayor a entre el ojo y el labio inferior. Hocico no cilíndrico; la corona de los dientes con corona en forma de "W" o no, pero proporcionales al tamaño del hocico; molariformes sin diastema 5

5. Labio inferior con una verruga redonda central y grande, rodeada de otras pequeñas; cola corta; cada pelo del dorso con tres bandas de color. Molares con crestas cortantes, pero no en forma de "W".............. Carolliinae (pag. 158)

5a. Sin una verruga grande, redonda y central en los labios inferiores, aunque puede tener varias verrugas; con o sin cola; cada pelo de color homogéneo o con dos bandas, una basal y otra distal. Molares cortante en forma de "W" o no 6

6. Sin cola; hoja nasal lanceolada. Molares con la corona no en forma de "W".......... .... Sternodermatinae (pag. 174)

6a. Con cola, si no tienen cola, el uropatagio se extiende hasta la altura de los calcares y el antebrazo mide más de 75.0 mm; hoja nasal alargada. Molares con la corona en forma de "W" 7

7. Orejas no unidas por una banda entre ellas. Con uno o dos incisivos inferiores, en caso de tener dos incisivos, el segundo y tercer premolares inferiores de igual tamaño .... Phyllostominae (pag. 170)

7a. Orejas unidas por una banda alta. Con dos incisivos inferiores, además del segundo y tercer premolares inferiores de diferente tamaño 9

9. El quinto metacarpal es el más corto. Segundo incisivo superior bífido .... Micronycterinae (pag. 168)

9a. El cuarto metacarpal es el más corto. Segundo incisivo superior pequeño y unicúspide .... Glyphonycterinae (pag. 166)

CH18

CH17) .... Lonchorhininae (p. 167)

2a. Nasal leaf (less than 25.0 mm) much shorter than the ears. Dorsal border of the rostrum not convex; no depression between the eye sockets 3

3. Ears two times the head size and tip of the tail free from uropatagium; total length less than 110.0 mm. Large auditory bulla; its maximum diameter larger than the distance between the auditory bulla .... Macrotinae (p. 169)

3a. Ears not double the head size; in case of having a similar proportion the tip of the tail is not free from the uropatagium. Small auditory bulla; its maximum diameter is equal to the distance between the auditory bullae 4

4. Thin and extended rostrum; distance between the eye and tragus less than the distance between the eye and lower lip; long and hairy tongue in the distal part; cylindrical muzzle. Tooth crown is not W-shaped and teeth are proportionally small; many species have diastema between molariforms (Figure CH18) .... Glossophaginae (p. 161)

4a. Short and wide rostrum; distance between the eye and tragus larger than the distance between the eye and lower lip; muzzle not cylindrical. Teeth with crown W-shaped or not but proportional to muzzle size; molariforms without diastema 5

5. Lower lip with a round, central, and large wart surrounded by other smaller ones; short tail; each dorsal hair with three color bands. Molars with cutting crest but not W-shaped .... Carolliinae (p. 159)

5a. No large, round, and central wart on the lower lip although it can have several warts; with or without tail; each hair in a homogeneous color or with two bands, one basal and the other one distal. Cutting molars W-shaped or not.. 6

6. No tail; spear-shaped nasal leaf. Molars with crown not W-shaped .... Sternodermatinae (p. 175)

6a. Tail; if no tail, the uropatagium extends to the level of the calcareum, and the forearm measurements are greater than 75.0 mm; nasal leaf extended. Molar crown W-shaped 7

7. Ears not joined by a band between them. One or two lower incisors; in the case of two, the second or third lower premolars are the same size .... Phyllostominae (p. 171)

7a. Ears joined by a high band. Two lower incisors besides having the second and third lower premolars in a different size 9

9. Fifth metacarpal is shorter than the first one. The second upper incisor is forked .... Micronycterinae (p. 169)

9a. Fourth metacarpal is shorter than the first one. The second upper incisor is small and unicuspid .... Glyphonycterinae (p. 167)

Subfamilia Carolliinae

1. Antebrazo mayor de 41.0 mm. Mandíbula en forma de "V" (Figura CH19); en vista dorsal segundo incisivo inferior tapado por el cingulum del canino; borde lingual de la serie de los molares superiores recto (de Veracruz en la Planicie Costera del Golfo al sur y centro sur de la Península de Yucatán) ....
.... *Carollia perspicillata*

(Coloración dorsal pardo grisáceo, pardo amarillento a anaranjado oscuro; región ventral más pálido que la dorsal; **hilera de pequeñas verrugas en la barbilla en forma de "U" con una central grande**; pelo con tres bandas, la de la base es parda. Cráneo: corona de los molares superiores e inferiores cortantes; arco zigomático incompleto; **bulas pequeñas; mandíbula en forma de "V"**; segundo incisivo inferior tapado por el cingulum del canino. Longitud antebrazo 41.0 a 45.0 mm, del cráneo 21.4 a 25.2).

1a. Antebrazo menor de 41.0 mm. Mandíbula inferior con tendencia a forma de "U" (Figura CH20); en vista dorsal segundo incisivo inferior no cubierto por el cingulum del canino; borde lingual de la serie de molariformes superiores convexo o con un escalón 2

2. Antebrazo con escaso pelo; pelo sobre la nuca con anillos indistintos, por lo tanto la banda basal no contrasta fuertemente con la distal. Rostro menos robusto y corto; caja craneal más globosa; paladar más corto; la punta ventral de la sínfisis del mentón se encuentra por arriba del borde ventral de la rama mandibular (Figura CH21; de Jalisco en la Planicie Costera del Pacífico al sur) .... *Carollia subrufa*

(Coloración dorsal de gris a pardo grisáceo; región ventral más pálida que la dorsal; hilera de pequeñas verrugas en forma de "U" con una central grande en la barbilla; pelo con tres bandas de coloración y la banda de la base es negruzca y media es clara, de aproximadamente la mitad de la longitud del pelo. Cráneo: corona de los molares superiores e inferiores cortantes; arco zigomático incompleto; bulas pequeñas; mandíbula en forma de "U"; segundo incisivo inferior no tapado por el cingulum del canino. Longitud antebrazo 37.0 a 40.0 mm, del cráneo 20.4 a 22.8 mm).

2a. Antebrazo con pelo; el pelo de la nuca con anillos de coloración bien definida, de tal modo que la banda basal oscura y ancha contrasta fuertemente con la de la punta del pelo. Rostro más robusto y alargado; caja craneal menos globosa; paladar más largo; la punta ventral de la sínfisis del mentón se encuentra por debajo del borde ventral de la rama mandibular (Figura CH22; de Veracruz en la Planicie Costera del Golfo al sur, Chiapas y centro sur de la Península de Yucatán) .... *Carollia sowelli*

(Coloración dorsal pardo grisáceo; región ventral más pálida que la dorsal; hilera de pequeñas verrugas en forma de "U" con una central grande en la barbilla; pelo con tres bandas, la de la base oscura y de aproximadamente la mitad de la longitud del pelo. Cráneo: corona de los molares superiores e inferiores cortantes; arco zigomático incompleto; bulas pequeñas; mandíbula en forma de "U"; segundo incisivo inferior no tapado por el cingulum del canino. Longitud antebrazo 37.0 a 42.0 mm, del cráneo 21.0 a 24.1 mm).

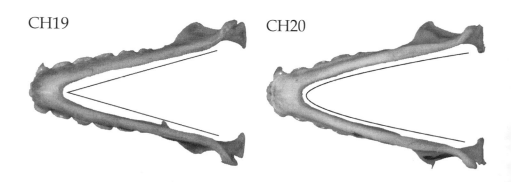

CH19   CH20

Subfamily Carolliinae

1. Forearm greater than 41.0 mm. Jaw in V-shape (Figure CH19); in dorsal view the second lower incisor is covered by the canine cingulum; lingual border of the upper molar series is straight (from Veracruz in the Gulf Coastal Plains southward and south central part of the Yucatan Peninsula) .... *Carollia perspicillata*

(Dorsal pelage from grayish or yellowish brown to dark orange; underparts paler than the dorsal part; **a row of small warts on the chin in U-shape with a large central one**; hair with three bands; the one on the base is brown. Skull: cutting crown of upper and lower molars; incomplete zygomatic arch; small auditory bullae; jaw in V-shape; second incisor covered by the canine cingulum. Length of forearm from 41.0 to 45.0 mm, skull 21.4 to 25.2).

1a. Forearm less than 41.0 mm. Lower jaw with a trend to be U-shaped (Figure CH20); in dorsal view second lower incisor is not covered by the canine cingulum; lingual border of the upper molariform series is convex and with a step ... 2

2. Forearm with scarce hair; hair in the nape area with indistinct rings, so the basal band does not contrast strongly with the distal part; rostrum less robust and short. Braincase more spherical; shorter palate; the ventral tip of the mental symphysis is located above the ventral border of the mandible branch (Figure CH21; from Jalisco in the Pacific Coastal Plains southward .... *Carollia subrufa*

(Dorsal pelage from gray to grayish brown; underparts paler than the dorsal one; a row of small warts in U-shape with a large central one on the chin; hair with three color bands, the band on the base is blackish and the middle one is light, approximately half of the hair length. Skull: cutting crown of the upper and lower molars; incomplete zygomatic arch; small auditory bullae; jaw in U-shape; second lower incisor not covered by the canine cingulum. Length of forearm from 37.0 to 40.0 mm, skull 20.4 to 22.8 mm).

2a. Forearm with hair; hair in the nape area with rings of well-defined color, in such a way that the dark basal and wide band contrasts strongly with the hair tip; face more robust and extended. Braincase less spherical; longer palate; ventral tip of the mental symphysis is located under the ventral border of the mandible branch (Figure CH22; from Veracruz in the Gulf Coastal Plains southward, Chiapas, and south-central part of the Yucatan Peninsula) .... *Carollia sowelli*

(Dorsal pelage grayish brown; underparts paler than the dorsal one; a row of small warts in U-shape with a large central one on the chin; hair with three bands, the one on the base is darker and approximately half of the hair length. Skull: cutting crown of upper and lower molars; incomplete zygomatic arch; small auditory bullae; jaw in U-shape; second lower incisors not covered by the canine cingulum. Length of forearm from 37.0 to 42.0 mm, skull 21.0 to 24.1 mm).

CH21

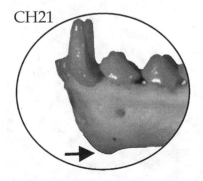

CH22

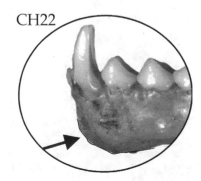

Subfamilia Desmodontinae

1. Patas dorsalmente peludas. Total de dientes 26 (del Nuevo León y sur de Tamaulipas en la Planicie Costera del Golfo al sur, tierras bajas de Chiapas y la Península de Yucatán) .... *Diphylla ecaudata*

(Coloración pardo grisáceo; región ventral gris; orejas cortas, redondas, más anchas que largas y no sobresalen de la coronilla en vista lateral; hoja nasal pequeña; *uropatagio ausente y con mucho pelo que se continúa hasta las patas*; cola ausente; dedo pulgar muy bien desarrollado y útil para caminar. Cráneo: *total de dientes 26*; incisivos inferiores con cuatro lóbulos y relativamente grandes; proceso coronoides más alto que el cóndilo mandibular. Longitud antebrazo 49.0 a 56.0 mm, del cráneo 22.0 a 23.4 mm).

1a. Patas poco pelo. Dientes menos de 26 2

2. Puntas de las alas blancas. Molariformes superiores tres a cada lado; con proceso preorbital (del sur de Tamaulipas en la Planicie Costera del Golfo al sur. NOM***) .... *Diaemus youngii*

(Coloración pardo a pardo rojizo, *puntas de las alas blanquecinas*; región ventral pardo grisáceo; orejas triangulares más largas que ancha en la base y sobresalen de la coronilla en vista lateral; hoja nasal pequeñas; uropatagio ausente y con poco pelo; cola ausente; dedo pulgar muy bien desarrollado y útil para caminar y con un cojinete. Cráneo: *total de dientes 22*; incisivos inferiores no lobulados y romos; proceso coronoides más alto que el cóndilo mandibular. Longitud antebrazo 54.8 a 56.4 mm, del cráneo 25.4 a 26.7 mm).

2a. Punta de las alas del mismo color que el cuerpo. Molariformes superiores dos a cada lado; sin proceso preorbital (de Sonora en la Planicie Costera del Pacífico y Tamaulipas en la Planicie Costera del Golfo al sur, la Península de Yucatán, Depresión del Balsas y Valles de Oaxaca) .... *Desmodus rotundus*

(Coloración pardo grisáceo ocasionalmente más claros; región ventral pardo grisáceo; orejas triangulares más largas que ancha en la base y sobresalen de la coronilla en vista lateral; hoja nasal pequeñas; uropatagio ausente o muy pequeño y con poco pelo; cola ausente; dedo pulgar muy bien desarrollado y útil para caminar y con dos cojinetes. Cráneo: *total de dientes 20*; incisivos inferiores con dos lóbulos y relativamente pequeños; proceso coronoides al mismo nivel que el cóndilo mandibular. Longitud antebrazo 53.0 a 65.0 mm, del cráneo 25.0 a 26.5 mm).

Subfamilia Glossophaginae

1. Molariformes cinco o seis arriba y seis abajo 2

1a. Molariformes cuatro arriba y cinco abajo 7

2. Sin cola. Seis molariformes superiores (de Sonora en la Planicie Costera del Pacífico y Tamaulipas en la Planicie Costera del Golfo al sur, Depresión del Balsas y Valles de Oaxaca) .... *Anoura geoffroyi*

(Coloración dorsal pardo oscuro; región ventral parda grisácea; hoja nasal pequeña; rostro alargado y mandíbula más larga que la maxila; *sin cola y uropatagio reducido y con pelo*. Cráneo: *con seis molariformes superiores*; tres molares superiores e inferiores; incisivos inferiores presente, arco zigomático incompleto; rostro más corto que la caja craneal. Longitud antebrazo 40.0 a 45.0 mm, del cráneo 24.5 a 27.0 mm).

2a. Con cola. Cinco molariformes superiores 3

3. Incisivos inferiores bien desarrollados .... *Glossophaga* (pag. 164)

3a. Incisivos inferiores ausentes (algunas veces sumamente pequeños) 4

4. Procesos pterigoideos convexos internamente (Figura CH23; de Nayarit en la Planicie Costera del Pacífico y Veracruz en la Planicie Costera del Golfo al sur, Depresión del Balsas y Valles de Oaxaca) .... *Hylonycteris underwoodi*

(Coloración dorsal de pardo oscuro a negruzca, *cada pelo con tres bandas de color poco notorias*; región ventral más pálida; hoja nasal pequeña; rostro muy alargado y mandíbula notoriamente más larga que la maxila; cola de la mitad del uropatagio; *el uropatagio se unen a los tobillos*. Cráneo: cinco molariformes superiores; tres molares superiores e inferiores; incisivos inferiores ausentes, arco zigomático incompleto; rostro más corto que la caja craneal; *procesos pterigoideos convexos internamente*. Longitud antebrazo 31.0 a 34.0 mm, del cráneo 20.2 a 23.0 mm).

Subfamily Desmodontinae

1. Limbs dorsally hairy. Total number of teeth 26 (from Nuevo Leon and southern Tamaulipas in the Gulf Coastal Plains southward, lowlands of Chiapas and the Yucatan Peninsula) .... *Diphylla ecaudata*

(Color grayish brown; gray in the underparts; ears short, round, wider than longer and they do not go over the crown in lateral view; small nasal leaves; *uropatagium absent and with much hair that continues in limbs*; tail absent; thumb very well developed and useful for walking. Skull: *total number of teeth* 26; lower incisors with four lobes and relatively large; coronoid process higher than jaw condyle. Length of forearm from 49.0 to 56.0 mm, skull 22.0 to 23.4 mm).

1a. Bare limbs. Number of teeth less than 26 2

2. Wing tips white. Three upper molariforms on each side; with preorbital process (from southern Tamaulipas in the Gulf Coastal Plains southward. NOM***) .... *Diaemus youngii*

(Color from brown to reddish brown; *wing tips whitish*; underparts grayish brown; triangular ears longer than wider in the base and they go beyond the crown in lateral view; small nasal leaves; uropatagium absent and with little hair; tail absent; thumb very well developed, useful for walking, and with one cushion. Skull: *total number of teeth* 22; upper incisors no lobes and blunt; coronoid process higher than the jaw condyle. Length of forearm from 54.8 to 56.4 mm, skull 25.4 to 26.7 mm).

2a. Wing tips same color as the body. Two upper molariforms on each side; without preorbital process (from Sonora in the Pacific Coastal Plains and Tamaulipas in the Gulf Coastal Plains southward, the Yucatan Peninsula, Balsas Basin, and Oaxaca valleys) .... *Desmodus rotundus*

(Color grayish brown occasionally lighter; underparts grayish brown; triangular ears are longer than wider in the base and go beyond the crown in lateral view; small nasal leaves; uropatagium absent or very small and with little hair; well-developed thumb, useful for walking and with two cushions. Skull: *total number of teeth* 20; lower incisors with two lobes and relatively small; coronoid process at the same level than the jaw condyle. Length of forearm from 53.0 to 65.0 mm, skull 25.0 to 26.5 mm).

Subfamily Glossophaginae

1. Five or six upper and six lower molariforms 2

1a. Four upper and five lower molariforms 7

2. No tail. Six upper molariforms (from Sonora in the Pacific Coastal Plains and Tamaulipas in the Gulf Coastal Plains southward, Balsas Basin, and Oaxaca valleys) .... *Anoura geoffroyi*

(Dorsal pelage dark brown; underparts grayish brown; small nasal leaf; elongated face and jaw larger than the maxilla; *no tail and reduced hairy uropatagium*. Skull: *six upper molariforms*; three upper and lower molars; lower incisors; incomplete zygomatic arch; face shorter than the braincase. Length of forearm from 40.0 to 45.0 mm, skull 24.5 to 27.0 mm).

2a. Tail. Five upper molariforms 3

3. Lower incisors well developed .... *Glossophaga* (p. 165)

3a. Lower incisors absent (sometimes extremely small)... 4

4. Pterygoid processes convexed internally (Figure CH23; in the Pacific Coastal Plains and Veracruz in the Gulf Coastal Plains southward, Balsas Basin, and Oaxaca valleys) .... *Hylonycteris underwoodi*

(Dorsal pelage from dark brown to blackish; *each hair with three inconspicuous color bands*; underparts paler; small nasal leaf; jaw very extended and notoriously longer than the maxilla; tail at the middle part of the uropatagium; *the uropatagium is connected to the ankles*. Skull: five upper molariforms; three upper and lower molars; lower incisors absent; incomplete zygomatic arch; face shorter than the braincase; *pterygoid processes convexed internally*. Length of forearm from 31.0 to 34.0 mm, skull 20.2 to 23.0 mm).

4a. Procesos pterigoideos en la parte interna fuertemente cóncavos (Figura CH24).. 5

5. Longitud del antebrazo menor de 38.0 mm, rostro corto, en proporción normal para la subfamilia. Cúspides de los premolares inferiores muy similares en tamaño (de Sinaloa en la Planicie Costera del Pacífico y sur de Veracruz en la Planicie Costera del Golfo al sur) .... *Choeroniscus godmani*

(Coloración dorsal pardo grisácea, cada pelo con dos bandas de color; región ventral pálida; hoja nasal pequeña y ancha; *rostro alargado, pero corto para la familia; mandíbula más larga que la maxila*; cola de la mitad del uropatagio; base del antebrazo con pelo; el uropatagio se unen a la base de los pies. Cráneo: cinco molariformes superiores; tres molares superiores e inferiores; incisivos inferiores ausentes; arco zigomático incompleto; rostro más corto que la caja craneal; incisivos superiores muy pequeños. *Longitud antebrazo 31.0 a 35.0*, del cráneo 19.2 a 20.0 mm).

5a. Longitud del antebrazo mayor de 38.0 mm, rostro notablemente alargado. Cúspide media de los premolares inferiores es más grande que las otras 6

6. Longitud del rostro menos de la mitad de la longitud total del cráneo, la cual es menor de 31.5 mm (Todo México excepto la Planicie Costera del Golfo y la Península de Yucatán. NOM**) .... *Choeronycteris mexicana*

(Coloración dorsal de pardo grisácea; región ventral pálida; hoja nasal pequeña; *orejas pequeñas y redondas*; rostro muy alargado y mandíbula más larga que la maxila; cola ocupa un tercio del uropatagio; base del antebrazo con poco pelo; el uropatagio se unen a los tobillos. Cráneo: tres molares superiores e inferiores; incisivos inferiores ausentes, arco zigomático incompleto; rostro más corto que la caja craneal; proceso pterigoides fuertemente cóncavo hacia adentro. Longitud antebrazo 43.0 a 49.0 mm, del cráneo 29.3 a 31.1 mm).

6a. Longitud del rostro mayor de la mitad de la longitud del cráneo, la cual es mayor de 31.5 mm (Colima y Depresión del Balsas. NOM*) .. *Musonycteris harrisoni*

(Coloración dorsal de pardo pálido a pardo medio, con regiones más claras en la parte media del lomo y hombros; ventralmente más claro que la dorsal; mandíbula más larga que la maxila; cola ocupa un tercio del uropatagio; base del antebrazo con poco pelo; el uropatagio se une a los tobillos. Cráneo: tres molares superiores e inferiores; incisivos inferiores ausentes, arco zigomático incompleto; *rostro más largo que la caja craneal*. Longitud antebrazo 41.6 a 42.9 mm, del cráneo 32.0 a 35.0 mm).

7. Longitud del antebrazo menor de 50.0 mm. Longitud del cráneo menor de 22.0 mm (tierras bajas del norte de Chiapas) .... *Lichonycteris obscura*

(Coloración dorsal de pardo oscuro a negruzca, *cada pelo con tres bandas de color muy claras*; región ventral pardo grisácea; hoja nasal pequeña y rostro alargado y mandíbula más larga que la maxila; cola de la mitad del uropatagio; base del antebrazo con pelo; *el uropatagio se une a las patas cerca de los dedos*. Cráneo: dos molares superiores e inferiores; incisivos inferiores presente, arco zigomático incompleto; rostro más corto que la caja craneal; incisivos superiores con espacios entre ellos. Longitud antebrazo 31.0 a 35.0 mm, del cráneo 17.8 a 19.9 mm).

7a. Longitud del antebrazo mayor de 50.0 mm. Longitud del cráneo mayor de 22.0 mm .... *Leptonycteris* (pag. 166)

CH23

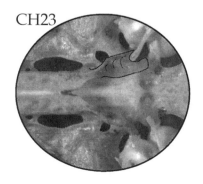

4a. Pterygoid processes strongly concave internally (Figure CH24) 5

5. Forearm length less than 38.0 mm; short face in normal proportion for the subfamily. Lower premolar cusp very similar in size (from Sinaloa in the Pacific Coastal Plains and southern Veracruz in the Gulf Coastal Plains southward) .... *Choeroniscus godmani*

(Dorsal pelage grayish brown; each hair with two color bands; underparts pale; small and wide nasal leaf; *rostrum long, but short for the family; jaw longer than the maxilla*; tail on the middle part of the uropatagium; hairs on the forearm base; the uropatagium is connected at the foot base. Skull: five upper molariforms; three upper and inferior molars; lower incisors absent; incomplete zygomatic arch; rostrum shorter than the braincase; very small upper incisors. *Length of forearm from 31.0 to 35.0*, skull 19.2 to 20.0 mm).

5a. Forearm length greater than 38.0 mm; rostrum notably long. Middle cusp of lower premolars larger than the other ones 6

6. Rostrum length less than half of the total skull length, which is less than 31.5 mm (All México except for the Gulf Coastal Plains and the Yucatan Peninsula. NOM**) .... *Choeronycteris mexicana*

(Dorsal pelage grayish brown; pale underparts; small nasal leaf; *ears small and rounded*; very long face and jaw larger than the maxilla; the tail occupies one third of the uropatagium; few hairs on the forearm base; the uropatagium is connected to the ankles. Skull: five upper molariforms; three upper and lower molars; no lower incisors; incomplete zygomatic arch; face shorter than the braincase; pterygoid process strongly concave toward the inside. Length of forearm from 43.0 to 49.0 mm, skull 29.3 to 31.1 mm).

6a. Rostrum length greater than half of the skull length, which is greater than 31.5 mm (Colima and Balsas Basin. NOM*) .... *Musonycteris harrisoni*

(Dorsal pelage from pale to medium brown with lighter areas in the middle part of the back and shoulders; underparts lighter than dorsally; jaw larger than the maxilla; the tail occupies one third of the uropatagium; forearm base with few hairs; the uropatagium is connected to the ankles. Skull: five upper molariforms; three upper and lower molars; lower incisors absent; incomplete zygomatic arch; *rostrum longer than the braincase*. Length of forearm from 41.6 to 42.9 mm, skull 32.0 to 35.0 mm).

7. Forearm length less than 50.0 mm. Skull length less than 22.0 mm (lowlands of northern Chiapas) .... *Lichonycteris obscura*

(Dorsal pelage from brown to blackish; *each hair with three very clear color bands*; underparts grayish brown; small nasal leaf; long face and jaw larger than the maxilla; tail at the middle part of the uropatagium; hairs on the forearm base; *the uropatagium connected to the foot near the digits*. Skull: five upper molariforms; two upper and lower molars; lower incisors; incomplete zygomatic arch; upper incisors with spaces between them. Length of forearm from 31.0 to 35.0 mm, skull 17.8 to 19.9 mm).

7a. Forearm length greater than 50.0 mm. Skull length greater than 22.0 mm ....
.... *Leptonycteris* (p. 167)

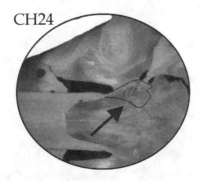

CH24

Glossophaga

1. Incisivos inferiores grandes, usualmente en contacto entre sí, formando un arco continuo entre los caninos (Figura CH25); incisivos superiores muy procumbentes (Figura CH26; del sur de Sonora en la Planicie Costera del Pacífico y Tamaulipas en la Planicie Costera del Golfo al sur, la Península de Yucatán, Depresión del Balsas y Valles de Oaxaca) .... *Glossophaga soricina*

(Coloración dorsal pardo rojizo a pardo grisáceo; región ventral más pálida que la dorsal; base del pelo blanca; hoja nasal pequeña y fusionada al labio superior; rostro alargado y mandíbula del mismo tamaño que la maxila; cola de un tercio de la longitud del uropatagio. Cráneo: tres molares superiores e inferiores; arco zigomático completo rostro más corto que la caja craneal; **incisivos inferiores grandes, usualmente en contacto entre sí, formando un arco continuo entre los caninos.** Longitud antebrazo 33.0 a 38.0 mm, del cráneo 19.8 a 21.5 mm).

1a. Incisivos inferiores separados entre sí por espacios distinguibles, generalmente reducidos en tamaño; incisivos superiores no claramente procumbentes (sólo en *morenoi*) 2

2. Incisivos superiores poco procumbentes y los internos más grandes que los externos; borde anterior del premaxilar alargado, muy por delante de los caninos; incisivos inferiores agrupados a cada lado de una diastema media (Figura CH27; de Jalisco en la Planicie Costera del Pacífico a Chiapas, Depresión del Balsas y Valles de Oaxaca) .... *Glossophaga morenoi*

(Coloración dorsal pardo claro a pardo; región ventral más pálida que la dorsal; hoja nasal pequeña y fusionada al labio superior; rostro alargado y mandíbula del mismo tamaño que la maxila; ; cola de un tercio de la longitud del uropatagio. Cráneo: tres molares superiores e inferiores; arco zigomático completo rostro más corto que la caja craneal; **incisivos inferiores agrupados a cada lado de una diastema media.** Longitud antebrazo 32.0 a 36.0 mm, del cráneo 18.0 a 20.0 mm).

2a. Incisivos superiores no procumbentes, par interno casi igual o más pequeños que los externos; borde anterior del premaxilar no alargado, casi en línea con los caninos; incisivos inferiores con diastemas entra cada uno de ellos 3

3. Cúspides anteriores del primer molar separadas; incisivos inferiores pequeños en forma de clavo con diastema entre cada uno (Figura CH28); proceso del esfenoides aplanado subterminalmente, alas del pterigoides ausentes (de Sinaloa en la Planicie Costera del Pacífico y Veracruz en la Planicie Costera del Golfo al sur y Valles de Oaxaca) .... *Glossophaga commissarisi*

(Coloración dorsal pardo a pardo oscuro; región ventral más pálida que la dorsal; hoja nasal pequeña y fusionada al labio superior; rostro alargado y mandíbula del mismo tamaño que la maxila; ; cola de un tercio de la longitud del uropatagio. Cráneo: tres molares superiores e inferiores; arco zigomático completo rostro más corto que la caja craneal; **incisivos inferiores pequeños en forma de clavo con diastema entre cada uno.** Longitud antebrazo 32.0 a 35.0 mm, del cráneo 18.3 a 19.7 mm).

3a. Cúspides anteriores del primer molar muy juntas; incisivos inferiores grandes, separados por diastema (Figura CH27); proceso del esfenoides no aplanado; alas del pterigoides presentes (de Jalisco en la Planicie Costera del Pacífico al sur, Depresión del Balsas y Valles de Oaxaca) .... *Glossophaga leachii*

CH25

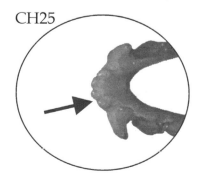

CH26

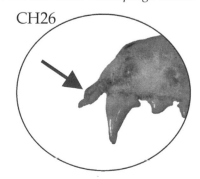

Glossophaga

1. Lower incisors big, usually in contact between themselves forming a continuous arch between the canines (Figure CH25); upper incisors very procumbent (Fig. CH26; from southern Sonora in the Pacific Coastal Plains and Tamaulipas in the Gulf Coastal Plains southward, the Yucatan Peninsula, Balsas Basin, and Oaxaca valleys) .... *Glossophaga soricina*

(Dorsal pelage from reddish to grayish brown; underparts paler than the dorsal one; hair base white; small nasal leaf merged to the upper lip; long rostrum and jaw same size as maxilla; tail one third of the uropatagium length. Skull: three upper and lower molars; complete zygomatic arch; face shorter than the braincase; **big lower incisors usually in contact between them forming a continuous arch between the canines**. Length of forearm from 33.0 to 38.0 mm, skull 19.8 to 21.5 mm).

1a. Lower incisors separated between themselves by distinguishable spaces, generally reduced in size; upper incisors not clearly procumbent (only in *morenoi*) 2

2. Upper incisors little procumbent and the internal ones larger than the external ones; long anterior premaxillary border beyond the canines; lower incisors grouped at each side with a medium diastema (Figure CH27; from Jalisco in the Pacific Coastal Plains to Chiapas, Balsas Basin, and Oaxaca valleys) .... *Glossophaga morenoi*

(Dorsal pelage from light brown to brown; underparts paler than the dorsal one; nasal leaf small and merged to the upper lip; long rostrum jaws and jaw same size as maxila; tail one third of the uropatagium length. Skull: three upper and lower molars; complete zygomatic arch; face shorter than the braincase; **lower incisors grouped at each side of a medium diastema**. Length of forearm from 32.0 to 36.0 mm, skull 18.0 to 20.0 mm).

2a. Upper incisors not procumbent; subequal internal pair or smaller than the external ones; anterior premaxillary border not long, almost in line with the canines; lower incisors separated between them. 3

3. Anterior cusps of the first molar separated; small lower incisors in the shape of a nail with diastema between each one of them (Figure CH28); sphenoid process subterminally flat; pterygoid wings absent (from Sinaloa in the Pacific Coastal Plains and Veracruz in the Gulf Coastal Plains southward, and the Oaxaca valleys) .... *Glossophaga commissarisi*

(Dorsal pelage from brown to dark brown; underparts paler than the dorsal one; small nasal leaf and merged to the upper lip; long rostrum and jaw same size as maxila; tail one third of the uropatagium length. Skull: three upper and lower molars; complete zygomatic arch; rostrum shorter than the braincase; **small lower incisors shaped as a nail with diastema between each one of them**. Length of forearm from 32.0 to 35.0 mm, skull 18.3 to 19.7 mm).

3a. Anterior cusps of the first molar very close together; big lower incisors separated by a diastema (Figure CH27); sphenoid process not flat; with pterygoid wings (from Jalisco in the Pacific Coastal Plains southward, Balsas Basin, and Oaxaca valleys) .... *Glossophaga leachii*

CH27

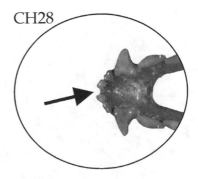

CH28

(Coloración dorsal pardo rojizo a pardo grisáceo; región ventral más pálida que la dorsal; hoja nasal pequeña y fusionada al labio superior; rostro alargado y mandíbula del mismo tamaño que la maxila; ; cola de un tercio de la longitud del uropatagio. Cráneo: tres molares superiores e inferiores; rostro más corto que la caja craneal; **incisivos inferiores relativamente grandes, separados por diastemas.** Longitud antebrazo 35.0 a 39.0 mm, del cráneo 18.0 a 20.0 mm).

Leptonycteris

1. Pelo largo y suave; uropatagio peludo y los pelos extendiéndose más allá de su borde posterior; longitud del tercer dedo mayor de 105.0 mm. Ancho del cráneo mayor del 42 % de la longitud total, porción más ancha en la región mastoidea (Altiplano Central y Depresión del Balsas. NOM**) .... *Leptonycteris nivalis*

(Coloración dorsal de pardo grisáceo a gris, cada pelo con dos bandas de color, la proximal blanca; región ventral pálida; hoja nasal pequeña; rostro alargado y mandíbula del mismo tamaño que la maxila; sin cola; **uropatagio con pelo y unos a manera de flecos; base del antebrazo con pelo;** el uropatagio se unen a los tobillos. Cráneo: dos molares superiores e inferiores; incisivos inferiores presente, arco zigomático completo; rostro más corto que la caja craneal; **ancho del cráneo mayor del 42% de la longitud total,** porción más ancha en la región mastoidea. Longitud antebrazo 56.0 a 61.0 mm, del cráneo 26.4 a 28.3 mm).

1a. Pelo corto y áspero; uropatagio poco peludo y con muy pocos pelos prolongándose más allá de su borde, longitud del tercer dedo menor de 105.0 mm. Ancho del cráneo menor del 42 % de la longitud total, porción más ancha en la región zigomática (de Sonora en la Planicie Costera del Pacífico, sur de la Península de Baja California, Altiplano Central, Sierra Madre Occidental, Depresión del Balsas y Valles de Oaxaca. NOM**) .... *Leptonycteris yerbabuenae*

(Coloración dorsal de pardo rojizo a pardo grisáceo, cada pelo con dos bandas de color, la proximal clara; región ventral pálido; hoja nasal pequeña; rostro alargado y mandíbula del mismo tamaño que la maxila; sin cola; **uropatagio con poco pelo y muy pocos a manera de flecos; base del antebrazo desnudo;** el uropatagio se unen a los tobillos. Cráneo: dos molares superiores e inferiores; incisivos inferiores presente, arco zigomático completo; rostro más corto que la caja craneal; **ancho del cráneo menor del 42% de la longitud total,** porción más ancha en la región del arco zigomático. Longitud antebrazo 53.0 a 57.0 mm, del cráneo 25.4 a 26.9 mm).

Subfamilia Glyphonycterinae

Representada en México por una sola especie (*Glyphonycteris sylvestris*) con distribución de Nayarit en la Planicie Costera del Pacífico y Veracruz en la Planicie Costera del Golfo al sur y sur de la Península de Yucatán. Se caracteriza por tener la coloración dorsal pardo grisáceo oscuro; región ventral amarillento a gris pálido; orejas relativamente grandes y puntiagudas; con una almohadilla lisa en la barbilla; calcar más corto que la pata, el cuarto metacarpal más corto que el quinto. Cráneo: el tercer premolar superior es más grande que el cuarto, caja craneal expandida, anchura mastoidea casi igual a la zigomática. Longitud antebrazo 37.0 a 43.0 mm, del cráneo 20.0 a 21.4 mm).

Subfamilia Lonchorhininae

Representada en México por una especie (*Lonchorhina aurita*) con distribución desde el sur de Oaxaca en la Planicie Costera del Pacífico y Veracruz en la Planicie Costera del Golfo al sur y la Península de Yucatán. NOM**. Se caracteriza por la coloración dorsal y ventral de pardo rojizo a pardo oscuro; hoja nasal muy grande del mismo tamaño que las orejas y estas por lo menos del doble de la longitud de la cabeza; patas y cola muy largas; la punta de la cola se extiende por fuera del uropatagio. Cráneo: con un notorio proceso cóncavo en la base del rostro sobre los nasales, parte media de la caja craneal poco por arriba de la región occipital, cavidades del

(Dorsal pelage from reddish to grayish brown; underparts paler than the dorsal one; nasal leaf small and merged to the upper lip; long rostrum and jaw same size as maxilla; tail one third of the uropatagium length. Skull: three upper and inferior molars; complete zygomatic arch; rostrum shorter than the braincase; **lower incisors relatively large, separated by a diastema**. Length of forearm from 35.0 a 39.0 mm, skull 18.0 to 20.0 mm).

Leptonycteris

1. Long and soft pelage; hairy uropatagium and hair extending beyond its posterior border; length of the third digit greater than 105.0 mm. Skull breadth greater than 42 % of the total, wider portion in the mastoid region (Central Mexican Plateau and Balsas Basin. NOM**) .... *Leptonycteris nivalis*

(Dorsal pelage from grayish brown to gray; each hair with two color bands, the proximal white, underparts pale; small nasal leaf; long rostrum and jaw same size as maxila; no tail; **hair in the uropatagium and some hair as bangs; hair in forearm base**; the uropatagium connects with the ankles. Skull: two upper and lower molars; lower incisors; complete zygomatic arch; rostrum shorter than the braincase; **skull breadth greater than 42 % of the total length**, wider portion in the mastoid region. Length of forearm from 56.0 to 61.0 mm, skull 26.4 to 28.3 mm).

1a. Pelage short and rough; uropatagium a little hairy and with few hairs extending beyond their border; length of third digit less than 105.0 mm. Skull breadth less than 42 % of the total length, wider portion in the zygomatic region (from Sonora in the Pacific Coastal Plains southward, southern part of the Baja California Peninsula, central Mexican Plateau, western Sierra Madre, Balsas Basin, and Oaxaca valleys. NOM**) .... *Leptonycteris yerbabuenae*

(Dorsal pelage from reddish to grayish brown, each hair with two color bands, the proximal ligth, underparts pale; small nasal leaf; long rostrum and jaw same size as maxila; no tail; **uropatagium with few hairs and very few as bangs; bare forearm base**: the uropatagium connects with the ankles. Skull: two upper and lower molars; lower incisors; complete zygomatic arch; rostrum shorter than the braincase; **skull breadth less than 42 % of the total length**, wider portion in the zygomatic arch region. Length of forearm from 53.0 to 57.0 mm, skull 25.4 to 26.9 mm).

Subfamily Glyphonycterinae

The Glyphonycterinae subfamily is represented in Mexico by only one species (*Glyphonycteris sylvestris*) with distribution from Nayarit in the Pacific Coastal Plains and Veracruz in the Gulf Coastal Plains southward, and the southern part of the Yucatan Peninsula. It is characterized by having dark grayish brown dorsal pelage; underparts from yellowish to pale gray; ears relatively large and pointed; a smooth cushion on the chin; calcareum shorter than the leg; the fourth carpal shorter than the fifth one. Skull: the third upper premolar larger than the fourth one; braincase expanded; mastoid breadth almost the same as the zygomatic. Length of forearm from 37.0 to 43.0 mm, skull 20.0 to 21.4 mm).

Subfamily Lonchorhininae

The subfamily Lonchorhininae is represented in Mexico by one species (*Lonchorhina aurita*) with distribution from southern Oaxaca in the Pacific Coastal Plains and Veracruz in the Gulf Coastal Plains southward and the Yucatan Peninsula NOM**. It is characterized by dorsal pelage and underparts from reddish brown to dark brown; very large nasal leaf the same size as the ears and these at least double the head length; very long limbs and tail; the tip of the tail extends beyond the uropatagium. Skull: notoriously concave process in the rostrum base over the nasals; medium part of the braincase a little above the occipital region; large and deep basisphenoid

basiesfenoides grandes y profundos, el segundo premolar inferior más pequeño que el resto. Longitud antebrazo 49.0 a 54.0 mm, del cráneo 20.3 a 21.2 mm.

Subfamilia Macrotinae

1. Con tonos amarillos en el pelaje. Anchura interorbital menos de 3.8 mm; anchura a través del borde externo de los caninos superiores menos de 3.6 mm; suma de estas dos medidas menor de 7.3 mm (Sonora y Península de Baja California) .... *Macrotus californicus*

(**Coloración dorsal amarillenta, pero tiende a ser amarillo pálido**, pelo largo y blanco en la base; región ventral gris pálido; orejas grandes y redondeadas, dos veces el tamaño de la cabeza; punta de la cola libre del uropatagio. Cráneo: rostro moderadamente largo; incisivo superior medio en forma de cincel y grande; incisivo externo menos desarrollado. Longitud antebrazo 44.6 a 57.5 mm, del cráneo 20.0 a 25.8 mm).

1a. Sin tonos grises en el pelaje. Anchura interorbital mayor de 3.8 mm; anchura a través del borde externo de los caninos superiores mayor de 3.6 mm; suma de estas dos medidas mayor de 7.3 mm (del sur de Sonora en la Planicie Costera del Pacífico, Sierra Madre oriental, occidental y del Sur, Altiplano Central, Eje Volcánico Trasversal, Depresión del Balsas y Valles de Oaxaca) ... . *Macrotus waterhousii*

(**Coloración dorsal de pardo oscuro a pardo grisáceo**, pelo largo y blanco en la base; región ventral gris pálido; orejas grandes y redondeadas, dos veces el tamaño de la cabeza; punta de la cola libre del uropatagio. Cráneo: rostro moderadamente largo; incisivo superior medio en forma de cincel y grande; incisivo externo menos desarrollado. Longitud antebrazo 49.0 a 54.0 mm, del cráneo 22.1 a 26.8 mm).

Subfamilia Micronycterinae

1. Orejas unidas por una banda alta que tiene una muesca media. Tercer premolar superior de igual tamaño que el cuarto .... *Micronycteris* (pag. 170)

1a. Orejas unidas por una banda baja y sin muesca o sin dicha banda. Tercer premolar superior ligeramente menor que el cuarto 2

2. El quinto metacarpal es el más corto. Segundo incisivo superior bífido (de Oaxaca en la Planicie Costera del Pacífico y sur de Veracruz en la Planicie Costera del Golfo al sur. NOM**) .... *Lampronycteris brachyotis*

(Coloración dorsal pardo anaranjado a pardo oscuro, garganta anaranjado intenso; región ventral amarillenta, contrastando con el dorso; sin banda entre las orejas; almohadillas en la barbilla en forma de "V"; calcar igual que la pata; **el quinto metacarpal es el más corto**. Cráneo: la caja craneal se levanta respecto al rostro en un ángulo de 45 grados; bulas auditivas pequeñas y su diámetro equivale a las distancias entre ellas; los dos últimos premolares inferiores aproximadamente del mismo tamaño; **segundo incisivo superior bífido**. Longitud antebrazo 40.0 a 42.0 mm, del cráneo 21.0 a 21.9 mm).

2a. El cuarto metacarpal es el más corto. Segundo incisivo superior pequeño y unicúspide (solo se tienen registros del sur de Oaxaca y Chiapas) .... *Trinycteris nicefori*

(Coloración dorsal de color ante, pardo grisáceo a pardo oscuro, algunas veces con una línea gris poco notoria en la espalda, con una máscara oscura en el rostro; región ventral gris amarillento, contrastando con el dorso; sin banda entre las orejas; almohadillas en la barbilla en forma de "V"; calcar menor que la pata; orejas grandes y puntiagudas, **el cuarto metacarpal es el más corto**. Cráneo: la caja craneal se levanta respecto al rostro en un ángulo de 45 grados; bulas auditivas pequeñas y su diámetro equivale a las distancias entre ellas; los dos últimos premolares inferiores aproximadamente del mismo tamaño; **segundo incisivo superior pequeño y unicúspide**. Longitud antebrazo 35.0 a 38.6 mm, del cráneo 20.5 mm).

cavities; the second lower premolar smaller than the rest. Length of forearm from 49.0 to 54.0 mm, skull length from 20.3 to 21.2 mm.

Subfamily Macrotinae

1. With pelage in yellow shades. Interorbital breadth less than 3.8 mm; breadth through the external border of the upper canines less than 3.6 mm, the sum of these two measures less than 7.3 mm (Sonora and Baja California Peninsula) ...
.... *Macrotus californicus*

(*Dorsal pelage yellowish but tending to be pale yellow*; long and white hair on the base; underparts pale gray; long and rounded, two times the head size; tip of tail free from the uropatagium. Skull: rostrum moderately long; middle upper incisors in a chisel shape and big; external incisors less developed. Length of forearm from 44.6 to 57.5 mm, skull 20.0 to 25.8 mm).

1a. Without pelage in grayer shades. Interorbital breadth larger than 3.8 mm; breadth throughout the external border of the upper canines larger than 3.6 mm, the sum of these two measures greater than 7.3 mm (from southern Sonora in the Pacific Coastal Plains, eastern and southern Sierra Madre, central Mexican Plateau, Trans-Mexican Volcanic Belt, Balsas Basin, and Oaxaca valleys) .... *Macrotus waterhousii*

(*Dorsal pelage from reddish brown to grayish brown*; long and white hair on the base; underparts pale gray; long and rounded ears, two times greater than head size; tip of tail free from the uropatagium. Skull: moderately long rostrum; middle upper incisors in chisel shape and big; external incisors less developed. Length of forearm from 49.0 to 54.0 mm, skull length from 22.1 to 26.8 mm).

Subfamily Micronycterinae

1. Ears with a middle notch and connected by a high band. Third upper premolar same size as the fourth one .... *Micronycteris* (pag. 171)

1a. Ears without a notch and connected by a low band and without a notch or without the band. Third upper premolar slightly smaller than the fourth one... 2

2. Fifth metacarpal is the shortest one. Second incisor forked (from Oaxaca in the Pacific Coastal Plains and southern Veracruz in the Gulf Coastal Plains southward. NOM**) .... *Lampronycteris brachyotis*

(Dorsal pelage from orange to dark brown; throat intense orange; underparts yellowish contrasting with the dorsal area; no band between the ears; cushions on the shin in V-shape; calcareum the same size as the limb; *fifth metacarpal is the shortest one*. Skull: the braincase rises at an angle of 45° with respect to the rostrum; small auditory bullae and their diameter equivalent to the distance between them; the two last lower premolars are approximately the same size; **second incisor forked**. Length of forearm from 40.0 to 42.0 mm, skull 21.0 to 21.9 mm).

2a. Fourth metacarpal is the shortest one. Small and unicuspid second upper incisors (only records from south of Oaxaca and Chiapas) .... *Trinycteris nicefori*

(Dorsal pelage from grayish to dark brown; sometimes with gray lines slightly notorious on the back; dark mask on the face; underparts yellowish gray, contrasting with the dorsal part; no band between the ears; cushions on the shin in V-shape; calcareum smaller than the limb; big and pointed ears; *fourth metacarpal is the shortest one*. Skull: braincase rises at an angle of 45° with respect to the rostrum; small auditory bullae and their diameter equivalent to the distances between them; the last two lower premolars are approximately the same size; **small and unicuspid second upper incisor**. Length of forearm length 35.0 to 38.6 mm, skull length 20.5 mm).

Micronycteris

1. Banda entre las orejas con una pequeña muesca; coloración ventral parda (de Jalisco en la Planicie Costera del Pacífico y Tamaulipas en la Planicie Costera del Golfo al sur, la Península de Yucatán, Depresión del Balsas y Valles de Oaxaca) .... *Micronycteris microtis*

(Coloración dorsal pardo rojizo a pardo grisáceo; región ventral pardo pálido, no contrastando con el dorso; **banda entre las orejas con una pequeña muesca**; almohadillas en la barbilla en forma de "V"; las alas se unen hasta el tobillo; calcar igual o más grande que la pata. Cráneo: la caja craneal se levanta respecto al rostro en un ángulo de 45 grados; bulas auditivas pequeñas y su diámetro igual a las distancias entre ellas; los dos últimos premolares inferiores aproximadamente del mismo tamaño. Longitud antebrazo 32.0 a 37.0 mm, del cráneo 17.7 a 20.2 mm).

1a. Banda entre las orejas con una hendidura profunda; coloración ventral gris clara (sólo de las partes bajas del norte de Chiapas. NOM**) ....
.... *Micronycteris schmidtorum*

(Coloración dorsal pardo pálido; región ventral blanco, contrastando fuertemente con el dorso; **banda entre las orejas con una hendidura profunda**; almohadillas en la barbilla en forma de "V"; las alas se unen hasta el tobillo; calcar igual que la pata. Cráneo: la caja craneal se levanta respecto al rostro en un ángulo de 45 grados; bulas auditivas pequeñas y su diámetro equivale a las distancias entre ellas; los dos últimos premolares inferiores aproximadamente del mismo tamaño. Longitud antebrazo 34.0 a 38.0 mm, del cráneo 20.5 mm).

Subfamilia Phyllostominae

1. Un par de incisivos inferiores 2

1a. Dos pares de incisivos inferiores 4

2. Dos premolares inferiores .... *Mimon* (pag. 174)

2a. Tres premolares inferiores 3

3. Longitud del antebrazo mayor de 70.0 mm. Segundo premolar inferior desplazado lingualmente de la serie de dientes (del sur de Oaxaca en la Planicie Costera del Pacífico y sur de Veracruz en la Planicie Costera del Golfo al sur y la Península de Yucatán. NOM**) .... *Chrotopterus auritus*

(Coloración dorsal de pardo grisáceo a grisáceo oscuro; región ventral de gris plateado a blancuzco, el pelo es largo; orejas muy grandes y redondeadas; puntas de las alas blancas. Cráneo: robusto y ancho; cresta sagital bien desarrollada; arco zigomático grueso; rostro y región interorbital subcilíndrico; cavidades del basiesfenoides presentes, pero poco notorios. Longitud antebrazo 77.2 a 83.5 mm, del cráneo 35.3 a 38.5 mm).

3a. Longitud del antebrazo menor de 70.0 mm. Segundo premolar inferior desplazado hacia el labio de la serie de dientes 8

4. Dos premolares inferiores (del sur de Oaxaca en la Planicie Costera del Pacífico y sur de Veracruz en la Planicie Costera del Golfo al sur, por el norte de Chiapas y sur de Campeche) .... *Phyllostomus discolor*

(Coloración dorsal pardo a pardo grisáceo, piel de la cara pardo oscuro; región ventral notoriamente más pálido que la dorsal; orejas triangulares y largas; hoja nasal fusionada al labio superior; surco de la barbilla con verrugas grandes a manera de frijoles a su alrededor; calcar tan grande como la pata. Cráneo: robusto y ancho; cresta sagital bien desarrollada; arco zigomático grueso; cavidades del basiesfenoides presentes, pero poco notorios. Longitud antebrazo 60.0 a 68.0 mm, del cráneo 28.0 a 31.9 mm).

4a. Tres premolares inferiores 5

5. Longitud del antebrazo mayor de 95.0 mm. Distancia entre los bordes internos de los segundos molares superiores (palatino) menor que el diámetro transversal del mismo molar (del sur de Veracruz en la Planicie Costera del Golfo al sur por el norte de Chiapas y sur de Campeche. NOM*) ..... *Vampyrum spectrum*

(Coloración dorsal de anaranjado a pardo oscuro; con líneas poco notorias de los hombros a las caderas; región ventral pardo grisáceo; hoja nasal y orejas de coloración más clara; envergadura de las alas de aproximadamente 1,000 mm; calcar en promedio de 37.0 mm. Cráneo: robusto con la cresta sagital bien desarrollada, proyectándose por detrás de la altura del foramen magnum; incisivos superiores internos bien desarrollados; *distancia entre*

Micronycteris

1. Band between the ears with a small notch; underparts brown (from Jalisco in the Pacific Coastal Plains and Tamaulipas in the Gulf Coastal Plains southward, the Yucatan Peninsula, Balsas Basin, and Oaxaca valleys) ....
.... *Micronycteris microtis*

(Dorsal pelage from reddish to grayish brown; underparts pale, not contrasting with the dorsal part; **band between the ears with a small notch**; cushions in the cheek in V-shape; wings are connected down to the ankle; the calcareum is the same size as or longer than the limb. Skull: the braincase rises at an angle of 45° with respect to the rostrum; small auditory bullae and their diameter is equal to the distance between them; the two last lower premolars are approximately the same size. Length of forearm from 32.0 to 37.0 mm, skull 17.7 to 20.2 mm).

1a. Band between ears with a deep cleft; underparts light gray (only lowlands of northern Chiapas. NOM**) .... *Micronycteris schmidtorum*

(Dorsal pelage pale brown; underparts white, contrasting strongly with the dorsal region; **band between the ears with a deep cleft**; cushions on the chin in V-shape; wings are connected down to the ankle; calcareum the same size as the limb. Skull: braincase rises at an angle of 45° with respect to the rostrum; small auditory bullae and their diameter equivalent to the distance between them; the two last lower premolars are approximately the same size. Length of forearm from 34.0 to 38.0 mm, skull length 20.5 mm).

Subfamily Phyllostominae

1. One pair of lower incisors 2
1a. Two pairs of lower incisors 4
2. Two lower premolars .... *Mimon* (p. 175)
2a. Three lower premolars 3
3. Forearm length greater than 70.0 mm. Second lower premolar displaced lingually to the series of teeth (from southern Oaxaca in the Pacific Coastal Plains and southern Veracruz in the Gulf Coastal Plains southward, and the Yucatan Peninsula. NOM**) .... *Chrotopterus auritus*

(Dorsal pelage from grayish brown to dark grayish; underparts from silver gray to whitish; hair is long; ears very big and round; wing tips are white. Skull: robust and wide; sagittal crest well-developed; thick zygomatic arch; subcylindrical face and interorbital region; with basisphenoidal pits but slightly notorious. Length of forearm from 77.2 to 83.5 mm, skull 35.3 to 38.5 mm).

3a. Forearm length less than 70.0 mm. Second lower premolar displaced from the series of teeth toward the lip 8

4. Two lower premolars (from southern Oaxaca in the Pacific Coastal Plains and southern Veracruz in the Gulf Coastal Plains southward, by northern Chiapas and southern Campeche) .... *Phyllostomus discolor*

(Dorsal pelage from brown to grayish brown; rostrum skin dark brown; underparts notoriously paler than the dorsal one; triangular and long ears; nasal leaf merged to the upper lip; Groove on the shin with big warts as beans around it; calcareum as big as the limb. Skull: robust and wide; sagittal crest is well developed; thick zygomatic arch; basisphenoidal pits but slightly notorious. Length of forearm from 60.0 to 68.0 mm, skull 28.0 to 31.9 mm).

4a. Three lower premolars 5

5. Forearm length greater than 95.0 mm. Distance between the internal borders of the second upper molars (palatine) less than the transversal diameter of the same molar (southern Veracruz in the Gulf Coastal Plains southward by northern Chiapas and southern Campeche. NOM*) .... *Vampyrum spectrum*

(Dorsal pelage from orange to dark brown; slightly notorious line from the shoulders to the hips; underparts grayish brown; nasal leaf and ears in lighter color; wingspan approximately 1,000 mm; calcareum in average of 37.0 mm. Skull: robust with sagittal crest well developed projecting backward at the level of the foramen magnum; upper internal incisors well developed; *distance between the internal borders of the second upper*

los bordes internos de los segundos molares superiores (palatino) menor que el diámetro transversal del mismo molar. Longitud antebrazo 100.0 a 107.0 mm, del cráneo 49.2 a 52.2 mm).

5a. Longitud del antebrazo menor de 95.0 mm. Distancia entre los bordes internos de los segundos molares superiores mayor que el diámetro transversal del mismo molar 6

6. Segundo premolar inferior en posición normal, separando al primero del tercero (tierras bajas del norte de Chiapas. NOM**) .... *Phylloderma stenops*

(Coloración dorsal pardo rojizo a pardo, piel de la cara rosácea; región ventral gris pálido; orejas grandes y redondeadas; base de la hoja nasal fusionada con el labio superior; pelaje y alas a menudo con manchas blancas; puntas de las alas blancas; cola de la mitad de la longitud del uropatagio. Cráneo: robusto y ancho; cresta sagital bien desarrollada; arco zigomático grueso; cavidades del basiesfenoides presentes, pero poco notorios; incisivos internos bífidos, segundo premolar inferior de menor tamaño. Longitud antebrazo 69.0 a 83.0 mm, del cráneo 33.0 a 35.5 mm).

6a. Segundo premolar inferior desplazado lingualmente, de manera que el primero y tercero están casi en contacto 7

7. Con verrugas en la parte inferior de la membrana de la cola. Longitud del rostro menor que la anchura de la caja craneal (tierras bajas del norte de Chiapas. NOM**) .... *Macrophyllum macrophyllum*

(Coloración dorsal pardo grisáceo oscuro; orejas grandes y puntiagudas; hoja nasal grande, más de la mitad de la longitud de las orejas y no fusionada al labio superior; patas notoriamente grandes; *con verrugas en parte inferior de la membrana cola*. Cráneo: la caja craneal se levanta respecto al rostro en un ángulo de 45 grados; rostro muy corto, menor que la anchura de la caja craneal; bulas auditivas pequeñas; cavidades del basiesfenoides presentes, pero poco notorios; segundo premolar inferior más pequeños que los otros. Longitud antebrazo 34.0 37.0 mm, del cráneo 16.3 a 17.5 mm).

7a. Sin verrugas en la parte inferior de la membrana de la cola. Longitud del rostro aproximadamente igual a la anchura de la caja craneal (del sur de Oaxaca en la Planicie Costera del Pacífico y sur de Veracruz en la Planicie Costera del Golfo al sur, por el norte de Chiapas y sur de Campeche. NOM**) .. *Trachops cirrhosus*

(Coloración dorsal pardo anaranjado pálido a pardo grisáceo; región ventral más pálido que la dorsal; orejas grandes y redondeadas; verrugas alargadas tipo almohadillas en los labios y la barbilla; cola corta embebida dentro del uropatagio; calcar grande. Cráneo: alargado con la parte región interorbital a manera de reloj de arena; arco zigomático robusto; incisivos externos marcadamente reducidos en comparación con los internos. Longitud antebrazo 57.0 a 65.0 mm, del cráneo 27.7 a 29.2 mm).

8. Longitud del antebrazo menos de 40.0 mm. Longitud del cráneo menos de 22.0 mm (norte de Chiapas. NOM*) .... *Tonatia saurophila*

(Coloración dorsal y ventral pardo grisáceo a pardo oscuro, con tonos entrepelados; orejas grandes y redondeadas; base de la hoja nasal fusionadas al labio superior; con tenues líneas pálidas en la cabeza; antebrazo peludo; cola larga embebida dentro del uropatagio. Cráneo: robusto, la caja craneal se levanta respecto al rostro en un ángulo de 45 grados; bulas auditivas pequeñas; cavidades del basiesfenoides ausentes; cresta sagital presente y bien marcada; caninos superiores marcadamente grandes; segundo premolares inferiores muy reducido; región lamboidea inflada y alargada. Longitud antebrazo 56.0 a 61.0 mm, del cráneo 26.3 a 30.6 mm).

8a. Longitud del antebrazo mayor de 40.0 mm. Longitud del cráneo mayor de 22.0 mm .... *Lophostoma* (pag. 172)

Lophostoma

1. Antebrazo menor de 40.0 mm. Longitud del cráneo menos de 22.0, anchura mastoidea menor a la zigomática (del sur de Veracruz en la Planicie Costera del Golfo al sur, parte sur de la Península de Yucatán. NOM**) ... *Lophostoma brasiliense*

(Coloración dorsal gris a pardo grisáceo; región ventral más pálido que la dorsal; orejas grandes y redondeadas; parte inferior de la hoja nasal fusionada con el labio superior; con pequeñas verrugas a ambos lados de un surco en la barbilla; alas unidas al tobillo; cola larga embebida dentro del uropatagio. Cráneo: robusto, la caja craneal se levanta respecto al rostro en un ángulo de 45 grados; bulas auditivas pequeñas; cavidades del basiesfenoides ausentes, cresta sagital presente; caninos superiores marcadamente grandes; segundo premolares inferiores muy reducido. Longitud antebrazo 32.0 a 36.0 mm, del cráneo 26.8 a 29.2 mm).

molars (palatine) less than the transversal diameter of the same molar. Length of forearm from 100.0 to 107.0 mm, skull 49.2 to 52.2 mm).

5a. Forearm length less than 95.0 mm. Distance between the internal borders of the second upper molars greater than the transversal diameter of the same molar 6

6. Second premolar in normal position, separating the first one from the third one (lowlands of northern Chiapas. NOM**) .... *Phylloderma stenops*

(Dorsal pelage from reddish brown to brown; face skin pinkish; underparts pale gray; big and round ears; base of nasal leaf merged with the upper lip; pelage and wings frequently with white spots; wing tips white; tail half of the uropatagium length. Skull: robust and wide; sagittal crest well developed; thick zygomatic arch; basisphenoidal pits but slightly notorious; internal incisors forked; second lower premolar smaller. Length of forearm from 69.0 to 83.0 mm, skull 33.0 to 35.5 mm).

6a. Second lower premolar displaced lingually in a way that the first and second ones are almost in contact 7

7. Warts in the lower part of the tail membrane. Rostrum length less than braincase breadth (lowlands of northern Chiapas. NOM**) .. *Macrophyllum macrophyllum*

(Dorsal pelage dark grayish brown; big and pointed ears; large nasal leaf, greater than half of the length of the ears and not merged to the upper lip; limbs notoriously long; *warts in lower part of the tail membrane*. Skull: braincase rises at an angle of 45° with respect to the rostrum; very short rostrum, less than the breadth of the braincase; small auditory bullae; basisphenoidal pits but slightly notorious; second lower premolar smaller than the other ones. Forearm length 34.0 to 37.0 mm, skull length from 16.3 to 17.5 mm).

7a. No warts in lower part of the tail membrane. Rostrum length approximately the same as the braincase breadth (from southern Oaxaca in the Pacific Coastal Plains and southern Veracruz in the Gulf Coastal Plains southward, by northern Chiapas and southern Campeche. NOM**) .... *Trachops cirrhosus*

(Dorsal pelage from orange brown to grayish brown; underparts paler than the dorsal area; big and round ears; warts extend as a type of cushion on the lips and shin; short tail embedded within the uropatagium; big calcareum. Skull: extended in the interorbital region as a sand clock; robust zygomatic arch; external incisors strongly reduced compared with the internal ones. Length of forearm from 57.0 to 65.0 mm, skull 27.7 to 29.2 mm).

8. Forearm length less than 40.0 mm. Skull length less than 22.0 mm (northern Chiapas. NOM*) .... *Tonatia saurophila*

(Dorsal and underparts pelage from grayish brown to dark brown with grizzly shades grizzly; big and round ears; base of nasal leaf merged with the upper lip; faint pale lines on the head; hairy forearm; long tail embedded within the uropatagium. Skull: robust, braincase rises at an angle of 45° with respect to the rostrum; small auditory bullae; basisphenoidal pits absent; sagittal crest well defined; big upper canines; second lower premolar very reduced; lambdoid region inflated and extended. Length of forearm from 56.0 to 61.0 mm, skull 26.3 a 30.6 mm).

8a. Forearm length 40.0 mm. Skull length greater than 22.0 mm .... *Lophostoma* (pag. 173)

Lophostoma

1. Forearm less than 40.0 mm. Skull less than 22.0, mastoid breadth less than zygomatic breadth (from southern Veracruz in the Gulf Coastal Plains southward, southern part of the Yucatan Peninsula. NOM**) .... *Lophostoma brasiliense*

(Dorsal pelage from gray to grayish brown; underparts paler than the dorsal one; big and round ears; lower part of the nasal leaf merged with the upper lip; small warts at both sides of a groove on the shin; wings connected to the ankle; long tail embedded within the uropatagium. Skull: robust, braincase rises at an angle of 45° with respect to the rostrum; small auditory bullae; basisphenoidal pits absent; sagittal crest; upper canines markedly large; second lower premolar very reduced. Length of forearm from 32.0 to 36.0 mm, skull 26.8 to 29.2 mm).

1a. Antebrazo mayor de 40.0 mm. Longitud del cráneo mayor de 22.0, anchura mastoidea mayor a la zigomática (del sur de Oaxaca en la Planicie Costera del Pacífico y sur de Veracruz en la Planicie Costera del Golfo al sur, parte sur de la Península de Yucatán. NOM**) .... *Lophostoma evotis*
(Coloración dorsal gris a pardo grisáceo, garganta grisácea; región ventral pardo grisáceo; orejas redondeadas y muy grandes; base de la hoja nasal y la hoja nasal fusionadas al labio superior; antebrazo sin pelo; cola larga embebida dentro del uropatagio. Cráneo: robusto, la caja craneal se levanta respecto al rostro en un ángulo de 45 grados; bulas auditivas pequeñas; cavidades del basiesfenoides ausentes; cresta sagital presente; caninos superiores marcadamente grandes; segundo premolares inferiores muy reducido y con la cresta del lado del labio. Longitud antebrazo 47.0 a 54.0 mm, del cráneo 24.3 a 26.9 mm).

Mimon

1. Membrana alar unida al lado de la pata cerca de la base del dedo externo; con una línea blanca media dorsal. Bula auditiva grande (norte de Chiapas y sur de Campeche y Quintana Roo. NOM**) .... *Mimon crenulatum*
(Coloración dorsal negruzca, **con una línea media amarillenta**, del mismo color que la coloración ventral; orejas grandes, claras en la base y oscuras en la punta; hoja nasal grande, ancha y "dentada"; cola larga embebida dentro del uropatagio. Cráneo: alargado y esbelto; rostro ancho; cavidades del basiesfenoides anchos, pero poco profundos, separados por un septo medio; bulas auditivas pequeñas; con una proyección en la parte anterior y superior del rostro poco desarrollada. Longitud antebrazo 46.0 a 55.0 mm, del cráneo 20.9 a 23.3 mm).

1a. Membrana alar unida a la altura del tobillo; sin línea dorsal blanca. Bula auditiva pequeña (del sur de Veracruz en la Planicie Costera del Golfo al sur, norte de Chiapas y toda la Península de Yucatán. NOM**) .... *Mimon cozumelae*
(Coloración dorsal oro viejo brillante, **sin línea dorsal blanca**; región ventral más pálida que la dorsal; orejas grandes y puntiagudas; hoja nasal grande, ancha y no fusionado con el labio superior; con pequeñas verrugas a ambos lados de una almohadilla en forma de "V"; calcar más largo que la longitud de la pata trasera; cola larga un tercio de la longitud del uropatagio. Cráneo: alargado y esbelto, rostro ancho, cavidades del basiesfenoides anchos pero poco profundos, separados por un septo medio; bulas auditivas pequeñas; con una proyección en la parte anterior y superior del rostro bien desarrollada. Longitud antebrazo 53.0 a 61.0 mm, del cráneo 25.3 a 27.4 mm).

Subfamilia Stenodermatinae

1. Con el uropatagio ausente y las patas muy peludas. Coronas de los molares con cúspides bien desarrolladas (Figura CH29) .... *Sturnira* (pag. 185)

1a. Con el uropatagio presente, a veces muy reducido y las patas no muy peludas. Corona de los molares corrugada, cuando existen las cúspides forman un surco medio en los molares 2

2. Rostro menos de un tercio de la longitud de la caja craneal; cara desnuda y con pliegues dérmicos. Mandíbula en forma de medio círculo (Figura CH30); caninos superiores con un surco basal en la cara anterior (de Sinaloa en la Planicie Costera del Pacífico y sur de Tamaulipas en la Planicie Costera del Golfo al sur, sur y este de la Península de Yucatán) .... *Centurio senex*
(Coloración dorsal pardo amarillento a pardo grisácea; sin líneas faciales ni dorsal; con manchas blancas en los hombros; región ventral más pálida que la dorsal; orejas amarillentas; **sin hoja nasal**; uropatagio desarrollado y con pelo; cola ausente; **la cara es desnuda y rostro muy corto**. Cráneo: rostro y paladar extremadamente cortos; el paladar con un largo de aproximadamente la mitad del ancho; caninos superiores con una cavidad en su base; cráneo muy redondeado. Longitud antebrazo 41.0 a 45.0 mm, del cráneo 17.3 a 18.9 mm).

2a. Rostro más de un tercio de la longitud de la caja craneal; cara cubierta de pelo. Mandíbula alargada; caninos superiores sin un surco basal en la cara anterior 3

3. Aberturas nasales prolongándose hasta cerca de la región interorbital (Figura CH31), dando la apariencia de que no existen los nasales .. *Chiroderma* (pag. 180)

1a. Forearm greater than 40.0 mm. Skull length greater than 22.0; mastoid breadth greater than zygomatic breadth (from southern Oaxaca in the Pacific Coastal Plain and southern Veracruz in the Gulf Coastal Plain southward, southern part of the Yucatan Peninsula. NOM**) .... *Lophostoma evotis*

(Dorsal pelage from gray to grayish brown; throat grayish; underparts grayish brown; round and long ears; base of the nasal leaf and nasal leaf merged to the upper lip; forearm with no hair; long tail embedded within the uropatagium. Skull: robust, braincase rises at an angle of 45° with respect to the rostrum; small auditory bullae; basisphenoidal pits absent; sagittal crest; upper canines markedly big; second lower premolars very reduced and with the crest toward the lip side. Length of forearm from 47.0 to 54.0 mm, skull length from 24.3 to 26.9 mm).

Mimon

1. Wing membrane connected to the limb side close to the base of the external digit; a white line in the middle of the dorsal part. Large auditory bullae (from northern Chiapas, southern Campeche and Quintana Roo. NOM**) .... *Mimon crenulatum*

(Dorsal pelage blackish **with a yellowish line in the middle**, same color as the underparts; large ears, light on the base and dark on the tip; large, wide, and dented nasal leaf; long tail embedded within the uropatagium; skull: expanded and slim; rostrum wide; basisphenoid cavities wide but not deep, separated by a middle septum; small auditory bullae: small projection in the anterior and superior part of the rostrum little developed. Forearm length 46.0 to 55.0 mm, skull 20.9 to 23.3 mm).

1a. Wing membrane connected to the level of the ankle; no dorsal white line. Small auditory bullae (from southern Veracruz in the Pacific Coastal Plain of the Gulf southward, northern Chiapas and all the Yucatan Peninsula. NOM**) .... *Mimon cozumelae*

(Dorsal pelage brilliant old gold; **no dorsal white line**; underparts paler than the dorsal; large and pointed ears; nasal leaf large, wide, and not merged with the upper lip; small warts at both sides of a V-shaped cushion; calcareum longer than the length of the hind limb; long tail one third of the uropatagium length; skull extended and thin; wide rostrum, wide basisphenoid cavities but not deep, separated by a middle septum; small auditory bullae; well-developed projection on the front and upper part of the rostrum. Forearm length 53.0 to 61.0 mm, skull 25.3 to 27.4 mm).

Subfamily Stenodermatinae

1. Uropatagium absent and very hairy limbs. Molar crowns with well-developed cusps (Figure CH29) .... *Sturnira* (p. 185)

1a. Uropatagium present, sometimes or very reduced and limbs not very hairy. Molar crown corrugated when two cusps form a middle groove in the molars 2

2. Rostrum less than one third of the braincase length; bare rostrum and with dermic folds. Jaw in half-circle shape (Figure CH30); upper canines with a basal groove in the front side (from Sinaloa in the Coastal Pacific Plains and southern part of Tamaulipas in the Coastal Gulf Plains southward, southern and eastern parts of the Yucatan Peninsula) .... *Centurio senex*

(Dorsal pelage from yellowish brown to grayish brown; with facial or dorsal lines; underparts paler than the dorsal part; yellowish ears; *no nasal leaf*; hairy and developed uropatagium; tail absent; *bare and very short rostrum*. Skull: rostrum and palate extremely short; palate with a length of approximately half of the breadth; upper canines with a cavity on their base; round skull. Forearm length 41.0 to 45.0 mm, skull 17.3 to 18.9 mm).

2a. Rostrum greater than one third of the braincase length; rostrum covered with hair. Extended jaw; upper canines without a basal groove in the front side ... 3

3. Nasal pits extending close to the interorbital region (Figure CH31) giving the impression of no nasals .... *Chiroderma* (p. 181)

CH29

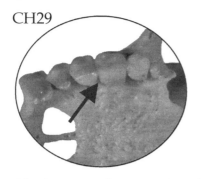

3a. Aberturas nasales normales; sin prolongarse hacia atrás, cerca de la región interorbital 4

4. Incisivos superiores internos ligeramente más largos que los externos (pero no el doble) y no muy diferentes en forma 5

4a. Incisivos superiores internos por lo menos el doble del tamaño de los externos y diferentes en forma 8

5. Longitud del rostro aproximadamente tres cuartos de la longitud de la caja craneal; altura del rostro al nivel del segundo premolar, más de la mitad de la altura de la caja craneal .... *Uroderma* (pag. 186)

5a. Longitud del rostro ligeramente más de la mitad de la de la caja craneal y su altura menos de la mitad de la altura de la caja craneal; altura del rostro al nivel del segundo premolar, menos de la mitad de la altura de la caja craneal 6

6. Bandas faciales color ante. Incisivo superior interno unicúspide; tercer molar inferior bien desarrollado abultando el hueso maxilar (Figura CH32; de Jalisco en la Planicie Costera del Pacífico y Tamaulipas en la Planicie Costera del Golfo al sur) .... *Enchisthenes hartii*

(Coloración dorsal pardo chocolate oscuro; al igual que la barbilla y la garganta; sin mancha en los hombros; con líneas faciales muy tenues color ante, pero distinguibles; región ventral más pálido que la dorsal; orejas y hoja nasal pequeñas de tonos negruzcos; hoja nasal más pequeña y fusionada con los mostrillos; uropatagio corto con poco pelo, pero presente en el borde; patas con poco pelo; cola ausente. Cráneo: Apariencia ancha; rostro casi tan largo como la anchura entre los huesos lacrimales y se distingue muy bien de la caja craneal; paladar ancho, aproximadamente la mitad de su longitud hasta la fosa glenoidea; incisivos superiores internos no bilobados y mayores que los externos; molares grandes y con una superficie moledora; tercer molar superior e inferior bien desarrollado. Longitud antebrazo 38.0 a 42.0 mm, del cráneo 20.1 a 22.0 mm).

6a. Bandas faciales blanquecinas. Incisivo superior interno bícuspide; tercer molar inferior ausente, cuando se presente, es tan pequeño que no abulta el hueso (Figura CH33) 7

7. Longitud del antebrazo menor de 48.0 mm. Longitud del cráneo menor de 24.0 mm .... *Dermanura* (pag. 182)

7a. Longitud del antebrazo mayor de 48.0 mm. Longitud del cráneo mayor de 24.0 mm .... *Artibeus* (pag. 178)

8. Primer molar inferior sin cúspide interna y posterior (Figura CH34), la figura oclusal semejante a la del diente que lo precede (Planicie Costera del Pacífico, sólo de Oaxaca y Veracruz-Tabasco en la Planicie Costera del Golfo, sur de la Península de Yucatán) .... *Vampyressa thyone*

(Coloración dorsal pardo pálido; sin mancha en los hombros; con líneas faciales no distinguibles y dorsal ausente; región ventral pardo grisáceo pálido; orejas y tragus amarillento; hoja nasal pardo; uropatagio poco desarrollado y con poco pelo al centro; cola ausente. Cráneo: rostro no claramente diferenciado de la caja craneal, dientes incisivos superiores diferentes, los internos de los externos y estos últimos bilobados de aproximadamente la mitad del tamaño de los internos; primer molar inferior sin cúspide posterointerna. Longitud antebrazo 29.0 a 34.0 mm, del cráneo 18.5 a 19.0 mm).

CH30

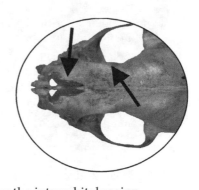

3a. Nasal pits normal; not extending backward, near the interorbital region 4

4. Upper internal incisors slightly larger than the external ones (but not double the size) and not very different in shape 5

4a. Upper internal incisors at least double the size of the external ones and different in shape 8

5. Rostrum length approximately three fourths the length of the braincase; rostrum height at the level of the second premolar, greater than half the height of the braincase .... *Uroderma* (p. 187)

5a. Rostrum length slightly greater than half of the braincase length and its height less than half of the braincase length; rostrum height at the level of the second premolar, less than half the height of the braincase 6

6. Facial bands in suede color. Internal upper incisors unicuspid; third lower molar well developed making the maxillary bone look bulky (Figure CH32; from Jalisco in the Pacific Coastal Plains and Tamaulipas in the Gulf Coastal Plains southward) .... *Enchisthenes hartii*
(Dorsal pelage dark chocolate brown same as with the chin and throat; no spots on shoulders; facial line faint in suede color but distinguishable; underparts paler than the dorsal area; ears and nasal leaf small in blackish shades; short uropatagium with little hair but showing some on the border; limbs with little hair; tail absent. Skull: wide in appearance; rostrum almost as long as the breadth between the lachrymal bones and well differentiated from the braincase; wide palate, approximately half of its length to the glenoid pit: internal upper incisors not bi-lobbed and larger than the external ones; big molars and with grinding surface; third upper and lower molars well developed. Forearm length 38.0 to 42.0 mm, skull 20.1 to 22.0 mm).

6a. Facial bands whitish. Internal upper incisors forked; third lower molar absent; when the lower one is present, it is so small that it does not make the bone bulky (Figure CH33) 7

7. Forearm length less than 48.0 mm. Skull length less than 24.0 mm .... *Dermanura* (p. 183)

7a. Forearm length greater than 48.0 mm. Skull length greater than 24.0 mm .... *Artibeus* (p. 179)

8. First lower molar without internal and posterior cusp (Figure CH34); occlusal figure is similar to the preceding tooth (Coastal Pacific Plains, only from Oaxaca and Veracruz-Tabasco in the Coastal Gulf Plains, southern Yucatan Peninsula) .... *Vampyressa thyone*
(Dorsal pelage pale brown; no spots on shoulders with facial lines not distinguishable and absent on dorsal; underparts pale grayish brown; ears and tragus yellowish; nasal leaf brown; uropatagium slightly developed and with little hair at the center; tail absent. Skull: rostrum clearly differentiates from the braincase; internal upper incisors different from the internal ones, and the externals bi-lobbed approximately half the size of the internal ones; first lower molar without the posterior internal cusp; Forearm length 29.0 to 34.0 mm, skull 18.5 to 19.0 mm).

8a. Primer molar inferior con la cúspide interna y posterior bien desarrollada (Fig. CH35), figura oclusal notablemente diferente a la del diente que lo precede ... 9

9. Tres molares superiores a cada lado, el segundo con metacono grande (de Oaxaca en la Planicie Costera del Pacífico y de Veracruz en la Planicie Costera del Golfo al sur y sur de la Península de Yucatán) .... *Platyrrhinus helleri*

(Coloración dorsal y ventral de pardo claro a oscuro o rojizo; sin mancha en los hombros; con líneas faciales marcadas; una línea dorsal blanca bien marcada de la corona a la cadera; orejas y hoja nasal pardos con los borde marcado en tonos crema o blancuzcos; uropatagio poco desarrollado y con un fleco de pelos blancos; cola ausente. Cráneo: rostro no claramente diferenciado de la caja craneal; dientes incisivos superiores diferentes los internos de los externos y estos últimos bilobados de aproximadamente la mitad del tamaño de los internos. Longitud antebrazo 37.0 a 41.0 mm, del cráneo 21.7 a 22.9 mm).

9a. Dos molares superiores a cada lado, el segundo sin metacono (Sur de Veracruz, Tabasco y norte de Chiapas) .... *Vampyrodes major*

(Coloración dorsal de pardo claro a rojizo; sin mancha en los hombros; con líneas faciales bien marcadas; una marcada línea dorsal blanca de la corona a la cadera; región ventral pardo grisácea; orejas y hoja nasal pardos con los bordes marcados en tonos crema o blancuzcos; uropatagio poco desarrollado y con un fleco de pelos blancos; cola ausente. Cráneo: rostro no claramente diferenciado de la caja craneal; dientes incisivos superiores diferentes los internos de los externos y estos últimos bilobados de aproximadamente la mitad del tamaño de los internos, dos molares superiores. Longitud antebrazo 52.0 a 54.5 mm, del cráneo 27.4 a 28.3 mm).

CH32

CH33

Artibeus

1. Longitud del antebrazo generalmente mayor de 64.0 mm. Longitud del cráneo generalmente mayor de 30.0 mm; procesos preorbital y postorbital bien desarrollados (Figura CH36; de Sinaloa en la Planicie Costera del Pacífico y Veracruz en la Planicie Costera del Golfo al sur, toda la Península de Yucatán) .... *Artibeus lituratus*

(Coloración dorsal normalmente pardo en diferentes tonos, sin mancha en los hombros; *con líneas faciales bien marcadas, pero no en el lomo;* región ventral parda grisácea; orejas y hoja nasal pequeñas; *uropatagio poco desarrollado en forma de "U" y con poco pelo;* patas peludas; cola ausente. Cráneo: de apariencia ancha; rostro casi tan largo como la anchura entre los huesos lacrimales y se distingue muy bien de la caja craneal; paladar ancho, aproximadamente la mitad de su longitud hasta la fosa glenoidea; incisivos superiores internos bilobados y mayores que los externos; molares grandes y con una superficie moledora; **procesos preorbitales y postorbital muy bien desarrollados**; cresta sagital bien marcada. **Longitud antebrazo 69.0 a 78.0 mm, del cráneo 29.7 a 34.0 mm**).

1a. Longitud del antebrazo generalmente menor de 64.0 mm. Longitud del cráneo generalmente menor de 30.0 mm; procesos preorbital y postorbital poco desarrollados o ausentes (Figura CH37) 2

2. Uropatagio peludo, con pelos proyectándose hacia atrás del borde de la membrana a manera de fleco; coloración dorsal gris plateado (de Sonora a Oaxaca en la Planicie Costera del Pacífico y Depresión del Balsas) .... *Artibeus hirsutus*

(Coloración dorsal con tonos de gris plateado, sin mancha en los hombros; *con líneas faciales bien marcadas, pero no en el lomo;* región ventral más pálido que la dorsal; orejas y hoja nasal pequeñas; *uropatagio poco desarrollado en forma de "U" y con poco pelo en el borde;* tibias con pelos; cola ausente. Cráneo: Apariencia ancha; rostro casi tan largo como la anchura entre los huesos lacrimales y se distingue muy bien de la caja craneal; paladar ancho;

8a. First lower molar with internal and posterior cusp well developed (Figure CH35); occlusal figure notably different from the preceding tooth 9

9. Three upper molars at each side, the second one with a large metacone (from Oaxaca in the Pacific Coastal Plains and from Veracruz in the Gulf Coastal Plains southward and southern Yucatan Peninsula) .... *Platyrrhinus helleri*

(Dorsal pelage and underparts from light to dark or reddish brown; no spots on shoulders; facial lines marked; one dorsal white line strongly marked from the crown to the hip; ears and nasal leaf brown with the border marked in shades of cream or whitish; uropatagium little developed and with white hair bangs; tail absent. Skull: rostrum not clearly differentiated from the braincase; internal upper incisive teeth different from the external one, which are bi-lobbed approximately half of the size of the internal ones; Forearm length 37.0 to 41.0 mm, skull 21.7 to 22.9 mm).

9a. Two upper molars at each side, the second one without a metacone (southern Veracruz, Tabasco, and northern Chiapas) .... *Vampyrodes major*

(Dorsal pelage from light to reddish brown; no spots on shoulders; with facial lines well defined; a marked white line from the crown to the hip; underparts grayish brown; ears and nasal leaf brown with borders marked in shades of cream or whitish; uropatagium slightly developed and with white hair bangs; tail absent. Skull: rostrum not clearly differentiated from the braincase; internal upper incisors different different from the external ones, which are bi-lobbed approximately half of the size of the internal ones; two upper molars. Forearm length 52.0 to 54.5 mm, skull 27.4 to 28.3 mm).

CH34   CH35

Artibeus

1. Forearm length usually greater than 64.0 mm. Skull length usually greater than 30.0 mm; preorbital and postorbital processes well developed (Figure CH36; from Sinaloa in the Pacific Coastal Plains and Veracruz in the Gulf Coastal Plains southward, all Yucatan Peninsula) .... *Artibeus lituratus*

(Dorsal pelage usually brown in different shades; no spots on shoulders; *facial lines well marked, but not in the back;* underparts grayish brown; small ears and nasal leaf; *uropatagium little developed in U-shaped* and with hair; hairy limbs; tail absent. Skull: appearing to be wide; rostrum almost as long as the breadth between the lachrymal bones and well distinguished from the braincase; wide palate approximately half of its length to the glenoid pit; internal upper incisors bi-lobbed and larger than the external ones; large molars with a grinding surface; **preorbital and postorbital processes well developed;** sagittal crest well marked. **Forearm length 69.0 to 78.0 mm, skull 29.7 to 34.0 mm).**

1a. Forearm length usually less than 64.0 mm. Skull length usually less than 30.0 mm; preorbital and postorbital processes little developed or absent (Figure CH37) 2

2. Hairy uropatagium with hairs projecting backward from the membrane border as bangs; dorsal color silver gray (from Sonora to Oaxaca in the Pacific Coastal Plain and Balsas Depression) .... *Artibeus hirsutus*

(Dorsal pelage with shades of silver gray; no spots on shoulders; *facial lines well marked but not on the back;* underparts paler than the dorsal area; small ears and nasal leaf; *uropatagium little developed in U-shaped* **and with hairs on the border**; tibias with hairs; tail absent. Skull: appearing to be wide; rostrum almost as long as the breadth between the lachrymal bones and well distinguished from the braincase; wide palate, approximately

aproximadamente la mitad de su longitud hasta la fosa glenoidea; incisivos superiores internos bilobados y mayores que los externos; molares grandes y con una superficie moledora. Longitud antebrazo 52.0 a 59.7 mm, del cráneo 25.6 a 27.3 mm).

2a. Uropatagio desnudo y sin fleco; coloración dorsal pardo (de Tamaulipas por la Planicie Costera del Golfo al sur, y Sinaloa por la del Pacífico, y Península de Yucatán) .... *Artibeus jamaicensis*

(Coloración dorsal gris a pardo grisáceo, sin mancha en los hombros; *con líneas faciales bien marcadas, pero no en el lomo*; región ventral más pálido que la dorsal; orejas y hoja nasal pequeñas; *uropatagio poco desarrollado en forma de "U" y con poco pelo*; patas desnudas; cola ausente. Cráneo: de apariencia ancha; rostro casi tan largo como la anchura entre los huesos lacrimales y se distingue muy bien de la caja craneal; paladar ancho, aproximadamente la mitad de su longitud hasta la fosa glenoidea; incisivos superiores internos bilobados y mayores que los externos; molares grandes y con una superficie moledora; con la ausencia del tercer molar inferior en las dos ramas mandibulares. Longitud antebrazo 55.0 a 67.0 mm, del cráneo 26.2 a 31.6 mm).

Chiroderma

1. Bandas faciales y dorsal bien marcadas. Procesos lacrimales bien desarrollados (Figura CH38; de Sinaloa en la Planicie Costera del Pacífico y Veracruz en la Planicie Costera del Golfo al sur y Valles de Oaxaca) .... *Chiroderma salvini*

(Coloración dorsal pardo oscura, sin mancha en los hombros; **con líneas faciales y dorsal muy marcadas**; región ventral pardo grisáceo pálido; orejas y hoja nasal pequeñas sin bordes de tonos más claros; uropatagio desarrollado y con poco pelo, pero sin fleco; cola ausente. Cráneo: *los nasales muy reducidos dando la apariencia de que estuvieran ausentes*; dientes incisivos superiores diferentes los internos de los externos y estos menos de la mitad del tamaño de los internos; **procesos lacrimales bien desarrollados**. Longitud antebrazo 48.0 a 52.0 mm, del cráneo 24.0 a 27.0 mm).

1a. Sin bandas faciales marcadas y la dorsal muy levemente marcada o ausente. Procesos lacrimales poco desarrollados (de Oaxaca en la Planicie Costera del Pacífico y Veracruz en la Planicie Costera del Golfo al sur, sur y este de la Península de Yucatán) .... *Chiroderma villosum*

(Coloración dorsal gris a pardo grisáceo, sin mancha en los hombros; **con líneas faciales y dorsal poco notaria o ausente**; región ventral pardo grisáceo pálido; orejas y hoja nasal pequeñas con bordes de tonos más claros en la base; uropatagio desarrollado y con poco pelo y con fleco esparcido; cola ausente. Cráneo: *los nasales muy reducidos dando la apariencia de que estuvieran ausentes*; rostro no claramente diferenciado de la caja craneal; dientes incisivos superiores diferentes los internos de los externos y estos menos de la mitad del tamaño de los internos; **procesos lacrimales poco desarrollados**. Longitud antebrazo 42.0 a 47.0 mm, del cráneo 24.0 a 27.2 mm).

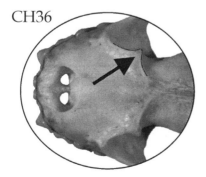
CH36

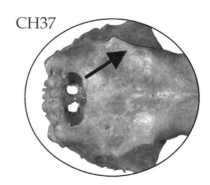
CH37

half of its length to the glenoid pit; internal upper incisors bi-lobbed and larger than the external ones; large molars with a grinding surface. Forearm length 52.0 to 59.7 mm, skull 25.6 to 27.3 mm).

2a. Bare uropatagium and without bangs; dorsal bown (from Tamaulipas along the Gulf Coastal Plains and from Sinaloa along the Pacific Coastal Plains southward, including the Yucatan Peninsula) .... *Artibeus jamaicensis*

(Dorsal pelage from gray to grayish brown; no spots on shoulders; *facial lines well marked but not on the back*; underparts paler than the dorsal area; small ears and nasal leaf; *uropatagium little developed in U-shape and* no hair; bare limbs; tail absent. Skull: appearing to be wide; rostrum almost as long as the breadth between the lachrymal bones and well distinguished from the braincase; wide palate, approximately half of its length to the glenoid pit; internal upper incisors bi-lobbed and larger than the external ones; large molars with a grinding surface; absence of the third lower molar in the two mandibular branches. Forearm length 55.0 to 67.0 mm, skull 26.2 to 31.6 mm).

Chiroderma

1. Facial and dorsal bands well marked. Lachrymal process well developed (Figure CH38; from Sinaloa in the Pacific Coastal Plain and Veracruz in the Gulf Coastal Plain southward and Oaxaca valleys) .... *Chiroderma salvini*

(Dorsal pelage dark brown; no spots on shoulders; **facial and dorsal lines well marked**; underparts pale grayish brown; ears and nasal leaf small without lines in lighter shades; uropatagium developed and with little hair but without bangs; tail absent. Skull: *nasals very reduced giving the appearance they are absent*; rostrum not clearly differentiated from the braincase; internal upper incisors teeth different from the external ones, which are less than half of the size of the internal ones; **lachrymal processes well developed.** Forearm length 48.0 to 52.0 mm, skull 24.0 to 27.0 mm).

1a. No facial bands marked and the dorsal one slightly marked or absent. Lachrymal processes slightly developed (from Oaxaca in the Pacific Coastal Plains and Veracruz in the Gulf Coastal Plains southward, southern and eastern Yucatan Peninsula) .... *Chiroderma villosum*

(Dorsal pelage from gray to grayish brown; no spots on shoulders; **facial and dorsal line slightly notorious or absent**; underparts pale grayish brown; ears and nasal leaf small with borders in lighter shades on the base; uropatagium developed with little hair and bangs scattered; tail absent. Skull: *nasals so reduced appearing to be absent*; rostrum not clearly different from the braincase; internal incisors different from the external ones, which are less than half the size of the internal ones; **lachrymal processes little developed**. Forearm length 42.0 to 47.0 mm, skull 24.0 to 27.2 mm).

CH38

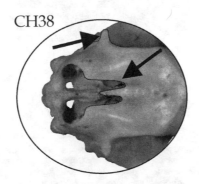

Dermanura

1. Membrana interfemoral (uropatagio) menos de 7.0 mm de anchura y con el borde posterior claramente peludo 2

1a. Membrana interfemoral (uropatagio) mayor de 7.0 mm de anchura y con el borde posterior casi sin pelos 3

2. Longitud del antebrazo menor de 42.0 mm; uropatagio con poco pelo. Cráneo generalmente menor de 21.0 mm; longitud de la serie de dientes maxilares generalmente menos de 7.0 mm (de Sonora en la Planicie Costera del Pacífico, Veracruz en la Planicie Costera del Golfo y Nuevo León por las laderas de la sierra madre de Oriente al sur, Depresión del Balsas y Valles de Oaxaca) ....
.... *Dermanura tolteca*

(Coloración dorsal pardo grisáceo oscuro; *con líneas faciales bien marcadas, pero no en el lomo*; región ventral pardo grisáceo pálido; orejas y hoja nasal pequeñas; **uropatagio muy poco desarrollado en forma de "U" y con poco pelo**, con unos pelos en el borde, pero sin cubrirlo; patas peludas; cola ausente. Cráneo: de apariencia ancha; rostro casi tan largo como la anchura entre los huesos lacrimales y se distingue muy bien de la caja craneal; paladar ancho; aproximadamente la mitad de su longitud hasta la fosa glenoidea; incisivos superiores internos bilobados y mayores que los externos; molares grandes y con una superficie moledora; longitudes del cráneo y dientes maxilares menores de 21.0 y 7.0 mm, respectivamente. *Longitud antebrazo 39.0 a 43.0 mm, del cráneo 19.0 a 21.0 mm*).

2a. Longitud del antebrazo mayor de 42.0 mm; uropatagio con mucho pelo. Cráneo generalmente mayor de 21.0 mm; longitud de la serie de dientes maxilares generalmente mayor de 7.0 mm (de Sinaloa en la Planicie Costera del Pacífico y Nuevo León por las laderas de la Sierra Madre de Oriente al sur, Depresión del Balsas y Valles de Oaxaca) .... *Dermanura azteca*

(Coloración dorsal negruzcas; *con líneas faciales bien marcadas, pero no en el lomo*; región ventral más pálido que la dorsal; orejas y hoja nasal pequeñas; **uropatagio muy poco desarrollado en forma de "U" y con mucho pelo**, llegando a cubrirlo casi completamente; patas peludas; cola ausente. Cráneo: de apariencia ancha; rostro casi tan largo como la anchura entre los huesos lacrimales y se distingue muy bien de la caja craneal; paladar ancho, aproximadamente la mitad de su longitud hasta la fosa glenoidea; incisivos superiores internos bilobados y mayores que los externos; molares grandes y con una superficie moledora; longitudes del cráneo y dientes maxilares mayores de 21.0 y 7.0 mm, respectivamente; se distribuyen generalmente por arriba de los 1,500 m de altura. *Longitud antebrazo 41.0 a 49.0 mm, del cráneo 21.0 a 23.8 mm*).

3. Ancho del uropatagio a la altura del calcar superior al ancho de la palma de la pata (característica tomada en fresco). Con dos molares superiores y tres inferiores; primer molar superior con el talón siempre delgado (Figura CH39); el yugal sin proceso en la parte dorsal (Figura CH41; sur de Veracruz, Tabasco y sur de la Península de Yucatán) .... *Dermanura watsoni*

(Coloración dorsal pardo grisácea; *con líneas faciales bien marcadas, pero no en el lomo*; región ventral más pálido que la dorsal; las orejas con el borde más claro; **uropatagio poco desarrollado en forma de "U" ancho y desnudo**; patas con muy poco pelo; cola ausente. Cráneo: de apariencia ancha; rostro casi tan largo como la anchura entre los huesos lacrimales y se distingue muy bien de la caja craneal; paladar ancho, aproximadamente la mitad de su longitud hasta la fosa glenoidea; incisivos superiores internos bilobados y mayores que los externos; molares grandes y con una superficie moledora; con dos molares superiores y tres inferiores; **primer molar superior con el talón siempre delgado**. *Longitud antebrazo 35.0 a 41.0 mm, del cráneo 18.7 a 21.2 mm*).

3a. Ancho del uropatagio a la altura del calcar igual al ancho de la palma de la pata (característica tomada en fresco). Con dos molares inferiores y dos superiores; primer molar superior con el talón ancho o delgado (Figura CH40); el yugal presenta un proceso en la parte dorsal (Figura CH42; de Sinaloa en la Planicie Costera del Pacífico y Veracruz en la Planicie Costera del Golfo al sur y Valles de Oaxaca .... *Dermanura phaeotis*

(Coloración dorsal pardo clara a pardo grisácea; *con líneas faciales bien marcadas, pero no en el lomo*; región ventral más pálido que la dorsal; orejas y hoja nasal pequeñas; **uropatagio poco desarrollado en forma de "U" y con poco pelo**; patas con muy poco pelo; cola ausente. Cráneo: de apariencia ancha; rostro casi tan largo como la anchura entre los huesos lacrimales y se distingue muy bien de la caja craneal; paladar ancho, aproximadamente la mitad de su longitud hasta la fosa glenoidea; incisivos superiores internos bilobados y mayores que los externos; molares grandes y con una superficie moledora; con dos molares superiores e inferiores; **primer molar superior con el talón ancho o delgado**. *Longitud antebrazo 35.0 a 40.0 mm, del cráneo 17.5 a 20.5 mm*).

Dermanura

1. Interfemoral membrane (uropatagium) less than 7.0 mm wide and with the posterior border clearly hairy 2

1a. Interfemoral membrane (uropatagium) greater than 7.0 mm wide and with the posterior border almost without hair 3

2. Forearm length less than 42.0 mm; uropatagium with little hair. Skull usually less than 21.0 mm; length of maxillary toothrow usually less than 7.0 mm (from Sonora in the Pacific Coastal Plains, Veracruz in the Gulf Coastal Plains and Nuevo León by the hillsides from the Sierra Madre de Oriental southward, Balsas Basin, and Oaxaca valleys) .... *Dermanura tolteca*

(Dorsal pelage dark grayish brown; *facial lines well marked but not on the back*; underparts grayish pale brown; small ears and nasal leaf; *uropatagium slightly developed in U-shape* **and with some hairs in border but without covering it**; hairy limbs; tail absent. Skull: appearing to be wide; approximately half of its length to the glenoid pit; internal upper incisors bi-lobbed and larger than the external ones; large molars and with a grinding surface; skull and maxillary tooth length less than 21.0 and 7.0 mm, respectively. Forearm length 39.0 to 43.0 mm, skull 19.0 to 21.0 mm).

2a. Forearm length greater than 42.0 mm; uropatagium with much hair. Skull usually greater than 21.0 mm; maxillary toothrow length usually greater than 7.0 mm (from Sinaloa in the Pacific Coastal Plains and Nuevo León along the hillsides of Sierra Madre de Oriental southward, Balsas Basin, and Oaxaca valleys) .... *Dermanura azteca*

(Dorsal pelage blackish; *facial lines well marked but not on the back*; underparts paler than the dorsal area; small ears and nasal leaf; *uropatagium slightly developed in U-shape* **and much hair,** covering it almost completely; hairy limbs; tail absent. Skull: appearing to be wide; rostrum almost as wide as the breadth between the lachrymal bones and well distinguished from the braincase; wide palate, approximately half of its length to the glenoid pit; internal upper incisors bi-lobbed and larger than the external ones; large molars and with a grinding surface; skull and maxillary tooth length greater than 21.0 and 7.0 mm, respectively; their distribution is usually above 1500 m in height. Forearm length 41.0 to 49.0 mm, skull 21.0 to 23.8 mm).

3. Uropatagium breadth at the level of the upper calcareum to the palm breadth of the hind limb (characteristics taken live). Two upper and three lower molars; first upper molar with the talon always thin (Figure CH39); the yugal without process in the dorsal part (Figure CH41; southern Veracruz, Tabasco, and southern Yucatan Peninsula) .... *Dermanura watsoni*

(Dorsal grayish brown; *facial lines well marked but not on the back*; underparts paler than the dorsal part; ears with lighter border; *uropatagium slightly developed in U-shape* **and naked**; limbs with very little hair; tail absent. Skull: appearing to be wide; rostrum almost as large as the breadth between the lachrymal bones and distinguishing well from the braincase; palate wide, approximately half of its length to the glenoid pit; internal upper incisors bi-lobbed and larger than the external ones; large molars and with a grinding surface; two upper and three lower molars. Forearm length 35.0 to 41.0 mm, skull 18.7 to 21.2 mm).

3a. Uropatagium breadth at the level of the calcareum same as the palm breadth of the hind limb (characteristics taken live). Two lower and two upper molars; first upper molar with wide or thin talon cusp (Figure CH40); the yugal shows a process on the dorsal side (Figure CH42; from Sinaloa in the Pacific Coastal Plains and Veracruz in the Gulf Coastal Plains southward, and Oaxaca valleys .... *Dermanura phaeotis*

(Dorsal pelage from light brown to grayish brown; *facial lines well marked but not on the back*; underparts paler than the dorsal; small ears and nasal leaf; *uropatagium slightly developed in U-shape* **and with scarce hair**; limbs with little hair; tail absent. Skull: appearing to be wide; rostrum almost as long as the breadth between the lachrymal bones and well distinguished from the braincase; wide palate, approximately half of its length to the glenoid pit; internal upper incisors bi-lobbed and larger than the external ones; molars large with a grinding surface; two upper and lower molars; **first upper molar with wide or thin talon cusp**. Forearm length 35.0 to 40.0 mm, skull 17.5 to 20.5 mm).

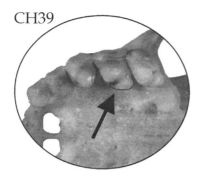

CH39

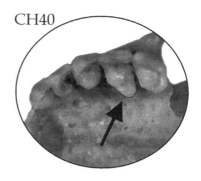

CH40

Sturnira

1. Coloración en tonos pardos. Incisivos inferiores trilobados (Figura CH43; es indispensable observar a los incisivos inferiores bajo la lupa; de Sonora en la Planicie Costera del Pacífico y Tamaulipas en la Planicie Costera del Golfo al sur, la Península de Yucatán, Depresión del Balsas y Valles de Oaxaca) ....
.... *Sturnira parvidens*

(Coloración dorsal normalmente pardo anaranjados, pero pueden ser también grisáceo o anaranjados; los machos pueden presentar unas manchas en los hombros amarillas, naranjas o rojizas; sin líneas faciales; región ventral más pálido que la dorsal; orejas y hoja nasal pequeñas; sin uropatagio y con pelos; patas peludas; cola ausente. Cráneo: *molares con un surco en la parte media, con las crestas a los lados de este*; cresta sagital poco desarrollada; rostro más largo que la mitad de la caja craneal; **incisivos inferiores trilobados**. Longitud antebrazo 37.0 a 45.0 mm, del cráneo 21.5 a 23.7 mm).

1a. Coloración en tonos grisáceos. Incisivos inferiores bilobados (Figura CH44; de Sonora en la Planicie Costera del Pacífico y Tamaulipas en la Planicie Costera del Golfo al sur, Depresión del Balsas y Valles de Oaxaca) ....
.... *Sturnira hondurensis*

(Coloración dorsal normalmente pardo grisáceo; pocos individuos pardo anaranjados; los machos pueden presentar una manchas en los hombros naranjas o rojizas oscuras; sin líneas faciales; región ventral pardo grisáceo pálido; orejas y hoja nasal pequeña; uropatagio reducido y con pelos; patas peludas cola ausente. Cráneo: *molares con un surco en la parte media, con las crestas a los lados de este*; cresta sagital poco desarrollada; rostro más largo que la mitad de la caja craneal; **incisivos inferiores bilobados**. Longitud antebrazo 41.0 a 45.0 mm, del cráneo 22.8 a 24.1 mm).

CH43

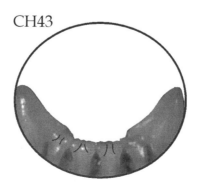

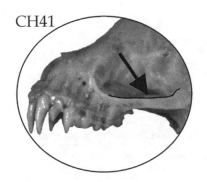 CH41

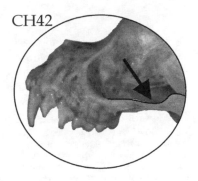 CH42

Sturnira

2. Color in brown shades. Lower incisors tri-lobbed (Figure CH43; it is a priority to observe the lower incisors under the magnifying glass; from Sonora in the Pacific Coastal Plains and Tamaulipas in the Gulf Coastal Plains southward, the Yucatan Peninsula, Balsas Basin, and Oaxaca valleys) ...... *Sturnira parvidens*

(Dorsal pelage normally orange brown, but it can also be grayish or with orange shades; males can show yellow, orange, or reddish spots on shoulders; no facial lines; underparts paler than the dorsal; small ears and nasal leaf; without uropatagium and hairy; hairy limbs, tail absent. Skull: *molars with a groove in the middle part with crests at their sides*; sagittal crest slightly developed; rostrum longer than half of the braincase; **lower incisors tri-lobbed**; Forearm length 37.0 to 45.0 mm, skull 21.5 to 23.7 mm).

2a. Color in grayish shades. Lower incisors bi-lobbed (Figure CH44; from Sonora in the Pacific Coastal Plains and Tamaulipas in the Gulf Coastal Plains southward, Balsas Basin, and Oaxaca valleys) .... *Sturnira hondurensis*

(Dorsal pelage normally grayish brown; few individuals orange brown; males can show orange or dark reddish spots on shoulders; no facial lines; underparts pale grayish brown; small ears and nasal leaf; reduced and hairy uropatagium; hairy limbs, tail absent; skull: *molars with a groove in the middle part with crest at their sides*; sagittal crest slightly developed; rostrum longer than half of the braincase; **lower incisors bi-lobbed**: Forearm length 41.0 to 45.0 mm, skull 22.8 to 24.1 mm).

CH44

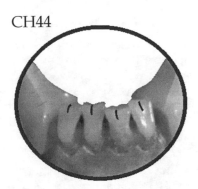

Uroderma

1. Borde de la oreja blanquecina en ejemplares secos, amarillo brillante en vivo; bandas faciales bien marcadas. Perfil dorsal del cráneo elevándose notablemente en la región frontal (Figura CH45); en vista frontal el mesoetmoides (hueso que separa los conductos nasales) con forma de rectángulo alargado (Figura CH47; de Oaxaca en la Planicie Costera del Pacífico y sur de Veracruz en la Planicie Costera del Golfo al sur, sur de la Península de Yucatán) .... *Uroderma bilobatum*

(Coloración dorsal pardo grisáceo a gris oscuro; sin mancha en los hombros; **con líneas faciales bien marcadas; *una línea dorsal blanca*;** región ventral pardo grisáceo; orejas y hoja nasal pardos con los bordes marcado en tonos amarillos o blancuzcos; *uropatagio poco desarrollado en forma de "U" y desnudo*; patas con poco pelo; cola ausente. Cráneo: **rostro no claramente diferenciado de la caja craneal, no cilíndrico y bajo; perfil dorsal del cráneo elevándose notablemente en la región frontal; en vista frontal el mesoetmoides con forma de rectángulo alargado**; dientes incisivos superiores diferentes los internos de los externos y estos últimos bilobados. Longitud antebrazo 40.0 a 44.0 mm, del cráneo 21.0 a 24.5 mm).

1a. Borde de la oreja no blanquecino; bandas faciales muy delgadas o ausentes. Perfil dorsal del cráneo recto (Figura CH46); en vista frontal el mesoetmoides de forma romboidal (Figura CH48; de Michoacán en la Planicie Costera del Pacífico al sur) .... *Uroderma magnirostrum*

(Coloración dorsal pardos a pardo grisácea; sin mancha en los hombros; **con líneas faciales poco marcadas o ausentes; *una línea dorsal blanca poco distinguible, a veces solo se ven unos pocos pelos más claros*;** región ventral más pálido que la dorsal; orejas y hoja nasal todos pardos, con los márgenes más claros sólo en la base; *uropatagio poco desarrollado en forma de "U" y desnudo*; patas con poco pelo; cola ausente. Cráneo: **rostro no claramente diferenciado de la caja craneal y de forma cilíndrica y alto; perfil dorsal del cráneo recto; en vista frontal el mesoetmoides de forma romboidal**; dientes incisivos superiores diferentes los internos de los externos y estos últimos bilobados. Longitud antebrazo 41.0 a 45.0 mm, del cráneo 21.9 a 24.9 mm).

CH45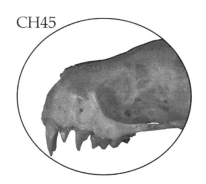

CH46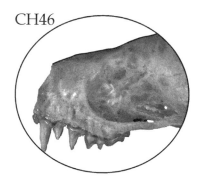

Familia Thyropteridae

Murciélagos conocidos como "murciélagos con discos en las alas". Contiene un género *Thyroptera*. Se caracteriza por tener un tamaño pequeño; pina grande, con forma de embudo, separadas, sin extensión ventral bajo el ojo; trago presente, pequeño; prominentes discos adhesivos presentes en las muñecas y en los tobillos; el tercer dígito con tres falanges; el tercer y cuarto dígito de la pata trasera con sindactilia (incluyendo las garras). Se distribuye en los trópicos de América. Pertenecen al Orden Chiroptera, Suborden Microchiroptera, Superfamilia Nataloidea. En esta familia no se reconocen Subfamilias.

En México sólo existe una especie (en las zonas más húmedas del Tabasco, Campeche y Chiapas. NOM*) *Thyroptera tricolor* que se caracteriza por tener coloración dorsal pardo oscuro o pardo rojizo; región ventral amarillento o blancuzco;

Uroderma

1. Ear border whitish in dry specimens, brilliant yellow in live ones; well-marked facial bands. Dorsal profile of the skull rising notably in the frontal region (Figure CH45); in frontal view the mesoetmoid (bone separating the nasal conducts) in the shape of an extended rectangle (Figure CH47; from Oaxaca in the Pacific Coastal Plains and southern Veracruz in the Gulf Coastal Plains southward, southern Yucatan Peninsula) .... *Uroderma bilobatum*

(Dorsal pelage from grayish brown to dark gray; no spots on shoulders; **facial lines well marked; *one dorsal white line;*** underparts grayish brown; ears and nasal leaf brown with the borders marked in yellow or whitish shades; *uropatagium slightly developed in U-shape and bare*; limbs with little hair; tail absent. Skull: **rostrum not clearly differentiated from the braincase, not cylindrical or low; Dorsal profile of the skull rising notably in the frontal region; in frontal view the mesoetmoid in the shape of an extended rectangle**; internal upper incisors different from the external ones, which are bi-lobbed. Forearm length 40.0 to 44.0 mm, skull 21.0 to 24.5 mm).

1a. Ear border not whitish; facial bands very thin or absent. Dorsal view of the skull straight (Figure CH46); in frontal view the mesoetmoid in romboidal shape (Figure CH48; from Michoacan in the Pacific Coastal Plains southward) .... *Uroderma magnirostrum*

(Dorsal color from brown to grayish brown; no spots on shoulders; **facial lines slightly marked or absent; *one dorsal white line slightly distinguishable, sometimes only few lighter hairs are seen***; underparts paler than dorsal; ears and nasal leaf all brown with margins lighter only on the base; *uropatagium slightly developed in U-shape and bare*; limbs with little hair; tail absent. Skull: **rostrum not clearly differentiated from the braincase, cylindrical and high; dorsal view of the skull straight; in frontal view the mesoetmoid in romboidal shape**; internal upper incisors different from the external ones, which are bi-lobbed; Forearm length 41.0 to 45.0 mm, skull 21.9 to 24.9 mm).

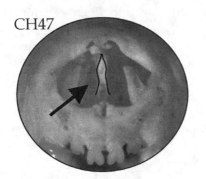

CH47

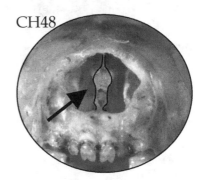

CH48

Family Thyropteridae

Bats known as "disk-winged bats" have one genus *Thyroptera* characterized by small size specimens; large pinna in funnel shape, separated, no ventral extension under the eye; small tragus; prominent adhesive disks in wrists and ankles; third digit with three phalanges; third and fourth limb digits with syndactyly (including claws). They are distributed in the American tropics and belong to the order Chiroptera, Suborder Microchiroptera, Superfamily Nataloidea. No subfamilies are known in this family.

Only one species has been found in Mexico (in the most humid areas of Tabasco, Campeche, and Chiapas. NOM*). *Thyroptera tricolor* is characterized by having dark brown or reddish brown dorsal color; underparts yellowish or whitish with an

con un hocico alargado; orejas de pardo claro; la cola se prolonga aproximadamente 5.0 mm por fuera del uropatagio; con ventosas en los tobillos y las muñecas; calcar largo con dos "bordes". Cráneo: Rostro muy bien diferenciado de la caja craneal y de un tercio de la caja, región interorbital constreñida, bulas auditivas pequeñas, caja craneal globosa. Longitud antebrazo 34.0 a 38.0 mm, del cráneo 14.4 a 15.1 mm.

Familia Vespertilionidae

Son los murciélagos más diversificados. Se caracteriza por tener un tamaño de pequeño a mediano (antebrazo de 24.0 a 90.0 mm); cara lisa; pina variable, pequeña a muy grande, puntiaguda o redondeada, generalmente separada sin extensiones ventrales bajo los ojos; trago presente, prominente; algunos presentan pequeños cojines como succionadores en las muñecas o tobillos (o en ambos, *Eudiscopus*, *Glischropus*, *Tylonycteris*, *Hesperoptenus*, algunos *Parastrellus*); el tercer dedo con dos falanges osificadas y una tercera cartilaginosa. Su distribución es prácticamente cosmopolita (Norte y Sur de América, Eurasia, África, Australia). Pertenecen al Orden Chiroptera, Suborden Microchiroptera, Superfamilia Vespertilionoidea. En México se encuentran tres Subfamilias Antrozoinae, Myotiinae y Vespertilioninae. Existen autores que consideran a Antrozoinae a nivel de familia (Antrozoidae), en este caso nosotros lo conservamos como subfamilia.

1. Orificios nasales abiertos hacia adelante, atrás de un pliegue en forma de herradura (Figura CH49) .... Antrozoinae (pag. 188)

1a. Orificios nasales abriéndose lateralmente, belfo con verrugas, pero nunca con el pliegue en forma de herradura 2

2. Con 34 o más dientes. Sí presenta 34 dientes, las orejas son pequeñas y menores que la longitud de la cabeza, en vista oclusal el incisivo superior interno más chico que el externo y claramente bífido .... Myotiinae (pag. 190)

2a. Con 34 o menos dientes. Sí presenta 34 dientes las orejas son grandes, sí pequeñas en vista oclusal, el incisivo superior interno del mismo tamaño que el interno, no claramente bífido y longitud del cráneo menor de 13.5 .... Vespertilioninae (pag. 200)

Subfamilia Antrozoinae

1. Pelo más claro basalmente que en las puntas. Con dos incisivos inferiores; parte media del área frontal ligeramente convexa (todo el Altiplano, Desierto Sonorense y Península de Baja California) .... *Antrozous pallidus*

(Coloración dorsal amarillenta pálida; región ventral color blanquecina; orejas grandes, mayores a los 25.0 mm, puntiagudas y hacia delante; con el hocico romo; *con las narices similares a las de un "cerdo"*. Cráneo: rostro bien diferenciado de la caja craneal y mayor a la de la mitad de la caja craneal; cavidades basiesfenoides ausentes; caja craneal alta; *dos incisivos inferiores a cada lado* parte media del área frontal ligeramente convexa. Longitud antebrazo 50.0 a 57.0 mm, del cráneo 18.6 a 23.6 mm).

1a. Pelo más oscuro basalmente que en las puntas. Tres incisivos inferiores a cada lado; área frontal plana (de Nayarit en la Planicie Costera del Pacífico y Veracruz en la Planicie Costera del Golfo al sur, sur y este de la Península de Yucatán) .... *Bauerus dubiaquercus*

extended snout; ears light brown; tail extends approximately 5.0 mm out from the uropatagium; suction cups on the ankles and wrists; long calcar with two "borders". Skull: Rostrum well differentiated from the braincase and from one third of it; interorbital region constrained; small auditory bullae; braincase inflated. Forearm length from 34.0 to 38.0 mm, skull 14.4 to 15.1 mm.

Family Vespertilionidae

The Family Vespertilionidae comprises the most diversified bats. They are characterized by having small to medium size (forearm length from 24.0 to 90.0 mm); smooth face; variable pinna from small to large, pointed or rounded, usually separated with no ventral extensions under the eyes; tragus present and prominent; some show small cushions as suction cups on wrists or ankles (or in both, *Eudiscopus, Glischropus, Tylonycteris, Hesperoptenus*, some *Parastrellus*); the third digit with two ossified phalanges and a third one cartilageneous. Their distribution is practically cosmopolitan (North and South America, Eurasia, Africa, Australia); they belong to the Order Chiroptera, Suborder Microchiroptera, Superfamily Vespertilionoidea. Only three subfamilies are found in Mexico Antrozoinae, Myotiinae, and Vespertilioninae. Many authors consider Antrozoinae at family level (Antrozoidae), but in this case we conserve it as subfamily.

1. Nostrils open frontward behind a fold in a horseshoe shape (Figure 49) .... Antrozoinae (p. 189)

1a. Nostrils open laterally; lips with warts but never with the fold in a horseshoe shape. 2

2. Number of teeth 34 or more. If it shows 34 teeth, ears are small and less than the head length, in a oclusal view the inner upper incisor smaller than the outer and bifid .... Myotiinae (p. 191)

2a. Number of teeth 34 or less. If having 34 teeth, ears are large and longer than the head length, if small, in a oclusal view; the inner upper incisor same size as the outer and no clear bifid, and skull length less than 13.5 .... Vespertilioninae (p. 201)

Subfamily Antrozoinae

1. Hair lighter basally than in the tips. Two lower incisors; middle part of the frontal area slightly convex (all the Highlands, Sonora Desert, and the Baja California Peninsula) .... *Antrozous pallidus*

(Dorsal pelage pale yellowish; underparts whitish; large ears greater than 25.0 mm, pointed and frontward; the snout in rhombus shape; *nose similar to that of a "pig"*. Skull: rostrum well differentiated from the braincase and greater than half of the braincase length; basisphenoids absent; braincase high; *two lower incisors at each side*; middle part of the frontal area slightly convex. Forearm length 50.0 to 57.0 mm, skull 18.6 to 23.6 mm).

1a. Pelage basally darker than in the tips; three lower incisors at each side; frontal area flat (from Nayarit in the Pacific Coastal Plain and Veracruz in the Gulf Coastal Plain southward, southern and eastern Yucatan Peninsula) .... *Bauerus dubiaquercus*

(Coloración dorsal pardo amarillento; región ventral amarillenta; base de los pelos pardo oscuro; orejas y tragus grandes, si se doblan hacia delante sobrepasan la nariz; *orificios nasales abiertos hacia adelante, atrás de un pliegue en forma de herradura*; uropatagio grande y con poco pelo; membranas negruzcas. Cráneo: rostro bien diferenciado de la caja craneal y mayor a la de la mitad de la caja craneal; cavidades basiesfenoides ausentes; caja craneal alta; *tres incisivos inferiores a cada lado*; área frontal plana. Longitud antebrazo 49.0 a 56.0 mm, del cráneo 19.9 a 21.5 mm).

Subfamilia Myotiinae

1. Coloración plateada; longitud del antebrazo más de 38.0 mm; uñas cilíndricas y cortas. Rostro ancho y con dos concavidades (Figura CH50; Sierra Madre Oriental de Tamaulipas y Nuevo León. NOM***) .... *Lasionycteris noctivagans*

(*Coloración negra entrepelado de plateado*, piel del rostro negruzcos; *orejas pequeñas y redondas, negruzcas con manchas más claras en la base*; base del uropatagio cubierto con mucho pelo. Cráneo: con una emarginación entre los caninos de forma cuadrada que incluye a los nasales y al paladar; cráneo corto y ancho; la superficie de contacto del tercer molar superior menor de un tercio de la del primer molar. Longitud antebrazo 38.0 a 45.0 mm, del cráneo 15.7 a 16.9 mm).

1a. Coloración no plateada; longitud del antebrazo menos de 38.0 mm, sí mayor, uñas casi tan largas como los dedos de las patas traseras y aplanadas lateralmente. Rostro angosto, sin concavidades .... *Myotis* (pag. 190)

Myotis

1. Longitud del antebrazo mayor de 56.0 mm; uñas muy grandes y planas lateralmente. Longitud del cráneo mayor de 19.0 mm (casi toda la costa este de la Península de Baja California y la parte sur de la costa de Sonora. NOM*) .... *Myotis vivesi*

(Coloración dorsal pardo medio a castaño; región ventral blancuzco; **patas y uñas muy alargadas y desarrolladas; patas casi de la mitad de la longitud del cuerpo**; *orejas grandes en tamaños y con el tragus grande y en forma de lanza*. Cráneo: *seis molariformes superiores e inferiores, los dos primeros pequeños en tamaño*. Rostro bien diferenciado de la caja craneal; dientes proporcionalmente grandes con cúspides cortantes en forma de "W"; con una emarginación entre los caninos que incluye a los nasales y al paladar; incisivos superiores bien desarrollados y los externos más grandes que los internos; caninos bien desarrollados y con un cingulum; **gran tamaño, con cráneo mayor de 20.0 mm**; caja craneal no levantándose abruptamente; región occipital más alta que la parte media. Longitud antebrazo 59.0 a 62.5 mm, del cráneo 21.0 a 22.0 mm).

1a. Longitud del antebrazo menor de 56.0 mm; uñas proporcionales al tamaño de la pata. Longitud del cráneo menor de 19.0 mm 2

2. Número total de dientes 34 a 36 3

2a. Número total de dientes 38 4

CH49

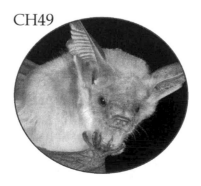

(Dorsal pelage yellowish; underparts yellowish; dark brown hair in its base; ears and tragus large, if folded frontward they go over the nose; **nostrils open frontward behind a fold in horseshoe shape**; uropatagium large and with little hair; blackish membranes. Skull: rostrum well differentiated from the braincase and greater than half the braincase length; basisphenoid cavities absent: braincase high; **three lower incisors at each side**; frontal area flat. Forearm length 49.0 to 56.0 mm, skull 19.9 to 21.5 mm).

Subfamily Myotiinae

1. Pelage silver; forearm length greater than 38.0 mm; cylindrical and short toenails. Rostrum wide and with two concavities (Figure CH50; Sierra Madre Oriental of Tamaulipas and Nuevo León. NOM***) .... *Lasionycteris noctivagans*

(**Pelage grizzly black with silver**; rostrum skin blackish; **ears small and rounded, blackish with spots lighter on the base**; uropatagium base covered with much hair. Skull: an emargination between the canines in square shape that includes the nasals and palate; skull short and wide; contact surface of the third upper molar less than one third of the first one. Forearm length 38.0 to 45.0 mm, skull 15.7 to 16.9 mm).

1a. Pelage not silver; forearm length less than 38.0 mm; if more, toenails are almost as long as the digits in hind legs and flat laterally. Rostrum narrow without concavities .... *Myotis* (p. 191)

Myotis

1. Forearm length greater than 56.0 mm; toenails very long and flat laterally. Skull length greater than 19.0 mm (almost all the eastern coast of the Baja California Peninsula and southern coast of Sonora NOM*)......... *Myotis vivesi*

(Dorsal pelage from medium brown to chestnut-colored; underparts whitish; **limbs, toe and finger nails very extended and developed; limbs almost half of body length**; ears large in size with a long spear-shaped tragus. Skull: *six upper and lower molariforms, the two fist upper small in size*; rostrum well differentiated from the braincase; teeth proportionally large with cutting cusps in W-shape; an emargination between the canines that include the nasals and the palate; upper incisors well developed and external ones larger than internal ones; canines are well developed and with a cingulum; **big size with skull larger than 20.0 mm**; braincase not rising abruptly; occipital region higher than the middle part. Forearm length 59.0 to 62.5 mm, skull 21.0 to 22.0 mm).

1a. Forearm length less than 56.0 mm; toenails proportional to hind leg size. Skull length less than 19.0 mm 2

2. Total number of teeth 34 to 36 3

2a. Total number of teeth 38 4

CH50

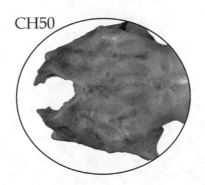

3. Coloración dorsal amarillenta (bayo); calcar con quilla (Figura CH51); premolares siempre dos superiores y dos inferiores (del sur de Sonora en la Planicie Costera del Pacífico y Tamaulipas en la Planicie Costera del Golfo al sur) .... *Myotis fortidens*

(Coloración dorsal amarillenta con la base del pelo negruzco; región ventral más pálida que la dorsal; *orejas grandes en tamaños y con el tragus grande y en forma de lanza.* Cráneo: *seis molariformes superiores e inferiores,* aunque esta especies puede presentar sólo cinco; incisivos superiores bien desarrollados y los externos más grandes que los internos, caninos bien desarrollados y con un cingulum; cresta sagital bien desarrollada; caja craneal no levantándose abruptamente; región media y occipital casi al mismo nivel. Longitud antebrazo 35.5 a 40.0 mm, del cráneo 14.8 a 15.5 mm).

3a. Coloración dorsal pardo oscura, negruzca; calcar sin quilla; de dos a tres premolares superiores e inferiores (de Chihuahua y el Eje Volcánico Transversal) .... *Myotis occultus* (Parte)

(Coloración dorsal brillante de pardo amarillento, con la base oscura y pálido en la punta ventral amarillenta a gris claro; hocico y orejas de tamaño medio, pardo oscuro o negruzco; patas relativamente grandes; calcar sin quilla; *orejas grandes en tamaños y con el tragus grande y en forma de lanza.* Cráneo: seis molariformes superiores e inferiores aunque esta especies puede presentar sólo cinco; incisivos superiores bien desarrollados y los externos más grandes que los internos, caninos bien desarrollados y con un cingulum; caja craneal no levantándose abruptamente; región media y occipital casi al mismo nivel. Longitud antebrazo 33.0 a 41.0 mm, del cráneo 14.0 a 16.0 mm).

4. Ángulo entre los nasales y el frontal aproximadamente de 180 grados; longitud del antebrazo menos de 28.0 mm (endémica del área de los límites de los estados de Coahuila, Zacatecas, San Luis Potosí y Nuevo León. NOM*) .... *Myotis planiceps*

(Coloración dorsal parda, con la base negruzca y las puntas pardas canela, ventrales amarillentas; *orejas grandes en tamaños y con el tragus grande y en forma de lanza.* Cráneo: seis molariformes superiores e inferiores, incisivos superiores bien desarrollados y los externos más grandes que los internos; caninos bien desarrollados y con un cingulum; **cráneo más aplanado que ningún otro miembro del género, siendo la caja craneal poco diferenciada del rostro**. Longitud antebrazo 25.6 a 27.5 mm, del cráneo 13.5 a 14.5 mm).

4a. Ángulo entre el rostro y el frontal de menos de 170 grados; longitud del antebrazo más de 28.0 mm 5

5. Longitud de los dientes maxilares 6.0 mm o más; con cresta sagital 6

5a. Longitud de los dientes maxilares menores de 6.0 mm; con o sin cresta sagital .. 11

6. Borde posterior del uropatagio sin flecos de pelos. La parte media del cráneo más baja que la parte posterior; ancho del rostro a nivel de los caninos más del 57 % del ancho de la caja craneal (todo México a excepción de la península de Yucatán) .... *Myotis velifer*

(Coloración dorsal pardo grisáceo; región ventral crema o amarillento; **orejas pardo grisáceo oscuro** y tragus angostos y puntiagudos; uropatagio desnudo de la rodilla hacia la cola; membranas pardos, orejas pequeñas, si estas se doblan sobre el rostro no sobrepasan a la nariz en más de 2.0 mm; **con una región con poco pelo en la parte media de la espalda**; *orejas grandes en tamaños y con el tragus grande y en forma de lanza.* Cráneo: *seis molariformes superiores e inferiores*; incisivos superiores bien desarrollados y los externos más grandes que los internos; caninos bien desarrollados y con un cingulum; robusto; rostro ancho; cresta sagital bien desarrollada; calcar bien desarrollado, terminando con un lóbulo pero sin tener una quilla. Longitud antebrazo 41.0 a 47.0 mm, del cráneo 14.2 a 17.6 mm).

6a. Borde posterior del uropatagio con o sin flecos de pelos. La parte posterior del cráneo a la misma altura o más baja que la parte media; ancho del rostro a nivel de los caninos menos del 57 % del ancho de la caja craneal 7

7. Longitud total del cráneo mayor de 16.3 mm, cresta sagital bien desarrollada 8

7a. Longitud total del cráneo menor de 16.3 mm, cresta sagital no desarrollada 9

8. Borde libre del uropatagio con un fleco de pelo distinguible. Anchura a través de los molares mayor de 6.2 mm (todo México a excepción la parte media y sur de la penínsulas de Baja California y Yucatán, la Planicie Costera del Pacífico y del Golfo) .... *Myotis thysanodes*

3. Dorsal pelage yellowish; keeled calcareum (Figure CH51). Always two upper and two lower premolars (from southern Sonora in the Pacific Coastal Plain and Tamaulipas in the Gulf Coastal Plain southward) .... *Myotis fortidens*

(Dorsal pelage yellowish with blackish hair on the base; underparts paler than dorsal; *ears large in size with a long spear-shaped tragus*. Skull: *six upper and lower molariforms* although this species could show only five; upper incisor well developed and the external incisors larger than the internal ones; well-developed canines and a cingulum; sagittal crest well developed; braincase not rising abruptly; middle and occipital region almost at the same level. Forearm length 35.5 to 40.0 mm, skull 14.8 to 15.5 mm).

3a. Dorsal pelage dark brown, blackish; calcareum without a keel. Two to three upper and lower premolars (from Chihuahua to Trans-Mexican Volcanic Belt) .... *Myotis occultus* (part)

(Dorsal color brilliant yellowish brown with the base dark and pale in the tip; underparts from yellowish to light gray; snout and ears middle size, dark brown or blackish; hind legs relatively large; calcareum without a keel; *ears large in size with a long spear-shaped tragus*. Skull: *six upper and lower molariforms*, although this species could show only five; upper incisors well developed, and the external ones larger than the internal ones; canines well developed and with a cingulum; braincase not rising abruptly; middle and occipital region almost at the same level. Forearm length 33.0 to 41.0 mm, skull 14.0 to 16.0 mm).

4. Angle between nasals and frontal approximately 180 degrees; forearm length less than 28.0 mm (endemic from the area in the limits of the states of Coahuila, Zacatecas, San Luis Potosí, and Nuevo León. NOM*) .... *Myotis planiceps*

(Dorsal pelage brown, blackish on the base, and the tips cinnamon brown; underparts side yellowish; *ears large in size with a long spear-shaped tragus*. Skull: *six upper and lower molariforms, the two fist upper small in size*; upper incisors well developed and the external ones larger than the internal ones; canines well developed and with a cingulum; skull **flatter than that of any other member of the genus where the braincase is little differentiated from the rostrum**. Forearm length 25.6 to 27.5 mm, skull 13.5 to 14.5 mm).

4a. Angle between the rostrum and frontal less than 170 degrees; Forearm length greater than 28.0 mm 5

5. Maxillary tooth length 6.0 mm or more; sagittal crest 6

5a. Maxillary tooth length less than 6.0 mm; with or without a sagittal crest 11

6. Posterior border of the uropatagium without hair bangs. Middle part of the skull lower than the posterior one; rostrum breadth at the level of the canines greater than 57 % of the braincase breadth all over Mexico with the exception of the Baja California and Yucatan peninsulas) .... *Myotis velifer*

(Dorsal pelage grayish brown; underparts cream or yellowish; **ears dark grayish brown** and tragus narrow and pointed; uropatagium bare from the knee to the tail; membranes brown; ears small and if they bend over the rostrum, they do not go beyond the nose more than 2.0 mm; **small area with little hair in the middle part of the back**; *ears large in size with a long spear-shaped tragus*. Skull: *six upper and lower molariforms*; upper incisor well developed and the external incisors larger than the internal ones; canines well developed and with a cingulum; robust; wide rostrum; sagittal crest and calcareum well developed; this last one ending with one lobe but without a keel. Forearm length 41.0 to 47.0 mm, skull 14.2 to 17.6 mm).

6a. Posterior border of the uropatagium with or without hair bangs. Posterior part of the skull at the same level or lower than the middle part; rostrum breadth at the level of the canines less than 57 % of the braincase breadth 7

7. Total skull length greater than 16.3 mm; sagittal crest well developed 8

7a. Total skull length less than 16.3 mm; sagittal crest not developed 9

8. Border free from the uropatagium with distinguishable hair bangs. Breadth through the molars greater than 6.2 mm (all over Mexico with the exception of the middle and southern parts of the Baja California and Yucatan peninsulas, the Pacific and the Gulf Coastal Plains) .... *Myotis thysanodes*

(Coloración dorsal amarillento a crema; región ventral blancuzca a crema; piel del rostro y orejas negruzco; orejas sobrepasan en más de 3.0 mm la nariz cuando estas se inclinan hacia delante en ejemplares frescos; **uropatagio con poco pelo de la rodilla hacia la cola, pero un fleco notorio del calcar a la punta de la cola**; pelo en la base negruzco contrastando con las puntas claras; membranas negruzcas; *orejas grandes en tamaños y con el tragus grande y en forma de lanza*. Cráneo: seis molariformes superiores e inferiores; incisivos superiores bien desarrollados y los externos más grandes que los internos; caninos bien desarrollados y con un cingulum; robusto y ancho; cresta sagital bien desarrollada. **Longitud antebrazo 40.0 a 44.0 mm**, del cráneo 16.2 a 17.2 mm).

8a. Borde libre del uropatagio sin el fleco. Ancho a través de los molares menor de 6.2 mm (de Jalisco en la Sierra Madre Occidental y Veracruz en la Sierra Madre Oriental al norte) .... *Myotis auriculus* (Parte)

(Coloración dorsal amarillenta parda; región ventral crema; **piel del rostro y base de las orejas rosáceo**; orejas y tragus grandes; uropatagio desnudo de la rodilla hacia la cola; membranas pardos; orejas grandes, si estas se doblan sobre el rostro sobrepasan a la nariz en más de 2.0 mm; **longitud de la oreja casi la mitad de la longitud del antebrazo**; tercer metacarpal más largo que el cuarto; *orejas grandes en tamaños y con el tragus grande y en forma de lanza*. Cráneo: seis molariformes superiores e inferiores; incisivos superiores bien desarrollados y los externos más grandes que los internos; caninos bien desarrollados y con un cingulum; cresta sagital presente. Longitud antebrazo 36.0 a 40.0 mm, del cráneo 15.7 a 17.0 mm).

9. Longitud de las orejas más de 16.0 mm; extendiéndose más de 2.0 mm por delante de la nariz, cuando se doblan sobre el rostro. Longitud de los dientes maxilares más de 6.3 mm; parte posterior de la caja craneal a la misma altura que la media; (Península de Baja California, la población de las sierras norte de la península fue considerada como *M. milleri*. NOM***) .... *Myotis evotis*

(Coloración dorsal pardo claro a medio; región ventral más pálido que la dorsal; orejas grandes y notoriamente negruzcas, si estas se doblan sobre el rostro sobrepasan a la nariz en más de 5.0 mm; uropatagio con pocos pelos dispersos; *orejas grandes en tamaños y con el tragus grande y en forma de lanza*. Cráneo: seis molariformes superiores e inferiores, incisivos superiores bien desarrollados y los externos más grandes que los internos; caninos bien desarrollados y con un cingulum; caja no levantándose abruptamente sobre el rostro; parte media de la caja craneal al mismo nivel que la occipital; cresta sagital poco desarrollada, pero presente. Longitud antebrazo 35.5 a 41.0 mm, del cráneo 15.0 a 16.5 mm).

9a. Longitud de las orejas menor de 16.0 mm, no extendiendose por delante de la nariz, cuando se doblan sobre el rostro. Longitud de los dientes maxilares más de 6.3 mm; parte posterior de la caja craneal más alta que la media (es conocido para México de Chihuahua y el Eje Volcánico Transversal) .... *Myotis occultus* (parte)

(Coloración dorsal brillante de pardo amarillento, con la base oscura y pálido en la punta ventral amarillento a gris claro; hocico y orejas de tamaño medio pardo oscuro o negruzco; patas relativamente grandes; calcar sin quilla; *orejas grandes en tamaños y con el tragus grande y en forma de lanza*. Cráneo: seis molariformes superiores e inferiores o cinco, incisivos superiores bien desarrollados y los externos más grandes que los internos, caninos bien desarrollados y con un cingulum; caja craneal no levantándose abruptamente; región media y occipital casi al mismo nivel. Longitud antebrazo 33.0 a 41.0 mm, del cráneo 14.0 a 16.0 mm).

10. Punta de los pelos dorsales blanca, contrastando fuertemente con su base; calcar sin quilla (sur de Veracruz, Tabasco y Chiapas. NOM***) .... *Myotis albescens*

(**Coloración dorsal negruzca con las puntas de los pelos blancos o crema**; región ventral gris; piel del rostro y orejas negruzca; orejas y tragus angostos y puntiagudo; uropatagio desnudo de la rodilla hacia la cola, pero con un fleco poco poblado en el borde; membranas negruzcas; patas relativamente grandes; *orejas grandes en tamaños y con el tragus grande y en forma de lanza*. Cráneo: seis molariformes superiores e inferiores, incisivos superiores bien desarrollados y los externos más grandes que los internos; caninos bien desarrollados y con un cingulum; caja craneal no levantándose abruptamente del rostro; región occipital de la caja craneal ligeramente más baja que la parte media. Longitud antebrazo 33.0 a 38.5 mm, del cráneo 13.7 a 15.2 mm).

10a. La punta de los pelos dorsales puede ser clara, pero nunca blanca; calcar con quilla 11

11. Longitud de la pata medida en seco menor del 50 % de la longitud de la tibia ... 12

11a. Longitud de la pata medida en seco mayor del 50 % de la longitud de la tibia .. 13

12. Frente elevándose abruptamente sobre el rostro; parte anterior de la caja craneal más alta que la posterior (Figura CH52); sin cresta sagital (todo México

(Dorsal pelage from yellowish to cream; underparts from whitish to cream; rostrum skin and ears blackish; ears go beyond 3.0 mm from the nose when folded forward in fresh specimens; **uropatagium with little hair from the knee to the tail but with notorious bangs from the calcareum to the tip of the tail**; hair blackish on the base contrasting with light tips; membranes blackish; *ears large in size with a long spear-shaped tragus*. Skull: *six upper and lower molariforms*; upper incisor well developed and the external incisors larger than the internal ones; canines well developed and with a cingulum; robust and wide; sagittal crest well developed. **Forearm length 40.0 to 44.0 mm, skull 16.2 to 17.2 mm).**

8a. Border free from the uropatagium without bangs. Breadth through the molars less than 6.2 mm (from Jalisco in the Sierra Madre Occidental and Veracruz in the Sierra Madre Oriental northward) .... *Myotis auriculus* (part)

(Dorsal pelage yellowish brown; underparts cream; **rostrum skin and ear base pinkish**; large tragus and if ears are folded over the rostrum, they go beyond the nose 2.0 mm; **length of the ears close to half of the forearm length**; uropatagium bare from knee to tail; membranes brown; ears pinkish; third metacarpal larger than the fourth one; *ears large in size with a long spear-shaped tragus*. Skull: *six upper and lower molariforms*; upper incisors well developed and the external incisors larger than the internal ones; canines well developed and with a cingulum; sagittal crest present. Forearm length 36.0 a 40.0 mm, skull 15.7 to 17.0 mm).

9. Ear length greater than 16.0 mm and extending more than 2.0 mm in front of the nose when folded over the face. Maxillary tooth length greater than 6.3 mm; posterior part of the braincase at the same level as the middle one (Baja California Peninsula; the population of the northern mountain chains of the peninsula was considered as *M. milleri*. NOM***) .... *Myotis evotis*

(Dorsal pelage from light to medium brown; underparts paler than the dorsal one; large ears and notoriously blackish; if they fold over the rostrum they go beyond the nose more than 5.0 mm; uropatagium with few hairs dispersed; *ears large in size with a long spear-shaped tragus*. Skull: *six upper and lower molariforms*; upper incisors well developed and the external incisors larger than the internal ones; canines well developed and with a cingulum; braincase not rising abruptly on the rostrum; middle part of the braincase at the same level as the occipital; sagittal crest little developed but present. Forearm length 35.5 to 41.0 mm, skull 15.0 to 16.5 mm).

9a. Ear length less than 16.0 mm, not extending in front of the nose when folded over the face. Maxillary tooth length less than 6.3 mm; posterior part of the braincase higher than the middle one (in Mexico it is known from Chihuahua and Trans-Mexican Volcanic Belt) .... *Myotis occultus* (part)

(Dorsal pelage brilliant yellowish brown with dark base and pale on the tip; underparts from yellowish to light gray; snout and ears large size dark brown or blackish; limbs relatively large; calcareum without a keel; *ears large in size with a long spear-shaped tragus*. Skull: *six upper and lower molariforms*; upper incisors well developed and the external incisors larger than the internal ones; canines well defined and with a cingulum; braincase not rising abruptly; middle and occipital regions almost at the same level. Forearm length 33.0 to 41.0 mm, skull 14.0 to 16.0 mm).

10. Dorsal hair tips white contrasting strongly with its base; calcareum without a keel (southern Veracruz, Tabasco, and Chiapas. NOM***) .... *Myotis albescens*

(Dorsal pelage blackish with white or cream hair tips; underparts gray; rostrum skin and ears blackish; ears and tragus narrow and pointed; uropatagium bare from the knee to the tail but with thin hair bangs on the border; membranes blackish; limbs relatively long; *ears large in size with a long spear-shaped tragus*. Skull: *six upper and lower molariforms*; upper incisor well developed and the external incisors larger than the internal ones; canines well developed and with a cingulum; braincase not rising abruptly from the rostrum; occipital region of the braincase slightly lower than the middle part. Forearm length 33.0 to 38.5 mm, skull 13.7 to 15.2 mm).

10a. Dorsal hair tips can be light but never white; keeled calcareum 11

11. Limb length dry measurement less than 50 % of the tibia length 12

11a. Limb length dry measurement greater than 50 % of the tibia length 13

12. Forehead rising abruptly from the rostrum; anterior part of the braincase higher than the posterior one (Figure CH52); no sagittal crest (all over Mexico except

excepto la Península de Yucatán y las Planicies Costeras de Jalisco y Veracruz al sur) .... *Myotis californicus*

(Coloración dorsal amarillentas; región ventral crema o amarillento; **rostro, orejas y membranas negras**; uropatagio con poco pelo de la rodilla hacia la cola; **punta de la cola no sobresaliendo del uropatagio; pata proporcionalmente muy pequeña**; pelo en la base oscuro contrastando con las puntas claras; orejas pequeñas, si estas se doblan sobre el rostro no sobrepasan a la nariz en más de 2.0 mm; calcar con quilla; *orejas grandes en tamaños y con el tragus grande y en forma de lanza*. Cráneo: seis molariformes superiores e inferiores; incisivos superiores bien desarrollados y los externos más grandes que los internos; caninos bien desarrollados y con un cingulum; caja craneal se levanta abruptamente del rostro, la que es larga; sin cresta sagital. Longitud antebrazo 31.0 a 37.0 mm, del cráneo 12.6 a 14.2 mm).

12a. Frente no elevándose abruptamente; parte posterior de la caja craneal más alta que la media (Figura CH53); generalmente con cresta sagital (Altiplano, norte de la Sierra Madre de Oriente y Sierras del norte de Baja California) .... *Myotis melanorhinus*

(Coloración dorsal de amarillento a oro viejo; región ventral amarillento; **orejas y rostro negruzcos, con pelo en la membrana del uropatagio; punta de la cola sobresaliendo del uropatagio**; pata proporcionalmente pequeña, calcar con quilla y terminado en un pequeño lóbulo; *orejas grandes en tamaño y con el tragus grande y en forma de lanza*. Cráneo: seis molariformes superiores e inferiores, incisivos superiores bien desarrollados y los externos más grandes que los internos, caninos bien desarrollados y con un cingulum, caja craneal no levantándose abruptamente del rostro; cresta sagital cuando presente muy poco desarrollada; caja craneal de apariencia aplanada. Longitud antebrazo 29.6 a 36.0, del cráneo 13.1 a 14.7 mm).

13. Sin cresta sagital 14

13a. Con cresta sagital 17

14. Región occipital más alta que la región media dorsal de la caja craneal (Figura CH54; del sur Tamaulipas en la Planicie Costera del Golfo al sur, incluyendo todos Chiapas y sur de la Península de Yucatán) .... *Myotis elegans*

(Coloración dorsal anaranjadas a pardo rojizo; región ventral anaranjado pálido o amarillento; piel del rostro pardo rosáceo, con un bigote sobre el labio superior; orejas y tragus pardo grisáceo, angostos y puntiagudo; uropatagio desnudo de la rodilla hacia la cola; pelo en la base pardo oscuro contrastando con las puntas claras; membranas negruzcas; *orejas grandes en tamaños y con el tragus grande y en forma de lanza*. Cráneo: seis molariformes superiores e inferiores, incisivos superiores bien desarrollados y los externos más grandes que los internos, caninos bien desarrollados y con un cingulum, cresta sagital ausente, caja craneal no inflada, más como aplanada; región occipital de la caja craneal más alta que la media. Longitud antebrazo 31.9 a 34.1, del cráneo 12.5 a 13.4 mm).

14a. Región occipital al mismo nivel que la región media dorsal de la caja craneal 15

15. Longitud de la tibia más de 41 % de la longitud del antebrazo; coloración ventral grisácea o blanquecina. Borde externo del pterigoides extendiéndose lateralmente en forma laminar (Figura CH55); caja craneal globosa (del Eje Volcánico Trasversal al norte a excepción de toda la planicie del Golfo) .... *Myotis yumanensis*

CH51

CH52

for the Yucatan Peninsula and the Coastal Plains of Jalisco and Veracruz southward) .... *Myotis californicus*

(Dorsal pelage yellowish; underparts cream or yellowish; **rostrum, ears and membranes black**; ears and tragus narrow and pointed; uropatagium with little hair from the knee to the tail; **tip of the tail does not stick out of the uropatagium; hind foot proportionally very small**; hair dark on the base contrasting with the light tips; ears small; if they fold on the face they do not go over the nose more than 2.0 mm; keeled calcareum; *ears large in size with a long spear-shaped tragus*. Skull: *six upper and lower molariforms*; upper incisors well developed and the external incisors larger than the internal ones; canines well developed and with a cingulum; braincase rises abruptly from the rostrum, which is long; no sagittal crest. Forearm length 31.0 to 37.0 mm, skull 12.6 to 14.2 mm).

12a. Forehead not rising abruptly; posterior part of the braincase higher than the middle part (Figure CH53); generally with sagittal crest (Highlands, northern Sierra Madre Oriental and northern Baja California mountain chains) .... *Myotis melanorhinus*

(Dorsal pelage from yellowish to old gold; underparts yellowish; **ears and rostrum blackish with hair on the uropatagium membrane; tip of the tail sticks out of the uropatagium**; limb proportionally small, keeled calcareum ending in a small lobe; *ears large in size with a long spear-shaped tragus*. Skull: *six upper and lower molariforms*; upper incisors well developed and the external incisors larger than the internal ones; canines well developed and with a cingulum; braincase not rising abruptly from the rostrum; sagittal crest when present is little developed; braincase appearing to be flat. Forearm length 29.6 to 36.0, skull 13.1 to 14.7 mm).

13. No sagittal crest 14

13a. Sagittal crest present 17

14. Occipital region higher than the dorsal middle region of the braincase (Figure CH54; southern Tamaulipas in the Gulf Coastal Plain southward, including all Chiapas and southern Yucatan Peninsula) .... *Myotis elegans*

(Dorsal pelage from orange to reddish brown; underparts pale orange or yellowish; rostrum skin pinkish with a moustache on the upper lip; ears and tragus grayish brown, narrow and pointed; uropatagium bare from the knee to the tail; hair brown on the base contrasting with the light tips; membranes blackish; *ears large in size with a long spear-shaped tragus*. Skull: *six upper and lower molariforms*; upper incisors well developed and the external incisors larger than the internal ones; canines well developed and with a cingulum; sagittal crest absent; braincase not inflated but flattened; occipital region of the braincase higher than the middle part. Forearm length 31.9 a 34.1, skull 12.5 to 13.4 mm).

14a. Occipital region at the same level as the middle dorsal region of the braincase 15

15. Tibia length greater than 41 % of the forearm length; underparts color grayish or whitish; external border of the pterygoid extends laterally in laminar shape (Figure CH55). Braincase spherical (from the Transversal Volcanic Axes northward except for all the Gulf Plain) .... *Myotis yumanensis*

CH53

(Coloración dorsal jaspeada amarillenta a pardas, varía en función de las subespecies; región ventral amarillento pálido; membranas pardo pálido; orejas pequeñas, sí estas se doblan sobre el rostro, no sobrepasan a la nariz en más de 2.0 mm; pata relativamente grande y robusta; la cola se extiende fuera del uropatagio; **patas proporcionalmente grandes y con pelos**; *orejas grandes en tamaños y con el tragus grande y en forma de lanza*. Cráneo: seis molariformes superiores e inferiores, incisivos superiores bien desarrollados y los externos más grandes que los internos; caninos bien desarrollados y con un cingulum; caja craneal se levanta notoriamente del rostro, cresta sagital ausente. Longitud antebrazo 32.0 a 38.0 mm, del cráneo 13.0 a 14.2 mm).

15a. Longitud de la tibia menos del 41 % de la longitud del antebrazo; coloración ventral pardusca. Borde externo del pterigoides recto (Figura CH56); caja craneal no globosa 16

16. Longitud de la cola menos del 97 % de la longitud del antebrazo. Ancho del rostro a la altura de los caninos menor de 4.7 mm; ancho interorbital menor de 3.2 mm (endémico de las Islas Marías) .... *Myotis fíndleyi*

(Coloración dorsal pardo oscuro a negruzco, con las puntas de los pelos pardo claro, creando un contraste; región ventral con los pelos negruzcos en la base y pardos en la punta, patagios pardos; patas proporcionalmente grandes; calcar con un quilla poco desarrollada; *orejas grandes en tamaños y con el tragus grande y en forma de lanza*. Cráneo: seis molariformes superiores e inferiores, incisivos superiores bien desarrollados y los externos más grandes que los internos; caninos bien desarrollados y con un cingulum; la caja craneal se eleva abruptamente del rostro y es globosa; cresta sagital presente pero poco desarrollada. **Endémico de las Islas Marías**. Longitud antebrazo 29.5 a 33.2, del cráneo 11.5 a 12.2 mm).

16a. Longitud de la cola mayor del 97 % de la longitud del antebrazo. Ancho del rostro a la altura de los caninos mayor de 4.7 mm; ancho interorbital mayor de 3.2 mm (de Nayarit en la Planicie Costera del Pacífico y Tamaulipas en la Planicie Costera del Golfo al sur. NOM***ssp) .... *Myotis nigricans*

(Coloración dorsal de pardo oscuro a negruzcas, ocasionalmente pardo rojizo, base del pelo color negruzco; región ventral color crema, amarillento o pardo, pelo entre 6 y 8 mm de longitud; las orejas y el tragus angostos; las membranas, rostro y orejas negruzcos; *orejas grandes en tamaños y con el tragus grande y en forma de lanza*. Cráneo: seis molariformes superiores e inferiores, incisivos superiores bien desarrollados y los externos más grandes que los internos; caninos bien desarrollados y con un cingulum; cresta sagital ausente; caja craneal no levantándose muy abruptamente y poco inflada; parte media de la caja craneal más alta que el resto. Longitud antebrazo 31.0 a 39.6 mm, del cráneo 12.8 a 14.5 mm).

17. Longitud total craneal mayor de 14.5 mm 20

17a. Longitud total craneal menor de 14.5 mm 19

18. Longitud total craneal mayor de 15.8 mm; la de los dientes maxilares mayor de 6.4 mm; la de las orejas mayor de 19.0 mm (de Jalisco en la Sierra Madre Occidental y Veracruz en la Sierra Madre Oriental al norte) .... *Myotis auriculus* (Parte)

(Coloración dorsal amarillenta parda; región ventral crema; **piel del rostro y base de las orejas rosáceo**; orejas y tragus grandes; uropatagio desnudo de la rodilla hacia la cola; membranas pardos; orejas grandes, si estas se doblan sobre el rostro sobrepasan a la nariz en más de 2.0 mm; **longitud de la oreja casi de la mitad de la longitud del antebrazo**; tercer metacarpal más largo que el cuarto; *orejas grandes en tamaños y con el tragus grande y en forma de lanza*. Cráneo: seis molariformes superiores e inferiores; incisivos superiores bien desarrollados y los externos más grandes que los internos; caninos bien desarrollados y con un cingulum; cresta sagital presente. Longitud antebrazo 36.0 a 40.0 mm, del cráneo 15.7 a 17.0 mm).

CH54

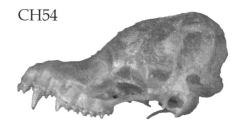

(Dorsal pelage speckled from yellowish to brown; it varies in function of the subspecies; underparts pale yellowish; membranes pale brown; ears small; if folded on the rostrum, they do not go beyond the nose to greater than 2.0 mm; limb relatively large and robust; tail extends out of the uropatagium; **hind foot proportionally large and with hair**; *ears large in size with a long spear-shaped tragus*. Skull: *six upper and lower molariforms*; upper incisives well developed and the external ones larger than the internal ones; canines well developed and with a cingulum; braincase rises notoriously from the rostrum; sagittal crest absent. Forearm length 32.0 to 38.0 mm, skull 13.0 to 14.2 mm).

15a. Tibia length less than 41 % of forearm length; underparts color brown; external pterigoid border straight (Figure CH56). Braincase not spherical 16

16. Tail length less than 97 % of forearm length. Rostrum breadth at the level of the canines less than 4.7 mm; interorbital breadth less than 3.2 mm (endemic from Islas Marias) .... *Myotis findleyi*

(Dorsal pelage from dark brown to blackish; hair tips light brown creating a contrast; underparts with blackish hairs on the base and brown on the tip; plagiopatagium brown; limbs proportionally large; calcareum with keel little developed; *ears large in size with a long spear-shaped tragus*. Skull: *six upper and lower molariforms*; upper incisors well developed and the external incisors larger than the internal ones; canines well developed and with a cingulum; braincase spherical and rising abruptly from the rostrum; sagittal crest present but little developed. **Endemic to Islas Marias**. Forearm length 29.5 to 33.2, skull 11.5 to 12.2 mm).

16a. Tail length greater than 97 % of forearm length. Rostrum breadth at the level of the canines greater than 4.7 mm; interorbital breadth greater than 3.2 mm (from Nayarit in the Pacific Coastal Plain and Tamaulipas in the Gulf Coastal Plain southward. NOM***ssp.) .... *Myotis nigricans*

(Dorsal pelage from dark brown to blackish, occasionally reddish brown; hair base blackish; underparts cream, yellowish, or brown; hair from 6 to 8 mm in length; ears and tragus narrow; membranes, rostrum, and ears blackish; *ears large in size with a long spear-shaped tragus*. Skull: *six upper and lower molariforms*; upper incisors well developed and the external incisors larger than the internal ones; canines well developed and with a cingulum; sagittal crest absent; braincase not rising very abruptly and little inflated; middle part of the braincase higher than the rest. Forearm length 31.0 to 39.6 mm, skull 12.8 to 14.5 mm).

17. Total cranial length greater than 14.5 mm 18

17a. Total cranial length less than 14.5 mm 19

18. Total cranial length greater than 15.8 mm; maxillary tooth length more 6.4 mm (from Jalisco in the Sierra Madre Occidental and Veracruz in the Sierra Madre Oriental northward) .... *Myotis auriculus* (part)

(Dorsal pelage yellowish brown; underparts cream; **rostrum skin and ear base pinkish**; large tragus and if ears fold over the rostrum, they go beyond the nose 2.0 mm; **length of the ears close to half of the forearm length**; uropatagium bare from the knee to the tail; membranes brown; ears pinkish; third metacarpal larger than the fourth one; *ears large in size with a long spear-shaped tragus*. Skull: *six upper and lower molariforms*; upper incisors well developed and the external incisors larger than the internal ones; canines well developed and with a cingulum; sagittal crest present. Forearm length 36.0 a 40.0 mm, skull 15.7 to 17.0 mm).

CH55   CH56

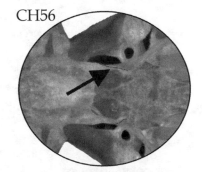

18a. Longitud total craneal menor de 15.8 mm; la de los dientes maxilares menor de 6.4 mm; la de las orejas menor de 19.0 mm (es conocido para México de Chihuahua y el Eje Volcánico Transversal) .... *Myotis occultus* (parte)

(Coloración dorsal de pardo canela a pardo amarillento; región ventral de amarillento a grisáceo, en ocasiones unas manchas de tono más claro sobre los hombros; el pelo es largo y sedoso; cuando las orejas se flexionan hacia delante en ejemplares frescos estas apenas alcanzan a los nostrilos; *orejas grandes en tamaños, con el tragus grande y en forma de lanza*. Cráneo: seis molariformes superiores e inferiores; incisivos superiores bien desarrollados y los externos más grandes que los internos; caninos bien desarrollados y con un cingulum; caja craneal se levanta suavemente del rostro; región occipital aproximadamente al mismo nivel que la parte media de la caja craneal. Longitud antebrazo 33.0 a 41.0 mm, del cráneo 14.0 a 16.0 mm).

19. Región de la unión húmero-ulna (codo) cubierta de pelo. Ancho a través de los molares mayor de 5.5 mm; región occipital del cráneo inflada (Figura CH57; la Península de Baja California, el Eje Volcánico Transversal, Sierra Madre de Occidente y parte norte del Altiplano) .... *Myotis volans*

(Coloración dorsal pardo oscuro a pardo rojizo, hocico y orejas pardas; hocico con pelo hasta la nariz; región ventral más pálida que la dorsal; orejas pequeñas, si estas se doblan sobre el rostro no sobrepasan a la nariz en más de 2.0 mm; calcar con quilla; **parte interna del patagio con poco pelo en una línea imaginaria del codo a la rodilla**; calcar con una quilla presente; *orejas grandes en tamaños y con el tragus grande y en forma de lanza*. Cráneo: seis molariformes superiores e inferiores; incisivos superiores bien desarrollados y los externos más grandes que los internos; caninos bien desarrollados y con un cingulum; cráneo delicado; rostro corto; caja craneal se levanta abruptamente del rostro; región occipital más alta que la parte media de la caja craneal. Longitud antebrazo 35.2 a 41.2 mm, del cráneo 12.2 a 15.0 mm).

19a. Región de la unión húmero-ulna (codo) sin pelo. Ancho a través de los molares menor de 5.5 mm; región occipital no inflada (del Oaxaca en la Planicie Costera del Pacífico y de Tamaulipas en la Planicie Costera del Golfo al sur, Valles de Oaxaca y Península de Yucatán) .... *Myotis pilosatibialis*

(Coloración dorsal pardo grisáceo; región ventral más pálido que la dorsal; piel del rostro y base de las orejas pardo rosáceo; orejas y tragus pardo grisáceo, angostos y puntiagudo; **uropatagio con pelo de la rodilla hacia la cola**; membranas negruzcas, pelo en el uropatagio extendiéndose a lo largo de la tibia hasta la pata; *orejas grandes en tamaños y con el tragus grande y en forma de lanza*. Cráneo: seis molariformes superiores e inferiores, incisivos superiores bien desarrollados y los externos más grandes que los internos; caninos bien desarrollados y con un cingulum; caja craneal se levanta abruptamente del rostro y es globosa; cresta sagital presente. Longitud antebrazo 32.0 a 34.0 mm, del cráneo 12.6 a 14.7 mm).

Subfamilia Vespertilioninae

1. Dos premolares superiores a cada lado 2

1a. Un premolar superior a cada lado 3

2. Uropatagio con abundante pelo en la base; coloración jaspeada en tonos cenizos, amarillos o rojizos-canela. Un incisivo superior a cada lado; metacarpal del tercero, cuarto y quinto dedos progresivamente más cortos .... *Lasiurus* (parte, pag. 206)

2a. Uropatagio sin pelo o muy ralo; coloración nunca jaspeada. Dos incisivos superiores a cada lado; metacarpal del tercero, cuarto y quinto dedos aproximadamente iguales en longitud 6

18a. Total cranial length less than 15.8 mm; maxillary tooth length is less than 6.4 mm (it is known in Mexico from Chihuahua and Trans-Mexican Volcanic Belt) .... *Myotis occultus* (part)

(Dorsal pelage from cinnamon brown to yellowish brown; underparts from yellowish to grayish, occasionally some spots in lighter shade on shoulders; hair is long and silky; when ears fold frontward in fresh specimens, they barely reach the nostrils; *ears large in size with a long spear-shaped tragus.* Skull: *six upper and lower molariforms*; upper incisors well developed and the external incisors larger than the internal ones; canines well developed and with a cingulum; braincase rises softly from the face; occipital region approximately at the same level as the middle part of the braincase. Forearm length 33.0 to 41.0 mm, skull from14.0 to 16.0 mm).

19. Humurus-ulna (elbow) joint area covered with hair. Breadth throughout the molars greater than 5.5 mm; occipital region of the skull inflated (Figure CH57; the Baja California Peninsula, Trans-Mexican Volcanic Belt, Sierra Madre de Occidente, and northern part of the Highlands) .... *Myotis volans*

(Dorsal pelage from dark to reddish brown; snout and ears brown; snout with hair up to the nose; underparts paler than dorsal; ears small, and if folded on rostrum they do not go beyond the nose more than 2.0 mm; keeled calcareum; **internal part of the plagiopatagium with little hair in an imaginary line from the elbow to the knee**; *ears large in size with a long spear-shaped tragus.* Skull: *six upper and lower molariforms*; upper incisors well developed and the external incisors larger than the internal ones; canines well developed and with a cingulum; Skull delicate; rostrum short; braincase rising abruptly from the rostrum; occipital region higher than the middle part of the braincase. Forearm length 35.2 to 41.2 mm, skull 12.2 to 15.0 mm).

19a. Humurus-ulna (elbow) joint area without pelage. Breadth through the molars less than 5.5 mm; occipital region not inflated (from Oaxaca in the Pacific Coastal Plains and Tamaulipas in the Gulf Coastal Plains southward, Oaxaca valleys and the Yucatan Peninsula) .... *Myotis pilosatibialis*

(Dorsal pelage grayish brown; underparts paler than dorsal; rostrum skin and ear base pinkish brown; ears and tragus grayish brown, narrow and pointed; **uropatagium with hair from the knee to the tail**; membranes blackish; *ears large in size with a long spear-shaped tragus.* Skull: *six upper and lower molariforms*; upper incisors well developed and the external incisors larger than the internal ones; canines well developed and with a cingulum; braincase rising abruptly from the rostrum and spherical; sagittal crest present. Forearm length 32.0 to 34.0 mm, skull 12.6 to 14.7 mm).

CH57

Subfamily Vespertilioninae

1. Two upper premolars at each side 2

1a. One upper premolar at each side 3

2. Uropatagium with abundant hair on the base; color speckled in ash, yellow, or reddish-cinnamon shades; one upper incisor at each side; metacarpal of the third, fourth, and fifth toes progressively shorter .... *Lasiurus* (part, p. 207)

2a. Uropatagium hairless or hair scarce. Two upper incisors at each side; metacarpal of the third, fourth, and fifth toes approximately equal in length 6

3. Un incisivo superior a cada lado 4

3a. Dos incisivos superiores a cada lado .... *Eptesicus* (pag. 204)

4. Metacarpales tercero, cuarto y quinto progresivamente más cortos. Altura de la caja craneal, incluyendo las bulas, aproximadamente la mitad de la longitud craneal .... *Lasiurus* (parte, pag. 206)

4a. Metacarpales tercero, cuarto y quinto de tamaño similar. Altura del cráneo mucho menor de la mitad de su longitud 5

5. Coloración dorsal amarillenta o parda. Tercer incisivo inferior mucho más pequeño que los otros .... *Rhogeessa* (pag. 210)

5a. Coloración negruzca. Los tres incisivos inferiores de igual tamaño (del norte de Veracruz al norte por la Planicie Costera y la Sierra Madre) .. *Nycticeius humeralis*

(Coloración dorsal pardo negruzco; región ventral parda; *orejas triangulares con el tragus curvado hacia el frente*; rostro, orejas y membranas negruzcas; base del pelo negruzco; cola se prolonga hasta la punta del uropatagio; calcar sin quilla. Cráneo: corto, robusto, ancho y rostro bien diferenciado de la caja craneal; con una emarginación entre los caninos que incluye a los nasales y al paladar; cuatro molariformes superiores, un incisivo superior en cada rama mandibular y bien desarrollados, caninos grandes; caja craneal no muy alta; un incisivos superiores a cada lado; *tres incisivos inferiores de igual tamaño*. Longitud antebrazo 33.5 a 39.0 mm, del cráneo 14.0 a 14.7 mm).

6. Orejas largas, más del doble que el tamaño de la cabeza; bula auditiva agranda .. 7

6a. Orejas cortas, menos del doble que el tamaño de la cabeza; bula auditiva pequeña 9

7. Sin manchas blancas en la espalda. Tres premolares inferiores; canino inferior grande y unicúspide 8

7a. Dos manchas blancas en la espalda. Dos premolares inferiores; canino inferior pequeño y bicúspide (altiplano central y Desierto Sonorense) .. *Euderma maculatum*

(*Coloración dorsal negruzca con manchas blancas en la espalda; región ventral blanca, con un collar blanco; orejas muy grandes mayores de 35.0 mm, casi del tamaño del antebrazo y de color rosa intenso*; patagios pardos. Cráneo: alargado en particular en la caja craneal, con la parte media de la caja craneal más alta, arco zigomático muy fuerte y con un proceso superior en la parte media, bula auditiva muy grande, su eje mayor casi de la longitud de la serie de dientes maxilares. Longitud antebrazo 48.0 a 51.0 mm, del cráneo 18.4 a 19.0 mm).

8. Abertura nasal no alargada hacia atrás; glándula del rinario entre la abertura nasal y el ojo poco notable; calcar con quilla. Lóbulo basal interauricular proyectándose en forma de hoja; ancho de la caja craneal mayor que la mitad de la longitud del cráneo (Altiplano y Eje Volcánico Transversal) .... *Idionycteris phyllotis*

(Coloración parduzca amarillenta; región ventral color crema, *orejas enormes superiores a los 35.0 mm, con unas colgajos de piel en la base de las orejas se proyectan hacia adelante; abertura nasal no alargada hacia atrás; glándula del rinario entre la abertura nasal y el ojo poco notable*. Cráneo: alargado, con la parte media de la caja craneal más alta, rostro proporcionalmente corto, región de la lacrimal redondeada. Longitud antebrazo 41.8 a 49.0 mm, del cráneo 16.6 a 17.4 mm).

8a. Abertura nasal alargada posteriormente; con un abultamiento glandular claramente visible entre la abertura nasal y ojo; calcar sin quilla. Sin lóbulo basal interauricular; ancho de la caja craneal menor que la mitad de la longitud del cráneo .... *Corynorhinus* (pag. 204)

9. Longitud de la pata menos de la mitad de la longitud de la tibia. Silueta dorsal del cráneo (en vista lateral) más o menos recta; palatino extendiéndose mucho más atrás del último molar (Altiplano, norte de Sierra Madre Occidental, Desierto Sonorense y Península de Baja California) .... *Parastrellus hesperus*

(Coloración dorsal de pardo amarillento a gris medio; región ventral más pálido que la dorsal, con una máscara y orejas negras que contrastan con el resto del ejemplar; calcar sin quilla; *longitud de la pata menos de la mitad de la longitud de la tibia*. Cráneo: Rostro bien diferenciado de la caja craneal; dientes proporcionalmente grandes con cúspides cortantes en forma de "W"; con una emarginación entre los caninos que incluye a los nasales y al paladar; cinco molariformes superiores; incisivos superiores bien desarrollados y los externos más grandes que los internos, caninos bien desarrollados y con un cingulum; región occipital del cráneo más alta que la parte media; *silueta dorsal del cráneo (en vista lateral) más o menos recta; palatino extendiéndose mucho más atrás del último molar*. Longitud antebrazo 26.0 a 32.0 mm, del cráneo 10.0 a 11.2 mm).

3. One upper incisor at each side 4

3a. Two upper incisors at each side ....*Eptesicus* (p. 205)

4. Third, fourth, and fifth metacarpals progressively shorter. Skull short and high; braincase height, including auditory bullae, approximately half of cranial length .... *Lasiurus* (part, p. 207)

4a. Third, fourth, and fifth metacarpals similar. Skull height much less than half its length 5

5. Dorsal pelage yellowish or brown. Third lower incisor much smaller than the others .... *Rhogeessa* (p. 211)

5a. Blackish pelage. The three lower incisors have the same size (from northern Veracruz northward by the Coastal Plains and Sierra Madre) .... *Nycticeius humeralis*

(Dorsal pelage blackish brown; underparts brown; *triangular ears with the tragus curved frontward*; rostrum, ears, and membranes blackish; hair base blackish; tail extends to the tip of the uropatagium; calcareum without a keel. Skull: short, robust, wide, and rostrum well differentiated from the braincase; teeth proportionally smaller with cutting cusps in W-shape with an emargination between the canines including the nasals and palate, four upper molariforms in each mandibular branch and well developed; large canines and with a cingulum; braincase not very high; one upper incisor at each side; *three lower incisors of the same size*. Forearm length 33.5 to 39.0 mm, skull length from 14.0 to 14.7 mm).

6. Ears large, twice of the head length; auditory bullae large 7

6a. Ears short, less than twice of the head length; small auditory bullae 9

7. No white dorsal spots. Three lower premolars, lower canines well developed and unicuspid 8

7a. Two white dorsal spots. Two lower premolars, Lower canine small and forked (Central highlands and Sonora Desert) .... *Euderma maculatum*

(*Dorsal pelage blackish with white spots on the back; underparts white with a white collar; very big ears, intense pink, greater than 35.0 mm, almost the same size as the forearm;* plagiopatagium brown. Skull: extending particularly in the braincase with the middle part higher; zygomatic arch stronger and with an upper process in the middle part; auditory bulla very large, its greater axis almost the length of the maxillary toothrow. Forearm length 48.0 to 51.0 mm, skull 18.4 to 19.0 mm).

8. Naris not extending backward; rhinarium gland between the naris and eye slightly notorious; keeled calcareum; basal interauricular lobe projecting in leaf shape; breadth of braincase greater than half of skull length (Central highlands and Trans-Mexican Volcanic Belt) .... *Idionycteris phyllotis*

(Color brownish yellow: underparts cream; *enormous ears greater than 35.0 mm with skin flaps on the ear base projecting forward; Naris not extending backward; rhinarium gland between the naris and eye slightly notorious.* Skull: extending with the middle part of the braincase higher, rostrum proportionally short; lachrymal region rounded. Forearm length 41.8 to 49.0 mm, skull 16.6 to 17.4 mm).

8a. Naris extending backward; glandular bulkiness clearly visible between the naris and eye; calcareum without keel. No interauricular basal lobe; braincase breadth less than half of skull length .... *Corynorhinus* (p. 205)

9. Limb length less than half the tibia length; dorsal skull outline (side view) more or less straight; palatine extending much more to the back of the last molar (Highlands, northern Sierra Madre Occidental, Sonora Desert, and Baja California Peninsula) .... *Parastrellus hesperus*

(Dorsal pelage from yellowish brown to medium gray color; underparts paler than dorsal; black mask and ears contrasting with the rest of the specimen; calcareum without keel; *limb length less than half the tibia length.* Skull: rostrum well differentiated from the braincase; teeth proportionally big with cutting cusps in W-shape; an emargination between the canines including nasals and palate; five upper molariforms; upper incisor well developed and the external incisors bigger than the internal ones; canines well developed with a cingulum; occipital skull region higher than the middle part; *dorsal skull outline more or less straight; palatine extending beyond the back of the last molar.* Forearm length 26.0 to 32.0 mm, skull 10.0 to 11.2 mm).

9a. Longitud de la pata más de la mitad de la longitud de la tibia. Silueta dorsal del cráneo cóncava; palatino extendiéndose muy poco por detrás del nivel del último molar (de Tamaulipas en la Planicie Costera del Golfo al sur y sur de la Península de Yucatán) .... *Perimyotis subflavus*

(Coloración dorsal pardo oscuro entrepelado con pelos amarillos más largos; región ventral parda; tragus más ancho y con la punta redondeada; sin una marcada máscara negra en el rostro; uropatagio con pelos amarillos esparcidos de la rodilla hacia la cola; membranas negruzcas; *longitud de la pata más de la mitad de la longitud de la tibia*. Cráneo: Rostro bien diferenciado de la caja craneal; dientes proporcionalmente grandes con cúspides cortantes en forma de "W"; con una emarginación entre los caninos que incluye a los nasales y al paladar; cinco molariformes superiores; incisivos superiores bien desarrollados y los externos más grandes que los internos; caninos bien desarrollados y con un cingulum, región occipital del cráneo más baja que la parte media; *silueta dorsal del cráneo cóncava; palatino extendiéndose muy poco por detrás del nivel del último molar*. Longitud antebrazo 31.0 a 35.0 mm, cráneo 12.4-13.1).

Corynorhinus

1. Longitud del trago menos de 13.0 mm; generalmente menos de ocho franjas de pelo en el uropatagio. Longitud del cráneo generalmente menos de 15.5 mm (de Oaxaca al norte por las Sierras Madres, incluyendo el Eje Volcánico Transversal y norte de la Península de Yucatán) .... *Corynorhinus mexicanus*

(Coloración dorsal pardo rojizo a pardo grisáceo; región ventral más pálido que la dorsal; orejas y tragus muy grande pardos grisáceo; la punta de la cola excede el uropatagio; **generalmente menos de ocho franjas de pelo en el uropatagio**; membranas pardo pálido; *abertura nasal alargada posteriormente; con un abultamiento glandular claramente visible entre la abertura nasal y ojo*. Cráneo: alargado, con la parte media de la caja craneal más alta, rostro proporcionalmente corto, región del lacrimal redondeado. Longitud antebrazo 39.0 a 45.0 mm, del cráneo 14.5 a 15.9 mm).

1a. Longitud del trago mayor de 13.0 mm; generalmente ocho franjas de pelo en el uropatagio. Longitud del cráneo generalmente mayor de 15.5 mm (de Oaxaca al norte por las Sierras Madres, incluyendo el Eje Volcánico Transversal y el Altiplano) .... *Corynorhinus townsendii*

(Coloración parduzca, aunque la base son grisáceos en la base ventral amarillento, pero no contrastando; orejas y tragus muy grande pardos grisáceo, superiores a los 30.0 mm; la punta de la cola excede el uropatagio; **generalmente ocho franjas de pelo en el uropatagio**; membranas pardo pálido; *abertura nasal alargada posteriormente; con un abultamiento glandular claramente visible entre la abertura nasal y ojo*. Cráneo: alargado, con la parte media de la caja craneal más alta, rostro proporcionalmente corto, región del lacrimal redondeado. Longitud antebrazo 39.0 a 47.6 mm, del cráneo 15.2 a 17.2 mm).

Eptesicus

1. Segundo molar superior mayor de 2.4 mm de largo por 1.8 mm de ancho; longitud del cráneo promediando más de 17.2 mm (todo México, excepto la Planicie Costera del Pacífico de Michoacán al sur y la Península de Yucatán) .... *Eptesicus fuscus*

(Coloración dorsal de amarillento, pardo rojizo a pardo; región ventral anaranjado o pardo; orejas triangulares con el tragus curvado hacia el frente; rostro, orejas y membranas negruzcas; base del pelo negruzco; cola se prolonga hasta la punta del uropatagio. Cráneo: rostro bien diferenciado de la caja craneal; dientes proporcionalmente grandes con cúspides cortantes en forma de "W"; con una emarginación entre los caninos que incluye a los nasales y al paladar; *cuatro molariformes superiores; incisivos superiores bien desarrollados y los externos más grandes que los internos*; caninos bien desarrollados y con un cingulum; incisivos bien desarrollados, los internos mayores que los externos, los externos separados del caninos por una distancia equivalente al diámetro del mismo; inferiores subiguales e imbricados, tamaño grande; **segundo molar superior mayor de 2.4 mm de largo por 1.8 mm de ancho**. Longitud antebrazo 39.0 a 54.0 mm; cráneo 15.1 a 23.0 mm* NOTA: los ejemplares con distribución en México tienden a estar en el intervalo superior a las 17.0 mm).

1a. Segundo molar superior menor de 2.4 mm de largo por 1.8 mm de ancho; promedio de la longitud del cráneo menos de 17.2 2

2. Longitud del antebrazo en promedio mayor de 42.5 mm; longitud del pelo dorsal mayor de 8.0 mm. Segundo molar superior mayor de 1.8 x 1.6 mm (partes altas de sur de Veracruz, norte de Oacaxa y Chiapas) .... *Eptesicus brasiliensis*

9a. Limb length greater than half the tibia length; dorsal outline of the skull concave; palatine extending very little to the back of the last molar (from Tamaulipas in the Gulf Coastal Plains southward and southern Yucatan Peninsula .... *Perimyotis subflavus*

(Dorsal pelage from dark grizzly brown with longer yellow hairs; underparts brown; tragus wider and with round tip; without a strong black mask in rostrum; uropatagium with yellow hairs scattered from the knee to the tail; membranes blackish; *limb length greater than half the tibia length*. Skull; rostrum well differentiated from the braincase; teeth proportionally big with cutting cusps in W-shape; an emargination between the canines including nasals and palate; five upper molariforms upper incisor well developed and the external incisors larger than the internal ones; canines well developed with a cingulum; occipital skull region lower than the middle part; *palatine extending very little to the back of the last molar*. Forearm length 31.0 to 35.0 mm , skull 12.4-13.1).

Corynorhinus

1. Tragus length less than 13.0 mm; usually less than eight stripes of hair on the uropatagium. Skull length usually less than 15.5 mm (from Oaxaca northward along the Sierras Madre, including Trans-Mexican Volcanic Belt and north of the Yucatan Peninsula) .... *Corynorhinus mexicanus*

(Dorsal pelage from reddish brown to grayish brown; underparts paler than the dorsal one; very large ears and tragus grayish brown; the tip of the tail beyond the uropatagium; **usually less than eight stripes of hair on the uropatagium**; membranes pale brown; *naris extending backward; glandular bulkiness clearly visible between the naris and eye*. Skull extending with the middle part of the braincase higher; rostrum proportionally short; lachrymal region rounded. Forearm length 39.0 to 45.0 mm, skull 14.5 to 15.9 mm).

1a. Tragus length greater than 13.0 mm; usually eight stripes of hair in the uropatagium. Skull length usually greater than 15.5 mm (from Oaxaca northward along the Sierras Madre, including Trans-Mexican Volcanic Belt and the Highland) .... *Corynorhinus townsendii*

(Pelage brownish although the base is grayish; underparts base yellowish but not contrasting; very large ears and tragus grayish brown, much greater than 30.0 mm; the tip of the tail beyond the uropatagium; **usually eight stripes of hair in the uropatagium**; membranes pale brown; *naris extending backward; glandular bulkiness clearly visible between the naris and eye*. Skull: extending with the middle part of the braincase higher; rostrum proportionally short; lachrymal region rounded. Forearm length 39.0 to 47.6 mm, skull 15.2 to 17.2 mm).

Eptesicus

1. Second upper molar greater than 2.4 mm in length by 1.8 mm in breadth; average skull length greater than 17.2 mm (all over Mexico, except the Pacific Coastal Plains of Michoacán southward and the Yucatan Peninsula) .... *Eptesicus fuscus*

(Dorsal pelage from yellowish, reddish brown to brown; underparts orange or brown; ears triangular with the tragus curved frontward; rostrum, ears, and membranes blackish; hair base blackish; tail extends to the tip of the uropatagium. Skull: rostrum well differentiated from the braincase; teeth proportionally large with cutting cusps in W-shape; an emargination between the canines including nasals and palate; *four upper molariforms; two upper incisors on each maxillary branch and well developed, internal larger than external, the external are separated from the canines at a distance equivalent to their diameter;* lower incisors are subequal and imbricate; canines well-developed and with a cingulum; **second upper molar greater than 2.4 mm in length by 1.8 mm in breadth**. Forearm length 39.0 to 54.0 mm, skull 15.1 to 23.0 mm* NOTE: the specimens distributed in Mexico tend to be in the upper interval greater than 17.0 mm).

1a. Second upper molar less than 2.4 mm in length by 1.8 mm in breadth; average of skull length less than 17.2 2

2. Forearm length in average greater than 42.5 mm; dorsal hair length greater than 8.0 mm. Second upper molar greater than 1.8 x 1.6 mm (highlands of southern Veracruz, northern Oaxaca and Chiapas) .... *Eptesicus brasiliensis*

(Coloración dorsal pardo anaranjado oscuro a negruzco; región ventral anaranjado o pardo amarillento; orejas triangulares con el tragus curvado hacia el frente; piel del rostro rosácea; membranas negruzcas; base del pelo negruzco; punta de la cola excede el uropatagio. Cráneo: rostro bien diferenciado de la caja craneal; dientes proporcionalmente grandes con cúspides cortantes en forma de "W"; con una emarginación entre los caninos que incluye a los nasales y al paladar; *cuatro molariformes superiores; incisivos superiores bien desarrollados y los externos más grandes que los internos;* caninos bien desarrollados y con un cingulum; incisivos bien desarrollados, los internas mayores que los externos, los externos separados del canino por una distancia equivalente al diámetro del mismo, inferiores subiguales e imbricados; **segundo molar superior mayor de 1.8 x 1.6 mm**. Longitud antebrazo 39.0 a 48.0 mm, del cráneo 15.9 a 18.1 mm).

2a. Longitud del antebrazo en promedio menor de 42.5 mm; longitud del pelo dorsal menor de 8.0 mm. Segundo molar superior menor de 1.8 x 1.6 mm (de Nayarit en la Planicie Costera del Pacífico y Tamaulipas en la Planicie Costera del Golfo al sur, Depresión del Balsas y toda la Península de Yucatán) .... *Eptesicus furinalis*

(Coloración dorsal pardo oscuro a negruzcos; región ventral gris anaranjado; orejas triangulares con el tragus curvado hacia el frente pardo oscuro; piel del rostro rosácea; membranas negruzcas; base del pelo negruzco; uropatagio desnudo. Cráneo: rostro bien diferenciado de la caja craneal; dientes proporcionalmente grandes con cúspides cortantes en forma de "W"; con una emarginación entre los caninos que incluye a los nasales y al paladar; *cuatro molariformes superiores; incisivos superiores bien desarrollados y los externos más grandes que los internos;* caninos bien desarrollados y con un cingulum; incisivos bien desarrollados, los internas mayores que los externos, los externos separados del canino por una distancia equivalente al diámetro del mismo, inferiores subiguales e imbricados; **segundo molar superior menor de 1.8 x 1.6 mm**. Longitud antebrazo 37.0 a 41.0 mm, del cráneo 15.0 a 17.1 mm).

Lasiurus

1. Coloración rojiza. Con uno o dos premolares superiores a cada lado. Cuando son dos, el primero es muy pequeño 2

1a. Coloración amarillenta. Con un premolar superior a cada lado 5

2. Coloración ceniza. Longitud total mayor de 120.0 mm (todo México a excepción de la Península de Yucatán) .... *Lasiurus cinereus*

(Coloración dorsal y ventral entrepelado de gris, blanco, pardo, rostro y garganta con lineas amarillentas, mechones blancos en la base de los pulgares; piel del rostro y orejas negruzcos; orejas pequeñas y redondas; *uropatagio cubierto con mucho pelo que sobresale del borde.* Cráneo: Con una emarginación entre los caninos que incluye a los nasales y al paladar, cráneo corto y ancho, la superficie de contacto del tercer molar superior menor de un tercio de la del primer molar. Longitud antebrazo 46.0 a 57.0 mm, del cráneo 17.0 a 18.5 mm).

2a. Coloración rojiza o parduzca. Longitud total menor de 120.0 mm 3

3. Coloración no rojiza ladrillo. Sin cresta lacrimal (Figura CH58; registro de México dudoso, en todo caso norte de Tamaulipas y Nuevo León) .... *Lasiurus seminolus*

(Coloración dorsal pardo caoba entrepelado con gris claro, garganta y cuello blancuzcos; región ventral más pálido que la dorsal, orejas pardo rosáceo; orejas pequeñas y redondas; *uropatagio cubierto con mucho pelo que sobresale del borde.* Cráneo: con una emarginación entre los caninos que incluye a los nasales y al paladar, cráneo corto y ancho, la superficie de contacto del tercer molar superior menor de un tercio de la del primer molar, **sin cresta lacrimal**. Longitud antebrazo 40.7 mm, del cráneo 11.2 mm).

3a. Coloración rojiza ladrillo (más intenso en hembras, machos tienden a ser más entrepelados con blanco) generalmente mezclado con blanco. Cresta lacrimal presente (Figura CH59) 4

4. Tiende a ser de mayor tamaño y con carencia de pelos cenizos en el uropatagio. Solamente se pueden diferenciar por análisis genéticos, especies crípticas. La distribución es la mejor manera de separarlas (norte de Chihuahua, Coahuila, Nuevo León y Tamaulipas) .... *Lasiurus borealis*

(**Coloración dorsal de rojo ladrillo a rojo oxidado**, pelos con la base negruzca, la media crema y la punta roja, manchas blancas amarillentas en los hombros; región ventral más pálido que la dorsal; en la garganta es más brillante; piel del rostro y orejas pardo rosáceo; orejas pequeñas y redondas; *uropatagio cubierto con mucho pelo que sobresale del borde.* Cráneo: con una emarginación entre los caninos que incluye a los nasales y al paladar; cráneo corto y ancho; la superficie de contacto del tercer molar superior menor de un tercio de la del primer molar;

(Dorsal pelage from dark orange brown to blackish; underparts orange or yellowish brown; ears triangular with the tragus curved frontward; rostrum skin pinkish; membranes blackish; hair base blackish; tip of the tail beyond the uropatagium. Skull: rostrum well differentiated from the braincase; teeth proportionally large with cutting cusps in W-shape; an emargination between the canines including nasals and palate; *four upper molariforms; two upper incisors on each maxillary branch and well developed, internal larger than external, the external are separated from the canines at a distance equivalent to their diameter;* lower incisors are subequal and imbricate; canines well-developed and with a cingulum; **second upper molar greater than 1.8 x 1.6 mm**. Forearm length 39.0 to 48.0 mm, skull 15.9 to 18.1 mm).

2a. Forearm length less than 42.5 mm in average; length of dorsal hair less than 8.0 mm. Second upper molar less than 1.8 x 1.6 mm (from Nayarit in the Pacific Coastal Plain and Tamaulipas in the Gulf Coastal Plains southward, Balsas Basin and all the Yucatan Peninsula southward) .... *Eptesicus furinalis*

(Dorsal pelage from dark brown to blackish; underparts orange gray; ears triangular with the tragus curved frontward and dark brown; rostrum skin pinkish; membranes blackish; hair base blackish; uropatagium bare. Skull: rostrum well differentiated from the braincase; teeth proportionally large with cutting cusps in W-shape; an emargination between the canines including nasals and palate; *four upper molariforms; two upper incisors on each maxillary branch and well developed, internal larger than external, the external are separated from the canines at a distance equivalent to their diameter;* lower incisors are subequal and imbricate; canines well-developed and with a cingulum; **second upper molar less than 1.8 x 1.6 mm**. Forearm length 37.0 to 41.0 mm, skull 15.0 to 17.1 mm).

Lasiurus

1. Color grayish reddish; one or two upper premolars at each side; if two, the first one is very little 2

1a. Color yellowish or reddish; one upper premolar at each side 5

2. Ash color. Total length greater than 120.0 mm (all over Mexico except the Yucatan Peninsula) .... *Lasiurus cinereus*

(Dorsal pelage and underparts grizzly with gray, white, brown; rostrum and throat with yellowish lines; white locks of hair on the thumb base; rostrum skin and ears blackish; small and round ears; *uropatagium covered with much hair that overhangs the border.* Skull: one emargination between the canines including the nasals and palate; skull short and wide; contact surface of the third upper molar less than one third of the first molar. Forearm length 46.0 to 57.0 mm, skull 17.0 to 18.5 mm).

2a. Reddish or brownish color. Total length less than 120.0 mm 3

3. Pelage not brick reddish color; no lachrymal crest (Fig. CH58; record of Mexico doubtful, in any case northern Tamaulipas and Nuevo León) ....
.... *Lasiurus seminolus*

(Dorsal pelage mahogany brown grizzly with light gray; throat and neck whitish; underparts paler than dorsal; pinkish brown ears, small and round; *uropatagium covered with much hair that overhangs the border.* Skull: an emargination between the canines including the nasals and palate; skull short and wide; contact surface of the third upper molar less than one third of the first molar; **no lachrymal crest**. Forearm length 40.7 mm, skull 11.2 mm).

3a. Pelage brick reddish color (more intense in females, males tend to be more grizzly with white) generally mixed with white; lachrymal crest present (Figure CH59) 4

4. Tending to be larger in size and lacking ash colored hairs in the uropatagium; cryptic species can only be differentiated by genetic analysis. Their distribution is the best way of separating them (northern Chihuahua, Coahuila, Nuevo León, and Tamaulipas) .... *Lasiurus borealis*

(**Dorsal pelage from brick red to rusty red**; hair base blackish, middle part cream and tip red; yellowish white spots on shoulders; underparts paler than dorsal; more brilliant on the throat; rostrum skin and ears pinkish brown; small and round ears; *uropatagium covered with much hair that overhangs the border.* Skull: an emargination between the canines including the nasals and palate; skull short and wide; contact surface of the third upper

con cresta lacrimal. **Distribución del norte de Chihuahua, Coahuila, Nuevo León y Tamaulipas.** Longitud antebrazo 37.1 a 43.6 mm, del cráneo 11.5 a 13.5 mm).

4a. Tiende a ser de menor tamaño y con presencia de pelos cenizos en el uropatagio. Solamente se pueden diferenciar por análisis genéticos de *Lasiurus borealis*, especies crípticas (Península de Baja California y al sur de Sonora, Chihuahua, Coahuila, Nuevo León y Tamaulipas) .... *Lasiurus blossevillii*

(**Coloración dorsal anaranjado-amarillento rojizo mate**, pelos con la base negruzca, la media crema y la punta roja, manchas blancas amarillentas en los hombros; región ventral más pálida que la dorsal; en la garganta es más brillante; piel del rostro y orejas pardo rosáceo; orejas pequeñas y redondas; *uropatagio cubierto con mucho pelo que sobresale del borde*. Cráneo: con una emarginación entre los caninos que incluye a los nasales y al paladar; cráneo corto y ancho; la superficie de contacto del tercer molar superior menor de un tercio de la del primer molar; con cresta lacrimal. **Distribución del Península de Baja California y al sur de Sonora, Chihuahua, Coahuila, Nuevo León y Tamaulipas.** Longitud antebrazo 38.0 a 42.0 mm, del cráneo 11.8 a 13.0 mm).

5. Longitud total mayor de 119.0 mm. Longitud de la serie de dientes superiores mayor de 6.0 mm (de Sinaloa en la Planicie Costera del Pacífico y Tamaulipas en la Planicie Costera del Golfo al sur, la Península de Yucatán y Valles de Oaxaca) .... *Lasiurus intermedius*

(Coloración dorsal amarillo mate o amarillo grisáceo; región ventral amarillo pálido o crema; piel del rostro y orejas rosáceo; orejas pequeñas y redondas, pero más altas que anchas; *uropatagio cubierto con mucho pelo que sobresale del borde, puede ser de color amarillo o naranja pálido*. Cráneo: con una emarginación entre los caninos que incluye a los nasales y al paladar, cráneo corto y ancho; la superficie de contacto del tercer molar superior menor de un tercio de la del primer molar; con un premolar superior a cada lado. Longitud antebrazo 43.0 a 47.0 mm, del cráneo 17.8 a 18.5 mm).

5a. Longitud total menor de 119.0 mm. Longitud de la serie de dientes superiores menor de 6.0 mm 6

6. Coloración de un amarillo intenso, sobretodo en el pelo del uropatagio. Solamente se pueden diferenciar por análisis genéticos, especies crípticas (del Eje Volcánico Trasnversal al norte, incluye Península de Baja California, a excepción de la Planicie Costera del Golfo) .... *Lasiurus xanthinus*

(Coloración dorsal amarilla mate; región ventral amarillo pálido o crema; piel del rostro y orejas rosáceo; orejas pequeñas y redondas, pero más altas que anchas; *uropatagio cubierto con mucho pelo que sobresale del borde, puede ser de color amarillo o naranja pálido*. Cráneo: con una emarginación entre los caninos que incluye a los nasales y al paladar, cráneo corto y ancho, la superficie de contacto del tercer molar superior menor de un tercio de la del primer molar; con un premolar superior a cada lado. Longitud antebrazo 42.7 a 52.0, del cráneo 14.2 a 15.5 mm).

6a. Coloración de amarillo pálido, sobretodo en el uropatagio. Solamente se pueden diferenciar por análisis genéticos, especies crípticas (de Tamaulipas en la Planicie Costera del Golfo y Michoacán en al del Pacífico al sur, y la Península de Yucatán) .... *Lasiurus ega*

(Coloración dorsal amarilla mate o grisáceo; región ventral amarillo pálido mate o crema; piel del rostro y orejas rosáceo; orejas pequeñas y redondas, pero más altas que anchas; *uropatagio cubierto con mucho pelo que sobresale del borde, puede ser de color amarillo o naranja pálido*. Cráneo: con una emarginación entre los caninos que incluye a los nasales y al paladar, cráneo corto y ancho, la superficie de contacto del tercer molar superior menor de un tercio de la del primer molar; con un premolar superior a cada lado. Longitud antebrazo 48.0 a 58.0 mm, del cráneo 14.7 a 16.2 mm).

molar less than one third of the first molar; lachrymal crest. **Distribution northern Chihuahua, Coahuila, Nuevo León, and Tamaulipas**. Forearm length 37.1 to 43.6 mm, skull 11.5 to 13.5 mm).

4a. Tending to be smaller and with ash colored hairs; cryptic species can only be differentiated by genetic analysis (Baja California Peninsula and southern Sonora, Chihuahua, Coahuila, Nuevo León, and Tamaulipas) ....
.... *Lasiurus blossevillii*

(**Dorsal pelage yellow-orange reddish duller**; hair base blackish, middle part cream, and tip red; yellowish white spots on shoulders; underparts paler than dorsal; hair on throat more brilliant; rostrum skin and ears pinkish brown; ears small and round; *uropatagium covered with much hair overhanging the border*. Skull: an emargination between the canines including nasals and palate; short and wide skull; contact surface of the third upper molar less than one third of that of the first molar; lachrymal crest. **Distribution in northern Baja California Peninsula and southern Sonora Chihuahua, Coahuila, Nuevo León, and Tamaulipas**. Forearm length 38.0 to 42.0 mm, skull 11.8 to 13.0 mm).

5. Total length greater than 119.0 mm; upper toothrow greater than 6.0 mm (from Sinaloa in the Pacific Coastal Plains and Tamaulipas in the Gulf Coastal Plains southward, the Yucatan Peninsula, and Oaxaca valleys) .... *Lasiurus intermedius*

(Dorsal pelage dull or grayish yellow; underparts pale or cream yellow; rostrum skin and ears pinkish; ears small and round but higher than wider; *uropatagium covered with much hair both yellow or pale orange and overhanging the border*. Skull: an emargination between the canines including nasals and palate; short and wide skull; contact surface of the third upper molar less than one third of that of the first molar; one upper premolar at each side. Forearm length 43.0 to 47.0 mm, skull 17.8 to 18.5 mm).

5a. Total length less than 119.0 mm; upper toothrow less than 6.0 mm 6

6. Pelage intense yellow especially that of the uropatagium; cryptic species that can only be differentiated by genetic analysis (from the Trans-Mexican Volcanic Belt northward, including the Baja California Peninsula, except the Gulf Coastal Plains) .... *Lasiurus xanthinus*

(Dorsal pelage dull yellow; underparts pale yellow or cream; rostrum skin and ears pinkish; small and round ears but higher than wider; *uropatagium covered with much hair, yellow or pale orange, overhanging the border*. Skull: an emargination between the canine including nasals and palate; skull short and wide; contact surface of the third upper molar less than one third of that of the first one; one upper premolar at each side. Forearm length 42.7 to 52.0, skull 14.2 to 15.5 mm).

6a. Pelage pale yellow especially on the uropatagium; cryptic species that can only be differentiated by genetic analysis (from Tamaulipas in the Gulf Coastal Plains and Michoacan in the Pacific Coastal Plain southward, and the Yucatan Peninsula) .... *Lasiurus ega*

(Dorsal pelage dull yellow or grayish; underparts pale or dull yellow, or cream; rostrum hair and ears pinkish; small and round ears but higher than wider; *uropatagium covered with much hair, yellow or pale orange, overhanging the border*. Skull: an emargination between the canines including the nasals and palate; skull short and wide; contact surface of the third upper molar less than one third of that of the first one; one upper premolar at each side. Forearm length 48.0 to 58.0 mm, skull 14.7 to 16.2 mm).

CH58   CH59

Rhogeessa

1. El metacarpal de tercer dedo promediando 2.2 veces más de la longitud de la primera falange. Longitud del cráneo mayor de 14.5 mm; tercer incisivo inferior unicúspide y casi oculto por el cingulum del canino (de partes altas de Jalisco a Oaxaca, y Puebla, Michoacán, Hidalgo, Guanajuato y Aguascalientes) .... *Rhogeessa alleni*

(Coloración dorsal conformada por pelos con tres bandas, la basal es grisácea, la media parda y la de la punta pardo; región ventral con dos bandas, la basal grisácea y la de la punta ocre claro; parte dorsal del uropatagio desnudo. Cráneo: corto, ancho en proporción con otros de la misma subfamilia y rostro bien diferenciado de la caja craneal; dientes proporcionalmente pequeños con cúspides cortantes en forma de "W"; con una emarginación entre los caninos que incluye a los nasales y al paladar; cuatro molariformes superiores; un incisivo superior en cada rama mandibular y bien desarrollados; caninos grandes y con cingulum; caja craneal no muy alta; cresta sagital bien desarrollada; *tercer incisivo inferior unicúspide, menor en tamaño que los otros dos y casi oculto por le cingulum del canino.* Longitud antebrazo 30.8 a 34.4 mm, del cráneo 14.7 a 15.4 mm).

1a. El metacarpal de tercer dedo promediando 2.2 veces menos de la longitud de la primera falange. Longitud del cráneo menos de 14.5 mm; tercer incisivo inferior frecuentemente bicúspide 2

2. Longitud de la oreja más de 16.5 mm; pelo del dorso con tres bandas de color, siendo más oscuro en la parte basal y claro en las puntas (de Sinaloa a Chiapas en la Planicie Costera del Pacífico) .... *Rhogeessa gracilis*

(Coloración dorsal conformada por pelos con tres bandas, la basal es pardo grisácea oscuro, la media parda y la de la punta pardo ocráceo claro; región ventral con dos bandas, la basal parda grisácea oscura y la de la punta pardo claro; parte dorsal del uropatagio con pocos pelos esparcidos casi hasta la rodilla. Cráneo: corto, ancho en proporción con otros de la misma subfamilia y rostro bien diferenciado de la caja craneal; dientes proporcionalmente pequeños con cúspides cortantes en forma de "W"; con una emarginación entre los caninos que incluye a los nasales y al paladar; cuatro molariformes superiores; un incisivo superior en cada rama mandibular y bien desarrollados; caninos grandes y con cingulum; caja craneal no muy alta; cresta sagital bien desarrollada; *tercer incisivo inferior unicúspide, menor en tamaño que los otros dos y casi oculto por le cingulum del canino.* Longitud antebrazo 30.2 a 33.4 mm, del cráneo 12.9 a 13.8 mm).

2a. Longitud de la oreja menos de 16.5 mm; pelo del dorso con dos bandas, siendo más pálido en la base que en la punta 3

3. Longitud del antebrazo en promedio menor de 26.0 mm. Longitud del cráneo menos de 11.6 mm; cingulum lingual del canino superior sin cúspide (endémica de la Depresión del Balsas. NOM***) .... *Rhogeessa mira*

(Coloración dorsal conformada por pelos con dos bandas, la de la punta es pardo amarillo espino a amarillento y la basal más amarillenta, pero no contrastando con la primera; región ventral con dos bandas similares a las dorsales; parte dorsal del uropatagio con pocos pelos esparcidos hasta la rodilla y poco más. Cráneo: corto, ancho en proporción con otros de la misma subfamilia y rostro bien diferenciado de la caja craneal; dientes proporcionalmente pequeños con cúspides cortantes en forma de "W"; con una emarginación entre los caninos que incluye a los nasales y al paladar; cuatro molariformes superiores; un incisivo superior en cada rama mandibular y bien desarrollados; caninos grandes y con cingulum; caja craneal no muy alta; cresta sagital bien desarrollada; *tercer incisivo inferior unicúspide, menor en tamaño que los otros dos y casi oculto por le cingulum del canino.* **Endémica de la Depresión del Balsas.** Longitud antebrazo 24.5 a 26.9 mm, del cráneo 11.0 a 11.6 mm).

3a. Longitud del antebrazo en promedio mayor de 26.0 mm. Longitud del cráneo más de 11.6; cingulum lingual del canino superior generalmente con cúspide ... 4

4. Uropatagio peludo solamente en su base. Tercer incisivo inferior generalmente más de un cuarto del tamaño del segundo (de Sonora a Chiapas por la Planicie Costera del Pacífico) .... *Rhogeessa parvula*

(Coloración dorsal conformada por pelos con dos bandas, la de la punta es castaño a ante intenso y la basal es gris pálido a ante pálido, pero no contrastando con la primera; región ventral con dos bandas la de la punta de ante a ocráceo y la basal ligeramente más clara; parte dorsal del uropatagio con pocos pelos esparcidos hasta la mitad entre la rodilla y la pata. Cráneo: corto, ancho en proporción con otros de la misma subfamilia y rostro bien diferenciado de la caja craneal; dientes proporcionalmente pequeños con cúspides cortantes en forma de "W"; con una emarginación entre los caninos que incluye a los nasales y al paladar; cuatro molariformes superiores; un incisivo superior en cada rama mandibular y bien desarrollados; caninos grandes y con cingulum; caja craneal no muy alta; cresta sagital bien desarrollada; *tercer incisivo inferior unicúspide, menor en tamaño que los otros dos y casi oculto por le cingulum del canino.* Longitud antebrazo 25.8 a 32.8 mm, del cráneo 11.7 a 12.0 mm).

Rhogeessa

1. Metacarpal of the third digit averaging 2.2 times greater than the length of the first phalange; cranial length greater than 14.5 mm; third lower incisor unicuspid and almost hidden by the canine cingulum (highlands from Jalisco to Oaxaca and Puebla, Michoacán, Hidalgo, Guanajuato and Aguascalientes) .. .. *Rhogeessa alleni*

(Dorsal pelage formed by three hair bands, basal grayish, middle part brown, and the tip brown; underparts with two bands, basal grayish and the tip light ochre; dorsal part of the uropatagium bare. Skull: short, wide in proportion to others of the same subfamily and rostrum well differentiated from the braincase; teeth proportionally small with cutting cusps in W-shape; an emargination between the canines including nasals and palate; four upper molariforms; one upper incisor in each mandibular branch and well developed; canines large and with cingulum; braincase not very high; two upper incisors at each side; three upper molars same size; digital crest well developed; *third lower incisor unicuspid smaller in size than the others and almost hidden by the canine cingulum*. Forearm length 30.8 to 34.4 mm, skull 14.7 to 15.4 mm).

1a. Metacarpal of the third digit averaging 2.2 times less than the length of the first phalange; skull length less than 14.5 mm; third lower incisor frequently bicuspid 2

2. Ear length greater than 16.5 mm; dorsal hair with three basal bands darker and tips lighter (from Sinaloa to Chiapas in the Pacific Coastal Plains) .... *Rhogeessa gracilis*

(Dorsal pelage formed by three hair bands, basal dark grayish brown, middle part brown, and the tip light ochre brown; underparts by two color bands, basal dark grayish brown and the tip light brown; dorsal part of the uropatagium with little hair scattered almost to the knee. Skull: short, wide in proportion to others of the same subfamily and rostrum well differentiated from the braincase; teeth proportionally small with cutting cusps in W-shape; an emargination between the canines including nasals and palate; four upper molariforms; one upper incisor in each mandibular branch and well developed; canines large and with cingulum; braincase not very high; two upper incisor at each side; three upper molars same size; digital crest well developed; *third lower incisor unicuspid, smaller in sizes than the other and almost hidden by the canine cingulum*. Forearm length 30.2 to 33.4 mm, skull 12.9 to 13.8 mm).

2a. Ear length less than 16.5 mm; dorsal pelage with two paler bands on the base than on the tip 3

3. Forearm length in average less than 26.0 mm, skull less than 11.6 mm; unicuspid upper canine lingual (endemic of Balsas Basin. NOM***) .... *Rhogeessa mira*

(Dorsal pelage formed by two hair bands, the tip from yellow brown to yellowish and basal more yellowish but not contrasting with the first one; underparts with two bands similar to those on the back; dorsal part of the uropatagium with little hair grizzly to the knee and a little further. Skull: short, wide in proportion to others of the same subfamily and rostrum well differentiated from the braincase; teeth proportionally small with cutting cusps in W-shape; an emargination between the canines including nasals and palate; four upper molariforms; one upper incisor in each mandibular branch and well developed; canines large and with cingulum; braincase not very high; two upper incisor at each side; three upper molars same size; digital crest well developed; *third lower incisor unicuspid, smaller in size than the others and almost hidden by the canine cingulum*. **Endemic to Balsas Depression**. Forearm length 24.5 to 26.9 mm, skull 11.0 to 11.6 mm).

3a. Forearm length greater than 26.0 mm in average; cranial length greater than 11.6; upper canine lingual cingulum usually with cusp 4

4. Hairy uropatagium only on its base; third lower incisor usually greater than one fourth the size of the second one (from Sonora to Chiapas by the Pacific Coastal Plains .... *Rhogeessa parvula*

(Dorsal formed by two hair color bands, the tip chestnut brown or intense suede and basal pale gray to pale suede but not contrasting with the first one; underparts with two color bands, tip from suede to ochre and basal slightly lighter; dorsal part of the uropatagium with little hair grizzly to the middle between the knee and the limb. Skull: short, wide in proportion to others of the same subfamily and rostrum well differentiated from the braincase; teeth proportionally small with cutting cusps in W-shape; an emargination between the canines including nasals and palate; four upper molariforms; one upper incisor in each mandibular branch and well developed; canines large and with cingulum; braincase not very high; two upper incisor at each side; three upper molars same size; digital crest well developed; *third lower incisor unicuspid, smaller in size than the others, and almost hidden by the canine cingulum*. Forearm length 25.8 to 32.8 mm, skull 11.7 to 12.0 mm).

4a. Uropatagio muy peludo desde la base hasta la mitad de la tibia. Tercer incisivo inferior generalmente menor de un cuarto del tamaño del segundo (El grupo *tumida* incluye especies cripticas, sólo se pueden separar bien con datos genéticos y de distribución) 5

5. Pelaje y las orejas más claras; un ángulo más elevado entre el rostro y la caja craneal; rostro más corto; incisivos superiores más grandes y delgados; tercer molar superior más pequeño 6

5a. Pelaje y las orejas más oscuro; ángulo menos elevado entre el rostro y la caja craneal; rostro más largo; incisivos superiores no tan grandes y delgados; tercer molar superior proporcional al resto 7

6. Solamente se pueden diferenciar por análisis genéticos, especies crípticas (de Tamaulipas en la Planicie Costera del Golfo al sur, y sur de la Península de Yucatán) .... *Rhogeessa tumida*

(Coloración dorsal pardo amarillento, con la base amarilla y la punta pardo; región ventral amarillo pálido o crema; rostro y orejas pardos oscuro o negruzco; tragus largo y angosto; la cola se extiende por todo el uropatagio, membranas negruzcas; con notorias glándulas en las orejas [son una zona brillante con inflamación en la superficie exterior de la oreja, por encima de la coronilla de la cabeza]. Cráneo: corto, ancho en proporción con otros de la misma subfamilia y rostro bien diferenciado de la caja craneal; dientes proporcionalmente pequeños con cúspides cortantes en forma de "W"; con una emarginación entre los caninos que incluye a los nasales y al paladar; cuatro molariformes superiores; un incisivo superior en cada rama mandibular y bien desarrollados; caninos grandes y con cingulum; caja craneal no muy alta; cresta sagital bien desarrollada; *tercer incisivo inferior unicúspide, menor en tamaño que los otros dos y casi oculto por le cingulum del canino*. Longitud antebrazo 25.0 a 32.0 mm, del cráneo 11.2 a 12.9 mm). NOTA: *Rhogeessa genowaysi* y *R. bickhami* solo se pueden separar por cariotipos.

6a. Solamente se pueden diferenciar por análisis genéticos, especies crípticas (restringido a la Península de Yucatán) .... *Rhogeessa aeneus*

(Coloración dorsal pardo amarillento, con la base amarilla y la punta pardo; región ventral amarillo pálido o crema; rostro y orejas pardos oscuro o negruzco; tragus largo y angosto; la cola se extiende por todo el uropatagio, membranas negruzcas; con notorias glándulas en las orejas. Cráneo: corto, ancho en proporción con otros de la misma subfamilia y rostro bien diferenciado de la caja craneal; dientes proporcionalmente pequeños con cúspides cortantes en forma de "W"; con una emarginación entre los caninos que incluye a los nasales y al paladar; cuatro molariformes superiores; un incisivo superior en cada rama mandibular y bien desarrollados; caninos grandes y con cingulum; caja craneal no muy alta; cresta sagital bien desarrollada; *tercer incisivo inferior unicúspide, menor en tamaño que los otros dos y casi oculto por le cingulum del canino*. **Restringido a la Península de Yucatán**. Longitud antebrazo 25.1 a 32.3 mm, del cráneo 11.7 a 12.2 mm). NOTA: *Rhogeessa genowaysi* y *R. bickhami* solo se pueden separar por cariotipos.

7. El hipocono del segundo y tercer molar superior es tres cuartas partes de la del segundo molar superior y un tercio en ancho (endémica de la costa de Chiapas. NOM**) .... *Rhogeessa genowaysi*

(Coloración dorsal pardo amarillento, con la base amarilla y la punta pardo; región ventral amarillo pálido o crema; rostro y orejas pardos oscuro o negruzco; tragus largo y angosto; la cola se extiende por todo el uropatagio, membranas negruzcas; con notorias glándulas en las orejas. Cráneo: corto, ancho en proporción con otros de la misma subfamilia y rostro bien diferenciado de la caja craneal; dientes proporcionalmente pequeños con cúspides cortantes en forma de "W"; con una emarginación entre los caninos que incluye a los nasales y al paladar; cuatro molariformes superiores; un incisivo superior en cada rama mandibular y bien desarrollados; caninos grandes y con cingulum; caja craneal no muy alta; cresta sagital bien desarrollada; *tercer incisivo inferior unicúspide, menor en tamaño que los otros dos y casi oculto por el cingulum del canino*. **Endémica de la costa de Chiapas**. Longitud antebrazo 27.8 a 30.5 mm, del cráneo 12.0 a 13.1 mm). NOTA: *Rhogeessa genowaysi* y *R. bickhami* solo se pueden separar por cariotipos.

7a. El hipocono del segundo y tercer molar superior de tamaño similar; segundo y tercer molar superior del mismo ancho (Planicie Costera del Chiapas) .... *Rhogeessa bickhami*

(Coloración dorsal oscura por las puntas de los pelos pardas oscuras a negruzcas, con la base gris amarillento a amarillento; región ventral pardo claro; sin fleco de pelos en el uropatagio; orejas cortas y de color oscuro. Cráneo: corto, ancho en proporción con otros de la misma subfamilia y rostro bien diferenciado de la caja craneal; dientes proporcionalmente pequeños con cúspides cortantes en forma de "W"; con una emarginación entre los caninos que incluye a los nasales y al paladar; cuatro molariformes superiores; un incisivos superiores en cada rama mandibular y bien desarrollados; caninos grandes y con cingulum; caja craneal no muy alta; cresta sagital bien desarrollada; *tercer incisivo inferior unicúspide, menor en tamaño que los otros dos y casi oculto por le cingulum del canino*. **Planicie Costera del Chiapas**. Longitud antebrazo no se tiene registro, del cráneo 11.2 a 12.9 mm).

4a. Uropatagium very hairy from the base to middle part of the tibia; third lower incisor usually less than one fourth of the size of the second one (The *tumida* group includes cryptic species that can only be differentiated well with genetic and distribution data) 5

5. Pelage and ears lighter; one angle more elevated between the rostrum and the braincase; rostrum shorter; upper incisor larger and thinner; third upper molar smaller 6

5a. Pelage and ears darker; angle less elevated between the rostrum and the braincase; rostrum larger; upper incisor not so large and thin; third upper molar in proportion to the rest 7

6. Cryptic species can only be differentiated by genetic analysis (from Tamaulipas in the Gulf Coastal Plains southward and southern Yucatan Peninsula) ....
.... *Rhogeessa tumida*

(Dorsal pelage yellowish brown, base yellow and tip brown; underparts pale yellow or cream; rostrum and ears dark brown or blackish; tragus large and narrow; tale extends throughout the uropatagium; membranes blackish; notorious glands in the ears [a brilliant area swollen on the external surface of the ear above the head crown]. Skull: short, wide in proportion to others of the same subfamily and rostrum well differentiated from the braincase; teeth proportionally small with cutting cusps in W-shape; an emargination between the canines including nasals and palate; four upper molariforms; one upper incisor in each mandibular branch and well developed; canines large and with cingulum; braincase not very high; two upper incisors at each side; three upper molars same size; digital crest well developed; *third lower incisor unicuspid, smaller in size than the others, and almost hidden by the canine cingulum*. Forearm length 25.0 to 32.0 mm, skull 11.2 a 12.9 mm). NOTE: *Rhogeessa tumida* and *R. aeneus* can only be separated by karyotypes.

6a. Cryptic species can only be differentiated by genetic analysis (Restricted to the Yucatan Peninsula) .... *Rhogeessa aeneus*

(Dorsal pelage yellowish brown, base yellow and tip brown; underparts pale yellow or cream; rostrum and ears dark brown or blackish; tragus long and narrow; tail extends throughout the uropatagium: membranes blackish; notorious glands on ears. Skull: short, wide in proportion to others of the same subfamily and rostrum well differentiated from the braincase; teeth proportionally small with cutting cusps in W-shape; an emargination between the canines including nasals and palate; four upper molariforms; one upper incisor in each mandibular branch and well developed; canines large and with cingulum; braincase not very high; two upper incisors at each side; three upper molars same size; digital crest well developed; *third lower incisor unicuspid, smaller in size than the others, and almost hidden by the canine cingulum*. **Restricted to the Yucatan Peninsula**. Forearm length 25.1 to 32.3 mm, skull 11.7 to 12.2 mm). NOTE: *Rhogeessa tumida* and *R. aeneus* can only be separated by karyotypes.

7. The hypocone of the second and third upper molars is three fourths of the second upper molar length and one third in breadth (endemic of the coast of Chiapas. NOM**) .... *Rhogeessa genowaysi*

(Dorsal pelage yellowish brown, base yellow and tip brown; underparts pale yellow or cream; rostrum and ears dark brown or blackish; tragus long and narrow; the tail extends throughout the uropatagium; blackish membranes; notorious glands on ears. Skull: short, wide in proportion to others of the same subfamily and rostrum well differentiated from the braincase; teeth proportionally small with cutting cusps in W-shape; an emargination between the canines including nasals and palate; four upper molariforms; one upper incisor in each mandibular branch and well developed; canines large and with cingulum; braincase not very high; two upper incisors at each side; three upper molars same size; digital crest well developed; *third lower incisor unicuspid, smaller in size than the others, and almost hidden by the canine cingulum*. **Endemic to the coast of Chiapas**. Forearm length 27.8 to 30.5 mm, skull 12.0 to 13.1 mm). NOTE: *Rhogeessa genowaysi* and *R. bickhami* can only be separated by karyotypes.

7a. Hypocones of the second and third upper molar are similar in size; second and third upper molar are same breadth (coastal plain of Chiapas) ....
.... *Rhogeessa bickhami*

(Dorsal pelage dark because of hair tips from dark brown to blackish, hair base from yellowish gray to yellowish; underparts light brown; no hair bangs in the uropatagium; ears short and dark color. Skull: short, wide in proportion to others of the same subfamily and rostrum well differentiated from the braincase; teeth proportionally small with cutting cusps in W-shape; an emar branch and well developed; canines large and with cingulum; braincase not very high; two upper incisors at each side; three upper molars same size; digital crest well developed; *third lower incisor unicuspid, smaller in size than the others, and almost hidden by the canine cingulum*. **Coastal plain of Chiapas**. No records for forearm length, skull 11.2 to 12.9 mm).

Cingulata

Orden de mamíferos que se caracterizan por ser los únicos cuyo cuerpo está cubierto por escudos de queratina superpuestas en placas óseas, además de tener una extra zigoapófisis presente en la parte posterior de las vértebras torácicas y lumbares. En la actualidad, los únicos miembros que representan a este Orden son los pertenecientes a la Familia Dasypodidae (armadillos) con distribución en México y dos extintas, Pampatheriidae y Glyptodontidae. Ellos se limitan al Continente Americano.

Literatura utilizada para las claves, taxonomía y nomenclatura del Orden Cingulata. Previamente incluida en el Orden Edentata (Simpson 1945) u Orden Xenarthra (Wilson y Reeder 1993). Incluya a la familia Dasypodidae (McKenna y Bell 1997), y el Mammalian species McBee y Baker (1982).

Familia Dasypodidae

Familia que incluyen a los armadillos entre muchos otros nombres. Se caracteriza por ser único Orden de mamíferos en tener el cuerpo cubierto con escudos de queratina que se sobreponen a las placas del hueso, además de tener extra zigoapófisis presente en la parte posterior de las vértebras torácicas y lumbares. Se restringen al Continente Americano. Pertenecen al Orden Cingulata.

Las especies presentes en México pertenecen a dos Subfamilias diferentes Dasypodinae que incluye al grupo de los armadillos con placas en la cola (*Dasypus novemcinctus*) y los Tolypeutinae que incluye a los armadillos de cola desnuda (*Cabassous centralis*).

1. Cuerpo cubierto por un caparazón formado por más de nueve hileras de placas dérmicas; la cola carece de placas dérmicas. Anchura mastoidea mayor del 40 % de la longitud del cráneo (extremo sur de Chiapas. NOM*) .... Tolypeutinae: *Cabassous centralis*

(Coloración dorsal pardo grisácea oscura, con el borde del carapacho amarillento; *cuerpo cubierto por un caparazón formado de 10 a 13 hileras de placas dérmicas; la cola carece de placas dérmicas*; cola corta, aproximadamente la mitad del cuerpo; con una uña central muy grande de la mitad del tamaño de la mano. Cráneo: longitud entre el borde anterior del paladar y el alveolo del primer diente unicúspide de la mitad de la longitud de la hilera de dientes; tres dientes unicúspides por atrás del borde posterior del palatino. Longitud total 500.0 a 573.0, del cráneo 78.0 a 80.0 mm).

1a. Cuerpo cubierto por un caparazón formado por nueve placas dérmicas, la cola también tiene placas dérmicas. Anchura mastoidea menor del 40 % de la longitud del cráneo (todo México, excepto norte del Altiplano Central, Desierto Sonorense y Península de Baja California) .... Dasypodinae: *Dasypus novemcinctus*

(Coloración dorsal de ocrácea a pardo oscura; *cuerpo cubierto por un caparazón formado de nueve placas dérmicas; cola con placas dérmicas; cola larga, aproximadamente dos tercios del cuerpo*; con dos uñas central grandes. Cráneo: longitud entre el borde anterior del paladar y el alveolo del primer diente unicúspide de la misma longitud de la hilera de dientes; ningún diente unicúspide por atrás del borde posterior del palatino. Longitud total 615.0 a 800.0 mm, del cráneo 85.5 a 100.0 mm).

O rder of mammals characterized by being the only ones whose body is covered by keratin shields overlaid in bony plates besides having and extra zygoapophysis in the posterior part of the thoracic and lumbar vertebrae. Currently, the only ones representing this Order are the Family Dasypodidae (armadillos) and two extinct Pampatheriidae and Glyptodontidae. They are restricted to the American continent.

Literature used for the keys, taxonomy and nomenclature of the Order Cingulata. Previously included within the Order Edentata (Simpson 1945) or Order Xenarthra (Wilson and Reeder 1993). We only included the Family Dasypodidae (McKenna and Bell 1997), and the Mammalian species McBee and Baker (1982).

Family Dasypodidae

Family including armadillos (among many other names) whose body is covered by keratin shields overlaid in bony plates besides having and extra zygoapophysis in the posterior part of the thoracic and lumbar vertebrae. They are restricted to the American Continent and belong to the Order Cingulata.

The species in Mexico belong to two different Dasypodinae subfamilies including the group of nine-banded armadillos with plates on the tail (*Dasypus novemcinctus*) and the Tolypeutinae including the naked-tail armadillos (*Cabassous centralis*).

1. Body covered by a hard shell formed by more than nine dermal plates but none on the tail; mastoid breadth greater than 40 % of the skull length (extreme southern Chiapas. NOM*) .... Tolypeutinae: *Cabassous centralis*

(Dorsal pelage dark grayish brown with the shell border yellowish; *body covered by a shell formed by 10 to 13 dermal plates but none on the tail*, which is short approximately half of the body size; a very large central nail half the size of the paw. Skull: length between the anterior palatal border and the first unicuspid tooth alveolus, which is half the length of the tooth row; three unicuspid teeth behind the posterior palatine border. Total length from 500.0 to 573.0, skull from 78.0 to 80.0 mm).

1a. Body covered by a shell formed by nine dermal plates; tail also with dermal plates. Mastoid breadth less than 40 % of the skull length (all Mexico, except the northern Central Highland, Sonora, and the Baja California Peninsula) ....
.... Dasypodinae: *Dasypus novemcinctus*

(Dorsal pelage from ochre to dark brown; *body covered by a nine-dermal plate shell; long tail with dermal plates, approximately two thirds of the body size*; two large central nails. Skull: length between the anterior palatine border and the first unicuspid tooth alveolus, which is the same length as the tooth row; no unicuspids behind the posterior palatine border. Total length from 615.0 to 800.0 mm, skull from 85.5 to 100.0 mm)

Didelphiomorpha

Los mamíferos marsupiales (Metatheria) representada en México por la familia Didelphidae que incluye a más de 90 especies. Literatura utilizada para las claves, taxonomía y nomenclatura del Orden Didelphimorphia. Se considera a *Tlacuatzin* como nuevo género, previamente identificado dentro de *Marmosa* (Voss y Jansa 2003). Se utilizó la revisión de los géneros *Didelphis* (Allen 1901; Gardner 1973) y *Marmosa* (Tate 1933; Rossi *et al.* 2010) y los Mammalian Species: Castro-Arellano *et al.* (2000); Larry (1978); Zarza *et al.* (2003).

Familia Didelphidae

La familia Didelphidae incluye a las zarigüeyas, tlacuachines, tlacuaches, guasalos, guanchacas, faras, chuchas, runchos o raposas. Incluye a más de 90 especies y dos Subfamilias actuales (Didelphinae y Caluromyinae) y cinco extintas. Se caracteriza entre los marsupiales por su bula relativamente no inflada y tener cinco dígitos en cada extremidad y todos desiguales en longitud. Se distribuyen exclusivamente en América. Pertenecen al Orden Didelphimorphia.

Las especies presentes en México pertenecen a dos Subfamilias diferentes Caluromyinae que incluye al tlacuache lanudo o dorado (*Caluromys derbianus*) y Didelphinae que incluye al resto de los marsupiales.

1. Con mucho pelo y sedoso; la mitad proximal de la cola con pelo; orejas de color claro; con una línea negra que recorre de la nariz a la frente. Hilera de dientes superiores arqueada hacia afuera (Figura D1; de Veracruz en la Planicie Costera del Golfo al sur y sur de la Península de Yucatán. NOM**) .... Caluromyinae: *Caluromys derbianus*

(Coloración dorsal gris pálido con tres manchas que pueden llegar a ser hasta anaranjadas, en los hombros, la espalda y la cadera, **con una mancha clara en forma de diamante en la espalda**; región ventral crema blancuzca; orejas grandes y rosácea; con una línea media en el rostro pardo oscuro; *cola muy larga, parte superior con pelo del mismo color que el dorso, punta desnuda y blanca*; parte superior de las patas delanteras blancas. Cráneo: último molar superior no más grande que el primero; procesos supraorbitales bien desarrollados; primer molariforme muy reducido, casi del tamaño de uno de los incisivos; más de dos fenestras en el paladar. Longitud total 600.0 a 700.0 mm, condilobasal 60.2 a 62.5 mm).

The order Didelphiomorpha includes marsupial mammals (Metatheria) represented in Mexico only by the Family Didelphidae. Literature used for the keys, taxonomy and nomenclature of the Order Didelphimorphia. We considered *Tlacuatzin* as a new genus previously identified as *Marmosa* (Voss and Jansa 2003). We used the review of the genus *Didelphis* (Allen 1901; Gardner 1973) and *Marmosa* (Tate 1933; Rossi *et al.* 2010), and the Mammalian Species: Castro-Arellano *et al.* (2000); Larry (1978); Zarza *et al* (2003).

Family Didelphidae

The Family Didelphidae includes opossums known in Mexico, Central, and South America as tlacuachines, tlacuaches, guasalos, guanchacas, faras, chuchas, runchos or raposas. It includes more than 90 species, two current Subfamilies (Didelphinae and Caluromyinae), and five extinct. Among marsupials they are characterized by having relatively not inflated auditory bullae and five digits in each limb, all sub-equal in length. They are distributed exclusively in America and belong to the Order Didelphimorphia.

    The species in Mexico belong to two different Subfamilies Caluromyinae that includes the "tlacuache" Derby's wooly or golden opossum (*Caluromys derbianus*) and Didelphinae that includes the rest of the marsupials.

1. Much hair and silky: the proximal half of the tail with hair; ears light color; a black line from the nose to the forehead. Upper toothrow arched outward (Figure D1; from Veracruz in the Gulf Coastal Plains southward and the Yucatan Peninsula. NOM**) .... Caluromyinae: *Caluromys derbianus*
   (Dorsal pelage pale gray with three spots that can even be in orange shades on shoulders, back, and hip **with a light spot in diamond shape on the back**; underparts whitish cream; long and pinkish ears; a middle line dark brown on the rostrum; *tail very long, upper part with hair same color as the back, tip bare and white*; upper part of the forelimbs white. Skull: last upper molar not bigger than the first one; supraorbital processes well developed; first molariform very reduced, almost the size of one of the incisives; greater than two palatal fenestrae. Total length from 600.0 to 700.0 mm, condylobasal length from 60.2 to 62.5 mm)

1a. Con pelo en general cerdoso; toda la cola sin pelo; orejas oscuras; sin una línea negra que recorre de la nariz a la frente. Hilera de dientes superiores no arqueada, casi recta (Figura D2) .... Didelphinae (pag. 222)

Subfamilia Didelphinae

1. Con una mancha negra alrededor del ojo, que contrasta con la coloración de la cabeza; hembra sin marsupio; longitud total menos de 400.0 mm. Longitud total del cráneo menos de 50.0 mm 2

1a. Con o sin mancha oscura alrededor del ojo, pero no contrasta con la coloración de la cabeza por tener diferentes manchas, muchas veces unas claras supraoculares; hembras con marsupio; longitud total más de 400.0 mm. Longitud total del cráneo más de 50.0 mm 3

2. Coloración grisácea o ligeramente anaranjada, raramente mezclada con coloración canela. Con una pequeña fosa entre la hendidura de los palatinos y molares (Figura D3; de Sonora en la Planicie Costera del Pacífico al sur, norte de la Península de Yucatán, Depresión del Balsas y Valles de Oaxaca) ... . *Tlacuatzin canescens*

(Coloración dorsal gris pálido, con un marcado anillo negro alrededor del ojo; región ventral blanco-crema; orejas desnudas y pardo claro; cola de aproximadamente la misma longitud del cuerpo, con la parte dorsal ligeramente más oscura y ocasionalmente la punta blanca. Cráneo: último molar superior más grande que el primero; procesos supraorbitales poco desarrollados, primer molariforme no reducido; más de dos fenestras en el paladar; *con una pequeña fosa entre la hendidura de los palatinos y molares*. Longitud total 205.0 a 350.0 mm, condilobasal 32.6 a 35.3 mm).

2a. Coloración pardo o canela. Sin fosa entre la hendidura de los palatinos y molares (Figura D4; de Oaxaca en la Planicie Costera del Pacífico y Tamaulipas en la Planicie Costera del Golfo al sur) .... *Marmosa mexicana*

(Coloración dorsal pardo pálido, canela o pardo anaranjado, con un marcado anillo negro alrededor del ojo; región ventral crema a amarillo; orejas desnudas y pardo claro; cola parda de mayor tamaño que la longitud del cuerpo, pudiendo tener la parte dorsal ligeramente más oscura que la ventral. Cráneo: último molar superior más grande que el primero; procesos supraorbitales desarrollados, primer molariforme no reducido; *sin fosa entre la hendidura de los palatinos y molares*. Longitud total 222.0 a 290.0 mm, condilobasal 25.7 a 32.9 mm).

3. Cola bicolor, la parte ventral más clara que la dorsal. Sin proceso postorbital (Figura D5; de Tamaulipas en la Planicie Costera del Golfo al sur y la Península de Yucatán. NOM**) .... *Metachirus nudicaudatus*

(Coloración dorsal pardo amarillento; región ventral amarillo pálido; orejas pardas; rostro pardo oscuro con líneas negruzcas que recorre de la nariz a la frente y a los ojos, manchas pardo claro sobre los ojos y en las mejillas; cola completamente peluda en toda su longitud y con el dorso más oscuro que la región ventral. Cráneo: último molar superior casi del mismo tamaño que el primero; *sin proceso postorbital*; primer molariforme no reducido; más de dos fenestras en el paladar. Longitud total 150.0 a 330.0 cm).

D1
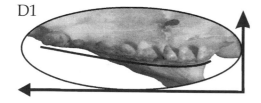

D2
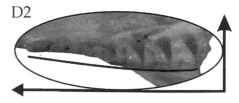

1a. Bristle hair in general; no hair all over the tail; dark ears; no black line from the nose to the forehead. Upper toothrow not arched, almost straight (Figure D2). .... Didelphinae (p. 223)

Subfamily Didelphinae

1. A black spot around the eyes contrasting with head color; females without pouches; total length less than 400.0 mm. Skull length less than 50.0 mm 2

1a. With or without dark spots around the eyes but not contrasting with head color because of the different spots; many times some light supraocular spots; females with pouches; total length greater than 400.0 mm. Skull length greater than 50.0 mm.. 3

2. Grayish or slightly orange pelage rarely mixed with cinnamon color. A small pit between the palatine and molar cleft (Figure D3; from Sonora in the Pacific Coastal Plains southward, northern Yucatan Peninsula, Balsas Basin, and Oaxaca valleys) .... *Tlacuatzin canescens*

(Dorsal pelage pale gray with a marked black ring around the eyes; underparts cream-white; bare ears and light brown; tail approximately the same length as the body with the back slightly darker and occasionally the tip white. Skull: last upper molar larger than the first one; supraorbital processes little developed; first molariform not reduced; *a small pit between the palatine and molar cleft*. Total length from 205.0 to 350.0 mm, condylobasal length from 32.6 to 35.3 mm).

2a. Dorsal pelage brown or cinnamon. No pit between the palatine and molar cleft (Figure D4; from Oaxaca in the Pacific Coastal Plains and Tamaulipas in the Gulf Coastal Plains southward) .... *Marmosa mexicana*

(Dorsal pelage pale brown or orange brown with a marked black ring around the eyes; underparts from cream to yellow; ears bare and light brown; tail brown longer than body length; the back might be slightly darker than the ventral side. Skull: last upper molar larger than the first one; supraorbital processes developed; first molariform not reduced; *no pit between the palatine and molar cleft*. Total length from 222.0 to 290.0 mm, condylobasal length from 25.7 to 32.9 mm).

3. Tail bicolor, ventral side lighter than the dorsal one. No postorbital process (Figure D5; from Tamaulipas in the Gulf Coastal Plains southward and the Yucatan Peninsula. NOM**) .... *Metachirus nudicaudatus*

(Dorsal pelage yellowish brown; underparts pale yellow; brown ears; rostrum dark brown with blackish lines from the nose to the forehead and the eyes; light brown spots over the eyes and on the cheeks; tail completely hairy at all its length and with the dorsal side darker than the ventral one. Skull: last upper molar almost the same size as the first one; *no postorbital processes*; first molariform not reduced; greater than two palatal fenestrae. Total length from 150.0 to 330.0 cm).

D3
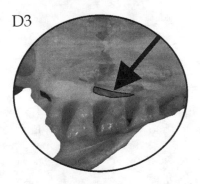

D4
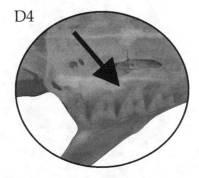

3a. Cola no bicolor, pero si con parte distal más clara que la proximal. Con proceso postorbital desarrollado (Figura D6) 4

4. Dedos con membranas interdigitales en las patas traseras; coloración dorsal gris con cuatro bandas anchas negras que cruzan el lomo. Anchura zigomática más del 60 % de la longitud basal; un foramen lacrimal usualmente presente a cada lado (en Chiapas, este de Oaxaca y sur de Tabasco. NOM*) ....
.... *Chironectes minimus*

(*Coloración dorsal gris pálido con cuatro líneas negras anchas, trasversales y terminadas en semicírculo* de pardo chocolate a negruzco que cruzan el lomo; región ventral blanca; orejas chicas desnudas y negruzcas; cola ancha con pelo en la base, después desnuda y a punta blanca; *con membranas interdigitales en las patas traseras*. Cráneo: último molar superior casi del mismo tamaño que el primero; procesos supraorbitales desarrollados; primer molariforme no reducido; dos fenestras en el paladar; caja craneal ancha. Longitud total 645.0 a 745.0 mm, del cráneo 68.2 a 81.0 mm).

4a. Dedos libres, sin membranas interdigitales en las patas traseras; coloración variada, pero nunca con manchas dorsales bien definidas. Anchura zigomática menos del 60 % de la longitud basal; dos foramenes lacrimal usualmente presente a cada lado 5

5. Pelaje corto, con dos manchas blancas sobre los ojos. Longitud mayor del cráneo menos de 80.0 mm; sólo cuatro fenestras bien definidas en la parte posterior del paladar (Figura D7; de Tamaulipas hacia el sur) .... *Philander opossum*

(Coloración dorsal pardo grisáceo oscuro o gris negruzco con entrepelado blanco, **cabeza negruzca con dos manchas blancas sobre los ojos**; región ventral y parte superior de las pies crema o amarillento; orejas desnudas y negruzcas, con una mancha crema en la base; cola peluda en la base, posterior negra y el último tercio blanco contrastante. Cráneo: último molar superior casi del mismo tamaño que el primero; procesos supraorbitales desarrollados; primer molariforme no reducido; *cuatro fenestras en el paladar*. Longitud total 500.0 a 610.0 mm, del cráneo 62.7 a 73.5 mm).

5a. Pelaje largo; sin las manchas definidas arriba de los ojos. Longitud mayor del cráneo mayor de 80.0 mm; varias fenestras en el paladar no bien definidas (Figura D8; todo México, excepto la península de Baja California y norte del Altiplano Central) .... *Didelphis* (pag. 224)

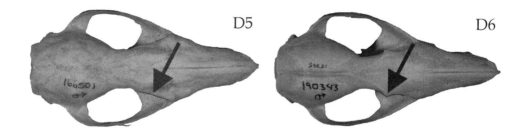

D5   D6

Didelphis

1. Pelaje de los cachetes generalmente amarillo. Extensión posterior del lacrimal terminando en punta, algunas veces cuadrada; extensión dorso-posterior del palatino (que forma parte de la pared interna de la órbita) delgada (Figura D9; de Oaxaca en la Planicie Costera del Pacífico y Tamaulipas en la Planicie Costera del Golfo al sur y la Península de Yucatán) .... *Didelphis marsupialis*

(Coloración dorsal grisáceo, negruzco y ocasionalmente blancuzco, la coloración depende mucho del largo del pelo de cobertura que es el oscuro; *con dos tipos de pelos de cobertura*; región ventral amarilla, crema o anaranjada; orejas desnudas y negruzcas; **mejillas amarillentas o crema amarillento**; todos los bigotes son negros; cola más larga que el cuerpo. Cráneo: último molar superior casi del mismo tamaño que el primero; procesos

3a. Tail not bicolor but with a distal part lighter than the proximal one. Postorbital process developed (Figure D6) 4

4. Toes webbed in hind foot; dorsal pelage gray with four broad black bands across the back. Zygomatic breadth greater than 60 % of the basal length; single lachrymal foramen usually present on each side (in Chiapas, eastern Oaxaca, and southern Tabasco. NOM*) .... *Chironectes minimus*

(*Dorsal pelage pale gray with four broad black bands across the back ending in a semicircle* from chocolate to blackish brown; underparts white; ears small, bare, and blackish; tail wide with hair on the base and the tip white; *toes webbed.* Skull: last upper molar almost the same size as the first one; supraorbital processes developed; first molariform not reduced; two palatal fenestrae; braincase wide. Total length from 645.0 to 745.0 mm, skull from 68.2 to 81.0 mm).

4a. Toes not webbed in hind foot; varied color but never with well-defined dorsal spots. Zygomatic breadth less than 60 % of basal length; two lachrymal foramina usually present on each side 5

5. Pelage short with white spots over the eyes. Skull length less than 80.0 mm; only four well-defined fenestrae on the posterior part of the palate (Figure D7; from Tamaulipas southward) .... *Philander opossum*

(Dorsal pelage dark grayish brown or blackish gray interspersed with white; **blackish head with two white spots over the eyes**; underparts and upper part of the foot cream or yellowish; ears bare and blackish with a cream spot on the base; hairy tail on the base, posterior part black and the last third in contrasting white. Skull: last upper molar almost the same size as the first one; supraorbital processes developed; first molariform not reduced; *four fenestrae on the palate.* Total length from 500.0 to 610.0 mm, skull from 62.7 to 73.5 mm).

5a. Two types of long pelage; no defined spots above the eyes. Skull length greater than 80.0 mm; several fenestrae on the palate not well defined (Figure D8; all Mexico, except in the Baja California Peninsula and northern part of the Central Highland) .... *Didelphis* (p. 225)

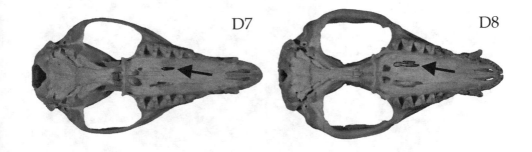

D7   D8

Didelphis

1. Cheek pelage generally yellowish; posterior lachrymal extension pointed, sometimes square; dorsal-posterior palatine extension (forms part of the internal eye-socket wall) thin (Figure D9; Oaxaca in the Pacific Coastal Plains and Tamaulipas in the Gulf Coastal Plains southward and the Yucatan Peninsula) .... *Didelphis marsupialis*

(Dorsal pelage grayish, blackish, and occasionally whitish; dark color depends largely on coverage hair length; *two types of long pelage*; underparts yellow, cream, or orange; ears bare and blackish; **cheeks yellow or yellowish cream**; all whiskers are black; hair longer than body. Skull: last upper molar almost the same size as the first one;

supraorbitales desarrollados; primer molariforme no reducido; más de dos fenestras en el paladar; **extensión posterior del lacrimal terminando en punta, algunas veces cuadrada; extensión dorso-posterior del palatino delgada**. *Longitud total 725.0 a 895.0 mm*, condilobasal hembras 82.5 a 114.4 mm, machos 85.5 a 123.0 mm).

1a. Pelaje de los cachetes generalmente blanco. Extensión posterior del lacrimal con el borde rombo; extensión dorso-posterior del palatino (que forma parte de la pared interna de la órbita) ancha (Figura D10; todo México, excepto la Península de Baja California, Altiplano y Desierto Sonorense) ....
.... *Didelphis virginiana*
(Coloración dorsal grisáceo o blancuzco, pero no raramente negruzco, la coloración depende mucho del largo del pelo de cobertura que es el claro; *con dos tipos de pelos de cobertura*; región ventral blanca, amarillo o crema; orejas desnudas y negruzcas, en ocasiones las puntas blancas; **mejillas blancas**; bigotes negros y blancos; cola igual o más corta que cuerpo. Cráneo: último molar superior casi del mismo tamaño que el primero; procesos supraorbitales desarrollados; primer molariforme no reducido; más de dos fenestras en el paladar; **extensión posterior del lacrimal con el borde rombo; extensión dorso-posterior del palatino ancha**. *Longitud total 900.0 a 970.0 mm*, condilobasal hembras 77.1 a 114.5 mm, machos 84.1 a 138.0 mm).

D9

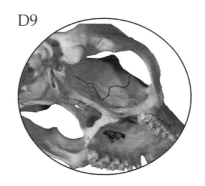

supraorbital processes developed; first molariform not reduced; greater than two palatal fenestrae; **posterior lachrymal extension pointed, sometimes square; dorsal-posterior palatine extension thin**. *Total length from 725.0 to 895.0 mm*, condylobasal length females from 82.5 to 114.4; males from 85.5 to 123.0 mm).

1a. Cheek pelage generally white; posterior lachrymal extension with diamond shape border; dorsal-posterior palatine border (forming part of the internal eye-socket wall) wide ((Figure D10; all Mexico, except for the Baja California Peninsula, Highlands, and Sonora Desert) .... *Didelphis virginiana*

(Dorsal pelage grayish or whitish but rarely blackish; color, which is light, depends largely on coverage hair length; *two types of long pelage*; underparts white, yellow, or cream; ears bare and blackish occasionally tips white; **cheeks white**; whiskers black and white; tail equal or shorter than the body. Skull: last upper molar almost the same size as the first one: supraorbital processes developed; first molariform not reduced; greater than two fenestrae on the palate; **posterior lachrymal extension with diamond shape border; dorsal-posterior palatine border wide**. *Total length from 900.0 to 970.0 mm*, condylobasal length females from 77.1 to 114.5 mm; males from 84.1 to 138.0 mm).

D10

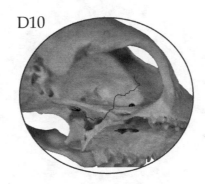

Lagomorpha

M amíferos terrestres que incluye a las liebres, conejos y picas. Se caracterizan por tener dos pares de incisivos superiores, el segundo par es más pequeño en forma de clavija y están localizados directamente detrás del primer par, en contraste con los roedores que sólo tiene un par de incisivos. La maxila está fenestrada. Están representados por dos familias actuales Ochotonidae (picas) y Leporidae (liebres y conejos) y una extinta Prolagidae. Se distribuyen prácticamente en todo el mundo a excepción de la Antártida y en Australia fueron introducidos. En México solamente está representada la Familia Leporidae y no se reconocen subfamilias.

Se sigue utilizando a *Sylvilagus brasiliensis* para México en lugar del propuesto *S. gabbi* (Ruedas y Bravo–Salazar 2007) y se incluye a *S. robustus* (Ruedas 1998). Se manejó la revisión de *Lepus* y *Sylvilagus* (Nelson 1909). Se utilizaron las revisiones de los géneros *Lepus* y *Sylvilagus* (Nelson 1909), y los Mammalian Species: Best (1996); Best y Henry (1993); Cervantes (1993); Cervantes y Lorenzo (1997); Cervantes *et al.* (1990); Chapman (1974); Chapman *et al.* (1980); Chapman y Willner (1978).

Familia Leporidae

Mamíferos que incluye a los conejos y liebres. Se caracterizan por tener sus miembros delanteros más cortos que los traseros, orejas más largas que anchas y cola pequeña. El proceso supraorbital está presente en forma de abanico. Se reconocen 11 géneros. Se distribuyen prácticamente en todo el mundo a excepción de la Antártida y algunas islas oceánicas, en Australia fueron introducidas. En México sólo se tienen tres géneros.

1. Orejas más grandes que la longitud de la cabeza; longitud de la pata trasera mayor de 105.0 mm; coloración dorsal con tendencia a ser jaspeada en tonos grises. Sin hueso interparietal (Figura L1) .... *Lepus* (pag. 232)

1a. Orejas iguales o menores que la longitud de la cabeza; longitud de la pata trasera menor de 105.0 mm; coloración dorsal con tendencia a ser parda o gris a negruzca entrecana. Con hueso interparietal (Figura L2) 2

2. Longitud de la oreja menor de 40.0 mm y redonda; pata trasera menor de 65.0 mm; coloración entrecana en tonos pardos amarillentos a canela oscuro. Extensión anterior del proceso supraorbital ausente o presente sólo por una pequeña punta (Figura L3); bula auditiva mayor que el *foramen magnum*

O rder of terrestrial mammals including hares, rabbits, and pikas are characterized by having two pairs of upper incisors, the second one smaller in peg shape and located directly behind the first pair contrasting with rodents that have only one pair of incisors with maxillary fenestrae. Lagomorpha are represented by two current families Ochotonidae (pikas) and Leporidae (hares and rabbits) and one extinct Prolagidae with distribution practically around the world except for the Antarctic; introduced in Australia. The family Leporidae represents the Order Lagomorpha in Mexico; no subfamilies have been recognized.

We continued using *Sylvilagus brasiliensis* for México instead proposed *S. gabbi* (Ruedas and Bravo–Salazar 2007), and included *S. robustus* (Ruedas 1998). We used the review of *Lepus* and *Sylvilagus* (Nelson 1909), and Mammalian species: Best (1996); Best and Henry (1993); Cervantes (1993); Cervantes and Lorenzo (1997); Cervantes *et al.* (1990); Chapman (1974); Chapman *et al.* (1980); Chapman and Willner (1978).

Family Leporidae

Family of mammals including rabbits and hares are characterized by having forelimbs shorter than hind ones, ears longer than wider, and a small tail. The supraorbital process is in fan shape. Eleven genera are recognized with distribution practically around the world except for the Antarctic and some oceanic islands. Only three genera are found in Mexico.

1. Ears larger than head length; length of hind foot greater than 105.0 mm; dorsal pelage tending to be speckled in gray shades. No interparietal bone (Figure L1) .... *Lepus* (p. 233)

1a. Ears equal to or less than head length; length of hind foot less than 105.0 mm; dorsal pelage tending to be from brown or gray to blackish gray. Interparietal bone (Figure L2) 2

2. Ear length less than 40.0 mm and round; hind foot less than 65.0 mm; hair grayish from yellowish brown to dark cinnamon shades. Anterior extension of the supraorbital process absent or present only by a little tip (Figure L3), and auditory bullae larger than the *foramen magnum* (endemic of the Trans-

(endémico del Eje Volcánico Transversal, del Pico de Orizaba al Volcán de Toluca. NOM*) .... *Romerolagus diazi*

(Coloración dorsal y lateral color amarillo antimonio entrepelado con negro, las puntas y base de los pelos negros y la parte media amarilla; región ventral pardo pálido; región de las orbitas y mejillas amarillento claro; **orejas muy pequeñas en relación con el resto de lo lepóridos y prácticamente redondas**. Cráneo: con hueso interparietal; *proyección anterior del proceso supraorbital ausente o solo una pequeña punta; longitud de la bula timpánica mayor al foramen magnum*. Longitud total 234.0 a 311.0 mm, basilar 47.1 a 47.2 mm).

2a. Longitud de la oreja mayor de 40.0 mm y el doble de largo que ancho; pata trasera igual o mayor de 65.0 mm; coloración parda clara u oscura, jaspeada, pero no entrecana. Extensión anterior del proceso supraorbital presente (Figura L4), si ausente la bula auditiva menor que el *foramen magnum* ....
.... *Sylvilagus* (pag. 234)

L1

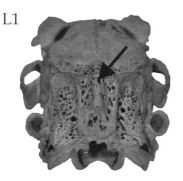

L2

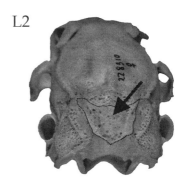

Lepus

1. Parte externa de las orejas negra 2

1a. Parte externa de las orejas gris o blanca (no negro) 3

2. Ejemplares por lo general de coloración dorsal negruzca intensa que se continúa hasta los costados (endémica a la Isla Espíritu Santo, Baja California Sur. NOM***ssp) .... *Lepus insularis*

(**Coloración dorsal jaspeada con el lomo negruzco y los costados pardos más claros**; región ventral blanco o anaranjado pálido, pecho anaranjado parduzco; *orejas más grandes que la longitud de la cabeza* con la punta externa negra. Cráneo: *sin hueso interparietal*; proceso supraorbital de los frontales poco arqueado; huesos nasales, premaxilares y molares tiene apariencia de no ser masivos; la muesca en la región anterior del proceso frontal bien desarrolla; caja craneal larga y angosta. **Endémica a la Isla Espíritu Santo, Baja California Sur**. Longitud total 465.0 a 630.0 mm, basilar 67.3 a 76.9 mm)

2a. Ejemplares solamente con la coloración dorsal negruzca a manera de una línea, los costados son grisáceos (Altiplano Central, Desierto Sonorense, Península de Baja California y Planicie Costera de Tamaulipas) .... *Lepus californicus*

(**Coloración dorsal jaspeada con el lomo negruzco** y los costados pardos más claros; región ventral blanco o anaranjado pálido, pecho anaranjado parduzco; *orejas más grandes que la longitud de la cabeza* **con la punta externa negra**. Cráneo: *sin hueso interpurietal*; proceso supraorbital de los frontales poco arqueado; huesos nasales, premaxilares y molares tiene apariencia de no ser masivos; la muesca en la región anterior del proceso frontal bien desarrolla; caja craneal larga y angosta. Longitud total 465.0 a 630.0 mm, basilar 67.3 a 76.9 mm).

3. Longitud de la oreja desde la escotadura mayor de 130.0 mm en seco y mayor de 137.0 mm en fresco. Longitud del cráneo mayor de 105.0 mm y de los dientes maxilares 18.0 mm o mayor (de Sonora a Nayarit por la Planicie Costera del Pacífico, incluyendo Isla Tiburón. NOM***ssp) .... *Lepus alleni*

(Coloración dorsal jaspeada con negro, costados gris claro y ventral blanco, cuello anaranjado pálido, **orejas muy largas (162.0 mm en promedio), pero las puntas y los bordes blancos**, cola oscura dorsal y blanca ventral.

Mexican Volcanic Belt, from Pico de Orizaba to Volcán de Toluca. NOM*) ....
....*Romerolagus diazi*

(Dorsal and lateral pelage antimony yellow interspersed with black; hair tips and base black and middle part yellow; underparts pale brown; eye-socket region and cheeks light yellowish; **ears very small in relation to the rest of the Leporidae and practically round**. Skull: interparietal bone; *anterior projection of the supraorbital process absent or very small; auditory bullae length greater than the magnum foramen*. Total length from 234.0 to 311.0 mm, basilar length from 47.1 to 47.2 mm).

2a. Ear length greater than 40.0 mm and double the length than breadth; hind foot equal to or greater than 65.0 mm; light or dark brown pelage, speckled but not grayish. Anterior extension of the supraorbital process present (Figure L4); if absent, the auditory bullae is less than the *foramen magnum* ....
....*Sylvilagus* (p. 235)

L3

L4

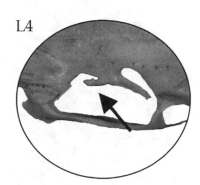

Lepus

1. External ear tip black 2

1a. External ear tip gray or white (not black) 3

2. Specimens in general have intense blackish dorsal pelage that continues to the sides (endemic of Espíritu Santo Island, Baja California Sur. NOM***ssp.) ....
.... *Lepus insularis*

(**Dorsal pelage speckled with the back blackish and the sides in lighter brown shades**; underparts white or pale orange; chest brownish orange; *ears longer than the head* with external tip black. Skull: *no interparietal bone*; supraorbital process of the frontals slightly arched; nasal and premaxillary bones and molars appearing not to be massive; well-developed groove in the anterior region of the frontal process; braincase long and narrow. **Endemic of Espíritu Santo Island, Baja California Sur**. Total length from 465.0 to 630.0 mm, basilar length from 67.3 to 76.9 mm).

2a. Specimens only with blackish dorsal pelage as a line; sides are grayish (Central Highland, the Sonora Desert, Baja California Peninsula, and the Coastal Plains of Tamaulipas) .... *Lepus californicus*

(**Dorsal pelage speckled with the back blackish** and the sides in lighter brown shades; underparts white or pale orange; chest brownish orange; *ears longer than the head* with external tip black. Skull: *no interparietal bone*; supraorbital process of the frontals slightly arched; nasal and premaxillary bones and molars appearing not to be massive; well-developed groove in the anterior region of the frontal process; braincase long and narrow. Total length from 465.0 to 630.0 mm, basilar length from 67.3 to 76.9 mm).

3. Ear length from the low neckline greater than 130.0 mm dry and greater than 137.0 mm fresh. Skull length greater than 105.0 mm and maxillary teeth 18.0 mm or more (from Sonora to Nayarit along the Pacific Coastal Plains including Tiburón Island. NOM***ssp) .... *Lepus alleni*

(Dorsal pelage speckled with black, sides light gray and ventral white; neck pale orange; *ears longer than the head* **(162.0 mm in average) but tips and borders white**; tail dark dorsally and light ventrally. Skull: *no*

Cráneo: *sin hueso interparietal*; cráneo grande; proceso supraorbital de los frontales poco arqueado; huesos nasales, premaxilares y molares tiene apariencia de ser masivos; rostro largo y pesado; región frontal ancha; la muesca en la región anterior del proceso supraorbital pequeña o vestigial. **Longitud total 553.0 a 670.0 mm**, basilar 81.5 mm).

3a. Orejas desde la escotadura menor de 130.0 mm en seco y menor de 137.0 mm en fresco. Longitud del cráneo menor de 105.0 mm y de los dientes maxilares 18.0 mm o menos 4

4. Orejas color ocre. Bula auditiva muy pequeña (endémico de la región del Istmo de Tehuantepec en Oaxaca. NOM*) .... *Lepus flavigularis*

(**Coloración dorsal jaspeada en tonos amarillentos y con pardo oscuro**; caderas y patas en tonos grisáceos, con dos líneas oscuras desde la base de las orejas a la nuca, costados blancos; región ventral blanca; pecho y cuello amarillento; punta de las orejas amarillo claro y cola negra en su dorso y blanca en su parte ventral. Cráneo: *sin hueso interparietal*; **bula timpánica proporcionalmente muy pequeña**; la muesca en la región anterior del proceso supraorbital ausente. Longitud total 565.0 a 610.0 mm, basilar 70.0 a 77.8 mm).

4a. Coloración de las orejas ocre oscuro, grisáceas, blancas y negras. Bula auditiva grande (Sierra Madre del Sur, Eje Volcánico Transversal y región oeste del Altiplano) .... *Lepus callotis*

(Coloración dorsal jaspeada con tonos amarillentos y negruzcos, **costados blancos que contrastan con la coloración dorsal**, cadera gris pálida, hombros y cuello amarillentos; *orejas más grandes que la longitud de la cabeza* con las puntas crema, pueden tener tonos negruzcos, pero no en la punta. Cráneo: *sin hueso interparietal*; longitud de la bula timpánica menor que la longitud de la hilera de dientes molariformes; **bula auditiva grande**. Longitud total 432.0 a 598.0 mm, basilar 64.3 a 73.8 mm).

Sylvilagus

1. Coloración ventral blanca a blanca con tonos amarillentos. Bula auditiva grande; longitud anteroposterior de la bula auditiva mayor al 16 % en relación con la longitud del cráneo (Península de Baja California, Desierto Sonorense hasta el centro de Sinaloa, Altiplano Central y Planicie Costera del Golfo al norte de Tamaulipas) .... *Sylvilagus audubonii*

(Coloración dorsal jaspeada con pelos grises amarillentos con negro; región ventral blanco a blanca con tonos amarillentos, nuca anaranjada pálida, mancha crema alrededor del ojo; *orejas más chicas que la longitud de la cabeza* con la punta negra; patas traseras y delanteras anaranjadas pálido y parte superior de las patas traseras blancas. Cráneo: *con hueso interparietal*; proyección anterior del proceso supraorbital presente; **longitud de la bula timpánica igual o mayor que la longitud de la hilera de dientes molariformes**. Longitud total 350.0 a 420.0 mm, basilar 51.9 a 54.5 mm).

1a. Coloración ventral no blanca, si es blanca con entrepelados grises y una mancha de color anaranjado en la garganta. Bula timpánica pequeña, menos del 16 % de la longitud del cráneo 2

2. Parte anterior del proceso supraorbital unido al cráneo (Figura L5) 3

2a. Parte anterior del proceso supraorbital libre (Figura L4) 5

3. Longitud de la cola menos de 30.0 mm; longitud de la oreja (en seco) desde la escotadura menos de 50.0 mm; coloración dorsal pardo amarillenta oscura, parte ventral de la cola amarillo oscuro; no blanca (de Tamaulipas en la Planicie Costera del Golfo al sur y Chiapas) .... *Sylvilagus brasiliensis*

(Coloración dorsal jaspeada en tonos pardos amarillentos con negro, con nuca y garganta de color anaranjado; patas pardo anaranjado; región ventral blanco entrepelado con gris; *orejas más chicas que la longitud de la cabeza* y cola muy pequeña pardo en la parte dorsal y amarillo oscuro en la parte ventral. Cráneo: *con hueso interparietal*; proyección anterior del proceso supraorbital ausente; longitud de la bula timpánica menor que la longitud de la hilera de dientes molariformes. **Longitud total 380.0 a 420.0 mm, basilar 59.1 a 63.3 mm**).

3a. Longitud de la cola más de 30.0 mm; longitud de la oreja (en seco) desde la escotadura más de 50.0 mm; coloración dorsal clara, parte ventral de la cola blanca 4

interparietal bone; skull large; supraorbital frontal process slightly arched; nasals, premaxillary teeth and molars appear to be massive; rostrum large and heavy; frontal region wide; groove in the anterior supraorbital process small or vestigial. **Total length from 553.0 to 670.0** mm, basilar length 81.5 mm).

3a. Ear length from the low neckline less than 130.0 mm dry and less than 137.0 mm fresh. Skull length less than 105.0 mm and maxillary teeth 18.0 mm or less 4

4. Ears ochre. Auditory bullae very small (endemic of the Istmo de Tehuantepec region in Oaxaca. NOM*) .... *Lepus flavigularis*

(**Dorsal pelage speckled in yellowish shades with dark brown**; hips and limbs in grayish shades with two dark lines from the ear base to the nape; sides white; underparts white; chest and neck yellowish; tip of the ears light yellow and tail black dorsally and white ventrally; *ears longer than the head*. Skull: *no interparietal bone*; **auditory bullae very small proportionally**; notch in the anterior region of the supraorbital process absent. Total length from 565.0 to 610.0 mm, basilar length from 70.0 to 77.8 mm).

4a. Ears dark ochre, grayish, white, and black. Auditory bullae large (Sierra Madre del Sur, Transversal Volcanic Axis and western region of the Highland) .... *Lepus callotis*

(Dorsal pelage speckled with yellowish and blackish shades; **sides white contrasting with dorsal color**; hip pale gray; shoulders and neck yellowish; *ears longer than the head* with tips cream and may have blackish shades but not on the tip. Skull: *no interparietal bone*; auditory bullae length less than that of the molariform toothrow; **large auditory bullae**. Total length from 432.0 to 598.0 mm, basilar length from 64.3 to 73.8 mm).

Sylvilagus

1. Ventral pelage from white to white with yellowish shades. Auditory bullae large; anteroposterior bullae length greater than 16 % in relation to skull length (Baja California Peninsula, Sonora Desert to central part of Sinaloa, High Central Plains, and northern Gulf Coastal Plains of Tamaulipas) .... *Sylvilagus audubonii*

(Dorsal color speckled yellowish gray hairs with black; underparts from white to white with yellowish shades; nape pale orange, cream spot around the eyes; *ears shorter than the head* with the tip black; hind and forelimbs pale orange and upper part of the hind limbs white. Skull: *interparietal bone*; anterior projection of the supraorbital process present; **auditory bullae length equal to or greater than the molariform toothrow length**. Total length from 350.0 to 420.0 mm, basilar length from 51.9 to 54.5 mm).

1a. Ventral pelage not white, if white, with gray hair interspersed and an orange spot on the throat. Auditory bullae small less than 16 % skull length 2

2. Anterior part of the supraorbital process joined to the skull (Figure L5) 3

2a. Anterior part of the supraorbital process free (Figure L4) 5

3. Length of tail less than 30.0 mm; ear length (in dry) from the low neckline less than 50.0 mm; dorsal pelage dark yellowish brown; ventral part of the tail dark yellowish; not white (from Tamaulipas in the Gulf Coastal Plains southward and Chiapas) .... *Sylvilagus brasiliensis*

(Dorsal pelage speckled in yellowish brown shades with black; nape and throat orange; limbs orange brown; underparts white interspersed with gray; *ears shorter than the head* and tail very small, brown dorsally and dark yellow ventrally. Skull: *with interparietal bone*; anterior projection of the supraorbital process absent; auditory bullae length less than the length of the molariform tooth row. **Total length from 380.0 to 420.0 mm, basilar length from 59.1 to 63.3 mm**).

3a. Length of tail greater than 30.0 mm; ear length (in dry) from the low neckline greater than 50.0 mm; dorsal pelage light, ventral part of the tail white 4

4. Coloración dorsal pálida y rojiza; longitud de la pata trasera más de 81.0 mm (endémico de las Islas Tres Marías, Nayarit. NOM*) .... *Sylvilagus graysoni*

(Coloración dorsal rojiza, con la cadera y la nuca de color más intenso, los costados son rojizo pálido, color ventral blanco y la garganta es parda; *orejas más chicas que la longitud de la cabeza*. Cráneo: *con hueso interparietal*; proyección anterior y posterior del proceso supraorbital ausente; longitud de la bula timpánica menor que la longitud de la hilera de dientes molariformes. **Endémico de las Islas Tres Marías, Nayarit**. Longitud total 436.9 a 466.1 mm, condilobasal 78.2 a 79.9 mm)

4a. Coloración dorsal sin tintes rojizos, región ventral de la cola blanca; longitud de la pata trasera menor o igual de 81.0 mm .... *Sylvilagus mansuetus*

(Coloración dorsal pardo oscuro o gris amarillento; región ventral blanca grisácea, costados amarillo grisáceo, nuca con una pequeña mancha pardo-anaranjado pálido, mancha alrededor del ojo crema; *orejas más chicas que la longitud de la cabeza* sin la punta negra; patas traseras y delanteras anaranjado pálido con la parte superior de las patas traseras blancas. Cráneo: *con hueso interparietal*; proyección anterior del proceso supraorbital ausente; longitud de la bula timpánica menor que la longitud de la hilera de dientes molariformes. **Restringido a la Isla de San José, Baja California Sur**. Longitud total 295.0 a 350.0 mm, basilar 48.0 a 52.2 mm).

5. Coloración dorsal en tonos de rojo, región ventral de la cola amarillenta (no blanca; endémica de la Sierra Madre de Guerrero. NOM*) ...... *Sylvilagus insonus*

(Coloración dorsal rojizo oxido con negro, los costados son grises con entrepelado negro; región ventral blanca a excepción de la mancha parda en la garganta; región **ventral de la cola amarillenta (no blanca)**; la nuca con colores más rojizos; *orejas más chicas que la longitud de la cabeza* son jaspeadas con un pardo negruzco con parte más negras hacia los bordes anteriores y las puntas. Cráneo: *con hueso interparietal*; proyección anterior del proceso supraorbital presente; longitud de la bula timpánica menor que la longitud de la hilera de dientes molariformes. **Endémica de la Sierra Madre de Guerrero**. Longitud total 430.0 a 440.0 mm, basilar 57.0 a 59.2 mm).

5a. Coloración dorsal en tonos de pardo, región ventral de la cola blanca 6

6. Longitud de la pata trasera menos de 81.0 mm; base del pelo ventral grisáceos .... *Sylvilagus bachmani*

(Coloración dorsal pardo oscuro o gris amarillento; región ventral blanca grisácea, costados amarillo grisáceo, nuca con una pequeña mancha pardo-anaranjado pálido, mancha alrededor del ojo crema; *orejas más chicas que la longitud de la cabeza* **sin la punta negra y redondeadas**; patas traseras y delanteras anaranjado pálido con la parte superior de las patas traseras blancas; **cola pequeña y parda en el dorso**. Cráneo: *con hueso interparietal*; proyección anterior del proceso supraorbital ausente; longitud de la bula timpánica menor que la longitud de la hilera de dientes molariformes. Longitud total 300.0 a 375.0 mm, basilar 49.0 a 53.7 mm).

6a. Longitud de la pata trasera mayor de 81.0 mm; base del pelo en la región ventral blanca o amarillenta 8

7. Longitud total mayor de 476.0 mm. Anchura interorbital usualmente mayor de 19.3 mm (de Sinaloa a Oaxaca en la Planicie Costera del Pacífico y Sierra Madre del Occidente, Eje Volcánico Transversal) .... *Sylvilagus cunicularius*

(Coloración dorsal pardo amarillento pálido y la cabeza más amarillenta, con *orejas más chicas que la longitud de la cabeza* y negruzcas, las patas y nuca en tonos rojizo oxido pardo; región ventral blanco escasamente entrepelado con negruzco. Cráneo: *con hueso interparietal*; proyección anterior del supraocular presente; **proceso posterior del supraocular variando desde tener las puntas libres hasta tenerlas fusionadas a la caja craneal**; longitud de la bula timpánica menor que la longitud de la hilera de dientes molariformes. Longitud total 485.0 a 515.0 mm, longitud basilar 62.3 mm).

7a. Longitud total menor de 476.0 mm. Anchura interorbital menor de 19.3 mm 9

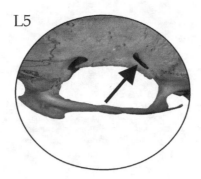

L5

4. Dorsal pelage pale and reddish; hind limb length greater than 81.0 mm (endemic to the Tres Marías Island, Nayarit. NOM*) .... *Sylvilagus graysoni*

(Dorsal pelage reddish more intense on the hip and nape; sides pale reddish; ventral pelage white and throat brown; *ears shorter than the head*. Skull: *interparietal bone*; anterior and posterior projection of the supraorbital process absent; auditory bullae length less than the molariform tooth row. **Endemic to the Tres Marías Island, Nayarit**. Total length from 436.9 to 466.1 mm, condylobasal length from 78.2 to 79.9 mm).

4a. Dorsal pelage without reddish shades, tail ventral white; length of hind foot less than or equal to 81.0 mm .... *Sylvilagus mansuetus*

(Dorsal pelage dark brown or yellowish gray; underparts grayish white; sides grayish yellow; nape with a small pale orange brown spot; spot around the eyes cream; *ears shorter than the head* without the tip black; hind and front legs pale orange with the upper part of the hind foot hind foot white. Skull: *with interparietal bone*; anterior projection of the supraorbital process absent; auditory bullae length less than the molariform toothrow length. **Restricted to San José Island, Baja California Sur**. Total length from 295.0 to 350.0 mm, basilar length 48.0 to 52.2 mm).

5. Dorsal pelage in red shades; ventral part of the tail yellowish (not white; endemic of the Sierra Madre of Guerrero. NOM*) .... *Sylvilagus insonus*

(Dorsal pelage reddish rust with black; sides gray interspersed with black; underparts white except for the brown spot on the throat; **ventral part of the tail yellowish (not white)**; nape with more reddish shades; *ears shorter than the head*, speckled with blackish brown; blackish parts toward the anterior border and the tips. Skull: *interparietal bone*; anterior projection of the supraorbital process present; auditory bullae length less than the molariform toothrow length. **Endemic of the Sierra Madre of Guerrero**. Total length from 430.0 to 440.0 mm, basilar from 57.0 to 59.2 mm).

5a. Dorsal pelage in brown shades; ventral part of the tail white 6

6. Length of hind foot less than 81.0 mm; ventral hair base grayish ....
.... *Sylvilagus bachmani*

(Dorsal pelage dark brown or yellowish gray; underparts grayish white; sides grayish yellow; nape with a small pale orange brown spot; spot around the eyes cream; *ears shorter than the head* **without the tip black and rounded**; hind and front limb pale orange with upper part of the hind foot white; **tail small and brown in the back**. Skull: *interparietal bone*; anterior projection of the supraorbital process absent; auditory bullae length less than the molariform toothrow length. Total length from 300.0 to 375.0 mm, basilar length from 49.0 to 53.7 mm).

6a. Length of hind foot greater than 81.0 mm; ventral hair base white or yellowish ..
.... 8

7. Total length greater than 476.0 mm; interorbital breadth usually greater than 19.3 mm (from Sinaloa to Oaxaca in the Pacific Coastal Plains and Sierra Madre del Occidente, Transversal Volcanic Axis) .... *Sylvilagus cunicularius*

(Dorsal pelage pale yellowish brown and head more yellowish with long and blackish ears; limbs and nape in reddish rust brown shades; underparts white, scarcely interspersed with blackish hair; *ears shorter than the head*. Skull: *interparietal bone*; anterior projection of the supraorbital process present; **posterior projection of the supraorbital varying from those that have the tips free to those attached to the braincase**; auditory bullae process length less than the molariform toothrow length. Total length from 485.0 to 515.0 mm, basilar length 62.3 mm).

7a. Total length less than 476.0 mm; interorbital breadth less than 19.3 mm 9

8. Con una foramina en el basiesfenoides; el proceso timpánico se origina en la base externa del meato auditivo (todo México, excepto la Península de Baja California, oeste-central de la Costa del Pacífico y Desierto Sonorense y donde se haya registrado a *Sylvilagus robustus*) .... *Sylvilagus floridanus*

(Coloración dorsal jaspeada en tonos amarillentos con negro; caderas y patas en tonos grisáceos, costados más pálidos que la dorsal; región ventral blanca; nuca y patas anaranjados; patas traseras proporcionalmente grandes y blancas; *orejas más chicas que la longitud de la cabeza*; cola pardo en su parte dorsal y blanca en su parte ventral; **con una pequeña mancha blanca entre las orejas**. Cráneo: *con hueso interparietal*; proyección anterior del proceso supraorbital presente; longitud de la bula timpánica menor que la longitud de la hilera de dientes molariformes. Longitud total 375.0 a 463.0 mm, longitud basilar 52.0 a 59.7 mm). Nota: la diferenciación con *Sylvilagus robustus* es por medio genéticos.

8a. Con dos foraminas en el basiesfenoides; sin el proceso timpánico (restringido a la Sierra de la Madera y del Carmen, Coahuila) .... *Sylvilagus robustus*

(Coloración dorsal jaspeada en tonos amarillentos con negro; caderas y patas en tonos grisáceos, costados más pálidos que la dorsal; región ventral blanca; nuca y patas anaranjados; patas traseras proporcionalmente grandes y blancas; *orejas más chicas que la longitud de la cabeza*; cola pardo en su parte dorsal y blanca en su parte ventral. Cráneo: *con hueso interparietal*; proyección anterior del proceso supraorbital presente; longitud de la bula timpánica menor que la longitud de la hilera de dientes molariformes. **Restringido a la Sierra de la Madera y del Carmen, Coahuila**. Longitud total 416.0 mm, longitud basilar 57.0 a 59.7 mm). Nota: la diferenciación con *Sylvilagus floridanus* es por medios genéticos.

8. Basisphenoid foramen; the ear process starts on the external base of the auditory meatus (all Mexico, except for the Baja California Peninsula, western-central part of the Pacific Coast and the Sonora Desert and where *Sylvilagus robustus*) has been recorded .... *Sylvilagus floridanus*

(Dorsal pelage speckled in yellowish shades with black; hips and limbs in grayish shades; sides paler than the dorsal part; underparts white; nape and limbs orange; hind foot proportionally long and white; *ears shorter than the head*; tail brown dorsally and white ventrally; **a small white spot between ears**. Skull: *interparietal bone*; anterior projection of the supraorbital process present; auditory bullae length less than the molariform toothrow length. Total length from 375.0 to 463.0 mm, basilar length from 52.0 to 59.7 mm). Note: *Sylvilagus robustus* must be differentiated by genetically medium.

8a. Two basisphenoid foramina; no ear process (restricted to Sierra de la Madera and Sierra del Carmen, Coahuila) .... *Sylvilagus robustus*

(Dorsal pelage speckled in yellowish shades with black; hips and limbs in grayish shades; side paler than the dorsal part; underparts white; nape and limbs orange; hind foot proportionally large and white; *ears shorter than the head*; tail brown dorsally and white ventrally. Skull: *interparietal bone*; anterior projection of the supraorbital process present; auditory bullae length less than the molariform tooth row. **Restricted to Sierra de la Madera and Sierra del Carmen, Coahuila**. Total length 416.0 mm, basilar length from 57.0 to 59.7 mm). Note: *Sylvilagus floridanus* must be differentiated by genetically medium.

Perissodactyla

Orden de mamíferos terrestres ungulados que incluye a los caballos, asnos, cebras, tapires y rinocerontes. Se caracterizan por la postura de las patas unguligrada; tercer dígito de cada pata delantera y trasera más grande que los otros en simetría con el axis; dígitos usualmente uno o cuatro en las patas delanteras y traseras; fémur con un tercer trocante; astrágalo con superficie como polea por encima y allanada por debajo. Actualmente distribución cosmopolita. Tiene dos Subordenes Hippomorpha (caballos, asnos) y Ceratomorpha (rinocerontes y tapires). En México solamente está representado por la Familia Tapiridae y no se reconocen subfamilias.

Literatura utilizada para las claves, taxonomía y nomenclatura del Orden Perissodactyla. Se utiliza el género *Tapirella* en lugar de *Tapirus* (Groves y Grubb 2011; Ashley *et al.* 1996). Se utilizó la revisión del género *Tapirus* (Hershkovitz 1954).

Familia Tapiridae

Familia de mamíferos que incluye a los tapires o dantas. Se caracterizan por tener patas anteriores con cuatro dígitos y patas traseras con tres; nariz modificada en probóscide movible; apertura nasal del cráneo muy grande y hueca; cuerpo pesado, con piernas cortas; piel lisa, poco poblado de pelo. Se distribuyen solamente en zonas tropicales de América y Asia. Se reconocen un género con cuatro especies. En México sólo se distribuye *Tapirella bairdii*. Pertenecen al Orden Perissodactyla, Suborden Ceratomorfos. *Tapirella bairdii*, **se caracteriza por tener una coloración dorsal y ventral parda grisácea oscura, con manchas blancas en la garganta, mejillas y el borde de las orejas; *con una pequeña proboscis*. Cráneo: *nasales muy reducidos*; apertura nasal no en la parte distal del cráneo. *Longitud total 2,020.0 mm, condilobasal 395.0 mm*).

Order of terrestrial ungulate mammals including horses, asses, zebras, tapirs, and rhinoceros characterized by the posture of their unguligrade limbs; the third digit of each front and hind foot is larger than the others in symmetry with the axis; digits usually one or four in fore or hind feet; femur with a third throchanter; the astragalus has a pulley-like surface above and flattened underneath. Their distribution is currently cosmopolitan. It has two Suborders Hippomorpha (horses and asses) and Ceratomorpha (rhinoceros and tapirs). The Family Tapiridae is the only ungulate in Mexico; no subfamilies are recognized.

Literature used for the keys, taxonomy and nomenclature of the Order Perissodactyla. The genus Tapirella is used instead of Tapirus (Groves and Grubb 2011; Ashley *et al.* 1996). We used the review of the genus Tapirus (Hershkovitz 1954).

Family Tapiridae

Family of mammals including tapirs characterized by having forefeet with four digits and hind feet with three; nose modified in moveable proboscis; very large and hollow nasal opening in the skull: heavy body with short limbs; smooth skin and little hair. They are only distributed in tropical areas of America and Asia. One genus is recognized with four species. The only one with distribution in Mexico is *Tapirella bairdii.* They belong to the Order Perissodactyla, Suborder Ceratomorpha. **Tapirella bairdii is characterized by having dark grayish brown with white spots on the throat, cheeks, and ear borders,** *and a small proboscis.* Skull: *very reduced nasals*; nasal opening not in the distal part of the skull. *Total length 2,020.0 mm, condylobasal length 395.0 mm*).

Orden de mamíferos terrestres que incluye a los osos hormigueros, tamandúas y perezosos. Se caracterizan por tener extra zigoapófisis presente en la parte posterior de las vértebras torácicas y lumbares. Tiene dos Subordenes Folivora (con dientes, perezosos) y Vermilingua (sin dientes, osos hormigueros). Actualmente son de distribución restringida al Continente Americano. En México solamente está representada por dos Familias cada una con una especie.

Literatura utilizada para las claves, taxonomía y nomenclatura del Orden Pilosa. Previamente incluida en el Orden Edentata (Simpson 1945) u Orden Xenarthra (Wilson y Reeder 1993). Incluya a las Familias Cyclopedidae, Myrmecophagidae, Bradypodidae, y Megalonychidae (McKenna y Bell 1997), y el Mammalian species Navarrete y Ortega (2011).

1. Rostro corto, no en forma de tubo (Figura P1); longitud total somática menor de 500.0 mm. Longitud del cráneo menor de 70.0 mm (del sur de Veracruz en la Planicie Costera del Golfo al sur, incluyendo costa de Oaxaca y centro norte de Chiapas. NOM*) .... Cyclopedidae: *Cyclopes didactylus* (pag. 248)

(Coloración dorsal de gris dorado brillante; región ventral amarillo crema, usualmente con una línea oscura en el vientre; *hocico corto y no en forma de tubo; cola larga prensil y con pelo; miembros anteriores con dos garras y cuatro en las posteriores.* Cráneo: **longitud del rostro menor al de la caja craneal;** arco zigomático ausente. Longitud total 398.0 a 422.0 mm, *longitud del cráneo 50.2 mm*).

1a. Rostro alargado, en forma de tubo (Figura P2); longitud total mayor de 500.0 mm. Longitud del cráneo mayor de 70.0 mm (de Guerrero en la Planicie Costera del Pacífico y Tamaulipas en la Planicie Costera del Golfo al sur, la Península de Yucatán y Valles de Oaxaca. NOM*ssp) ....
.... Myrmecophagidae: *Tamandua mexicana* (pag. 248)

(Coloración dorsal de crema a dorado con una mancha parecida a un chaleco negruzco; *hocico alargado en forma de tubo;* brazos fuertes *con dos garras fuertes y dos más pequeñas, cinco en las patas traseras.* Cráneo: **longitud del rostro mayor al de la caja craneal;** arco zigomático incompleto. Longitud total 1,200 mm, *longitud del cráneo 123.0 a 128.0 mm*).

P1

O rder of terrestrial mammals including anteaters, tamandua, and sloths are characterized by having extra zygoapophysis in the posterior part of the thoracic and lumbar vertebrae. It consists of two Suborders Folivora (toothed sloths) and Vermilingua (untoothed anteaters). Their distribution is currently restricted to the American continent. Only two Families with one species each are found in Mexico.

Literature used for the keys, taxonomy and nomenclature of the Order Pilosa. Previously included within the Order Edentata (Simpson 1945) or Order Xenarthra (Wilson and Reeder 1993). We include the Families Cyclopedidae, Myrmecophagidae, Bradypodidae, and Megalonychidae (McKenna and Bell 1997) and Mammalian species Navarrete and Ortega (2011).

1. Tube-like short rostrum (Figure P1); total length less than 500.0 mm. Skull length less than 70.0 mm (southern Veracruz in the Gulf Coastal Plains southward, including the coasts of Oaxaca, and northern central Chiapas. NOM*) .... Cyclopedidae: *Cyclopes didactylus* (p. 249)

(Dorsal pelage brilliant golden gray; underparts cream yellow, usually with a dark line on the abdomen; *muzzle short and not in tube shape; long prehensile and hairy tail; front limbs with two claws and four in hind foot.* Skull: **rostrum length less than that of the braincase**; zygomatic arch absent. Total length from 398.0 to 422.0 mm, skull *length 50.2 mm*).

1a. Tube-like extended rostrum (Figure P2); total length greater than 500.0 mm. Skull length greater than 70.0 mm (from Guerrero in the Pacific Coastal Plains and Tamaulipas in the Gulf Coastal Plains, the Yucatan Peninsula, and Oaxaca valleys. NOM*ssp.) .... Myrmecophagidae: *Tamandua mexicana* (p. 249)

(Dorsal pelage from cream to gold with a spot resembling a blackish vest; *muzzle long and in tube* shape; strong arms with *two strong claws and two smaller ones; five in hind foot.* Skull: **rostrum length larger than that of the braincase**; zygomatic arch incomplete. Total length 1 200 mm, skull *length from 123.0 to 128.0 mm*).

P2

Familia Cyclopedidae

Incluye a los hormigueros de dos dedos u osito mielero. Se caracterizan por tener ausencia de dientes, presentan lenguas larga y pegajosa, que les permite la recolecta de insectos: son de tamaño pequeño. Los dos dedos de las patas anteriores tienen fuertes garras. Se reconoce un género con una especie (*Cyclopes didactylus*). De distribución restringida a la parte tropical de América. Pertenecen al Orden Pilosa, Suborden Vermilingua. En esta Familia no se reconocen Subfamilias.

Familia Myrmecophagidae

Incluye a los osos hormigueros o tamandúas. Se caracterizan por tener ausencia de dientes; poseen lengua larga y pegajosa, que le permite recolectar insectos. Las patas anteriores tienen fuertes garras y más de dos dedos. Se reconocen dos géneros (*Tamandua* y *Myrmecophaga*) con tres especies, en México sólo se distribuye *Tamandua mexicana*. De distribución restringida a la parte tropical de América. Pertenecen al Orden Pilosa, Suborden Vermilingua. En esta Familia no se reconocen Subfamilias.

Family Cyclopedidae

The Cyclopedidae Family includes two-digit anteater or honey ant bear. Specimens are small and characterized by having no teeth and a long sticky tongue that allows them to collect insects. The two digits in forelimbs have strong claws. One genus with one species is recognized (*Cyclopes didactylus*). Their distribution is restricted to the tropical part of America. They belong to the Order Pilosa, Suborder Vermilingua. No Subfamilies are recognized.

Family Myrmecophagidae

The Family includes anteaters or tamandua characterized by having no teeth and a long sticky tongue that allows them to collect insects. Their hind limbs have strong claws and more than two digits. Two genera are known (*Tamandua* and *Myrmecophaga*) with three species; only *Tamandua mexicana* has distribution in Mexico. Their distribution is restricted to tropical America. They belong to the Order Pilosa, Suborder Vermilingua. No subfamilies are known.

Primates

Único orden de changos en México. Es uno de los grupos de mamíferos que no tiene características exclusivas que sirvan para diferenciarlos del resto de los mamíferos, pero tiene una combinación de características que permiten hacerlo. Entre éstas destacan, manos y patas con cinco dedos o plantígrados; pulgares por lo general oponibles (al menos en las manos); presencia de clavícula; visión estereoscópica y a color, hemisferios cerebrales bien desarrollados; uñas planas. Son de distribución prácticamente tropical con pocas excepciones y el humano. Tiene dos Subordenes Strepsirrhini (los primates más primitivos) y Haplorrhini (los más evolucionados). En México está representado por una Familia Atelidae del Suborden Haplorrhini.

Literatura utilizada para las claves, taxonomía y nomenclatura del Orden Primates. Familia Atelidae, se utiliza la especie *Alouatta villosa* en lugar de *A. pigra* (Groves 2005).

Familia Atelidae

Familia con cinco géneros actuales, los monos arañas, los monos aulladores y los monos lanudos. Se caracterizan por tener uñas en sus dedos, son aptos para trepar y escalar. Tienen una larga cola con pelos, prensil, con una zona táctil sensitiva. De distribución exclusiva de América tropical. Pertenecen al Orden Primates, Suborden Haplorrhini, Infraorden Simiiformes, Parvorden Platyrrhini. Las especies presentes en México pertenecen a dos Subfamilias diferentes Atelinae que incluye a los monos araña (*Ateles geoffroyi*) y Alouattinae que incluye a los monos aulladores (*Alouatta*).

1. Los miembros anteriores y posteriores tan largos como la longitud del cuerpo y cabeza; en vista de perfil la mandíbula equivale a menos de un cuarto de la altura de la cabeza. Anchura de la rama descendente de la mandíbula menor que la distancia entre el meato auditivo y el canal infraorbital (Fig. PR1); menos del 34 % de la longitud del cráneo se encuentra por detrás de las fosas glenoideas (de Guerrero en la Planicie Costera del Pacífico y Tamaulipas en la Planicie Costera del Golfo al sur y la Península de Yucatán. NOM*) .... Subfamilia Atelinae: *Ateles geoffroyi*

(Coloración dorsal y ventral variable, pero combinando regiones negras, pardos y amarillo pálido; *los miembros anteriores y posteriores delgados y más largos que la longitud del cuerpo y cabeza* y de al menos la combinación de dos colores; **en vista de perfil la mandíbula equivale a menos de un cuarto de la altura de la cabeza**; tamaño de la cabeza proporcionalmente pequeña. Cráneo: longitud de los caninos superiores menos de dos veces la de los incisivos; caja

The only order of monkeys in Mexico is one of the mammal groups that do not have exclusive characteristics to help differentiate them from the rest of the mammals, but they have a combination of characteristics that allows their differentiation. Among those that stand out are front and hind feet with five digits or plantigrades; thumbs in general opposable (at least in hands); presence of clavicle; stereoscopic and color vision; brain hemispheres well developed; flat nails. Their distribution is practically tropical with few exceptions and humans. It has two suborders Strepsirrhini (the most primitive primates) and Haplorrhini (the most evolved). Only the Family Atelidae of the Suborder Haplorrhini has distribution in Mexico.

Literature used for the keys, taxonomy and nomenclature of the Order Primates. Family Atelidae. The species *Alouatta villosa* was used instead of *A. pigra* (Groves 2005).

Family Atelidae

Family with five current genera; spider monkey, howler monkey, and wooly monkeys are characterized by having fingernails and being capable of climbing and scaling. They have a long prehensile tail with hair and a sensitive tactile area. Their distribution is exclusively in tropical America. They belong to the Order Primates, Suborder Haplorrhini, Infraorder Simiiforms, Parvorder Platyrrhini. The species in Mexico belong to two different Subfamilies Atelinae including spider monkeys (*Ateles geoffroyi*) and Alouattinae including howling monkeys (*Alouatta*).

1. Front and hind legs are as long as body and head length; in side view the jaw is equal to one fourth of head height. The descending branch breadth of the jaw is less than the distance between the auditory meatus and the infraorbital channel (Fig. PR1); less than 34 % of the skull length is behind the glenoid pits (from Guerrero in the Pacific Coastal Plains and Tamaulipas in the Gulf Coastal Plains southward, and the Yucatan Peninsula. NOM*) ....
.... Atelinae: *Ateles geoffroyi*

(Dorsal and ventral color variable but combining black, brown, and pale yellow regions; *front and hind legs thin and longer than body and head length*, and at least a bicolor combination; *in side view the jaw equals to at least one fourth of the head height*; head size proportionally small. Skull: length of upper canines less than double that of the incisors;

craneal redondeada; **longitud de la caja craneal más de dos veces la longitud del rostro.** Longitud total 1,129.0 a 1,280 mm, occipitonasal 87.0 a 102.0 mm).

1a. Los miembros anteriores y posteriores más cortos que la longitud del cuerpo y cabeza; en vista de perfil la mandíbula equivale a un tercio de la altura de la cabeza. Anchura de la rama descendente de la mandíbula mayor que la distancia externa entre el meato auditivo y el canal infraorbital (Figura PR2); más del 34 % de la longitud del cráneo se encuentra por detrás de las fosas glenoideas (Neotropical, de Veracruz hacia el Sur) .... Subfamilia Alouattinae (pag. 254)

Subfamilia Alouattinae

1. Coloración negra. Anchura interorbital generalmente mayor de 12.0 mm; longitud condilobasal generalmente mayor de 103.0 mm (restringido a la Península de Yucatán. NOM*) .... *Alouatta villosa*

(**Coloración dorsal y ventral negra completamente**; *los miembros anteriores y posteriores más cortos que la longitud del cuerpo y cabeza y de un solo color; en vista de perfil la mandíbula equivale a un tercio de la altura de la cabeza,* aunque es por el efecto de la barba. Cráneo: longitud de los caninos superiores prácticamente tres veces la de los incisivos; caja craneal alargada; *longitud de la caja craneal aproximadamente 1.5 veces la longitud del rostro.* Longitud total 1,100.0 a 1,300.0 mm, occipitonasal 106.5 a 121.0 mm).

1a. Coloración parda, aunque puede tener mechones dorados. Anchura interorbital generalmente menor de 12.0 mm; longitud condilobasal generalmente menor de 103.0 mm (del sur de Veracruz, Campeche y Centro de Chiapas. NOM*) ...... *Alouatta palliata*

(**Coloración dorsal y ventral de pardo** oscuro, aunque puede tener mechones dorados sobretodo en el vientre; *los miembros anteriores y posteriores más cortos que la longitud del cuerpo y cabeza* proporcionalmente grande y desnuda color negruzca; *en vista de perfil la mandíbula equivale a un tercio de la altura de la cabeza,* aunque es por el efecto de la barba. Cráneo: longitud de los caninos superiores prácticamente tres veces la de los incisivos; caja craneal alargada; *longitud de la caja craneal aproximadamente 1.5 veces la longitud del rostro.* Longitud total 1,145.0 a 1,104.0 mm, occipitonasal 94.4 a 100.9 mm).

PR1

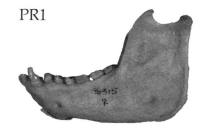

braincase round and its length greater than two times that of the rostrum. Total length from 1 129.0 a 1 280 mm; occipitonasal length from 87.0 to 102.0 mm).

1a. Front and hind legs shorter than head and body length; in side view the jaw equals one third of the head height. The descending branch breadth of the jaw greater than the external distance between the auditory meatus and the infraorbital channel (Figure PR2); more than 34 % of the skull length is behind the glenoid pits (Neotropical, from Veracruz southward) .... Subfamily Alouattinae (p. 255)

Subfamily Alouattinae

1. Black pelage. Interorbital breadth generally greater than 12.0 mm; condylobasal length usually greater than 103.0 mm (restricted to the Yucatan Peninsula. NOM*) .... *Alouatta villosa*

(**Dorsal and ventral pelage completely black;** *front and hind legs shorter than head and body length* and monocolored; *in side view the jaw equals one third of the head height* although it is due to the effect of the beard. Skull: length of upper canines practically three times that of the incisors; *braincase extended and approximately 1.5 times of rostrum length.* Total length from 1,100.0 to 1,300.0 mm, occipitonasal from 106.5 to 121.0 mm).

1a. Brown pelage although it may have golden locks. Interorbital breadth generally less than 12.0 mm; condylobasal length generally less than 103.0 mm (from southern Veracruz, Campeche, and Central Chiapas. NOM*) .... *Alouatta palliata*

(**Dorsal and ventral pelage from dark brown although it may have golden locks especially on the abdomen;** *front and hind legs shorter than body length and head* proportionally large and bare in blackish color; in side view the jaw equals to one third of the head height although it is due to the effect of the beard. Skull: length of upper canines practically three times that of the incisors: *braincase extended approximately 1.5 times of the rostrum length.* Total length from 1,145.0 a 1,104.0 mm, occipitonasal from 94.4 to 100.9 mm).

PR2

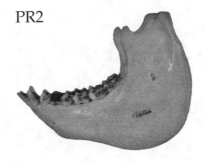

Rodentia

Orden que incluye a 2,200 especies como, agutíes, ardillas, jutias, castores, hámster, lirones, marmotas, perros de las praderas, ratas, ratones, tuco-tuco, tuzas, etc. Tiene cinco Subordenes Anomaluromorpha (falsas ardillas voladoras, liebre de El Cabo), Castorimorpha (castores, ratas canguro, tuzas), Hystricomorpha (gundis, puercoespin del viejo mundo, ratas topo), Myomorpha (la mayoría de los denominados ratones y ratas) y Sciuromorpha (ardillas, lirones, marmotas, perritos de las praderas). El Orden Rodentia se caracteriza por tener un par de incisivos superiores e inferiores; cada diente alargado, agudamente biselado, y en constante crecimiento; diastema amplia entre los incisivos y los dientes molares y premolares de la mandíbula superior e inferior; esmalte de los incisivos restringido sólo a la cara anterior. Actualmente son de distribución cosmopolita. En México solamente está representado por nueve Familias, Agoutidae, Castoridae, Cricetidae, Cuniculidae, Erethizontidae, Geomyidae, Heteromyidae, Muridae y Sciuridae.

Literatura utilizada para las claves, taxonomía y nomenclatura del Orden Rodentia.

Familia Sciuridae. *Ammospermophilus insularis* es considera como sinónimo de *A. leucurus* (Álvarez–Castañeda 2007), aunque ver a Mantooth *et al.* (2013). Se utiliza la división del género *Spermophilus* en *Callospermophilus, Ictidomys, Notocitellus, Otospermophilus, Poliocitellus, Urocitellus* y *Xerospermophilus* (Helgen *et al.* 2009), a *Otospermophilus atricapillus* se le trata como subespecies de *O. beecheyi* (Álvarez-Castañeda y Cortés-Calva 2011), y *Xerospermophilus perotensis* como subespecies de *X. spilosoma* (Fernández 2012). Se utiliza el género *Neotamias* en lugar de *Tamias* (Piaggio y Spicer 2001), y *Neotamias solivagus* para los ejemplares de Coahuila previamente identificada como *N. durangae solivagus* (Piaggio y Spicer 2001). Se utilizó la revisión de los géneros *Glaucomys* (Howell 1918), *Spermophilus* (Howell 1938; Helgen *et al.* 2009), y *Tamias* (Howell 1929; Levenson *et al.* 1985).

Familia Geomyidae. *Cratogeomys perotensis* y *C. fulvescens* son considerados como especies, previamente ubicadas como subespecies de *C. merriami* (Hafner *et al.* 2005). *C. gymnurus, C. neglectus, C. tylorhinus* y *C. zinseri* son considerados como *C. fumosus*; y *C. tylorhinus planiceps* como *C. planiceps* (Hafner *et al.* 2004). *Pappogeomys alcorni* es considerado como un sinónimo de *P. bulleri* (Desmastes *et al.* 2003). Se considera al género *Heterogeomys* con dos especies *H. hispidus* y *H. lanius*; en el caso de *Ortogeomys* se considera a *O. cuniculus* como sinonimo de *O. grandis* (Spradling *et al.* 2016). El complejo *Thomomys bottae-umbrinus* ha tenido muchos cambios en los últimos años, se reconocen las siguientes especies *T. atrovarius, T. bottae, T. fulvus, T. nayarensis, T. nigricans,* y *T. umbrinus* (Álvarez–Castañeda 2010, Hafner *et al.* 2011, Mathis *et al.* 2013a, 2013b, Trujano–Álvarez y Álvarez–Castañeda 2012).

The Order includes more than 2,200 rodent species, agoutis, squirrels, jutias, beavers, hamsters, dormice, marmots, prairie dogs, rats, mice, tuco-tuco, gophers, etc. It has five Suborders Anomaluromorpha (fake flying squirrel, Cape hare), Castorimorpha (beaver, kangaroo rat, gopher), Hystricomorpha (gundis, old world porcupine, mole rat), Myomorpha (mostly denominated mice and rats), and Sciuromorpha (squirrels, dormice, marmots, prairie dogs). The Order Rodentia is characterized by having a pair of upper and lower incisors; each elongated, sharply beveled, and growing teeth; breadth diastema between the incisors and molars and premolars of the upper and lower jaw; enamel restricted only to the anterior incisors. They are currently of cosmopolitan distribution. In Mexico the Order is represented only by nine Families, Agoutidae, Castoridae, Cricetidae, Cuniculidae, Erethizontidae, Geomyidae, Heteromyidae, Muridae, and Sciuridae.

Literature used for the keys, taxonomy and nomenclature of the Order Rodentia.

Family Sciuridae. *Ammospermophilus insularis* is considered as junior synonym of *A. leucurus* (Álvarez–Castañeda 2007), however see Mantooth *et al.* (2013). We used the division of the genus *Spermophilus* in *Callospermophilus, Ictidomys, Notocitellus, Otospermophilus, Poliocitellus, Urocitellus* and *Xerospermophilus* (Helgen *et al.* 2009), *Otospermophilus atricapillus* as a subspecies of *O. beecheyi* (Álvarez–Castañeda and Cortés-Calva 2011), and *Xerospermophilus perotensis* as a subspecies of *X. spilosoma* (Fernández 2012). The genus *Neotamias* is used instead of *Tamias* (Piaggio and Spicer 2001), and *Neotamias solivagus* for the Coahuila specimens previously identified as *N. durangae* following (Piaggio and Spicer 2001). We used the review of the genus *Glaucomys* (Howell 1918), *Spermophilus* (Howell 1938; Helgen *et al.* 2009), and *Tamias* (Howell 1929; Levenson *et al.* 1985).

Family Geomyidae. *Cratogeomys perotensis* and *C. fulvescens* are considered as full species, previously considered as subspecies of *C. merriami* (Hafner *et al.* 2005). *C. gymnurus, C. neglectus, C. tylorhinus* and *C. zinseri* are considered as *C. fumosus;* and *C. tylorhinus planiceps* as *C. planiceps* (Hafner *et al.* 2004). *Pappogeomys alcorni* is considered as junior synonym of *P. bulleri* (Desmastes *et al.* 2003). We considered the genus *Heterogeomys* with two species *H. hispidus* y *H. lanius;* in the case of *Ortogeomys,* we considered *O. cuniculus* as junior synonym of *O. grandis* (Spradling *et al.* 2016). The *Thomomys bottae-umbrinus* complex has had many changes in the last years; those recognised are the following: *T. atrovarius, T. bottae, T. fulvus, T. nayarensis, T. nigricans,* and *T. umbrinus* (Álvarez–Castañeda 2010, Hafner *et al.* 2011, Mathis *et al.* 2013a, 2013b, Trujano–Álvarez and Álvarez–

Se utilizaron las revisiones de Geomyidae (Russell 1968a), *Geomys, Orthogeomys,* y *Zygogeomys* (Merriam 1895a), *Cratogeomys* (Hafner *et al.* 2004; Hafner *et al.* 2009), y *Pappogeomys* (Russell 1968b; Hafner *et al.* 2009).

Familia. Heteromyidae. *Chaetodipus arenarius* se divide en *C. siccus,* previamente considerada como subespecies de *C. arenarius* (Álvarez–Castañeda y Rios 2011). *C. dalquesti* como especies, previamente considerada como subespecies de *C. arenarius* (Patton 2005), pero se usa el nombre *C. ammophilus* (Rios y Álvarez-Castañeda (2013). *C. anthonyi* como subespecies de *C. fallax* (Ríos y Álvarez-Castañeda (2010). *C. baileyi* es dividido en *C. rudinoris,* para el oeste del Río Colorado y *C. baileyi* para el este (Riddle *et al.* 2000a). *C. eremicus* como especies, previamente considerada como subespecies de *C. penicillatus* (Lee *et al.* 1996). *Dipodomys margaritae* y *D. insularis* son consideradas como subespecies de *D. merriami* (Álvarez–Castañeda *et al.* 2009). *D. phillipsii* es divida en *D. ornatus,* y *D. phillipsii* (Fernández *et al.* 2012). *Liomys* es considera como sinónimo de *Heteromys* (Hafner *et al.* 2007). *H. goldmani* como especies, ubicada considera como subespecies de *H. desmarestianus* (Rogers y González 2010, Espinoza *et al.* 2011). Se utilizarón la revisiones de la Familia (Genoways y Brown. 1993) y de los géneros *Dipodomys* (Álvarez 1960; Genoways y Jones 1971), *Heteromys* (Goldman 1911), *Liomys* (Genoways 1973), y *Perognathus* (Merriami 1889; Osgood 1900; McKnight 2005**).**

Familia Cricetidae. *Handleyomys guerrerensis* fue elevada a nivel de especie (Almendra *et al.* 2014). *Habromys schmidlyi* (Romo–Vázquez *et al.* 2005), *Peromyscus carletoni* Bradley *et al.* (2014) son nuevas especies. *Neotoma lepida* es divida en las siguientes especies *N. bryanti,* principalmente de Baja California, *N. insularis* de ejemplares previamente identificados como *N. lepida insularis* de la isla Ángel de la Guarda, y *N. lepida; Neotoma anthonyi* y *N. martinensis* ubicados como sinónimos de *N. bryanti* (Patton *et al.* 2007). *N. varia* como subespecies de *N. albigula* (Bogan 1997, Álvarez-Castañeda y Rios 2010) y *N. melanura* previamente identificada como *N. albigula melanura* (Bradley y Mauldin 2016). *N. ferruginea* y *N. picta* son consideradas como especies (Ordoñez-Garza *et al.* 2014). Nosotros seguimos considerando a *N. nelsoni* debido a que consideramos que el ejemplar utilizado no provienen del área de distribución y hábitat de *N. nelsoni* (Fernández 2014). *Peromyscus schmidlyi* como una nueva especies (Bradley *et al.* 2004) y *P. latirostris* previamente identificada como *P. furvus* de San Luís Potosí y Querétaro (Ávila-Valle *et al.* 2012). *P. sagax* previamente identificada como *P. truei gratus* (Bradley *et al.* 1996), y *P. fraterculus* que se conocía como *P. eremicus fraterculus* (Riddle *et al.* 2000b). Se toma en cuenta la división del género *Oryzomys* en *Handleyomys* y *Oryzomys* para Mexico (Weksler *et al.* 2006). *O. albiventer* y *O. peninsulae* como especies, previamente consideradas como subespecies de *O. couesi* (Carleton y Arroyo–Cabrales 2009); *O. palustris* y *O. texensis,* consideradas anteriormente como subespecies de *O. palustris* (Hanson *et al.* 2010); y *O. texensis* primer registro formal para México (Indorf y Gaines 2013). Se utilizaron las revisión de *Baiomys* (Packard 1960), Microtinae (Bailey 1900; Hall y Cockrum 1953), *Microtus* (Bailey 1900), *Nelsonia* (Hooper 1954; Engstrom *et al.* 1992), *Neotoma* (Goldman 1910, 1932; Birney 1973; Patton *et al.* 2007; González–Ruiz *et al. in litt.*), *Onychomys* (Hollister 1914), *Oryzomys* **(**Merriam 1901; Goldman 1918), *Ototylomys* (Lawlor 1969), *Peromyscus* (Osgood 1909, Huckaby 1980; Carleton *et al.* 1982; Sullivan *et al.* 1997; Tiemann-Boege *et al.* 2000; Bradley *et al.* 2000, 2007, 2014**),** *Reithrodontomys* (Howell 1914; Hooper 1952), *Sigmodon* (Bailey 1902; Baker 1969; Carleton *et al.* 1999; Peppers y Bradley 2000, 2002; Carrol *et al.* 2005), y Ellerman (1940).

De los Mammalian species: Álvarez-Castañeda (1998, 2001, 2002, 2005a y b); Álvarez-Castañeda y Cortés-Calva (2002, 2003); Álvarez-Castañeda *et al.* (2003); Álvarez-Castañeda y González-Ruiz (2009); Álvarez-Castañeda y Méndez (2003, 2005); Álvarez-Castañeda y Yensen (1999); Braun y Mares (1989); Ceballos *et al* (2002); Cortés-Calva y Álvarez–Castañeda (2001); Cortés-Calva *et al.* (2001a y b);

Castañeda 2012). We used the review of Geomyidae (Russell 1968a), *Geomys, Orthogeomys,* and *Zygogeomys* (Merriam 1895a), *Cratogeomys* (Hafner *et al.* 2004; Hafner *et al.* 2009), and *Pappogeomys* (Russell 1968b; Hafner *et al.* 2009).

Family Heteromyidae. *Chaetodipus arenarius* is divided in *C. siccus,* previously considered as subspecies of *C. arenarius* (Álvarez–Castañeda and Rios 2011). *C. dalquesti* as full species, previously considered as subspecies of *C. arenarius* (Patton 2005), however, we used the name *C. ammophilus* (Rios and Álvarez-Castañeda (2013). *C. anthonyi* as a subspecies of *C. fallax* (Ríos and Álvarez–Castañeda (2010). *C. baileyi* is divided in *C. rudinoris,* western of the Colorado River and *C. baileyi* eastward (Riddle *et al.* 2000a). *C. eremicus* is used as full species, previously considered as subspecies of *C. penicillatus* (Lee *et al.* 1996). *Dipodomys margaritae* and *D. insularis* are considered as a subspecies of *D. merriami* (Álvarez–Castañeda *et al.* 2009). *D. phillipsii* is divided in *D. ornatus* and *D. phillipsii* (Fernández *et al.* 2012). *Liomys* is considered as synonym of *Heteromys* (Hafner *et al.* 2007). *H. goldmani* as full species, previously considered as subspecies of *H. desmarestianus* (Rogers and González 2010, Espinoza *et al.* 2011). We used the review of the family (Genoways y Brown. 1993) and the genus *Dipodomys* (Álvarez 1960; Genoways y Jones 1971). *Heteromys* (Goldman 1911), *Liomys* (Genoways 1973), and *Perognathus* (Merriami 1889; Osgood 1900; McKnight 2005).

Family Cricetidae. *Handleyomys guerrerensis* is considered as full species (Almendra *et al.* 2014). *Habromys schmidlyi* (Romo–Vázquez *et al.* 2005) y *Peromyscus carletoni* Bradley *et al.* (2014) are considered as a new species. *Neotoma lepida* is divided in the following species *N. bryanti,* mainly in Baja California, *N. insularis* previously identified as *N. lepida insularis* of Angel de la Guarda Island and *N. lepida; N. anthonyi* and *N. martinensis* are considered junior synonyms of *N. bryanti* (Patton *et al.* 2007). *N. varia* is considered as subspecies of *N. albigula* (Bogan 1997, Álvarez–Castañeda and Rios 2010) and *N. melanura* previously identified as *N. albigula, melanura* (Bradley and Mauldin 2016). *N. ferruginea* and *N. picta* are considered as valid species (Ordoñez-Garza *et al.* 2014). We still consider *N. nelsoni* as full species, because we believe that the specimen review is not from the known range and habitat of *N. nelsoni* (Fernández 2014). *Peromyscus schmidlyi* as a new species (Bradley *et al.* 2004) and *P. latirostris* previously identified as *P. furvus* from San Luís Potosí and Querétaro (Ávila–Valle *et al.* 2012). *P. sagax* previously identified as *P. truei gratus* (Bradley *et al.* 1996) and *P. fraterculus* previously identified as *P. eremicus fraterculus* (Riddle *et al.* 2000b). We considered the fusion of the genus *Oryzomys* in *Handleyomys* and *Oryzomys* for Mexico (Weksler *et al.* 2006). *O. albiventer* and *O. peninsulae* as full species, previously considered as subspecies of *O. couesi* (Carleton and Arroyo–Cabrales 2009); *O. palustris* and *O. texensis,* previously considered as subspecies of *O. palustris* (Hanson *et al.* 2010); and *O. texensis* first recorded for Mexico (Indorf and Gaines 2013). We used the review of the genus *Baiomys* Packard (1960), Microtinae (Bailey 1900; Hall and Cockrum 1953), *Microtus* (Bailey 1900), *Nelsonia* (Hooper 1954; Engstrom *et al.* 1992), *Neotoma* (Goldman 1910, 1932; Birney 1973; Patton *et al.* 2007; González–Ruiz *et al.* in litt.), *Onychomys* (Hollister 1914), *Oryzomys* (Merriam 1901; Goldman 1918), *Ototylomys* (Lawlor 1969), *Peromyscus* (Osgood 1909, Huckaby 1980; Carleton *et al.* 1982; Sullivan *et al.* 1997; Tiemann-Boege *et al.* 2000; Bradley *et al.* 2000, 2007, 2014), *Reithrodontomys* (Howell 1914; Hooper 1952), *Sigmodon* (Bailey 1902; Baker 1969; Carleton *et al.* 1999; Peppers and Bradley 2000, 2002; Carrol *et al.* 2005), and Ellerman (1940).

From Mammalian species: Álvarez-Castañeda (1998, 2001, 2002, 2005a and b); Álvarez-Castañeda and Cortés-Calva (2002, 2003); Álvarez-Castañeda *et al.* (2003); Álvarez-Castañeda and González-Ruiz (2009); Álvarez-Castañeda and Méndez (2003, 2005); Álvarez-Castañeda and Yensen (1999); Braun and Mares (1989); Ceballos *et al* (2002); Cortés-Calva and Álvarez–Castañeda (2001); Cortés-Calva *et al.* (2001a

Domínguez-Castellanos y Ortega (2003); Fernández *et al.* (2010); González-Ruiz y Álvarez-Castañeda (2005); Gwinn *et al.* (2011); Hrachovy *et al.* (1996); Hunt *et al.* (2004); Hunt *et al.* (2003); Jones y Baxter (2004); León *et al.* (2001); MacSwiney *et al.* (2009); Mantooth y Best (2005a, b); Ordóñez-Garza y Bradley (2010); Reich (1981); Rios y Álvarez-Castañeda (2011); Roberts *et al.* (2001); Rogers y Skoy (2011); Soler-Frost *et al.* (2003); Trujano-Álvarez y Álvarez-Castañeda (2010); Vázquez *et al.* (2001); Verts y Carraway (2002).

1. Canal infraorbital mucho más grande que el *foramen magnum* .... (Suborden Hystricomorpha) 2

1a. Sin canal infraorbital no cruzado por ninguna parte del músculo masetero medio. Cuando éste existe, es mucho menor que el *foramen magnum* 4

2. Cuerpo cubierto por pelos modificados a manera de espinas. Borde inferior del proceso angular de la mandíbula fuertemente curvado hacia adentro .... Erethizontidae (pag. 346)

2a. Cuerpo cubierto de pelo sedoso o áspero, pero no modificado a manera de espinas. Borde inferior del proceso angular de la mandíbula no fuertemente curvado hacia adentro 3

3. Coloración dorsal café con puntos blancos; longitud de la pata trasera mayor de 160.0 mm. Arco zigomático grande en forma de placa corrugada (Figura R1); longitud del cráneo mayor de 120.0 mm .... Cuniculidae (pag. 344)

3a. Coloración dorsal jaspeada sin manchas; longitud de la pata trasera menor de 160.0 mm. Arco zigomático delgado, sin formar una placa ancha y corrugada (Figura R2); longitud del cráneo menor de 120.0 mm .... Agoutidae (pag. 264)

4. Con foramen anterorbital; sin premolares .... (Suborden Myomorpha) 5

4a. Sin foramen anterorbital; con uno o dos premolares presentes 6

5. Primer molar superior con tres filas de cúspides dispuestas longitudinales en la cara oclusal, pero nunca con tres filas de cúspides (Figura R3) .... Muridae (pag. 380)

5a. Primer molar superior con dos filas de cúspides dispuestas de manera longitudinales o sin cúspides con los molares aplanados en la cara oclusal (Figura R4); no tiene lofos definidos .... Cricetidae (pag. 266)

6. Cola con pelos largos y muy poblada. Cara oclusal de los molariformes con cúspides ....(Suborden Sciuromorpha) Sciuridae (pag. 382)

6a. Cola desnuda o con poco pelo. Cara oclusal de los molariformes plana sin cúspides .... (Suborden Myomorpha) 7

R1

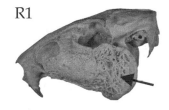

R2

and b); Domínguez-Castellanos and Ortega (2003); Fernández *et al.* (2010); González-Ruiz and Álvarez-Castañeda (2005); Gwinn *et al.* (2011); Hrachovy *et al.* (1996); Hunt *et al.* (2004); Hunt *et al.* (2003); Jones and Baxter (2004); León *et al.* (2001); MacSwiney *et al.* (2009); Mantooth and Best (2005a and b); Ordóñez-Garza and Bradley (2010); Reich (1981); Rios and Álvarez-Castañeda (2011); Roberts *et al.* (2001); Rogers and Skoy (2011); Soler-Frost *et al.* (2003); Trujano-Álvarez and Álvarez-Castañeda (2010); Vázquez *et al.* (2001); Verts and Carraway (2002).

1. Infraorbital canal much larger than the *foramen magnum* ....
.... (Suborder Hystricomorpha) 2

1a. Without Infraorbital canal not crossed by any part of the medial masseter muscle; when present, it is smaller than the *foramen magnum* 4

2. Body covered by hair modified like spines. Edge of the angular mandible process strongly curved inward .... Erethizontidae (p. 347)

2a. Body covered with silky or rough pelage but not modified like spines. Edge of the angular mandible process not strongly curved inward 3

3. Dorsal pelage brown with white spots; greatest length of the hind foot more than 160.0 mm. Zygomatic arch large and in a corrugated plate shape (Figure R1); greatest skull length more than 120.0 mm .... Cuniculidae (p. 345)

3a. Dorsal pelage speckled without spots; greatest hind foot length less than 160.0 mm. Zygomatic arch thin and not forming a wide and corrugated plate (Figure R2); greatest skull length less than 120.0 mm .... Agoutidae (p. 265)

4. Anterorbital foramen; no premolars .... (Suborder Myomorpha) 5

4a. No anterorbital foramen; one or two premolars 6

5. First upper molar with three rows of cusps arranged longitudinally on the occlusal surface (Figure R3); three transverse lophos clearly defined ....
.... Muridae (p. 381)

5a. Primer molar superior two rows of cusps arranged longitudinally or without cusps with molars flattened on the occlusal surface (Figure R4); no defined lophos ....Cricetidae (p. 267)

6. Tail with long and dense hairs. Occlusal toothrow surface with cusps ....
.... (Suborder Sciuromorpha) Sciuridae (p. 383)

6a. Tail naked or with short hairs. Occlusal toothrow surface without cusps ....
.... (Suborden Myomorpha) 7

7. Tail scaly, broad, and flat; hind foot toes webbed. Basioccipital fossa well

7. Cola escamosa, ancha y plana; membrana interdigital presente.   Fosa basioccipital bien desarrollada (Figura R5); longitud mayor del cráneo mayor de 75.0 mm y de los molariformes superiores mayor de 18.0 mm ....
.... Castoridae (pag. 266)

7a. Cola desnuda o peluda, no ancha ni plana; patas sin membrana interdigital. Sin fosa basioccipital (Figura R6); longitud mayor del cráneo menor de 75.0 mm y de molariformes superiores menor de 18.0 mm 8

8. Cola corta y casi desnuda; uñas de las patas delanteras extremadamente largas. Rostro más ancho que la constricción interorbital; primer molariforme superior casi dividido en su parte media (Figura R7); último molar superior más grande que los otros .... Geomyidae (pag. 346)

8a. Cola larga y peluda; uñas de las patas delanteras proporcionales. Rostro más delgado que la constricción interorbital; primer molariforme superior no dividido en su parte media (Figura R8); último molar superior igual o más pequeño de los otros dientes .... Heteromyidae (pag. 360)

R5

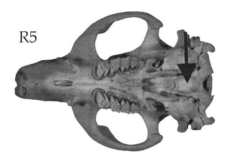

R6

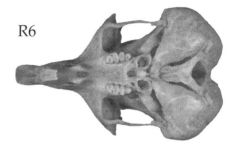

Familia Agoutidae

Familia que incluye a los agutíes, seretes, guatines y acuchíes. Actualmente representado por dos géneros, se caracterizan por tener el cuerpo relativamente grande (de 350.0 a 650.0 cm); pelaje moderadamente largo, áspero; cola corta (*Myoprocta*) o muy corta (*Dasyprocta*); miembros, especialmente los posteriores, relativamente largos y esbeltos; cráneo alargado, no fuertemente bordeado. Se distribuyen en América tropical. Pertenecen al Orden Rodentia, Suborden Hystricomorpha, Infraorden Hystricognathi, Paraorden Caviomorpha. Todas las especies de esta Familia en México pertenecen a la Subfamilia Dasyproctinae.

1. La base de los pelos del vientre contrastando fuertemente con la punta; coloración dorsal y de las caderas negra. Isletas de esmalte de los molariformes aisladas entre sí por el desgaste (Veracruz y Oaxaca) ....
.... *Dasyprocta mexicana*

(**Coloración dorsal entrepelado grisáceo con diferentes tonos, negruzca en la parte media del lomo y en las caderas; región ventral blanquecino aleonado, con las puntas del pelo más claro**; orejas redondeadas grandes y casi desnudas; patas negruzcas y largas, las traseras con tres dedos y las delanteras cuatro; cola pequeña o ausente; dedos fuertes, gruesos cerrados, uñas casi como pezuñas. Cráneo: dientes hipsodontos, semienraizados, con profundas zonas reentrantes de esmalte que forman una serie de islas, visto en posición dorsal es de forma cuadrada; los huesos nasales son más cortos que los frontales. Longitud total 490.0 a 620.0 mm, del cráneo 102.0 a 152.0 mm).

developed (Figure R5); greatest skull length greater than 75.0 mm; upper toothrow greater than 18.0 mm. .... Castoridae (p. 367)

7a. Tail bare or hairy not scaly, broad, and flat; hind foot toes not webbed. Basioccipital fossa absent (Figure R6); greatest skull length less than 75.0 mm; upper toothrow less than 18.0 mm 8

8. Tail short and almost naked; fore foot with claws extremely long. Rostrum wider than interorbital constriction; first upper molariform almost split in its middle part (Figure R7); last upper molar larger than the others ....
.... Geomyidae (pag. 347)

8a. Tail long and hairy; fore foot with claws in proportion to its size. Rostrum thinner than interorbital constriction; first upper molariform not split in its middle part (Figure R8); last upper molar equal or smaller than the others ....
.... Heteromyidae (pag. 361)

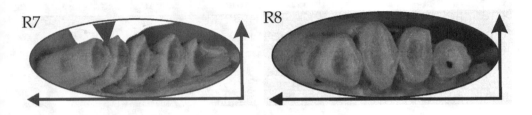

Family Agoutidae

This family includes agoutis, seretes, guatines, and acouchis. It is currently represented by two genera characterized by a relatively large body (from 350.0 to 650.0 cm); coat moderately long and rough; short tail (Myoprocta) or very short (Dasyprocta); limbs, especially hind foot, relatively long and slender; elongated skull, not strongly bordered. They are distributed in tropical America and belong to the Order Rodentia, Suborder Hystricomorpha, infraorder Hystricognathi, Paraorden Caviomorpha. All species of this family in Mexico belong to the subfamily Dasyproctinae.

1. Ventral hair with color contrasting strongly with the base and the tip; dorsal and rump dark. Molariform teeth with enamel islets due to wear (Veracruz and Oaxaca) .... *Dasyprocta mexicana*

(Dorsal pelage with gray grizzly fur with other colors, blackish in the middle of the back and hips; ventral region tawny whitish, with hair tips lighter; ears long, rounded, and almost naked; limbs blackish and long; hind foot with three digits and fore foot with four; tail small or absent; digits strong, thick, and closed; claws almost like hooves. Skull: teeth hypsodont with deep reentrant enamel forming a number of islands, seen in dorsal position square in shape; nasal bones shorter than the frontal bone. Total length 490.0 to 620.0 mm, skull 102.0 to 152.0 mm

1a.   Pelos del vientre de color uniforme; coloración de la cabeza y nuca negruzca. Isletas de esmalte de los molariformes no aisladas entre sí por el desgaste (Península de Yucatán y Chiapas) .... *Dasyprocta punctata*

(**Coloración dorsal entrepelado pardo anaranjado con diferentes tonos que varía de amarillento a anaranjado, en las cadera presencia de entrepelado negruzco con cerdas más largas, negruzca en la cabeza y nuca; región ventral más pálido, con las puntas del pelo más claro**; orejas redondeadas y casi desnudas; patas negruzcas y largas, las traseras con tres dedos y las delanteras cuatro; cola pequeña o ausente;, uñas casi como pezuñas. Cráneo: dientes hipsodontos, semienraizados; con profundas reentrantes de esmalte que forman una serie de islas; visto en posición dorsal es de forma cuadrada; los huesos nasales son más cortos que los frontales. Longitud total 572.0 a 586.0 mm, del cráneo 105.6 a 118.8 mm).

Familia Castoridae

Familia que incluye a los castores. Actualmente representado por un género (*Castor*) con dos especies. Se caracteriza por tener el cuerpo de forma gruesa, grande (95.0 a 160.0 cm); la cola grande, ancha y plana, mayormente desnuda y escamosa; **la coloración dorsal parda con el pelo de protección grisáceo; patas traseras con membranas interdigitales; dientes incisivos proporcionalmente grande y de color naranja;** distintiva depresión en el basioccipital. Se distribuye en México en todos los estados con frontera con EE.UU. Pertenecen al Orden Rodentia, Suborden Castorimorpha, Superfamilia Castoroidea. NOM* *Castor canadensis*. **Esta única especie pertenece a la Subfamilia Castorinae. Cráneo: Longitud total 1,000.0 a 1,300.0 mm.**

Familia Cricetidae

Familia que contiene a la gran mayoría de los roedores que habitan en México. Está representada por cuatro Subfamilias Arvicolinae, Neotominae, Sigmodontinae y Tylomyinae. Este grupo es complicado taxonómicamente, por lo mismo se decidió no separar las Subfamilias. De esta manera se espera que el proceso de identificación sea más fácil.

1. Molares hipsodontos, su cara oclusal formada por columnas triangulares a cada lado del eje central (prismas) 2

1a. Molares braquiodontos; cara oclusal con diferentes patrones, pero nunca formadas por prismas 3

2. Cola larga y ligeramente aplanada; patas con membranas interdigitales. Longitud del cráneo mayor de 52.0 mm; ancho de cada incisivo superior mayor de 3.0 mm (Río Bravo [Río Grande] y delta del Río Colorado. NOM**) .... *Ondatra zibethicus*

(Coloración dorsal pardo oscuro; región ventral más clara; la cola es negruzca y aplanada dorso-ventralmente; el pelo de cobertura es brillante y el de protección es denso y corto; patas traseras con membranas interdigitales, con pelos rígidos en la parte ventral de los dedos, más grandes que las patas delanteras; orejas pequeñas. Longitud total 41.0 a 62.0 mm, del cráneo 52.2 a 57.8 mm).

2a. Cola muy corta y cilíndrica; patas sin membrana interdigital. Longitud del cráneo menor de 52.0 mm; ancho de cada incisivo superior menor de 3.0 mm .. .. *Microtus* (pag. 282)

3. Cara oclusal de los molares planos 4

3a. Cara oclusal de los molares con cúspides bien definidas 9

4. Cara oclusal de los molares con ángulos reentrantes profundos que pueden

1a. Ventral hair homogeneous in color; head and nape blackish. Molariform teeth do not show enamel islets due to wear (Yucatan Peninsula and Chiapas) ....
.... *Dasyprocta punctata*

(Dorsal pelage orange brown with different shades from yellowish to orange; insterspersed with blackish and longer bristles on the hips, head, and nape; ventral region lighter with hair tips lighter; ears rounded and almost naked; limbs blackish and long, with three digits and the front foot with four; tail small or absent; claws strong, thick and closed almost like hooves. Skull: Teeth hypsodont with deep reentrant enamel forming a number of islands; dorsal view is square shaped; nasal bones are shorter than frontals. Total length 490.0 to 620.0 mm, skull 102.0 to 152.0 mm.

Family Castoridae

The family includes the beavers. It is currently represented by a genus (*Castor*) with two species. They are characterized by a thick large body (95.0 to 160.0 cm); tail big, wide, flat, mostly naked, and scaly; **dorsal pelage brown with grayish hair for protection; webbed hind foot digits; proportionately large, orange incisors; a distinctive basioccipital depression**. Their natural distribution in Mexico is in all the States bordering with USA; they belong to the Order Rodentia, Suborder Castorimorpha, Castoroidea Superfamily. NOM* *Castor canadensis*. **This unique species belongs to the subfamily Castorinae. Skull: Total length from 1,000.0 to 1,300.0 mm.**

Family Cricetidae

The Cricetidae Family contains the majority of living rodents in Mexico with four subfamilies Arvicolinae, Neotominae, Sigmodontinae, and Tylomyinae. This group is a bit complicated, so it was decided not to separate subfamilies in this first version of the keys hoping to make the identification process easier.

1. Molar hypsodont; occlusal surface formed by triangular columns on each side of the central axis (prisms) 2

1a. Molar brachyodonts; occlusal surface shows different patterns, but never formed by prisms 3

2. Tail long and slightly flattened; webbed digits. Skull length greater than 52.0 mm; breadth of each upper incisor greater than 3.0 mm; (Bravo River [Río Grande] and delta of the Colorado River. NOM**) .... *Ondatra zibethicus*

(Dorsal pelage dark brown; ventral region lighter; *tail blackish and laterally compressed*, relatively long; the top coat is bright and hair for protection is short and dense; *hind foot webbed*, rigid hair around the digits and longer than in forelimbs; ears short. Total length 41.0 to 62.0 mm, skull 52.2 to 57.8 mm).

2a. Tail short and cylindrical; not webbed digits. Skull length less than 52.0 mm; breadth of each upper incisor less than 3.0 mm .... *Microtus* (p. 283)

3. Occlusal surface of the molars flat-crowned 4

3a. Occlusal surface of the molars with well-defined cusp pattern 9

4. Occlusal surface of molars with deep reentrant angles, which may occupy half the tooth width approximately (Figure C1) 5

ocupar aproximadamente la mitad del ancho del diente (Figura C1) 5

4a. Cara oclusal de los molares con ángulos reentrantes, pero no profundos y ocupan menos de la mitad del ancho del diente 8

5. Tercer molar inferior en forma de "S" 6

5a. Tercer molar inferior no en forma de "S" 7

6. Bula auditiva grande e inflada y su eje longitudinal casi paralelo al eje del cráneo (Figura C2); borde supraorbital levantado y prominente formando una cresta (endémico de Nayarit, Colima y Jalisco. NOM**) .... *Xenomys nelsoni*

(**Coloración dorsal leonado a leonado rojizo con entrepelado negruzco**, puntas de los pelos negruzcas, *mancha ocular alrededor del ojo negra, debajo de esta presentan una mancha blanca del tamaño del ojo y atrás de las orejas*; región ventral crema amarillento, pero en el abdomen las bases de los pelos son plomizas; cola oscura en su totalidad. Cráneo: borde supraorbital con una cresta bien marcada; hueso lacrimal engrandado; *bula auditiva grande, inflada y con su eje longitudinal casi paralelo al eje del cráneo*; proceso postorbital presente; proceso paraoccipital grande y sólido, hueso interparietal grande casi tan ancho como la caja craneal; **tercer molar inferior en forma de "S"**. Longitud total de 300.0 a 333.0 mm, del cráneo de 40.5 a 44.6 mm).

6a. Bula auditiva relativamente pequeña y eje longitudinal oblicuo al eje del cráneo; borde supraorbital sin cresta (endémicos de la costa del Pacífico de Sinaloa a Guerrero, y la Cuenca del Balsas hasta Puebla y Morelos) .... *Hodomys alleni*

(Coloración dorsal de un pardo rojizo a oscuro; región ventral gris plomizo, jaspeado con blancuzco, en ocasiones amarillento; cola con pelos abundantes pero cortos, puede ser monocolor o bicolor, aunque es más oscura dorsalmente. Cráneo: **región interorbital angosta, sin crestas en el borde supraorbital**; foramen de los incisivos grande, extendiéndose hasta el margen anterior del primer molar superior; **bula pequeña en proporción al cráneo y oblicua al eje del cráneo**; primer molar superior con dos pliegues internos y externos, el segundo superior con dos externos y un interno; **tercer molar superior con dos pliegues trasversos dándole forma de "S"**. Longitud total 368.0 a 446.0 mm, del cráneo 50.2 a 55.8 mm).

7. Cara interior del tercer molar superior con ángulo reentrante; tercer molar inferior en forma de "8" (Figura C3) .... *Neotoma* (pag. 286)

7a. Cara interior del tercer molar superior sin ángulo reentrante; tercer molar inferior no en forma de "8" .... *Nelsonia* (pag. 286)

8. Coloración jaspeada. Tercer molar inferior en forma de "S" (Figura C4); borde supraorbital muy desarrollado extendiéndose por el parietal hasta unirse con la cresta lamboidea; rostro corto y ancho .... *Sigmodon* (pag. 336)

8a. Coloración no jaspeada, obscura pero uniforme. Tercer molar inferior no en forma de "S"; borde supraorbital con cresta, pero no se prolonga hasta la lamboidea; rostro largo y delgado (endémico del Eje Volcánico Transversal) .... *Neotomodon alstoni*

(Coloración dorsal grisácea a grisácea parduzca, ocasionalmente pardos rojizos; región ventral blancuzca con la base de los pelos grisáceo plomizo y en ocasiones con una mancha pectoral amarillenta; cola bicolor; pelo denso y suave; seis tubérculos plantares; seis pezones. Cráneo: caja craneana de forma redonda; arco zigomático corto; placa zigomática se extiende anteriormente; foramen incisivo grande; borde supraorbital con una cresta bien marcada; *molariformes planos; primer y segundo molares superiores similares, cada uno con tres lofos externos, dos ángulos reentrantes y dos lofos internos; tercer molar inferior no en forma de "S"*. Longitud total de 176.0 a

C1

4a. Occlusal surface of molars with reentrant angles, but not deep, which may not occupy half the tooth width approximately 8

5. Third lower molar S-shaped 6

5a. Third lower molar not S-shaped 7

6. Auditory bullae enlarged and inflated, and its main axis approximately parallel to the skull axis; supraorbital rim with prominent ridge (Figure C2; endemic to Nayarit, Colima and Jalisco. NOM**) .... *Xenomys nelsoni*

(Dorsal pelage from tawny to reddish grizzly fawn with blackish; hair tips blackish; a black spot around the eye and *below a white one the size of the eye and behind the ears*; ventral region yellowish cream but hair base leaden in the abdomen; tail totally dark. Skull: supraorbital rim with prominent ridge; lachrymal enlarged; *auditory bullae enlarged and inflated, main axis approximately parallel to the skull axis*; postorbital process present; long and solid paroccipital process; interparietal bone enlarged, almost as wide as the braincase; lower third molar S-shaped. Total length 300.0 to 333.0 mm, skull 40.5 to 44.6 mm).

6a. Auditory bullae small main axis approximately oblique to the skull axis; no ridges in the supraorbital rim (endemic from the lowlands of Sinaloa and Guerrero, including Puebla and Morelos) .... *Hodomys alleni*

(Dorsal pelage from reddish to dark brown; underparts leaden gray with whitish spots sometimes yellowish; few hairs on tail length without being totally bicolor but darker dorsally. Skull: *narrow interorbital region*; no ridges in the supraorbital rim; incisor foramina extended to the anterior margin of the maxillary first molar; *auditory bullae smaller in proportion to the skull; main axis approximately oblique to the skull axis*; maxillary first molar with two internal and external folds; the second top one with two external and internal folds; lower third molar S-shaped. Total length 368.0 to 446.0 mm, skull 50.2 to 55.8 mm).

7. Third upper molar with inner fold; third lower molar 8-shaped (Figure C3) .... *Neotoma* (p. 287)

7a. Third upper molar without inner fold; third lower molar not 8-shaped .... *Nelsonia* (p. 287)

8. Upper part coarsely grizzled. Third lower molar S-shaped (Figure C4); supraorbital rim with prominent ridge extending to the parietal and lamboidal crest; rostrum short and broad .... *Sigmodon* (p. 337)

8a. Upper part not coarsely grizzled. Third lower molar not S-shaped; supraorbital rim with a ridge but not extending to the parietal and lamboidal crest; rostrum long and thin (endemic from the Trans-Mexican Volcanic Belt) .... *Neotomodon alstoni*

(Dorsal pelage gray to yellowish gray, occasionally reddish brown; underparts whitish with hair base leaden gray and sometimes with a yellowish pectoral spot; tail slightly bicolor; hair dense and soft; six plantar tubercles; six nipples. Skull: braincase round shaped; zygomatic arch short; zygomatic plate extends above; incisor foramen large; supraorbital edge with a prominent ridge; *occlusal surface of the molars flat-crowned; first and second upper molars similar, each with three external lophos; two reentrant corners and two internal lophos; third lower molar not S-shaped*. Total length 176.0 to 233.0 mm, skull 27.9 to 31.6 mm).

C2

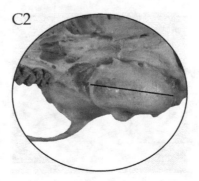

233.0 mm, del cráneo de 27.9 a 31.6 mm).

9. Superficie anterior de los incisivos superiores con un surco ....
.... *Reithrodontomys* (pag. 328)

9a. Superficie anterior de los incisivos superiores sin surco 10

10. Cúspides de los molares opuestas (una a un lado de la otra) y unidas por crestas; frontales muy anchos; tercer molar superior similar en forma al segundo molar (Figura C5) 11

10a. Cúspides de los molares alternadas y unidas entre sí por crestas y lofos; frontales normales; tercer molar superior muy diferente en forma al segundo 14

11. Cola desnuda. Cúspide anterior y lingual del primer molar superior reducida .. 12

11a. Cola con pelo. Cúspide anterior y lingual del primer molar superior no reducida 13

12. Longitud de la pata menor de 36.0 mm. Fosetas entre las cúspides de los molares poco profundas; bula timpánica grande; longitud de la hilera de molares superiores menores de 7.8 mm (del norte de Chiapas al sur, incluyendo la Península de Yucatán y un registro de Guerrero) ....
.... *Ototylomys phyllotis*

(Coloración dorsal pardo grisáceo oscuro entrepelado con canela para Chiapas y pardo pálido en Yucatán; región ventral de crema a blanco amarillento. Cráneo: aplanado; hueso interparietal grande; cresta en el borde supraorbital bien desarrollada y formando una especie de repisa sobre la órbita; bula auditiva grande e inflada; proceso coronoides reducido y la escotadura entre este y el articular poco marcada; *fosetas entre las cúspides de los molares poco profundas*. Longitud total 242.0 a 370.0 mm, del cráneo 39.0 a 41.8 mm).

12a. Longitud de la pata mayor de 36.0 mm. Fosetas entre las cúspides de los molares bien desarrolladas (Figura C6); bula timpánica pequeña; longitud de la hilera de molares superiores mayor de 7.8 mm .... *Tylomys* (pag. 344)

13. Bula auditiva no agrandada, su longitud total menor de 7.0 mm (de Jalisco en la Planicie Costera del Pacífico y Veracruz en la del Golfo hacia el Sur, sin incluir la Península de Yucatán) .... *Nyctomys sumichrasti*

(*Coloración dorsal pardo leonadas a anaranjado*; región ventral color crema o blanca que contrasta con la coloración dorsal; orejas pequeñas, pero más largas que anchas; pata trasera corta pero ancha; con los dedos largos modificados para la vida arbórea, con seis tubérculos plantares; hallux con garra; *longitud de la cola mayor a la longitud del cuerpo, robusta y cilíndrica con pelo y un mechón terminal*; la cabeza es proporcionalmente grande; bigotes largos; pelo largo y sedoso. Cráneo: borde supraorbital bien desarrollado y se extiende hasta el occipital; interparietal bien desarrollado, separando completamente los parietales; rostro corto, aproximadamente igual al ancho de la caja craneal; bulas auditivas grandes, su longitud es similar a la longitud de la diastema (< 7.0 mm). Longitud total 225.0 a 246.0 mm, del cráneo 28.5 a 31.2 mm).

13a. Bula auditiva muy grande, su longitud mayor de 7.0 mm (Península de Yucatán. NOM*) .... *Otonyctomys hatti*

(Coloración dorsal amarillentas, leonadas o canela con entrepelado de oscuro que se concentra en el lomo;

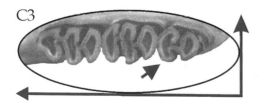

9. Anterior surface of the upper incisors with a groove .... *Reithrodontomys* (p. 329)

9a. Anterior surface of the upper incisors without a groove 10

10. Molar cusps in opposite position (facing each other) and held together by ridges; frontal bone very wide; third upper molar similar to the second one (Figure C5) 11

10a. Molar cusps in alternative position and held together by ridges and lophos; frontal bone in proportion to the skull; third upper molar different to the second 14

11. Tail naked. Anterior and lingual cusp of the upper first molar reduced 12

11a. Tail with hair. Anterior and lingual cusp of the upper first molar not reduced 13

12. Hind foot length less than 36.0 mm. Pits between cusps of upper molars markedly developed; auditory bullae larger; upper toothrow less than 7.8 mm (north of Chiapas southward, including the Yucatan Peninsula and one record from Guerrero .... *Ototylomys phyllotis*

(Dorsal pelage dark grayish brown grizzly with cinnamon in Chiapas and pale brown in Yucatan; underparts from cream to yellowish white. Skull: flat; interparietal bone large; ridge in well-developed supraorbital edge and forming a shelf on the orbit; auditory bullae large and inflated; coronoid process reduced and a notch between the coronoid and the articular processes; *pits between cusps of upper molars markedly developed*. Total length 242.0 to 370.0 mm, skull 39.0 to 41.8 mm).

12a. Hind foot length greater than 36.0 mm. Pits between cusps of upper molars not markedly developed; auditory bullae small (Figure C6); upper toothrow greater than 7.8 mm .... *Tylomys* (p. 345)

13. Auditory bullae not greatly inflated; total length less than 7.0 mm (from Jalisco in the Pacific Coastal Plain and Veracruz in the Gulf Coastal Plain southward except for the Yucatan Peninsula) .... *Nyctomys sumichrasti*

(**Dorsal pelage from tawny to orange**; underparts creamy or white contrasting with dorsal coloration; ears small but longer than wider; hind foot short but wide; long digits modified for arboreal life, six plantar tubercles; allux with a claw; **length of tail longer than body length, robust and cylindrical with a terminal tuft**; head proportionately large; whiskers long; hair long and silky. Skull: supraorbital ridge with the edge well developed and extending to the occiput; interparietal well-developed, completely separated from the parietal; rostrum short, approximately equal to braincase breadth; auditory bullae large; length is similar to diastem length (< 7.0mm). Total length 225.0 to 246.0 mm, skull 28.5 to 31.2 mm).

13a. Auditory bullae greatly inflated; maximum length greater than 7.0 mm (Yucatan Peninsula. NOM*) .... *Otonyctomys hatti*

(Dorsal pelage yellowish, tawny or cinnamon grizzly and dark, more intence on the back; flanks with less dark grizzly hair; underparts whitish; hind foot modified for arboreal life; allux with a claw; **tail dark, naked and**

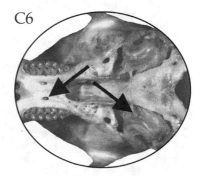

costados con menos entrepelado oscuro; región ventral blanquecina; pata trasera modificada para la vida arbórea; hallux con garra; *cola oscura, desnuda y brillante; orejas grandes y desnudas.* Cráneo: caja craneal y huesos frontales ancho; cresta en el borde supraorbital bien desarrollada y se extiende hasta el occipital; interparietal bien desarrollada que separa completamente los parietales; rostro corto, menor al ancho de la caja craneal; margen anterior de la placa zigomática casi perpendicular al eje del cráneo; bula auditiva muy grande, su longitud mayor de 7.0 mm. Longitud total 196.0 a 231.0 mm, del cráneo 24.5 a 27.0 mm).

14. Tamaño pequeño, longitud cuerpo menor de 144.0 mm; coloración dorsal y lateral gris obscura o negra. Longitud del cráneo menor de 24.0 mm 15

14a. Tamaño grande, longitud cuerpo mayor de 144.0 mm; coloración dorsal y lateral no gris oscuro o negra. Longitud del cráneo mayor de 24.0 mm 16

15. Coloración general negruzca. Las prolongaciones posteriores de los pliegues externos en los molares superiores tan aislados como profundos (Figura C7; restringido al sur de Oaxaca y Chiapas. NOM***) .... *Scotinomys teguina*

(**En México la coloración general negruzca incluyendo las patas y la cola**; cola usualmente más corta que el cuerpo y con pelos esparcidos en su longitud; patas cortas; con seis tubérculos en las patas traseras y cinco en las delanteras. Cráneo: rostro corto, casi de la misma anchura que el hueso interparietal; foramen oval igual o más grande que la fisura orbital; *algunas partes de las prolongaciones posteriores de los pliegues externos en los molares superiores aislados.* Longitud total 115.0 a 144.0 mm, del cráneo 20.0 a 22.0 mm).

15a. Coloración general pardo o gris oscuro raramente negruzco. Las prolongaciones posteriores de los pliegues externos en los molares superiores no tan aislados como profundos .... *Baiomys* (pag. 277)

16. Cola corta, menor que la longitud del cuerpo, plana y ancha, mayor de 4.0 mm de anchura en la parte media; claramente bicolor. Tercer molar superior reducido (Figura C8); proceso coronoides largo .... *Onychomys* (pag. 294)

16a. Cola corta o larga, pero cilíndrica, menor de 4.0 mm de ancho en su mitad; unicolor o bicolor. Tercer molar superior no reducido (Figura C9); proceso corónide de la mandíbula corto 17

17. Pata relativamente grande y ancha, su longitud mayor que el 11 % de la longitud total. Palatino con dos pequeñas fosetas en su parte posterior (Figura C10) 18

17a. Pata delgada y de tamaño proporcional al del ejemplar, su longitud menor que el 11 % de la longitud total. Palatino sin fosetas en su parte posterior (Figura C11) 19

18. Longitud de la pata menor de 25.0 mm. Segundo molar superior con una isla de esmalte circular (Figura C12); sin cresta supraorbital y temporal (ambas vertientes, desde Sinaloa por el Pacífico y Tamaulipas por el Golfo hacia Sudamérica, incluyendo toda la Península de Yucatán) .... *Oligoryzomys fulvescens*

(Coloración dorsal amarillo ocre, hombros amarillo mate, costados, cabeza y espalda entrepelado con oscuros; región ventral amarillo mate; parte interna de las extremidades en tono más claros; barbilla y boca blanquecinos; coloración externa de la oreja oscura y la interna con pelos amarillos ocráceos; patas blanquecinas; cola desnuda, con la parte dorsal más oscura que la ventral. Cráneo: *Segundo molar superior con una isla de esmalte circular; sin cresta supraorbital y temporal.* Longitud total 158.0 a 198.0 mm, del cráneo 20.0 a 22.6 mm).

C7

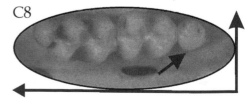

C8

shiny; large naked ears. Skull: braincase and frontal bones wide; supraorbital ridge on the edge well developed and extending to the occiput; interparietal well developed that separating completely the parietal; rostrum short, less breadth than the braincase; infraorbital foramen well developed; anterior margin of the zygomatic plate almost perpendicular to the skull axis; auditory bullae greatly inflated; maximum length greater than 7.0 mm. Total length 196.0 to 231.0 mm, skull 24.5 to 27.0 mm).

14. Small size; body length less than 144.0 mm; dorsal and lateral coloration dark gray or black. Total length of the skull less than 24.0 mm 15

14a. Large size; body length greater than 144.0 mm; dorsal and lateral coloration not dark gray. Total length of the skull greater than 24.0 mm 16

15. General coloration blackish. Posterior extensions of external folds in the upper molars are as isolated as deep (Figure C7; restricted to southern Oaxaca and Chiapas. NOM***) .... *Scotinomys teguina*

(*In México general coloration blackish including foot and tail*; tail usually shorter than the body and scattered hairs; short limbs; six tubercles on hind foot and five in the fore foot; six nipples. Skull: rostrum short, almost the same breadth as the interparietal bone; foramen oval equal or larger than the orbital fissure; some parts of posterior extensions of external folds in upper molars are as isolated as deep. Total length 115.0 to 144.0 mm, skull 20.0 to 22.0 mm).

15a. General coloration brown or dark gray ocasionally blackish. Posterior extensions of external folds in the upper molars are not as isolated as deep .... *Baiomys* (p. 277)

16. Tail short, less than body length, flat and wide, greater than 4.0 mm wider in the middle; clearly bicolor. Third upper molar reduced (Figure C8); coronoid process large .... *Onychomys* (p. 295)

16a. Tail short or long but not flat and wide and less than 4.0 mm in the middle; bicolor or unicolor. Third upper molar not reduced (Figure C9); coronoid process of the mandible short 17

17. Hind foot relatively long and wide, total length greater than 11 % of the total length. Palatine with two small pits on the back (Figure C10) 18

17a. Hind foot thin and in proportion to the size of the specimens; total length less than 11 % of the total length. Palatine without two small pits on the back (Figure C11) 19

18. Hind foot less than 25.0 mm. Second upper molar with a circular enamel island (Figure C12); without supraorbital and temporal crest (both coastal plains, from Sinaloa in the Pacific side and Tamaulipas in the Gulf side Southward, including the Yucatan Peninsula) .... *Oligoryzomys fulvescens*

(Dorsal pelage yellow ocher; shoulders dull yellow; flanks, back and head grizzly with dark; underparts dull yellow; internal part of the limbs in lighter shades; chin and mouth whitish; ears dark externally and yellow ocher hairs internally; limbs whitish; tail naked, with dorsal part darker than the ventral one. Skull: *Second upper molar with a circular enamel island; without supraorbital and temporal crest*. Total length 158.0 to 198.0 mm, skull 20.0 to 22.6 mm).

C9

C10

C11

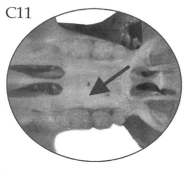

C12

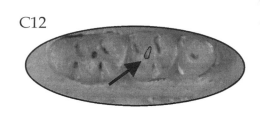

18a. Longitud de la pata mayor de 25.0 mm. Segundo molar superior con una isla de esmalte alargada o sin ella (Figura C13); con cresta supraorbital y temporal 24

19. Membrana interdigital entre algunos dedos. Caja craneal aplanada ....
.... *Rheomys* (pag. 336)

19a. Sin membrana interdigital. Caja craneal no marcadamente aplanada 20

20. Borde supraorbital fuertemente acordonado (Figura C14; Planicies costera del Pacifico de Nayarit a Oaxaca) .... *Osgoodomys banderanus*
(Coloración dorsal ocre amarillento lustroso; la cabeza generalmente grisácea; línea lateral es amarillo pálido; región ventral blanquecino; orejas más chicas que la pata trasera; seis tubérculos plantares; cola aproximadamente de la misma longitud que el cuerpo. Cráneo: rostro delgado y largo; primer y segundo molares superiores con crestas accesorias entre el segundo y tercero pliegues; *borde supraorbital fuertemente acordonado (se puede sentir con el dedo), con un canal en la parte interna que recorre desde el lacrimal hasta el frontoparietal*; los lacrimales bien desarrollados; foramen incisivo pequeño. Longitud total 228.0 a 245.0 mm, del cráneo 30.6 a 35.0 mm).

20a. Borde supraorbital crestado o plano, pero nunca acordonado 21

21. Longitud total mayor de 300.0 mm 22

21a. Longitud total menor de 300.0 mm 23

22. Primer y segundo molar inferiores con islas de esmalte bien desarrolladas (Figura C15); primer molar superior con isla de esmalte casi circular ....
.... *Megadontomys* (pag. 282)

22a. Primer y segundo molar inferiores con islas de esmalte poco desarrolladas (Figura C16); primer molar superior sin isla circular de esmalte ....
.... *Peromyscus* (parte; pag. 296)
Nota: En el género *Peromyscus* las especies se disponen en grupos de especies por sus similitudes morfológicas, así se mencionan después de las medidas para facilitar la comprensión de este género tan complejo taxonómicamente).

23. Pelos de la cola largos, cortos o sin pelos; quinto dedo corto, de menor tamaño que el segundo y cuarto dígitos. Molares relativamente pequeños (Figura C16); perfil dorsal del cráneo cóncavo .... *Peromyscus* (parte; pag. 296)
Nota: En el género *Peromyscus* las especies se disponen en grupos de especies por sus similitudes morfológicas, así se mencionan después de las medidas para facilitar la comprensión de este género tan complejo taxonómicamente).

23a. Pelos de la cola largos; quinto digito largo, más o menos de mismo tamaño que el segundo y cuarto dígito. Molares relativamente grandes (Figura C17); perfil dorsal del cráneo recto .... *Habromys* (pag. 276)

24. Pelos de los dedos de las patas traseras más largos que la uña correspondiente ..
.... *Handleyomys* (pag. 280)

24a. Pelos de los dedos de las patas traseras más cortos que la uña correspondiente
.... *Oryzomys* (pag. 296)

C13

C14

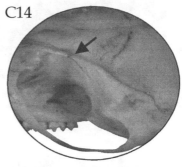

18a. Hind foot greater than 25.0 mm. Second upper molar with elliptical enamel island or without it (Figure C13); a supraorbital and temporal crest 24

19. Some digits webbed. Braincase not markedly flattened ..... *Rheomys* (p. 337)

19a. Digits not webbed. Braincase not flattened 20

20. Supraorbital rim with prominent ridge (Figure C14; Pacific Costal Plains from Nayarit to Oaxaca) .... *Osgoodomys banderanus*

(Dorsal pelage shiny yellowish ocher; head generaly gray; lateral line is pale yellow; underparts white; ears smaller than the hind foot length; six plantar tubercles; tail approximately the same length as the body. Skull: rostrum long and thin; first and second upper molars with accessory crests between the second and third folds; *supraorbital ridge with a well developed edge (it can be felt by touching with the finger); a groove on the internal part that runs from the lachrymal to the frontoparietal supraorbital rim*; lachrymal well developed; incisor foramina small. Total length 228.0 to 245.0 mm, skull 30.6 to 35.0 mm).

20a. Supraorbital rim with a small ridge or flat, but never prominent 21

21. Total length greater than 300.0 mm 22

21a. Total length less than 300.0 mm 23

22. First and second lower molar with well-developed enamel islands (Figure C15); first upper molar with an almost circular enamel island .... *Megadontomys* (p. 283)

22a. First and second lower molar with low-developed enamel islands (Figure C16); first upper molar without a circular enamel island .... *Peromyscus* (part, p. 297)

(Note: In the genus *Peromyscus* the species are grouped into species by their morphological similarities; they are mentioned in this same manner after measurements to facilitate understanding taxonomical complicated genera).

23. Tail with hair long, short, or naked; fifth digit short, smaller than the second and fourth ones. Molars relatively small (Figure C16); dorsal profile of skull concave .... *Peromyscus* (part, p. 297)

(Note: In the genus *Peromyscus* the species are grouped into species by their morphological similarities; they are mentioned in this same manner after the measurements to facilitate understanding taxonomical complicated genera).

23a. Tail hair long; fifth digit long and similar in size to the second and fourth ones. Molars relatively large (Figure C17); dorsal profile of skull straight .... *Habromys* (p. 277)

24. Hair of the hind foot digits larger than the corresponding claw .... *Handleyomys* (p. 281)

24a. Hair of the hind foot digits shorter than the corresponding claw .... *Oryzomys* (p. 296)

Baiomys

1. Longitud de la pata trasera generalmente mayor de 16.0 mm. Perfil dorsal del cráneo en vista lateral ligeramente convexo; longitud occipitonasal mayor de 19.0 mm (Planicie Costera del Pacífico desde Nayarit al sur y en la Planicie Costera del Golfo de Veracruz y en el Eje Volcánico Transversal) .... *Baiomys musculus*

(Coloración dorsal pardo rojizo oscuro a ocráceo amarillento a casi negruzco, pelo dorsal con las base grisácea y las puntas negruzcas; *región ventral en tonos plateada*; seis cojinetes plantares. Cráneo: nasales proyectándose muy poco por delante de los incisivos; margen anterior del fosa palatina al mismo nivel o por detrás al margen posterior del último molar superior; **anchura interorbital del 73 % de la anchura del frontal**; proceso coronoides bien desarrollado y fuertemente curvado; **cráneo convexo a la altura de la sutura frontoparietal**. Longitud total 100.0 a 135.0 mm, del cráneo 18.2 a 21.5 mm.

1a. Longitud de la pata trasera generalmente menor de 16.0 mm. Perfil dorsal del cráneo en vista lateral no convexo, parte anterior cóncava desde la sutura del frontal con el parietal; longitud occipitonasal menor de 19.0 mm (Planicie Costera del Pacífico de Sonora a Michoacán y en la Planicie Costera del Golfo de Veracruz al norte, oeste del Altiplano y en el Eje Volcánico Transversal) ......
.... *Baiomys taylori*

(Coloración dorsal de pardo claro a oscuro, con los costados ligeramente más rojizos; *región ventral en tonos plateada*; seis cojinetes plantares. Cráneo: nasales proyectándose muy poco por delante de los incisivos; margen anterior del fosa palatina al mismo nivel o por detrás segundo molar superior; **anchura interorbital del 88 % de la anchura del frontal**; proceso coronoides la mandíbula bien desarrollado y fuertemente curvado; **cráneo no convexo a la altura de la sutura frontoparietal**. Longitud total 87.0 a 123.0 mm, del cráneo 16.8 a 19.2 mm.

Habromys

1. Se distribuye al este del istmo de Tehuantepec (región alta de Chiapas) ....
.... *Habromys lophurus*

(Coloración dorsal color madera a beige, con la región central del lomo más oscura; región ventral blanquecino; *cola muy delgada tan larga como el cuerpo cubierta con pelo* y mechón terminal, de color pardo sepia; patas anteriores blanquecinas y posteriores oscuras parduzcas; dedos blanquecinos. Cráneo: región rostral corta; *los molares grandes proporcionalmente al cráneo*. **Se encuentra al este del istmo de Tehuantepec**. Longitud total 187.0 to 230.0 mm, del cráneo 25.4 a 28.1 mm).

1a. Se distribuye al oeste del istmo de Tehuantepec, no en Chiapas 2

2. Longitud total menor de 170.0 mm; longitud de la pata menor de 21.0 mm. Longitud total del cráneo menor de 24.0 mm; longitud de los molariformes superiores menor de 3.6 mm 3

2a. Longitud total mayor de 170.0 mm; longitud de la pata mayor de 21.0 mm. Longitud total del cráneo generalmente mayor de 24.0 mm; longitud de los molariformes superiores mayor de 3.6 mm 4

3. Cola bicolor. Ancho del rostro generalmente menor de 4.0 mm; longitud de los nasales mayor de 8.3 mm (sólo conocido de extremo sur del Estado de México y norte de Guerrero) .... *Habromys schmidlyi*

(Coloración dorsal castaño con la banda dorsal más oscura; con línea lateral ocráceo claro, región ventral blanco; *cola muy delgada tan larga como el cuerpo cubierta con pelo relativamente largo*, claramente bicolor (negro en el dorso y

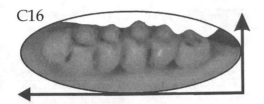 

Baiomys

1. Hind foot length greater than 16.0 mm. Skull in lateral view slightly convex; occipitonasal length greater than 19.0 (Pacific Coastal Plains from Nayarit southward and in the Gulf Coastal Plains of Veracruz, in the Trans-Mexican Volcanic Belt) .... *Baiomys musculus*

(Dorsal pelage dark reddish brown from yellowish ocher to nearly blackish; dorsal hair base gray and blackish tips; *underparts silvery*; six tubercles on the soles. Skull: nasal projecting very slightly ahead of the incisors; anterior margin of the palatal fossa at the same level or behind the posterior margin of the last upper molar; **interorbital breadth 73 % of the frontal breadth**; coronoid process well developed and strongly curved; curved skull at the level of the fronto-parietal suture; **skull in lateral view slightly convex**. Total length 100.0 to 135.0 mm, skull 18.2 to 21.5 mm).

1a. Hind foot length less than 16.0 mm. Skull in lateral view slightly not convex; occipitonasal length less than 19.0 (Pacific Coastal Plains from Sonora to Michoacán, in the Gulf Coastal Plains from Veracruz northward, western part of the Mexican Plateau, and in the Trans-Mexican Volcanic Belt) ....
.... *Baiomys taylori*

(Dorsal pelage from brown to light brown with the flanks slightly more reddish; *underparts silvery*; hind foot with six tubercles on the soles. Skull: nasal projecting very slightly ahead of the incisors; anterior margin of the palatal fossa at the same level or behind the second upper molar; **interorbital breadth 88 % of the frontal breadth**; coronoid process in the jaw well developed and strongly curved; **skull in lateral view slightly not convex**. Total length 87.0 to 123.0 mm, skull 16.8 to 19.2 mm).

Habromys

1. Distribution east of the Isthmus of Tehuantepec (Highlands of Chiapas) ....
.... *Habromys lophurus*

(Dorsal pelage from wood color to beige; central region of the back darker; underparts whitish; *tail thin and as long as the body covered with hair*, terminal tufts sepia brown; fore foot whitish and hind foot dark brownish; whitish digits. Skull: rostrum short; *molars proportionaly larger to the skull*. **Distribution east of the Isthmus of Tehuantepec**. Total length 187.0 to 230.0 mm, skull 25.4 to 28.1 mm).

1a. Distribution west of the Isthmus of Tehuantepec, not in Chiapas..................... 2

2. Total length less than 170.0 mm; hind foot length less than 21.0 mm. Skull length less than 24.0 mm; upper toothrow length less than 3.6 mm 3

2a. Total length greater than 170.0 mm; hind foot length greater than 21.0 mm. Skull length greater than 24.0 mm; upper toothrow length greater than 3.6 mm
.... 4

3. Tail bicolor. Rostrum breadth less than 4.0 mm; nasal length greater than 8.3 mm (only known from the extreme southern part of Mexico State and northern Guerrero) .... *Habromys schmidlyi*

(Dorsal pelage brown with darker dorsal stripe; lateral line light ocher; underparts white; *tail very thin and as long as the body covered with* relatively long hair, clearly bicolor (black on the back and white on the abdomen)

blanco en el vientre) y peniciliada (aproximadamente 6.0 mm); parte superior de los dedos blanquecina. Cráneo: placa cigomática más ancha que la región postpalatal; fosa mesopterigoidea delgada y corta; *los molares grandes proporcionalmente al cráneo*. Longitud total 144 a 167 mm, del cráneo 22.8 a 24.0 mm).

3a. Cola bicolor, pero no hay un límite claro entre la coloración dorsal y ventral. Ancho del rostro generalmente mayor de 3.9 mm; longitud de los nasales menor de 8.6 mm (endémico de norte del Estado de México y extremo noreste de Michoacán) .... *Habromys delicatulus*

(Coloración dorsal pardo sin pelos oscuros al centro del lomo; con línea lateral amarillenta; región ventral blanco grisáceo; lados del rostro pardo negruzco hasta la mancha alrededor del ojo, pelo sedoso, fino y denso; orejas grandes y ancha, casi tanto como la longitud de la pata trasera; *cola muy delgada tan larga como el cuerpo cubierta con pelo*; pelos de la barbilla y garganta con la base blanquecina; parte superior de los dedos blanquecinas. Cráneo: delicado con el rostro esbelto y arco zigomático frágil; placa zigomática angosta; *los molares grandes proporcionalmente al cráneo*. Longitud total 163.0 a 148.0 mm, del cráneo 22.1 a 23.3 mm).

4. Longitud total menor de 212.0 mm. Longitud del cráneo menor de 26.0 mm; longitud de los nasales menor de 10.0 mm; longitud de los molariformes superiores menor de 4.5 mm; ancho zigomático menor de 13.5 mm 5

4a. Longitud total mayor de 215.0 mm. Longitud del cráneo mayor de 28.0 mm; longitud de los nasales mayor de 11.0 mm; longitud de los molariformes superiores mayor de 4.5 mm; ancho zigomático mayor de 14.0 mm 6

5. Longitud de la cola menor de 100.0 mm. Longitud del cráneo menor de 25.0 mm; longitud de los molariformes superiores menor de 3.8 mm; ancho zigomático menor de 12.8 mm y ancho de la caja craneal menor de 11.7 mm (Sierra Madre Oriental, de Hidalgo a Oaxaca. NOM***) .... *Habromys simulatus*

(Coloración dorsal castaño con una banda dorsal más oscura; con línea lateral ocráceo claro, región ventral blanca; *cola muy delgada tan larga como el cuerpo cubierta con pelo además de crestada*, bicolor y peniciliada; patas de color pardo oscuro en el dorso. Cráneo: bula auditiva bula relativamente grande; constricción interorbital relativamente amplia; *los molares grandes proporcionalmente al cráneo*. Longitud total 178 a 197 mm, del cráneo 23.8 a 25.0 mm).

5a. Longitud de la cola mayor de 100.0 mm. Longitud del cráneo mayor de 25.0 mm; longitud de los molariformes superiores superiores mayor de 3.8 mm; ancho zigomático mayor de 12.8 mm y ancho de la caja craneal mayor de 11.8 mm (endémico de la Sierra de Juárez, al norte de Oaxaca) .... *Habromys chinanteco*

(Coloración dorsal pardo grisáceo, línea lateral bien definida; región ventral blanco grisáceo; el pelo es delgado y sedoso; patas pardo grisáceo con los dedos blanquecinos; *cola muy delgada tan larga como el cuerpo cubierta con pelo fino en la parte distal*; mancha alrededor del ojo o los bigotes oscuros. Cráneo: región rostral corta, *los molares grandes proporcionalmente al cráneo*. Longitud total 192.0 a 212.0 mm, del cráneo 25.6 a 26.5 mm).

6. Cola generalmente monocolor; mancha oscura en la región de los metatarsos generalmente presente. Cráneo ligeramente cóncavo en vista lateral (endémico del cerro Zempoaltepec, Oaxaca) .... *Habromys lepturus*

(Coloración dorsal castaño con una banda dorsal más oscura; región ventral blanca; *cola muy delgada tan larga como el cuerpo cubierta con pelo*, generalmente monocolor y ligeramente peniciliada; parte superior de los dedos oscura. Cráneo: nasales largos y delgados; interparietal grande; *los molares grandes proporcionalmente al cráneo*. Longitud total 216 a 262 mm, del cráneo 28.8 a 32.6 mm).

6a. Cola generalmente bicolor; mancha oscura en la región de los metatarsos generalmente ausente. Cráneo ligeramente recto en vista lateral (endémico de la Sierra de Juárez, norte de Oaxaca) .... *Habromys ixtlani*

(Coloración dorsal pardo canela entrepelado con oscuro, principalmente en la región del dorso, costados y hombros canela amarillento; región ventral blanco grisáceo; orejas con pelo fino pardo negruzco y el borde blanquecino; color del pelo en las patas pardo grisáceo con los dedos blanquecinos; *cola muy delgada tan larga como el cuerpo cubierta con pelo*; mancha alrededor del ojo oscuro y en los bigotes pardo negruzco. Cráneo: con rostro grande, con nasales largos y anchos; *los molares grandes proporcionalmente al cráneo*. Longitud total 210.0 a 280.0 mm, del cráneo 29.6 a 31.8 mm).

and one tuft (about 6.0 mm); top of the digits whitish. Skull: rostrum short; *molars proportionaly larger to the skull*; zygomatic plate wider than postpalatal region; fossa thin and short mesopterygoidea. Total length 144 to 167 mm, skull 22.8 to 24.0 mm).

3a. Tail bicolor but no clear boundary between dorsal and ventral coloration. Rostrum breadth greater than 3.9 mm; nasal length less than 8.6 mm (endemic from northern Mexico State and northeastern Michoacán) .... *Habromys delicatulus*

(Dorsal pelage brown without dark hair toward the central part of the back; lateral line yellowish; underparts grayish white; flanks of the rostrum black-brown to the spot around the eye; hair silky, fine and dense; ears wide and long, as much as the hind foot length; *tail very thin and as long as the body covered with hair*; hairs on the chin and throat with the base whitish; top of the digits whitish. Skull: rostrum short; *molars proportionally larger to the skull*; rostrum slender with delicate and fragile zygomatic arch; narrow zygomatic plate. Total length 163.0 to 148.0 mm, skull 22.1 to 23.3 mm).

4. Total length less than 212.0 mm. Skull length less than 26.0 mm; nasal length less than 10.0 mm; toothrow less than 4.5 mm; zygomatic breadth less than 13.5 mm 5

4a. Total length greater than 215.0 mm. Skull length greater than 28.0 mm; nasal length greater than 11.0 mm; toothrow greater than 4.5 mm; zygomatic breadth greater than 14.0 mm 6

5. Tail length less than 100.0 mm. Skull length less than 25.0 mm; toothrow less than 3.8 mm; zygomatic breadth less than 12.8 mm; braincase breadth less than 11.8 mm (Sierra Madre Oriental, from Hidalgo to Oaxaca. NOM***) .... *Habromys simulatus*

(Dorsal pelage brown with a darker dorsal stripe; lateral line light ocher; underparts white; *tail very thin and as long as the body covered with hair* and crested, bicolor and with a tuft at the tip; back of the hind foot dark brown. Skull: rostrum short; *molars proportionally larger to the skull*; auditory bullae relatively large; interorbital constriction relatively wide. Total length 178 to 197 mm, skull 23.8 to 25.0 mm).

5a. Length of tail greater than 100.0 mm. Skull length greater than 25.0 mm; toothrow greater than 3.8 mm; zygomatic breadth greater than 12.8 mm; braincase breadth greater than 11.8 mm (endemic of Sierra de Juárez, north of Oaxaca) .... *Habromys chinanteco*

(Dorsal pelage grayish brown; lateral line well defined; underparts grayish white; hair thin and silky; hind foot gray brown with whitish digits; *tail very thin and as long as the body covered with hair in the distal part*, unicolor with a tuft at the tip; spot around the eye and whiskers dark. Skull: rostrum short; *molars proportionalyy larger to the skull*. Total length 192.0 to 212.0 mm, skull 25.6 to 26.5 mm).

6. Tail usually unicolor; metatarsal region dark generally present. Skull slightly concave in lateral view (endemic from Mount Zempoaltepec, Oaxaca) .... *Habromys lepturus*

(Dorsal pelage brown with a darker dorsal stripe; underparts white; *tail thin and longer than the body covered with hair*; generally monocolor and slightly penicillate; top of the digits dark. Skull: rostrum short; nose long and thin; interparietal large; *molars proportionally larger to the skull*. Total length 216 to 262 mm, skull 28.8 to 32.6 mm).

6a. Tail usually bicolor; dark spot on the metatarsal region usually absent. Skull slightly straight in lateral view (endemic of Sierra de Juárez, north of Oaxaca) .... *Habromys ixtlani*

(Dorsal pelage cinnamon brown grizzly with dark, mainly on the back; flanks and shoulders cinnamon yellowish; underparts grayish white; ears blackish brown with thin hair and whitish edge; hair on the limbs grayish brown with digits whitish; *tail very thin as long as the body covered with hair*; dark spot around the eye and whiskers blackish brown. Skull: rostrum large; nasal bones long and wide; *molars proportionally larger to the skull*. Total length 210.0 to 280.0 mm, skull 29.6 to 31.8 mm).

Handleyomys

1. Cara interna de las orejas con pelos amarillentos o rojizos 2

1a. Cara interna de las orejas con pelos negros 3

2. Longitud de la pata mayor de 31.0 mm. Longitud del cráneo mayor a 30.5 mm; anchura zigomática mayor a 15.0 mm (desde Tamaulipas por la Planicie costera del Golfo hasta la Península de Yucatán, incluyendo sur de Oaxaca) .... *Handleyomys rostratus*

(Coloración dorsal ocráceo amarillento, en ocasiones llegan a ser rojizos; región ventral blanquecina con amarillenta, con la base del pelo grisáceo; cola larga, mayor que el cuerpo, oscura dorsal y clara ventral. Cráneo: *la forma de los márgenes externos de ambos arcos zigomáticos aparentan un ovalo*; foramen de los incisivos pequeño, menos de la mitad de la longitud del paladar. Longitud total 218.0 a 248.0 mm, del cráneo 28.5 a 29.5 mm).

2a. Longitud de la pata menor de 31.0 mm. Longitud del cráneo menor de 30.5 mm; anchura zigomática menor que 15.0 mm (desde el sur de Sinaloa por la Planicie Costera del Pacífico hasta por lo menos Michoacán) .... *Handleyomys melanotis*

(Coloración dorsal ocráceo amarillento; región ventral blanquecinas con amarillenta, la base del pelo grisáceo; cola larga, mayor que el cuerpo, oscura dorsal y clara ventral; con un mancha más clara atrás de la oreja. Cráneo: *la forma de los márgenes externos de ambos arcos zigomáticos aparentan un ovalo*; foramen de los incisivos pequeño, menos de la mitad de la longitud del paladar. Longitud total 216.0 a 277.0 mm).

3. Pelo dorsal mayor de 10.0 mm de largo. Arcos zigomáticos más anchos en la parte anterior que en la posterior (sur de Chiapas) ..... *Handleyomys rhabdops*

(Coloración dorsal varía de ocráceo amarillento oscuro a ocráceo leonado o pardo, usualmente con entrepelado negro, concentrándose en el lomo; región ventral blanquecina con amarillento difuso, la base del pelo color plomizo, contrastando con la dorsal; cola larga, igual o mayor que el cuerpo; pelo dorsal mayor de 10.0 mm de largo. Cráneo: *la forma de los márgenes externos de ambos arcos zigomáticos aparentan un ovalo*; parte superior de la caja craneal en forma de domo; arcos zigomáticos más anchos en la parte anterior que en la posterior. Longitud total 245.0 a 270.0 mm).

3a. Pelo dorsal menor de 10.0 mm de largo 4

4. Anchura interorbital mayor o igual a 5.0 mm (montañas de sur Veracruz y este de Oaxaca a Chiapas) .... *Handleyomys alfaroi*

(Coloración dorsal varían de ocráceo amarillento oscuro a ocráceo leonado o pardo, usualmente con entrepelado negro, concentrándose en el lomo; región ventral blanquecino con amarillento difuso, contrastando con la dorsal; cola larga, igual que el cuerpo, con poco pelo y más pálido ventralmente. Cráneo: el margen externo de ambos arcos zigomáticos dando la impresión de estar paralelos; parte superior de la caja craneal en forma de domo. Longitud total 205.0 a 225.0 mm, del cráneo 24.8 a 27.6 mm).

4a. Anchura interorbital menor de 5.0 mm 5

5. Coloración media dorsal obscura, contrastante con los flancos (de la región de Tumbalá en Chiapas hacia el Sur) .... *Handleyomys saturatior*

(Coloración dorsal varían de ocráceo amarillento oscuro a ocráceo pardo, usualmente con entrepelado negro, concentrándose en el lomo; región ventral blanquecina con amarillento difuso, contrastando con la dorsal; cola larga, igual o mayor que el cuerpo y más pálida ventral. Cráneo: el margen externo de ambos arcos zigomáticos dan la impresión de estar paralelos; parte superior de la caja craneal en forma de domo; arcos zigomáticos paralelos entre ellos. Longitud total 187.0 a 228.0 mm).

5a. Coloración media dorsal no distintamente obscura (Sierra Madre Oriental y Sierra Madre del sur. NOM*** ssp) 6

6. Restringido a la Sierra Madre Oriental .... *Handleyomys chapmani*

(Coloración dorsal varían de ocráceo amarillento oscuro a ocráceo pardo, usualmente con entrepelado negro, pero no concentrándose en el lomo; región ventral blanquecino con amarillento difuso, contrastando con la dorsal; cola larga, igual que el cuerpo y más pálida ventral. Cráneo: el margen externo de ambos arcos zigomáticos dan la impresión de estar paralelos; parte superior de la caja craneal en forma de domo; arcos zigomáticos paralelos entre ellos. Longitud total 210.0 a 222.0 mm, del cráneo 26.3 a 27.4 mm).

6a. Endémico de la Sierra Madre del Sur de Guerreo a Oaxaca .. *Handleyomys guerrerensis*

(Coloración dorsal varían de ocráceo amarillento oscuro a ocráceo pardo, usualmente con entrepelado negro pero no concentrándose en el lomo; región ventral blanco grisáceo, con la base del pelo plomiso; parte interna y externa de las orejas con pelos negros; cola larga, igual que el cuerpo y más pálida ventral. Cráneo: el margen externo de ambos arcos zigomáticos dan la impresión de estar paralelos; parte superior de la caja craneal en forma de domo; arcos zigomáticos paralelos entre ellos. Longitud total 220.0 mm, del cráneo 26.3 mm).

Handleyomys

1. Inner part of the ears with yellowish or reddish hair 2

1a. Inner part of the ears with black hair... 3

2. Hind foot length greater than 31.0 mm. Skull length greater than 30.5 mm; zygomatic breadth greater than 15.0 mm (from Tamaulipas in the Gulf Coastal Plains southward to the Yucatan Peninsula, including south of Oaxaca) .... *Handleyomys rostratus*

(Dorsal pelage from yellowish ocher, occasionally reddish; underparts whitish with yellowish and hair base gray; tail long or slightly larger than body length with dorsal flank dark brown, hair tip dark. Skull: *the shape of the outer margins of both zygomatic arches give the impression of an ellipse*; interparietal bone small; incisor foramen small. Total length 218.0 to 248.0 mm, skull 28.5 to 29.5 mm).

2a. Hind foot length less than 31.0 mm. Skull length less than 30.5 mm; zygomatic breadth less than 15.0 mm (from south Sinaloa in the Pacific Coastal Plains to Michoacán) .... *Handleyomys melanotis*

(Dorsal pelage from yellowish ocher; underparts whitish with yellowish with hair base gray; tail long, slightly larger than body length with dorsal flank dark brown hair tip dark. Skull: *the shape of the outer margins of both zygomatic arches give the impression of an ellipse*; interparietal bone small; incisors foramen small, less than half the palatal length. Total length 216.0 to 277.0 mm).

3. Dorsal hair longer than 10.0 mm. Zygomatic arches wider on the anterior part than on the back (south of Chiapas) .... *Handleyomys rhabdops*

(Dorsal pelage with very long hair from yellowish dark ocher to tawny or brown, usually grizzly with black hair denser on the back; underparts whitish with yellowish with hair base gray, contrasting with dorsal coloration; tail long, equal to or slightly longer than body length; dorsal hair larger than 10 mm. Skull: *the shape of the outer margins of both zygomatic arches give the impression of an ellipse* interparietal bone small; zygomatic arches more wider in the anterior part than in the back. Total length 245.0 to 270.0 mm).

3a. Dorsal hair shorter than 10.0 mm 4

4. Interorbital breadth equal to or greater than 5.0 mm (mountains south of Veracruz and eastern Oaxaca and Chiapas) .... *Handleyomys alfaroi*

(Dorsal pelage from yellowish dark ocher to tawny or brown, usually grizzly with black hair denser on the back; underparts whitish with yellowish, contrasting with dorsal coloration; tail long, equal than body length, with few hair and ligther ventraly. Skull: *the shape of the outer margins of both zygomatic arches give the impression of being parallel*; interparietal bone small. Total length 205.0 to 225.0 mm, skull 24.8 to 27.6 mm).

4a. Interorbital breadth less than 5.0 mm 5

5. Dorsal pelage dark and contrasting with flank coloration (in the Tumbalá region of Chiapas southward) .... *Handleyomys saturatior*

(Dorsal pelage from yellowish dark to ocher brown, usually grizzly with black hair denser on the back; flank with lighter shades; underparts whitish with yellowish, contrasting with dorsal coloration; tail long, equal to or slightly longer than body lengthand light ventraly; hair on hind foot digits shorter than the claw. Skull: *the shape of the outer margins of both zygomatic arches give the impression of being parallel*; interparietal bone small; zygomatic arches with similar anterior and back wider; braincase in domo shape. Total length 187.0 to 228.0 mm).

5a. Dorsal pelage not contrasting with the flank coloration (Sierra Madre Oriental and Sierra Madre del sur. NOM*** ssp.) 6

6. Restricted to the Sierra Madre Oriental .... *Handleyomys chapmani*

(Dorsal pelage yellowish dark to ocher brown, usually grizzly with black hair denser but not on the back, flank in similar shades; underparts whitish with yellowish, contrasting with dorsal coloration; tail long, equal to the body length and light ventraly. Skull: the shape of the outer margins of both zygomatic arches give the impression of being parallel; braincase in domo shape. Total length 210.0 to 222.0 mm, skull 26.3 to 27.4 mm).

6a. Endemic to the Sierra Madre del Sur from Guerreo to Oaxaca.. *Handleyomys guerrerensis*

(Dorsal pelage yellowish dark to ocher brown, usually grizzly with black hair denser but not on the back, flank in similar shades; underparts grayish white, the basal of the hair plumbeous; outer and inner sides of ears well clothed with deep, glossy black hairs; tail long, equal to the body length and light ventraly. Skull: the shape of the outer margins of both zygomatic arches give the impression of being parallel; braincase in domo shape. Total length 220.0 mm, skull 26.3 mm).

Megadontomys

1. Superficie dorsal de la pata blanca; longitud de la oreja mayor de 23.0 mm (endémico de la región de Omíteme, en Guerrero. NOM***) .... *Megadontomys thomasi*

(Coloración dorsal de pardo rojizo y ocasionalmente pardo oscuro, región ventral blanquecino crema; mancha alrededor del ojo negruzco; **región dorsal de las patas de color blanquecino; longitud de la oreja mayor de 23.0 mm**. Cráneo: rostro delgado y largo; cresta en el borde supraorbital bien desarrollada. Longitud total 295.0 a 351.0 mm, del cráneo 34.7 a 37.6 mm).

1a. Superficie dorsal de la pata obscura; longitud de la oreja menor de 23.0 mm .. 2

2. Coloración lateral café ocre contrastando con la coloración media dorsal obscura. Longitud de los molares superiores generalmente mayor de 6.5 mm; borde anterior de la placa zigomática recto o ligeramente cóncavo (endémico de Veracruz y Puebla en Sierra Madre Oriental. NOM**) .... *Megadontomys nelsoni*

(Coloración dorsal de pardo rojizo y ocasionalmente pardo oscuro, región ventral blanquecino crema; mancha alrededor del ojo negruzco; región dorsal de las patas de color oscuro. Cráneo: rostro delgado y largo; cresta en el borde supraorbital bien desarrollada; **borde anterior de la placa zigomática recto o ligeramente cóncavo**. Longitud total 318 mm, del cráneo 36.5 mm).

2a. Coloración lateral obscura y no fuertemente contrastante con la dorsal. Longitud de los molares superiores generalmente menor o igual a 6.5 mm; borde anterior de la placa zigomática cóncava (endémico de la Sierra de Juárez, Oaxaca. NOM**) .... *Megadontomys cryophilus*

(Coloración dorsal de pardo rojizo y ocasionalmente pardo oscuro, región ventral blanquecino crema; mancha alrededor del ojo negruzco; región dorsal de las patas de color oscuro. Cráneo: rostro delgado y largo; cresta en el borde supraorbital bien desarrollada; **borde anterior de la placa zigomática cóncava. Endémico de la Sierra de Juárez, Oaxaca**. Longitud total 300.0 a 331.0 mm, del cráneo 35.8 a 37.5 mm).

Microtus

1. Cinco tubérculos plantares. Tercer molar inferior con dos lóbulos transversales y uno o dos triángulos medios cerrados (Figura C18) 2

1a. Cinco o seis tubérculos plantares. Tercer molar inferior con tres lóbulos transversales y sin triángulos cerrados (Figura C19) 4

2. Longitud de la cola mayor que el 30 % de la longitud total. Tercer molar superior con dos triángulos (endémico de las montañas del centro de Oaxaca. NOM***) .... *Microtus umbrosus*

(Coloración dorsal oscuro con las puntas de los pelos pardas; región ventral color gris plomo jaspeado con rojizo; orejas grandes y prácticamente desnudas; *cola corta*, **en esta especie es prácticamente la mitad de la longitud del cuerpo**; con seis cojinetes plantares, uno muy rudimentario, por lo que parecen cinco; cuatro pezones. Cráneo: molares con ángulos internos y externos de los molares, aproximadamente iguales; triángulos de los dientes de esmalte rodeada por áreas de dentina; incisivos superiores sin canal medio; primer molar inferior con cinco triángulos cerrados, segundo con dos triángulos confluentes y el tercero con lofos y dos triángulos; segundo molar superior con cuatro secciones cerradas y el tercero con dos; *molares formados por triángulos*; **tercer molar superior con dos triángulos**. Longitud total alrededor de 184.0 mm, del cráneo 26.1 a 28.0 mm).

2a. Longitud de la cola menos del 30 % de la longitud total. Tercer molar superior con tres a cinco triángulos 3

3. Tercer molar superior con tres triángulos; tercer molar inferior con dos triángulos medios (parte alta de Chiapas. NOM**) .... *Microtus guatemalensis*

(Coloración dorsal pardo oscuro; nariz negruzca; labios blancos; región ventral gris color plomo jaspeado con amarillento ocráceo; orejas grandes; *cola corta*, un tercio de la longitud del cuerpo; con cinco cojinetes plantares; con seis pezones. Cráneo: molares con ángulos entrantes internos y externos aproximadamente iguales; triángulos de los dientes de esmalte rodeando por áreas de dentina; incisivos superiores sin canal medio; primer molar inferior con tres triángulos cerrados y el **tercero con dos**; segundo molar superior con cuatro triángulos cerrados y **el tercero con tres**; *molares formados por triángulos*. Longitud total de 143.0 a 158.0 mm, del cráneo 26.5 a 28.9 mm).

Megadontomys

1. Dorsal surface of the limb white; ear length greater than 23.0 mm (endemic to Omíteme region in Guerrero. NOM***) .... *Megadontomys thomasi*

(Dorsal pelage reddish brown and dark brown occasionally; underparts cream-white; blackish spot around the eye; **dorsal region of the legs whitish; ear length greater than 23.0 mm**. Skull: rostrum long and thin; crest in the supraorbital rim well developed. Total length 295.0 to 351.0 mm, skull 34.7 to 37.6 mm).

1a. Dorsal surface of the leg dark; ear length less than 23.0 mm 2

2. Flank pelage ocher brown contrasting with the dark color of the back. Upper toothrow length generally greater than 6.5 mm; anterior edge of the zygomatic plate straight or slightly concave (endemic to Veracruz and Puebla in the Sierra Madre Oriental. NOM**) .... *Megadontomys nelsoni*

(Dorsal pelage dark brown contrasting with the flank ocher brown; underparts creamy white; a blackish spot around the eye; dorsal region of the legs whitish. Skull: rostrum long and thin; crest in the supraorbital rim well developed; **anterior edge of the zygomatic plate straight or slightly concave**. Total length 318 mm, skull 36.5 mm).

2a. Flank pelage dark and not contrasting with the dark color of the back. Upper toothrow length generally equal or less than 6.5 mm; anterior edge of the zygomatic plate concave (endemic to the Sierra de Juárez, Oaxaca. NOM**) .....
.... *Megadontomys cryophilus*

(Dorsal pelage of the back and flanks dark brown; underparts whitish cream; a blackish spot around the eye; dorsal region of the limbs darker. Skull: rostrum long and thin; crest in the supraorbital rim well developed; **anterior edge of the zygomatic plate concave. Endemic to the Sierra de Juárez, Oaxaca**. Total length 300.0 to 331.0 mm, skull 35.8 to 37.5 mm).

Microtus

1. Plantar tubercles five. Third lower molar with two transversal lobes and one or two closed triangles in the middle part (Figure C18) 2

1a. Plantar tubercles five or six. Third lower molar with three transversal lobes and without closed triangles in the middle part (Figure C19) 4

2. Tail length greater than 30 % of the total length. Third upper molar with two triangles (endemic to the mountains of central Oaxaca. NOM***) ....
.... *Microtus umbrosus*

(Dorsal pelage dark with hair tips brown; underparts leaden gray grizzly with red; ears long and mainly naked; *tail short,* **almost half the length of the body**; six foot pads, one very rudimentary, so they seem to be five; four nipples. Skull: incoming and internal molar angles approximately equal; tooth triangles of enamel surrounding the dentine; incisors without a groove; lower first molar with five closed triangles; second with two confluent triangles and a third one with lophos and two triangles; second upper molar with four closed sections and the third with two; *molar with triangles;* **third upper molar with two triangles**. Total length 184.0 mm, skull 26.1 to 28.0 mm).

2a. Tail length less than 30 % of the total length. Third upper molar with three to five triangles 3

3. Third upper molar with three triangles; third lower molar with two triangles (Highlands of Chiapas. NOM**) .... *Microtus guatemalensis*

(Dorsal pelage dark brown and long; nose region darker; lips white; underparts leaden gray grizzly with tawny; ears large; *tail short, one third of the body length;* five foot pads; six nipples. Skull: incoming and internal molar angles approximately equal; tooth triangles of enamel surrounding the dentine; incisors without a groove; lower first molar with three closed triangles and a third one with four closed sections; second upper molar with four closed sections and the third one with three; *molars with triangles;* **third upper molar with three triangles**. Total length 143 to 150.0 mm, skull 26.5 to 28.9 mm).

3a. Tercer molar superior con cinco triángulos; tercer molar inferior con un triángulo medio (endémico del norte de Oaxaca. NOM**) .. *Microtus oaxacensis*

(Coloración dorsal pardo negruzco; parte dorsal de las patas negruzcas; pelaje largo, suave y lanudo; *cola corta*; con seis cojinetes plantares. Cráneo: ángulos entrantes internos y externos aproximadamente iguales; triángulos de los dientes de esmalte rodeando áreas de dentina; incisivos superiores sin canal medio; primer molar inferior con cinco triángulos cerrados y **el tercero con un triángulo medio**; segundo molar superior con cuatro triángulos cerrados y el **tercero con tres**; cráneo alargado, el menso anguloso que las otras especies de *Microtus*; molariformes grande y fuertes; *molares formados por triángulos*. Longitud total 159.0 a 163.0 mm, del cráneo 28.1 mm).

4. Tercer molar superior con dos triángulos (Sierra Madre Oriental y extremo oriental del Eje Neo volcánico transversal. NOM***) .... *Microtus quasiater*

(**Coloración dorsal pardo obscura, raramente ceniza**; orejas pequeñas; *cola corta*, menos del 17 % de la longitud del cuerpo; pelaje moderadamente largo y suave; con cinco cojinetes plantares; cuatro pezones. Cráneo: molares con ángulos entrantes, internos y externos aproximadamente iguales; los patrones de lofos y triángulos de los dientes de esmalte rodeado por áreas de dentina; incisivos superiores sin canal medio; primer molar inferior con tres triángulos cerrados y dos abiertos, segundo con los triángulos anteriores confluentes y el tercero con tres lofos y sin triángulo; segundo molar superior con cuatro triángulos cerradas y **el tercero con dos**; cresta escuamosal pequeña; rostro y nasales cortos; bula grande y ancha; *molares formados por triángulos*. Longitud total de 114.0 a 150.0 mm, del cráneo de 23.7 a 28.0 mm).

4a. Tercer molar superior con tres triángulos 5

5. Segundo molar superior con cuatro triángulos y un lóbulo posterior redondeado (Figura C20; norte de Chihuahua. NOM*) .... *Microtus pennsylvanicus*

(**Coloración dorsal pardo negruzco oscuro**, costados pardo a pardo grisáceo; región ventral blancuzco grisáceo; **pelo grueso y tosco pero no entrecano**; orejas ocultas entre el pelo; **la cola es proporcionalmente muy larga (1.9 a 2.7 la longitud de la pata)**; parte superior de las patas pardo oscuro o grisáceo; con seis cojinetes plantares; con ocho pezones. Cráneo: ángulos entrantes, internos y externos aproximadamente iguales; los patrones de lofos y triángulos de los dientes de esmalte rodeado por áreas de dentina; incisivos superiores sin canal medio; primer molar inferior con cinco triángulos cerrados y el tercero con tres lofos y sin triángulos; segundo molar superior con cuatro triángulos cerrados, el tercero con tres triángulos y un lóbulos posterior; *molares formados por triángulos*. Longitud total 140.0 a 195.0 mm, del cráneo 27.4 ± 0.63 mm).

5a. Segundo molar superior con cuatro triángulos y sin lóbulo posterior (Figura C21) .. 6

6. Parte dorsal de las patas de pardo a gris pálido. Cráneo corto y ancho, foramen anterior del palatino estrecho (Figura C22; zonas altas de las Sierras de Oaxaca al norte hasta Nuevo León) .... *Microtus mexicanus*

(Coloración dorsal pardo oscuro a pardo grisáceo, algunas veces jaspeado con amarillento, costados pardo amarillento; **región ventral amarillento crema con la base grisáceo amarillento**; orejas peludas; *cola corta y bicolor*; parte superior de las patas parda o gris pálido con seis cojinetes plantares; cuatro pezones. Cráneo: ángulos internos y externos aproximadamente iguales; los patrones de lofos y triángulos de los dientes de esmalte rodeado áreas de dentina; incisivos superiores sin canal medio; primer molar inferior con cinco triángulos cerrados, segundo con cuatro triángulos cerrados y el tercero con tres lofos y sin triángulos; segundo molar superior con cuatro secciones cerradas y el tercero con tres; *molares formados por triángulos*. Longitud total 128.0 a 155.0 mm, del cráneo 23.1 a 26.9mm).

6a. Parte dorsal de las patas blanquecinas. Cráneo corto o ancho, foramen anterior del palatino estrecho o amplio (Figura C23; norte de Baja California) ....
.... *Microtus californicus*

(Coloración dorsal pardo negruzco oscuro con entrecano crema, costados pardo amarillento; región ventral grisáceo amarillento; pelo largo y lanudo; orejas peludas y bien desarrolladas; *cola muy corta y* **bicolor**; **parte superior de las patas blanquecinas**; con seis cojinetes plantares; cuatro pezones. Cráneo: molares con ángulos entrantes, internos y externos aproximadamente iguales; los patrones de lofos y triángulos de los dientes de esmalte rodeado por áreas de dentina; incisivos superiores sin canal medio; primer molar inferior con cinco triángulos cerrados y el tercero con tres lofos y sin triángulos; segundo molar superior con cuatro triángulos cerrados; *molares formados por triángulos*. **Longitud total 149.0 a 196.0 mm, del cráneo 26.1 a 30.7 mm**).

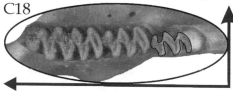

C18

C19

3a. Third upper molar with five triangles; third lower molar with one triangle (endemic to the north of Oaxaca. NOM**) .... *Microtus oaxacensis*

(Dorsal pelage blackish brown and long; dorsal region of the foot blackish; *tail bicolor very short*; six nipples. Skull: incoming and internal molar angles approximately equal; tooth enamel triangles surrounding the dentine; incisors without a groove; lower first molar with five closed triangles and a third one with one medial triangles; second upper molar with four closed sections and the third one with three; skull elongated and more angular than the other *Microtus* species; molariforms big and strong; *molars with triangles*; **third upper molar with five triangles.** Total length 159.0 to 163.0 mm, skull 28.1 mm).

4. Third upper molar with two triangles (Sierra Madre Oriental. NOM***) ....
.... *Microtus quasiater*

(Dorsal pelage brown and long; ears small; *tail very short*, less than 17 % of body length; five foot pads; four nipples. Skull: incoming and internal angles of the molars approximately equal; tooth enamel triangles surrounding the dentine; incisors without a groove; lower first molar with three closed triangles and two open; the second one with the anterior triangles confluent and the third one with three lophos and without triangles; second upper molar with four closed sections and the third one with two; squamosal ridge small; rostrum and nasals shorts; auditory bullae large and wide; *molars with triangles*. Total length 114.0 to 150.0 mm, skull 23.7 to 28.0 mm).

4a. Third upper molar with three triangles 5

5. Second upper molar with four closed angular sections and a rounded posterior loop (Figure C20; north of Chihuahua. NOM*) .... *Microtus pennsylvanicus*

(**Dorsal pelage dark blackish brown**, long, and thick; flanks from brown to grayish brown; ears hidden by hair; underparts whitish gray; **tail proportionally large in this species (1.9 to 2.7 of the hind foot length)**; upper part of the limbs dark or grayish brown; six foot pads; eight nipples. Skull: incoming and internal angles of the molars approximately equal; tooth enamel triangles surrounding the dentine; incisors without a groove; lower first molar with five closed triangles and the third with three lophos and without triangles; second upper molar with four closed sections and the third one with three; *molars with triangles*. Total length 140.0 to 195.0 mm, skull 27.4 ± 0.63 mm).

5a. Second upper molar with four closed angular sections and no posterior loop (Figure C21) 6

6. Dorsal part of the limbs brown to pale gray. Skull short and wide with anterior palatine foramina constricted (Figure C22; highlands of the Sierras from Oaxaca northward to Nuevo Leon) .... *Microtus mexicanus*

(Dorsal pelage dark to grayish brown, sometimes grizzly with yellow; flanks yellowish brown; **underparts yellowish cream with the base yellowish gray**; ears hairy; *tail very short and bicolor*; dorsal part of the limbs brown or pale gray; six foot pads; four nipples. Skull: incoming and internal angles of the molars approximately equal; tooth enamel triangles surrounding the dentine; incisors without a groove; lower first molar with five closed triangles; second with four confluent triangles and third with three lophos and no triangles; second upper molar with four closed sections and the third with three; *molars with triangles*. Total length 128.0 to 155.0 mm, skull 23.1 to 26.9mm).

6a. Dorsal part of the limbs whitish. Skull short or wide; anterior palatine foramina constricted or unconstricted (Figure C23; north of Baja California) ....
.... *Microtus californicus*

(Dorsal pelage dark blackish brown grizzly with cream; flanks yellowish brown; ventral region grayish yellow; hair long and wooly; ears hairy and well-developed; *tail bicolor and very short*; **dorsal part of the foot whitish**: six foot pads; four nipples. Skull: incoming and internal angles of the molars approximately equal; tooth enamel triangles surrounding the dentine; incisors without a groove; lower first molar with five closed triangles; second with four closed triangles and third without triangles; second upper molar with four sections closed; *molar with triangles*. **Total length 149.0 to 196.0 mm, skull 26.1 to 30.7 mm).**

C20

C21

Nelsonia

1. Punta de la cola blanca. Placa zigomática angosta y sin escotadura anterorbital (Figura C24; endémica de Aguascalientes, Durango, Jalisco y Zacatecas. NOM***) .... *Nelsonia neotomodon*

(Coloración dorsal pardo grisáceo a gris oscuro, entrepelado con ocráceo pálido a negruzco; costados con una tendencia más al ocráceo que al negruzco; región ventral con el pelo en la parte media y punta blanquecina pero en la base gris plomizo; cola con la parte dorsal oscura y la ventral clara, **punta de la cola blanca**. Cráneo: rostro delgado y largo; foramen postpalatino aproximadamente a la distancia media entre la fosa interpterigoidea y la foramina anterior del palatino, y separado por un septo muy delgado; hueso interparietal bien desarrollado; placa zigomática angosta; hueso palatal con ausencia de pozos; bula auditiva subcónica; caja craneal como domo; dientes con ángulos rentrantes profundos; segundo molar inferior con una ángulo reentrante externo y un interno; *tercer molar superior sólo con un ángulo reentrante interno; tercer molar inferior no en forma de "8"*; **placa zigomática angosta y sin escotadura anterorbital**. Longitud total 233.0 a 256.0 mm, del cráneo 31.9 a 33.9 mm).

1a. Sin la punta de la cola blanca. Placa zigomática ancha y con escotadura anterorbital evidente (Figura C25; endémica de Jalisco y Michoacán. NOM***) .... *Nelsonia goldmani*

(Coloración dorsal pardo grisáceo a gris oscuro, entrepelado con ocráceo pálido a negruzco; costados con una tendencia más al ocráceo que al negruzco; región ventral con el pelo en la parte media y punta blanquecina, pero en la base gris plomizo; cola con la parte dorsal oscura y la ventral clara, **sin la punta de la cola blanca**. Cráneo: rostro delgado y largo; foramen postpalatino aproximadamente a la distancia media entre la fosa interpterigoidea y la foramina anterior del palatino, y separado por un septo muy delgado; hueso interparietal bien desarrollado; placa zigomática angosta; hueso palatal con ausencia de pozos; bula auditiva subcónica; forámenes anteriores amplios; dientes con ángulos rentrantes profundos; segundo molar inferior con una ángulo reentrante externo y un interno; *tercer molar superior sólo con un ángulo reentrante interno; tercer molar inferior no en forma de "8"*; **placa zigomática ancha y con escotadura anterorbital evidente**. Longitud total 235.0 a 255.0 mm, del cráneo 32.2 a 33.3 mm).

C22

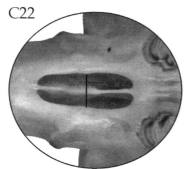

C23

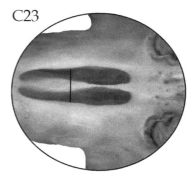

Neotoma

1. Bula auditiva muy agrandada (Figura C26; casi semicircular en contorno, pero no muy ensanchada transversalmente) y situada casi paralela al eje medio del cráneo (endémica de Sonora y Sinaloa. NOM***) .... *Neotoma phenax*

(Coloración dorsal grisácea amarillenta; región ventral amarillenta con blanco, pecho más claro, parte externa de las patas grises oscuro; cola oscura, casi tan larga como el cuerpo; parte posterior y lateral de la nariz oscura; *apariencia de rata; orejas y ojo grandes y cola larga*. Cráneo: sin cresta en el borde supraorbital; bula proporcional al cráneo grande; primer molar superior con dos muescas internas y externas, el segundo superior con dos externos y un interno; **bula auditiva muy inflada ventralmente, obtusa anteriormente y casi paralela al eje medio del cráneo**, vacuidades del hueso esfenoide abiertas. Longitud total 352.0 mm, del cráneo 40.0 a 45.0 mm).

1a. Bula auditiva no agrandada (Figura C27; aplanada anteriormente y situada oblicuamente al eje central del cráneo) 2

2. Ángulo re-entrante anterior e interno del primer molar superior se prolonga más allá de la mitad del ancho del diente (Figura C28) 3

2a. Ángulo re-entrante anterior e interno del primer molar superior se prolonga hasta la mitad o menos del ancho del diente (Figura C29) 6

Nelsonia

1. Tail tip white. Zygomatic plate narrow and no anterorbital notch (Figure C24; endemic to Aguascalientes, Durango, Jalisco and Zacatecas. NOM***) ....
.... *Nelsonia neotomodon*

(Dorsal pelage grayish brown to dark gray, mixed with tawny to blackish; flanks more ocher than black; underparts whitish but the base leaden gray; tail dorsal part dark and ventral light **with hair tips white**. Skull: rostrum thin and long; postpalatine foramen approximately at the center between the interpterigoidea foramina and anterior palatine fossa, and separated by a thin septum; interparietal bone well-developed; zygomatic plate narrow; palatal bone with no pits; auditory bullae subconical; braincase as a dome; teeth formed by alternating prisms; second lower molar with external and internal reentrant angle; third lower molar with only an internal reentrant angle; **zygomatic plate narrow without anterorbital notch**. Total length 233.0 to 256.0 mm, skull 31.9 to 33.9 mm).

1a. Tail tip not white. Zygomatic plate wide and anterorbital notch evident (Figure C25; endemic from Jalisco and Michoacán. NOM***) .... *Nelsonia goldmani*

(Dorsal pelage grayish brown to dark gray, mixed with tawny to blackish; flanks more ocher than blackish; underparts whitish but the base leaden gray; tail dorsal part dark and ventral light, without the **tip tail white**. Skull: rostrum thin and long; postpalatine foramen approximately at the center between the interpterigoidea foramina and the anterior palatine fossa, separated by a thin septum; interparietal bone well-developed; zygomatic plate narrow; palatal bone with no pits; auditory bullae subconical; teeth formed by alternating prisms; second lower molar with external and internal reentrant angle; third lower molar with only an internal reentrant angle; **wide zygomatic plate with anterorbital notch**. Total length 235.0 to 255.0 mm, skull 32.2 to 33.3 mm).

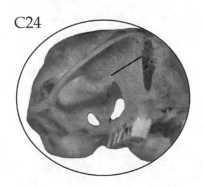
C24

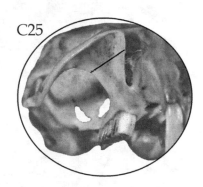
C25

Neotoma

1. Auditory bullae greatly enlarged (Figure C26; almost semi-circular in profile but not greatly widened transversely) and situated only slightly obliquely to the long skull axis (endemic from Sonora and Sinaloa. NOM***) .... *Neotoma phenax*

(Dorsal pelage yellowish gray; underparts yellowish white, chest lighter, external part of the limbs dark gray; tail dark and almost as long as the body; posterior and lateral part of the nose dark; *rat-like appearance; big ears and eyes and long tail*. Skull: no edge on the supraorbital ridge; **auditory bullae larger in proportion to the skull, ventrally inflated with an obtuse anterior edge and almost parallel to the median skull axis**, open emptiness of the sphenoid bone. Total length 352.0 mm, skull 40.0 to 45.0 mm).

1a. Auditory bullae not greatly enlarged and situated obliquely (Figure C27) 2

2. Anterior and internal reentrant angle of first upper molar extending greater than halfway across the occlusal crown (Figure C28) 3

2a. Anterior and internal reentrant angle of first upper molar extending halfway or less across the occlusal crown (Figure C29) 6

3. Longitud total mayor de 365.0 mm. Lados de la fosa mesopterigoidea fuertemente cóncavos a la altura de los últimos molares (Figura C30; endémico del sur de Tamaulipas y norte de San Luis Potosí) .... *Neotoma angustapalata*

(**Coloración dorsal gris o gris cenizo, cabeza y mejillas grisáceas; región ventral gris plomizo con entrepelado blanquecino** y completamente blanco en las regiones de la garganta e inguinal; cola con pelo esparcido y negruzca dorsal y más clara ventral; *apariencia de rata; orejas y ojo grandes y cola larga*. Cráneo: bula de tamaño proporcionalmente al cráneo; primer molar superior con dos muescas internas y externas; el segundo superior con dos ángulos reentrantes externos y un interno; tercero con una muesca medio; **costados de las fosa interpterigoidea cóncavos y anchos.** Longitud total de 325.0 mm mm, del cráneo 33.9 mm).

3a. Longitud total menor de 365.0 mm. Lados de la fosa mesopterigoidea más o menos rectos (Figura C31) 4

4. Con distribución del sur del eje volcanico trasversal al norte.. *Neotoma mexicana*

(Coloración dorsal con una amplia variación de pardo claro y oscuro hasta entre amarillenta rojiza y canela raramente gris, entrepelado con negruzco que se incrementa hacia el lomo, costados amarillento; región ventral blancuzca pero con la base de los pelos grisáceos, en las axilas es ocráceo; cola con pelo corto y en la mayoría de las ocasiones bicolor, cuando es el caso ventralmente blancuzco; *apariencia de rata; orejas y ojo grandes y cola larga.* Cráneo: bula de tamaño proporcionalmente al cráneo grande; primer molar superior con dos muescas internas y externas; el segundo superior con dos ángulos reentrantes externos y un interno; tercero con una muesca medio. Longitud total 326.0 a 360.0 mm, del cráneo 42.0 a 44.2 mm. Solamente se diferencia de *Neotoma mexicana. N. ferruginea* y *N. picta* por datos genéticos).

4a.Con distribución del sur del eje volcanico trasversal al sur 5

5. Endémico de las partes altas de Guerrero y Central de Oaxaca .... *Neotoma picta*

(Solamente se diferencia de *Neotoma mexicana. N. ferruginea* y *N. picta* por datos genéticos).

5a. En la parte norte de Oaxaca y todo Chiapas .... *Neotoma ferruginea*

(Solamente se diferencia de *Neotoma mexicana. N. ferruginea* y *N. picta* por datos genéticos).

6. Cola no bicolor 7

6a. Cola bicolor 8

7. Línea de dientes maxilares menos ancha en la parte posterior que la anterior; lóbulo medio del tercer molar superior no dividido por un ángulo reentrante (endémica las estribaciones orientales del cerro de Perote y Pico de Orizaba, Veracruz) .... *Neotoma nelsoni*

(Coloración dorsal canela pálido entrepelado con pardo, en particular en la región media; región ventral blancuzcas con la base gris plomo a excepción de la región pectoral donde el pelo es blanco hasta la base; parte dorsal de las patas blancas; **cola con poco pelo y monocolor,** ligeramente más obscura que la coloración de dorso; *apariencia de rata; orejas y ojo grandes y cola larga.* Cráneo: bula de tamaño proporcionalmente al cráneo grande; primer molar superior con dos muescas internas y externas; tercero con una muesca medio; **paladar con una espina media;** muesca maxilo-vomer presente; **ramas ascendentes de la maxila proyectándose más allá del margen posterior de los nasales.** Longitud total de 347 a 380 mm, del cráneo 45.0 a 48.0 mm).

7a. Línea de dientes maxilares sólo ligeramente menos ancha en la parte posterior que la anterior; lóbulo medio del tercer molar superior parcial o completamente dividido por un ángulo reentrante (restringida a la zona serrana del norte de la Península de Baja California) .... *Neotoma macrotis*

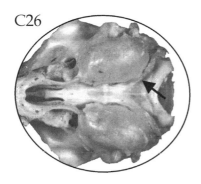

C26

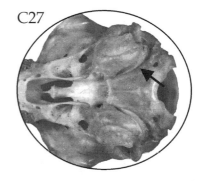

C27

3. Total length greater than 365.0 mm. Sides of interpterygoid fossa strongly concave near the posterior end of tooth row (Figure C30; endemic to southern Tamaulipas and north San Luis Potosí) .... *Neotoma angustapalata*

(Dorsal pelage gray or ashish gray, head and cheeks gray; underparts leaden gray grizzly with white, and completely white on the throat regions and the groin; tail with sparsed hair, dorsal blackish and ventral white; *rat-like appearance big ears and eyes and long tail.* Skull: auditory bullae in proportion to the skull: maxillary first upper molar with two internal and external notches, the second upper with two external and one internal reentrant angles and upper third with a medium notch; **sides of the interpterigoidea fossa concave and wide**. Total length 325.0 mm, skull 33.9 mm).

3a. Total length less than 365.0 mm. Sides of interpterygoid fossa more or less parallel near posterior end of tooth row (Figure C31) 4

4. Distribution from south of the Trans-Mexican Volcanic Belt northward) . *Neotoma mexicana*

(Dorsal pelage with a wide variation between pale to dark brown and from reddish yellow to cinnamon, rarely in gray, grizzly with blackish that increases toward the back; flanks yellowish; underparts whitish but with hair base leaden gray, armpit is ocher; tail short and in many of the specimens bicolor, whitish hair ventrally; *rat-like appearance; big ears and eyes and long tails.* Skull: auditory bullae larger in proportion to the skull; maxillary first upper molar with two internal and external notches, the second upper with two external and one internal reentrant angles and upper third with a medium notch. Total length 326.0 to 360.0 mm, skull 42.0 to 44.2 mm. *Neotoma mexicana, N. ferruginea* and *N. picta* can only be separated by karyotypes).

4a. Distribution from south of the Trans-Mexican Volcanic Belt southward 5

5. Endemic of Guerrero y Central Oaxaca highlands .... *Neotoma picta*

(*Neotoma mexicana, N. ferruginea* and *N. picta* can only be separated by karyotypes).

5a. In the north parto of Oaxaca and all Chiapas .... *Neotoma ferruginea*

(*Neotoma mexicana, N. ferruginea* and *N. picta* can only be separated by karyotypes).

6. Tail not sharply bicolored 7

6a. Tail sharply bicolored 8

7. Maxillary tooth row much narrower posteriorly than anteriorly; middle lobe of the third upper molar not divided by inner reentrant angle (endemic from the western side of Cerro de Perote and Pico de Orizaba, Veracruz) .... *Neotoma nelsoni*

(Dorsal pelage light cinnamon grizzly with brown, especially in the middle region; underparts white but with hair base leaden gray, except for the pectoral region where hair is white from the tip to the base; dorsal part of the foot white; **tail with few hairs and monocolor**, slightly darker than dorsal pelage; *rat-like appearance; big ears and eyes and long tail.* Skull: auditory bullae larger in proportion to the skull, ventrally inflated with an obtuse anterior edge and almost parallel to the median axis of the skull; palate with posterior median spine; maxillo-vomerine notch present; **ascending branches of maxillary bone projecting beyond the posterior margin of the nasal**. Total length 347 to 380mm, skull 45.0 to 48.0 mm).

7a. Maxillary tooth row slightly narrower posteriorly than anteriorly; middle lobe of third upper molar partially or completely divided by inner reentrant angle (restricted to the mountain areas of the northern Baja California Peninsula) .... *Neotoma macrotis*

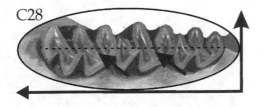

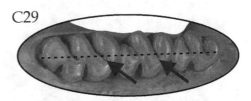

(Coloración dorsal ocre amarillento, con el lomo más oscuro, más grisácea en el rostro; región ventral blancuzca, en ocasiones entrepelado con amarillento pálido, la base de los pelos grisáceo a excepción de la garganta, **pecho y región inguinal donde son blancos desde la base**; patas y tobillos de coloración oscura; **cola no bicolor**, pero si más oscura dorsal que ventral; *apariencia de rata; orejas y ojo grandes y cola larga*. Cráneo: bula proporcional al cráneo grande; primer molar superior con dos muescas internas y externas; tercero con una muesca medio que puede dividir al diente en dos; fosa interpterigoidea angosta y variable en forma. Longitud total 352.0 a 384.0 mm, del cráneo 41.6 mm).

8. Sin cavidades esfenopalatinas (endémico de Jalisco) .... *Neotoma palatina*

(Coloración dorsal ocráceo amarillenta con los costados ocráceo; región ventral blanquecina con la base gris; con pelos blancos desde la base en la garganta, barbilla, cuello y pecho; **mancha de pelo totalmente blanco entre las patas traseras**; cola más corta que el cuerpo, bicolor y con mucho pelo corto; orejas proporcionalmente grandes; *apariencia de rata; orejas y ojo grandes y cola larga*. Cráneo: grande y robusto; **bien arqueado a la altura de la parte anterior del arco zigomático**; hueso vómer prolongándose posterior; región interorbital angosta; bula proporcional al cráneo grande; primer molar superior con dos muescas internas y externas; tercero con una muesca medio; **sin cavidades esfenopalatinas**. Longitud total alrededor de 342.0 mm, del cráneo sin dato).

8a. Con cavidades esfenopalatinas 9

9. Borde posterior del palatino con una proyección media (Figura C32); mitad posterior del septo que divide el foramen anterior del palatino completo (endémico de Tamaulipas y Coahuila) .... *Neotoma micropus*

(**Coloración dorsal de gris a gris plomizo** rara vez negruzca o pardo; región ventral blanquecina con la base del pelo gris; con pelos blancos en la garganta, cuello y pecho; cola más corta que el cuerpo, bicolor y moderadamente peluda; *apariencia de rata; orejas y ojo grandes y cola larga*. Cráneo: bula grande proporcionalmente al cráneo; primer molar superior con dos muescas internas y externas; tercero con una muesca medio. Longitud total 334.0 a 411.0 mm, del cráneo 44.2 a 52.9 mm).

9a. Borde posterior del palatino sin una proyección media, si la tiene, mitad posterior del septo que divide el foramen anterior del palatino incompleto .. 10

10. Pelos de la garganta blancos hasta la base; sí la base del pelo es grisácea, la longitud de la pata mayor de 35.0 mm 11

10a. Pelos de la garganta con la base gris, más obscura que las puntas 12

11. Longitud total promedio mayor de 350.0 mm (restringuida a Zacatecas, San Luis Potosí, Aguascalientes, Jalisco, Michoacán y Queretaro) .... *Neotoma leucodon*

(Coloración dorsal gris amarillenta con los costados ocráceo; región ventral blanquecina con la base del pelo gris la cual le da un tono grisáceo al vientre; con pelos blancos desde la base en la garganta, barbilla, cuello y pecho; mancha de pelo totalmente blanco entre las patas traseras; cola más corta que el cuerpo, bicolor y con mucho pelo corto; orejas proporcionalmente grandes; *apariencia de rata; orejas y ojo grandes y cola larga*. Cráneo: con cresta en el borde supraorbital poco desarrolladas; bula proporcional al cráneo grande. Longitud total 268.0 a 354.0 mm, del cráneo 40.4 a 45.2 mm).

11a. Longitud total promedio menor de 350.0 mm 16

12. Longitud de la pata trasera menor o igual a 35.0 mm (endémico del centro del Altiplano) .... *Neotoma goldmani*

(**Coloración dorsal crema amarillento, más pálido en la cabeza y más oscuro en el lomo con entrepelado** oscuro; región ventral blanco; patas blancas; cola negruzca dorsal y blancuzca ventral; *apariencia de rata; orejas y ojo grandes y cola larga*. Cráneo: proyecciones del premaxilar anchas posteriormente; bula auditiva relativamente pequeña; molares proporcionalmente grandes. Longitud total alrededor de 279.0 mm, del cráneo 36.9 a 38.4 mm).

12a. Longitud de la pata trasera mayor de 35.0 mm 13

13. Glande del pene con o sin una extensión en forma de campana pero que no se distingue claramente en la punta. La sutura del maxilo-frontal se une al lacrimal por delante de su punto medio (Figura C33); los huesos vomerinos del foramen incisivo son pequeños; bula auditiva pequeña en relación con el cráneo. Se distribuye en la Península de Baja California 14

13a. Glande del pene con una extensión en forma de campana que se distingue claramente en la punta.. La sutura del maxilo-frontal se une al lacrimal por detrás de su punto medio (Figura C34); los huesos vomerinos del foramen

(Dorsal pelage yellowish ocher, grizzly with darker hair on back; rostrum grizzly with gray fur; underparts white grizzly in some specimens with pale yellow; hair base leaden gray, except for the throat, chest, and groin where hair is white from the base to the tip; dark limbs and ankles; tail not bicolor but darker dorsally than ventrally; *rat-like appearance; big ears and eyes and long tail*. Skull: auditory bullae larger in proportion to the skull, ventrally inflated with an obtuse anterior edge and almost parallel to the median axis of the skull; interpterygoidea narrow and variable in shape. Total length 352.0 to 384.0 mm, skull 41.6 mm).

8. Sphenopalatine vacuities absent (endemic to Jalisco) .... *Neotoma palatina*

(Dorsal pelage yellowish ocher and flanks ocher; underparts white with the hair base leaden gray, except for the throat, chin, neck and chest; **completely white hair between the hind legs**; tail shorter than the body, bicolor and very short hair; proportionally large ears; *rat-like appearance; big ears and eyes and long tail*. Skull: large and robust; **well arched up to the front of the zygomatic arch**; vomer bone extending back; narrow interorbital region; bullae larger in proportion to the skull, ventrally inflated with an obtuse anterior edge and almost parallel to the median axis of the skull; interpterygoidea narrow and variable in shape; **no sphenopalatine cavities**. Total length 342.0 mm, skull without data).

8a. Sphenopalatine vacuities present 9

9. Palate with posterior median spine (Figure C32); complete posterior half of septum dividing anterior palatine foramina (endemic to Tamaulipas and Coahuila) .... *Neotoma micropus*

(Dorsal pelage gray to plumbeous gray rarely gray or brown; underparts white but with hair base leaden gray, except for the throat, neck and chest where hair is white from the base to the tip; tail shorter than the body, bicolor, and with hair; *rat-like appearance; big ears and eyes and long tail*. Skull: auditory bullae larger in proportion to the skull, ventrally inflated with an obtuse anterior edge and almost parallel to the median axis of the skull. Total length 334.0 to 411.0 mm, skull 44.2 to 52.9 mm).

9a. Palate posterior border lacking a median spine, or if the spine is present, then the posterior half of the septum dividing the anterior palatine foramina is incomplete.... 10

10. Hair on throat white to base, or if the base of the hair in gray, hind foot greater than 35.0 mm 11

10a. Hair on throat with the base gray, darker than the tips 12

11. Total length on average greater than 350.0 mm (restricted to Zacatecas, San Luis Potosí, Aguascalientes, Jalisco, Michoacán and Queretaro) ...... *Neotoma leucodon*

(Dorsal pelage yellowish gray with flanks ocher; underparts white but with the hair base leaden gray giving the abdomen a grayish tone, except for the chin, throat, neck and chest where hair is white from the base to the tip; completely white hair between the hind limbs and forelimbs; tail shorter than the body, bicolor and with very short hair; ears proportionally large; *rat-like appearance; big ears and eyes and long tails*. Skull: no edge on the supraorbital ridge; incisor foramina extended to the anterior margin of the maxillary first molar; auditory bullae larger in proportion to the skull. Total length 268.0 to 354.0 mm, skull 40.4 to 45.2 mm).

11a. Total length on average less than 350.0 mm 16

12. Hind foot less or equal to 35.0 mm (endemic to the central area of the Mexican Plateau) .... *Neotoma goldmani*

(Dorsal pelage cream yellow, paler than the head and darker on the back grizzly with darker fur; underparts white; internal part of the limbs white; tail blackish dorsally and ventrally whitish; *rat-like appearance; big ears and eyes and long tail*. Skull: premaxillary projections wide posteriorly; auditory bullae smaller in proportion to the skull; molars proportionately large. Total length 279.0 mm, skull 36.9 to 38.4 mm).

12a. Hind foot greater than 35.0 mm 13

13. Glans penis with or without bell-shaped extension but not clearly distinguishable in the tip. The maxillo-frontal suture joins the lachrymal beyond its midpoint (Figure C33); small vomerine portion to the incisor foramen; auditory bullae smaller in relation to skull size; occurs in coastal California or the Baja California peninsula 14

13a. Glans penis with a bell-shaped extension clearly distinguishable in the tip. The maxillo-frontal suture joins the lachrymal behind its midpoint (Figure C34); large vomerine portion to the incisor foramen; auditory bullae inflated

incisivo son grandes; bula auditiva grande en relación al cráneo (se distribuye en el noreste de Baja California y noroeste de Sonora) 15

14. Glande delgado con el báculo y su capucha alargados, esta último con la punta carnosa recta, cónica y bifurcada. Anterolofo del primer molar superior con una muesca profunda anteromedial (Figura C35; Península de Baja California, NOM** ssp. Dos subespecies: *N. b anthonyi* y *N. b. bunkeri* consideradas como extintas, NOM****) .... *Neotoma bryanti*

(Muy variable en función de las subespecies. Coloración dorsal pardo claro a pardo oscuro, costados pardo pálido o amarillento, la cabeza más oscura; ventral blancuzca, pero entrepelada con amarillento; garganta con pelos gris plomizos a la base y no dando un aspecto de blanco; manchas de pelo completamente blanco entre las patas anteriores y posteriores; orejas grandes, aproximadamente el 110% de la longitud de la pata trasera, con poco pelo de color pardo pálido; cola más corta que el cuerpo con mucho pelo y bicolor, ventralmente blanquecina; región dorsal de las patas blanco; *apariencia de rata; orejas y ojo grandes y cola larga*. Cráneo: bula pequeña en proporcional cráneo; primer molar superior con dos muescas internas y externas, el segundo superior con dos externos y un interno; cráneo anguloso; La sutura del maxilo-frontal se une al lacrimal por delante de su punto medio; **anterolofo del primer molar superior con una muesca profunda anteromedial**. Longitud total 325.0 a 360.0 mm, del cráneo 40.0 a 46.0 mm).

14a. Glande grueso con el báculo y su capucha cortos, esta último con la punta carnosa recta. Anterolofo del primer molar superior con una muesca poco profunda anteromedial (Península de Baja California, endémico de la Isla Ángel de la Guardia. NOM**) .... *Neotoma insularis*

(Coloración dorsal parda grisácea con tonos amarillento, la cabeza más oscura; ventral blancuzca pero entrepelada con amarillento; garganta con pelos gris plomizos a la base y no dando un aspecto de blanco; manchas de pelo completamente blanco entre las patas anteriores y posteriores; orejas grandes, aproximadamente el 110 % de la longitud de la pata trasera, con poco pelo de color pardo pálido; cola más corta que el cuerpo con mucho pelo y bicolor, ventralmente blanquecina; región dorsal de las patas blanco; *apariencia de rata; orejas y ojo grandes y cola larga*. Cráneo: bula proporcionalmente al cráneo pequeña; primer molar superior con internas y externas, la primera anterior pequeña;; tercero con una muesca medio; La sutura del maxilo-frontal se une al lacrimal por delante de su punto medio; **anterolofo del primer molar superior con una muesca poco profunda anteromedial**. Longitud total 287.0 a 340.0 mm, del cráneo 37.0 a 42.3 mm).

15. Extremo noroccidental de Baja California, al oeste del Río Colorado .... *Neotoma lepida*

(Coloración dorsal grisácea oscura a pardo, costados pardo pálido o amarillento; región ventral blancuzca; garganta con pelos gris plomizos en la base; manchas de pelo completamente blanco entre las patas anteriores y posteriores; cola con mucho pelo y bicolor; región dorsal de las patas blanco; *apariencia de rata; orejas y ojo grandes y cola larga*. Cráneo: foramen de los incisivos grande, extendiéndose hasta el margen anterior el segundo superior con dos externos y un interno; bula proporcional al cráneo grande; primer molar superior con dos muescas internas y externas, el segundo superior con dos externos y un interno, tercero con una muesca medio; sutura del maxilo-frontal se une al lacrimal por detrás de su punto medio. Longitud total 302.0 a 360.0 mm, del cráneo 36.9 a 42.8 mm).

15a. Extremo nororiental de Sonora, al este del Río Colorado .... *Neotoma devia*

(Coloración dorsal grisácea clara a oscura, aunque hay con cierta frecuencia ejemplares melánicos; costados pardo o amarillento claro; región ventral blancuzca; manchas de pelo completamente blanco entre las pata anteriores y posteriores; cola con mucho pelo y bicolor; región dorsal de las patas blanco; *apariencia de rata; orejas y ojo grandes y cola larga*. Cráneo: bula proporcional al cráneo grande; primer molar superior con dos muescas internas y externas, el segundo superior con dos externos y un interno, tercero con una muesca medio; sutura del maxilo-frontal se une al lacrimal por detrás de su punto medio. Longitud total 255.0 a 325.0 mm, del cráneo 35.0 a 40.0 mm).

C30   C31   C32

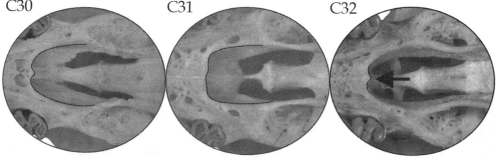

in relation to skull size (occurs northeastern Baja California, and northwestern Sonora in Mexico) 15

14. Glans penis with an elongated hood and baculum, this last one with straight, conical fleshy forked tip.   Anteroloph of first upper molar with deep anteromedial notch (Figure C35; Baja California Peninsula. NOM** ssp. two ssp. *N. b. anthonyi* and *N. b. bunkeri* considered extinct, NOM****) ....
.... *Neotoma bryanti*

(Dorsal pelage varies depending on the subspecies from light brown to dark brown; flanks pale yellowish brown, darker head; underparts whitish grizzly with yellowish; throat with leaden gray hair at the base never white; spots of completely white hair between the anterior and posterior legs; large ears, with little pale brown hair, about 110 % of the hind foot length; tail shorter than the body with long and bicolor hair, whitish ventrally; dorsal region of the limbs white; *rat-like appearance; big ears and eyes and long tails*. Skull: auditory bullae small in proportion to the skull, ventrally inflated with an obtuse anterior edge and almost parallel to the median skull axis, open emptiness of the sphenoid bone; skull is angular; maxillo-frontal suture intersecting lachrymal bone anterior to midpoint; anteroloph of first upper molar with deep anteromedial notch. Total length 325.0 to 360.0 mm, skull 40.0 to 46.0 mm).

14a. Glans penis with a short hood and baculum; this last one with the fleshy tip straight.   Anteroloph of first upper molar with shallow anteromedial notch (endemic to Ángel de la Guardia Island, Baja California. NOM**) ....
.... *Neotoma insularis*

(Dorsal pelage grayish brown with beige shades; underparts whitish grizzly with yellowish; throat with leaden gray hair at the base, never white; spot completely white between hind foot and fore limbs; ears with slightly pale brown hair, about 110 % of the hind foot length; tail shorter than body length with long hair and bicolor, whitish ventrally; dorsal region of the limbs white; *rat-like appearance; big ears and eyes and long tail*. Skull: auditory bullae small in proportion to the skull, ventrally inflated with an obtuse anterior edge and almost parallel to the median skull axis, open emptiness of the sphenoid bone; skull is angular; maxillo-frontal suture intersecting lachrymal bone anterior to midpoint; anteroloph of first upper molar with shallow anteromedial notch. Total length 287.0 to 340.0 mm, skull 37.0 to 42.3 mm).

15. Occuring in northwestern Baja California to the west of the Colorado River ....
.... *Neotoma lepida*

(Dorsal pelage dark brown to gray; flanks pale or yellowish brown; underparts whitish grizzly with yellowish; throat with leaden gray hairs at the base, never white; spot completely white between hind foot and forelimbs; tail shorter than the body with long and bicolor hair, whitish ventrally; dorsal region of the legs white; *rat-like appearance; big ears and eyes and long tails*. Skull: no edge on the supraorbital ridge; incisor foramina extended to the anterior margin of the maxillary first molar; auditory bullae small in proportion to the skull, ventrally inflated with an obtuse anterior edge and almost parallel to the median skull axis, open emptiness of the sphenoid bone; skull is angular; maxillo-frontal suture intersecting lachrymal bone posterior to midpoint. Total length 302.0 to 360.0 mm, skull 36.9 to 42.8 mm).

15a. Occuring in northeastern Sonora to the east of the Colorado River ....
.... *Neotoma devia*

(Dorsal pelage light to dark gray although melanic specimens are often found; flanks brown or light yellowish brown; underparts whitish, spot completely white between the hind foot and forelimbs; ears naked; tail with long and bicolor hair; dorsal region of the limbs white; *rat-like appearance; big ears and eyes and long tail*. Skull: auditory bullae small in proportion to the skull, ventrally inflated with an obtuse anterior edge and almost parallel to the median skull axis, open emptiness of the sphenoid bone; skull is angular; maxillo-frontal suture intersecting lachrymal bone posterior to midpoint. Total length 38.2 to 42.2 mm, skull 35.0 to 40.0 mm).

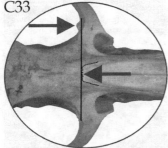

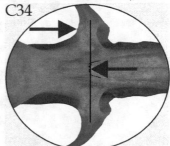

16. Garganta, pecho y región ventral de la cola blanquecina; rostro menos esbelto. Bulla auditiva relativamente más grande (Durango, Coahuila, Nuevo León y Chihuahua. NOM** ssp) .... *Neotoma albigula*

(Coloración dorsal gris amarillenta con los costados ocráceos; región ventral blanquecina con la base gris; en la garganta, barbilla, cuello y pecho los pelos son blancos y con la base blanca; mancha de pelo totalmente blanca entre las patas traseras; cola más corta que el cuerpo, bicolor y con mucho pelo corto; orejas proporcionalmente grandes; *apariencia de rata; orejas y ojo grandes y cola larga*. Cráneo: bula proporcional al cráneo grande. Longitud total 317.0 a 363.0 mm, del cráneo 41.4 a 45.6 mm).

16a. Garganta, pecho y región ventral de la cola con tonos gris plomizo; rostro más esbelto. Bulla auditiva relativamente más pequeña (norte de Sinaloa y Sonora) .... *Neotoma melanura*

(Similar a *N. albigula*, pero con la garganta, pecho y región ventral de la cola con tonos gris plomizo; rostro más esbelto. Skull: bulla auditiva relativamente más pequeña. Longitud total 335.0 a 380.0 mm, del cráneo 42.0 a 46.5 mm).

Onychomys

1. Longitud de la cola menor que de la mitad de la longitud del cuerpo. Tercer molar superior casi circular (Figura C36); primer molar superior menor al 50 % de la longitud de la serie de molares (en todos los estados fronterizos del Norte de México, excepto Baja California) .... *Onychomys leucogaster*

(Coloración dorsal pardas canela claro o amarillenta, más intenso en la región dorsal; región ventral blanco puro al igual que la parte interna de las extremidades; *cola gruesa y corta, con el tercio proximal de la misma coloración que el dorso*, el resto y la punta blanquecina; orejas gris oscuro con finos pelos color plata, más abundantes hacia los bordes; planta de las patas traseras con cuatro cojinetes y las delanteras con cinco. Cráneo: nasales en forma de cuña; **tercer molar superior pequeño y casi circular; primer molar superior menor al 50 % de la longitud de la serie de molares**. Longitud total 130.0 a 190.0 mm, del cráneo 131.0 a 159.0 mm).

1a. Longitud de la cola mayor que de la mitad de la longitud cabeza-cuerpo. Cara oclusal del tercer molar superior elíptico transversalmente (Figura C37); primer molar superior mayor que al 50 % de la longitud de la serie de molares 2

2. Borde posterior del palatino con una proyección media (Planicie Costera del Pacífico de Sinaloa y Sierra Madre Occidental de Durango al Norte) .... *Onychomys torridus*

(Coloración dorsal grisáceas a canela claro, más intenso en la región dorsal; región ventral blanco puro; *cola gruesa y corta, con el tercio proximal de la misma coloración que el dorso, el resto blanquecino*; planta de las patas traseras con cuatro cojinetes y las delanteras con cinco. Cráneo: nasales en forma de cuña; tercer molar superior pequeño y elíptico; primer molar superior mayor al 50 % de la longitud de la serie de molares; **borde posterior del palatino con proyección media**. Longitud total 119.0 a 163.0 mm, del cráneo 22.8 a 24.7 mm).

2a. Borde posterior del palatino sin una proyección media. Esta especie se distingue de *O. torridus*, principalmente por cariotipos (Altiplano, con una población aislada en Chihuahua) .... *Onychomys arenicola*

(Coloración dorsal grisáceas a canela claro, más intenso en la región dorsal; región ventral blanco puro; *cola gruesa y corta, el tercio proximal de la misma coloración que el dorso, el resto blanquecino*; planta de las patas traseras con cuatro cojinetes y las delanteras con cinco. Cráneo: nasales en forma de cuña; tercer molar superior pequeño y elíptico transversalmente; primer molar superior mayor al 50 % de la longitud de la serie de molares; **borde posterior del palatino sin proyección media**. Longitud total 120.0 a 157.0 mm, del cráneo 21.5 a 22.5 mm).

C35

16. Throat, chest and above the tail white; rostrum less slender. Auditory bullae relative smaller (Durango, Coahuila, Nuevo Leon, Chihuahua and north of Sonora. NOM** ssp) .... *Neotoma albigula*

(Dorsal pelage yellowish gray with flanks ocher; underparts white but with the hair base leaden gray; chin, throat, neck, and chest with white hair with the base white; completely white hair between the hind limbs and forelimbs; tail shorter than the body, bicolor and with very short hair; ears proportionally large; *rat-like appearance; big ears and eyes and long tail*. Skull: auditory bullae larger in proportion to the skull, ventrally inflated with an obtuse anterior edge and and almost parallel to the median skull axis. Total length 317.0 to 363.0 mm, skull 41.4 to 45.6 mm).

16a. Throat, chest and above the tail more plumbeous; rostrum is more slender. Auditory bullae relative smaller (northern Sinaloa and Sonora) .... *Neotoma melanura*

(similar to *N. albigula*, but with the throat, chest and above the tail more plumbeous; rostrum is more slender. Skull: auditory bullae relative smaller. Total length 335.0 to 380.0 mm, skull 42.0 to 46.5 mm).

Onychomys

1. Tail length less than half of the body length. First molar almost circular (Figure C36); upper first molar less than 50 % of the length of molar series (in all the northern states of México with the exception of Baja California) .... *Onychomys leucogaster*

(Dorsal pelage light cinnamon or yellowish brown, more intense in the dorsal region; underparts white as inner part of the limbs; *tail thick and short, the proximal third with the same dorsal coloration, the rest and the tip whitish*; ears dark gray, with fine silver hairs more abundant towards the edges; hind foot with four tubercles on the soles and fore foot with five. Skull: nose wedge-shaped; **third upper molar small**; third upper **molar small and almost circular; upper first molar less than 50 % of the length of molar series**. Total length 130.0 to 190.0 mm, skull 131.0 to 159.0 mm).

1a. Tail length greater than half of the body length. First molar almost elliptical (Figure C37); upper first molar greater than 50 % of the length of molar series 2

2. Posterior border of the palatine with a "medial projection" (Pacific Coastal Plains from Sinaloa and Sierra Madre Occidental from Durango northward) .... *Onychomys torridus*

(Dorsal pelage from grayish to light cinnamon, more intense in the dorsal region; underparts white as inner part of the limbs; *tail thick and short, the proximal third with the same dorsal coloration, the rest and the tip whitish*; hind foot with four tubercles on the soles and fore foot with five. Skull: nose wedge-shaped; third upper molar small and almost elliptical; first upper molar more than 50 % of the length of molar series; **posterior border of the palatine with a "medial projection"**. Total length 119.0 to 163.0 mm, skull 22.8 to 24.7 mm).

2a. Posterior border of the palatine without a "medial projection". This species is distinguished from *O. torridus* mainly by karyotypes (Mexican Plateau, with an isolated population in Chihuahua) .... *Onychomys arenicola*

(Dorsal pelage from grayish to light cinnamon, more intense in the dorsal region; underparts white as inner part of the limbs; *tail thick and short, the proximal third with the same dorsal coloration, the rest and the tip whitish*; hind foot with four tubercles on the soles and fore foot with five. Skull: nose wedge-shaped; third upper molar small and almost elliptical; first upper molar more than 50 % of the length of molar series; **posterior border of the palatine without a "medial projection"**. Total length 120.0 to 157.0 mm, skull 21.5 to 22.5 mm).

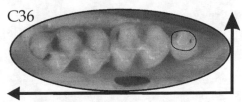

Oryzomys

1. Tamaño relativamente pequeño, la longitud de la pata generalmente menor de 34.0 mm. Longitud de los molares superiores generalmente menor de 4.9 mm 2

1a. Tamaño relativamente grande, la longitud de la pata generalmente mayor de 33.0 mm. Longitud de los molares superiores generalmente mayor de 4.7 mm 4

2. Coloración de la cabeza y hombros generalmente ocráceo parduzco (desde Sonora por la Planicie Costera del Pacífico y de Tamaulipas por la Planicie Costera Golfo al sur, incluyendo la Península de Yucatán. NOM** ssp.) .... *Oryzomys couesi*

(Coloración dorsal pardo rojizo entrepelado con algunos pelos en tonos oscuros en las puntas, en los costados medianamente oscura, parte trasera del cuerpo más clara; patas cubiertas con algunos pelos en tono gris plata; orejas castaño oscura cubiertas internamente pelaje largo y amarillento; cola larga, igual o mayor que el cuerpo y prácticamente desnuda. Cráneo: *la forma de los márgenes externos de ambos arcos zigomáticos aparentan un ovalo*; cresta en el borde supraocular bien desarrollada y creando una repisa. Longitud total 222.0 a 282.0 mm, del cráneo 29.2 a 32.5 mm).

2a. Coloración de la cabeza y hombros predominantemente de tono gris 3

3. Endémico de la región de los cabos, Baja California Sur (Extinto NOM****) ....
.... *Oryzomys peninsulae*

(Coloración dorsal de grisácea pálido gradualmente a ocrácea en la región posterior; región ventral blanquecina, con parte interna de las extremidades blanquecina; las patas delanteras y traseras de color blanco plata; orejas castaño pálido; cola larga, igual o mayor que el cuerpo. Cráneo: *la forma de los márgenes externos de ambos arcos zigomáticos dan la impresión de un ovalo*; cresta en el borde supraocular bien desarrollada y creando una repisa. **Endémico de la región de Los Cabos, Baja California Sur.** Longitud total 270.0 a 305.0mm, del cráneo 31.5 a 33.9 mm).

3a. Restringido al noroeste de Tamaulipas .... *Oryzomys texensis*

(Coloración dorsal entrepelada de pardo grisácea pálido; región ventral blanquecina; cola larga, igual o mayor que el cuerpo. Cráneo: *la forma de los márgenes externos de ambos arcos zigomáticos dan la impresión de un ovalo*; cresta en el borde supraocular bien desarrollada y creando una repisa. **Restringido al noroeste de Tamaulipas.** Longitud total 237.0 a 245.0 mm, del cráneo 16.6 a 17.2 mm).

4. Rostro relativamente grueso y su anchura generalmente mayor de 6.2 mm (endémico de las Islas Marías, Nayarit. NOM****) .... *Oryzomys nelsoni*

(Coloración dorsal ocre amarillento intenso, sobre la cadera puede tener entrepelado negruzco; región ventral blanco; cola larga, igual o mayor que el cuerpo, de color pardo oscuro y desnuda. Cráneo: *la forma de los márgenes externos de ambos arcos zigomáticos aparentan un ovalo*; cresta en el borde supraocular bien desarrollada. **Endémico de las Islas Marías, Nayarit**. Longitud total 320.0 a 344.0 mm, del cráneo 34.5 a 37.8 mm).

4a. Rostro relativamente delgado y su anchura generalmente menor de 6.2 mm (estribaciones noroccidentales del Eje Volcánico Transversal, centro de Jalisco, sur de Guanajuato y norte de Michoacán) .... *Oryzomys albiventer*

(Coloración dorsal de ocráceas con entrecano blanco a leonados y entrepelado negro, costados con menos entrepelado negro; región ventral blancuzco a amarillento constatando con la dorsal; cola larga, igual o mayor que el cuerpo, con la región dorsal parda y la ventral blanquecina. Cráneo: *la forma de los márgenes externos de ambos arcos zigomáticos aparentan un ovalo*; cresta en el borde supraocular bien desarrollada y creando una repisa; pozos del paladar grandes. Longitud total 245.0 a 314.0 mm, del cráneo 30.0 a 34.5 mm).

Peromyscus

1. Dos pares de mamas (las dos inguinales). Primero y segundo molares superiores con cúspides accesorias en los dos ángulos externos principales (Figura C38) .... (subgénero *Peromyscus* pag. 304)

1a. Tres pares de mamas (una pectoral y dos inguinales). Primero y segundo molares superiores sin cúspides accesorias en los dos ángulos externos principales (Figura C39) .... (subgénero *Haplomylomys* pag. 298)

Oryzomys

1. Relatively small size; hind foot length usually less than 34.0 mm. Upper toothrow length usually less than 4.9 mm 2

1a. Size relatively large; length of hind foot usually greater than 33.0 mm. Upper toothrow length usually greater than 4.7 mm 4

2. Coloration of the head and shoulders predominantly ocher brown (from Sonora in the Pacific Coastal Plains and from Tamaulipas in the Gulf Coastal Plains southward, including the Yucatan Peninsula. NOM** ssp.) ..... *Oryzomys couesi*

(Dorsal pelage reddish brown grizzly with darker hair tips; flanks fairly dark getting lighter toward the back; fore and hind feet silvery white; ears light brown, inner surface with larger hair and yellowish; tail long, equal to or slightly larger than body length and mainly naked. Skull: *the shape of the outer margins of both zygomatic arches give the impression of an ellipse*; supraocular ridge on the edge and creating a well-developed reef. Total length 222.0 to 282.0 mm, skull 29.2 to 32.5 mm).

2a. Coloration of the head and shoulders predominantly gray 3

3. Endemic of the Los Cabos region, Baja California Sur. (Extinct NOM****) .... *Oryzomys peninsulae*

(Dorsal pelage light gray to ocher near the tail; underparts whitish same as inner part of the limbs; fore foot and hind foot silvery white; ears pale brown; tail long, equal to or slightly larger than body length. Skull: *the shape of the outer margins of both zygomatic arches give the impression of an ellipse*; supraocular ridge on the edge and creating a well-developed reef. **Endemic of the Los Cabos region, Baja California Sur.** Total length 270.0 to 305.0 mm, skull 31.5 to 33.9 mm).

3a. Restricted to the northeastern part of Tamaulipas .... *Oryzomys texensis*

(Dorsal pelage grizzled pale grayish brown; underparts whitish; tail long, equal to or slightly larger than body length. Skull: *the shape of the outer margins of both zygomatic arches give the impression of an ellipse*; supraocular ridge on the edge and creating a well-developed reef. **Restricted to the northeastern part of Tamaulipas.** Total length 237.0 to 245.0 mm, skull 16.6 to 17.2 mm).

4. Rostrum relatively thick and its breadth usually greater than 6.2 mm (endemic to the Marías islands, Nayarit. NOM****) .... *Oryzomys nelsoni*

(Dorsal pelage yellowish ocher hip grizzly with darker hair; underparts whitish; fore and hind feet silvery white; ears pale brown; tail dark brown, long, equal to or slightly larger than body length and naked. Skull: *the shape of the outer margins of both zygomatic arches give the impression of an ellipse*; supraocular ridge on the edge and creating a well-developed reef. **Endemic to the Marías islands, Nayarit.** Total length 320.0 to 344.0 mm, skull 34.5 to 37.8 mm).

4a. Rostrum relatively thin and its breadth usually less than 6.2 mm (northwestern foothills of the Trans-Mexican Volcanic Belt, central part of Jalisco, south of Guanajuato and north of Michoacán) .... *Oryzomys albiventer*

(Dorsal pelage grizzly ocher with white to tawny and grizzly with blackish hair; flanks also grizzly with blackish hair; underparts from whitish to yellowish, in contrast with the dorsal; tail long, equal to or slightly larger than the body length, with the dorsal flank dark brown and the ventral whitish. Skull: *the shape of the outer margins of both zygomatic arches give the impression of an ellipse*; supraocular ridge on the edge and creating a well-developed reef; incisor foramen similar in length to the palate. Total length 245.0 to 314.0 mm, skull 30.0 to 34.5 mm).

Peromyscus

1. Two pairs of nipples (two inguinal). First and second upper molars with accessory cusps in the two principal outer angles (Figure C38) .... (subgenus *Peromyscus* p. 305)

1a. Three pairs of nipples (one pectoral and two inguinal). First and second upper molars without accessory cusps in the two principal outer angles (Figure C39). .... (subgenus *Haplomylomys* p. 299)

C38

Subgenéro *Haplomylomys*

1. Longitud total mayor de 220.0 mm, longitud de la cola generalmente mayor de 120.0 mm; con un anillo oscuro alrededor de los ojos. Longitud total del cráneo generalmente mayor de 28.0 mm (restringido al extremo norte de la Península de Baja California) .... *Peromyscus californicus*

(Coloración dorsal pardo grisáceo, con la parte dorsal con entrepelados oscuros y los costados leonados; región ventral grisáceo a pardo amarillento; orejas de aproximadamente el 80 % la longitud de la pata trasera; cola más larga que el cuerpo, con pelo y monocolor; pelo largo y sedoso. Cráneo: rostro delgado y largo; *con tubérculos accesorios entre los pliegues del segundo molar y ausentes en el primero*; caja craneal y bulas infladas; molares robustos. Longitud total 220.0 a 285.0 mm, del cráneo 28.1 a 32.1 mm. Grupo *californicus*).

1a. Longitud total menor de 220.0 mm, longitud de la cola generalmente menor de 120.0 mm; sin anillo oscuro alrededor de los ojos. Longitud total del cráneo generalmente menor de 28.0 mm 2

2. De Coahuila hacia el este de México 3

2a. De Coahuila hacia el oeste de México 4

3. Longitud total del cráneo generalmente mayor de 25.9 mm. Parte posterior de los nasales en forma de "V" (Figura C40; endémico de Coahuila) ....
.... *Peromyscus hooperi* (subgénero *Peromyscus*)

(Coloración dorsal pardo con entrepelado gris, línea lateral poco marcada de color amarillenta u ocrácea pálida; región ventral crema claro; orejas grandes con pelo muy delgado; patas y parte de las piernas blanquecinas; cola más larga que el cuerpo, pardo grisáceo dorsal y blancuzca ventral. Cráneo: rostro delgado y largo; *primer y segundo molares superiores con crestas accesorias entre el segundo y tercero pliegues de los molares*. **Endémico de Coahuila**. Longitud total 172.0 a 218.0 mm, del cráneo 25.7 a 27.5 mm. Grupo *hooperi*).

3a. Longitud total del cráneo generalmente menor de 25.7 mm. Parte posterior de los nasales no en forma de "V" (Figura C41; de Hidalgo y Sinaloa, hacia el norte, sin incluir la Península de Baja California. NOM** ssp) ....
.... *Peromyscus eremicus* (parte)

(Coloración dorsal grisácea entrepelada con pardo rojizo; región ventral blanquecino, la cabeza es grisácea, la línea lateral es de un amarillo pálido; orejas medianas y delgadas, de aproximadamente el 75 % de la longitud de la pata trasera, desnudas o cubiertas con pelo muy delgado; **patas traseras con** las **plantas desnudas**; **longitud de la cola igual o más larga que el cuerpo y casi desnuda;** *dos pares de mamas*. Cráneo: rostro delgado y largo; *primer y segundo molares superiores con crestas accesorias entre el segundo y tercero pliegues de los molares*; caja craneal alta y ligeramente con cóncava en la parte posterior; nasales relativamente anchos. Longitud total 169.0 a 218.0 mm, del cráneo 24.0 a 26.5 mm. Grupo *eremicus*).

4. Foramen palatino terminando antes del nivel anterior del primer molar superior en forma de "V" (Figura C42); en vista lateral, el perfil dorsal del cráneo marcadamente arqueado (endémico de las islas Ángel de la Guarda, Mejía, Granito y Estanque, Península de Baja California. Extirpados de las islas Mejía, Granito y Estanque NOM***) .... *Peromyscus guardia*

(Coloración dorsal grisácea entrepelada con pardo rojizo; región ventral blanquecino, la cabeza es grisácea, la línea lateral es de un amarillo pálido; orejas de aproximadamente el 75 % la longitud de la pata trasera, casi desnudas o cubiertas con pelo muy delgado; cola más larga que el cuerpo y más oscura dorsalmente; *dos pares de mamas*. Cráneo: rostro delgado y largo; *primer y segundo molares superiores con crestas accesorias entre el segundo y tercero pliegues de los molares*; cráneo marcadamente arqueado en la parte posterior; rostro largo; bula timpánica grande. **Endémico de las islas Ángel de la Guarda, Mejía, Granito y Estanque, Península de Baja California**. Longitud total 189.0 a 223.0 mm, del cráneo 25.5 a 26.9 mm. Grupo *eremicus*).

C39

Subgenus *Haplomylomys*

1. Total length greater than 220.0 mm, length of tail usually greater than 120.0 mm; a dark ring arround the eye. Skull length usually greater than 28.0 mm (restricted to the northern region of the Baja California Peninsula) ....
.... *Peromyscus californicus*

(Dorsal pelage grayish brown, with the back grizzly darker hair and the flanks tawny; underparts grayish to yellowish brown; ears approximately more than 80 % of the hind foot length with thin hair; tail longer than body length, monocolor with dorsal darker than the ventral; *two pairs of nipples*. Skull: rostrum thin and long; **second upper molars with accessory cusps in the two principal outer angles, absent in the first upper molar**, braincase and auditory bullae inflated; robust molars. Total length 220.0 to 285.0 mm, skull 28.1 to 32.1 mm. Group *californicus*).

1a. Total length less than 220.0 mm, length of tail usually less than 120.0 mm; without a dark ring around the eye. Skull length usually less than 28.0 mm.
.... 2

2. From Coahuila to eastern Mexico 3

2a. From Coahuila to western Mexico 4

3. Skull length usually greater than 25.9 mm. Back of the nasal in a V-shape (Figure C40; endemic to Coahuila) ....
.... *Peromyscus hooperi* (subgénero *Peromyscus*)

(Dorsal pelage brown grizzly with gray, lateral line slightly marked yellowish or light ocher; underparts light cream; ears long with thin hair; tail longer than body length, not bicolor but dorsal darker; *two pairs of nipples*. Skull: rostrum thin and long; *first and second uppers molars without accessory cusps in the two principal outer angles*. **Endemic to Coahuila**. Total length 172.0 to 218.0 mm, skull 25.7 to 27.5 mm. Group *hooperi*).

3a. Skull length usually less than 25.7 mm. Back of the nasals not in a V-shape (Figure C41; from Hidalgo and Sinaloa northward not including the Baja California Peninsula. NOM** ssp.) .... *Peromyscus eremicus* (part)

(Dorsal pelage gray grizzly with reddish brown; head grayish; lateral line thin and light yellow; underparts whitish grizzly with yellowish; ears approximately more than 75 % the hind foot length, naked or with very thin hair; **hind foot with naked soles; tail equal to or longer than body length and almost naked**; *two pairs of nipples*. Skull: rostrum thin and long; *first and second upper molars without accessory cusps in the two principal outer angles*; braincase high and slightly concave on the back part; nasals relatively wide. Total length 169.0 to 218.0 mm, skull 24.0 to 26.5 mm. Group *eremicus*).

4. Inscisive foramen ending before the anterior margin of the first upper molar (Figure C42); in lateral view, the dorsal profile of the skull is highly arched (endemic of Ángel de la Guarda, Mejía, Granito and Estanque islands, Baja California. Extirpated from Mejía, Granito and Estanque Islands NOM***) ......
.... *Peromyscus guardia*

(Dorsal pelage gray grizzly with reddish brown; head grayish; lateral line thin and light yellow; underparts whitish; ears approximately more than 75 % of the hind foot length, naked or with thin hair; hind foot with six tubercles on the soles; tail longer than the body length, not bicolor but dorsal darker; *two pairs of nipples*. Skull: rostrum thin and long; *first and second upper molars without accessory cusps in the two principal outer angles*; braincase high and inflated and slightly concave on the back part; rostrum large; auditory bullae large. **Endemic to the islands** Ángel de la Guarda, Mejía, Granito and Estanque, Baja California. Total length 189.0 to 223.0 mm, skull 25.5 to 26.9 mm. Group *eremicus*).

4a. Foramen palatino terminando al nivel anterior del primer molar; en vista lateral perfil dorsal del cráneo no marcadamente arqueado 5

5. Anchura interparietal mayor de 8.0 mm (Figura C44; endémico de las islas San Lorenzo, Animas y Salsipuedes, Península de Baja California. NOM**) ....
.... *Peromyscus interparietalis*

(Coloración dorsal grisácea entrepelada con pardo rojizo; región ventral blanquecino, la cabeza es grisácea, la línea lateral es de un amarillo pálido; orejas de aproximadamente el 75 % la longitud de la pata trasera; cola más larga que el cuerpo y más oscura dorsalmente; *dos pares de mamas*. Cráneo: rostro delgado y largo *primer y segundo molares superiores con crestas accesorias entre el segundo y tercero pliegues de los molares;* fosa interterigoidea angosta; hueso del paladar corto; foramen anterior del palatino por delante al nivel anterior del primer molar; **interparietal ancho. Endémico de las islas San Lorenzo, Animas y Salsipuedes, Península de Baja California.** Longitud total 182.0 a 215.0 mm, del cráneo 25.0 a 27.2 mm. Grupo *eremicus*).

5a. Anchura interparietal menor de 8.0 mm 6

6. Longitud de la cola menor que la del cuerpo 7

6a. Longitud de la cola igual o mayor que la del cuerpo 9

7. Coloración de la cabeza grisácea, distinguiéndose claramente de la dorsal; proyección del hueso escamoso ancha y adelgazándose hacia los nasales. Longitud de los molariformes superiores menor de 4.8 mm (endémico de la isla Montserrat, Península de Baja California. NOM***) ....
.... *Peromyscus caniceps* (parte; subgénero *Peromyscus*)

(Coloración dorsal y costados ocráceos amarillentos, cabeza grisácea que contrasta con los costados, línea clara en los costados no distinguible; región ventral blanquecina con entrepelado amarillento; orejas de aproximadamente el 70 % la longitud de la pata trasera; cola más larga que el cuerpo y más oscura dorsal que ventralmente; *dos pares de mamas*. Cráneo: rostro delgado y largo; *primer y segundo molares superiores con crestas accesorias entre el segundo y tercero pliegues de los molares;* región palatal mayor que la longitud de los molariformes superiores; bula auditiva pequeña. **Endémico de la isla Montserrat, península de Baja California.** Longitud total 199.0 a 202.0 mm, del cráneo 25.7 mm. Grupo *eremicus*).

7a. Coloración de la cabeza no contrastando fuertemente con la del resto del cuerpo. Proyección del hueso escamoso no ensanchada, ni adelgazándose hacia los nasales. Longitud de los molariformes superiores mayor de 4.0 mm 8

8. Coloración ventral blanca con tonos canela; longitud de la cola menor de 97.0 mm. Prolongación maxilar terminando más atrás de los nasales (Figura C45; endémico de la Isla Tortuga, Baja California Sur. NOM***) .... *Peromyscus dickeyi*

(Coloración dorsal oscura con entrepelado color canela; línea lateral presente; región ventral blanco, algunas veces con una mancha pectoral amarillenta; orejas de aproximadamente el 75 % la longitud de la pata trasera y oscuras; cola más corta que el cuerpo; *dos pares de mamas*. Cráneo: rostro delgado y largo; *primer y segundo molares superiores con crestas accesorias entre el segundo y tercero pliegues de los molares;* prolongación maxilar terminando más atrás de los nasales; proyección del hueso escamoso no ensanchada, ni adelgazándose hacia los nasales. **Endémico de la Isla Tortuga, Baja California Sur.** Longitud total 185.0 a 191.0 mm, del cráneo 25.3 a 27.3 mm. Grupo *eremicus*).

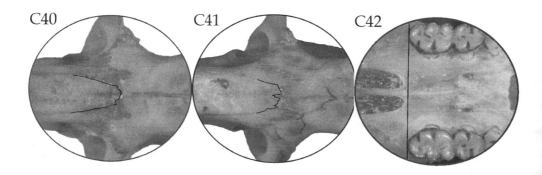

C40   C41   C42

4a. Inscisive foramen ending at the anterior margin of the first upper molar; in lateral view, the dorsal profile of the skull is not highly arched 5

5. Interparietal breadth greater than 8.0 mm (Figure C44; endemic to the islands San Lorenzo, Animas and Salsipuedes, Baja California. NOM**) .... *Peromyscus interparietalis*

(Dorsal pelage gray grizzly with reddish brown; head grayish; lateral line thin and light yellow; underparts whitish grizzly with yellowish; ears approximately more than 75 % of the hind foot length;tail longer than body length, not bicolor but dorsal darker; *two pairs of nipples*. Skull: rostrum thin and long; *first and second upper molars without accessory cusps or rudimentary accessories between the second and third molar folds*; interterigoidea fossa narrow; palatal bone short; posterior edge of the incisor foramen at the level of the anterior edge of the first molar; **interparietal bone wide**. **Endemic to the islands San Lorenzo, Animas and Salsipuedes, Baja California**. Total length 182.0 to 215.0 mm, skull 25.0 to 27.2 mm. Group *eremicus*).

5a. Interparietal breadth less than 8.0 mm 6

6. Total length less than body length 7

6a. Total length less than body length 9

7. Head grayish, clearly distinguished from the dorsal; squamous bone projection wide and tapering toward the nasals. Upper toothrow length less than 4.8 mm (endemic to the Montserrat Island, Baja California Sur. NOM***) .... *Peromyscus caniceps* (part; subgenus *Peromyscus*)

(Dorsal pelage and flanks yellowish ocher, head gray contrasting with the flanks; lateral line not indistinguishable; underparts whitish grizzly with yellowish; ears approximately more than 70 % of the hind foot length; tail longer than body length, monocolor but dorsal darker than ventral; *two pairs of nipples*. Skull: rostrum thin and long; *first and second upper molars without accessory cusps in the two principal outer angles*; palatal region greater than the upper toothrow length; auditory bullae small. **Endemic to the Montserrat Island, Baja California Sur**. Total length 199.0 to 202.0 mm, skull 25.7 mm. Group *eremicus*).

7a. Head color not contrasting strongly with the rest of the body; squamous bone projection not wide or tapering to nasal. Upper toothrow length greater than 4.0 mm 8

8. Underparts white with cinnamon shades; tail length less than 97.0 mm. Maxillary extension ending behind the nasal (Figure C45; endemic to Tortuga Island, Baja California Sur. NOM***) .... *Peromyscus dickeyi*

(Dorsal pelage dark grizzly with cinnamon; lateral line thin and light yellow; underparts whitish grizzly with yellowish, some specimens with a pectoral ochraceous spot; ears approximately more than 75 % of the hind foot length and dark tail longer than body length, not bicolor but dorsal darker; *two pairs of nipples*. Skull: rostrum thin and long; *first and second upper molars without accessory cusps in the two principal outer angles*; squamous bone projection not wide not tapering toward the nasals; maxillary extension ending behind the nasal. **Endemic to Tortuga Island, Baja California Sur**. Total length 185.0 to 191.0 mm, skull 25.3 to 27.3 mm. Group *eremicus*).

C43

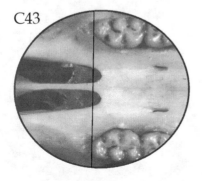

C44

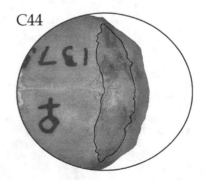

8a. Coloración ventral blanca, sin tonos canela; longitud de la cola mayor de 97.0 mm. Prolongación maxilar terminando al mismo nivel que los nasales (endémico de la Isla San Pedro Nolasco, Sonora. NOM****) ....
.... *Peromyscus pembertoni*

(Coloración dorsal canela claro con entrepelado oscuro en el dorso; la cabeza más clara que el lomo; la línea lateral es de un amarillo pálido; orejas de aproximadamente el 75 % la longitud de la pata trasera; orejas con pelo muy delgado; cola más corta que el cuerpo no bicolor y dorsalmente más oscura; *dos pares de mamas*. Cráneo: rostro delgado y largo; *primer y segundo molares superiores con crestas accesorias entre el segundo y tercero pliegues de los molares*; proyección del hueso escamoso no ensanchada, ni adelgazándose hacia los nasales. **Endémico de la Isla San Pedro Nolasco, Sonora**. Longitud total 208.0 a 213.0 mm, del cráneo 26.5 a 28.0 mm. Grupo *eremicus*).

9. Borde posterior de los frontales en ángulo (Figura C46; endémico de la Isla San Esteban, Península de Baja California. NOM**) ...... *Peromyscus stephani* (parte)

(Coloración dorsal grisácea entrepelada con pardo rojizo; región ventral blanquecino, la cabeza es grisácea, la línea lateral es de un amarillo pálido; orejas de aproximadamente el 85 % la longitud de la pata trasera; cola más corta que el cuerpo y bicolor; *dos pares de mamas*. Cráneo: rostro delgado y largo; *primer y segundo molares superiores con crestas accesorias entre el segundo y tercero pliegues de los molares*; proceso coronoides pequeño y poco elevado. **Endémico de la Isla San Esteban, península de Baja California**. Longitud total 195 mm, del cráneo 24.6 a 27.6 mm. Grupo *boylii*).

9a. Borde posterior de los frontales curvado (Figura C47) 10

10. Cráneo aplanado; longitud mayor del cráneo mayor de 25.5 mm; longitud de los molariformes superiores mayor que la anchura interorbital; anchura mastoidea mayor de 11.4 mm (endémico de Sinaloa y Sonora) ....
.... *Peromyscus merriami*

(Coloración dorsal grisácea oscura entrepelada con pardo rojizo oscuro; región ventral blanquecinocon amarillo; orejas medias, del aproximadamente 85 % de la longitud de la pata trasera, con pelo muy delgado y sin el borde blanquecino; cola más larga que el cuerpo y casi desnuda; *dos pares de mamas*. Cráneo: rostro delgado y largo *primer y segundo molares superiores con crestas accesorias entre el segundo y tercero pliegues de los molares*; **parte superior de la caja craneal aplanada, más que en ninguna otra especie de** *Peromyscus*. Longitud total 183.0 a 223.0 mm, del cráneo 25.3 a 27.4 mm. Grupo *eremicus*).

10a. Cráneo arqueado; longitud mayor del cráneo menos de 26.2 mm; longitud de los molariformes superiores menores que la anchura interorbital; anchura mastoidea menor de 11.4 mm 11

11. Coloración anaranjada u ocrácea; no en la Península de Baja California (de Hidalgo y Sinaloa, hacia el norte, sin incluir la Península de Baja California) ...
.... *Peromyscus eremicus* (parte)

(Coloración dorsal grisácea entrepelada con pardo rojizo; región ventral blanquecino, la cabeza es grisácea, la línea lateral es de un amarillo pálido; orejas de aproximadamente el 75 % de la mitad de la longitud de la pata trasera, casi desnudas o cubiertas con pelo delgado; **patas traseras con las plantas desnudas; longitud de la cola igual o más larga que el cuerpo y casi desnuda**; *dos pares de mamas*. Cráneo: rostro delgado y largo; *primer y segundo molares superiores con crestas accesorias entre el segundo y tercero pliegues de los molares*; caja craneal alta e inflada y ligeramente con cóncava en la parte posterior; nasales relativamente anchos. Longitud total 169.0 a 218.0 mm, del cráneo 24.0 a 26.5 mm. Grupo *eremicus*).

11a. Coloración pardo oscuro; sólo en la Península de Baja California 12

12. Coloración de los costados anaranjado intenso. Longitud de los molariformes superiores menor de 3.5 mm (endémico prácticamente del estado de Baja California Sur) .... *Peromyscus eva*

(**Coloración dorsal en tonos anaranjados y sobre todo en los costados**; región ventral blanquecina; orejas de aproximadamente el 75 % de la mitad de la longitud de la pata trasera; cola más larga que el cuerpo; *dos pares de mamas*. Cráneo: rostro delgado y largo; *primer y segundo molares superiores con crestas accesorias entre el segundo y tercero pliegues de los molares*; en relación con otras especies del género *Peromyscus* tienen una longitud del cráneo y un ancho zigomático mayor. Longitud total 185.0 a 218.0 mm, del cráneo 20.9 a 26.0 mm. Grupo *eremicus*).

12a. Coloración de los costados pardo, puede ser con tonos anaranjado, pero no intenso. Longitud de los molariformes superiores mayor de 3.5 mm 13

8a. Underparts white without cinnamon shades; tail length greater than 97.0 mm. Maxillary extension ending behind at the same level as that of the nasals (endemic to San Pedro Nolasco Island, Sonora. NOM****) .... *Peromyscus pembertoni*

(Dorsal pelage light cinnamon grizzly with dark brown; head lighter than back; lateral line thin and light yellow; underparts whitish grizzly with yellowish; ears approximately more than 75 % of the hind foot length with very thin hair; tail shorter than body length, not bicolor or dorsal darker; *two pairs of nipples*. Skull: rostrum thin and long; *first and second upper molars without accessory cusps between the two principal outer angles*; squamous bone projection not wide no tapering toward the nasals; maxillary extension ending at the same level of the nasals. **Endemic to San Pedro Nolasco Island, Sonora**. Total length 208.0 to 213.0 mm, skull 26.5 to 28.0 mm. Group *eremicus*).

9. Posterior edge of the frontal in angle (Figure C46; endemic to San Esteban Island, Baja California. NOM**) .... *Peromyscus stephani* (part)

(Dorsal pelage grizzly gray with reddish brown; head is grayish; lateral line is pale yellow; underparts whitish; ears approximately more than 85 % of the hind foot length; tail shorter than body length and bicolor; fore and hind feet whitish; and long hind foot; *two pairs of nipples*. Skull: rostrum thin and long; *first and second upper molars with accessory cusps between the second and third molar folds*; coronoid process small and slightly high. **Endemic to San Esteban Island, Baja California**. Total length 163.0 to 210.0 mm, skull 24.6 to 27.6 mm. Group *boylii*).

9a. Posterior edge of the frontal curve (Figure C47) 10

10. Skull flattened; skull length greater than 25.5 mm; upper toothrow length greater than the interorbital width; mastoidea width greater than 11.4 mm (Pacific Coastal Plain, endemic to Sinaloa and Sonora) .... *Peromyscus merriami*

(Dorsal pelage grizzly gray with reddish brown; head grayish; lateral line light yellow; underparts whitish grizzly with yellowish; ears approximately more than 85 % of the hind foot length, with very thin hair and without the edge whitish; tail longer than body length, and almost naked; *two pairs of nipples*. Skull: rostrum thin and long; *first and second upper molars without accessory cusps or rudimentary accessories between the second and third molar folds*; **top of the braincase flattened more than in any other species of *Peromyscus* species**. Total length 183.0 to 223.0 mm, skull 25.3 to 27.4 mm. Group *eremicus*).

10a. Skull in arch shape; skull length less than 26.2 mm; upper toothrow length less than interorbital wide; mastoidea length less than 11.4 mm 11

11. Pelage orange or ocher brown; not in the Baja California Peninsula (from Hidalgo and Sinaloa northward not including the Baja California Peninsula) .... *Peromyscus eremicus* (part)

(Dorsal pelage grizzly gray with reddish brown; head grayish; lateral line thin and light yellow; underparts whitish grizzly with yellowish; ears approximately more than 75 % of the hind foot length, naked or with very thin hair; **hind foot with naked soles; tail equal to or longer than body length and almost naked**; *two pairs of nipples*. Skull: rostrum thin and long; *first and second upper molars without accessory cusps in the two principal outer angles*; braincase high and inflated and slightly concave on the back part; nasals relatively wide. Total length 169.0 to 218.0 mm, skull 24.0 to 26.5 mm. Group *eremicus*).

11a. Pelage dark brown; only from the Baja California Peninsula 12

12. Flanks of intense orange coloration. Upper toothrow length less than 3.5 mm (endemic to the middle and southern part of the Baja California Peninsula) .... *Peromyscus eva*

(**Dorsal pelage orange shades mainly on the flanks**; lateral narrow and orange-yellow; underparts whitish grizzly with yellowish; ears approximately more than 75 % of the hind foot length; tail longer than the body length; *two pairs of nipples*. Skull: rostrum thin and long; *first and second upper molars without accessory cusps or rudimentary between the first and second molar folds*; in relation to other species of the genus *Peromyscus* they have a larger skull length and greater zygomatic arch. Total length 185.0 to 218.0 mm, skull 20.9 to 26.0 mm. Group *eremicus*).

12a. Flanks brown, could have orange shades but not intense. Upper toothrow length greater than 3.5 mm 13

13. Longitud del cráneo generalmente menor de 23.0 mm (endémico de la Península de Baja California) .... *Peromyscus fraterculus*

(Coloración dorsal en tonos grisáceos incluyendo los costados pero no anaranjados; región ventral blanquecina, orejas de aproximadamente el 75 % de la mitad de la longitud de la pata trasera; cola más larga que el cuerpo, no bicolor pero dorsalmente más oscura; *dos pares de mamas*. Cráneo: rostro delgado y largo; *primer y segundo molares superiores con crestas accesorias entre el segundo y tercero pliegues de los molares*. Longitud total 185.0 a 218.0 mm, del cráneo 22.3 a 25.0 mm. Grupo *eremicus*).

13a. Longitud del cráneo generalmente mayor de 23.0 mm 14

14. Expansiones frontonasales del maxilar más largos que la unión entre nasales y frontales (Figura C48; endémico de la Islas Coronado, Península de Baja California) .... *Peromyscus pseudocrinitus*

(Coloración dorsal gris plomizo con entrepelado canela; región ventral blancuzco; orejas de aproximadamente el 75 % la longitud de la pata trasera; cola más larga que el cuerpo y los dos tercios proximales bicolor; *dos pares de mamas*. Cráneo: rostro delgado y largo; *primer y segundo molares superiores con crestas accesorias entre el segundo y tercero pliegues de los molares*; proceso coronoides pequeño y solamente poco elevado; anchura anterior del arco zigomático menor que la máxima anchura craneal; huesos nasales no extendiendo más allá de los premaxilares; primer y segundos molares superiores con cúspides accesorias en algunas ocasiones; interparietal puede estar dividido. **Endémico de la Islas Coronado, Península de Baja California**. Longitud total 161.0 a 192.0 mm, del cráneo 24.2 a 25.6 mm. Grupo *eremicus*).

14a. Expansiones frontonasales del maxilar terminando a la altura del límite posterior de los nasales o ligeramente hacia la parte posterior (Figura C49; restringido al extremo norte de Sonora y Baja California) .... *Peromyscus crinitus* (parte; subgénero *Peromyscus*)

(Coloración dorsal entrepelado de ocráceo, pardo y negruzcos, con la base plomiza; región ventral más pálidas que la dorsal y en ocasiones blanquecina; orejas de aproximadamente el 90 % la longitud de la pata trasera; cola más larga que el cuerpo, bicolor con excepción de *P. crinitus delgadilli* de Sonora, con un pequeño mechón de pelos al final; *dos pares de mamas*. Cráneo: rostro delgado y largo; proceso coronoides pequeño y solamente poco elevado; anchura anterior del arco zigomático menor que la máxima anchura craneal; primer y segundos molares superiores con ausencia de los cúspides accesorias en algunas ocasiones. Longitud total 161.0 a 192.0 mm, del cráneo 23.3 a 24.5 mm. Grupo *crinitus*).

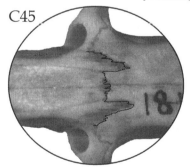
C45

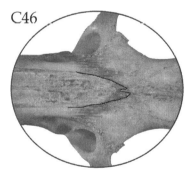
C46

Subgénero *Peromyscus*

1. Repisa supraorbital bien desarrollada; los bordes supraorbitales con una cresta y rectos (en vista dorsal ambos bordes supraorbitales están claramente separados posteriormente y convergen de forma recta hacia la parte anterior del cráneo, de tal manera que ambos bordes aparentan tener la forma de cuña) 2

1a. Repisa supraorbital débilmente desarrollada o ausente; con los bordes supraorbitales sin cresta y casi o completamente bicóncavos (en vista dorsal a nivel de los frontales, los bordes supraorbitales están claramente separados posteriormente y convergen formando una concavidad hacia la parte anterior del cráneo, de tal manera que ambos bordes aparentan tener forma de reloj de arena) 23

13. Total skull length usually less than 23.0 mm (endemic to the Baja California Peninsula) .... *Peromyscus fraterculus*

(Dorsal pelage in grayish shades including flanks, never with orange shades; lateral line when present thin and light yellow; underparts whitish grizzly with yellowish; ears approximately more than 75 % of the hind foot length; tail longer than body length, not bicolor but dorsal darker; *two pairs of nipples*. Skull: rostrum thin and long; *first and second upper molars without accessory cusps or rudimentary between the second and third molar folds*. Total length 185.0 to 218.0 mm, skull 22.3 to 25.0 mm. Group *eremicus*).

13a. Total length usually greater than 23.0 mm 14

14. Maxillary frontonasal expansions longer than the bond between nasal and frontal (Figure C48; endemic to Coronado Islands, Baja California Peninsula) ... . *Peromyscus pseudocrinitus*

(Dorsal pelage leaden grizzly gray with cinnamon; underparts whitish; ears approximately more than 75 % of the hind foot length; tail longer than the body length with little hair and two thirds of proximal hair bicolor; *two pairs of nipples*. Skull: rostrum thin and long; *first and second upper molars without accessory cusps between the second and third molar folds*; coronoid process small only slightly elevated; anterior breadth of the zygomatic arch less than maximum braincase breadth; nasal bones not extending beyond the premaxillary; interparietal bone could be divided. **Endemic to Coronado Islands, Baja California Peninsula**. Total length 161.0 to 192.0 mm, skull 24.2 to 25.6 mm. Group *eremicus*).

14a. Frontonasal expansions of the maxillary end at the posterior border of the nasals or slightly toward the back (Figure C49; restricted to the extreme northern part of Sonora and Baja California) .... *Peromyscus crinitus* (part; subgenus *Peromyscus*)

(Dorsal pelage grizzly ocher, brown and blackish with the base leaden; underparts lighter than dorsal and in some cases whitish; ears approximately 90 % the length of the hind foot with thin hair; tail longer than body length, bicolor with exception of *P. crinitus delgadilli* from Sonora with a tuft at the end; *two pairs of nipples*. Skull: rostrum thin and long; *first and second upper molars with rudimentary accessory cusps in the two principal outer angles*; coronoid process small only slightly elevated; anterior breadth of the zygomatic arch less than braincase breadth; nasal bones not extending beyond the premaxillary. Total length 161.0 to 192.0 mm, skull 23.3 to 24.5 mm. Group *crinitus*).

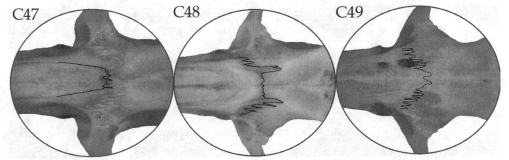

Subgenus *Peromyscus*

1. Supraorbital shelf well developed; supraorbital edges with a ridge and straight (in dorsal view both supraorbital edges are clearly separated and subsequently converge straight to the front of the skull, so that both edges appear to have a wedge shape) 2

1a. Supraorbital shelf little developed or absent; supraorbital edges without a ridge and almost or completely biconcave (in dorsal view both are clearly separated on the back and subsequently converge straight to the front of the skull, so that both edges appear to have sand-clock shape) 23

2. Cola muy larga, generalmente mayor de 110.0 mm y en la mayoría de los ejemplares mayor que el 110 % de la longitud cabeza-cuerpo; cola moderadamente peluda con pelos aislados largos, con un pincel de pelos terminal de aproximadamente 2.0 mm de largo; coloración dorsal del cuerpo generalmente clara, anaranjado, ocráceo o leonado, sobre todo en los flancos; habita en regiones semidesérticas y selva bajas caducifolia, pero no como se describen abajo 3

2a. Cola generalmente menor de 110.0 mm y menor que el 110 % de la longitud del cuerpo; cola desnuda o con poco pelo, pero son muy cortos, sin pincel de pelos terminal, sí lo presenta menor de 2.0 mm; coloración dorsal del cuerpo generalmente negruzca, gris oscuro o pardo oscuro; habita en regiones tropicales húmedas (selvas medianas, altas y bosque mesófilo) o bosques de encino y coníferas, pero no como se describen arriba (con excepción de *P. spicilegus* en la ladera oeste de la Sierra Madre Occidental y *P. yucatanicus* en la Península de Yucatán, que se encuentran en selva baja) 6

3. Longitud de la cola generalmente mayor de 130.0 mm 4

3a. Longitud de la cola generalmente menor de 130.0 mm 5

4. Quinto digito de tamaño normal. Longitud del cráneo mayor de 28.0 mm; cresta del borde supraorbital muy marcada en la región del parietal-temporal (Figura C50; endémico del Altiplano, también parte desértica de Puebla, Oaxaca y valle central de Chiapas) .... *Peromyscus melanophrys*

(Coloración dorsal amarillenta con entrepelado rojizo pálido; **en el rostro más claro que el resto de la coloración de la cabeza**; región ventral blancuzco crema con la base gris plomizo; orejas de aproximadamente el 70 % la longitud de la pata trasera; cola más grande que el tamaño del cuerpo, bicolor, con escasos pelos en la base y más abundantes hacia la punta; patas blanquecinas; *tres pares de mamas*. Cráneo: rostro delgado y largo; *primer y segundo molares superiores con crestas accesorias entre el segundo y tercero pliegues de los molares*; **borde supraorbital muy anguloso, pero la mayoría de las veces no acordonado**. Longitud total 235.0 a 280.0 mm, del cráneo 29.3 a 33.3 mm. Grupo *melanophrys*).

4a. Quinto digito relativamente largo. Longitud del cráneo menor de 27.0 mm; sin cresta en el borde supraorbital (endémico de la región desértica de Puebla, sólo conocido de Ciudad Serdán y Tehuacán. NOM**) .... *Peromyscus mekisturus*

(Coloración dorsal ocrácea amarillenta con entrepelado negruzco; región ventral blancuzco crema con la base gris plomizo; orejas de aproximadamente el 75 % la longitud de la pata trasera; cola es mucho más grande que el cuerpo, aproximadamente el 155 %, bicolor; patas blanquecinas; *tres pares de mamas*. Cráneo: rostro delgado y largo; *primer y segundo molares superiores con crestas accesorias entre el segundo y tercero pliegues de los molares*; borde supraorbital bien marcado. **Endémico de la región desértica de Puebla, sólo conocido de Perote y Tehuacán.** Longitud total 222.0 a 249.0 mm, del cráneo 23.5 a 25.9 mm. Grupo *melanophrys*).

5. Región de los metacarpos oscura; parte dorsal de la cola sepia. Longitud cráneo generalmente menor de 29.0 mm (cuenca del Balsas y hasta la costa de Michoacán, Colima y Jalisco) .... *Peromyscus perfulvus*

(Coloración dorsal anaranjado, con la coloración de los costados no contrastando fuertemente con el dorso; región ventral blanco grisáceo; orejas de aproximadamente el 80 % la longitud de la pata trasera; **patas traseras con pelos pardos**; cola más larga que el cuerpo, con poco pelo, pero en algunos adultos la punta de la cola es blanca; patas oscuras pero los dedos blanquecinos; quinto digito relativamente largo; pelo dorsal largo y sedoso; *tres pares de mamas*. Cráneo: rostro delgado y largo; *primer y segundo molares superiores con crestas accesorias en el segundo y tercero pliegues*; sin borde supraorbital acordonado. Longitud total 248.0 a 281.0 mm, del cráneo 31.9 a 36.8 mm. Grupo *melanophrys*).

5a. Región de los metacarpos blanquecina; parte dorsal de la cola parda oscura. Longitud cráneo generalmente mayor de 28.5 mm; hueso interparietal de forma de un rombo (endémico de Isla Santa Catalina, Baja California. NOM**) .... *Peromyscus slevini*

(Coloración dorsal canela rojizo con entrepelado negruzco, concentrándose en la parte del lomo; región ventral blanquecina, con entrepelado canela hacia la región pectoral; orejas de aproximadamente el 75 % la longitud de la pata trasera, con pelo muy delgado; cola más larga que el cuerpo con un mechón de pelo al final, de color sepia en el dorso y blanquecina ventral; patas delanteras blancas y las muñecas oscuras, patas posteriores blancas y a partir de los metatarso oscuros; *tres pares de mamas*. Cráneo: rostro delgado y largo *primer y segundo molares*

2. Tail very long, usually greater than 110.0 mm and in most specimens greater than 110 % of the body length; tail moderately hairy with long hair isolated with a terminal brush of hair about 2.0 mm long; dorsal generally light with shades of orange, ocher or tawny, especially on the flanks; they inhabit low and semi-deciduous forest regions but not as described below 3

2a. Tail short less than 110.0 mm and less than 110 % of the body length; tail naked o with little hair but shorter without a terminal brush of hairs less than 2.0 mm long; dorsal part generally blackish, dark gray or dark brown; they inhabit humid tropical regions (medium forests, and high cloud forests) or oak and conifer forests but not as described above (except from *P. spicilegus* on the west slope of the Sierra Madre Occidental and *P. yucatanicus* from the Yucatan Peninsula, found in the lowlands) 6

3. Length of tail usually greater than 130.0 mm 4

3a. Length of tail usually less than 130.0 mm 5

4. Fifth toe of normal size. Skull length usually greater than 28.0 mm; supraorbital shelf well developed in the parietal-temporal shelf (Figure C50; Mexican Plateau and the arid lands of Puebla, Oaxaca and central valley of Chiapas) .... *Peromyscus melanophrys*

(Dorsal pelage yellowish grizzly with pale reddish; **face lighter than the rest of the head**; underparts whitish cream with base leaden gray, giving the appearance of grayish; ears approximately 70 % of the hind foot length; tail greater than the body length, bicolor; legs whitish; *three pairs of nipples*. Skull: rostrum thin and long; *first and second upper molars with accessory cusps in the two principal outer angles*; **supraorbital border sharply angled but normaly not moulded**. Total length 235.0 to 280.0 mm, skull 29.3 to 33.3 mm. Group *melanophrys*),

4a. Fifth toe relatively long. Skull length usually less than 27.0 mm; no ridge on the supraorbital shelf (endemic to the arid land region of Puebla, only known form Ciudad Serdan and Tehuacán. NOM**) .... *Peromyscus mekisturus*

(Dorsal pelage yellowish ocher grizzly with blackish; underparts whitish cream with the base leaden gray; ears approximately 75 % of the hind foot length; tail is much larger than body length about 155 %, bicolor; legs whitish; *three pairs of nipples*. Skull: rostrum thin and long; *first and second upper molars with accessory cusps in the two principal outer angles*; supraorbital edge well-marked. **Endemic aridlands region near Puebla, only known form Perote and Tehuacán**. Total length 222.0 to 249.0 mm, skull 23.5 to 25.9 mm. Group *melanophrys*).

5. Metacarpal region dark; dorsal part of the tail sepia. Skull length usually less than 29.0 mm (Balsas Basing to the coastal areas of Michoacán, Colima and Jalisco) .... *Peromyscus perfulvus*

(Dorsal pelage orange, flanks not constrasting with the back; underparts grayish white; ears approximately 80 % of the hind foot length; **hind foot with brownish hair**; tail longer than body length with little hair but in some adults tail tip is white; dark limbs but toes whitish; fifth toe relatively long; *three pairs of nipples*; back hair long and silky. Skull: rostrum thin and long; *first and second upper molars with accessory cusps in the two principal outer angles*; supraorbital without edge absent. Total length 248.0 to 281.0 mm, skull 31.9 to 36.8 mm. Group *melanophrys*).

5a. Metacarpal region whitish; dorsal part of the tail dark brown. Skull length usually greater than 28.5 mm (endemic to Santa Catalina Isla, Baja California. NOM**) .... *Peromyscus slevini*

(Dorsal pelage cinnamon reddish grizzly with blackish, darkeron the back; underparts whitish, grizzly with cinnamon in the pectoral region; ears approximately 75 % of the hind foot length, thin hair; tail is longer than body length with a tuft at the end, dorsal sepia and ventral whitish; fore foot whitish wrist dark, hind foot whitish but dark from the metatarso; *three pairs of nipples*. Skull: rostrum thin and long; *first and second upper molars with accessory cusps in the two principal outer angles*; supraorbital edge present but not well marked. **Endemic to Santa Catalina Isla, Baja California**. Total length 208.0 to 254.0 mm, skull 29.6 to 30.7 mm. Group *melanophrys*).

superiores con crestas accesorias en el segundo y tercero pliegues; borde supraorbital presente, pero no muy marcado. **Endémico de Isla Santa Catalina, Baja California**. Longitud total 208.0 a 254.0 mm, del cráneo 29.6 a 30.7 mm. Grupo *melanophrys*).

6. Repisa supraorbital con una cresta bien desarrollada 7

6a. Repisa supraorbital con una cresta poco desarrollada o ausente 10

7. Cola más o menos peluda, los pelos de la región ventral generalmente blancos; coloración lateral del cuerpo anaranjada y diferente a la dorsal. Longitud de los molariformes superiores generalmente mayor de 5.0 mm (endémico de la Sierra Madre del Sur, en la región de Coalcomán, Michoacán y Filo de Caballo, Guerrero. NOM***) .... *Peromyscus winkelmanni* (parte)

(Coloración dorsal leonado entrepelado con negruzco, dominando la parte oscura al centro del lomo y mejillas; flancos leonado casi canela; línea lateral ocrácea; ventral gris claro con las puntas de los pelos blancas, algunos ejemplares tienen la mancha pectoral amarillenta; **orejas de aproximadamente el 60 % la longitud de la pata trasera y de color oscuro**; cola más corta o igual que el cuerpo, monocolor, aunque la parte dorsal es ligeramente más oscura que la ventral; patas oscuras hasta el metatarso y blancas en el resto; *tres pares de mamas*. Cráneo: rostro delgado y largo; *primer y segundo molares superiores con crestas accesorias en el segundo y tercero pliegues*; cresta en el borde supraorbital. **Endémico de la Sierra Madre del Sur, en la región de Coalcomán, Michoacán y Filo de Caballo, Guerrero.** Longitud total 235.0 a 265.0 mm, del cráneo 31.2 a 31.9 mm. Grupo *aztecus*).

7a. Cola desnuda, los pelos de la región ventral, si los presenta, no blancos y muy pequeños; coloración lateral del cuerpo negra, gris oscuro o pardo oscuro, pero no anaranjada o marcadamente diferente a la dorsal. Longitud de los molariformes superioresgeneralmente menor de 5.0 mm 8

8. Coloración dorsal obscura de la pata trasera extendiéndose hasta la base de los dedos (endémico de la Sierra de Juárez y sus alrededores, Oaxaca) .... *Peromyscus melanocarpus*

(Coloración dorsal parda negruzca; **región ventral negruzco entrepelado con blanco**; orejas medianas, más de la mitad de la longitud de la pata trasera; **patas traseras con pardo oscuro hasta la base de los dedos**; cola más larga que el cuerpo y cubierta por pelo negruzco muy fino, ventralmente poco más pálida; *tres pares de mamas*. Cráneo: rostro delgado y largo; *primer y segundo molares superiores con crestas accesorias en el segundo y tercero pliegues*; con cresta en el borde supraorbital y una depresión poco profunda. **Endémico de la Sierra de Juárez y sus alrededores, Oaxaca**. Longitud total 200.0 a 263.0 mm, del cráneo 29.8 a 34.4 mm. Grupo *megalops*).

8a. Coloración dorsal obscura de la pata trasera no extendiéndose hasta la base de los dedos, por lo mucho llega a la altura de los tarsos 9

9. Mancha pectoral de color ocre; longitud de la pata mayor de 28.0 mm. Longitud de los molares superiores mayor de 4.6 mm (Sierra Madre del Sur en Guerrero y Oaxaca) .... *Peromyscus megalops*

(Coloración dorsal pardo con entrepelado negruzco, más oscuro hacia el lomo y claro hacia los costados; región ventral varía de cremoso a amarillento claro; región pectoral y axilas leonadas; orejas pequeñas, poco más del 50 % de la mitad de la longitud de la pata trasera; cola más larga que el cuerpo y bicolor; patas blanquecinas; *tres pares de mamas*. Cráneo: rostro delgado y largo *primer y segundo molares superiores con crestas accesorias en el segundo y tercero pliegues*; proceso coronoides pequeño y solamente poco elevado; cresta en el borde supraorbital bien desarrolladas; con un canal en los frontales. Longitud total 238.0 a 288.0 mm, del cráneo 33.0 a 35.1 mm. Grupo *megalops*).

9a. Sin mancha pectoral de color ocre; longitud de la pata menor de 29.0 mm. Longitud de los molares superiores menor de 4.6 mm (montañas del centro de Oaxaca) .... *Peromyscus melanurus*

(Coloración dorsal pardo grisáceo; región ventral más clara que la dorsal; orejas grandes con pelo muy delgado; cola más larga que el cuerpo; *tres pares de mamas*. Cráneo: rostro delgado y largo. Longitud total 238.0 a 278.0 mm, del cráneo 29.9 a 34.3 mm. Grupo *megalops*).

10. Longitud de la pata mayor de 30.0 mm. Longitud total del cráneo mayor de 34.5 mm; longitud de los molariformes superiores superiores mayor de 5.0 mm 11

10a. Longitud de la pata menor de 30.0 mm. Longitud total del cráneo menor de 34.5 mm; longitud de los molariformes superiores superiores menor de 5.0 mm 12

6. Supraorbital shelf with a well-developed ridge 7

6a. Supraorbital shelf with a poor-developed ridge or absent 10

7. Tail more or less hairy; hair on underparts usually white; flank orange and different from the back. Upper toothrow length usually greater than 5.0 mm (endemic to the Sierra Madre del Sur, in the Coalcomán region of Michoacán and Filo de Caballo in Guerrero. NOM***) .... *Peromyscus winkelmanni* (part)

(Dorsal pelage tawny grizzly with blackish and darker on the cheeks; flanks tawny almost cinnamon; lateral line ocher; underparts light gray with hair tips white, some specimens have yellowish pectoral spot; **ears approximately 60 % of the hind foot length and dark**; tail shorter than or equal to body length, monocolor, until the dorsal is darker than the ventral; fore foot dark to the metatarso and then whitish; *three pairs of nipples*. Skull: rostrum thin and long; *first and second upper molars with accessory cusps in the two principal outer angles*; supraorbital edge present and well-marked. **Endemic to the Sierra Madre del Sur, in the Coalcomán region of Michoacán and Filo de Caballo in Guerrero**. Total length 235.0 to 265.0 mm, skull 31.2 to 31.9 mm. Group *aztecus*).

7a. Tail naked, if hair on the ventral part is present, not white and short; flanks blackish, dark gray or dark brown, but never with orange shades. Toothrow usually less than 5.0 mm 8

8. Dorsal dark on the hind foot extending to the base of the toes (endemic to the Sierra de Juárez area, Oaxaca) .... *Peromyscus melanocarpus*

(Dorsal pelage blackish brown; **underparts blackish grizzly with white**; ears approximately more than half the length of the hind foot; **Hind foot dusky brown to base of toes**; tail longer than body length, dorsal darker than ventral, covered with very thin blackish hair and small ventral spots; *three pairs of nipples*. Skull: rostrum thin and long; *first and second upper molars with accessory cusps in the two principal outer angles*; supraorbital edge present and well-marked and a shallow depression. Endemic to the Sierra de Juárez, Oaxaca and surroundings. Total length 200.0 to 263.0 mm, skull 29.8 to 34.4 mm. Group *megalops*).

8a. Dorsal dark coloration of the hind foot not extending to the base of toes, at the most to the level of the tarsus 9

9. Pectoral spot ocher; hind foot length greater than 28.0 mm. Upper toothrow length greater than 4.6 mm (Sierra Madre del Sur in Guerrero and Oaxaca) .... *Peromyscus megalops*

(Dorsal pelage brown grizzly with blackish, darker toward the back and lighter toward the flanks; underparts vary from creamy to light yellow; pectoral region and armpits tawny; ears approximately more than the 50 % the hind foot length; tail longer than body length and bicolor; whitish limbs; *three pairs of nipples*. Skull: rostrum thin and long; *first and second upper molars with accessory cusps in the two principal outer angles*; supraorbital edge present and well marked; coronoid process small and only little bit high; with a groove in the frontal bones. Total length 238.0 to 288.0 mm, skull 33.0 to 35.1 mm. Group *megalops*).

9a. No ocherish pectoral spot; hind foot length less than 28.0 mm. Upper toothrow length less than 4.6 mm (mountains in central of Oaxaca) .... *Peromyscus melanurus*

(Dorsal pelage grayish brown; underparts lighter than dorsal; ears long with very thin hair; tail longer than body length,; dorsal darker; *three pairs of nipples*. Skull: rostrum thin and long. Total length 238.0 to 278.0 mm, skull 29.9 to 34.3 mm. Group *megalops*).

10. Hind foot length greater than 30.0 mm. Skull length greater than 34.5 mm; upper toothrow length greater than 5.0 mm 11

10a. Hind foot length less than 30.0 mm. Skull length less than 34.5 mm; upper toothrow length less than 5.0 mm 12

11. Color gris oscuro. Longitud total del cráneo mayor de 34.5 mm; longitud del rostro mayor de 10.7 mm; longitud de los molariformes superiores mayor de 5.0 mm (endémico de las montañas del centro-norte de Chiapas. NOM***) .... *Peromyscus zarhynchus*

(Coloración dorsal pardo oscuro con el lomo más oscuro y más claro hacia los costados; región ventral blanquecino, con la base del pelo grisácea; con manchas pectoral color castaña, en ocasiones se continua hasta el abdomen; orejas desnudas, de aproximadamente el 60 % la longitud de la pata trasera; cola aproximadamente del mismo tamaño que el cuerpo; *tres pares de mamas*. Cráneo: *primer y segundo molares superiores con crestas accesorias en el segundo y tercero pliegues*; rostro y nasales proporcionalmente largos; cresta en el borde supraorbital marcada. Longitud total 259.0 a 318.0 mm, del cráneo 34.5 a 37.0 mm. Grupo *mexicanus*).

11a. Coloración pardo oscuro. Longitud total del cráneo menor de 36.0 mm; longitud del rostro menor de 11.7 mm; longitud de los molariformes superiores menor de 5.5 mm (montañas del sur de Chiapas) .... *Peromyscus guatemalensis* (parte)

(Coloración dorsal rojo óxido con gran entrepelado de oscuro, principalmente en la región central del lomo, que tiene una apariencia de pardo oscuro o negruzco; región ventral blanco amarillento con la base color pizarra que es muy notorio, región pectoral entrepelado con canela rojizo; orejas pequeñas, casi de la mitad de la longitud de la pata trasera; cola más corta que el cuerpo, bicolor con la parte dorsal oscura y la ventral más clara, con manchas poco visibles de color amarillo; patas delanteras blancas; traseras blanquecinas con entrepelado oscuro; *tres pares de mamas*. Cráneo: *primer y segundo molares superiores con crestas accesorias en el segundo y tercero pliegues*. Longitud total 252.0 a 290.0 mm, del cráneo 32.7 a 34.0 mm. Grupo *mexicanus*).

12. Cola más o menos peluda con pelos cortos y abundantes; cola generalmente bicolor con los pelos de la región ventral generalmente blancos y claramente contrastantes con los del dorso; se encuentra en bosques (bosque de pino, encino o mixto y bosque mesófilo, con excepción de *P. spicilegus* que se encuentran en selva baja en algunos lugares de la ladera oeste de la Sierra Madre Occidental) 13

12a. Cola sin pelo, cuando los presentan son muy cortos y aislados; cola bicolor o unicolor, los pelos de la región ventral, cuando los presenta, no son diferentes en color a los resto de la cola; se encuentra en selvas (selvas altas, medianas, raramente en bosque mesófilo y selva baja, a excepción de la Península de Yucatán; al oeste de Istmo de Tehuantepec) 18

13. Longitud de la pata menor de 25.0 mm 14

13a. Longitud de la pata mayor de 25.0 mm 16

14. Se distribuye en la Sierras Madres Oriental y del sur, en Guerrero, Oaxaca y Chiapas .... *Peromyscus aztecus* (parte)

(Coloración dorsal ocrácea pálida entrepelada con pardo, con los costados rojizos; región ventral amarillenta clara; orejas de aproximadamente el 70 % la longitud de la pata trasera; patas blanquecinas y oscuras del tarso al metatarso; cola casi igual al tamaño del cuerpo y bicolor; en muchos ejemplares tiene la punta blanca; *tres pares de mamas*. Cráneo: *primer y segundo molares superiores con crestas accesorias en el segundo y tercero pliegues*; borde supraocular del cráneo anguloso; región anterior interorbital no recta y ligeramente curvada. Longitud total 197.0 a 260.0 mm, del cráneo 32.7 a 33.7 mm. Grupo *aztecus*)

14a. Se distribuye en el Eje volcánico transversal y Sierra Madre Occidental 15

15. Para distinguir *P. hylocetes* de *P. spicilegus* en Jalisco se necesita una comparación directa entre muestras de las dos especies.

15a. Longitud de los molariformes superiores generalmente mayor de 4.5 mm y longitud total del cráneo promedia 31.5 mm y longitud rostro promedia 10.3 mm (endémicos de parte oriental de Eje Volcánico Transversal, del Estado de México a Jalisco) .... *Peromyscus hylocetes* (parte)

(Coloración dorsal ocráceo amarillento pálido, entrepelado con oscuro, principalmente en la región central del lomo, los costados leonados, línea lateral ancha y leonada; región ventral color crema con la base color pizarra; orejas de aproximadamente el 75 % la longitud de la pata trasera; cola más corta que el cuerpo y bicolor, con una mancha oscura en la base de los bigotes y alrededor del ojo; *tres pares de mamas*. Cráneo: borde supraorbital anguloso. Longitud total 220.0 a 238.0 mm, del cráneo 33.7 a 34.3 mm. Grupo *aztecus*).

11. Pelage dark gray. Skull length greater than 34.5 mm; rostrum length greater than 10.7 mm; upper toothrow length greater than 5.0 mm (endemic to the mountains of central-north of Chiapas. NOM***) .... *Peromyscus zarhynchus*
(Dorsal pelage dark brown; darker on the back and lighter towards the flanks; underparts whitish with hair base grayish; pectoral with chestnut color spots, sometimes continuing into the abdomen; ears naked approximately more than the 60 % of the hind foot length; tail approximately equal to body length; *three pairs of nipples*. Skull: *first and second upper molars with accessory cusps in the two principal outer angles*; supraorbital edge present and well-marked; rostrum and nasals proportionally larger. Total length 259.0 to 318.0 mm, skull 34.5 to 37.0 mm. Group *mexicanus*).

11a. Pelage dark brown. Skull length less than 36.0 mm; rostrum length less than 11.7 mm; upper toothrow length less than 5.5 mm (mountains of southern Chiapas) ....
.... *Peromyscus guatemalensis* (part)
(Dorsal pelage oxide red largely grizzly with dark mainly on the back, appearing to be dark brown or blackish; underparts yellowish white with notorious hair base gray, pectoral region grizzly with reddish cinnamon; ears small almost half of hind foot length; tail shorter than the body, bicolor, dorsal darker than ventral, spots slightly visible; fore foot whitish and hind foot grizzly with dark; *three pairs of nipples*. Skull: *first and second upper molars with accessory cusps in the two principal outer angles*. Total length 252.0 to 290.0 mm, skull 32.7 to 34.0 mm. Group *mexicanus*).

12. Tail more or less hairy, hair abundant and short; tail usually bicolor; ventral region usually white contrasting with those of the back; found in woods (pine, oak, and cloud forest or mixed, except for *P. spicilegus* found in lowlands in parts of the western slope of the Sierra Madre Occidental) 13

12a. Tail hairless; if hair, very short and isolated; tail bicolor or unicolor; hair on ventral region, when present, not different in color from the rest of the tail; found in tropical forests (high and medium, rarely penetrates cloud forest, and in lowlands except for the Yucatan Peninsula, west of the Isthmus of Tehuantepec) 18

13. Hind foot length less than 25.0 mm 14

13a. Hind foot length greater than 25.0 mm 16

14. Distribution in the Sierra Madre Oriental and Sierra Madre del Sur in Guerrero, Oaxaca and Chiapas .... *Peromyscus aztecus* (part)
(Dorsal pelage light ocher grizzly with pale brown, flanks reddish; underparts light yellowish; ears approximately 70 % of the hind foot length; limbs whitish and dark from the tarso to the metatarso; tail almost equal to the body length and bicolor, many specimens have the tip white; *three pairs of nipples*. Skull: *irst and second upper molars with accessory cusps in the two principal outer angles*; supraorbital edge angular; interorbital region in hourglass shape. Total length 197.0 to 260.0 mm, skull 32.7 to 33.7 mm. Group *aztecus*).

14a. Distribution in the Trans-Mexican Volcanic Belt and Sierra Madre Occidental..15

15. *P. hylocetes* and *P.spicilegus* in Jalisco need to be directly compared between specimens of both species.

15a. Upper toothrow length usually greater than 4.5 mm; total length in average 31.5 mm and rostrum length in average 10.3 mm (endemic western region of the Trans-Mexican Volcanic Belt from the states of Mexico to Jalisco) ....
.... *Peromyscus hylocetes* (part)
(Dorsal pelage light yellowish ocher grizzly with dark mainly on the central part of the back; flanks tawny; lateral line broad and tawny; underparts creamy white with the base gray; ears approximately 75 % of the hind foot length, with thin hair; tail shorter than the body length and bicolor; *three pairs of nipples*; a dark spot near the whiskers and around the eye. Skull: *first and second upper molars with accessory cusps in the two principal outer angles*; supraorbital edge sharp. Total length 220.0 to 238.0 mm, skull 33.7 to 34.3 mm. Group *aztecus*).

15b. Longitud de los molariformes superiores generalmente menor de 4.7 mm, total del cráneo promedia 28.3 mm y del rostro promedia 9.4 mm (ladera oeste de la Sierra Madre Occidental, de Durango a Jalisco) ..... *Peromyscus spicilegus*

(Coloración dorsal leonado a ocre rojizo y punta de los pelos oscuras, concentrándose en la parte del lomo dando apariencia de una banda, sin una marcada línea lateral; región ventral crema blancuzco con tonos grisáceos; orejas de aproximadamente el 85 % la longitud de la pata trasera, son oscuras con el borde de color blanco amarillento; cola más larga que el cuerpo; *tres pares de mamas*. Cráneo: cresta en el borde supraorbital presente. Longitud total 175.0 a 232.0 mm, del cráneo 25.9 a 30.1 mm. Grupo *aztecus*).

16. Longitud de la pata mayor igual a 27.0 mm. Borde supraorbital débilmente crestado; longitud del rostro mayor de 11.6 mm; longitud de los molariformes superiores mayor de 5.1 mm (endémico de la Sierra Madre del Sur, en la región de Coalcomán, Michoacán y Filo de Caballo, Guerrero. NOM***) ....
.... *Peromyscus winkelmanni* (parte)

(Coloración dorsal leonado entrepelado con negruzco, dominando la parte oscura al centro del lomo y mejillas; flancos leonado casi canela; línea lateral ocrácea; ventral gris claro con las puntas de los pelos blancas, algunos ejemplares tienen la mancha pectoral amarillenta; **orejas de aproximadamente el 60 % la longitud de la pata trasera y de color oscuro**; cola más corta o igual que el cuerpo, monocolor, aunque la parte dorsal es ligeramente más oscura que la ventral; patas oscuras hasta el metatarso y blancas en el resto; *tres pares de mamas*. Cráneo: *primer y segundo molares superiores con crestas accesorias en el segundo y tercero pliegues*; cresta en el borde supraorbital. **Endémico de la Sierra Madre del Sur, en la región de Coalcomán, Michoacán y Filo de Caballo, Guerrero.** Longitud total 235.0 a 265.0 mm, del cráneo 31.2 a 31.9 mm. Grupo *aztecus*).

16a. Longitud de la pata menor igual a 27.0 mm. Borde supraorbital sin cresta; longitud del rostro menor de 11.7 mm; longitud de los molariformes superiores menor de 5.2 mm 17

17. Cola más o menos peluda (endémicos de parte oriental de Eje Volcánico Transversal, del Estado de México a Jalisco) .... *Peromyscus hylocetes* (parte)

(Coloración dorsal ocráceo amarillento pálido, entrepelado con oscuro, principalmente en la región central del lomo, los costados leonados, línea lateral ancha y leonada; región ventral color crema con la base color pizarra; orejas de aproximadamente el 75 % la longitud de la pata trasera; cola más corta que el cuerpo y bicolor, con una mancha oscura en la base de los bigotes y alrededor del ojo; *tres pares de mamas*. Cráneo: borde supraorbital anguloso. Longitud total 220.0 a 238.0 mm, del cráneo 33.7 a 34.3 mm. Grupo *aztecus*)

17a. Cola más o menos desnuda (Sierra Madre Oriental y del sur en Guerreo, Oaxaca y Chiapas) .... *Peromyscus aztecus* (parte)

(Coloración dorsal ocrácea pálida entrepelada con pardo, con los costados rojizos; región ventral amarillenta clara; orejas de aproximadamente el 70 % la longitud de la pata trasera; patas blanquecinas y oscuras del tarso al metatarso; cola casi igual al tamaño del cuerpo y bicolor; en muchos ejemplares tiene la punta blanca; *tres pares de mamas*. Cráneo: *primer y segundo molares superiores con crestas accesorias en el segundo y tercero pliegues*; borde supraocular del cráneo anguloso; región anterior interorbital no recta y ligeramente curvada. Longitud total 197.0 a 260.0 mm, del cráneo 32.7 a 33.7 mm. Grupo *aztecus*)

18. Pelos de la cola cortos, pero abundantes, en la mayoría de las ocasiones se forma un pincel terminal pequeño de menor de 1.0 mm. Segundo molar grande, su longitud un poco más de 1/3 de la longitud de los molares (Figura C51; Sierra Madres Oriental y del sur en Guerreo, Oaxaca y Chiapas) .... *Peromyscus aztecus* (parte)

(Coloración dorsal ocrácea pálida entrepelada con pardo, con los costados rojizos; región ventral amarillenta clara; orejas de aproximadamente el 70 % la longitud de la pata trasera; patas blanquecinas y oscuras del tarso al metatarso; cola casi igual al tamaño del cuerpo y bicolor; en muchos ejemplares tiene la punta blanca; *tres pares de mamas*. Cráneo: *primer y segundo molares superiores con crestas accesorias en el segundo y tercero pliegues*; borde supraocular del cráneo anguloso; región anterior interorbital no recta y ligeramente curvada. Longitud total 197.0 a 260.0 mm, del cráneo 32.7 a 33.7 mm. Grupo *aztecus*)

18a. Sin pelos en la cola, pero sí los presenta son cortos y esparcidos, sin pincel terminal. Segundo molar pequeño, su longitud un poco más de un cuarto de la longitud de los molariformes (Figura C52) 19

19. Longitud de la pata menor a 24.0 mm; coloración generalmente clara (ocráceo o pardo claro), cuando es oscura la región dorsal contrasta fuertemente con los

15b. Toothrow length usually less than 4.7 mm; total length in average 28.3 mm; and rostrum length in average 9.4 mm (western slope of the Sierra Madre Occidental, from Durango to Jalisco) .... *Peromyscus spicilegus*

(Dorsal pelage from tawny to reddish ocher and hair tips darker, concentrating on the back appearing to be a line; lateral line absent; underparts creamy white with gray shades; ears approximately 85 % of the hind foot length; dark with edge yellowish white; tail larger than body length; *three pairs of nipples.* Skull: *first and second upper molars with accessory cusps in the two principal outer angles;* supraorbital edge present. Total length 175.0 to 232.0 mm, skull 25.9 to 30.1 mm. Group *aztecus*).

16. Hind foot length equal to or greater than 27.0 mm. Supraorbital edge weakly crested; rostrum length greater than 11.6 mm; upper toothrow length greater than 5.1 mm (endemic to the Sierra Madre del Sur, in the Coalcomán region of Michoacán, and Filo de Caballo in Guerrero. NOM***) .... *Peromyscus winkelmanni* (part)

(Dorsal pelage tawny grizzly with blackish and darker cheeks; flanks tawny almost cinnamon; lateral line ocher; underparts light gray with hair tips white, some specimens have a yellowish pectoral spot; **ears approximately 60 % of the hind foot length and dark**; tail shorter than or equal to body length, monocolor; dorsal darker than ventral; fore foot dark to the metatarso and then whitish; *three pairs of nipples.* Skull: *first and second upper molars with accessory cusps in the two principal outer angles;* supraorbital edge present and well-marked. **Endemic to the Sierra Madre del Sur in the Coalcomán region of Michoacán and Filo de Caballo in Guerrero.** Total length 235.0 to 265.0 mm, skull 31.2 to 31.9 mm. Group *aztecus*).

16a. Hind foot length less than 27.0 mm. Supraorbital edge not crested; rostrum length less than 11.7 mm; upper toothrow length less than 5.2 mm 17

17. Tail more or less hairy (endemic western region of the Trans-Mexican Volcanic Belt from the states of Mexico to Jalisco) .... *Peromyscus hylocetes* (part)

(Dorsal pelage light yellowish ocher grizzly with dark mainly on the central part of the back; flanks tawny; lateral line broad and tawny; underparts creamy white with the base gray; ears approximately 75 % of the hind foot length, with thin hair; tail shorter than the body length and bicolor; *three pairs of nipples;* a dark spot near the whiskers and around the eye. Skull: *first and second upper molars with accessory cusps in the two principal outer angles;* supraorbital edge sharp. Total length 220.0 to 238.0 mm, skull 33.7 to 34.3 mm. Group *aztecus*).

17a. Tail more or less naked (Sierra Madre Oriental and Sierra Madre del Sur to Guerreo, Oaxaca to Chiapas) .... *Peromyscus aztecus* (part)

(Dorsal pelage light ocher grizzly with pale brown, flanks reddish; underparts light yellowish; ears approximately 70 % of the hind foot length; limbs whitish and dark from the tarso to the metatarso; *three pairs of nipples.* Skull: *first and second upper molars with accessory cusps in the two principal outer angles;* supraorbital edge angular; interorbital region in hourglass shape. Total length 197.0 to 260.0 mm, skull 32.7 to 33.7 mm. Group *aztecus*).

18. Hair from tail short but abundant, in most cases a small terminal brush of less than 1.0 mm. Second upper large molar, its length slightly greater than 1/3 of the length of molars (Figure C51; Sierra Madre Oriental and Sierra Madre del Sur to Guerreo, Oaxaca to Chiapas) .... *Peromyscus aztecus* (part)

(Dorsal pelage light ocher grizzly with pale brown, flanks reddish; underparts light yellowish; ears approximately 70 % of the hind foot length; limbs whitish and dark from the tarso to the metatarso; tail almost equal to the body length and bicolor, many specimens have the tip white; *three pairs of nipples.* Skull: *first and second upper molars with accessory cusps in the two principal outer angles;* supraorbital edge angular; interorbital region in hourglass shape. Total length 197.0 to 260.0 mm, skull 32.7 to 33.7 mm. Group *aztecus*).

18a. Tail without hair, if present, short and sparsed without a terminal brush. Second upper molar small, its length slightly greater than 1/4 of the length of the molars (Figure C52) 19

19. Hind foot length less than 24.0 mm; coloration generally light (ocher or light brown); when dorsal region is dark, it contrasts strongly with the

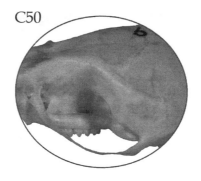

C50

flancos. Longitud de los molares superiores menor de 4.0 mm (endémico de la Península de Yucatán) .... *Peromyscus yucatanicus*

(Coloración dorsal pardos con entrepelado negruzco, los ejemplares del norte de la Península de Yucatán son más ocráceo amarillentos; región ventral blanco amarillento, siendo blanco puro en la garganta y pectoral, mancha pectoral ausente; orejas de aproximadamente el 75 % la longitud de la pata trasera; manos blancas hasta la muñeca y cola más larga que el cuerpo; *tres pares de mamas*. Cráneo: borde supraorbital del cráneo anguloso y recto; *primer y segundo molares superiores con crestas accesorias en el segundo y tercero pliegues*. Longitud total 208.0 a 232.0 mm, del cráneo 26.3 a 30.3 mm. Grupo *mexicanus*).

19a. Longitud de la pata mayor o igual a 24.0 mm; coloración generalmente oscura (gris oscuro, negro opaco o pardo oscuro), cuando clara, la región dorsal no contrasta fuertemente con los flancos. Longitud de los molariformes superiores mayor igual a 4.0 mm 20

20. Longitud de la pata mayor de 27.0 mm. Longitud de los molares superiores mayor de 4.6 mm 21

20a. Longitud de la pata generalmente menor de 26.0 mm. Longitud de los molares superiores generalmente menor de 4.6 mm 22

21. Longitud de la pata mayor de 27.0 mm; coloración dorsal gris oscuro; la cola generalmente es bicolor. Longitud de los molariformes superiores mayor de 4.6 mm (restringido a las montañas del sur de Chiapas) .... *Peromyscus guatemalensis* (parte)

(Coloración dorsal rojo oxido con gran entrepelado de oscuro, principalmente en la región central del lomo, que tiene una apariencia de pardo oscuro o negruzco; región ventral blanco amarillento con la base color pizarra que es muy notorio, región pectoral entrepelado con canela rojizo; orejas de aproximadamente el 60 % la longitud de la pata trasera; cola más corta que el cuerpo y bicolor, con manchas poco visibles de color amarillo; patas delanteras blancas; traseras blanquecinas con entrepelado con oscuro; *tres pares de mamas*. Cráneo: *primer y segundo molares superiores con crestas accesorias en el segundo y tercero pliegues*; frontales en apariencia menos anchos. Longitud total 252.0 a 290.0 mm, del cráneo 32.7 a 34.0 mm. Grupo *mexicanus*).

21a. Longitud de la pata menor de 29.0 mm; coloración dorsal pardo oscuro; la cola monocolor y manchada ventralmente, pero no claramente bicolor. Longitud de los molariformes superioresmenor de 4.9 mm (en las Planicie Costera del Golfo desde Tamaulipas hasta Tabasco y en la Planicie Costera del Pacifico de Oaxaca y Chiapas) .... *Peromyscus mexicanus* (parte)

(Coloración dorsal entre el color canela rojizo a negruzco, siendo más oscuro en la región dorsal, en los costados; una línea lateral rojiza; con una mancha negruzca en la base de los bigotes; región ventral de blanquecino a crema, con frecuencia la región pectoral amarillenta rojiza; orejas de aproximadamente el 70 % la longitud de la pata trasera, oscuras con el borde blanquecino; cola más corta que el cuerpo, prácticamente desnuda o con poco pelo; patas blanquecinas, carpos y tarsos de blanquecinos a oscuros; *tres pares de mamas*. Cráneo: *primer y segundo molares superiores con crestas accesorias en el segundo y tercero pliegues*; rostro alargado y delgado; cresta en el borde supraorbital de bien a poco desarrollada; molariformes y bula auditiva proporcionalmente pequeños. Longitud total 189.0 a 257.0 mm, del cráneo 31.5 a 33.5 mm. Grupo *mexicanus*).

22. Para distinguir *P. mexicanus* de *P. gymnotis* en el sur de Chiapas se necesita una comparación directa entre muestras de las dos especies.

flanks. Upper toothrow length less than 4.0 mm (endemic to the Yucatan
Peninsula) .... *Peromyscus yucatanicus*

(Dorsal pelage brown grizzly with blackish; specimens from northern Yucatan Peninsula are more yellowish
ocher; underparts yellowish white; pure white on the throat and chest; pectoral spot absent; ears approximately
75 % of the hind foot length; fore foot white up to the wrist and tail larger than the body length; *three pairs of
nipples*. Skull: *first and second uppers molars with accessory cusps in the two principal outer angles*. Total length 208.0
to 232.0 mm, skull 26.3 to 30.3 mm. Group *mexicanus*).

19a. Length of hind foot equal to or greater than 24.0 mm; coloration in general
gark (dark gray, black or dark brown); when the dorsal region is dark, it does
not contrast with the flanks. Upper toothrow length greater than 4.0 mm 20

20. Hind foot length greater than 27.0 mm. Upper toothrow length greater than 4.6
mm 21

20a. Hind foot length generally less than 26.0 mm. Upper toothrow length less
than 4.6 mm 22

21. Hind foot length greater than 27.0 mm; dorsal pelage dark gray; tail usually
bicolor. Upper toothrow length greater than 4.6 mm; (restricted to the
mountains of southern Chiapas) .... *Peromyscus guatemalensis* (part)

(Dorsal pelage oxide red grizzly greatly with dark hair, mainly on the central part of the back with the appearance
of dark brown or blackish; underparts yellowish white very notorious with base gray, pectoral region grizzly
with reddish cinnamon; ears approximately 60 % of the hind foot length; tail shorter than the body length and
bicolor, with yellowish spots slightly visible; limbs whitish grizzly with dark; *three pairs of nipples*. Skull: *first
and second upper molars with accessory cusps in the two principal outer angles*; supraorbital edge present and well-
marked; frontals apparently less wide. Total length 252.0 to 290.0 mm, skull 32.7 to 34.0 mm. Group *mexicanus*).

21a. Hind foot length less than 29.0 mm; dorsal pelage dark brown; tail monocolor
and spotted ventrally but not clearly bicolor. Upper toothrow length less
than 4.9 mm (in the Gulf Costal Plains from Tamaulipas to Tabasco and in the
Pacific Costal Plains from Oaxaca to Chiapas) .... *Peromyscus mexicanus* (part)

(Dorsal pelage from reddish cinnamon to blackish; darker on the back; underparts whitish to cream; pectoral
region often yellowish reddish; flanks with a lateral reddish line with a blackish spot on the base of the whiskers
pectoral region; ears approximately 70 % of the hind foot length; tail shorter than the body length practically
naked with few hairs; limbs whitish and carpus and tarsus from whitish to dark; *three pairs of nipples*. Skull: *first
and second upper molars with accessory cusps in the two principal outer angles*; rostrum thin and long; supraorbital
ridge on the edge from well to poorly developed; molariform and auditory bullae proportionally small. Total
length 189.0 to 257.0 mm, skull 31.5 to 33.5 mm. Group *mexicanus*).

22. To distinguish *P. mexicanus* from *P. gymnotis* in southern Chiapas, a direct
comparison between specimens of the two species is needed.

22a. Longitud de la cola promedia 110.0 mm. Longitud total del cráneo promedia 29.4 mm; bula auditiva comparativamente grande (Figura C53; restringido a la costa del Pacífico de Chiapas) .... *Peromyscus gymnotis*

(Coloración dorsal entre el color arcilla al negruzco, siendo más oscuro en la región dorsal; región ventral de blanquecino a crema, con frecuencia la región pectoral amarillenta; orejas de aproximadamente el 70 % la longitud de la pata trasera; cola ligeramente más larga que el cuerpo; *tres pares de mamas*. Cráneo: *primer y segundo molares superiores con crestas accesorias en el segundo y tercero pliegues*. Longitud total 208.0 a 250.0 mm, del cráneo 30.6 a 32.1 mm. Grupo *mexicanus*).

22b. Longitud de la cola promedia 120.0 mm. Longitud total del cráneo promedia 32.0 mm; bula auditiva comparativamente pequeña (Figura C54; En las Planicie Costera del Golfo desde Tamaulipas hasta Tabasco y en la Planicie Costera del Pacífico de Oaxaca y Chiapas) .... *Peromyscus mexicanus* (parte)

(Coloración dorsal entre el color canela rojizo a negruzco, siendo más oscuro en la región dorsal; una línea lateral rojiza; con una mancha negruzca en la base de los bigotes; región ventral de blanquecino a crema, con frecuencia la región pectoral amarillenta rojiza; orejas de aproximadamente el 70 % la longitud de la pata trasera, oscuras con el borde blanquecino; cola más corta que el cuerpo, prácticamente desnuda o con poco pelo; patas blanquecinas, carpos y tarsos de blanquecinos a oscuros; *tres pares de mamas*. Cráneo: *primer y segundo molares superiores con crestas accesorias en el segundo y tercero pliegues*; cresta en el borde supraorbital de bien a poco desarrollada; molariformes y bula auditiva proporcionalmente pequeños. Longitud total 189.0 a 257.0 mm, del cráneo 31.5 a 33.5 mm. Grupo *mexicanus*).

23. Longitud de la cola generalmente menor de 80.0 mm y menor de 75 % de la longitud cuerpo y cabeza 24

23a. Longitud de la cola generalmente mayor de 80.0 mm y mayor de 75 % de la longitud cuerpo y cabeza 27

24. Cola moderadamente peluda o sin pelos, no claramente bicolor, cuando bicolor la parte dorsal oscura cubre transversalmente la mitad de la cola (costa Atlántica de México, incluyendo San Luis Potosí, Coahuila, Nuevo León, oeste de la Península de Yucatán y Sonora, Chihuahua y Durango. NOM** ssp) .... *Peromyscus leucopus* (parte)

(La especie tiene alta variación en coloración en relación el área geográfica. Coloración dorsal desde pardo claro a oscuro, ocasionalmente con la región del lomo más oscura; región ventral blanca con la base del pelo oscura, mancha pectoral amarillenta con frecuencia presente; orejas de aproximadamente el 70 % la longitud de la pata trasera, con pelo muy delgado; cola más corta que el cuerpo; *tres pares de mamas*. Cráneo: *primer y segundo molares superiores con crestas accesorias en el segundo y tercero pliegues*. Longitud total 130.0 a 200.0 mm, del cráneo 24.0 a 29.5 mm. NOTA: En donde se encuentra en simpatría con *P. maniculatus* es difícil su separación).

24a. Cola densamente peluda, claramente bicolor, coloración dorsal oscura no cubre transversalmente la mitad de la cola, es decir, restringida a una banda estrecha que cubre sólo la línea vertebral 25

25. Con un mechón de pelos oscuros en la base de las orejas; coloración dorsal más obscura que la lateral. Longitud de los nasales generalmente mayor igual a 11.0 mm; asociado a bosques, principalmente de pino o encino (endémico, generalmente por arriba de 2,800 en el Eje Volcánico Transversal, Sierra Madre Occidental y Sierra Madre Oriental) .... *Peromyscus melanotis*

C53
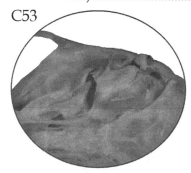

22a. Average tail length 110.0 mm. Average skull length 29.4 mm; auditory bullae comparatively large (Figure C53; restricted to the Pacific Costal Plains of Chiapas) .... *Peromyscus gymnotis*

(Dorsal pelage from clay to blackish, darker on the back; underparts whitish to cream, often a pectoral yellowish spot; ears approximately 70 % of the hind foot length; tail little longer than the body length; *three pairs of nipples*. Skull: *first and second upper molars with accessory cusps in the two principal outer angles*. Total length 208.0 to 250.0 mm, skull 30.6 to 32.1 mm. Group *mexicanus*).

22b. Average tail length 120.0 mm. Average skull length 32.0 mm; auditory bullae comparatively small (Figure C54; in the Gulf Costal Plains from Tamaulipas to Tabasco and in the Pacific Costal Plains from Oaxaca to Chiapas) .... *Peromyscus mexicanus* (part)

(Dorsal pelage from clay to blackish, darker on the back with a redish lateral line; a black spot at the base of the whiskers; underparts whitish to cream, often yellowish pectoral region; ears approximately 70 % of the hind foot length with a white edge; tail shorter than the body length, practically naked or with very few hair; limbs whitish, carpus and tarsus from whitish to dark; *three pairs of nipples*. Skull: *first and second upper molars with accessory cusps in the two principal outer angles*; rostrum thin and long; supraorbital ridge on the edge from well to poorly developed; molariform and auditory bullae proportionally small. Total length 191.0 to 227.0 mm, skull 31.5 to 33.5 mm. Group *mexicanus*).

23. Length of tail generally less than 80.0 mm and less than 75 % body and head length 24

23a. Length of tail generally greater than 80.0 mm and greater than 75 % body and head length 27

24. Tail moderately hairy or hairless, not clearly bicolor; when bicolor, dark dorsal part covers trasversally half of the tail (Eastern coast of México, including San Luis Potosí, Coahuila, Nuevo León, western part of the Yucatan Peninsula, Sonora, Chihuahua, and Durango. NOM** ssp.) .... *Peromyscus leucopus* (part)

(The species has a strong geographical variation in color. Dorsal pelage from light to dark brown occasionally darker on the back; underparts whitish with hair base dark; pectoral spot yellowish frequently present; ears approximately 70 % of the hind foot length; tail short than the body length, with a dorsal stripe darker in the central part; *three pairs of nipples*. Skull: *first and second upper molars with accessory cusps in the two principal outer angles*. Total length 130.0 to 200.0 mm, skull 24.0 to 29.5 mm. Group *leucopus*. NOTE: It is difficult to distinguish where it is in sympatry with *P. maniculatus*).

24a. Tail hairy, clearly bicolor, the dark dorsal part is restricted to a narrow stripe covering only the vertebral line on the dorsal part 25

25. Dark tuft at the ear base; dorsal pelage darker than the lateral one. Nasal length equal to 11.0 mm associated to pine or oak forest mainly (endemic usually over the 2,800 m in the Trans-Mexican Volcanic Belt, Sierra Madre Occidental and Sierra Madre Oriental) .... *Peromyscus melanotis*

C54

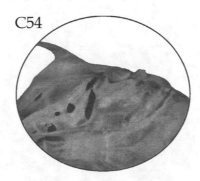

(Coloración dorsal pardo oscuro en tonos ocres entrepelado con oscuro, como una franja obscura en la parte media del lomo; línea ocrácea en los costados muy distinguible; región ventral blanquecino; orejas de aproximadamente el 60 % la longitud de la pata trasera; cola más corta que el cuerpo, bicolor con una franja oscura que ocupa el 1/3 de su diámetro; con un mechón de pelos oscuros en la base de las orejas; *tres pares de mamas.* Cráneo: *primer y segundo molares superiores con crestas accesorias en el segundo y tercero pliegues*; con el rostro afilado y lo huesos nasales largos. Longitud total 140.0 a 170.0 mm, del cráneo 25.8 a 27.5 mm. Grupo *maniculatus*).

25a. Sin un mechón de pelos oscuros en la base de las orejas; coloración dorsal clara, cuando obscura no marcadamente contrastante con la lateral. Longitud de los nasales generalmente menor igual de 11.0 mm; asociado a vegetación desértica 26

26. Longitud de los molariformes superiores mayor o igual a 4.0 mm; longitud mayor del cráneo mayor de 27.0 mm (endémico de Isla Santa Cruz, Península de Baja California. NOM** ssp) .... *Peromyscus sejugis*

(Coloración dorsal grisácea con entrepelado color avellana; región ventral blanquecino; orejas de aproximadamente el 70 % la longitud de la pata trasera, de color oscuro; cola más corta que el cuerpo, bicolor con una franja oscura que ocupa el 1/3 de su diámetro; *tres pares de mamas.* Cráneo: *primer y segundo molares superiores con crestas accesorias en el segundo y tercero pliegues*; cráneo arqueado en dirección del eje sagital; nasales anchos; bulas auditivas pequeñas; longitud del paladar mayor que la longitud de los molares. **Endémico de Isla Santa Cruz, Península de Baja California**. Longitud total 160.0 a 197.0 mm, del cráneo 26.6 a 27.4 mm. Grupo *maniculatus*).

26a. Longitud de los molariformes superiores menor o igual a 3.9 mm; longitud mayor del cráneo generalmente menor de 27.0 mm (ampliamente distribuido en el Altiplano, tierras altas del centro de México, Oaxaca, Puebla y Península de Baja California. NOM** ssp, 1 ssp NOM****) .... *Peromyscus maniculatus*

(Coloración dorsal ocráceo pálido a gris claro; región ventral blanca que contrasta claramente con el dorso; orejas de aproximadamente el 70 % la longitud de la pata trasera; cola más corta que el cuerpo, bicolor con una franja oscura que ocupa el 1/3 de su diámetro; *tres pares de mamas.* Cráneo: *primer y segundo molares superiores con crestas accesorias en el segundo y tercero pliegues*; caja craneal arqueada e inflada. Longitud total 132 a 154 mm, del cráneo 24.2 a 27.0 mm. Grupo *maniculatus*).

27. Oreja grande, su longitud igual o mayor que la longitud de la pata trasera; longitud de la oreja en seco la mayor del 80 % de la longitud de la pata. Bula auditiva grande y globosa, su longitud mayor que el 18 % de la longitud del cráneo 28

27a. Oreja mediana a pequeña, su longitud cuando mucho, igual a la longitud de la pata; longitud de la oreja en seco menor del 80 % de la longitud de la pata. Bula auditiva pequeña y ovalada, su longitud menor del 18 % de la longitud del cráneo 32

28. Longitud total generalmente mayor de 210.0 mm. Longitud del cráneo mayor de 29.0 mm; longitud de los molariformes superiores mayor de 4.5 mm 29

28a. Longitud total menor de 210.0 mm. Longitud del cráneo es menor de 29.0 mm; longitud de los molariformes superiores menor de 4.5 mm 30

29. Longitud de la pata trasera mayor de 24.5 mm, coloración variable, pero densamente cubierto de negro. Longitud de los molares superiores mayor de 4.5 mm (Altiplano y Sierras Madres de Oaxaca al norte) ..... *Peromyscus difficilis*

(Coloración dorsal pardo oscuro a negruzco; región ventral de blanquecinas a negruzcas, puede estar entrepelado con plata; oreja igual o mayor que la longitud de la pata trasera; cola más larga que el cuerpo y bicolor; *tres pares de mamas.* Cráneo: *primer y segundo molares superiores con crestas accesorias en el segundo y tercero pliegues*; bulas auditivas bien desarrolladas; bordes supraorbitales bicóncavos. Longitud total 180.0 a 210.0 mm, del cráneo 27.7 a 31.8 mm. Grupo *truei*).

29a. Longitud de la pata trasera menor de 24.5 mm, coloración naranja amarillento ligeramente cubierto de negro. Longitud de los molares superiores menor de 4.5 mm (restringido a Coahuila) .... *Peromyscus nasutus*

(Coloración dorsal ocráceo a leonado con la coloración más intensa en los costados que en el lomo; región ventral de blanquecinas, puede estar entrepelado con plata; oreja igual o mayor que la pata trasera y desnudas; cola más

(Dorsal pelage dark brown grizzly ocher to dark with the back darker; flank line ocher very distinct; underparts whitish; ears approximately 60 % of the hind foot length; tail shorter than the body length, bicolor with a dark dorsal stripe of 1/3 of the tail diameter; limbs whitish; *three pairs of nipples*; with a dark tuft at the ear base. Skull: *first and second upper molars with accessory cusps in the two principal outer angles*; rostrum sharper and nasal bones longer. Total length 140.0 to 170.0 mm, skull 25.8 to 27.5 mm. Group *maniculatus*).

25a. No dark tuft at the ear base; dorsal pelage lighter; when darker, not constrasting with lateral pelage. Nasal length equal to or less than 11.0 mm; associated to aridlands 26

26. Upper toothrow length equal to or greater than 4.0 mm, skull length greater than 27.0 mm (endemic to the Santa Cruz Island, Baja California Peninsula. NOM** ssp.) .... *Peromyscus sejugis*

(Dorsal pelage grayish grizzly with hazel; underparts whitish; ears approximately 70 % of the hind foot length; tail shorter than the body length, bicolor with a dark dorsal stripe of 1/3 of the tail diameter; limbs whitish; *three pairs of nipples*. Skull: *first and second upper molars with accessory cusps in the two principal outer angles*; skull arched toward the sagittal axis; wide nasals; auditory bullae small; palate length greater than the length of the molariforms. **Endemic to the Santa Cruz Island, Baja California Peninsula**. Total length 160.0 to 197.0 mm, skull 26.6 to 27.4 mm. Group *maniculatus*).

26a. Upper toothrow length equal to or more less than 3.9 mm, skull length usually less than 27.0 mm (widely distributed in the Mexican Plateau, highlands of central México, Oaxaca, Puebla, and the Baja California Peninsula. NOM** ssp., 1 ssp. NOM****) .... *Peromyscus maniculatus*

(Dorsal pale ocher to light gray coloration; underparts whitish clearly contrasting with the back; ears approximately 70 % the hind foot; tail shorter than the body length, bicolor with a dark dorsal stripe of 1/3 of the tail diameter; hind foot whitish; *three pairs of nipples*. Skull: *first and second upper molars with accessory cusps in the two principal outer angles*; braincase arched. Total length 132 to 154 mm, skull 24.2 to 27.0 mm. Group *maniculatus*).

27. Ear length equal to or greater than the hind foot length; dry ear length greater than 80 % of the hind foot length. Auditory bullae large and globe shaped; its length greater than 18 % of the skull length 28

27a. Ear length equal to or less than the hind foot; dry ear length less than 80 % of the hind foot. Auditory bullae small and not globe shaped; its length less than 18 % of the skull length 32

28. Total length greater than 210.0 mm. Skull length greater than 29.0 mm; upper toothrow length greater than 4.5 mm 29

28a. Total length less than 210.0 mm. Skull length less than 29.0 mm; upper toothrow length less than 4.5 mm 30

29. Hind limb length greater than 24.5 mm; color variable but densely covered with black. Upper toothrow length greater than 4.5 mm (Mexican Plateau and Sierras Madres from Oaxaca northward) .... *Peromyscus difficilis*

(Dorsal pelage dark brown to blackish; underparts whitish to blackish, could be grizzly with silver; ears approximately or equal to hind foot length; tail longer than the body length, bicolor with dorsal darker than ventral; fore and hind feet whitish grizzly with dark; *three pairs of nipples*. Skull: *first and second upper molars with accessory cusps in the two principal outer angles*; auditory bullae well developed; supraorbital edges biconcave. Total length 180.0 to 210.0 mm, skull 27.7 to 31.8 mm. Group *truei*).

29a. Hind limb length less than 24.5 mm; pelage orange yellowish and slightly covered with black. Upper toothrow length less than 4.5 mm (restricted to Coahuila) .... *Peromyscus nasutus*

(Dorsal pelage from tawny to ocher, more intense color on the flanks than on the back; underparts whitish, could have silver hairs; ears equal to or greater than hind foot length and naked; tail longer than the body length and

larga que el cuerpo, desnuda y bicolor; *tres pares de mamas*. Cráneo: *primer y segundo molares superiores con crestas accesorias en el segundo y tercero pliegues*; bulas auditivas bien desarrolladas; bordes supraorbitales bicóncavos. Longitud total 196.0 a 216.0 mm, del cráneo 27.0 a 28.5 mm. Grupo *truei*).

30. Longitud de la bula auditiva mayor igual a 5.5 mm, por lo tanto mayor igual a 22 % de la longitud del cráneo y generalmente más del 132 % de la longitud de los molares superiores (endémico de la Cuenca de Oriental en Puebla y Veracruz. NOM***) .... *Peromyscus bullatus*

(Coloración dorsal ocráceo leonado intenso con entrepelado oscuro, principalmente en la región media del lomo; región ventral blanco crema; orejas de aproximadamente el 115 % la longitud de la pata trasera; cola más larga que el cuerpo y patas blanquecinas; *tres pares de mamas*. Cráneo: *primer y segundo molares superiores con crestas accesorias en el segundo y tercero pliegues*; bulas auditivas muy grande. **Endémico de la Cuenca de Oriental en Puebla y Veracruz.** Longitud total 178.0 a 224.0 mm, del cráneo 27.4 a 28.6 mm. Grupo *truei*).

30a. Longitud de la bula auditiva menor de 5.5 mm, por lo tanto menor de 21 % de la longitud del cráneo y generalmente menor de 132 % de la longitud de los molares superiores 31

31. Con distribución en la Península de Baja California. Longitud del cráneo promedia 27.5 mm (Península de Baja California, restringido al extremo sur y norte) .... *Peromyscus truei*

(Coloración dorsal pardas grisáceas; región ventral blancuzcas; línea lateral distinguible; patas blancas; orejas de aproximadamente el 105 % la longitud de la pata trasera; cola más larga que el cuerpo y bicolor; *tres pares de mamas*. Cráneo: *primer y segundo molares superiores con crestas accesorias en el segundo y tercero pliegues*; bulas auditivas bien desarrolladas, caja craneal con la parte superior redondeada. Longitud total 190.0 a 200.0 mm, del cráneo 27.0 a 30.0 mm. Grupo *truei*. NOTA: Sólo se puede diferenciar de *P. gratus* por la distribución geográfica).

31a. Sin distribución en la Península de Baja California. Longitud del cráneo promedia 28.5 mm (Altiplano y Sierra Madre Oriental de Oaxaca al norte) .. *Peromyscus gratus*

(Coloración dorsal pardas grisáceas; región ventral blancuzcas; línea lateral distinguible; patas blancas; orejas grandes, más que la longitud de la pata trasera; cola más larga que el cuerpo y bicolor; *tres pares de mamas*. Cráneo: *rprimer y segundo molares superiores con crestas accesorias en el segundo y tercero pliegues*; bulas auditivas bien desarrolladas; caja craneal con la parte superior redondeada. Longitud total 149.0 a 210.0 mm, del cráneo 23.9 a 28.2 mm. Grupo *truei*. NOTA: Sólo se puede diferenciar de *P. truei* por la distribución geográfica).

32. Longitud total menor a 210.0 mm; cola unicolor o si es más clara la región ventral, no contrasta con la dorsal. Longitud del cráneo menor a 30.0 mm 33

32a. Longitud total mayor a 210.0 mm; cola no marcadamente bicolor. Longitud del cráneo mayor a 30.0 mm 35

33. Longitud de la cola menor de 110.0 mm (Planicie Costera del Pacífico en Sinaloa y Nayarit) .... *Peromyscus simulus* (parte)

(Coloración dorsal leonado a ocre amarillento y punta de los pelos oscuras, concentrándose en la parte del lomo, sin una marcada línea lateral; región ventral crema blancuzco con tonos grisáceos; orejas de aproximadamente el 80 % la longitud de la pata trasera; cola más pequeña que el cuerpo, bicolor; *tres pares de mamas*. Cráneo: *primer y segundo molares superiores con crestas accesorias en el segundo y tercero pliegues*. Longitud total 191.0 a 207.0 mm, del cráneo 26.2 a 27.4 mm. Grupo *boylii*).

33a. Longitud de la cola mayor de 110.0 mm 34

34. Longitud de los maxilares menor de 4.0 mm (endémico de la isla Montserrat, Península de Baja California. NOM***) ....
.... *Peromyscus caniceps* (parte; subgénero *Haplomylomys*)

(Coloración dorsal y costados ocráceos amarillentos, cabeza grisácea que contrasta con los costados, línea clara en los costados no distinguible; región ventral blanquecina con entrepelado amarillento; orejas de aproximadamente el 70 % la longitud de la pata trasera; cola más larga que el cuerpo y más oscura dorsal que ventralmente; *tres pares de mamas*. Cráneo: *primer y segundo molares superiores con crestas accesorias en el segundo y tercero pliegues*; región palatal mayor que la longitud de los molariformes superiores; bula auditiva pequeña. Longitud total 199.0 a 202.0 mm, del cráneo 25.7 mm. Grupo *eremicus*).

34a. Longitud de los maxilares mayor de 4.0 mm 37

35. Coloración ventral ocre; coloración dorsal obscura con ocráceo. Longitud de los molares superiores menor de 4.6 mm; nasales no expandidos en la

bicolor; *three pairs of nipples*. Skull: *first and second upper molars with accessory cusps in the two principal outer angles*; auditory bullae well developed; supraorbital edges biconcave. Total length 196.0 to 216.0 mm, skull 27.0 to 28.5 mm. Group *truei*).

30. Auditory bullae length equal to or greater than 5.5 mm, therefore greater than 22 % of the skull length and generally more than 132 % of the length of the upper molars (endemic to the Cuenca de Oriental, in Puebla and Veracruz. NOM***) .... *Peromyscus bullatus*

(Dorsal pelage tawny ocher grizzly with dark; darker on the back; underparts creamy whitish; ears approximately more than 115 % of the hind foot length; tail longer than the body length; hind and fore limbs whitish; *three pairs of nipples*. Skull: *first and second upper molars with accessory cusps in the two principal outer angles*; auditory bullae very large. **Endemic to the Cuenca de Oriental, in Puebla and Veracruz**. Total length 178.0 to 224.0 mm, skull 27.4 to 28.6 mm. Group *truei*).

30a. Auditory bullae length less than 5.5 mm, therefore less than 21 % of the skull length, generally less than 132 % of the length of the upper molars 31

31. Distribution in the Baja California Peninsula. Skull length in average 27.5 mm (Baja California Peninsula, restricted to the northern and southern sierras) .... *Peromyscus truei*

(Dorsal pelage grayish brown; underparts whitish; lateral line distinguishable; white limbs; ears approximately 105 % of the hind foot length; six tubercles on the soles; tail longer than the body length and bicolor; *three pairs of nipples*. Skull: *first and second upper molars with accessory cusps in the two principal outer angles*; auditory bullae well developed; braincase rounded. Total length 190.0 to 200.0 mm, skull 27.0 to 30.0 mm. Group *truei*. NOTE: *Peromyscus truei* and *P. gratus* can only be differentiating by geographical distribution).

31a. No distribution in the Baja California Peninsula. Skull length in average 28.5 mm (Mexican Plateau and Sierra Madre Oriental from Oaxaca northward) .... *Peromyscus gratus*

(Dorsal pelage grayish brown; underparts whitish; lateral line distinguishable; white limbs; ears large more than the hind foot length; six tubercles on the soles; tail longer than the body length and bicolor; fore and hind feet whitish; *three pairs of nipples*. Skull: *first and second upper molars with accessory cusps in the two principal outer angles* marked; auditory bullae well developed; braincase rounded. Total length 149.0 to 210.0 mm, skull 23.9 to 28.2 mm. Group *truei*. NOTE: *Peromyscus truei* and *P. gratus* can only be differentiated by geographical distribution).

32. Total length less than 210.0 mm; tail unicolor; ventral region lighter but not contrasting with dorsal. Skull length less than 30.0 mm 33

32a. Total length greater than 210.0 mm; tail clearly bicolor, contrasting dorsal with ventral coloration. Skull length greater than 30.0 mm 35

33. Tail length of tail less than 110.0 mm (Pacific Coastal Plain of Sinaloa and Nayarit) .... *Peromyscus simulus* (part)

(Dorsal pelage tawny to yellowish ocher and dark tips of hair; darker on the back, without a marked lateral line; underparts whitish to whitish cream with grayish shades; ears approximately greater than 80 % of the hind-linb length; tail smaller than the body length and bicolor; *three pairs of nipples*. Skull: *first and second upper molars with accessory cusps between the second and third folds of the molars*. Total length 191.0 to 207.0 mm, skull 26.2 to 27.4 mm. Group *boylii*).

33a. Tail length greater than 110.0 mm 34

34. Maxillary length less than 4.0 mm (endemic of Montserrat Island, Baja California Peninsula. NOM***) .... *Peromyscus caniceps* (part; subgenus *Haplomylomys*)

(Dorsal pelage and flanks yellowish ocher; head gray contrasting with the flanks, lateral line indistinguishable; underparts whitish grizzly with yellowish; ears approximately greater than 70 % the hind foot length; tail longer than the body length, dorsal darker than the ventral. Skull: *first and second upper molars without accessory cusps between the second and third folds of the molars*; palatal region greater than upper toothrow length; auditory bullae small. **Endemic to Montserrat Island, Baja California Peninsula**. Total length 199.0 to 202.0 mm, skull 25.7 mm. Group *eremicus*).

34a. Maxillary length greater than 4.0 mm 37

35. Underparts ocher; dorsal coloration dark with ocher. Upper toothrow length less than 4.6 mm; nasal not expanded in the anterior part; total length not

parte anterior; longitud total raramente mayor de 250.0 mm; longitud del cráneo menor de 32.0 mm (endémico de la Sierra Madre Oriental del sur de Tamaulipas al norte de San Luis Potosí) .... *Peromyscus ochraventer*

(Coloración dorsal ocráceo leonado más intenso a los costados y con entrepelado oscuro en el lomo; región ventral canela amarillento, intenso en la región pectoral; orejas de aproximadamente el 80 % la longitud de la pata trasera; cola más corta que el cuerpo, no claramente bicolor, pero oscura dorsal y clara ventral, de apariencia escama; patas blanquecinas; *tres pares de mamas*. Cráneo: *primer y segundo molares superiores con crestas accesorias en el segundo y tercero pliegues*; sin cresta en el borde supraorbital; rostro con los bordes casi paralelos. Longitud total 227.0 a 249.0 mm, del cráneo 30.6 a 31.9 mm. Grupo *furvus*).

35a. Coloración ventral gris claro o blanca; coloración dorsal negro plomizo. Longitud de los molares superiores mayor de 4.6 mm; nasales expandidos en la parte anterior; longitud total raramente menor de 250.0 mm; longitud del cráneo generalmente mayor de 32.0 mm 36

36. Sierra Madre Oriental, endémico de Hidalgo, Puebla and Veracruz ....
.... *Peromyscus furvus*

(Coloración dorsal negruzca, con los costados ligeramente más claros; región ventral grisáceo, con la base de los pelos color pizarra; orejas de aproximadamente el 75 % la longitud de la pata trasera; cola más corta que el cuerpo, no claramente bicolor, pero oscura dorsal, con escamas; *tres pares de mamas*. Cráneo: *primer y segundo molares superiores con crestas accesorias en el segundo y tercero pliegues*; región interorbital angosta. Longitud total 248.0 a 282.0 mm, del cráneo 31.5 a 36.0 mm. Grupo *furvus*).

36a. Sierra Madre Oriental, endémico de San Luís Potosí and Querétaro ....
.... *Peromyscus latirostris*

(Coloración dorsal parda oscura, con los costados ligeramente más claros; región ventral grisáceo, con la base de los pelos color pizarra; orejas de aproximadamente el 75 % la longitud de la pata trasera; cola más corta que el cuerpo, no claramente bicolor, pero oscura dorsal, con escamas; los tarsos que son pardo; *tres pares de mamas*. Cráneo: *primer y segundo molares superiores con crestas accesorias en el segundo y tercero pliegues*; región interorbital angosta; nasales más expandidos distalmente. Longitud total 265.0 a 278.0 mm, del cráneo 32.7 a 37.0 mm. Grupo *furvus*).

37. Longitud de la cola generalmente menor de 96.0 mm; cola con poco pelo; pelo del dorso corto y lacio. Longitud de los molariformes superiores menor igual a 4.0 mm; (costa Atlántica de México, incluyendo San Luis Potosí, Coahuila, Nuevo León, oeste de la Península de Yucatán y Sonora, Chihuahua y Durango. NOM** ssp.) .... *Peromyscus leucopus* (parte)

(La especie tiene alta variación en coloración en relación el área geográfica. Coloración dorsal desde pardo claro a oscuro, ocasionalmente con la región del lomo más oscura; región ventral blanca con la base del pelo oscura, mancha pectoral amarillenta con frecuencia presente; orejas de aproximadamente el 70 % la longitud de la pata trasera, con pelo muy delgado; cola más corta que el cuerpo; *tres pares de mamas*. Cráneo: *primer y segundo molares superiores con crestas accesorias en el segundo y tercero pliegues*. Longitud total 130.0 a 200.0 mm, del cráneo 24.0 a 29.5 mm. NOTA: En donde se encuentra en simpatría con *P. maniculatus* es difícil su separación).

37a. Longitud de la cola generalmente mayor de 95.0 mm; cola peluda; pelo del dorso relativamente largo y sedoso. Longitud de los molariformes superiores mayor igual a 4.0 mm 38

38. Longitud de los molariformes superior es menor de 3.9 mm (norte de Baja California y Sonora. NOM** ssp.) .... *Peromyscus crinitus* (parte)

(Coloración dorsal entrepelado de ocráceo, pardo y negruzcos, con la base plomiza; región ventral más pálidas que la dorsal y en ocasiones blanquecina; orejas de aproximadamente el 90 % la longitud de la pata trasera; cola más larga que el cuerpo, bicolor con excepción de *P. crinitus delgadilli* de Sonora, con un pequeño mechón de pelos al final; *tres pares de mamas*. Cráneo: *primer y segundo molares superiores con crestas accesorias en el segundo y tercero pliegues*; proceso coronoides pequeño y solamente poco elevado; anchura anterior del arco zigomático menor que la máxima anchura craneal; nasal no se extiende por detrás del maxilar. Longitud total 161.0 a 192.0 mm, del cráneo 23.3 a 24.5 mm. Grupo *crinitus*).

38a. Longitud de los molariformes superiores mayor de 4.0 mm 39

39. Región tarsal blanca 40

39a. Región tarsal obscura, igual que el resto de la región de la tibia 41

40. Longitud de la pata trasera mayor igual de 25.0 mm; longitud total mayor de 210.0 mm. Foramen anterior del palatino mayor de 5.0 mm (restringido al centro oeste de Chihuahua) .... *Peromyscus polius*

usually greater than 250.0 mm, skull length less than 32.0 mm (endemic to the Sierra Madre Oriental from Tamaulipas to the north of San Luis Potosí) ....
.... *Peromyscus ochraventer*

(Dorsal pelage tawny ocher more intense on the flanks and interspersed with dark on the back; underparts yellowish cinnamon intense in the pectoral region; ears approximately 80 % the hindlimb length; tail shorter than the body length, not clearly bicolor but dorsal darker than ventral with flake appearance; *three pairs of nipples*. Skull: *first and second upper molars with accessory cusps between the second and third folds of the molars*; no supraorbital edge; rostrum with edges almost parallel. Total length 227.0 to 249.0 mm, skull 30.6 to 31.9 mm. Group *furvus*).

35a. Underparts light gray or white; dorsal leaden black. Upper toothrow length greater than 4.6 mm; nasals expanded in the anterior part; total length seldom less than 250.0 mm and skull length greater than 32.0 mm 36

36. Sierra Madre Oriental, endemic to Hidalgo, Puebla and Veracruz ....
.... *Peromyscus furvus*

(Dorsal pelage blackish, flanks slightly lighter; underparts grayish with the base darker; ears approximately 75 % the hind foot length; tail shorter than the body length, not clearly bicolor but dorsal darker with scales; limbs white, tarsus brown; *three pairs of nipples*. Skull: *first and second upper molars with accessory cusps between the second and third folds of the molars*; interorbital region narrow. Total length 248.0 to 282.0 mm, skull 31.5 to 36.0 mm. Group *furvus*).

36a. Sierra Madre Oriental, endemic to San Luís Potosí and Querétaro ....
.... *Peromyscus latirostris*

(Dorsal pelage dark brown, flanks slightly lighter; underparts grayish with the base darker; ears approximately 75 % the hind foot length; tail shorter than the body length, not clearly bicolor but dorsal darker with scales; limbs white, tarsus brown; *three pairs of nipples*. Skull: *first and second upper molars with accessory cusps between the second and third folds of the molars*; interorbital region narrow; nasal more spanded distally. Total length 265.0 to 278.0 mm, skull 32.7 to 37.0 mm. Group *furvus*).

37. Tail length usually less than 96.0 mm; tail with little hair; back hair short and straight. Upper toothrow length less than or equal to 4.0 mm; (Eastern coast of México, including San Luis Potosí, Coahuila, Nuevo León, western part of the Yucatan Peninsula, and Sonora, Chihuahua, and Durango. NOM** ssp.) .... *Peromyscus leucopus* (part)

(The species has a strong geographical variation in color. Dorsal pelage from light to dark brown occasionally darker on the back; underparts whitish with hair base dark; pectoral spot yellowish frequently present; ears approximately 70 % of the hind foot length; tail short than the body length, with a dorsal stripe darker in the central part; *three pairs of nipples*. Skull: *first and second upper molars with accessory cusps in the two principal outer angles*. Total length 130.0 to 200.0 mm, skull 24.0 to 29.5 mm. Group *leucopus*. NOTE: It is difficult to distinguish where the species is in sympatry with *P. maniculatus*).

37a. Tail length usually greater than 95.0 mm; tail hairy; back hair relatively long and silky. Upper toothrow length equal to or greater than 4.0 mm 38

38. Upper toothrow length less than 3.9 mm (northern Baja California and Sonora. NOM** ssp.) .... *Peromyscus crinitus* (part)

(Dorsal pelage grizzly ocher, brown, and blackish with the base leaden; underparts lighter than dorsal and in some cases whitish; ears approximately 90 % the length of the hind foot with thin hairs; tail longer than the body length, bicolor with exception of *P. crinitus delgadilli* from Sonora, with a tuft at the end; *two pairs of nipples*. Skull: *first and second upper molars with rudimentary accessory cusps in the two principal outer angles*; coronoid process small only slightly elevated; anterior breadth of the zygomatic arch less than braincase breadth; nasal bones not extending beyond the premaxilla. Total length 161.0 to 192.0 mm, skull 23.3 to 24.5 mm. Group *crinitus*).

38a. Upper toothrow length greater than 4.0 mm 39

39. Tarsus region white 40

39a. Tarsus region dark as the tibia region 41

40. Hind limb length equal to or greater than 25.0 mm; total length greater than 210.0 mm; incisor foramen greater than 5.0 mm (restricted to central-western Chihuahua) .... *Peromyscus polius*

(Coloración dorsal amarillentas entrepeladas con oscuro produciendo un efecto de pardo oscuro; línea lateral de color ocráceos y angosta; región ventral blancuzca; orejas de aproximadamente el 85 % la longitud de la pata trasera, oscuras, angostas y con el borde blanquecino; cola más larga que el cuerpo, bicolor con la dorsal parda y la ventral blanquecina; patas, muñecas y tobillos blancos; *tres pares de mamas*. Cráneo: *primer y segundo molares superiores con crestas accesorias en el segundo y tercero pliegues*; dientes más grandes que los *P. boylii*. Longitud total 210.0 a 234.0 mm, del cráneo 210 a 234 mm. Grupo *boylii*).

40a. Longitud pata trasera menor igual a 24.0 mm; longitud total menor de 210.0 mm. Foramen anterior del palatino menor de 5.0 mm (región semiárida del Altiplano) .... *Peromyscus pectoralis*

(Coloración dorsal de ocráceo pálido a ocráceo amarillento, con la entrepelados oscuro; región ventral blanco cremoso, algunos ejemplares con una mancha pectoral amarillenta; orejas de aproximadamente el 75 % la longitud de la pata trasera; seis tubérculos plantares; cola más larga que el cuerpo o igual, ligeramente bicolor; patas y tobillos blanquecinos; *tres pares de mamas*. Cráneo: *primer y segundo molares superiores con crestas accesorias en el segundo y tercero pliegues*. Longitud total 185.0 a 219.0 mm, del cráneo 24.7 a 27.0 mm. Grupo *truei*).

41. Distribución en el centro, oriente y sur de México (de Nuevo León y Guerrero al oriente, incluyendo Sierras de Oaxaca y Chiapas) 42

41a. Distribución en el occidente de México (de Michoacán y Chihuahua al occidente, incluyendo la costa del Pacífico y sus las islas) 44

42. Dorso claro (generalmente gris entremezclado con pelos negros, la parte dorsal no contrasta fuertemente con los laterales). Longitud de los molares superiores generalmente menor o igual a 4.2 mm; sutura froto-maxilar con denticiones (Figura C55; de Hidalgo y Querétaro hacia Jalisco, de ahí hacia Chihuahua por la ladera oeste de la Sierra Madre Occidental, incluyendo Isla San Pedro Nolasco en Sonora. NOM** ssp) .... *Peromyscus boylii* (parte)

(Coloración dorsal varía desde un pardo leonado a canela, con los costados de color anaranjado canela; región ventral blanquecino con crema, con una mancha pectoral amarillenta u ocrácea; orejas de aproximadamente el 85 % la longitud de la pata trasera, con pelo muy delgado; cola más menos igual el cuerpo y en ocasiones unos pocos pelos que se extiende de su parte vertebral; patas blancas; *tres pares de mamas*. Cráneo: rostro delgado y cráneo muy variable en función de las áreas geográficas *primer y segundo molares superiores con crestas accesorias en el segundo y tercero pliegues*. Longitud total 185.0 a 198.0 mm, del cráneo 25.8 a 28.5 mm. Grupo *boylii*).

42a. Dorso oscuro (ocráceo oscuro a pardo oscuro, la parte dorsal contrasta fuertemente con los laterales. Longitud de los molares superiores generalmente mayor a 4.2 mm; sutura froto-maxilar sin denticiones (Figura C56) 43

43. Banda dorsal bien marcada; coloración dorsal generalmente pardo oscuro o negra. Rama ascendente de la premaxila no se extiende más allá de la parte posterior de los nasales; generalmente en bosque mesófilo de montaña (ladera oriental de la Sierra Madre Oriental de Puebla a Oaxaca y Sierra Madre del Sur de Guerrero a Chiapas) .... *Peromyscus beatae*

(Coloración dorsal de pardo a ocráceo oscuro con una amplia banda más oscura, en ocasiones casi negra en el dorso, región ventral de blanca a ocrácea; orejas de aproximadamente el 85 % la longitud de la pata trasera, con pelo muy delgado; cola igual de larga que el cuerpo; *tres pares de mamas*. Cráneo: *primer y segundo molares superiores con crestas accesorias en el segundo y tercero pliegues*. Longitud total 200 a 234 mm, del cráneo 27.4 a 29.8 mm. Grupo *boylii*).

(Dorsal pelage yellowish grizzly with dark producing a dark brown effect; lateral line ocher shades and narrow; underparts whitish to whitish; ears approximately 85 % the hind foot length, dark, narrow and with the edge whitish; tail longer than the body length, bicolor with a dorsal darker and ventral whitish; limbs, wrists, and ankles whitish; *three pairs of nipples*. Skull: *first and second upper molars with accessory cusps between the second and third folds of the molars*; teeth larger than those of *P. boylii*. Total length 210.0 to 234.0 mm, skull 210 to 234 mm. Group *boylii*).

40a. Hind limb length equal to or less than 24.0 mm; total length less than 210.0 mm; incisor foramen less than 5.0 mm; (semiarid lands of the Mexican Plateau) .. .. *Peromyscus pectoralis*

(Dorsal pelage light ocher to yellowish ocher grizzly with darker; underparts whitish cream; some specimens with a pectoral spot yellowish; ears approximately 75 % the hind foot length; six tubercles on the soles; tail equal to or longer than the body length, slightly bicolor; limbs and ankles whitish; *three pairs of nipples*. Skull: *first and second uppers molars with accessory cusps between the second and third folds of the molars*. Total length 185.0 to 219.0 mm, skull 24.7 to 27.0 mm. Group *truei*).

41. Distribution in central, eastern and southern Mexico (from Nuevo León and Guerrero to the east, including ranges of Oaxaca and Chiapas) 42

41a. Distribution in western Mexico (from Michoacán toward Chihuahua, including the Pacific Costal Plains and adjacent islands 44

42. Back light (usually grizzly gray with black; dorsal strongly contrasts with the lateral parts). Upper toothrow length usually equal to or less than 4.2 mm; fronto-maxillary suture with teeth (Figure 55; from Hidalgo and Querétaro toward Jalisco, and northward to Chihuahua by the Sierra Madre Occidental western slopes, including San Pedro Nolasco Island in Sonora. NOM** ssp.) .... *Peromyscus boylii* (part)

(Dorsal pelage varies from tawny brown to cinnamon, with flanks cinnamon orange; underparts whitish to whitish cream, occasionally an ocher or yellowish pectoral spot; ears approximately 85 % of the hind foot length and with very thin hair; tail equal to or longer than the body length, occasionally some hair extending to the vertebral part; limbs white; *three pairs of nipples*. Skull: *first and second upper molars with accessory cusps between the second and third folds of the* molars; skull varies depending on geographical areas. Total length 185.0 to 198.0 mm, skull 25.8 to 28.5 mm. Group *boylii*).

42a. Back dark (dark ocraceous to dark brown; dorsal strongly contrasts with the lateral parts). Upper toothrow length usually equal to or less than 4.2 mm; fronto-maxillary suture without teeth (Figure C56) 43

43. Dorsal stripe well marked; dorsal coloration usually dark brown or black. Ascending limb of the premaxilla does not extend beyond the back of the nose; usually from cloud forest habitats (eastern slopes of the Sierra Madre Oriental from Puebla to Oaxaca and in the Sierra Madre del Sur from Guerrero to Chiapas) .... *Peromyscus beatae*

(Dorsal pelage from brown to dark ocher with a wide darker stripe; occasionally almost black on the back; underparts from white to ocher; ears approximately 85 % of the hind foot length; tail equal to the body length; *three pairs of nipples*. Skull: *first and second upper molars with accessory cusps between the second and third folds of the* molars. Total length 200 to 234 mm, skull 27.4 to 29.8 mm. Group *boylii*).

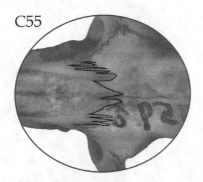

C55   C56

43a. Banda dorsal poco definida; coloración dorsal generalmente ocrácea. Rama ascendente de la premaxila se extiende más allá de la parte posterior de los nasales; generalmente en bosque de encino-pino (Sierra Madre Oriental de Nuevo León hasta Puebla, de ahí en montañas de Querétaro hasta el Estado de México) .. 49

44. Distribución en islas 45

44a. Distribución continental 46

45a. Endémico de la Isla San Esteban (Península de Baja California. NOM**) ....
.... *Peromyscus stephani* (parte)

(Coloración dorsal grisácea entrepelada con pardo rojizo; la cabeza es grisácea; la línea lateral es de un amarillo pálido; región ventral blanquecino; orejas de aproximadamente el 85 % la longitud de la pata trasera; cola más pequeña que el cuerpo y bicolor; pata trasera larga; *tres pares de mamas*. Cráneo: *primer y segundo molares superiores con crestas accesorias en el segundo y tercero pliegues*; proceso coronoides pequeño y solamente poco elevado. **Endémico de la isla San Esteban, Península de Baja California**. Longitud total 163.0 a 210.0 mm, del cráneo 24.6 a 27.6 mm. Grupo *boylii*).

45b. Endémico de las Islas Tres Marías (Nayarit. NOM**) .... *Peromyscus madrensis*

(Coloración dorsal ocre amarillento oscuro, entrepelado con castaño oscuro, siendo más oscuro en la región de lomo; región ventral crema o blanco amarillento, en ocasiones con una mancha pectoral amarillenta; orejas de aproximadamente el 85 % la longitud de la pata trasera; cola más pequeña que el cuerpo y no bicolor, aunque dorsal es más oscura que ventral; patas blancas; *tres pares de mamas*. Cráneo: *primer y segundo molares superiores con crestas accesorias en el segundo y tercero pliegues*. Longitud total 210.0 a 250.0 mm, del cráneo 28.3 a 31.5 mm. Grupo *boylii*).

45c. Distribución en Isla San Pedro Nolasco (de Hidalgo y Querétaro hacia Jalisco, hacia Chihuahua por la ladera oeste de la Sierra Madre Occidental, incluyendo Isla San Pedro Nolasco en Sonora. NOM** ssp) .... *Peromyscus boylii* (parte)

(Coloración dorsal varía desde un pardo leonado a canela, con los costados de color anaranjado canela; región ventral blanquecino con crema, con una mancha pectoral amarillenta u ocrácea; orejas de aproximadamente el 85 % la longitud de la pata trasera, con pelo muy delgado; cola más o menos igual el cuerpo y en ocasiones unos pocos pelos que se extiende de su parte vertebral; patas blancas; *tres pares de mamas*. Cráneo: rostro delgado y cráneo muy variable en función de las áreas geográficas; *primer y segundo molares superiores con crestas accesorias en el segundo y tercero pliegues*. Longitud total 185.0 a 198.0 mm, del cráneo 25.8 a 28.5 mm. Grupo *boylii*).

46. Cola no claramente bicolor, la mayoría de las veces monocolor. Longitud de los molariformes superiores generalmente menor de 4.1 mm (endémico de tierras bajas de Sinaloa y Nayarit) .... *Peromyscus simulus* (parte)

(Coloración dorsal leonado a ocre amarillento y punta de los pelos oscuras, concentrándose en la parte del lomo, sin una marcada línea lateral; región ventral crema blancuzco con tonos grisáceos; orejas de aproximadamente el 80 % la longitud de la pata trasera; cola más pequeña que el cuerpo, bicolor; *tres pares de mamas*. Cráneo: *primer y segundo molares superiores con crestas accesorias en el segundo y tercero pliegues*. Longitud total 191.0 a 207.0 mm, del cráneo 26.2 a 27.4 mm. Grupo *boylii*).

46a. Cola clara o moderadamente bicolor. Longitud de los molariformes superiores generalmente mayor de 4.1 mm 47

47. Distribución en Eje volcánico transversal al sur de Jalisco (endémico la costa noroeste del lago de Chapala en Michoacán y Jalisco) .... *Peromyscus sagax*

(Coloración dorsal de café oscura con el lomo más oscuro; región ventral crema blancuzco con tonos grisáceos; orejas de aproximadamente el 80 % la longitud de la pata trasera; cola igual de larga que el cuerpo, bicolor con la parte dorsal más obscura que la ventral; *tres pares de mamas*. Cráneo: rostro delgado y largo; *primer y segundo molares superiores con crestas accesorias en el segundo y tercero pliegues*. Longitud total 191.0 a 220 mm. Grupo *truei*).

47a. Distribución en Sierra Madre Occidental al norte de Jalisco 48

48. Distribución en el sur de la Sierra Madre Occidental en Nayarit y Jalisco al sur (sólo conocida de Nayarit, pero probablemente en Sierra Madre Occidental de Jalisco y Zacatecas .... *Peromyscus carletoni*

(Descripción similar a la de *P. levipes*)

43a. Dorsal stripe not well defined; dorsal coloration usually ocher. Ascending limb of the premaxilla extends beyond the back of the nose; usually from oak-pine forest habitats (Sierra Madre Oriental from Nuevo León to Puebla, and from there in mountains of Querétaro to Estado de México) 49

44. Island distribution 45

44a. Continental distribution 46

45a. Distribution in San Esteban Island (endemic to the San Esteban Island, Baja California. NOM**) .... *Peromyscus stephani* (part)

(Dorsal pelage grizzly gray with reddish brown; head is grayish; the lateral line is a pale yellow; underparts whitish; ears approximately 85 % the hind foot length; tail shorter than the body length and bicolor; long hind foot; *three pairs of nipples*. Skull: *first and second upper molars with accessory cusps in the two principal outer angles*; coronoid process little and only a bit high. **Endemic to the San Esteban Island, Baja California**. Total length 163.0 to 210.0 mm, skull 24.6 to 27.6 mm. Group *boylii*).

45b. Distribution in Tres Marías Islands (endemic to the Tres Marías Islands, Nayarit. NOM**) .... *Peromyscus madrensis*

(Dorsal pelage dark yellowish ocher grizzly with dark brown;darker on the back; underparts cream or yellowish, occasionally a pectoral yellowish spot; ears approximately 85 % of the hind foot length; tail shorter than the body length and not bicolor but dorsal darker than ventral; hind foot white; *three pairs of nipples*. Skull: *first and second upper molars with accessory cusps in the two principal outer angles*. Total length 210.0 to 250.0 mm, skull 28.3 to 31.5 mm. Group *boylii*).

45c. Distribution in San Pedro Nolasco Island (from Hidalgo and Querétaro to Jalisco, and northward to Chihuahua by the Sierra Madre Occidental western slopes, including San Pedro Nolasco Island in Sonora. NOM** ssp.) ....
.... *Peromyscus boylii* (part)

(Dorsal pelage varies from tawny brown to cinnamon, with flanks cinnamon orange; underparts whitish with cream, occasionally an ocher or yellowish pectoral spot; ears approximately 85 % of the hind foot length with very thin hair; tail equal to or longer than the body length with hair and occasionally hair extending to the vertebral part; dorsal brown and ventral whitish; limbs white; *three pairs of nipples*. Skull: *first and second upper molars with accessory cusps between the second and third folds of the molars*; skull varies depending on geographical areas. Total length 185.0 to 198.0 mm, skull 25.8 to 28.5 mm. Group *boylii*).

46. Tail clearly not bicolor, often monocolor. Upper toothrow length usually less than 4.1 mm (endemic to the lowlands of Sinaloa and Nayarit) ....
.... *Peromyscus simulus* (part)

(Dorsal pelage tawny to yellowish ocher and dark tips of hair; darker on the back without a marked lateral line; underparts whitish with cream with grayish shades; ears approximately 80 % of the hind foot length; tail smaller than the body length and bicolor; *three pairs of nipples*. Skull: *first and second upper molars with accessory cusps between the second and third folds of the molars*. Total length 191.0 to 207.0 mm, skull 26.2 to 27.4 mm. Group *boylii*).

46a. Tail clearly or moderately bicolor. Upper toothrow length usually greater than 4.1 mm 47

47. Distribution in Trans-Mexican Volcanic Belt to southern Jaslico (endemic to the northwestern area of Lagunade Chapala in Michoacan and Jalisco) ....
.... *Peromyscus sagax*

(Dorsal pelage dark brown with the back darker; underparts whitish with grayish shades; ears approximately 80 % of the hind foot length; tail equal to the body length and bicolor; fore and hind feet whitish; *three pairs of nipples*. Skull: *first and second upper molars with accessory cusps in the two principal outer angles*. Total length 191.0 to 220 mm. Group *truei*).

47a. Distribution in Sierra Madre Occidental northern part of Jalisco 48

48. Distribution southern of the in Sierra Madre Occidental in Nayarit and Jalisco southward (only known from Nayarit, but probably in Sierra Madre Occidental from Jalisco and Zacatecas) .... *Peromyscus carletoni*

(Description similar to *P. levipes*).

48a. Distribución en el centro-norte de la Sierra Madre Occidental de Durango al norte
.... 49

49. Coloración dorsal oscura; ladera occidental de la Sierra Madre Occidental
(endémico de Sierra Madre Occidental de Durango a Chihuahua) ....
.... *Peromyscus schmidlyi*

(Coloración dorsal pardo claro, con la base de los pelos gris plomizo, costados canela rojizos; región ventral blancuzca, con la base de los pelos gris plomizo; orejas de aproximadamente el 100 % la longitud de la pata trasera, de color gris oscuro; cola de igual tamaño que el cuerpo, bicolor, con poco pelo y un mechón al final; *tres pares de mamas*. Cráneo: *primer y segundo molares superiores con crestas accesorias en el segundo y tercero pliegues.* **Endémico de Sierra Madre Occidental de Durango a Chihuahua.** Longitud total 175.0 a 205.0 mm, del cráneo 24.2 a 28.8 mm. Grupo *boylii*).

49a. Dorso claro (generalmente gris entremezclado con pelos negros, la parte dorsal no contrasta fuertemente con los laterales). Longitud de los molares superiores generalmente menor o igual a 4.2 mm; sutura froto-maxilar con denticiones (Figura C55; de Hidalgo y Querétaro hacia Jalisco, de ahí hacia Chihuahua por la ladera oeste de la Sierra Madre Occidental, incluyendo Isla San Pedro Nolasco en Sonora. NOM** ssp) .... *Peromyscus boylii* (parte)

(Coloración dorsal varía desde un pardo leonado a canela, con los costados de color anaranjado canela; región ventral blanquecino con crema, con una mancha pectoral amarillenta u ocrácea; orejas de aproximadamente el 85 % la longitud de la pata trasera, con pelo muy delgado; cola más o menos igual el cuerpo y en ocasiones unos pocos pelos que se extiende de su parte vertebral; patas blancas; *tres pares de mamas*. Cráneo: rostro delgado y cráneo muy variable en función de las áreas geográficas *primer y segundo molares superiores con crestas accesorias en el segundo y tercero pliegues.* Longitud total 185.0 a 198.0 mm, del cráneo 25.8 a 28.5 mm. Grupo *boylii*).

Reithrodontomys

1. Cara oclusal del tercer molar inferior parecido a la del segundo (Figura C57); placa zigomática igual o ligeramente más ancha que la fosa mesopterigoidea 2

1a. Cara oclusal del tercer molar inferior diferente a la del segundo (Figura C58); placa zigomática notablemente más ancha que la fosa mesopterigoidea 7

2. Longitud de la oreja menor que la de la pata trasera. Anchura de la caja craneal ligeramente mayor que la zigomática; anchura de la placa zigomática menor de 1.5 mm 3

2a. Longitud de la oreja menor de 3/4 de la de la pata. Anchura de la caja craneal menor que la zigomática; anchura de la placa zigomática mayor de 1.6 mm 4

3. Longitud de la pata generalmente mayor de 19.0 mm; longitud de la oreja generalmente menor de 17.0 mm. Longitud del palatal generalmente menor de 4.0 mm (distribución discontinua en las altas montañas de Chiapas, Oaxaca, Distrito Federal, Estado de México y Michoacán. NOM**) .... *Reithrodontomys microdon*

(**Coloración dorsal parda o parda rojiza, con fino entrepelado negruzco,** costados anaranjado más intenso; región ventral blanquecinas o amarillentas; pelo largo y delgado; orejas con pelo anaranjado; mancha alrededor del ojo negruzca y angosta; cola más larga que el cuerpo, ligeramente bicolor y con manchas poco notorias; patas muy grandes con la parte dorsal negruzca. Cráneo: *dientes incisivos con un surco medio; superficie oclusal de los molares con dos líneas de cúspides longitudinales;* forámenes incisivos grandes y separados por un septo delgado que termina a la altura del inicio de los primeros molares superiores; borde posterior del paladar truncado o con una pequeña espina en el borde; bulas auditivas de tamaño proporcional, pero con un eje oblicuo con respecto al del cráneo. Longitud total 187.0 a 204.0 mm, del cráneo 22.4 a 23.2 mm).

3a. Longitud de la pata generalmente menor de 19.0 mm; longitud de la oreja generalmente mayor de 17.0 mm. Longitud del palatal generalmente mayor de 4.0 mm (Sierra Madre del Sur, en Guerrero) .... *Reithrodontomys bakeri*

(Coloración dorsal parda con las puntas oscuras y la base plomiza, costados son leonados; región ventral blanquecino con las puntas negruzcas; las patas traseras tiene una línea negra desde el tobillo hasta los dedos; la cola es de color homogéneo; orejas grisáceas. *Dientes incisivos con un surco medio; superficie oclusal de los molares con dos líneas de cúspides*

48a. Distribution the in central-north region of the Sierra Madre Occidental from Durango to the north 49

49. Back dark; western slope of the Sierra Madre Occidental (endemic of the Sierra Madre Occidental of Durango and Chihuahua) .... *Peromyscus schmidlyi*

(Dorsal pelage light brown with hair base leaden gray, flanks reddish cinnamon; underparts whitish, with the hair base leaden; ears approximately 100 % of the hind limb length and dark gray; tail equal to the body length, bicolor with little hair and a tuft at the end; *three pairs of nipples*. Skull: *first and second upper molars with accessory cusps in the two principal outer angles*. **Endemic to the Sierra Madre Occidental of Durango and Chihuahua**. Total length 175.0 to 205.0 mm, skull 24.2 to 28.8 mm. Group *boylii*).

49a. Back light (usually grizzly gray with black; dorsal strongly contrasts with the lateral parts). Upper toothrow length usually equal to or less than 4.2 mm; fronto-maxillary suture with teeth (Figure 55; from Hidalgo and Querétaro toward Jalisco, and northward to Chihuahua by the Sierra Madre Occidental western slopes, including San Pedro Nolasco Island in Sonora. NOM** ssp.) .... *Peromyscus boylii* (part)

(Dorsal pelage varies from tawny brown to cinnamon, with flanks cinnamon orange; underparts whitish with cream, an ocher or yellowish pectoral spot; ears approximately 85 % of the hind foot length with very thin hair; tail equal to or longer than the body length, occasionally some hair extending to the vertebral part; limbs white; *three pairs of nipples*. Skull: *first and second upper molars with accessory cusps between the second and third folds of the molars*; skull varies depending on geographical areas. Total length 185.0 to 198.0 mm, skull 25.8 to 28.5 mm. Group *boylii*).

Reithrodontomys

1. Occlusal surface of third lower molar similar to the second one (Figure C57); zygomatic plate equal to or slightly wider than the mesopterygoid fossa 2

1a. Occlusal surface of third lower molar similar to the second one (Figure C58); zygomatic plate markedly wider than the mesopterygoid fossa 7

2. Ear length less than hind foot length. Braincase breadth slightly greater than the zygomatic breadth; breadth of the zygomatic plate less than 1.5 mm 3

2a. Ear length 3/4 of hind foot length. Braincase breadth less than zygomatic breadth; breadth of the zygomatic plate greater than 1.6 mm 4

3. Hind foot length greater than 19.0 mm; ear length less than 17.0 mm. Palatal length generally less than 4.0 mm (discontinued range from the Chiapas Highlands, Oaxaca, Federal District, México State, and Michoacán. NOM**) .... *Reithrodontomys microdon*

(**Dorsal pelage brown or reddish brown with fine grizzly blackish hairs**, flanks intense orange; underparts whitish or yellowish; hair long and thin; **ears orange hair**; narrow blackish spot around the eye; tail longer than the body, slightly bicolor and with inconspicuous spots; very long foot with blackish dorsal coloration. Skull: *incisor with a median groove; occlusal surface of the molars with two rows of cusps arranged longitudinally*large incisor foramina and separated by a thin septum and at the level of the first upper molars; posterior edge of the palate truncated or usually with a small spine; auditory bullae in proportion to the size of the skull but with an oblique axis with respect to the skull axes. Total length 187.0 to 204.0 mm, skull 22.4 to 23.2 mm).

3a. Hind foot length less than 19.0 mm; ear length greater than 17.0 mm. Palatal length generally greater than 4.0 mm (Sierra Madre del Sur, in Guerrero) .... *Reithrodontomys bakeri*

(Dorsal pelage brown with dark tips and the base leaden; flanks tawny; underparts whitish with blackish tips; hind foot with a black line from the ankle to the toes; tail is unicolor; grayish ears. Skull: *incisor with a median groove; occlusal surface*

longitudinales; forámenes incisivos grandes y separados por un septo delgado que termina a la altura del inicio de los primeros molares superiores; borde posterior del paladar truncado o con una pequeña espina en el borde; bulas auditivas de tamaño proporcional, pero con un eje oblicuo con respecto al del cráneo. Longitud total 165.0 a 185.0 mm, del cráneo 21.4 a 22.4 mm).

4. Borde posterior de los forámenes incisivos anterior del palatino terminado, al nivel del borde anterior de los primeros molares superiores (endémico de Isla Cozumel, Quintana Roo. NOM**) .... *Reithrodontomys spectabilis*

(Coloración dorsal pardo anaranjado entrepelado con negruzco, anaranjado más intenso en los costados; región ventral blanquecino; pelo sedoso y delgado; orejas de tamaño medio y pardo pálido; mancha alrededor del ojo negruzca y angosta; cola de color oscuro y homogénea. Cráneo: *dientes incisivos con un surco medio; superficie oclusal de los molares con dos líneas de cúspides longitudinales*; forámenes incisivos grandes y separados por un septo delgado que termina a la altura del inicio de los primeros molares superiores; borde posterior del paladar truncado o con una pequeña espina en el borde; bulas auditivas de tamaño proporcional, pero con un eje oblicuo con respecto al del cráneo. **Endémico de Isla Cozumel, Quintana Roo.** Longitud total 200.0 a 233.0 mm, del cráneo 24.6 a 26.2 mm).

4a. Borde posterior del foramen anterior del palatino terminando por detrás del nivel de los bordes anteriores de los primeros molares 5

5. Longitud total mayor de 204.0 mm. Anchura interorbital mayor de 4.0 mm; longitud del rostro mayor de 9.0 mm (Chiapas) ...... *Reithrodontomys tenuirostris*

(Coloración dorsal pardas rojizas, con línea lateral anaranjada; región ventral canela amarillento; pelo largo y ligeramente lanudo; orejas negruzcas; mancha alrededor del ojo negruzca y angosta; parte anterior del hocico alargada; **cola larga, más del 125 % de la longitud del cuerpo**; patas traseras largas. Cráneo: *dientes incisivos con un surco medio; superficie oclusal de los molares con dos líneas de cúspides longitudinales*; forámenes incisivos grandes y separados por un septo delgado que termina a la altura del inicio de los primeros molares superiores; borde posterior del paladar truncado o con una pequeña espina en el borde; bulas auditivas de tamaño proporcional, pero con un eje oblicuo con respecto al del cráneo. Longitud total 196.0 a 239.0 mm, del cráneo 24.5 a 25.3 mm).

5a. Longitud total menor de 204.0 mm. Anchura interorbital menor de 4.0 mm; longitud del rostro menor de 9.0 mm 6

6. Coloración dorsal de la pata blanquecina o ceniza. Longitud del cráneo menor de 22.0 mm, sí mayor, la longitud del foramen anterior del palatino menor de 4.0 mm (Chiapas y Península de Yucatán. NOM**) ...... *Reithrodontomys gracilis*

(**Coloración dorsal pardo anaranjado, anaranjado más intenso en los costados**; región ventral blanquecina; pelo sedoso y delgado; orejas de tamaño medio y pardo pálido; mancha alrededor del ojo negruzca y angosta; **cola larga y monocolor.** Cráneo: *dientes incisivos con un surco medio; superficie oclusal de los molares con dos líneas de cúspides longitudinales*; forámenes incisivos grandes y separados por un septo delgado que termina a la altura del inicio de los primeros molares superiores; borde posterior del paladar truncado o con una pequeña espina; bulas auditivas de tamaño proporcional, pero con un eje oblicuo con respecto al del cráneo. Longitud total 158.0 a 192.0 mm, del cráneo 21.4 a 22.2 mm).

6a. Coloración dorsal de la pata ceniza. Longitud del cráneo mayor de 22.0 mm, sí menor, la longitud del foramen anterior del palatino mayor de 4.0 mm (ambas Sierras Madres desde Jalisco y Tamaulipas hasta Chiapas) ....
.... *Reithrodontomys mexicanus*

(Coloración dorsal pardo anaranjado con entrepelado negruzco, costados anaranjado intenso; región ventral blanquecinas o amarillentas; pelo largo delgado y lanudo; **orejas grandes y negruzcas**; mancha alrededor del ojo negruzca y delgada; cola más larga que el cuerpo y no bicolor; patas oscuras hasta la base de los dedos. Cráneo: *dientes incisivos con un surco medio; superficie oclusal de los molares con dos líneas de cúspides longitudinales*; forámenes incisivos grandes y separados por un septo delgado que termina a la altura del inicio de los primeros molares superiores; borde posterior del paladar truncado o con una pequeña espina; bulas auditivas de tamaño proporcional, pero con un eje oblicuo con respecto al del cráneo. Longitud total 161.0 a 234.0 mm, del cráneo 21.0 a 23.7 mm).

7. Cara oclusal del tercer molar superior en forma de "E", la del inferior en forma de "S" (Figura C59) 8

7a. Cara oclusal del tercer molar superior e inferior en forma de "C" (Figura C60) ... 9

8. Cola unicolor o ligeramente pálida ventralmente. Anchura zigomática mayor de 11.9 mm; anchura interorbital mayor de 3.4 mm (Nayarit, Colima y Jalisco) ......
.... *Reithrodontomys hirsutus*

(Coloración dorsal y en los costados canela con entrepelado negruzco, cadera de pardo a negruzco; región ventral y en la garganta de canela rosáceo claro a canela amarillento; orejas con pelos negros en las parte externa y canela con negro en la interna, cola unicolor pardo dorsalmente, patas traseras de blancas a amarillentas. Cráneo: *dientes incisivos con un surco medio; superficie oclusal de los molares con dos líneas de cúspides longitudinales*; forámenes incisivos grandes y separados por un

of the molars with two rows of cusps arranged longitudinally; large incisor foramina and separated by a thin septum and at the level of the first upper molars; posterior edge of the palate truncated or usually with a small spine; auditory bullae in proportion to the size of the skull but with an oblique axis with respect to the skull axes. Total length 165.0 to 185.0 mm, skull 21.4 to 22.4 mm).

4. Posterior border of the incisor foramen anterior to the palatine ends at the level of the anterior edge of the first upper molar (endemic to the Cozumel Island, Quintana Roo. NOM**) .... *Reithrodontomys spectabilis*

(Dorsal pelage brown with orange grizzly with blackish, orange more intense on the flanks; underparts whitish; hair silky and thin; ears medium size and pale brown; spot around the eye narrow and blackish; tail homogeneous and dark colored. Skull: *incisor with a median groove; occlusal surface of the molars with two rows of cusps arranged longitudinal*; large incisor foramina and separated by a thin septum and at the level of the first upper molar; posterior edge of the palate truncated or usually with a small spine; auditory bullae in proportion to the size of the skull but with an oblique axis with respect to the skull axes. **Endemic to the Cozumel Island, Quintana Roo**. Total length 200.0 to 233.0 mm, skull 24.6 to 26.2 mm).

4a. Posterior border of the incisor foramen anterior to the level of the first upper molar 5

5. Total length greater than 204.0 mm. Interorbital breadth greater than 4.0 mm; rostrum greater length 9.0 mm (Chiapas) .... *Reithrodontomys tenuirostris*

(Dorsal pelage reddish brown with lateral line orange; underparts cinnamon yellowish; hair long and slightly shaggy; ears blackish; spot around the eye narrow and blackish; anterior region of the snout elongated; **tail long, more than 125 % of the body length**; hind foot long. Skull: *incisor with a median groove; occlusal surface of the molars with two rows of cusps arranged longitudinally*; large incisor foramina and separated by a thin septum and at the level of the first upper molars; posterior edge of the palate truncated or usually with a small spine; auditory bullae in proportion to the size of the skull but with an oblique axis with respect to the skull axes. Total length 196.0 to 239.0 mm, skull 24.5 to 25.3 mm).

5a. Total length less than 204.0 mm. Interorbital breadth less than 4.0 mm; rostrum length less than 9.0 mm 6

6. Dorsal coloration of the limbs whitish or ash. Skull length less than 22.0 mm, if greater, the length of the foramen anterior to the paltine less than 4.0 mm (Chiapas and Yucatan Peninsula. NOM**) .... *Reithrodontomys gracilis*

(**Dorsal pelage orange brown, flanks with more intense orange**; underparts whitish; hair silky and thin; ears medium size and pale brown; spot around the eye narrow and blackish; **tail large and homogeneous color**. Skull: *incisor with a median groove; occlusal surface of the molars with two rows of cusps arranged longitudinally*; large incisor foramina and separated by a thin septum and at the level of the first upper molar; posterior edge of the palate truncated or usually with a small spine; auditory bullae in proportion to the size of the skull but with an oblique axis with respect to the skull axes. Total length 158.0 to 192.0 mm, skull 21.4 to 22.2 mm).

6a. Dorsal coloration of the limbs ash. Skull length greater than 22.0 mm, if smaller, the length the foramen anterior to the palatine is greater than 4.0 mm (both Sierras Madres from Jalisco and Tamaulipas to Chiapas) .... *Reithrodontomys mexicanus*

(Dorsal pelage orange brown with grizzly blackish, flanks bright orange; underparts whitish or yellowish; hair thin long and shaggy; **ears large and blackish**; blackish spot around the eye and thin; tail longer than the body and not bicolor; dark hind foot to the base of the digits. Skull: *incisor with a median groove; occlusal surface of the molars with two rows of cusps arranged longitudinally*; large incisor foramina and separated by a thin septum and at the level of the first upper molar; posterior edge of the palate truncated or usually with a small spine; auditory bullae in proportion to the size of the skull, but with an oblique axis with respect to the skull axes. Total length 161.0 to 234.0 mm, skull 21.0 to 23.7 mm).

7. Third upper molar in E-shape and the third lower one in S-shape (Figure C59) 8

7a. Third upper and lower molars in C-shape (Figure C60) 9

8. Tail unicolor or slightly pale ventrally. Zygomatic breadth greater than 11.9 mm; interorbital breadth greater than 3.4 mm (Nayarit, Colima and Jalisco) .... *Reithrodontomys hirsutus*

(Dorsal and flanks cinnamon grizzly with blackish, hip from brown to blackish; underparts and throat clear light pinkish to yellowish cinnamon; ears with black hairs on the outer part and cinnamon with black on the inner part; tail unicolor brown dorsally; hind foot from white to yellowish. Skull: *incisor with a median groove; occlusal surface of the molars with two rows of cusps arranged longitudinally*; large incisor foramina and separated by a thin septum and at the level the first upper

C57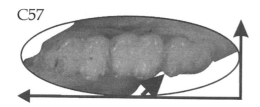

C58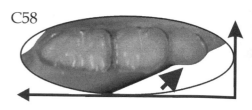

septo delgado que termina a la altura del inicio de los primeros molares superiores; borde posterior del paladar truncado o con una pequeña espina; bulas auditivas de tamaño proporcional, pero con un eje oblicuo con respecto al del cráneo; cara oclusal del tercer molar superior en forma de "E". La del inferior en forma de "S"; anchura zigomática mayor de 11.9 mm; anchura interorbital mayor de 3.4 mm. Longitud total 175.0 a 202.0 mm, del cráneo 22.9 a 24.6 mm).

8a. Cola bicolor. Anchura zigomática menor de 11.9 mm; anchura interorbital menor de 3.4 mm (todo México, excepto Tabasco y ambas penínsulas) .... *Reithrodontomys fulvescens*

(**Coloración dorsal pelo entrecano, con el dorso pardo amarillento entrepelado con oscuro**, con los costados ocráceo a anaranjado pálido; región ventral blanquecino o amarillento; **orejas con pelos anaranjados**; sin mancha oscura alrededor de los ojos; cola bicolor, mayor que la longitud del cuerpo. Cráneo: *dientes incisivos con un surco medio; superficie oclusal de los molares con dos líneas de cúspides longitudinales*; forámenes incisivos grandes y separados por un septo delgado que termina a la altura del inicio de los primeros molares superiores; borde posterior del paladar truncado o con una pequeña espina; bulas auditivas de tamaño proporcional, pero con un eje oblicuo con respecto al del cráneo; cara oclusal del tercer molar superior en forma de "E", la del inferior en forma de "S"; anchura zigomática menor de 11.9 mm; anchura interorbital menor de 3.4 mm. Longitud total 157.0 a 167.0 mm, del cráneo 20.0 a 22.4 mm).

9. Longitud de la cola mayor de 90.0 mm. Anchura de la caja craneal mayor de 10.7 mm 10

9a. Longitud de la cola menor de 90.0 mm. Anchura de la caja craneal menor de 10.7 mm .. 11

10. Superficie interna de la oreja sin pelos amarillos. Región interorbital con los bordes fuertemente cóncavos (Figura C61); rostro largo y delgado (altas montañas del Eje Volcánico Transversal) .... *Reithrodontomys chrysopsis*

(Coloración dorsal anaranjado amarillento entrepelado con negruzco, más frecuente en el lomo y hocico, este último con colores amarillentos a sus costados; región ventral canela blancuzco; mancha oscura alrededor del ojo y orejas negras; cola más oscura dorsalmente y de longitud mayor de 90.0 mm. Cráneo: *dientes incisivos con un surco medio; superficie oclusal de los molares con dos líneas de cúspides longitudinales*; forámenes incisivos grandes y separados por un septo delgado que termina a la altura del inicio de los primeros molares superiores; borde posterior del paladar truncado o con una pequeña espina; bulas auditivas de tamaño proporcional, pero con un eje oblicuo con respecto al del cráneo; cara oclusal del tercer molar superior e inferior en forma de "C"; anchura de la caja craneal mayor de 10.7 mm; región interorbital constreñida; rostro más ancho que la región interorbital y largo; vacuidades del hueso esfenopalatino grandes; fosa pterigoidea más ancha que la mesopterigoidea. Longitud total 170.0 a 192.0 mm, del cráneo 23.0 a 25.1 mm).

10a. Superficie interna de la oreja con pelos amarillos (a veces es necesario verlos a través de la lupa para distinguirlos). Región interorbital ancha, con bordes no fuertemente cóncavos (Figura C62); rostro ancho (alturas medias de las montañas de Chiapas a Jalisco y Querétaro) ... *Reithrodontomys sumichrasti* (parte)

(Coloración dorsal pardo o pardo anaranjado entrepelado con negruzco en el lomo, costados pardo amarillento; región ventral grisáceo blanquecino; orejas negruzcas con pelo; sin mancha oscura alrededor del ojo; cola de la misma longitud del cuerpo o menor, con la parte dorsal más oscura que la ventral y de longitud mayor de 90.0 mm; parte superior de las patas blanquecinas. Cráneo: *dientes incisivos con un surco medio; superficie oclusal de los molares con dos líneas de cúspides longitudinales*; forámenes incisivos grandes y separados por un septo delgado que termina a la altura del inicio de los primeros molares superiores; borde posterior del paladar truncado o con una pequeña espina; bulas auditivas de tamaño proporcional, pero con un eje oblicuo con respecto al del cráneo cara oclusal del tercer molar superior e inferior en forma de "C"; anchura de la caja craneal mayor de 10.7 mm; región interorbital ancha, con bordes no fuertemente cóncavos; rostro ancho. Longitud total 129.0 a 192.0 mm, del cráneo 21.0 a 24.0 mm).

11. Longitud de la cola menor al 50 % de la longitud total 12

11a. Longitud de la cola mayor al 50 % de la longitud total 14

12. Longitud total mayor de 140.0 mm; longitud de la cola mayor de 95 % de la longitud de cabeza y cuerpo. Anchura de la caja craneal mayor de 9.8 mm (Altiplano, incluyendo Oaxaca y norte de Baja California) .... *Reithrodontomys megalotis* (parte)

C59    C60

molars; posterior edge of the palate truncated or usually with a small spine; auditory bullae in proportion to the size of the skull but with an oblique axis with respect to the skull axes; third upper molar in E-shape and the third lower one in S-shape; zygomatic breadth greater than 11.9 mm; interorbital breadth greater than 3.4 mm. Total length 175.0 to 202.0 mm, skull 22.9 to 24.6 mm).

8a. Tail bicolor. Zygomatic breadth less than 11.9 mm; interorbital breadth less than 3.4 mm (all over Mexico, with the exception of Tabasco and both peninsulas) ....
.... *Reithrodontomys fulvescens*

(**Dorsal pelage grizzled with the back yellowish grizzly interspersed with dark**, flank ocher to pale orange; underparts whitish or yellowish; **ears with orange hairs**; no dark spot around the eyes; tail bicolor and longer than the body length; back of legs whitish. Skull: *incisor with a median groove; occlusal surface of the molars with two rows of cusps arranged longitudinally*; large incisor foramina and separated by a thin septum and at the level of the first upper molar; posterior edge of the palate truncated or usually with a small spine; auditory bullae in proportion to the size of the skull but with an oblique axis with respect to the skull axes; third upper molar in E-shape and the third lower one in S-shape; zygomatic breadth less than 11.9 mm; interorbital breadth less than 3.4 mm. Total length 157.0 to 167.0 mm, skull 20.0 to 22.4 mm).

9. Tail length greater than 90.0 mm. Braincase breadth greater than 10.7 mm 10

9a. Tail length less than 90.0 mm. Braincase breadth less than 10.7 mm 11

10. Inner surface of the ear without yellow hairs. Interorbital region with strongly concave edges; rostrum long and thin (Figure C61; highlands of the Trans-Mexican Volcanic Belt) .... *Reithrodontomys chrysopsis*

(Dorsal pelage yellowish orange grizzly with blackish, most common on the back and snout, the latter with yellowish colors on its flanks; underparts whitish cinnamon; spot around the eye and ears black; Tail darker dorsally and length greater than 90.0 mm. Skull: *incisor with a median groove; occlusal surface of the molars with two rows of cusps arranged longitudinally*; large incisor foramina and separated by a thin septum and at the level of the first upper molar; posterior edge of the palate truncated or usually with a small spine; auditory bullae in proportion to the size of the skull but with an oblique axis with respect to the skull axes; third upper and lower molars in C-shape; braincase breadth greatest than 10.7 mm; interorbital region constricted; rostrum wider than the interorbital region and long; sphenopalatine bone larger pits; fossa pterygoid wider than fossa mesopterygoid. Total length 170.0 to 192.0 mm, skull 23.0 to 25.1 mm).

10a. Inner surface of the ear with yellow hairs (sometimes a scope needs to be used to see them). Interorbital region wide with edges not strongly concave; rostrum wide (Figure C62; midlands of the mountains from Chiapas to Jalisco and Querétaro) .... *Reithrodontomys sumichrasti* (part)

(Dorsal pelage brown or orange-brown grizzly with the blackish on back, flanks yellowish brown; underparts grayish whitish; ears blackish with hair; no dark spot around the eye; tail the same body length or smaller, dorsal darker than ventral, length greater than 90.0 mm; top of limbs whitish. Skull: *incisor with a median groove; occlusal surface of the molars with two rows of cusps arranged longitudinally*; large incisor foramina and separated by a thin septum and at the level of the first upper molar; posterior edge of the palate truncated or usually with a small spine; auditory bullae in proportion to the size of the skull but with an oblique axis with respect to the skull axes; third upper and lower molars in C-shape; braincase breadth greatest than 10.7 mm; interorbital region wide with edges not strongly concave; rostrum wide. Total length 129.0 to 192.0 mm, skull 21.0 to 24.0 mm).

11. Tail length less than 50 % of the total length 12

11a. Tail length greater than 50 % of the total length 14

12. Total length greater than 140.0 mm; tail length greater than 95 % of the body length. Braincase breadth greater than 9.8 mm (Mexican Plateau, including Oaxaca and northern Baja California) .... *Reithrodontomys megalotis* (part)

(Especie muy variable en coloración la dorsal va de pardos a pardos oscuros, entrepelados con amarillentos o negruzcos, que dominan en la parte del lomo; mejillas amarillentas; región ventral varía de amarillento oscuro a blanquecino; **cola bicolor con tonos más oscuros dorsalmente que ventral, mayor al 100 % de la longitud total y con poco pelo.** Cráneo: *dientes incisivos con un surco medio; superficie oclusal de los molares con dos líneas de cúspides longitudinales;* forámenes incisivos grandes y separados por un septo delgado que termina a la altura del inicio de los primeros molares superiores; borde posterior del paladar truncado o con una pequeña espina; bulas auditivas de tamaño proporcional, pero con un eje oblicuo con respecto al del cráneo; cara oclusal del tercer molar superior e inferior en forma de "C"; anchura de la caja craneal menor de 10.7 mm; placa zigomática y fosa pterigoidea muy anchas. Longitud total 118.0 a 170.0 mm, del cráneo 19.9 a 21.2 mm).

12a. Longitud total menor de 140.0 mm; longitud de la cola menor de 95 % de la longitud de cabeza y cuerpo. Anchura de la caja craneal menor de 9.8 mm ... 13

13. Coloración dorsal de la pata blanca o blanquecina con una línea media dorsal obscura; coloración de las áreas pre y post ocular amarillo intenso. Anchura anterior y posterior del arco zigomático iguales (Figura C63; endémico de la Planicie Costera del Pacífico en Sonora y Sinaloa) .... *Reithrodontomys burti*

(Coloración dorsal ocráceo amarillento, los pelos con las puntas negruzcas, siendo más frecuentes en los costados y cadera; región ventral blancos con la base gris plomizo; tobillos blancuzcos o con una línea oscura; **coloración de las áreas pre y post ocular amarillo intenso;** cola corta, delgada y de longitud menor de 90.0 mm y menor al 50 % de la longitud total. Cráneo: *dientes incisivos con un surco medio; superficie oclusal de los molares con dos líneas de cúspides longitudinales;* forámenes incisivos grandes y separados por un septo delgado que termina a la altura del inicio de los primeros molares superiores; borde posterior del paladar truncado o con una pequeña espina; bulas auditivas de tamaño proporcional, pero con un eje oblicuo con respecto al del cráneo; cara oclusal del tercer molar superior e inferior en forma de "C"; anchura de la caja craneal menor de 10.7 mm; anchura anterior y posterior del zigomático iguales; foramen interorbital grande; nasales proporcionalmente grandes. Longitud total 116.0 a 132.0 mm, del cráneo 19.7 a 21.2 mm).

13a. Coloración dorsal de la pata cenizo; coloración de las regiones oculares grisáceas. Anchura anterior del zigomático mayor que la posterior (Figura C64; Durango, Chihuahua y Sonora) .... *Reithrodontomys montanus*

(**Coloración dorsal pálida de amarillo grisáceo, con el lomo oscuro que contrasta con los costados amarillo pardo con tonalidades rojizas;** ventral blanquecino; la parte externa de las orejas amarillo pardo con tonalidades rojizas; **cola con una línea dorsal oscura y corta.** Cráneo: *dientes incisivos con un surco medio; superficie oclusal de los molares con dos líneas de cúspides longitudinales;* forámenes incisivos grandes y separados por un septo delgado que termina a la altura del inicio de los primeros molares superiores; borde posterior del paladar truncado o con una pequeña espina; bulas auditivas de tamaño proporcional, pero con un eje oblicuo con respecto al del cráneo cara oclusal del tercer molar superior e inferior en forma de "C"; anchura de la caja craneal menor de 10.7 mm. Longitud total 107.0 a 143.0 mm, del cráneo 19.1 a 20.1 mm).

14. Longitud de la cola mayor de 75.0 mm, generalmente mayor a 90.0 mm. Anchura de la fosa mesopterigoidea mayor de 1.0 mm, aproximadamente igual a la distancia entre las fosetas posteriores del palatino (alturas medias de las montañas de Chiapas a Jalisco y Querétaro) .... *Reithrodontomys sumichrasti* (parte)

(Coloración dorsal pardo o pardo anaranjado entrepelado con negruzco en el lomo, costados pardo amarillento; región ventral grisáceo blanquecino; orejas negruzcas con pelo; sin mancha oscura alrededor del ojo; cola de la misma longitud del cuerpo o menor, con la parte dorsal más oscura que la ventral y de longitud menor de 90.0 mm; parte superior de las patas blanquecinas. Cráneo: *dientes incisivos con un surco medio; superficie oclusal de los molares con dos líneas de cúspides longitudinales;* forámenes incisivos grandes y separados por un septo delgado que termina a la altura del inicio de los primeros molares superiores; borde posterior del paladar truncado o con una pequeña espina; bulas auditivas de tamaño proporcional, pero con un eje oblicuo con respecto al del cráneo cara oclusal del tercer molar superior e inferior en forma de "C"; anchura de la caja craneal menor de 10.7 mm. Longitud total 118.0 a 170.0 mm, del cráneo 19.9 a 21.2 mm).

C61

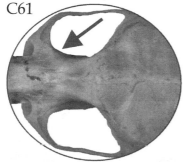

C62

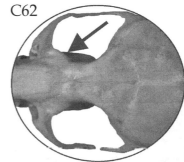

(Species highly variable in dorsal pelage ranging from brown to dark brown, grizzly with yellowish or blackish, which dominates on the back; cheeks yellow; underparts varies from dark yellowish to whitish; **tail bicolor dorsally with darker shades than ventral, more than 100 % of the total length and slightly haired**. Skull: *incisor with a median groove; occlusal surface of the molars with two rows of cusps arranged longitudinally;* large incisor foramina and separated by a thin septum and at the level of the first upper molar; posterior edge of the palate truncated or usually with a small spine; auditory bullae in proportion to the size of the skull but with an oblique axis with respect to the skull axes; third upper and lower molars in C-shape; braincase breadth less than 10.7 mm; pterygoid fossa and zygomatic very broad. Total length 118.0 to 170.0 mm, skull 19.9 to 21.2 mm).

12a. Total length less than 140.0 mm; tail length less than 95 % of the body length. Braincase breadth less than 9.8 mm 13

13. Dorsal coloration of the limb white or whitish with a dark dorsal midline; coloration of the pre and post eye areas intense yellow. Anterior and posterior breadth of the zygomatic arch equal (Figure C63; endemic from the Pacific Coastal Plain of Sonora and Sinaloa) .... *Reithrodontomys burti*

(Dorsal pelage yellowish ocher with hair tips blackish, more frequent in the flank and hip; underparts white with the base leaden gray; ankles whitish or with a dark line; **coloration of the pre and post eye areas intense yellow**; tail thin and length less than 90.0 mm and less than 50 % of the total length. Skull: *incisor with a median groove; occlusal surface of the molars with two rows of cusps arranged longitudinal;* large incisor foramina and separated by a thin septum and at the level of the first upper molar; posterior edge of the palate truncated or usually with a small spine; auditory bullae in proportion to the size of the skull but with an oblique axis with respect to the skull axes; third upper and lower molars in C-shape; braincase breadth less than 10.7 mm; zygomatic anterior and posterior breadth equal; interorbital foramen large; nasal proportionally large. Total length 116.0 to 132.0 mm, skull 19.7 to 21.2 mm).

13a. Dorsal coloration of the limb ash; coloration of the eye areas grayish. Zygomatic anterior breadth greater than the posterior one (Figure C64; Durango, Chihuahua and Sonora) .... *Reithrodontomys montanus*

(**Dorsal pelage pale grayish yellow, back dark contrasting with the flanks yellow-brown with reddish**; underparts whitish; ears with outer parts yellow-brown with reddish; **tail short with a thin dark line**. Skull: *incisor with a median groove; occlusal surface of the molars with two rows of cusps arranged longitudinally;* large incisor foramina and separated by a thin septum and at the level of the first upper molar; posterior edge of the palate truncated or usually with a small spine; auditory bullae in proportion to the size of the skull but with an oblique axis with respect to the skull axes; third upper and lower molars in C-shape; braincase breadth less than 10.7 mm. Total length 107.0 to 143.0 mm, del cráneo19.1 to 20.1 mm).

14. Tail length greater than 75.0 mm, usually greater than 90.0 mm. Breadth of the mesopterigoidea fossa greater than 1.0 mm and approximately equal to the distance between the posterior pits of the palatine (midlands of the mountains from Chiapas to Jalisco and Querétaro) .... *Reithrodontomys sumichrasti* (part)

(Dorsal pelage brown or orange-brown grizzly with blackish on back, flanks yellowish brown; underparts whitish grayish; ears blackish with hair; no dark spot around the eye; tail the same as body length or smaller, dorsal darker than ventral, length greater than 90.0 mm; top of limbs whitish. Skull: *incisor with a median groove; occlusal surface of the molars with two rows of cusps arranged longitudinally;* large incisor foramina and separated by a thin septum and at the level of the first upper molar; posterior edge of the palate truncated or usually with a small spine; auditory bullae in proportion to the size of the skull but with an oblique axis with respect to the skull axes; third upper and lower molars in C-shape; braincase breadth less than 10.7 mm. Total length 118.0 to 170.0 mm, skull 19.9 to 21.2 mm).

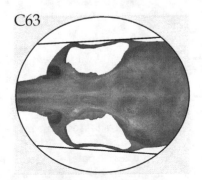

C63

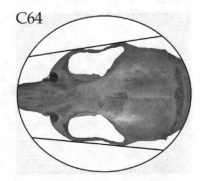

C64

14a. Longitud de la cola menor de 85.0 mm. Anchura de la fosa mesopterigoidea menor de 1.3 mm y menor a la distancia entre las fosetas posteriores del palatino (Altiplano, incluyendo Oaxaca y norte de Baja California) 15

15. Longitud de la cola aproximadamente 104 % de la longitud del cuerpo; coloración dorsal grisácea y la ventral blanca. Anchura de la placa zigomática de mayor de 1.8 mm (Altiplano, incluyendo Oaxaca y norte de Baja California) .... *Reithrodontomys megalotis* (parte)

(Especie muy variable en coloración la dorsal va de pardos a pardos oscuros, entrepelados con amarillentos o negruzcos, que dominan en la pate del lomo, mejillas amarillentas, costados y hombros; región ventral varía de amarillento oscuro a blanquecino; **cola bicolor con tonos más oscuros dorsalmente que ventral, mayor al 100 % de la longitud total y con poco pelo.** Cráneo: *dientes incisivos con un surco medio; superficie oclusal de los molares con dos líneas de cúspides longitudinales*; forámenes incisivos grandes y separados por un septo delgado que termina a la altura del inicio de los primeros molares superiores; borde posterior del paladar truncado o con una pequeña espina; bulas auditivas de tamaño proporcional, pero con un eje oblicuo con respecto al del cráneo; cara oclusal del tercer molar superior e inferior en forma de "C"; anchura de la caja craneal menor de 10.7 mm placa zigomática y fosa pterigoidea muy anchos. Longitud total 118.0 a 170.0 mm, del cráneo 19.9 a 21.2 mm).

15a. Longitud de la cola aproximadamente 119 % de la longitud del cuerpo; coloración del dorso obscura y ventral amarilla rosácea. Anchura de la placa zigomática menor de 1.8 mm. Esta especie se separa de la anterior principalmente por cariotipos (Sierra Madre Occidental, desde el Noroeste de Chihuahua hasta Colima y Michoacán) .... *Reithrodontomys zacatecae*

(Coloración dorsal café rojizo; región ventral café canela; **longitud de la cola aproximadamente 119 % de la longitud del cuerpo.** Cráneo: *dientes incisivos con un surco medio; superficie oclusal de los molares con dos líneas de cúspides longitudinales*; forámenes incisivos grandes y separados por un septo delgado que termina a la altura del inicio de los primeros molares superiores; borde posterior del paladar truncado o con una pequeña espina; bulas auditivas de tamaño proporcional, pero con un eje oblicuo con respecto al del cráneo cara oclusal del tercer molar superior e inferior en forma de "C"; anchura de la caja craneal menor de 10.7 mm. Longitud del cráneo 20.0 a 20.6 mm).

Rheomys

1. Longitud total mayor de 265.0 mm. Zona de corte de los incisivos superiores en forma de "V" invertida cuando se ven de frente (Chiapas. NOM***) .... *Rheomys mexicanus*

(Coloración dorsal negruzca, en ocasiones entrecano con la punta de los pelos blancos; región ventral más pálida, pero no contrastando con el dorso; **patas traseras con membranas interdigitales.** Cráneo: constricción interorbital con casi la misma anchura que el rostro y abriéndose hacia caja craneal de manera marcada; *caja craneal aplanada*; zona de corte de los incisivos superiores en forma de "V" invertida cuando se ven de frente. Longitud total 280.0 a 302.0 mm, del cráneo 30.3 a 32.8 mm).

1a. Longitud total menor de 265.0 mm. Zona de corte de los incisivos superiores en no forma de "V" invertida cuando se ven de frente (Chiapas. NOM***) .... *Rheomys thomasi*

(Coloración dorsal pardo con los pelos de cobertura negra y a punta del pelo de cobertura blanco; región ventral blanca grisáceo; **patas traseras con membranas interdigitales.** Cráneo: constricción interorbital con casi la misma anchura que el rostro y abriéndose hacia caja craneal de manera marcada; *caja craneal aplanada*; zona de corte de los incisivos superiores no en forma de "V" invertida cuando se ven de frente. Longitud total 208.0 a 253.0 mm, del cráneo 30.0 a 33.0 mm).

Sigmodon

1. Cola desnuda de apariencia escamosa, cada escama mayor o igual a 0.7 mm de anchura. Cráneo alargado y delgado; basioccipital largo y ancho; cavidades palatinas someras (Figura C65) 2

1a. Cola cubierta por pelo de tal manera que no se notan las escamas, las que pueden ser de mayor o menor de 0.7 mm de anchura. Cráneo corto y ancho; basioccipital largo y delgado o corto y ancho; cavidades palatinas profundas (Figura C66) 6

14a. Tail length less than 85.0 mm. Breadth of the mesopterigoidea fossa less than 1.3 mm and less than the distance between the posterior pits of the palatine (Mexican Plateau, including Oaxaca and northern Baja California) 15

15. Tail length about 104 % of the body length; dorsal coloration grayish and underparts white. Breadth of the zygomatic plate greater than 1.8 mm (Mexican Plateau, including Oaxaca and north of Baja California) ....
.... *Reithrodontomys megalotis* (part)

(Species highly variable in dorsal pelage from brown to dark brown, grizzly with yellowish or blackish dominating on the back; yellowish cheeks, flanks, and shoulders; underparts vary from dark yellowish to whitish; **tail bicolor dorsally with darker tones shades than ventral, more than 100 % of the total length and lightly haired**. Skull: *incisor with a median groove; occlusal surface of the molars with two rows of cusps arranged longitudinally*; large incisor foramina and separated by a thin septum and at the level of the first upper molar; posterior edge of the palate truncated or usually with a small spine; auditory bullae in proportion to the size of the skull but with an oblique axis with respect to the skull axes; third upper and lower molars in C-shape; braincase breadth less than 10.7 mm; zygomatic plate and pterygoid fossa very broad. Total length 118.0 to 170.0 mm, skull 19.9 to 21.2 mm).

15a. Tail length about 119 % of the body length; dorsal coloration darker and underparts pinkish yellow. Breadth of the zygomatic plate less than 1.8 mm. This species can be distinguished separated from the others mainly by karyotypes (Sierra Madre Occidental, from northeastern Chihuahua to Colima and Michoacán) .... *Reithrodontomys zacatecae*

(Dorsal pelage reddish brown; underparts cinnamon brown; **tail length approximately 119 % of the body length**. Skull: *incisor with a median groove; occlusal surface of the molars with two rows of cusps arranged longitudinal*; large incisor foramina and separated by a thin septum and at the level of the first upper molar; posterior edge of the palate truncated or usually with a small spine; auditory bullae in proportion to the size of the skull but with an oblique axis with respect to the skull axes; third upper and lower molars in C-shape; braincase breadth less than 10.7 mm. Skull length 20.0 to 20.6 mm).

Rheomys

1. Total length greater than 265.0 mm. Cutting area of the upper incisors in an inverted V-shape in front view (Endemic from Oaxaca. NOM***) ....
.... *Rheomys mexicanus*

(Dorsal pelage blackish, occasionally grizzled with hair tips white; underparts paler but not contrasting wit the back; *hind foot paws webbed*. Skull: interorbital constriction with almost the same breadth as the rostrum and opening to the braincase in a notorious form; **braincase flattened**; cutting area of the upper incisors in an inverted V-shape in front view. Total length 280.0 to 302.0 mm, skull 30.3 to 32.8 mm).

1a. Total length less than 265.0 mm. Cutting area of the upper incisors not in an inverted V-shape in front view (restricted to Chiapas. NOM***) ....
.... *Rheomys thomasi*

(Dorsal pelage brown, darken by black-tipped overhairs, tips of longer overhairs white; underparts grayish white; *hind foot paws webbed*. Skull: interorbital constriction with almost the same breadth as the rostrum and opening to the braincase in a notorious form; **braincase flattened**; cutting area of the upper incisors in an inverted not in V-shape in front view. Total length 208.0 to 253.0 mm, skull 30.0 to 33.0 mm).

Sigmodon

1. Tail naked scaly in appearance, each scale greater than or equal to 0.7 mm in breadth. Skull elongated and thin; basioccipital large and wide; palatal pits shallow (Figure C65) 2

1a. Tail covered with hair in such a way that scales are not noticeable and could be greater or less than 0.7 mm in breadth. Skull short and wide; basioccipital long and thin or short and wide; palatal pits deep (Figure C66) 6

2. Longitud promedio de la pata traseras menor de 33.5 mm. Mínima distancia entre la cresta temporal y la occipital menor igual a 3.2 mm; borde lateral de los nasales cóncavo 3

2a. Longitud promedio de la pata trasera mayor o igual a 34.0 mm. Mínima distancia entre la crestas temporal y la occipital mayor o igual a 3.9 mm; borde lateral de los nasales cóncavo o recto 5

3. Coloración dorsal jaspeada con los pelos claros del dorso crema claro; coloración del dorso contrastando fuertemente con los flancos. Parte posterior del palatino deprimido (todo México y Delta del río Colorado, a excepción de la Península de Baja California, la Planicie Costera del Pacífico de Oaxaca al norte y la Sierra Madre Occidental) .... *Sigmodon hispidus*

(Coloración dorsal jaspeada en tonos de negruzco a pardo oscuro entrepelado con amarillento o grisáceo, costados poco más claros; región ventral de gris pálido a oscuro, algunas veces entrepelado con amarillento; pelo corto y grueso (híspido); orejas pequeñas; cola más corta que el cuerpo, presentando una serie de anillos formados pro escamas, con poco pelo en su longitud; dedos externos de las patas traseras proporcionalmente más chicos que el resto; *planta de las patas negruzca*; 10 pezones. Cráneo: cresta en el borde supraorbital que se continua hasta la parte posterior del parietal; hueso interparietal ancho; palatal ancho y terminando a la altura del borde posterior del último molariforme, con un pozo bien definido entre la parte media y el último molariforme; fosa pterigoidea profunda; molariformes planos y con una serie de láminas trasversales de esmalte; ancho mastoideo menor al 46 % de la longitud basal; con cresta en el paladar; cráneo alargado y delgado; basioccipital largo y ancho; cavidades palatinas someras; mínima distancia entre la cresta temporal y la occipital promediando menor igual a 3.2 mm; borde lateral de los nasales cóncavo; **foramen oval en proporción al cráneo**; *tercer molar inferior en forma de "S".* Longitud total 224.0 a 365.0 mm, del cráneo 31.0 a 34.5 mm).

3a. Coloración dorsal jaspeada con los pelos claros del dorso anaranjado parduzco; coloración del dorso no contrasta fuertemente con los flancos. Parte posterior del palatino plana 4

4. Longitud de la cola mayor de 120.0 mm; cola marcadamente peluda (restringido a Chiapas) .... *Sigmodon zanjonensis*

(Coloración dorsal jaspeada en tonos de negruzco a pardo oscuro, amarillento o grisáceo, costados poco más claros; región ventral de gris pálido a oscuro, algunas veces entrepelado con amarillento; pelo corto y grueso (híspido); orejas pequeñas; cola más corta que el cuerpo, presentando una serie de anillos formados pro escamas, con poco pelo en su longitud; dedos externos de las patas traseras proporcionalmente más chicos que el resto; *planta de las patas negruzca*; 10 pezones. Cráneo: cresta en el borde supraorbital que se continua hasta la parte posterior del parietal; hueso interparietal ancho; palatal ancho y terminando a la altura del borde posterior del último molariforme, con un pozo bien definido entre la parte media y el último molariforme; fosa pterigoidea profunda; molariformes planos y con una serie de láminas trasversales de esmalte; cráneo alargado y delgado; basioccipital largo y ancho; cavidades palatinas someras; mínima distancia entre la cresta temporal y la occipital promediando menor igual a 3.2 mm; borde lateral de los nasales cóncavo; *tercer molar inferior en forma de "S".* **Restringido a Chiapas.** Longitud total 254 a 316.0 mm, del cráneo 36.3 a 38.1 mm).

4a. Longitud de la cola menor de 120.0 mm; cola poco peluda (vertiente del Golfo desde el sur de Tamaulipas hasta la Península de Yucatán) .... *Sigmodon toltecus*

(Coloración dorsal jaspeada en tonos de negruzco a pardo oscuro, entrepelado con amarillento o grisáceo, costados poco más claros; región ventral de gris pálido a oscuro, algunas veces entrepelado con amarillento; pelo corto y grueso (híspido); orejas pequeñas; cola más corta que el cuerpo, presentando una serie de anillos formados pro escamas, con poco pelo en su longitud; dedos externos de las patas traseras proporcionalmente más chicos que el resto; *planta de las patas negruzca*; 10 pezones. Cráneo: cresta en el borde supraorbital que se continua hasta la parte posterior del parietal; hueso interparietal ancho; palatal ancho y terminando a la altura del borde posterior del último molariforme, con un pozo bien definido entre la parte media y el último molariforme; fosa pterigoidea profunda; molariformes planos y con una serie de láminas trasversales de esmalte; cráneo alargado y delgado; basioccipital largo y ancho; cavidades palatinas someras; mínima distancia entre la cresta temporal y la occipital promediando menor igual a 3.2 mm; borde lateral de los nasales cóncavo; *tercer molar inferior en forma de "S".* Longitud total 215.0 a 256.0 mm, del cráneo 29.3 a 32.2 mm).

5. Cresta palatina presente; promedio de la longitud total del cráneo aproximadamente 40.0 mm; foramen oval grande (Figura C67); borde lateral de los nasales cóncavo (Planicie Costera del Pacífico y Sierra Madre Occidental de Jalisco al norte) .... *Sigmodon arizonae*

(Coloración dorsal jaspeada en tonos de negruzco a pardo oscuro, entrepelado con amarillento o grisáceo, costados poco más claros; región ventral de gris pálido a oscuro, algunas veces entrepelado con amarillento;

2. Hind foot length in average less than 33.5 mm. Minimum distance between the temporal and occipital crest less than or equal to 3.2 mm; lateral edge of the nasal concave 3

2a. Hind foot length of hind foot in average equal to or greater than 34.0 mm. Minimum distance between the temporal and occipital crest greater than or equal to 3.9 mm; lateral edge of the nasal concave or straight 5

3. Dorsal coloration grizzled with light hairs on the back light cream; dorsal color strongly contrasting with the flanks. Back part of palatal depressed (All over Mexico and delta of the Colorado River, with the exception of the Baja California Peninsula, the Gulf Pacific Plains of Oaxaca to the north and the Sierra Madre Occidental) .... *Sigmodon hispidus*

(Dorsal pelage grizzled from blackish to dark brown shades grizzly with yellowish or grayish, flanks slightly lighter; underparts from pale to dark gray, sometimes grizzly with yellowish; hair short and thick (bushy); ears small; tail shorter than the body, showing a series of rings formed by scales with little hair on its length; external digits of the hind foot proportionally smaller than the rest; *sole of the hind foot blackish;* 10 nipples. Skull: supraorbital ridge with the edge well developed and extending to the back of the parietal; interparietal bone wide; palatal breadth and ending at the posterior edge of the last molariform with a well-defined pit between the middle and the last molariform; pterygoid fossa deep; molariforms flat-crowned with a series of transverse of enamel plates; mastoid breadth less than 46 % of basal length; a crest in the palate; skull elongated and thin; basioccipital large and wide; palatal pits shallow; minimum distance between the temporal and occipital crest averaging less than or equal to 3.2 mm; lateral edge of the nasal concave; **foramen oval in proportion to the skull;** *third lower molar in S-shape.* Total length 224.0 to 365.0 mm, skull 31.0 to 34.5 mm).

3a. Dorsal coloration grizzled with light orange brownish hairs on the back; dorsal color not strongly contrasting with the flanks. Back part of palatine flat 4

4. Tail length greater than 120.0 mm; tail markedly bushy (restricted to Chiapas) .... *Sigmodon zanjonensis*

(Dorsal pelage grizzled in shades from blackish to dark brown, yellowish or grayish; flanks slightly lighter; underparts from light gray to gray, sometimes grizzly with yellowish; hair short and thick (bushy); ears small; tail shorter than the body, showing a series of rings formed by scales with little hair; external digits of the hind foot proportionally smaller than the rest; *sole of the hind foot blackish;* 10 nipples. Skull: supraorbital ridge with the edge well developed and extends to the back of the parietal; interparietal bone wide; palatal wide and ending at the posterior edge of the last molariform, with a well-defined pit between the middle and the last molariform; pterygoid fossa deep; molariforms flat-crowned with a series of transversal enamel plates; with a crest in the palate; skull elongated and thin; basioccipital large and wide; palatal pits shallow; minimum distance between the temporal and occipital crest averaging less than or equal to 3.2 mm; lateral edge of the nasal concave; *third lower molar in S-shape.* **Restricted to Chiapas.** Total length 254 to mm, skull 36.3 to 38.1 mm).

4a. Tail length less than 120.0 mm; tail little hairy (Gulf Coastal Plains from southern Tamaulipas to the Yucatan Peninsula) .... *Sigmodon toltecus*

(Dorsal pelage grizzled in blackish to dark brown shades grizzly with yellowish or gray, flanks slightly lighter; underparts light to dark gray, sometimes grizzly with yellowish; hair short and thick (bushy); ears small; tail shorter than the body, showing a series of rings formed by scales with little hair on its length; external digits of the hind foot proportionally smaller than the rest; *sole of the hind foot blackish;* 10 nipples. Skull: supraorbital ridge with the edge well developed and extending to the back of the parietal; interparietal bone wide; palatal wide and ending at the posterior edge of the last molariform with a well-defined pit between the middle and the last molariform; pterygoid fossa deep; molariforms flat-crowned with a series of transversal enamel plates; skull elongated and thin; basioccipital large and wide; palatal pits shallow; minimum distance between the temporal and occipital crest averaging less than or equal to 3.2 mm; lateral edge of the nasal concave; *third lower molar in S-shape.* Total length 215.0 to 256.0 mm, skull 29.3 to 32.2 mm).

5. Palatal ridge present; average of the total skull length approximately 40.0 mm; oval foramen large (Figure C67); lateral edge of the nasal concave (Pacific Coastal Plains and Sierra Madre Occidental from Jalisco northward) .... *Sigmodon arizonae*

(Dorsal pelage grizzled in from blackish to dark brown shades grizzly with yellowish or gray, flanks slightly lighter; underparts from light to dark gray, sometimes grizzly with yellowish; hair short and thick (bushy); ears

pelo corto y grueso (híspido); orejas pequeñas; cola más corta que el cuerpo, presentando una serie de anillos formados pro escamas, con poco pelo en su longitud; dedos externos de las patas traseras proporcionalmente más chicos que el resto; *planta de las patas negruzca*; 10 pezones. Cráneo: cresta en el borde supraorbital que se continua hasta la parte posterior del parietal; hueso interparietal ancho; palatal ancho y terminando a la altura del borde posterior del último molariforme, con un pozo bien definido entre la parte media y el último molariforme; fosa pterigoidea profunda; molariformes planos y con una serie de láminas trasversales de esmalte; cráneo alargado y delgado; basioccipital largo y ancho; cavidades palatinas someras; mínima distancia entre la crestas temporal y la occipital promediando mayor o igual a 3.9 mm; borde lateral de los nasales cóncavo o recto; con cresta en el paladar; foramen oval grande; borde lateral de los nasales cóncavo; **foramen oval pequeño**; *tercer molar inferior en forma de "S"*. Longitud total 202.0 a 317.0 mm, del cráneo 31.5 a 38.0 mm).

5a. Sin cresta palatina; promedio de la longitud total del cráneo aproximadamente 36.0 mm. Foramen oval pequeño (Figura C68); borde lateral de los nasales cóncavo o recto (Planicie Costera del Pacífico y Sierra Madre Occidental de Jalisco a Oaxaca) .... *Sigmodon mascotensis*

(Coloración dorsal jaspeada en tonos de negruzco a pardo oscuro, entrepelado con amarillento o grisáceo, costados poco más claros; región ventral de gris pálido a oscuro, algunas veces entrepelado con amarillento; pelo corto y grueso (híspido); orejas pequeñas; cola más corta que el cuerpo, presentando una serie de anillos formados pro escamas, con poco pelo en su longitud; dedos externos de las patas traseras proporcionalmente más chicos que el resto; *planta de las patas negruzca*; 10 pezones. Cráneo: cresta en el borde supraorbital que se continua hasta la parte posterior del parietal; hueso interparietal ancho; palatal ancho y terminando a la altura del borde posterior del último molariforme, con un pozo bien definido entre la parte media y el último molariforme; fosa pterigoidea profunda; molariformes planos y con una serie de láminas trasversales de esmalte; cráneo alargado y delgado; basioccipital largo y ancho; cavidades palatinas someras; mínima distancia entre la crestas temporal y la occipital promediando mayor o igual a 3.9 mm; **borde lateral de los nasales cóncavo o recto sin cresta en el paladar**; foramen oval pequeño; *tercer molar inferior en forma de "S"*. Longitud total 204.0 a 314.0 mm, del cráneo 35.5 a 40.5 mm).

6. Coloración interna de la oreja blanquecina contrastando claramente con la coloración dorsal. Longitud del interparietal menor de 2.0 mm; superficie dorsal de los premaxilares con una depresión rostral fuerte; bordes anteriores de la fosa mesopterigoidea paralelos (Figura C69; partes bajas de la Sierra Madre Oriental, Occidental, y del Eje Volcánico Transversal) .... *Sigmodon leucotis*

(Coloración dorsal pardo grisáceo; región ventral blanquecino; pelo corto y grueso (híspido); **orejas pequeñas y blanquecinas que contrastan con la región dorsal**; cola más corta que el cuerpo, negruzca y parda en su base; dedos externos de las patas traseras proporcionalmente más chicos que el resto; *planta de las patas negruzca*; 10 pezones; superficie interna de la oreja blanquecina contrastando claramente con la coloración dorsal. Cráneo: cresta en el borde supraorbital que se continua hasta la parte posterior del parietal; hueso interparietal ancho y menos de 2.0 mm de largo; palatal ancho y terminando a la altura del borde posterior del último molariforme, con un pozo bien definido entre la parte media y el último molariforme; fosa pterigoidea profunda; basioccipital largo y delgado o corto y ancho; cavidades palatinas profundas; bordes anteriores de la fosa mesopterigoidea paralelos proceso angular en forma de gancho; *tercer molar inferior en forma de "S"*. Longitud total 230.0 a 252.0 mm, del cráneo 32.0 a 33.0 mm).

6a. Coloración interna de la oreja no muy diferente a la dorsal. Longitud del interparietal mayor de 2.0 mm; superficie dorsal de los premaxilares sin depresión rostral o muy poco marcada; bordes anteriores de la fosa mesopterigoidea no paralelos (Figura C70) 7

7. Coloración de la nariz y alrededor de los ojos distintamente amarillenta; escamas de la cola de 0.50 mm. Longitud de los cóndilos al premaxilar menor de 33.2

C65

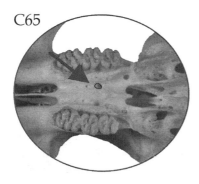

C66

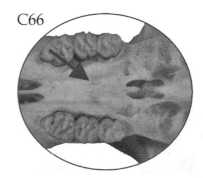

small; tail shorter than the body, showing a series of rings formed by scales with little hair; external digits of the hind foot proportionally smaller than the rest; *sole of the hind foot blackish;* 10 nipples. Skull: supraorbital ridge with the edge well developed and extending to the back of the parietal; interparietal bone wide; palatal wide and ending at the posterior edge of the last molariform with a well-defined pit between the middle and the last molariform; pterygoid fossa deep; molariforms flat-crowned with a series of transversal enamel plates; skull elongated and thin; basioccipital large and wide; palatal pits shallow; Minimum distance between the temporal and occipital crest averaging greater than or equal to 3.9 mm; lateral edge of the nasal concave or straight; oval foramen large; **foramen oval small;** *third lower molar in S-shape.* Total length 202.0 to 317.0 mm, skull 31.5 to 38.0 mm).

5a. Palatal ridge absent; average of the total skull length approximately 36.0 mm; oval foramen small (Figure C68); lateral edge of the nasals concave or straight (Pacific Coastal Plains and Sierra Madre Occidental from Jalisco to Oaxaca) ......
.... *Sigmodon mascotensis*

(Dorsal pelage grizzled from blackish to dark brown shades grizzly with yellowish or grayish, flanks slightly lighter; underparts light to dark gray, sometimes grizzly with yellowish; hair short and thick (bushy); ears small; tail shorter than the body, showing a series of rings formed by scales with little hair; external digits of the hind foot proportionally smaller than the rest; *sole of the hind foot blackish;* 10 nipples. Skull: supraorbital ridge with the edge well developed and extends to the back of the parietal; interparietal bone wide; palatal wide and ending at the posterior edge of the last molariform with a well-defined pit between the middle and the last molariform; pterygoid fossa deep; molariforms flat-crowned with a series of transversal enamel plates; palatal ridge absent. Skull elongated and thin; basioccipital large and wide; palatal pits shallow; Minimum distance between the temporal and occipital crest averaging greater than or equal to 3.9 mm; **lateral edge of the nasal concave or straight with out a crest in the palate;** oval foramen small; *third lower molar S-shaped.* Total length 204.0 to 314.0 mm, skull 35.5 to 40.5 mm).

6. Inner color of the ear whitish clearly contrasting with dorsal coloration. Interparietal length less than 2.0 mm; dorsal surface of the premaxillae with a strong depression; edges of the mesopterygoid fossa parallel (Figure C69; lowlands of the Sierra Madre Oriental, Occidental, and the Trans-Mexican Volcanic Belt) .... *Sigmodon leucotis*

(Dorsal pelage grayish brown; underparts whitish; hair short and thick (bushy); **ears small and whitish contrasting with the dorsal coloration;** tail shorter than the body with dark color at the base; external digits of the hind foot proportionally smaller than the rest; *sole of the hind foot blackish;* 10 nipples. Skull: supraorbital ridge with the edge well developed and extending to the back of the parietal; interparietal bone wide and less than 2.0 mm in length; palatal wide and ending at the posterior edge of the last molariform, with a well-defined pit between the middle and the last molariform; pterygoid fossa deep; mastoid breadth less than 46 % of basal length; a crest in the palate; skull short and wide; basioccipital short or large, wide or narrow; palatal pits deep; dorsal surface of the rostral premaxillary with a strong depression; edges of the mesopterygoid fossa parallel; angular process hooked; *third lower molar S-shaped.* Total length 230.0 to 252.0 mm, skull 32.0 to 33.0 mm).

6a. Inner color of the ear not contrasting with the dorsal coloration. Interparietal length greater than 2.0 mm; dorsal surface of the premaxillae without a depression or shallow; edges of the mesopterygoid fossa not parallel (Figure C70) 7

7. Nose and around the eye coloration distinctly yellowish; tail scales of 0.5 mm. Length of the premaxillary condyles less than 33.2 mm; auditory bullae small

C67
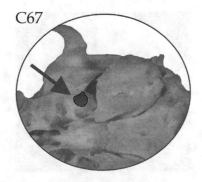

C68
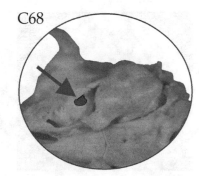

mm; bula auditiva pequeña y alargada (Figura C71; restringido a Chihuahua, Coahuila y Durango) .... *Sigmodon ochrognathus*

(Coloración dorsal grisáceo, **manchas en la región de la nariz y alrededor del ojo ocráceos**; región ventral blanquecino pelo corto y grueso (híspido); orejas pequeñas; cola más corta que el cuerpo, con escamas muy angostas de 0.50 mm, en comparación de las otras especies de 0.75 mm; dedos externos de las patas traseras proporcionalmente más chicos que el resto; *planta de las patas negruzca*; 10 pezones. Cráneo: cresta en el borde supraorbital que se continua hasta la parte posterior del parietal; hueso interparietal ancho; palatal ancho y terminando a la altura del borde posterior del último molariforme, con un pozo bien definido entre la parte media y el último molariforme; fosa pterigoidea profunda; basioccipital largo y delgado o corto y ancho; cavidades palatinas profundas; longitud de los cóndilos al premaxilar menor de 33.2 mm; bula auditiva pequeña y alargada; longitud del interparietal mayor de 2.0 mm; superficie dorsal de los premaxilares sin depresión rostral o muy poco marcada; bordes anteriores de la fosa mesopterigoidea no paralelos; *tercer molar inferior en forma de "S"*. Longitud total 223.0 a 260.0 mm, del cráneo 28.8 a 33.3 mm).

7a. Coloración de la nariz y alrededor de los ojos igual al resto del cuerpo; escamas de la cola de 0.75 mm. Longitud de los cóndilos al premaxilar mayores de 33.2 mm; bula auditiva grande y ancha en relación al cráneo (Figura C72) **8**

8. Coloración dorsal jaspeada; región ventral amarillenta; longitud del cuerpo promediando 179.0 mm. Longitud de los cóndilos al premaxilar promediando 36.5 mm; cráneo arqueado, corto y ancho; borde posterior del foramen de los incisivo extendiéndose más atrás de la cara anterior de los primeros molares (oeste del Altiplano, de Michoacán al norte) .... *Sigmodon fulviventer*

(Coloración dorsal entrecano de gris, gris dorado a pardo amarillento, siendo más pálido hacia los costados y cerdas blancas; **región ventral anaranjada**; pelo corto y grueso (híspido); orejas pequeñas; cola más corta que el cuerpo, de pardo a pardo negruzco, con la parte dorsal más oscura que la ventral; dedos externos de las patas traseras proporcionalmente más chicos que el resto; *planta de las patas negruzca*; 10 pezones. Cráneo: cresta en el borde supraorbital bien marcada, se continua hasta la parte posterior del parietal; hueso interparietal ancho; palatal ancho y terminando a la altura del borde posterior del último molariforme, con un pozo bien definido entre la parte media y el último molariforme; fosa pterigoidea profunda; basioccipital largo y delgado o corto y ancho; cavidades palatinas profundas; longitud del interparietal mayor de 2.0 mm; superficie dorsal de los premaxilares sin depresión rostral o muy poco marcada; bordes anteriores de la fosa mesopterigoidea no paralelos cráneo arqueado corto y ancho; borde posterior del foramen anterior del palatino extendiéndose llegando al borde anterior del primer molar; en la parte frontal de los nasales triangular; *tercer molar inferior en forma de "S"*. Longitud total 223.0 a 270.0 mm, del cráneo 29.3 a 34.6 mm).

8a. Coloración dorsal de apariencia parduzca; región ventral blanquecina o amarillo claro; longitud de la cabeza y cuerpo promediando 168.0 mm. Longitud de los cóndilos al premaxilar promediando 34.5 mm, cráneo plano, largo y delgado; borde posterior del foramen anterior del palatino no llega hasta el nivel de la cara anterior de los primeros molares (Sierra Madre Occidental, de Jalisco a Guerrero) **9**

9. Anchura del arco zigomático generalmente menor de 18.7 mm; altura del cráneo generalmente menor de 10.0 mm; incisivos marcadamente curvados (costa del Pacífico de Oaxaca) .... *Sigmodon planifrons*

(Coloración dorsal pardo; región ventral blanquecinas o amarillentas; pelo corto y grueso (híspido); orejas pequeñas; cola más corta que el cuerpo; dedos externos de las patas traseras proporcionalmente más chicos que el resto; *planta de las patas negruzca*; 10 pezones. Cráneo: cresta en el borde supraorbital que se continua hasta la parte posterior del parietal; hueso

C69

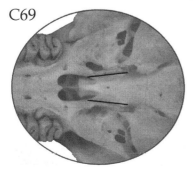

C70

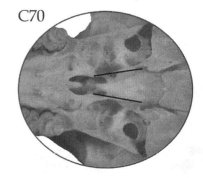

and elongated (Figure C71; restricted to Chihuahua, Coahuila and Durango) ...
.... *Sigmodon ochrognathus*

(Dorsal pelage ocher spots on the **nose area and around the eyes**; underparts whitish; hair short and thick (bushy); ears small; tail shorter than the body with scales of 0.50 mm compared to other species of 0.75 mm; external digits of the hind foot proportionally smaller than the rest; *sole of the hind foot blackish*; 10 nipples. Skull: supraorbital ridge with the edge well developed and extends to the back of the parietal; interparietal bone wide; palatal wide and ending at the posterior edge of the last molariform with a well-defined pit between the middle and the last molariform; pterygoid fossa deep; basioccipital short or large, wide or narrow; palatal pits deep; length of the premaxillary condyles less than 33.2 mm; auditory bullae small and elongated; interparietal length greater than 2.0 mm; dorsal surface of the rostral premaxillary without a depression or shallow; edges of the mesopterygoid fossa not parallel; *third lower molar S-shaped.* Total length 223.0 to 260.0 mm, skull 28.8 to 33.3 mm).

7a. Nose and around the eye coloration equal to the body color; tail scales of 0.75 mm. Length of the premaxillary condyles greater than 33.2 mm; auditory bullae large and wide compared to the skull (Figure C72) 8

8. Dorsal coloration grizzled; underparts yellowish; body length averaging 179.0 mm. Length from the condyles to the premaxilla in average 36.5 mm, skull arched, short and broad; posterior border of the incisor foramen extending back from the anterior border of the first molar (western part of the Mexican Plateau, from Michoacan northward) .... *Sigmodon fulviventer*

(Dorsal pelage grizzled from gray, golden gray to yellowish brown, flanks slightly lighter with whitish hairs; **underparts orange**; hair short and thick (bushy); ears small; tail shorter than the body from brown to blackish brown; dorsal part darker than ventral; external digits of the hind foot proportionally smaller than the rest; *sole of the hind foot blackish*; 10 nipples. Skull: supraorbital ridge with the edge well developed and extending to the back of the parietal; interparietal bone wide; palatal wide and ending at the posterior edge of the last molariform, with a well-defined pit between the middle and the last molariform; pterygoid fossa deep; basioccipital large and thin or short and wide; palatal pits deep; interparietal length greater than 2.0 mm; dorsal surface of the premaxilla without a depression or shallow; edges of the mesopteryygoid fossa not parallel; skull arched, short and broad; posterior border of the incisor foramen extending back from the anterior border of the first molar; front part of the nasals in triangular shape; *third lower molar S-shaped.* Total length 223.0 to 270.0 mm, skull 29.3 to 34.6 mm).

8a. Dorsal coloration brown; underparts whitish or light yellow; body length averaging 168.0 mm. Length from the condyles to the premaxilla 34.5 mm in averaging; skull flat, long, and thin; posterior border of the incisor foramen ending before the anterior border of the first molar (Sierra Madre Occidental, from Jalisco to Guerrero) 9

9. Zygomatic arch breadth generally less than 18.7 mm, skull deep usually less than 10.0 mm; incisors markedly curved (Pacific lowlands of Oaxaca) ....
.... *Sigmodon planifrons*

(Dorsal pelage brown; underparts from whitish to yellowish; hair short and thick (bushy); ears small; tail shorter than the body; external digits of the hind foot proportionally smaller than the rest; *sole of the hind foot blackish*; 10 nipples. Skull: supraorbital ridge with the edge well developed and extending to the back of the parietal;

C71

C72

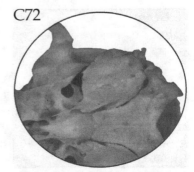

interparietal ancho; palatal ancho y terminando a la altura del borde posterior del último molariforme, con un pozo bien definido entre la parte media y el último molariforme; fosa pterigoidea profunda; cráneo corto y ancho; basioccipital largo y delgado o corto y ancho; cavidades palatinas profundas; longitud del interparietal mayor de 2.0 mm; superficie dorsal de los premaxilares sin depresión rostral o muy poco marcada; bordes anteriores de la fosa mesopterigoidea no paralelos; *tercer molar inferior en forma de "S"*. Longitud total 207.0 a 250.0 mm, del cráneo 28.7 a 30.8 mm).

9a. Anchura del arco zigomático generalmente mayor de 18.3 mm; altura del cráneo generalmente mayor de 11.0 mm (Planicie Costera del Pacífico y Sierra Madre Occidental de Sinaloa a Guerrero) .... *Sigmodon alleni*

(Coloración dorsal pardo; región ventral blanquecinas o amarillentas; pelo corto y grueso (híspido); orejas pequeñas; cola más corta que el cuerpo; dedos externos de las patas traseras proporcionalmente más chicos que el resto; *planta de las patas negruzca*; 10 pezones. Cráneo: cresta en el borde supraorbital que se continua hasta la parte posterior del parietal; hueso interparietal ancho; palatal ancho y terminando a la altura del borde posterior del último molariforme, con un pozo bien definido entre la parte media y el último molariforme; fosa pterigoidea profunda; cráneo corto y ancho; **basioccipital corto y ancho**; **bula auditiva pequeña en relación a su anchura**; cavidades palatinas profundas; longitud del interparietal mayor de 2.0 mm; superficie dorsal de los premaxilares sin depresión rostral o muy poco marcada; *tercer molar inferior en forma de "S"*. Longitud total 207.0 a 228.0 mm, del cráneo 35.0 mm).

Tylomys

1. Bula auditiva grande e inflada anteriormente y sin proyección anterior (endémico de la región de Tuxtla Gutiérrez, Chiapas. NOM**) .... *Tylomys bullaris*

(Los datos que se tienen son del tipo de la especie, que es un ejemplar juvenil. Coloración dorsal grisáceo plomizo pálido, labio superior y alrededor de la nariz blanquecino; región ventral blanquecino; patas blancas; orejas grandes y desnudas; **cola larga y desnuda, los dos primeros tercios oscuros y el último blanco**. Cráneo: alargado con la caja craneal aplanada dorsalmente; primer molar superior de forma rectangular; hueso interparietal ancho; **bula auditiva muy inflada y globosa más que puntiaguda**. Longitud total 324.0 mm, del cráneo no se tiene por ser un ejemplar joven el tipo y único ejemplar conocido de la especie).

1a. Bula auditiva pequeña, no inflada anteriormente y con proyección anterior 2

2. Longitud de los molariformes superiores mayor de 9.0 mm (endémico de la región de Túmbala, Chiapas. NOM***) .... *Tylomys tumbalensis*

(Coloración dorsal gris oscuro a negruzco, costados pardos; región ventral barbilla, pecho y región inguinal blanca; abdomen gris plomizo entrepelado con amarillento; dedos pardo oscuro; orejas grandes y desnudas; **cola larga y desnuda, los dos primeros tercios oscuros y el último blanco**. Cráneo: alargado con la caja craneal aplanada dorsalmente; primer molar superior de forma rectangular; bula auditiva no muy inflada; **longitud de los molariformes mayor de 9.5 mm**. Longitud total 448.0 mm, del cráneo 49.1 mm).

2a. Longitud de los molariformes superiores menor de 9.0 mm (de Guerrero en la Planicie Costera del Pacífico y Veracruz en la del Golfo al sur incluyendo Chiapas) .... *Tylomys nudicaudus*

(Coloración dorsal pardo rojizo a pálido, más intenso en los costados; región ventral blancuzco o pálido amarillento rojizo; región inguinal y de las axilas manchadas con blanco; patas y miembros pardos; orejas grandes y desnudas; **cola larga y desnuda, los dos primeros tercios oscuros y el último blanco**. Cráneo: alargado con la caja craneal aplanada dorsalmente; bula auditiva no muy inflada; primer molar superior de forma rectangular. Longitud total 400.0 a 500.0 mm, del cráneo 46.8 a 49.5 mm).

Familia Cuniculidae

Familia que incluye a los tepezcuintles (*Cuniculus paca*). Se caracteriza por tener una coloración dorsal pardo rojizo con la parte dorsal más oscura, con cuatro líneas de manchas blanquecino crema que recorren todo el cuerpo, hay otras líneas que sólo se encuentra en la parte de la cadera y ancas; la línea superior está constituida por manchas pequeñas y aisladas, la segunda y tercer líneas son muy distintivas, en la parte de los costados es casi una línea continua, en la cadera y hombros se aprecia como discontinua; la cuarta es discontinua en toda su longitud; orejas casi desnudas y grandes; garganta y parte inferior del hocico blanquecino; región alrededor de la nariz rosácea. Dedos fuertes, gruesos cerrados, uñas casi como pesuñas; cola

interparietal bone wide; palatal wide and ending at the posterior edge of the last molariform, with a well-defined pit between the middle and the last molariform; pterygoid fossa deep; with a crest in the palate; skull short and wide; basioccipital long and thin or short and wide; palatal pits deep; interparietal length greater than 2.0 mm; dorsal surface of the rostral premaxilla without a depression or shallow; edges of the mesopterygoid fossa not parallel; *third lower molar S-shaped*. Total length 207.0 to 250.0 mm, skull 28.7 to 30.8 mm).

9a. Zygomatic arch breadth generally greater than 18.3 mm, skull deep greater than 11.0 mm (Pacific Coastal Plain and Sierra Madre Occidental from Sinaloa to Guerrero) .... *Sigmodon alleni*

(Dorsal pelage brown; underparts from whitish to yellowish; hair short and thick (bushy); ears small; tail shorter than the body; external digits of the hind foot proportionally smaller than the rest; *sole of the hind foot blackish*; 10 nipples. Skull: supraorbital ridge with the edge well developed and extending to the back of the parietal; interparietal bone wide; palatal wide and ending at the posterior edge of the last molariform, with a well-defined pit between the middle and the last molariform; pterygoid fossa deep; a crest in the palate; skull short and wide; **basioccipital short and narrow; auditory bullae small in relation to breadth**; palatal pits deep; interparietal length greater than 2.0 mm; dorsal surface of the rostral premaxilla without a depression or shallow; edges of the mesopterygoid fossa not parallel; *third lower molar S-shaped*. Total length 207.0 to 228.0 mm, skull 35.0 mm).

Tylomys

1. Auditory bullae large and inflated without anterior projection (endemic to the region of Tuxtla Gutiérrez, Chiapas. NOM**) .... *Tylomys bullaris*

(The data available are from the species type, which is a juvenile. Dorsal coloration pale leaden gray, upper lip and around the nose whitish; underparts and legs whitish; ears large and naked; *tail long and naked, the two proximal thirds dark and the distal white*. Skull: braincase elongated and flattened dorsally; upper first molar rectangular; wide interparietal bone; **auditory bulla very inflated and global shaped rather than sharp**. Total length 324.0 mm, skull no measurement of an adult specimens because the only know for the species is a juvenile).

1a. Auditory bullae small, not inflated, and with anterior projection 2

2. Upper toothrow greater than 9.0 mm (endemic to the region of Túmbala, Chiapas. NOM***) .... *Tylomys tumbalensis*

(Dorsal pelage dark to blackish gray, flanks brown; underparts chin, chest and groin white; abdomen leaden gray grizzly with yellowish; digits dark brown; ears large and naked; *tail long and naked, the two proximal thirds dark and the distal one white*. Skull: braincase elongated and flattened dorsally; auditory bulla not very inflated; upper first molar rectangular; wide interparietal bone; **tooth row greater than 9.5 mm**. Total length 448.0 mm, skull 49.1 mm).

2a. Upper toothrow less than 9.0 mm (from Guerrero in the Pacific Coastal Plains and Veracruz in the Gulf Coastal Plains southward including Chiapas) ....
.... *Tylomys nudicaudus*

(Dorsal pelage reddish brown to light brown, more intense on the flanks; underparts whitish or pale reddish yellow; groin and armpits stained white; limbs brown; ears large and naked; *tail long and naked, the two proximal thirds blackish and the distal whitish*. Skull: braincase elongated and flattened dorsally; auditory bulla not very inflated; wide interparietal bone; first upper molar rectangular. Total length 400.0 to 500.0 mm, skull 46.8 to 49.5 mm).

Family Cuniculidae

Family that includes agoutis (*Cuniculus paca*), whose specimens are characterized by a reddish brown coloration with darker back, four lines of white creamy spots across the body, and other lines only found on the hip and rump; the top line consists of small isolated spots; the second and third lines are very distinctive, on the flanks they are almost a continuous line but appearing as discontinuous on hips and shoulders; the fourth line is discontinuous along its length; ears big and almost naked; throat and lower part of the muzzle white; region around the nose pinkish. Strong fingers, thick, closed and nails almost like hooves; tail vestigial. Skull: hypsodont teeth with deep reentrant enamel forming a number of islands; buccal and maxillary region

vestigial. Cráneo: dientes hipsodontos, semienraizados; con profundas reentrantes de esmalte que forman una serie de islas; región del yugal y maxilar expandido a manera de una placa en las mejillas, la superficie de esta placa y el frontal son rugosos en los adultos. De distribución restringida a la parte tropical de América. Pertenecen al Orden Rodentia. En esta Familia no se reconocen Subfamilias.

Familia Erethizontidae

Familia que incluye a los puercoespines del Nuevo Mundo o coendú, actualmente representado por cinco géneros. Se caracterizan por tener un cuerpo moderadamente grande de aspecto pesado (de 500.0 a 1150.0 mm); pelaje con espinas, cada espina con ganchos en la parte distal; cola corta en *Erethizon* y *Echinoprocta*, larga y prensil en *Sphiggurus* y *Chaetomys*; extremidades relativamente cortas; con pollex y hallux reducidos, garras largas y curveadas. Se distribuyen en América. Pertenecen al Orden Rodentia, Suborden Hystricomorpha, Infraorden Hystricognathi, Paraorden Caviomorpha. Las dos especies presentes en México pertenecen a la Subfamilia Erethizontinae.

1. Hallux bien desarrollado; con cinco dedos en las patas posteriores; cola corta, no prensil. Dorso del cráneo recto (norte de la Sierra Madre Oriental y Occidental NOM*) .... *Erethizon dorsatum*

(Coloración dorsal negruzco a pardo oscuro, con pelo entre las espinas. Con la corta, delgada y no prensil; cuatro dedos en las patas delanteras y cinco en las traseras; cuerpo fornido y cubierto por pelos rígidos a manera de espinas largas y de color oscuro. Cráneo: molariformes con coronas planas, borde inferior del proceso angular de la mandíbula en forma de gancho; borde anterior del arco zigomático por delante del primer molar superior; frontales anchos con una cresta bien marcada, la que converge posteriormente y forma la cresta sagital. Longitud total 648.0 a 1030.0 mm, del cráneo 97.0 a 107.8 mm).

1a. Sin hallux; con cuatro dedos en las patas posteriores; cola larga y prensil. Dorso del cráneo triangular, con la región interorbital más alta que el rostro y la occipital (de Michoacán en la Planicie Costera del Pacifico y de Veracruz en la Planicie Costera del Golfo al sur, además de la Península de Yucatán NOM**) .... *Sphiggurus mexicanus*

(Coloración dorsal de negruzco a pardo oscuro, con las espinas de color amarillento con la punta negra; la cabeza con una mayor cantidad de espinas amarillentas, la región ventral oscura; cola larga, delgada y prensil; nariz grande bulbosa, desnuda y color rosácea; cuatro dedos en las patas delanteras traseras; cuerpo cubierto por pelos rígidos a manera de espinas cortas. Cráneo: molariformes con coronas planas; borde inferior del proceso angular de la mandíbula en forma de gancho; nacimiento de la rama mandibular del arco zigomático por delante del primer molar superior; cráneo muy ancho, robusto la región frontal casi un 30 % más ancha que la anchura del rostro; en vista de perfil del cráneo está fuertemente arqueado. Longitud total 625.0 a 900.0 mm, cráneo 85.7 a 102.9 mm).

Familia Geomyidae

Familia que comprende actualmente seis géneros de tuzas. Se caracterizan por tener cuerpos tubular de tamaño pequeño a mediano (de 150.0 a 500.0 mm); orejas cortas; ojos pequeños; extremidades delanteras y traseras cortas; cola corta; con garras bien desarrolladas para cavar; abazones externos; dos grandes hoyos localizados en el paladar atrás del último molar. Se distribuyen en América del centro y norte. Pertenecen al Orden Rodentia, Suborden Castorimorpha, Superfamilia Geomyoidea. Todas las especies presentes en México pertenecen a la Subfamilia Geomyinae.

expanded by way of a plaque on the cheeks, whose surface and frontal are rugged in adults. Distribution restricted to the tropical part of America. They belong to the Order Rodentia. No subfamilies are recognized in this Family.

Family Erethizontidae

Family that includes New World porcupines or coendi is currently represented by five genera. They are characterized by a moderately large of heavy-looking body (from 500.0 to 1,150.0 mm); hair in form of spines, each spine with hooks on the distal part; tail short *Echinoprocta* and *Erethizon*, or long and prehensile in *Chaetomys* and *Sphiggurus*; relatively short limbs; reduced pollex and hallux with small, long, and curved claws with distribution in America. They belong to the Order Rodentia, Suborder Hystricomorpha, Infraorder Hystricognathi, Paraorden Caviomorpha. The two species in Mexico belong to the Subfamily Erethizontinae.

1. Hallux well developed; five digits on the hind foot; tail short and not prehensile. Back of skull straight (north of the Sierra Madre Oriental and Occidental NOM*) .... *Erethizon dorsatum*

(Dorsal pelage blackish to dark brown with hair between spines; tail short, thin, and not prehensile; four digits in the fore foot and five in the hind foot; heavy body and covered wth rigid hair as long dark spines. Skull: thootrow with flat crowns; lower edge of the angular process of the jaw hook-shaped; anterior border of the zygomatic arch in front of the maxillary first molar; wide frontal bone with a prominent crest converging posteriorly and forming the sagittal crest. Total length 648.0 to 1030.0 mm, skull 97.0 to 107.8 mm).

1a. No hallux; four digits on the hind foot; tail long and prehensile. Back of skull triangular with the interorbital region higher than the rostrum and the occipital (from Michoacán in the Pacific Coastal Plains and Veracruz in the Gulf Costal Plains southward, including the Yucatan Peninsula NOM**) .... *Sphiggurus mexicanus*

(Dorsal pelage blackish to dark brown with spines yellowish and tips black; head with greater number of yellowish spines; underparts dark; tail long, thin, and prehensile; nose large, bulbous, naked, and pinkish; four digits in the forefoot; body covered wth rigid hair as short spines. Skull: tootrow flat crowns; lower edge of the angular process of the jaw in hook-shape; anterior border of the zygomatic arch in front of the maxillary first molar; skull very wide and robust, frontal region almost 30 % wider than the rostrum width; skull is strongly arched in profile view. Total length 625.0 to 900.0 mm, skull 85.7 to 102.9 mm).

Family Geomyidae

Family currently comprising six genera of pocket gophers that are characterized by cylindrical bodies from small to medium size (150.0 to 500.0 mm); short ears; small eyes; short fore foot and hind foot; short tail; claws well-developed for digging; external cheek pouches; two holes located in the palate behind the last molar. They are distributed in Central and North America and belong to the Order Rodentia, Suborder Castorimorpha, Geomyoidea Superfamily. All species in Mexico belong to the subfamily Geomyinae.

NOTA: En los geómidos existe un muy marcado dimorfismo sexual, siendo los machos más grandes que las hembras. Gran parte de los ejemplares que se encuentran en colecciones tienden a ser juveniles o adultos jóvenes. En ambos casos no presentan claramente las características utilizadas para la identificación de los mismos. Es muy importante estar consciente de estos dos factores, debido a que pueden ser determinantes en una identificación.

1. Superficie anterior del incisivo superior lisa (Figura G1). Molares inferiores bordeados posterior y anteriormente por crestas de esmalte (el esmalte se observa como si fuera una franja de porcelana) .... *Thomomys* (pag. 356)

1a. Superficie anterior del incisivo superior con uno o dos surcos (Figura G2, G3). Molares inferiores sin bordes de esmalte, cuando presente sólo en la parte posterior 2

2. Superficie anterior del incisivo superior con dos surcos (Figura G2). Tercer molar superior más largo que ancho (Figura G4, G5) 3

2a. Superficie anterior del incisivo superior con un sólo surco (Figura G3). Tercer molar superior no más largo que ancho (Figura G6) 4

3. Borde posterior del premolar superior con placa de esmalte, generalmente restringido al lado posterolingual; tercer molar superior claramente conformado por dos lóbulos, más largo que ancho debido al alargamiento del lóbulo posterior (Figura G4; endémico a las montañas de Michoacán, NOM*) .. .. *Zygogeomys trichopus*

(Coloración dorsal variable en tonos pardos; región ventral más pálido que la dorsal; pelo delgado y sedoso; cola corta y poco más oscura dorsalmente; con el cuerpo compacto, cilíndrico; con ojos, pinas y miembros pequeños, garras de las patas y manos bien desarrolladas. Cráneo masivo y grande; región interorbital más angosta que el rostro; *incisivos superiores con dos canales en la parte media de la cara anterior*; la placa del esmalte del primer molariforme superior restringido a la a la parte lingual; último molariforme superior más largo que ancho, con dos lóbulos separados por hendiduras de ambos lados del molar. Longitud total en machos 343.0 a 346.0 mm y en hembras 292.0 a 322.0 mm, del cráneo 50.0 a 61.0 mm).

3a. Borde posterior del premolar superior sin placa de esmalte; tercer molar superior no claramente conformado por dos lóbulos, con una somera hendidura en el borde lingual, más ancho que largo (Figura G5) .... *Geomys* (pag. 354)

4. Tercer molar superior claramente con dos lóbulos (Figura G6); generalmente el premolar superior con placa posterior de esmalte restringida a la región lingual .. 6

4a. Tercer molar superior no claramente con dos lóbulos, el ángulo entrante lingual muy poco marcado; el premolar superior nunca se presenta la placa posterior del esmalte en la región lingual 5

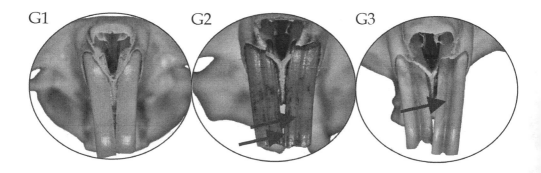

G1   G2   G3

NOTE: The geomids have strong sexual dimorphism where males are larger than females. Many of the specimens in scientific collections tend to be juveniles or young adults. In both cases they do not show the features used for identifying them clearly. It is very important to be aware of these two factors in this group because they can be determinant in a successful or erroneous identification. For this reason it is also important to consider their distribution areas.

1. Anterior surface of the upper incisor smooth (Figure G1). Lower molars bordered by anterior and posterior enamel crest (Figure RO20; enamel is observed like a strip of porcelain) .... *Thomomys* (p. 357)

1a. Anterior surface of the upper incisor with one or two grooves (Figure G2, G3). Lower molars without enamel crests; if present, only posterior ones 2

2. Anterior surface of the upper incisors with two grooves (Figure G2). Third upper molar longer than wider (Figure G4, G5) 3

2a. Anterior surface of the upper incisors with one groove (Figure G3). Third upper molar not much longer than wider (Figure G6) 4

3. Posterior edge of upper premolar with enamel plate usually restricted to the posterolingual side; upper third molar clearly consisting of two lobes, longer than wider due to elongation of the posterior lobe (Figure G4; endemic to the mountains of Michoacán, NOM*) .... *Zygogeomys trichopus*

(Dorsal pelage varies in brown shades; underparts paler than dorsal; tail short and slightly darker dorsally; body compact, cylindrical; eyes, ears and limbs small; fore and hind foot claws well developed. Skull: large and massive; rostrum wider than the interorbital region; *upper incisors with two grooves in the middle part of the frontal side*; enamel plate of the first upper molar restricted to the lingual side; *last upper molariform longer than wider with two separated prisms on both sides of the molar*. Total lenght in males 343.0 to 346.0 mm and in females 292.0 to 322.0 mm, skull 50.0 to 61.0 mm).

3a. Posterior edge of upper premolar without enamel plate; upper third molar not clearly consisting of two lobes with a shallow groove in the lingual side; broader than longer (Figure G5) .... *Geomys* (p. 355)

4. Third upper molar clearly with two lobes (Figure G6); usually the upper premolar with an enamel plate in the back restricted to the lingual region 6

4a. Third upper molar not clearly showing two lobes; the outer lingual angle not well developed; upper premolar never with a enamel plate in the lingual region 5

G4

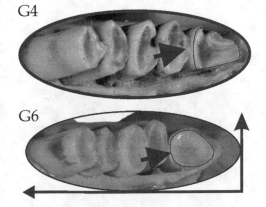

G6

G5

5. Sin cresta sagital; ángulos laterales del zigomático sin expansión en forma de placa (Figura G7; endémico de Sinaloa a Colima, NOM**) .. *Pappogeomys bulleri*

(Coloración dorsal bicolor, con la base grisáceo pálido a gris oscuro y las puntas ocráceas, leonado, canelo o incluso negro en ejemplares melánicos; región ventral más pálida que la dorsal; con el cuerpo compacto y cilíndrico. Cráneo masivo y grande; *región interorbital más angosta que el rostro*; incisivos superiores con canales en la parte media de la cara anterior; sin cresta sagital; ángulos laterales del zigomático sin expansión en forma de placa. Longitud total 232.0 a 249.0 mm, del cráneo 39.2 a 42.9 mm).

5a. Cresta sagital presente; ángulos laterales del zigomático con una expansión en forma de placa (Figura G8; esta queda en el arco zigomático paralelo al eje mayor del cráneo) .... *Cratogeomys* (pag. 350)

6. Frontal ancho y globoso; constricción interorbital poco marcada, mayor de 11.9 mm (Figura G11); premolar superior sin placa posterior de esmalte, sin embargo, algunas veces con una pequeña placa posterolingual (de Colima al sur por la Planicie Costera del Pacífico) .... *Orthogeomys grandis*

(Coloración dorsal canela rojizo oscuro a pardo; región ventral más pálida; con el cuerpo compacto y cilíndrico; pelo escaso y cerdoso. Cráneo: masivo y grande; escuamosal con cresta que se une a la temporal en ejemplares adultos y viejos; región interorbital más angosta que el rostro; *incisivos superiores con un canal profundo en la parte media de la cara anterior*; último molar superior semi-lobular, sólo con surco de lado labial; la placa de esmalte cubre la parte anterior y el borde del ángulo re-entrante de los primeros molariformes, inferior y superior; primer molariforme inferior con placa posterior de esmalte y el primero superior sin una pequeña placa del lado lingual. Longitud total 314.0 a 390.0 mm en hembras y 366.0 a 435.0 mm en machos, del cráneo 63.1 a 72.0 mm).

6a. Frontal delgado y no acentuadamente globoso; contrición interorbital bien marcada, menor de 11.9 mm (Figura G12); placa de esmalte posterior siempre presente, aunque restringida al lado lingual .... *Heterogeomys* (pag. 356)

G7

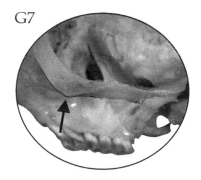

Cratogeomys

1. Generalmente el proceso mastoideo se extiende lateralmente más allá del orificio auditivo; ancho a través de los procesos angulares de la mandíbula generalmente mayor a longitud de la mandíbula (incluyendo los incisivos) ... 2

1a. Generalmente el proceso mastoideo no se extiende lateralmente más allá del orificio auditivo (Figura G9); ancho a través de los procesos angulares generalmente menor a longitud de la mandíbula (incluyendo los incisivos) 3

2. En vista ventral, el proceso paraoccipital grueso y recto; parte anterior del yugal (al contacto con el zigomático) generalmente ancho (región central y occidental del Eje Volcánico Trasnversal y montañas al norte NOM**) ....
.... *Cratogeomys fumosus*

5. No sagittal crest; lateral angles of the zygomatic without plate-shaped expansion (Figure G7; endemic from Sinaloa to Colima, NOM**) .... *Pappogeomys bulleri*

(Dorsal pelage bicolor with the base from light to dark gray and the tips ocher, tawny, cinnamon or including blackish in melanic specimens; underparts paler than dorsal; tail short and slightly darker dorsally; body compact and cylindrical. Skull: large and massive; *rostrum wider than the interorbital region*; incisors without grooves in the frontal side; without an anterior angle of the zygomatic with a plate-shaped expansion. Total length 232.0 to 249.0 mm, skull 39.2 to 42.9 mm).

5a. Sagittal crest; lateral angles of the zygomatic with plate-shaped expansion (Figure G8; in the zygomatic arch parallel to the major skull axis) ....
.... *Cratogeomys* (p. 351)

6. Frontal wide and globose; interorbital constriction slightly marked, great than 11.9 mm (Figure G11); upper premolar without posterior enamel plate but sometimes with a small posterolingual plate (from Colima southward the Pacific Coastal Plains) .... *Orthogeomys grandis*

(Dorsal pelage varies from reddish cinnamon to brownish; underparts paler; body compact and cylindrical; hair sparse and bristly. Skull: large and massive; ridge on the squamosal joining the temporal in adult and old males; rostrum narrower than the interorbital region; *middle part of the anterior surface of the upper incisors with one deep groove*; last upper molar semi-lobular, only one labial groove; enamel plate covers the front and the edge of the re-entrant angle of the first, upper and lower molariforms; first lower molariform with enamel plate and the first upper one without a small plate on the lingual side. Total length 314.0 to 390.0 mm in females and 366.0 to 435.0 mm in males, skull 63.1 to 72.0 mm).

6a. Frontal thin and not strongly globose; interorbital constriction well-developed, less than 11.9 mm (Figure G12); upper premolar always with a posterior enamel plate but restricted to the lingual side .... *Heterogeomys* (p. 357)

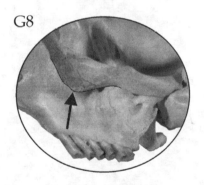

G8

Cratogeomys

1. Mastoid process generally extends laterally beyond the auditory meatus; breadth across the angular jaw processes generally greater than the jaw length (including incisors) 2

1a. Mastoid process generally does not extend laterally beyond the auditory meatus; breadth across the angular jaw processes generally less than the jaw length (including the incisors 3

2. In ventral view, the paraoccipital process is thick and straight; anterior part of the jugal (zygomatic contact) generally wide (central and western region of the Trans-Mexican Volcanic Belt and mountains northward. NOM**) ....
.... *Cratogeomys fumosus*

(Coloración pardo; ventral poco más clara; con el cuerpo compacto y cilíndrico; pelo largo de aproximadamente 8.0 mm y sedoso. Cráneo: masivo y grande; escuamosal con cresta que se une a la temporal en ejemplares adultos viejos; región interorbital más angosta que el rostro; cresta sagital presente; ángulos laterales del zigomático con una expansión en forma de placa. Longitud total 267.0 a 287.0 mm, del cráneo 52.0 a 59.0 mm).

2a. En vista ventral, el proceso paraoccipital delgado y no completamente recto, generalmente con una muesca en la parte anterior; parte anterior del yugal (al contacto con el zigomático) generalmente delgado (Eje Volcánico Transversal, laderas del Volcán de Toluca y región de Valle de Bravo, en el Estado de México) .... *Cratogeomys planiceps*

(Coloración dorsal avellana; ventral el mismo tono, pero más claro y con la base del pelo plomizo; coloración de las patas y cadera similar al del lomo; parte dorsal de las patas blanquecinas; con una marcada mancha redonda negra en las orejas; el cuerpo compacto y cilíndrico; con ojos, pinas y miembros pequeños; garras de las patas y manos bien desarrolladas, pelo largo de aproximadamente 8.0 mm y sedoso. Cráneo: masivo y grande; escuamosal con cresta que se une a la temporal en ejemplares adultos viejos; región interorbital más angosta que el rostro; cresta sagital presente; ángulos laterales del zigomático con una expansión en forma de placa. Longitud total 372.0 mm, del cráneo 51.5 a 66.0 mm).

3. Basioccipital estrecho menor de 4.0 mm en su parte media y recto o en forma de reloj de arena 4

3a. Basioccipital ancho mayor de 4.0 mm en su parte media y en forma de cuña (convergiendo anteriormente) 5

4. Longitud condilobasal menor de 47.0 mm; longitud del palatal menor de 31.5 mm (región noreste del Altiplano, sur de Coahuila, Nuevo León y Tamaulipas hasta Zacatecas y San Luis Potosí) .... *Cratogeomys goldmani*

(Coloración dorsal varia de amarillo pálido a pardo rojizo oscuro, con entrepelado negruzco; región ventral blanquecino a ocráceo amarillento; con el cuerpo compacto y cilíndrico; con ojos, pinas y miembros pequeños, garras de las patas y manos bien desarrolladas, pelo largo de aproximadamente 8.0 mm y sedoso. Cráneo: masivo y grande; escuamosal con cresta que se une a la temporal en ejemplares adultos viejos; región interorbital más angosta que el rostro; cresta sagital presente; ángulos laterales del zigomático con una expansión en forma de placa; ancho del zigomático mayor que el ancho a través del escuamosal; segundo y tercer molariformes superiores con ausencia de la placa posterior de esmalte; último molariforme superior semicuadrado. Longitud total 224.0 a 270.0 mm, del cráneo 43.0 a 51.0 mm).

4a. Longitud condilobasal mayor de 47.0 mm; longitud del palatal mayor de 31.5 mm (región noroeste del Altiplano, noreste de Durango, centro de Coahuila y norte de Nuevo León) .... *Cratogeomys castanops*

(Coloración dorsal varia de amarillo pálido a pardo rojizo oscuro, con entrepelado negruzco, cachetes amarillentos; ventral blanquecino-crema a ocráceo amarillento; con el cuerpo compacto y cilíndrico; con ojos, pinas y miembros pequeños, garras de las patas y manos bien desarrolladas, pelo largo de aproximadamente 8.0 mm y sedoso. Cráneo: masivo y grande; escuamosal con cresta que se une a la temporal en ejemplares adultos viejos; región interorbital más angosta que el rostro; cresta sagital presente; ángulos laterales del zigomático con una expansión en forma de placa; ancho del zigomático mayor que el ancho a través del escuamosal; segundo y tercer molariformes superiores con ausencia de la placa posterior de esmalte; último molariforme superior semicuadrado. Longitud total 230.0 a 260.0 mm, del cráneo 46.0 a 51.0 mm).

5. Coloración dorsal clara, beige o blanco amarillento (región desértica Puebla, Veracruz y Tlaxcala) .... *Cratogeomys fulvescens*

(Coloración dorsal parduzca; región ventral más pálido que la dorsal; con el cuerpo compacto y cilíndrico; con ojos, pinas y miembros pequeños, garras de las patas y manos bien desarrolladas, pelo largo de aproximadamente 8.0 mm y sedoso. Cráneo: masivo y grande; escuamosal con cresta que se une a la temporal en ejemplares adultos viejos; región interorbital más angosta que el rostro; cresta sagital presente; ángulos laterales del zigomático con una expansión en forma de placa. Longitud total 302.0 a 327.0 mm, del cráneo 52.0 a 58.0 mm).

5a. Coloración dorsal obscura gris, anaranjado oscuro o chocolate, pero nunca beige 6

6. Borde anterior de yugal delgado menor de 2.0 mm (región montañosa del área entre Tlaxcala, Puebla y Veracruz) .... *Cratogeomys perotensis*

(Coloración dorsal parduzca; región ventral más pálido que la dorsal; con el cuerpo compacto y cilíndrico; con ojos, pinas y miembros pequeños, garras de las patas y manos bien desarrolladas, pelo largo de

(Dorsal pelage brown; underparts paler than dorsal; tail short and slightly darker dorsally; body compact and cylindrical; hair silky and long approximatelly 8.0 mm. Skull: large and massive; no ridge on the squamosal but sagittal crest mainly in adult and old males; interorbital region narrower than rostrum; sagittal crest present; lateral angle of the zygomatic with a plate-shaped expansion. Total length 267.0 to 287.0 mm, skull 52.0 to 59.0 mm).

2a. In ventral view, the paraoccipital process is thin and not completely straight usually with a notch in the anterior part of the jugal (zygomatic contact; Trans-Mexican Volcanic Belt, slopes of the Volcán de Toluca and Valle de Bravo region Estado de México) .... *Cratogeomys planiceps*

(Dorsal pelage chestnut; underparts of the same color but lighter and the hair base leaden gray; coloration of legs and hips similar to the back; dorsal part of the legs whitish; with a marked black round spot on the ears; tail short; body compact and cylindrical; eyes, ears and limbs small; fore and hind foot claws well developed; hair silky and long approximatelly 8.0 mm. Skull: large and massive; no ridge on the squamosal but sagittal crest mainly in adult and old males; interorbital region narrower than the rostrum; sagittal crest present; lateral angles of the zygomatic with a plate-shaped expansion. Total length 372.0 mm, skull 51.5 to 66.0 mm).

3. Basioccipital width less than 4.0 mm in its middle part and straight or hourglass-shaped 4

3a. Basioccipital width greater than 4.0 mm in its middle part and wedge-shaped (converging frontward) 5

4. Condylobasal length less than 47.0 mm; palatal length less than 31.5 mm (northwestern Mexican Plateau, southern Coahuila, Nuevo León, and from Tamaulipas to Zacatecas, and San Luis Potosí) .... *Cratogeomys goldmani*

(Dorsal pelage from light yellowish to reddish dark brown, grizzly with blackish; underparts whitish to ocher; tail short; body compact and cylindrical; eyes, ears, and limbs small; fore and hind foot claws well developed; hair silky and long of approximately 8.0 mm. Skull: large and massive; no ridge on the squamosal but sagittal crest mainly in adult and old males; interorbital region narrower than the rostrum; sagittal crest present; anterior angle of the zygomatic with a plate-shaped expansion; zygomatic breadth greater than squamosal breadth; second and third upper molariforms with no enamel back plate; last upper molariform semisquare. Total length 224.0 to 270.0 mm, skull 43.0 to 51.0 mm).

4a. Condylobasal length greater than 47.0 mm; palatal length greater than 31.5 mm (northeastern part of the Mexican Plateau, northeastern Durango, central Coahuila, and northern Nuevo León) .... *Cratogeomys castanops*

(Dorsal pelage varies from light yellowish to reddish dark brown, grizzly with blackish; cheeks yellowish; underparts creamy whitish to yellowish ocher; body compact and cylindrical; eyes, ears and limbs small; fore and hind foot claws well developed; hair silky and long aproxmately 8.0 mm. Skull: large and massive; no ridge on the squamosal but sagittal crest mainly in adult and old males; interorbital region narrower than rostrum; sagittal crest present; lateral angles of the zygomatic with a plate-shaped expansion; zygomatic breadth greater than squamosal breadth; second and third molariforms with no enamel backplate; last upper molariform semisquare. Total length 230.0 to 260.0 mm, skull 46.0 to 51.0 mm).

5. Dorsal coloration light, beige, or yellowish white (arid lands of Puebla, Tlaxcala, and Veracruz) .... *Cratogeomys fulvescens*

(Dorsal pelage brownish; underparts lighter than dorsal; body compact, cylindrical; eyes, ears and limbs small; claws in limbs well developed; hair silky and long of approximately 8.0 mm. Skull: large and massive; no ridge on the squamosal, but sagittal crest mainly in adult and old males; interorbital region narrower than rostrum; sagittal crest present; lateral angles of the zygomatic with a plate-shaped expansion. Total length 302.0 to 327.0 mm, skull 52.0 to 58.0 mm).

5a. Dorsal coloration dark, gray, dark orange, or chocolate but never beige 6

6. Anterior edge of the jugal narrow less than 2.0 mm (highlands of the area between Tlaxcala, Puebla, and Veracruz) .... *Cratogeomys perotensis*

(Dorsal pelage brownish; underparts lighter than back; body compact, cylindrical; eyes, ears, and limbs small; claws in limbs well developed; hair silky and long of approximatelly 8.0 mm. Skull: large and massive; no

aproximadamente 8.0 mm y sedoso. Cráneo: masivo y grande; escuamosal con cresta que se une a la temporal en ejemplares adultos viejos; región interorbital más angosta que el rostro; cresta sagital presente; ángulos laterales del zigomático con una expansión en forma de placa. Longitud total 310.0 mm, del cráneo 54.5 a 58.5 mm).

6a. Borde anterior de yugal ancho mayor de 2.5 mm (centro del Eje Volcánico Transversal, oeste de Puebla, Estado de México y Distrito Federal) ....
.... *Cratogeomys merriami*

(Coloración dorsal varía desde un pardo chocolate a hasta un prácticamente negruzco; región ventral varia de amarillo pálido a ocráceo y rojizo, se han registrado ejemplares melánicos; con el cuerpo compacto y cilíndrico; con ojos, pinas y miembros pequeños, garras de las patas y manos bien desarrolladas, pelo largo de aproximadamente 8.0 mm y sedoso. Cráneo: masivo y grande; escuamosal con cresta que se une a la temporal en ejemplares adultos y viejos; región interorbital más angosta que el rostro; cresta sagital presente; ángulos laterales del zigomático con una expansión en forma de placa. Longitud total 180.0 a 253.0 mm en hembras y 200.0 a 285.0 en machos, del cráneo 58.0 mm).

Geomys

1. Proyección del escamoso que se une al yugal no terminado en cuña dentro del arco zigomático (Figura G10; restringido a las barras de arena de la costa de Tamaulipas. NOM**) .... *Geomys personatus*

(Coloración dorsal gris-pardo arena a gris-pardo pálido; región ventral más blanquecino-crema en la parte central y con la base del pelo gris a los lados del abdomen; con el cuerpo compacto y; con ojos, pinas y miembros pequeños; garras de las patas y manos bien desarrolladas. Cráneo: masivo y grande; escuamosal con cresta que se une a la temporal en ejemplares adultos y viejos; región interorbital más angosta que el rostro; *incisivos superiores con dos canales en la parte media de la cara anterior, el mayor en la línea media y el segundo cerca del margen interno*; primer molariforme superior sin placa de esmalte y más grande que el primer molariforme inferior; último molariforme superior no destacadamente bicolumnar y casi tan largo como ancho; el brazo del escuamosal del arco zigomático no termina en una protuberancia en la parte media del yugal. Longitud total 225.0 a 305.0 mm en hembras y 248.0 a 326.0 mm en machos, del cráneo 44.2 a 46.8 mm).

1a. Proyección del escamoso en el zigomático terminado en cuña en medio del yugal 2

2. Interparietal subcuadrado; borde del premaxilar a la altura del foramen anterior del palatino en forma de cuña; ancho del rostro no es más largo que la longitud del basioccipital (restringido al norte de Chihuahua) .... *Geomys arenarius*

(Coloración dorsal pardo arena, amarillo-anaranjado o amarillento; región ventral blanquecino o amarillento; cola poco peluda; con el cuerpo compacto y cilíndrico; con ojos, pinas y miembros pequeños; garras de las patas y manos bien desarrolladas. Cráneo: masivo y grande; escuamosal con cresta que se une a la temporal en ejemplares adultos y viejos; región interorbital más angosta que el rostro;;incisivos superiores con dos canales en la parte media de la cara anterior, el mayor en la línea media y el segundo cerca del margen interno; primer molariforme superior sin placa de esmalte y más grande que el primer molariforme inferior; último molariforme superior no destacadamente bicolumnar y casi tan largo como ancho, con el margen anterior y posterior de los molariformes con esmalte, el resto de los bordes con dentina; ancho del rostro menor que la longitud del basioccipital; con cresta sagital poco desarrollada; el brazo del escuamosal del arco zigomático termina en una protuberancia en la parte media del yugal; hueso interparietal subcuadrado. Longitud total 221.0 a 250.0 mm en hembras y 244.0 a 280.0 mm en machos, del cráneo 40.0 a 43.0 mm).

2a. Interparietal triangular; borde del premaxilar a la altura del foramen anterior del palatino en forma subcuadrada; ancho del rostro más largo que la longitud del basioccipital (endémico del sur de Tamaulipas. NOM**) .. *Geomys tropicalis*

(Coloración dorsal pardo; región ventral más pálida; con el cuerpo compacto y cilíndrico; con ojos, pinas y miembros pequeños; garras de las patas y manos bien desarrolladas. Cráneo: masivo y grande; escuamosal con cresta que se une a la temporal en ejemplares adultos y viejos; región interorbital más angosta que el rostro; incisivos superiores con dos canales en la parte media de la cara anterior, el mayor en la línea media y el segundo cerca del margen interno; primer molariforme superior sin placa de esmalte y más grande que el primer molariforme inferior; último molariforme superior no destacadamente bicolumnar y casi tan largo como ancho, con el margen anterior y posterior de los molariformes con esmalte, el resto de los bordes con dentina; con cresta sagital poco desarrollada; el brazo del escuamosal del arco zigomático termina en una protuberancia en la parte media del yugal; hueso interparietal triangular. Longitud total 235.0 a 250.0 mm en hembras y 260.0 a 265.0 mm en machos, del cráneo 41.3 a 43.1 mm).

ridge on the squamosal but sagittal crest mainly in adult and old males; interorbital region narrower than rostrum; sagittal crest present; lateral angles of the zygomatic with a plate-shaped expansion. Total length 310.0 mm, skull 54.5 to 58.5 mm).

6a. Anterior edge of the jugal width greater than 2.5 mm (central area of the Trans-Mexican Volcanic Belt including western Puebla, Estado de México, and Distrito Federal) .... *Cratogeomys merriami*
(Dorsal pelage from chocolate brown to blackish; underparts from light yellow to ocher and reddish; melanic specimens have been recorded; body compact and cylindrical; eyes, ears, and limbs small; claws in limbs well developed; hair silky and long of approximately 8.0 mm. Skull: large and massive; ridge on the squamosal joining the temporal in adult and old males; rostrum narrower than the interorbital region; sagittal crest present; lateral angles of the zygomatic with a plate-shaped expansion; zygomatic breadth greater than squamosal breadth. Total length 180.0 to 253.0 mm in females and 200.0 to 285.0 in males, skull 58.0 mm).

Geomys

1. Squamosal projection joining the jugal not wedge-shaped within the zygomatic arch (Figure G10; restricted to the coastal sand bar of Tamaulipas. NOM**) ....
.... *Geomys personatus*
(Dorsal pelage from gray-brown sand to light gray-brown; underparts completely whitish cream on the central part and hair base gray at the abdomen sides; body compact and cylindrical; eyes, ears, and limbs small; claws in limbs well developed. Skull: large and massive; ridge on the squamosal joining the temporal in adult and old males; interorbital region narrower than rostrum; *middle part of the anterior surface of the upper incisors with two grooves; the larger one in the middle line and the second one close to the internal edge*; first upper molar without enamel plate and larger than the first lower molar; the last upper molariform not prominently bicolumnar and almost as long as wide; squamosal branch of the zygomatic arch does not end in a protuberance in the middle of the jugal. Total length 225.0 to 305.0 mm en females y 248.0 a 326.0 mm en males, skull 44.2 to 46.8 mm).

1a. Projection of the squamous ending in wedge-shape at the middle part of the jugal 2

2. Interparietal subquadrate shape; edge of the premaxilla at the level of the anterior border of the palatine foramen in wedge shape; rostrum breadth not much longer than the basioccipital length (restricted to northern Chihuahua) .... *Geomys arenarius*
(Dorsal pelage sandy brown, yellow-orange or yellowish; underparts whitish or yellowish; tail little hairy; body compact and cylindrical; eyes, ears and limbs small; claws in limbs well developed. Skull: large and massive; ridge on the squamosal joining the temporal in adult and old males; interorbital region narrower than the rostrum; *middle part of the anterior surface of the upper incisors with two grooves; the larger one in the middle line and the second one close to the internal edge*; first upper molar with no enamel plate and larger than the first lower molar; last upper molariform not prominently bicolumnar and almost as long as wide with the anterior and posterior margin of the molariforms with enamel, the other margins with dentin; rostrum breadth less the basioccipital length; poorly developed sagittal crest; squamosal branch of the zygomatic arch ends in a bulge in the middle of the jugal; squamous projection of the zygomatic arch ending in a protuberance in the middle part of the jugal; interparietal subquadrate; edge of the premaxilla at the level of the anterior border of the incisor foramen anterior wedge-shaped; interparietal subquadrate shaped. Total length 221.0 to 250.0 mm in females and 244.0 in 280.0 mm in males, skull 40.0 to 43.0 mm).

2a. Interparietal triangular shaped; edge of the premaxilla at the level of the anterior palatine foramen in subquadrate shape; rostrum breadth longer than the basioccipital length (endemic to southern Tamaulipas. NOM**) .... *Geomys tropicalis*
(Dorsal pelage brown; underparts paler than dorsal; body compact and cylindrical; eyes, ears, and limbs small; claws in limbs well developed. Skull: large and massive; ridge on the squamosal joining the temporal in adult and old males; interorbital region narrower than rostrum; *middle part of the anterior surface of the upper incisors with two grooves*; the main one in the middle line and a second one in the internal edge; first upper molar without enamel plate and larger than the first lower molar; upper molariform not prominently bicolumnar and almost as long as wide; all molariforms are elliptical-shaped with the small anterior-posterior axis; anterior and posterior margin of the molariforms with enamel the other margins with dentin; zygomatic arch wider at the front than in the back; poorly developed sagittal crest; squamosal branch of the zygomatic arch ending in a protuberance in the middle part of the jugal; interparietal bone triangular. Total length 235.0 to 250.0 mm, in females and 260.0 to 265.0 mm in males, skull 41.3 to 43.1 mm).

G9

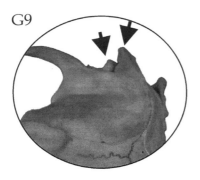

G10

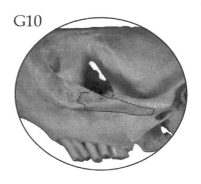

Heterogeomys

1. Longitud total menor de 361.0 mm; longitud de la pata menor de 54.0 mm; pelaje fuerte y áspero (en vertiente del Golfo de Tamaulipas al sur, incluyendo la Península de Yucatán, y en las tierras altas del este de Queretaro y centro de Chiapas) .... *Heterogeomys hispidus*

(Coloración dorsal rojiza a pardo rojizo; región ventral más pálida; con el cuerpo compacto y cilíndrico; pelo escaso y cerdoso. Cráneo: masivo y grande; escuamosal con cresta que se une a la temporal en ejemplares adultos y viejos; región interorbital más angosta que el rostro; *incisivos superiores con un canal profundo en la parte media de la cara anterior;* último molar superior semi-lobular, sólo con surco de lado labial; la placa de esmalte cubre la parte anterior y el borde del ángulo re-entrante de los primeros molariformes, inferior y superior; primer molariforme inferior con placa posterior de esmalte y el primero superior con una pequeña placa del lado lingual. Longitud total 292.0 a 335.0 mm en hembras y 309.0 a 343.0 en machos, del cráneo 57.0 a 59.5 mm en hembras y 58.5 a 66.5 mm).

1a. Longitud total mayor de 361.0 mm; longitud de la pata mayor de 54.0 mm; pelaje suave (endémico de la región de Jalapa, Veracruz. NOM**) .... *Heterogeomys lanius*

(Coloración dorsal pardo; región ventral más pálida; con el cuerpo compacto y cilíndrico; pelo escaso y cerdoso. Cráneo: masivo y grande; escuamosal con cresta que se une a la temporal en ejemplares adultos y viejos; región interorbital más angosta que el rostro; *incisivos superiores con un canal profundo en la parte media de la cara anterior;* último molar superior semi-lobular, sólo con surco de lado labial; la placa de esmalte cubre la parte anterior y el borde del ángulo re-entrante de los primeros molariformes, inferior y superior; primer molariforme inferior con placa posterior de esmalte y el primero superior con una pequeña placa del lado lingual. Longitud total 361.0 mm en hembras).

Thomomys

1. Los incisivos superiores ligeramente procumbentes (puntas de los incisivos por lo general no se extienden más allá del borde anterior nasales); cuatro pares de glándulas mamarias. Parte anterior de los nasales ligeramente redondeados; en vista lateral la placa zigomática es gruesa (es un ensanchamiento del hueso zigomático, casi en contacto con el yugal), más del doble de alto que el yugal (Figura G13; restringido la parte noroeste de la península de Baja California) .... *Thomomys bottae*

(Coloración dorsal variable desde prácticamente blanco o amarillo claro a negruzcas; región ventral más pálido que la dorsal; cola corta y poco más oscura dorsalmente; con el cuerpo compacto y cilíndrico; con ojos, pinas y miembros pequeños; garras de las patas y manos bien desarrolladas; **ocho pezones**. Cráneo: masivo y grande; sin cresta en el escuamosal, pero con sagital principalmente en machos adultos y viejos; *incisivos superiores liso sin canales en la parte media de la cara anterior;* todos los molariformes con un solo prisma y en una tendencia a forma elíptica con el eje menor anterior-posterior, *con el margen anterior y posterior de los molariformes con esmalte, el resto de los bordes con dentina;* **los incisivos superiores ligeramente procumbentes; en vista lateral la placa zigomática es gruesa, más del doble de alto que el yugal.** Longitud total 204.2 a 233.0 mm, del cráneo 36.3 a 40.9 mm).

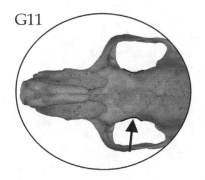

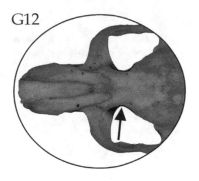

Heterogeomys

1. Total length less than 361.0 mm; hind foot length less than 54.0 mm; fur strong and coarse (in the western slope of the Gulf of Mexico from Tamaulipas southward, including the Yucatan Peninsula and at higher elevations in the mountains of eastern Querétaro and central Chiapas) ...... *Heterogeomys hispidus*

(Dorsal pelage from reddish to reddish brown with fur strong and coarse; underparts paler than dorsal; body compact and cylindrical; hair sparse and bristly. Skull: large and massive; ridge on the squamosal joining the temporal in adult and old males; interorbital region narrower than rostrum; *middle part of the anterior surface of the upper incisors with one deep groove*; last upper molar semi-lobular, only one labial groove; enamel plate covers the front and the edge of the re-entrant angle of the first upper and lower molariform; first lower molariform with posterior enamel plate and the first upper premolar always with a small plate on the lingual side. Total length 292.0 to 335.0 mm in females and 309.0 to 343.0 in males, skull 57.0 to 59.5 mm in females and 58.5 to 66.5 mm).

1a. Total length greater than 361.0 mm; length of hind foot greater than 54.0 mm; fur soft (endemic of the region of Jalapa, Veracruz. NOM**) ..... *Heterogeomys lanius*

(Dorsal pelage brown with soft fur; underparts paler than dorsal; body compact and cylindrical; hair sparse and bristly. Skull: large and massive; ridge on the squamosal joining the temporal in adult and old males; interorbital region narrower than rostrum; large jaw with coronoid process well-developed; *middle part of the anterior surface of the upper incisors with one deep groove*; last upper molar semi-lobular, only one labial groove; enamel plate covers the front and the edge of the re-entrant angle of the first upper and lower molariform; first lower and upper molariform with posterior enamel plate and the first upper one with a small plate on the lingual side. Total length 361.0 mm in females).

Thomomys

1. Upper incisors slightly procumbent (front teeth usually do not extend beyond the front nasal edge); four pairs of nipples. Frontal part of the nasals slightly rounded; in side view the zygomatic plate is thick (a widening of the zygomatic bone almost in contact with the jugal), more than twice as high as the jugal (Figure G13; restricted to the northwestern area of the Baja California peninsula) .... *Thomomys bottae*

(Dorsal pelage from almost white or light yellow to blackish; underparts paler than dorsal; tail short and slightly darker dorsally; body compact and cylindrical; eyes, ears, and limbs small; claws in limbs well developed; **eight nipples**. Skull: large and massive; no ridge on the squamosal but sagittal crest mainly in adult and old males; *middle part of the anterior surface of the upper incisor smooth without grooves*; all molariforms monoprismatic and with a tendency to elliptical-shaped with the small axes in anterior-posterior position; *middle part of the anterior surface of the upper incisor smooth without grooves*; **upper incisors slightly procumbent; in side view the zygomatic plate is thick, more than twice the height of the jugal**. Total length 204.2 to 233.0 mm, skull 36.3 to 40.9 mm).

1a. Los incisivos superiores por lo general fuertemente procumbentes (puntas de los incisivos se extienden más allá del borde anterior de los nasales); tres pares de glándulas mamarias. Parte anterior de los nasales en forma de cuña; en vista lateral la placa zigomática es delgada, casi del mismo alto del yugal (Figura G14) 2

NOTA: las siguientes especies del género *Thomomys* tienen una convergencia morfológica por lo que no presentan características que puedan ser usadas para su diferenciación. La definición de las estas especies se realizó con base en análisis genéticos. Al ser especies parapátricas, hasta donde se conoce, se utilizará la distribución como un elemento auxiliar para la asignación específica.

2. Restringido a la Península de Baja California (Península de Baja California) ....
.... *Thomomys nigricans*

(Coloración dorsal variable desde prácticamente blanco o amarillo claro a negruzcas; región ventral más pálido que la dorsal; cola corta y poco más oscura dorsalmente; con el cuerpo compacto y cilíndrico; con ojos, pinas y miembros pequeños; garras de las patas y manos bien desarrolladas; seis pezones. Cráneo: masivo y grande; sin cresta en el escuamosal, pero con sagital principalmente en machos adultos y viejos; región interorbital más angosta que el rostro; *incisivos superiores liso sin canales en la parte media de la cara anterior*; todos los molariformes con un solo prisma y en una tendencia a forma elíptica con el eje menor anterior-posterior, *con el margen anterior y posterior de los molariformes con esmalte, el resto de los bordes con dentina*. **Restringido a la Península de Baja California**. Longitud total 173.0 a 250.0 mm, del cráneo 31.0 a 43.8 mm).

2a. No restringido a la Península de Baja California 3

3. Restringido a los estado de Sonora, Chihuahua y Coahuila .... *Thomomys fulvus*

(Coloración dorsal variable desde prácticamente blanco o amarillo claro a negruzcas; región ventral más pálido que la dorsal; cola corta y poco más oscura dorsalmente; con el cuerpo compacto y cilíndrico; con ojos, pinas y miembros pequeños; garras de las patas y manos bien desarrolladas; seis pezones. Cráneo: masivo y grande; hueso; sin cresta en el escuamosal, pero con sagital principalmente en machos adultos y viejos; *incisivos superiores liso sin canales en la parte media de la cara anterior*; todos los molariformes con un solo prisma y en una tendencia a forma elíptica con el eje menor anterior-posterior, *con el margen anterior y posterior de los molariformes con esmalte, el resto de los bordes con dentina*. **Restringido a los estado de Sonora, Chihuahua y Coahuila**. Longitud total 199.0 a 281.0 mm, del cráneo 36.9 a 47.2 mm).

3a. En el resto de México 4

4. Pelaje de moderadamente denso a escaso; coloración dorsal generalmente del mismo tono que en los laterales y ventral (ladera oeste de la Sierra Madre Occidental) .... *Thomomys atrovarius*

(Coloración dorsal variable desde prácticamente blanco o amarillo claro a negruzcas; región ventral más pálido que la dorsal; cola corta y poco más oscura dorsalmente; con el cuerpo compacto y cilíndrico; con ojos, pinas y miembros pequeños; garras de las patas y manos bien desarrolladas; seis pezones. Cráneo: masivo y grande; sin cresta en el escuamosal, pero con sagital principalmente en machos adultos y viejos; región interorbital más angosta que el rostro; *incisivos superiores liso sin canales en la parte media de la cara anterior*; todos los molariformes con un solo prisma y en una tendencia a forma elíptica con el eje menor anterior-posterior, *con el margen anterior y posterior de los molariformes con esmalte, el resto de los bordes con dentina*. **Ladera oeste de la Sierra Madre Occidental**. Longitud total 210.0 a 235.0 mm, del cráneo 36.1 a 42.0 mm).

4a. . Pelaje denso; coloración dorsal generalmente más oscuro que en los laterales y la ventral (del Eje Volcánico Transversal hacia el norte) 5

5. Con distribución en la región central de la Sierra Madre Occidental, de Sonora hasta Nayarit, generalmente por arriba de los 2,000 m 6

G13

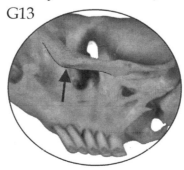

1a. Upper incisors usually strongly procumbent (front teeth extend beyond the front nasal edge); three pairs of nipples. Frontal part of the nasal in wedge shape; in side view the zygomatic plate is thin, almost the same height as the jugal (Figure G14) 2

NOTE: The following species of the genus *Thomomys* have a morphological convergence; therefore, they do not exhibit characteristics that can be used for differentiation. The definition of these species was made based on genetic analysis. Being parapatric species, to our knowledge, the distribution will be used as an auxiliary element for specific assignment.

2. Restricted to the Baja California Peninsula (Baja California Peninsula) ....
.... *Thomomys nigricans*

(Dorsal pelage varies from almost white or light yellow to blackish; underparts paler than dorsal; tail short and slightly darker dorsally; body compact and cylindrical; eyes, ears, and limbs small; claws in limbs well developed; six nipples. Skull: large and massive; no ridge on the squamosal but sagittal crest mainly in adult and old males; *anterior surface of the upper incisor smooth without grooves*; all molariforms monoprismatic and with a tendency to be elliptical-shaped with the small axes in anterior-posterior position, *anterior and posterior margin of the molariforms with enamel, the other margins with dentin*. **Restricted to the Baja California Peninsula**. Total length 173.0 to 250.0 mm, skull 31.0 to 43.8 mm).

2a. Not Restricted to the Baja California Peninsula 3

3. Restricted to the states of Sonora, Chihuahua, and Coahuila ...... *Thomomys fulvus*

(Dorsal pelage varies from almost white or light yellow to blackish; underparts paler than dorsal; tail short and slightly darker dorsally; body compact and cylindrical; eyes, ears, and limbs small; fore and hind foot claws well developed; six nipples. Skull: large and massive; no ridge on the squamosal but sagittal crest mainly in adult and old males; *middle part of the anterior surface of the upper incisor smooth without grooves*; all molariforms monoprismatic and with a tendency to be elliptical-shaped with the small anterior posterior axis; *anterior and posterior margin of the molariforms with enamel; the other margins with dentin*. **Restricted to the states of Sonora, Chihuahua y Coahuila**. Total length 199.0 to 281.0 mm, skull 36.9 to 47.2 mm).

3a. All over Mexico... 4

4. Hair moderately dense to scarce; dorsal coloration usually the same shade as in the lateral part and underparts (endemics to the western slope of the Sierra Madre Occidental) .... *Thomomys atrovarius*

(Dorsal pelage varies from almost white or light yellow to blackish; underparts paler than dorsal; tail short and slightly darker dorsally; body compact and cylindrical; eyes, ears, and limbs small; fore and hind foot claws well developed; six nipples. Skull: large and massive; no ridge on the squamosal but sagittal crest mainly in adult and old males; *middle part of the anterior surface of the upper incisor smooth without grooves*; all molariforms monoprismatic and with a tendency to be elliptical-shaped with the small anterior posterior axis; *anterior and posterior margin of the molariforms with enamel; the other margins with dentin*. **Endemic to the western slope of the Sierra Madre Occidental**. Total length 210.0 to 235.0 mm, skull 36.1 to 42.0 mm).

4a. Hair dense; dorsal coloration generally darker than the flanks and underparts lighter (from the Trans-Mexican Volcanic Belt northward) 5

5. Distribution in the central region of the Sierra Madre Occidental, from Sonora to Nayarit, generally over the 2,000 6

C14

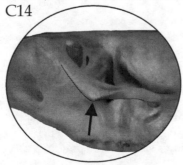

5a. Con distribución en el Altiplano Mexicano, Eje Neovolcánico y ladera oriental de la Sierra Madre Occidental (del Eje Volcánico Transversal hacia el norte) .... *Thomomys umbrinus*

(Coloración dorsal variable desde prácticamente blanco o amarillo claro a negruzcas; región ventral más pálido que la dorsal; cola corta y poco más oscura dorsalmente; con el cuerpo compacto y cilíndrico; con ojos, pinas y miembros pequeños; garras de las patas y manos bien desarrolladas; seis pezones. Cráneo: masivo y grande; sin cresta en el escuamosal, pero con sagital principalmente en machos adultos y viejos; región interorbital más angosta que el rostro; *incisivos superiores liso sin canales en la parte media de la cara anterior;* todos los molariformes con un solo prisma y en una tendencia a forma elíptica con el eje menor anterior-posterior, *con el margen anterior y posterior de los molariformes con esmalte, el resto de los bordes con dentina.* **Eje Volcánico Transversal hacia el norte**. Longitud total 174.0 a 220.0 mm, del cráneo 27.2 a 33.5 mm).

6. Abundante pelo de guarda en el dorso; longitud total generalmente mayor a 180 mm; altura máxima del meato auditivo mayor o igual a 1.5 mm. Restringido a la parte central de la Sierra Madre Occidental, de Chihuahua, Durango a Nayarit (endémico de Sierra Madre Occidental) .... *Thomomys sheldoni*

(Coloración dorsal variable desde prácticamente blanco o amarillo claro a negruzcas; región ventral más pálido que la dorsal; cola corta y poco más oscura dorsalmente; con el cuerpo compacto y cilíndrico; con ojos, pinas y miembros pequeños; garras de las patas y manos bien desarrolladas; seis pezones. Cráneo: masivo y grande; sin cresta en el escuamosal, pero con sagital principalmente en machos adultos y viejos; región interorbital más angosta que el rostro; *incisivos superiores liso sin canales en la parte media de la cara anterior;* todos los molariformes con un solo prisma y en una tendencia a forma elíptica con el eje menor anterior-posterior, *con el margen anterior y posterior de los molariformes con esmalte, el resto de los bordes con dentina.* **Endémico de Sierra Madre Occidental**. Longitud total 194.0 a 218.0 mm, del cráneo 35.0 a 39.8 mm).

6a. Poco pelo de guarda en el dorso; longitud total generalmente menor a 180 mm; altura máxima del meato auditivo menor a 1.5 mm. Restringido a la región de Nayar, Nayarit (endémico de la Sierra de Nayar) .... *Thomomys nayarensis*

(Coloración dorsal variable desde prácticamente blanco o amarillo claro a negruzcas; región ventral más pálido que la dorsal; cola corta y poco más oscura dorsalmente; con el cuerpo compacto y cilíndrico; con ojos, pinas y miembros pequeños; garras de las patas y manos bien desarrolladas; seis pezones. Cráneo: masivo y grande; sin cresta en el escuamosal, pero con sagital principalmente en machos adultos y viejos; región interorbital más angosta que el rostro; *incisivos superiores liso sin canales en la parte media de la cara anterior;* todos los molariformes con un solo prisma y en una tendencia a forma elíptica con el eje menor anterior-posterior, *con el margen anterior y posterior de los molariformes con esmalte, el resto de los bordes con dentina.* **Endémico de Sierra de Nayar**.

Family Heteromyidae

Familia conformada por las ratas canguro, ratones espinosos y ratones de abazones. Actualmente representado por cinco géneros. Se caracterizan por tener cuerpo como de ratón a rata (de 100.0 a 500.0 mm de largo); abazones externos; extremidades delanteras modificadas para locomoción saltatorial, cuadrúpeda o bípeda; canal infraorbital comprimido y enteramente penetrante contra el rostro, abriéndose lateralmente. Se distribuyen exclusivamente en Norte América, aunque el género Heteromys llega hasta el norte de Sudamérica. Pertenecen al Orden Rodentia, Suborden Castorimorpha, Superfamilia Geomyoidea.

Las especies presentes en México pertenecen a tres Subfamilias diferentes Dipodomyinae que incluye a todas las ratas canguro del género *Dipodomys*. Los Heteromyinae que contiene a los heterómidos tropicales conocidos como ratas espinosas del género *Heteromys* y los Perognathinae que son los ratones de abazones de los géneros *Chaetodipus* y *Perognathus*.

1. Patas traseras no excesivamente más grandes que las delanteras. Bula auditiva no tan desarrollada, sin ocupar la región posterior-dorsal del cráneo (Figura H1); lóbulos de los premolares inferiores fusionándose en la parte labial o lingual, pero no en la media; incisivos superiores sin un canal longitudinal .... Heteromyinae (pag. 366)

5a. Distribution in the Mexican Plateau, Trans-Mexican Volcanic Belt and eastern slope of the Sierra Madre Occidental (from the Trans-Mexican Volcanic Belt northward) .... *Thomomys umbrinus*
(Dorsal pelage varies from almost white or light yellow to blackish; underparts paler than dorsal; tail short and slightly darker dorsally; body compact and cylindrical; eyes, ears, and limbs small; fore and hind foot claws well developed; six nipples. Skull: large and massive; no ridge on the squamosal but sagittal crest mainly in adult and old males; *middle part of the anterior surface of the upper incisor smooth without grooves*; all molariforms monoprismatic and with a tendency to be elliptical-shaped with the small anterior posterior axis; *anterior and posterior margin of the molariforms with enamel; the other margins with dentin*. **From the Trans-Mexican Volcanic Belt northward**. Total length 174.0 to 220.0 mm, skull 27.2 to 33.5 mm).

6. Dense fur in the back; total length generally greater than 180.0 mm. Maximum height of the auditory meatus equal to or greater than 1.5 mm. Restrincted to the central area of the Sierra Madre Occidental, in Chihuahua, and from Durango to Nayarit (endemic to Sierra Madre Occidental) ... *Thomomys sheldoni*
(Dorsal pelage varies from almost white or light yellow to blackish; underparts paler than dorsal; tail short and slightly darker dorsally; body compact and cylindrical; eyes, ears, and limbs small; fore and hind foot claws well developed; six nipples. Skull: large and massive; no ridge on the squamosal but sagittal crest mainly in adult and old males; *middle part of the anterior surface of the upper incisor smooth without grooves*; all molariforms monoprismatic and with a tendency to be elliptical-shaped with the small anterior posterior axis; *anterior and posterior margin of the molariforms with enamel; the other margins with dentin*. **Restricted to the western of Chihuahua y Durango**. Total length 194.0 to 218.0 mm, skull 35.0 to 39.8 mm).

6a. No dense fur in the back; total length generally less than 180.0 mm. Maximum height of the auditory meatus less than 1.5 mm. Restricted to the Nayar region in Nayarit (endemic to Sierra de Nayar) .... *Thomomys nayarensis*
(Dorsal pelage varies from almost white or light yellow to blackish; underparts paler than dorsal; tail short and slightly darker dorsally; body compact and cylindrical; eyes, ears, and limbs small; fore and hind foot claws well developed; six nipples. Skull: large and massive; no ridge on the squamosal but sagittal crest mainly in adult and old males; *middle part of the anterior surface of the upper incisor smooth without grooves*; all molariforms monoprismatic and with a tendency to be elliptical-shaped with the small anterior posterior axis; *anterior and posterior margin of the molariforms with enamel; the other margins with dentin*; **endemic to Sierra de Nayar**).

Family Heteromyidae

The Family Heteromyidae consists of kangaroo rats, spiny and pocket mice currently represented by five genera. They are characterized by having the body from mouse to rat (from 100.0 to 500.0 mm of longitud); external cheek pouches; modified forelimbs for quadruped locomotion or biped saltatorial; infraorbital canal compressed and completely penetrating against the rostrum and opening laterally. They are exclusively distributed in North America although the genus *Heteromys* has distribution in northern South America. Belong to the Order Rodentia, Suborder Castorimorpha, Superfamily Geomyoidea.

The species in Mexico belong to three different Dipodomyinae subfamilies, including all kangaroo rats of the genus *Dipodomys*. The Heteromyinae includes tropical heteromiyds known as spiny rats of the genus *Heteromys* and Perognathinae that includes pocket mice of the genera *Chaetodipus* and *Perognathus*.

1. Hind limbs not excessively larger than the frontal. Auditory bullae not highly developed without occupying the rear-dorsal region of the skull (Figure H1); lower premolar lobes merging into the labial or lingual side but not in the middle; upper incisors without a longitudinal canal ...... Heteromyinae (p. 367)

1a. Patas traseras excesivamente más grandes que las delanteras. Bula auditiva muy desarrollada, ocupando la región posterior-dorsal del cráneo (Figura H2, H3); lóbulos de los premolares inferiores fusionándose entre sí en la parte media; incisivos superiores con una canal longitudinal 2

2. Patas delanteras muy pequeñas en relación a las traseras; cola muy larga, mayor a la longitud del cuerpo y con un mechón de pelo en la punta. Bula auditiva muy inflada, dando como resultado que el ancho posterior del cráneo sea mayor que el ancho zigomático (Figura H2); interparietal reducido y mucho más largo que ancho .... Dipodomyinae (pag. 362)

2a. Patas delanteras poco más pequeñas que las traseras; cola por lo general del mismo tamaño del cuerpo, con pelos que sobresalen de la punta de la cola pero no a manera de mechón. Bula auditiva relativamente poco inflada, dando como resultado que el ancho posterior del cráneo sea igual o ligeramente mayor al ancho zigomático (Figura H3); interparietal ligeramente más largo que ancho .... Perognathinae (pag. 372)

H1

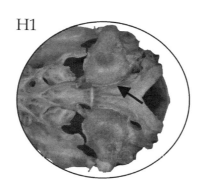

Subfamilia *Dipodomyinae*

1. Con cinco dedos en los miembros posteriores (el quinto representado sólo por la uña y situado a la mitad de la pata, en la parte interna) 2

1a. Con cuatro dedos en los miembros posteriores 5

2. Longitud de la cola menor de 130 % de la de cabeza-cuerpo; con distribución al este del Río Colorado 3

2a. Longitud de la cola mayor de 130 % de la de cabeza-cuerpo; con distribución al oeste del Río Colorado 4

3. Longitud de la cola menor de 100 % de la de cabeza-cuerpo. Anchura del cráneo a la altura de las bulas menor de 22.2 mm (restringido a la parte norte de la islas de la barra arenosa de Tamaulipas) .... *Dipodomys compactus*

(**Coloración dorsal gris arena, costados gris blanquecino claro**; región ventral blanco; con manchas blancas en el labio superior, arriba de cada ojo, detrás de cada oreja, patas delanteras y traseras; cola poco menor que el cuerpo con cinco dedos en la pata trasera. Cráneo: forma de los incisivos de manera de punzón, las demás especies es de cincel; *bula auditiva muy inflada, dando como resultado que el ancho posterior del cráneo sea mayor que el ancho zigomático; interparietal reducido y más largo que ancho.* **Restringido a la parte norte de la islas de la barra arenosa de Tamaulipas.** Longitud total 210.0 a 270.0 mm).

1a. Hind limbs excessively larger than the frontal. Auditory bullae highly developed, occupying the posterior-dorsal region of the skull (Figure H2, H3); lower premolar lobes merging together in the middlepart of the teeth; upper incisors with a longitudinal canal 2

2. Front legs very small in relation to hind legs; tail very long, longer than the body length and with a tuft of hair at the tip. Auditory bullae highly inflated, and as a result the posterior breadth of the skull is greater than the zygomatic breadth (Figure H2); interparietal reduced and longer than wider .... Dipodomyinae (p. 363)

2a. Front legs small in relation to the hind legs; tail generally the same size as the body length and with hair from the tip but not as a tuft. Auditory bullae inflated, and as a result the posterior breadth of the skull is equal to or slightly greater than the zygomatic breadth (Figure H3); interparietal slightly longer than wider .... Perognathinae (p. 371)

H2

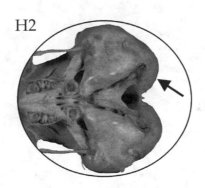

Subfamily *Dipodomyinae*

1. Hind food with five toes (the fifth is represented only by the nail and located in the middle internal part of the limb) 2

1a. Hind food with four toes 5

2. Tail length less than 130 % of body length; with distribution eastern of the Colorado River 3

2a. Tail length greater than 130 % of body length; with distribution western of the Colorado River 4

3. Tail length less than 100 % of body length. Skull breadth at the bullae less than 22.2 mm (restricted to the northern part of the sandy island bar of Tamaulipas) .... *Dipodomys compactus*

(**Dorsal pelage sandy gray, flanks whitish gray**; underparts white; white spots on the upper lip, above each eye, behind each ear, and limbs; length of tail smaller than the body length with five toes on the hind foot. Skull: incisor with a punch-shape, the other species as chisel-shape; *auditory bullae highly inflated, and as a result the posterior breadth of the skull is greater than the zygomatic breadth; interparietal reduced and longer than wider.* **Restricted to the northern part of the sandy bar island of Tamaulipas**. Total length 210.0 a 270.0 mm).

3a. Longitud de la cola mayor de 100 % de la de cabeza-cuerpo. Anchura del cráneo a la altura de las bulas mayor de 22.2 mm (Altiplano y Tamaulipas) .. .. *Dipodomys ordii*

(**Coloración dorsal variable en color del anaranjado intenso al gris oscuro, costados más pálidos que la dorsal**; región ventral blanco; con manchas blancas en el labio superior, arriba de cada ojo, detrás y delante de cada oreja; patas delanteras y traseras blancas; punta de la cola negruzca **con cinco dedos en la pata trasera**. Cráneo: forma de los incisivos de manera de punzón, las demás especies es de cincel; *bula auditiva muy inflada, dando como resultado que el ancho posterior del cráneo sea mayor que el ancho zigomático; interparietal reducido y más largo que ancho*. Longitud total 208.0 a 281.0 mm, del cráneo 35.1 a 39.3 mm).

4. Cola delgada y orejas proporcionalmente pequeñas. Anchura del arco zigomático, a la altura de la rama del maxilar mayor de 55 % de la longitud del cráneo (restringido al Valle de San Quintín y San Telmo, Baja California. Extinto NOM****) .... *Dipodomys gravipes*

(Coloración dorsal pardo claro; región ventral blanco; con manchas blancas en el labio superior, arriba de cada ojo, detrás de cada oreja, patas delanteras y traseras; **cola delgada mayor que la longitud del cuerpo** con cinco dedos en la pata trasera. Cráneo: **anchura del arco zigomático, a la altura de la rama del maxilar mayor de 55 % de la longitud del cráneo**; *bula auditiva muy inflada, dando como resultado que el ancho posterior del cráneo sea mayor que el ancho zigomático; interparietal reducido y más largo que ancho*. Longitud total 296.0 a 312.0 mm).

4a. Cola ancha y orejas proporcionalmente grandes. Anchura del arco zigomático, a la altura de la rama del maxilar menor de 55 % de la longitud del cráneo (Península de Baja California) .... *Dipodomys simulans*

(Coloración dorsal varia de pardo amarillento a pardo grisáceo, costados amarillo grisáceo o anaranjado; región ventral blanco; con manchas blancas en el labio superior, arriba y abajo de cada ojo, detrás de cada oreja; **cola gruesa mayor que la longitud del cuerpo**, con un mechón negruzco de pelo al final con cinco dedos en la pata trasera; orejas proporcionalmente grandes. Cráneo: **anchura del arco zigomático, a la altura de la rama del maxilar menor de 55 % de la longitud del cráneo**; ángulo posterior externo de la raíz maxilar del zigomático poco marcado; *bula auditiva muy inflada, dando como resultado que el ancho posterior del cráneo sea mayor que el ancho zigomático; interparietal reducido y más largo que ancho*. Longitud total 270.0 a 302.0 mm, del cráneo 38.0 a 41.5 mm).

5. Longitud de la pata menor de 42.0 mm 6

5a. Longitud de la pata mayor de 42.0 mm 7

6. Punta de la cola no blanca; marcas faciales negras más o menos marcadas o ausentes. Anchura interorbital más de la mitad de la longitud basal (desde Hidalgo hacia el norte, incluyendo la Península de Baja California, pero con excepcion de Sierras y las islas de San Jose, Margarita y Tiburon. NOM** ssp) .... *Dipodomys merriami*

(**Coloración dorsal varía mucho en función del color del sustrato en el que se encuentren, de pardo arena a pardo negruzco, costados más pálidos entrepelados con amarillo y anaranjado**; región ventral blanco; con manchas blancas en el labio superior, arriba de cada ojo, detrás de cada oreja, paras delanteras y traseras; cola con un mechón negruzco o pardo anaranjado al final **con cuatro dedos en la pata trasera**. Cráneo: *bula auditiva muy inflada, dando como resultado que el ancho posterior del cráneo sea mayor que el ancho zigomático; interparietal reducido y más largo que ancho*. Longitud total 234.0 a 259.0 mm, del cráneo 33.9 a 37.3 mm).

6a. Punta de la cola blanca; marcas faciales negras bien marcadas y en forma de arete. Anchura interorbital menos de la mitad de la longitud basal 9

7. Parte dorsal ocráceo pálido; longitud de la pata de 50.0 a 58.0 mm. Bulas auditivas muy infladas, de tal manera que en la región dorsal del cráneo casi o se juntan completamente (norte de Sonora y Baja California) .... *Dipodomys deserti*

(Coloración dorsal pardo arena; región ventral blanca; con manchas blancas alrededor de cada ojo, detrás de cada oreja, patas delanteras y traseras; cola mayor que la longitud del cuerpo, una línea blanca que se extiende de los costados a la base de la cola, **sin líneas oscuras y con un mechón blanquecino de pelo al final** y el último tercio con pelos largo a manera de cresta con cuatro dedos en la pata trasera. Cráneo: *bula auditiva muy inflada, dando como resultado que el ancho posterior del cráneo* **casi o se juntan completamente** *y sea mayor que el ancho zigomático; interparietal reducido y más largo que ancho*, **esta especie es las más grandes de todas para México**. Longitud total 305.0 a 377.0 mm, del cráneo 43.5 a 48.3 mm).

3a. Tail length greater than 100 % of body length. Skull breadth at the level of the bullae greater than 22.2 (Mexican Plateau and Tamaulipas) ...... *Dipodomys ordii*

(**Dorsal pelage from intense orange to dark gray, flanks lighter than dorsal**; underparts white; with whites spots on the upper lip, above each eye, behind each ear, and limbs white; length of tail equal to or greater than body length **with five toes on the hind foot**. Skull: incisor with a punch-shape, the other species as chisel-shape; *auditory bullae highly inflated, and as a result the posterior breadth of the skull is greater than the zygomatic breadth; interparietal reduced and longer than wider*. Total length 208.0 to 281.0 mm, skull 35.1 to 39.3 mm).

4. Tail thin and ears proportionately smaller. Breadth of the zygomatic arch at the level of the maxilla greater than 55 % of the skull length (endemic to Valle de San Quintín and San Temo, Baja California. Extinct NOM****) .... *Dipodomys gravipes*

(Dorsal pelage light brown; underparts white; white spots on the upper lip, above each eye, behind each ear, and limbs; **length of tail greater than the body length and thin; five toes on the hind foot**. Skull: **zygomatic arch breadth greater than 55 % of the skull length**; *auditory bullae highly inflated, and as a result the posterior breadth of the skull is greater than the zygomatic breadth; interparietal reduced and longer than wider*. Total length 296.0 to 312.0 mm).

4a. Tail wide and proportionately large ears. Breadth of the zygomatic arch at the level of the maxilla less than 55 % of the skull length (Baja California Peninsula) .... *Dipodomys simulans*

(Dorsal pelage from yellowish to grayish brown, flanks grayish or orange; underparts white; white spots on the upper lip, above each eye, behind each ear, and limbs; **length of tail thicker than the body length**, five toes on the hind foot. Skull: **zygomatic arch breadth less than 55 % of the skull length**; *auditory bullae highly inflated, and as a result the posterior breadth of the skull is greater than the zygomatic breadth; interparietal reduced and longer than wider*. Total length 270.0 to 302.0 mm, skull 38.0 to 41.5 mm).

5. Hind foot length less than 42.0 mm 6

5a. Hind foot length greater than 42.0 mm 7

6. Tail tip not white; facial black lines more or less marked or absent. Interorbital breadth more than half of the basal length (from Hidalgo northward, with the exception of the Sierras, including the Baja California Peninsula and San Jose, Margarita and Tiburon Islands. NOM** ssp.) .... *Dipodomys merriami*

(**Dorsal pelage varies greatly depending on the color of the substrate on which they are found from sandy brown to blackish brown, flanks ligthter grizzly with yellow and orange**; underparts white; white spots on the upper lip, above each eye, behind each ear, and limbs; length of tail greater than the body length with four toes on the hind foot. Skull: *auditory bullae highly inflated, and as a result the posterior breadth of the skull is greater than the zygomatic breadth; interparietal reduced and longer than wider*. Total length 234.0 to 259.0 mm, skull 33.9 to 37.3 mm).

6a. Tail tip white; facial black lines well marked and in earring shape. Interorbital breadth less than half of the basal length 9

7. Dorsal pelage light ocher; hind foot length of 50.0 to 58.0 mm. Auditory bullae very inflated, such that they almost or completely join in the dorsal region of the skull (north of Sonora and Baja California) .... *Dipodomys deserti*

(Dorsal pelage sandy gray; underparts white; white spots on the upper lip, above each eye, behind each ear, and limbs; tail length greater than the body length with a white line extending from the flanks to the base of the tail, **no lateral dark lines and with a white tuft at the end; the last third with long hair as a crest**; four toes on the hind foot. Skull: *auditory bullae highly inflated, and as a result the posterior breadth of the skull is greater than the zygomatic breadth; interparietal reduced and longer than wide*. **This species is the largest of all for México**. Total length 305.0 to 377.0 mm, skull 43.5 to 48.3 mm).

7a. Parte dorsal parduzca; longitud de la pata de 45.0 a 51.0 mm. Bulas auditivas aunque infladas, dejan en la parte dorsal un espacio en donde se aprecia el interparietal 8

8. Más del 25 % de la parte terminal de la cola blanca (Sonora y Chihuahua, con una población aislada en Zacatecas y norte de Jalisco) ...... *Dipodomys spectabilis*

(Coloración dorsal pardo grisáceo, costados entrepelado con ocráceo; región ventral blanco; con manchas blancas difusa arriba de cada ojo, detrás de cada oreja, patas delanteras y traseras; **punta de la cola siempre blanca (40.0 mm) que ocupa más de 25 % de la longitud de la cola, antes de la parte blanca es toda alrededor negra** con cuatro dedos en la pata trasera. Cráneo: *bula auditiva muy inflada, dando como resultado que el ancho posterior del cráneo sea mayor que el ancho zigomático; interparietal reducido y más largo que ancho.* **Longitud total 310.0 a 349.0 mm**, del cráneo 42.6 a 48.7 mm).

8a. Punta de la cola ocasionalmente blanca, cuando presente la mancha menor de 25 % de la longitud de la cola (en el Altiplano desde San Luis Potosí al norte) .. .. *Dipodomys nelsoni*

(Coloración dorsal pardo claro; región ventral blanco; con manchas blancas en el labio superior, arriba de cada ojo, detrás de cada oreja; **punta de la cola ocasionalmente blanca de la cola (20.0 mm), cuando presente menor de 25 % de la longitud de la cola** con cuatro dedos en la pata trasera. Cráneo: *bula auditiva muy inflada, dando como resultado que el ancho posterior del cráneo sea mayor que el ancho zigomático; interparietal reducido y más largo que ancho.* **Longitud total 310.0 a 330.0 mm**, del cráneo 42.0 a 47.0 mm).

9. Entre *Dipodomys phillipsii* de *D. ornatus* no encontramos diferencias morfológicas confiables para separarlas. Estas especies se distinguen por análisis moleculares.

9a. Tamaño de pata variable. Ancho del mastoides dividido entre la amplitud de la maxila generalmente menor a la proporción de 1.08 (región árida y semiárida del centro de México, en el Estado de México, Hidalgo, Veracruz, Puebla y norte de Oaxaca. NOM** ssp) .... *Dipodomys phillipsii*

(Coloración dorsal pardo claro; región ventral blanco; con manchas blancas en el labio superior, arriba de cada ojo, detrás de cada oreja, patas delanteras y traseras; cola con un mechón de pelo al final, punta de la cola. Cráneo: *bula auditiva muy inflada, dando como resultado que el ancho posterior del cráneo sea mayor que el ancho zigomático; interparietal reducido y más largo que ancho.* Longitud total 263.0 a 289.0 mm, del craneo 39.0 a 40.0 mm).

9b. Tamaño de pata mayor a 37.0 mm. Ancho del mastoides dividido entre la amplitud de la maxila generalmente menor igual a la proporción de 1.08 (en la región árida y semiárida del Altiplano, de Querétaro hasta Durango) .... *Dipodomys ornatus*

(Coloración dorsal pardo claro; región ventral blanco; con manchas blancas en el labio superior, arriba de cada ojo, detrás de cada oreja, paras delanteras y traseras; cola con un mechón de pelo al final, punta de la cola blanca o negra; con cuatro dedos en la pata trasera. Cráneo: *bula auditiva muy inflada, dando como resultado que el ancho posterior del cráneo sea mayor que el ancho zigomático; interparietal reducido y más largo que ancho.* Longitud total 230.0 a 290.0 mm, del cráneo 36.0 a 40.0 mm).

Subfamilia *Heteromyinae*

1. Longitud de la cola mayor que el cuerpo y con poco pelo. Isla central en la cara oclusal de los molares presente a pesar del desgaste; premolar superior con ángulo reentrante en el lóbulo anterior; fosa interpterigoidea en forma de "V" .. 2

1a. Longitud de la cola menor que el cuerpo y con pelos largo a manera de cresta y un mechón terminal notorios. Isla central en la cara oclusal de los molares desaparece en los primeros estados de desgaste del diente (Figura H4); premolar superior sin ángulo reentrante en el lóbulo anterior; fosa interpterigoidea en forma de "U" 5

7a. Dorsal pelage brownish; hind foot length from 45.0 to 51.0 mm. Auditory bullae although inflated leave a dorsal gap between them where the interparietal can be seen 8

8. More than 25 % of the end of the tail is white (Sonora and Chihuahua, with one isolated population in Zacatecas and northern Jalisco) ...... *Dipodomys spectabilis*

(Dorsal pelage grayish brown, flanks grizzly with ocher; underparts white; white spots on the upper lip, above each eye, behind each ear, and limbs; length of tail greater than the body length, **with a tuft of hair at the tip of the tail always white (40.0 mm) occupying more than 25 % of the length of the tail: tail is black all around before reaching the white part**; four toes on the hind foot. Skull: *auditory bullae highly inflated, and as a result the posterior breadth of the skull is greater than the zygomatic breadth; interparietal reduced and longer than wide.* **Total length 310.0 to 349.0 mm, skull 42.6 to 48.7 mm).**

8a. Tip of the tail occasionally white; when present never more than 25 % of the tail length (Mexican Plateau from San Luis Potosí northward) ....
.... *Dipodomys nelsoni*

(Dorsal pelage light brownish; underparts white; white spots on the upper lip, above each eye, behind each ear, and limbs; **tuft of hair at the tip occasionally white of approximatelly 20.0 mm and occupying less than 25 % of the length of the tail**; four toes on the hind foot. Skull: incisor with a punch-shape, the other species as chisel-shape; *auditory bullae highly inflated, and as a result the posterior breadth of the skull is greater than the zygomatic breadth; interparietal reduced and longer than wide.* **Total length 310.0 to 330.0 mm, skull 42.0 to 47.0 mm).**

9. No reliable morphological differences were found between *Dipodomys phillipsii* and *D. ornatus* to separate them. These species are distinguished by molecular analyses.

9a. Hind foot variable in size. Mastoid breadth divided by the maxilla breadth generally smaller than the proportion 1.08 (aridlands of central México, in the Estado de México, Hidalgo, Veracruz, Puebla, and northern Oaxaca. NOM** ssp.) .... *Dipodomys phillipsii*

(Dorsal pelage light brown; underparts white; white spots on the upper lip, above each eye, behind each ear, and limbs; tail **with a white or black tuft of hair at the end of the tail**. Skull: *auditory bullae highly inflated, and as a result the posterior breadth of the skull is greater than the zygomatic breadth; interparietal reduced and longer than wide; interparietal reduced and longer than wider.* Total length 263.0 to 289.0 mm, skull 39.0 to 40.0 mm).

9b. Hind foot greater than 37.0. Mastoid breadth divided by maxilla breadth generally equal to or smaller than the proportion 1.08 (Arid and semi-arid lands of the Mexican Plateau southward, from Queretaro up to Durango) ....
.... *Dipodomys ornatus*

(Dorsal pelage light brown; underparts white; white spots on the upper lip, above each eye, behind each ear, and limbs; tail with **a white or black tuft of hair at the tip of tail**; four toes on the hind foot. Skull: *auditory bullae highly inflated, and as a result the posterior breadth of the skull is greater than the zygomatic breadth; interparietal reduced and longer than wide.* Total length 230.0 to 290.0 mm, skull 36.0 to 40.0 mm).

Subfamily *Heteromyinae*

1. Tail length greater than the body length and with little hair. Center island in the occlusal surface of the molars in spite of wear; upper premolar with reentrant angles in the anterior lobe; interpterygoid fossa in V-shape 2

1a. Tail length less than the body length, with long crest-like hair, and a very notorious tuft at the tip. Center island in the occlusal surface of the molars present only in young animals (Figure H4); upper premolar without a reentrant angles in the anterior lobe; interpterygdoid fossa in U-shape 5

2. Pelaje áspero, pero con cerdas suaves. Tercer molar superior igual o más ancho que el premolar (endémico de partes altas del sur de Chiapas. NOM***) .... *Heteromys nelsoni*

(**Coloración dorsal jaspeada de grisáceas a negruzcas, línea lateral ausente**; región ventral blanquecina, contrasta con la coloración dorsal; cola más larga que el cuerpo; plantas de las patas con pelo; pelo sedoso; *patas delanteras y traseras del mismo tamaño*. Cráneo; fosa interpterigoidea en forma de "V"; todos los molares de igual tamaño; con tres o cuatro lofos en el primero molariforme inferior; extensión lateral del parietal a lo largo de la cresta lamboidea. Longitud total 328.0 a 356.0 mm, del cráneo 37.7 a 41.3 mm).

2a. Pelaje con abundantes cerdas erizadas o en forma de espinas. Tercer molar superior más angosto que el premolar 3

3. Plantas de las patas posteriores con pelo, desde el tubérculo posterior hasta el talón (restringido a la Península de Yucatán) .... *Heteromys gaumeri*

(**Coloración dorsal jaspeada entre parda ocrácea-amarillenta y oscura, línea lateral de color ocráceo amarillento**; región ventral blanquecina amarillenta; cola más larga que el cuerpo; plantas de las patas con pelo; pelo cerdoso combinado con sedoso; *patas delanteras y traseras del mismo tamaño*. Cráneo: fosa interpterigoidea en forma de "V"; molares posteriores más estrechos que los anteriores; con tres o cuatro lofos en el primero molariforme inferior. Longitud total 295.0 a 300.0 mm, del cráneo 33.9 a 37.5 mm).

3a. Plantas de las patas posteriores desnudas 4

4. Longitud total generalmente menor de 330.0 mm y de la cola menor de 180.0 mm; con una línea lateral de color ocre. Longitud total del cráneo menor de 38.0 mm (de Oaxaca y Veracruz al Sur) .... *Heteromys desmarestianus*

(**Coloración dorsal jaspeada grisácea a negruzca en la parte media del lomo, entrepelado con ocráceo que se incrementa hacia los costados, línea lateral de color ocráceo**, aunque se puede confundir con el incremento del entrepelado ocráceo; región ventral blanquecina; cola más larga que el cuerpo; plantas de las patas con pelo; *patas delanteras y traseras del mismo tamaño*. Cráneo: fosa interpterigoidea en forma de "V"; molares posteriores más estrechos que los anteriores; con tres o cuatro lofos en el primero molariforme inferior. Longitud total 255.0 a 335.0 mm, del cráneo 34.2 a 38.5 mm).

4a. Longitud total generalmente mayor de 330.0 mm y de la cola mayor de 180.0 mm; sin una línea lateral de color ocre. Longitud total del cráneo mayor de 38.0 mm (Figura H5; restringido a la ladera sur de la Sierra Madre del Sur en Chiapas y Guatemala) .... *Heteromys goldmani*

(**Coloración dorsal oscura, línea lateral de color ocráceo amarillento**; región ventral blanquecina; cola mayor que la longitud del cuerpo; plantas de las patas con pelo; pelo cerdoso combinado con sedoso; *patas delanteras y traseras del mismo tamaño*. Cráneo: fosa interpterigoidea en forma de "V"; con tres o cuatro lofos en el primero molariforme inferior. *Longitud total* 300.0 a 350.0 mm, del cráneo 34.0 a 38.1 mm).

5. Cinco tubérculos plantares; partes superior del cuerpo pardo grisáceo; línea lateral bien marcada de color rosado o pardo. Proceso pterigoideo ancho (Figura H7; de Oaxaca al norte hasta Chihuahua y Tamaulipas por las tierras medias) .... *Heteromys irroratus*

(**Coloración dorsal parda grisáceo, costados más pálidos, línea lateral de color pardo con tonos rosáceos contrastante y angosta**; región ventral blanquecina; cola con mucho pelo y más corta que la longitud del cuerpo; pelo cerdoso; *patas delanteras y traseras del mismo tamaño*. Cráneo: fosa interpterigoidea en forma de "U"; con dos lofos en el primero molariforme inferior; protolofo y metalofos del primer molariforme superior con tres cúspides; ángulo reentrante del lado labial del primer molariforme inferior separado por un valle medio. Longitud total 194.0 a 300.0 mm, del cráneo 27.3 a 36.9 mm).

5a. Seis tubérculos plantares; partes superior del cuerpo pardo rojizo, pardo chocolate o pálido; línea lateral ausente, sí presente ocrácea. Proceso pterigoideo angosto 7

6. Línea lateral ausente. Región interorbital angosta con relación a la longitud del cráneo (costa de Oaxaca y Chiapas) .... *Heteromys salvini*

(**Coloración dorsal jaspeada con el color dominante en grisáceo oscuro con grises más claros que contrasta fuertemente con la de la región ventral blanquecina**; cola, con mucho pelo; parte dorsal de las patas blanquecinas *patas delanteras y traseras del mismo tamaño*. Cráneo: fosa interpterigoidea en forma de "U"; primer molariforme superior con una cúspide en el protolofo y tres o cuatro en el metalofo; ángulo reentrante del lado labial del primer molariforme inferior separado por un valle medio. Longitud total 185.0 a 272.0 mm, del cráneo 28.7 a 36.4 mm).

2. Fur rough but with soft bristles. Third upper molar equal or wider than the premolar (endemic to highlands of south Chiapas. NOM***) ... *Heteromys nelsoni*

(Dorsal pelage grizzle from grayish to blackish, lateral line absent; underparts whitish, contrasts with dorsal pelage; tail greater than body length; footpads with hair; hair silky; *limbs of the same size*. Skull: interpterygoid fossa in V-shape; all molariforms with the same shape; three or four lophos in the first lower molariform; lateral extension of the parietal along the lambdoid ridge. *Total length* 328.0 to 356.0 mm, skull 37.7 to 41.3 mm).

2a. Fur with abundant bristles or bristly as spines. Third upper molar narrower than the premolar 3

3. Hind foot soles with hair from the posterior tubercle to the heel (restrictred to the Yucatan Peninsula) .... *Heteromys gaumeri*

(Dorsal pelage grizzle from ocher-yellowish brown and darker, lateral line yellowish ocher; underparts yellowish white; tail greater than body length; footpads with hair; hair silky; *limbs of the same size*. Skull: interpterygoid fossa in V-shape; all molariforms with the same shape; three or four lophos in the first lower molariform. *Total length* 295.0 to 300.0 mm, skull 33.9 to 37.5 mm).

3a. Hind foot soles naked 4

4. Total length generally less than 330.0 mm and length of tail less than 180.0 mm; lateral line ocher. Skull length less than 38.0 mm (From Oaxaca and Veracruz southward) .... *Heteromys desmarestianus*

(Dorsal pelage grizzle from gray to blackish in the middle part of the back, interspersed with ocher and increasing sideward, lateral line ocher, though it could be absent it could be confused with the increase of ocher coloration; underparts whitish; tail greater than body length; footpads with hair; hair silky; *limbs of the same size*. Skull: interpterygoid fossa in V-shape; all molariforms with the same shape; three or four lophos in the first lower molariform. *Total length* 255.0 to 335.0 mm, skull 34.2 to 38.5 mm).

4a. Total length generally greater than 330.0 mm and tail length greater than 180.0 mm; no lateral ocher line. Skull length greater than 38.0 mm (Figure H5; restricted to the southern slope of the Sierra Madre del Sur in Chiapas) .... *Heteromys goldmani*

(Dorsal pelage dark, lateral line yellowish ocher; underparts whitish; tail greater than body length; foot pads with hair; hair silky; *limbs of the same size*. Skull: interpterygoid fossa in V-shape; three or four lophos in the first lower molariform. *Total length* 300.0 to 350.0 mm, skull 34.0 to 38.1 mm).

5. Hind foot soles with five tubercles; upper parts of the back grayish brown; lateral line well marked in pink or brown shades. Pterygoid process wide (Figure H7; from Oaxaca northward to Chihuahua and Tamaulipas by the middlelands) .... *Heteromys irroratus*

(Dorsal pelage grayish brown, sides lighter, narrow lateral line brown with contrasting pinky shades; underparts whitish; tail less than body length; hair silky; *limbs of the same size*. Skull: interpterygoid fossa in U-shape; first lower molariform with two lophos; metalophos and protolopho on the first upper molariform with three cusps; reentrant angle in the labial side of the first lower molariform separated by a central valley. *Total length* 194.0 to 300.0 mm, skull 27.3 to 36.9 mm).

5a. Hind foot with six tubercles on the soles; upper parts of the back reddish brown, chocolate brown o lighter; lateral line if present, in ocherish shades. Pterygoid process narrow 7

6. Lateral line absent. Interorbital region narrow in relation to the skull length (coastal areas of Oaxaca and Chiapas) .... *Heteromys salvini*

(Dorsal pelage speckled with dark gray as dominant color interspersed with lighter grays, lateral line absent and contrasting stongly with whitish underparts; tail with much hair; dorsal hind foot whitish; *limbs of the same size*. Skull: interpterygoid fossa in U-shape; metalophos and protolopho on the first upper molariform with three cusps; reentrant angle in the labial side of the first lower molariform separated by a central valley. Total length 185.0 to 272.0 mm, skull 28.7 to 36.4 mm).

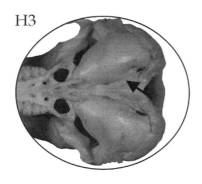

H3

H4

6a. Línea lateral ocrácea. Región interorbital ancha con relación a la longitud del cráneo ... 8

7. Pata raramente más de 30.0 mm. Longitud del cráneo menor de 32.0 mm (de Sonora en la Planicies Costera del Pacífico y Veracruz en la Planicies Costera del Golfo hacia el sur hasta Chiapas) .... *Heteromys pictus*

(**Coloración dorsal jaspeada con pardo, amarillento y ocráceo, línea lateral de color ocráceo amarillento y contrastando fuertemente con la coloración de la región ventral blanquecina**; parte dorsal de las patas blanquecinas; *patas delanteras y traseras del mismo tamaño.* Cráneo: fosa interpterigoidea en forma de "U"; con dos lofos en el primero molariformes inferior; primer molariforme superior con una cúspide en el protolofo y tres en el metalofo; ángulo reentrante del lado labial del primer molariforme inferior no separado por un valle medio. **Longitud total** 183.0 a 294.0 mm, del cráneo 26.0 a 36.7 mm).

7a. Pata raramente menos de 30.0 mm. Longitud del cráneo mayor 33.0 mm (endémico de sureste de Jalisco y este de Michoacán. NOM***) .... *Heteromys spectabilis*

(Coloración dorsal parda, línea lateral de color ocráceo amarillento; región ventral blanquecina; cola con mucho pelo y más corta que la longitud del cuerpo; *patas delanteras y traseras del mismo tamaño.* Cráneo:; fosa interpterigoidea en forma de "U"; con dos lofos en el primero molariforme inferior. **Longitud total** 242.0 a 280.0 mm, del cráneo 33.0 a 35.3 mm).

Subfamilia *Perognathinae*

1. Pelo suave. Mastoideos proyectándose posteriormente más allá del occipital (Figura H8); ancho del interparietal menor de ancho interorbital, raramente de igual tamaño; longitud del cráneo menor de 25.0 mm .... *Perognathus* (pag. 378)

1a. Pelo áspero. Mastoideos no proyectándose más allá del occipital (Figura H9); ancho del interparietal mayor o igual al ancho interorbital; longitud del cráneo mayor de 25.0 mm .... *Chaetodipus* (pag. 372)

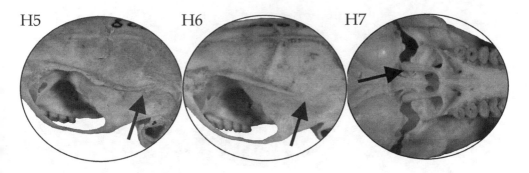

6a. Lateral line ocher. Interorbital region wide in relation to skull length 8

7. Hind foot rarely greater than 30.0 mm. Length of skull less than 32.0 mm (from Sonora in the Pacific Coastal Plains and Veracruz in the Gulf Costal Plains southward to Chiapas) .... *Heteromys pictus*

(Dorsal pelage speckled with brown, yellow and ocher, lateral line yellowish ocher and contrasting strongly with whitish underparts; hind foot dorsally whitish; *limbs of the same size.* Skull: interpterygoid fossa in U-shape; first lower molariform with two lophos; metalophos and protolopho on the first upper molariform with three cusps; reentrant angle in the labial side of the first lower molariform separated by a central valley. **Total length** 183.0 to 294.0 mm, skull 26.0 to 36.7 mm).

7a. Hind foot rarely less than 30.0 mm. Skull length greater than 33.0 mm (endemic to southern Jalisco and eastern Michoacán. NOM***) .... *Heteromys spectabilis*

(Dorsal pelage brown, lateral line yellowish ocher; underparts whitish; tail hairy and less than body length; *limbs of the same size.* Skull: interpterygoid fossa in U-shape; first lower molariform with two lophos. **Total length** 242.0 to 280.0 mm, skull 33.0 to 35.3 mm).

Subfamily *Perognathinae*

1. Hair soft. Mastoid projecting posteriorly beyond the occipital (Figure H8); interparietal breadth smaller than the interorbital breadth, rarely of equal size; skull length less than 25.0 mm .... *Perognathus* (p. 379)

1a. Hair rough. Mastoid not projecting posteriorly beyond the occipital (Figure H9); interparietal breadth equal to or greater than interorbital breadth; skull length greater than 25.0 mm .... *Chaetodipus* (p. 373)

H8

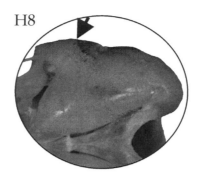

Chaetodipus

1. Sin pelos gruesos y duros (cerdas) en las caderas 2

1a. Algunos pelos más gruesos y duros (cerdas) de la cadera, son visibles claramente viéndolas de perfil 12

2. Longitud total mayor de 180.0 mm. Cráneo con una cresta acordonada en el borde supraorbital; longitud del cráneo mayor de 28.0 mm (gran parte del Altiplano y Tamaulipas) .... *Chaetodipus hispidus*

(Coloración dorsal pardo con entrepelado anaranjado y negruzco; costados ligeramente más pálidos, línea lateral anaranjada y bien notoria; región ventral blanquecina; longitud de la cola aproximadamente del mismo tamaño que el cuerpo; con una mancha anaranjada alrededor de los ojos; sin pelos gruesos a manera de cerdas; *pelo áspero en general*; **es la especie más grande del género (longitud mayor a 180.0 mm**. Cráneo: *mastoideos cortos, no proyectándose posteriormente del occipital*; Longitud total 198.0 a 223.0 mm, del cráneo 23.4 a 28.1 mm).

2a. Longitud total menor de 180.0 mm. Cráneo sin cresta acordonada en el borde supraorbital; longitud del cráneo menor de 28.0 mm 3

3. El margen posterior de las bulas se proyecta ligeramente más allá del plano posterior de los occipitales 4

3a. El margen posterior de las bulas no sobrepasa el plano posterior de los occipitales 6

4. Longitud del cuerpo generalmente menor de 90.0 mm; longitud de la pata trasera usualmente menor de 26.0 mm. Ancho del interparietal promedia 5.9 mm o menos, raramente mide más de 6.5 (noreste de la Península Baja California) ....
.... *Chaetodipus formosus*

(Coloración dorsal varía de gris pálido, pardo grisáceo a pardo chocolate oscuro, costados más pálidos, en los ejemplares de color grisáceo una línea lateral angosta anaranjada; región ventral de blanquecino a crema; pelo delgado y sedoso sin cerdas; **orejas grandes poco menos de la longitud de la pata trasera; cola bicolor con la segunda mitad con mucho pelo y terminando en un marcado mechón de aproximadamente 15.0 mm de longitud,** sin pelos gruesos a manera de cerdas; *pelo áspero en general*. Cráneo: *mastoideos cortos, no proyectándose posteriormente del occipital*. Longitud total 160.0 a 216.0 mm, del cráneo 26.6 a 30.3 mm).

4a. Longitud del cuerpo generalmente mayor de 90.0 mm; longitud de la pata trasera mayor o igual a 26.0 mm. Ancho del interparietal promedia 6.1 mm o más 5

5. Se encuentra al oeste del Río Colorado, en la Península de Baja California (Península de Baja California) .... *Chaetodipus rudinoris*

(Coloración grisáceas entrepeladas con amarillento, sin línea lateral; región ventral blanquecino; cola con pelo a manera de cresta y un mechón terminal; sin pelos gruesos a manera de cerdas; *pelo áspero en general*. Cráneo: *mastoideos cortos, no proyectándose posteriormente del occipital*. Longitud total 183.0 a 211.0 mm, del cráneo 25.3 a 30.4 mm). NOTA *Chaetodipus rudinoris* y C. *baileyi* solo se pueden distinguir por medios genéticos, aunque la última es en proporción más grande.

5a. Se encuentra al este del Río Colorado (norte de Sinaloa y Sonora) ....
.... *Chaetodipus baileyi*

Chaetodipus

1. No thick and hard hairs (bristles) on hips 2

1a. Some hair thicker and harder (bristles) on hips, clearly visible in side view 12

2. Total length greater than 180.0 mm. Skull with a ridge on the supraorbital edge; skull length greater than 28.0 mm (most part of the Mexican Plateau and Tamaulipas) .... *Chaetodipus hispidus*
(Dorsal pelage grizzly brown with orange and blackish, flanks lighter; lateral line orange and very distinguishable tail with the back dark and flanks yellowish; tail length approximately same as body length; orange spot around the eyes; no coarse hairs (bristles) on hips; *hair rough in general.* **It is the largest of t.. *Chaetodipus* species with a total length greater than 180.0 mm**. Skull: *mastoids short not projecting posteriorly beyond the occipital.* Total length 198.0 to 223.0 mm, skull 23.4 to 28.1 mm).

2a. Total length less than 180.0 mm. Skull without ridge on the supraorbital edge; skull length less than 28.0 mm 3

3. Posterior margin of the auditory bullae projectings slightly beyond the rear plane of the occipital 4

3a. Posterior margin of the auditory bullae not beyond the rear plane of the occipital 6

4. Body length generally less than 90.0 mm; hind foot length usually less than 26.0 mm. Interparietal breadth in average 5.9 mm or less, rarely greater than 6.5 (northwestern of the Baja California Peninsula) .... *Chaetodipus formosus*
(Dorsal pelage from light gray, grayish brown to chocolate dark brown, flanks lighter; a narrow orange lateral line in gray specimens; underparts from whitish to creamy; thin and silky hair without bristles; **large ears little less than hind foot; tail bicolor, the second part with much hair and a tuft at the tip of approximately 15.0 mm in length**; no coarse hairs (bristles) on hips; *hair rough in general.* Skull: *mastoids short not projecting posteriorly beyond the occipital.* Total length 160.0 to 216.0 mm, skull 26.6 to 30.3 mm).

4a. Body length generally greater than 90.0 mm; hind foot length equal to or greater than 26.0 mm. Interparietal breadth in average 6.1 mm o greater 5

5. Found in the western side of the Colorado River and in the Baja California Peninsula (Baja California Peninsula) .... *Chaetodipus rudinoris*
(Dorsal pelage gray grizzly with yellow; lateral line absent; underparts whitish; tail with a tuft at the tip; no coarse hairs (bristles) on hips; *hair rough in general.* Skull: *mastoids short not projecting posteriorly beyond the occipital.* Total length 183.0 to 211.0 mm, skull 25.3 to 30.4 mm). NOTE *Chaetodipus rudinoris* and *C. baileyi* can be distinguished only by genetic means although the latter is proportionally bigger.

5a. Found in the eastern side of the Colorado River (north of Sinaloa and Sonora) .... *Chaetodipus baileyi*

(Coloración grisáceas entrepeladas con amarillento, sin línea lateral; región ventral blanco crema; cola bicolor más oscura en el dorso que el ventral, con pelo a manera de cresta y un mechón terminal; con bolsas dérmicas en las mejillas que abren hacia fuera; sin pelos gruesos a manera de cerdas; *pelo áspero en general*. Cráneo: *mastoideos cortos, no proyectándose posteriormente del occipital*; Longitud total 196.0 a 230.0 mm, del cráneo 29.1 a 30.6 mm). NOTA *Chaetodipus rudinoris* y *C. baileyi* solo se pueden distinguir por medios genéticos, aunque la última es en proporción más grande.

6. Oreja larga y redondeada en la punta, su longitud generalmente mayor de 10.0 mm (Sinaloa, suroeste de Sonora y Chihuahua) .... *Chaetodipus artus* (parte)

(Coloración dorsal parda en los hombros y más oscura al centro del lomo y casi negruzca en las caderas; región ventral blanquecina; línea lateral; **oreja larga y redondeada en la punta, su longitud generalmente mayor de 10.0 mm**; cola larga y con pelos escasos largos a manera de cresta, con la parte dorsal negruzca ancha y la ventral blanquecina; sin pelos gruesos a manera de cerdas; *pelo áspero en general*. Cráneo: *mastoideos cortos, no proyectándose posteriormente del occipital*; borde posterior de los nasales menores a 1.0 mm; supraoccipital mayor de 6.0 mm. Longitud total 160.0 a 213.0 mm, del cráneo 23.5 a 28.9 mm).

6a. Oreja pequeña y puntiaguda, su longitud generalmente menor de 10.0 mm 7

7. Ancho interorbital menor de 5.8 mm (endémico de la Planicie Costera del Pacífico desde norte de Nayarit al sur de Sonora) .... *Chaetodipus pernix*

(Coloración dorsal parda; línea lateral amarillenta y notoria; región ventral blanquecina; cola larga con pocos pelos a manera de cresta sin pelos gruesos a manera de cerdas; *pelo áspero en general*. Cráneo: *mastoideos cortos, no proyectándose posteriormente del occipital*; nasales comparativamente anchos y aplastados; hueso interparietal más nacho en su parte anterior que en la posterior; premolar inferior más grande que el ultimo molar. Longitud total 162.0 a 175.0 mm, del cráneo 23.9 a 24.9 mm).

7a. Ancho interorbital mayor de 5.8 mm 8

8. Coloración dorsal gris opaco con una tenue línea amarillenta sobre la cabeza (endémico de San Luis Potosí) .... *Chaetodipus lineatus*

(Coloración dorsal gris opaco **con una línea amarillenta, en particular sobre la cabeza, costados más grisáceos**; línea lateral amarillo pálido poco distinguible; región ventral blanquecino; cola de la misma longitud que el cuerpo, sin pelos gruesos a manera de cerdas; *pelo áspero en general*. Cráneo: *mastoideos cortos, no proyectándose posteriormente del occipital*.

8a. Coloración dorsal ocráceo o amarillo grisáceo, algunas veces con pelo negros .. 9

9. Cola considerablemente más grande que la cabeza y el cuerpo; coloración dorsal pardo rojizo; longitud del mechón en la punta de la cola mayor de 16.0 mm. Interparietal pentagonal 10

9a. Cola ligeramente más grande que la cabeza y el cuerpo; coloración dorsal amarillo claro; longitud del mechón en la punta de la cola menor de 16.0 mm. Interparietal oval 11

10. Longitud del occipital al nasal mayor de 26.2 mm en machos y de 25.8 mm en hembras; longitud de los nasales mayor de 10.0 mm en machos y 9.8 mm en hembras (norte del Altiplano, Sonora y noroeste de Baja California. NOM** ssp.) .... *Chaetodipus penicillatus*

(Coloración dorsal pardas amarillentas a gris amarillenta, costados más pálidos, línea lateral poco notoria o ausente; región ventral blanquecino a crema; orejas con una mancha blanquecina en la base; **cola larga, marcadamente con pelos largos en su parte dorsal a manera de cresta, con un gran mecho de pelos al final; sin pelos gruesos a manera de cerdas en las caderas, pero más largos que el resto**; *pelo áspero en general*. Cráneo: *mastoideos cortos, no proyectándose posteriormente del occipital*; anchura mastoidea similar a la escuamosal; hueso interparietal de manera pentagonal con la base en la región del occipital, aunque algunos ángulos redondeados. Longitud total 162.0 a 216.0 mm, del cráneo 24.8 a 28.2 mm).

10a. Longitud del occipital al nasal menor de 26.2 mm en machos y de 25.8 mm en hembras; longitud de los nasales menor de 10.0 mm en machos y 9.8 mm en hembras (Altiplano, en Chihuahua, Coahuila al sur hasta San Luis Potosí) .... *Chaetodipus eremicus*

(Coloración dorsal pardas grisácea con entrepelado pardo oscuro o negruzco, costados pálidos; línea lateral anaranjada y estrecha, en ocasiones ausente; región ventral blanquecino a amarillento; orejas redondas con una mancha blanca en la base; cola larga con pelos largos en su parte dorsal oscura a manera de cresta *pelo áspero en general*. Cráneo: *mastoideos cortos, no proyectándose posteriormente del occipital*. Longitud total 160.0 a 210.0 mm)

(Dorsal pelage gray grizzly with yellow; lateral line usually absent; underparts whitish cream; tail bicolor, darker on the back than ventrally with hair as a crest and a tuft at the tip; no coarse hairs (bristles) on hips; *hair rough in general*. Skull: *mastoids short not projecting posteriorly beyond the occipital*. Total length 196.0 to 230.0 mm, skull 29.1 to 30.6 mm). NOTE *Chaetodipus rudinoris* and *C. baileyi* can be distinguished only by genetic means although the latter is proportionally bigger.

6. Ears large and rounded at the tip; its length generally greater than 10.0 mm (Sinaloa, sourthweastern Sonora and Chihuahua) .... *Chaetodipus artus* (part)
(Dorsal pelage brown at the shoulders, darker centrally on the back, and blackish on the hips; lateral line yellow very distinguishable; underparts whitish; **ears large and rounded at the tip; its length generally greater than 10.0 mm**; tail longer than the body length with few hairs as a crest, dorsal blackish wide and ventral whitish; no coarse hairs (bristles) on hips; *hair rough in general*. Skull: *mastoids short not projecting posteriorly beyond the occipital*; posterior nasal edges less than 1.0 mm; supraoccipital greater than 6.0 mm. Total length 160.0 to 213.0 mm, skull 23.5 to 28.9 mm).

6a. Ears small and pointed; its length generally less than 10.0 mm 7

7. Interorbital breadth usually less than 5.8 mm (endemic to the Pacific Coastal Plains from Nayarit to southern Sonora) .... *Chaetodipus pernix*
(Dorsal pelage brown; lateral line yellow distinguishable; underparts whitish; tail longer than the body length with few long hairs as a crest; no coarse hair (bristles) on hips; *hair rough in general*. Skull: *mastoids short not projecting posteriorly beyond the occipital*; nasal comparatively broad and flattened; interparietal bone wider anteriorly than posteriorly; first lower premolar larger than the last. Total length 162.0 to 175.0 mm, skull 23.9 to 24.9 mm).

7a. Interorbital breadth greater than 5.8 mm 8

8. Dorsal pelage dull gray with a faint yellowish line on the head (endemic to San Luis Potosí) .... *Chaetodipus lineatus*
(Dorsal pelage dull gray **with a slightly visible yellowish line on the back but mainly on the head, sides more grayish**; lateral line yellowish not very distinguishable; underparts whitish; no coarse hairs as bristles on hips; *hair rough in general*. Skull: *mastoids short not projecting posteriorly beyond the occipital*.

8a. Dorsal pelage ocher or grayish yellow, sometimes with black hair 9

9. Tail length considerably greater than body length; dorsal pelage reddish brown; length of tail tuft at the tip longer than 16.0 mm. Interparietal pentagonal 10

9a. Tail length slightly greater than body length; dorsal pelage light yellow; length of tail tuft at the tip less than 16.0 mm. Interparietal oval 11

10. Length from the nasal to the occipital greater than 26.2 mm in males and 25.8 mm in females; nasal length greater than 10.0 mm in males and 9.8 mm and females (north of the Mexican Plateau, Sonora and northwestern Baja California. NOM** ssp) .... *Chaetodipus penicillatus*
(Dorsal pelage from yellowish brown to yellowish gray, flanks ligther; lateral line usually slightly distinguishable or absent; underparts whitish to creamy; **tail long with noticeable long black hair as a crest, and a large tuft in the tip of the tail; no coarse hairs as bristles on hips but longer than the rest**; *hair rough in general*. Skull: *mastoids short not projecting posteriorly beyond the occipital*; mastoid breadth similar to the squamosal; interparietal bone pentagonal with the base on the occipital region with some rounded corners though. Total length 162.0 to 216.0 mm, skull 24.8 to 28.2 mm).

10a. Length from the nasal to the occipital less than 26.2 mm in males and 25.8 mm in females; nasal length less than 10.0 mm in males and 9.8 mm and females (Mexican Plateau, from Chihuahua and southern Coahuila to San Luis Potosí) .... *Chaetodipus eremicus*
(Dorsal pelage grayish grizzly brown with dark brown or blackish; flanks ligther; lateral line orange and narrow, in some occasion absent; underparts from whitish to yellowish; ear round with a white spot at the base; tail greater than the body length with few hairs as a crest; *hair rough in general*; long on hips but not bristly, those longer are silky. Skull: *mastoid not projecting posteriorly beyond the occipital*. Total length 160.0 to 210.0 mm).

11. Con pelos largos en la cadera muy escasos y sólo visibles a contraluz. Ancho mastoideo mayor de 12.7 mm (endémico de Isla Cerralvo y cuenca de Los Planes en Baja California Sur. NOM**) .... *Chaetodipus siccus*

(Coloración dorsal grisáceo claro, con poco entrepelado negruzco; línea lateral normalmente ausente; región ventral blanquecino; cola más oscura dorsal que ventral y más largo que el cuerpo; **pelos largos en la cadera a muy escasos y sólo visibles a contraluz**; *pelo áspero en general.* Cráneo: *mastoideos cortos, no proyectándose posteriormente del occipital.* Longitud total 150.0 a 190.0 mm, del cráneo 23.0 a 26.7 mm).

11a. Sin pelos largos en la cadera a manera de cerdas. Ancho mastoideo menor de 12.7 mm (endémico de la Península de Baja California. NOM** ssp) .... *Chaetodipus arenarius*

(Coloración dorsal amarillento grisáceo, con entrepelado negruzco, línea lateral normalmente ausente; región ventral blanquecino; cola más oscura dorsal que ventral y más largo que el cuerpo. Cráneo: *mastoideos cortos, no proyectándose posteriormente del occipital*; Longitud total 136.0 a 182.0 mm, del cráneo 20.7 a 23.9 mm).

12. Oreja menor de 9.0 mm 13

12a. Oreja mayor de 9.0 mm 16

13. Se encuentra en la Península de Baja California 14

13a. No se encuentra en la Península de Baja California 15

14. Línea lateral ancha y de color anaranjado; pelo con marcadas cerdas únicamente en la cadera (centro y noroeste de la Península de Baja California. NOM** ssp.) .... *Chaetodipus fallax*

(Coloración dorsal jaspeada entre grisáceo y pardo grisáceo, línea lateral angosta y de color anaranjado; región ventral blanquecina o crema; orejas pequeñas; cola más larga que el cuerpo con pelos más largos en la parte dorsal a manera de cresta; con marcadas cerdas en la cadera; *pelo áspero en general*; **con la combinación de caracteres de cerdas en las caderas, costados y orejas pequeñas.** Cráneo: *mastoideos cortos, no proyectándose posteriormente del occipital.* Longitud total 176.0 a 200.0 mm, del cráneo 23.9 a 27.9 mm).

14a. Línea lateral delgada y amarillenta o no se presenta; pelo con marcadas cerdas blanquecinas en el dorso, costados y cadera (toda la Península de Baja California. NOM** ssp, con una subespecies *C. s. evermanni* considerada como extinta NOM****) .... *Chaetodipus spinatus*

(Coloración dorsal jaspeada de gris a pardo grisáceo, costados más pálidos, línea lateral ausente o muy poco notoria; región ventral blanquecinas a blanco amarillento; cola más larga que el cuerpo con pelos más largos en la parte dorsal a manera de cresta; **pelo cerdoso con marcadas cerdas blanquecinas en el dorso, costados y cadera**; *pelo áspero en general.* Cráneo: *mastoideos cortos, no proyectándose posteriormente del occipital.* Longitud total 164.0 a 225.0 mm, del cráneo 22.3 a 25.8 mm).

15. Fosa mesopterigoidea en forma de "U"; prolongación del premaxilar llegando más atrás del borde posterior de los nasales (Altiplano, de Aguascalientes al norte) .... *Chaetodipus nelsoni*

(Coloración dorsal amarillo anaranjado entrepelado con negruzco, costados más pálidos con una línea lateral angosta de color anaranjado; región ventral blanquecino o crema; cola mayor que el cuerpo y con pelos largos en la parte dorsal a manera de cresta y un marcado mechón al final; pelo cerdoso y con marcadas cerdas negras en la cadera y parte de la espalda. con una mancha blanca en la base de las orejas. Cráneo: *mastoideos cortos, no proyectándose posteriormente del occipital.* Longitud total 182.0 a 193.0 mm, del cráneo 24.3 a 27.3 mm).

15a. Fosa mesopterigoidea en forma de "V"; prolongación del premaxilar a la misma altura de los nasales (Chihuahua y Sonora) .... *Chaetodipus intermedius*

(Coloración dorsal varía desde prácticamente blanco a casi negro, depende del sustrato en el que se encuentre, costados, en las formas no negruzcas una línea lateral anaranjada estrecha; región ventral blanquecino a crema, en las formas negruzcas presenta una mancha blanca en el pecho; pelo es sedoso, en las caderas tiene pelos largos negruzcos pero no cerdosos; orejas pequeñas, oscuras en la punta y claras en la base; cola con la parte dorsal oscura, siendo más oscura en la parte terminal, con un mechón de pelos al final, poco más larga que el cuerpo; **con cerdas cortas en la cadera, poco más largas que el resto del pelo**; *pelo áspero en general.* Cráneo: *mastoideos cortos, no proyectándose posteriormente del occipital.* Longitud total 152.0 a 180.0 mm, del cráneo 22.7 a 25.2 mm).

16. Se encuentra en la Península de Baja California 17

16a. No se encuentra en la Península de Baja California 18

11. Scarce long hairs on the hip and only backlight visible. Mastoid breadth greater than 12.7 mm (endemic to Isla Cerralvo and Los Planes basin in Baja California Sur. NOM**) .... *Chaetodipus siccus*

(Dorsal pelage light gray, slightly grizzly black; lateral line usually absent; underparts whitish; tail greater than the body length, dorsally darker and ventrally lighter; **long scarce hairs on the hip and only backlight visible**; *hair rough in general*. Skull: *mastoids short not projecting posteriorly beyond the occipital*. Total length 150.0 to 190.0 mm, skull 23.0 to 26.7 mm).

11a. No long hairs on the hip as bristles. Mastoid breadth less than 12.7 mm (endemic to the Baja California Peninsula. NOM** ssp) ... *Chaetodipus arenarius*

(Dorsal pelage yellowish gray, slightly grizzly black; lateral line usually absent; underparts whitish; tail darker dorsally and greater than the body length. Skull: *mastoids short not projecting posteriorly beyond the occipital*. Total length 136.0 to 182.0 mm, skull 20.7 to 23.9 mm).

12. Ear length less than 9.0 mm 13

12a. Ear length greater than 9.0 mm 16

13. Found in the Baja California Peninsula 14

13a. Not found in the Baja California Peninsula 15

14. Lateral line narrow and orange; pelage with marked whitish bristles only on the hip. NOM** ssp.) .... *Chaetodipus fallax*

(Dorsal pelage grizzle with gray and brown gray; lateral line narrow and orange; underparts whitish or creamy; small ears; tail greater than the body length with few hairs as a crest; coarse hairs (bristles) on hips; *hair rough in general*; **with this combination of bristles on the hip and sides and small ears.** Skull: *mastoid not projecting posteriorly beyond the occipital*. Total length 176.0 to 200.0 mm, skull 23.9 to 27.9 mm).

14a. Lateral line thin and yellowish or absent; pelage with marked whitish bristles on the back, flanks and hip (throughout the Baja California Peninsula. NOM** ssp. with one subspecies *C. s. evermanni* considered as extinct NOM****) .... *Chaetodipus spinatus*

(Dorsal pelage grizzle with gray and brown gray; lateral line slightly distinguishable or absent; underparts whitish to whitish yellow; tail greater than the body length with few hairs as a crest; **coarse hair (bristles) on hips, back and flank**; *hair rough in general*. Skull: *mastoids short not projecting posteriorly beyond the occipital*. Total length 164.0 to 225.0 mm, skull 22.3 to 25.8 mm).

15. Mesopterigoidea fossa in U-shape; extension of the premaxilla beyond the posterior border of the nasal (Mexican Plateau from Aguascalientes northward) .... *Chaetodipus nelsoni*

(Dorsal pelage orange yellow with little grizzly blackish, flank lighter; lateral line orange and narrow; underparts whitish; tail greater than the body length with long hair as a crest and a tuft; coarse black hairs (bristles) on hips and part of the back; *hair rough in general*; **a white spot at the base of the ears.** Skull: *mastoid not projecting posteriorly beyond the occipital*. Total length 182.0 to 193.0 mm, skull 24.3 to 27.3 mm).

15a. Mesopterigoidea fossa in V-shape; extension of the premaxilla at the same level of the nasal (Chihuahua and Sonora) .... *Chaetodipus intermedius*

(Dorsal pelage varies practically from white to almost black, in relation to the color of the soil where it is found; lateral line orange and very narrow; ears small, dark at the tip and light at the base clear; tail with dark dorsal part, darker on the terminal part, with long hairs on the dorsal flank and a tuft at the end, slightly longer than the body; **very small coarse hairs bristles on hips, but larger than the other hairs**; *hair rough in general*. Skull: *mastoids short not projecting posteriorly beyond the occipital*. Total length 152.0 to 180.0 mm, skull 22.7 to 25.2 mm).

16. Distribution in the Baja California Peninsula 17

16a. Not found in the Baja California Peninsula 18

17. Unos pocos pelos largos en forma de cerda en la cadera; longitud de la oreja usualmente menor de 10.0 mm (Planicies Costeras del sur de la Península de Baja California. NOM***) .... *Chaetodipus ammophilus*

(Coloración dorsal grisáceo medio, con poco entrepelado negruzco; línea lateral normalmente ausente; región ventral blanquecino; cola más larga que el cuerpo; **pelo gruesos en las caderas, pero no a manera de cerdas**; *pelo áspero en general*. Cráneo: *mastoideos cortos, no proyectándose posteriormente del occipital*. Longitud total 148.0 a 180.0 mm, del cráneo 24.2 a 26.0 mm).

17a. Cerdas bien desarrolladas y abundantes en la cadera; longitud de la oreja usualmente mayor igual a 10.0 mm (laderas de las Sierras de San Pedro Mártir y de Juárez, en Baja California) .... *Chaetodipus californicus*

(Coloración dorsal pardo arena entrepelado con negruzco, laterales más pálidos con una marcada línea lateral anaranjada; región ventral amarillenta blanquecino; **pelo con cerdas marcadas en la cadera color blanquecino**; oreja grandes, aproximadamente de la mitad de la longitud de la pata trasera; cola bicolor con un marcado mechón terminal; línea lateral ancha. Cráneo: *mastoideos cortos, no proyectándose posteriormente del occipital*; caja craneal arqueada; hueso mastoideo reducido; primer molariformen inferior poco más grande que el último. Longitud total 190.0 a 235.0 mm, del cráneo 28.3 mm).

18. Cola con la línea dorsal oscura ancha y con poco pelo largo a manera de cresta. Prolongación del premaxilar prolongándose más atrás del borde posterior de los nasales; longitud de la bula promediando menos de 6.0 mm (Sinaloa, suroeste de Sonora y Chihuahua) .... *Chaetodipus artus* (parte)

(Coloración dorsal parda en los hombros, más oscura en el lomo y negruzca en la cadera; línea lateral amarillenta muy distinguible; región ventral blanquecina; **orejas pequeñas y redondeadas a la punta, con una longitud mayor de 10.0 mm**; cola más larga que el cuerpo con unos pelos a manera de cresta; dorsalmente oscura y blanquecina ventral; plantas de las patas desnudas; sin espinas en las caderas; *pelo áspero en general*. Cráneo: *mastoideos cortos, no proyectándose posteriormente del occipital*; borde posterior del nasal menor de 1.0 mm; supraoccipital mayor de 6.0 mm

18a. Cola con la línea dorsal oscura angosta y con pelo largo a manera de cresta. Prolongación del premaxilar a la misma altura del borde posterior de los nasales; longitud de la bula promediando más de 6.5 mm (norte de Sinaloa, sur de Sonora y suroeste de Chihuahua) .... *Chaetodipus goldmani*

(Coloración dorsal parda en los hombros y más oscura al centro del lomo y casi negruzca en las caderas; región ventral blanquecina; línea lateral amarillenta bien distinguible; **cola larga y con pelos largos a manera de cresta bien desarrollada**, con la parte dorsal negruzca y angosta observándose la coloración blanquecina en vista dorsal; **el lóbulo del antitragos es grande y ancho; con unos poco pelos gruesos a manera de cerdas en la cadera**; *pelo áspero en general*. Cráneo: *mastoideos cortos, no proyectándose posteriormente del occipital*; borde posterior de los nasales mayores a 1.0 mm; supraoccipital menor de 6.0 mm. Longitud total 139.0 a 203.0 mm, del cráneo 23.3 a 26.8 mm).

Perognathus

1. Mancha postauricular blanquecina. Premolar inferior distintamente más grande que el último molar (norte de la Península de Baja California y zonas arenosas de la costa de Sonora) .... *Perognathus longimembris*

(Coloración dorsal varia de pardo grisáceo pálido a pardo grisáceo oscuro, línea lateral anaranjada, que puede ser distinguible o no; manchas arriba de los ojos y **atrás de las orejas blanquecina**; región ventral blanquecina; cola larga, más de la longitud del cuerpo, bicolor, con un mechón de pelo grande al final (3.5 mm); *pelo suave*. Cráneo: *mastoideos proyectándose posteriormente más allá del occipital*; **primer molariforme inferior distintamente más grande que el último**. Longitud total 110.0 a 151.0 mm, del cráneo 18.6 a 23.1 mm).

1a. Mancha postauricular, si presente, no blanquecina. Primer premolar inferior igual o más pequeño que el último molar 2

2. Con un mechón terminal en la cola. Longitud total mayor de 130.0 mm (restringido a noroeste de Sonora. NOM*** ssp) .... *Perognathus amplus*

(Coloración dorsal de amarillenta a ocrácea pálido, con entrepelado negro, dependiendo de la población, con línea lateral amarillenta marcada; manchas abajo y arriba del ojo variable; con una mancha anaranjada grande atrás de la oreja; región ventral blanquecino con un poco de amarillento; cola más grande de la longitud del cuerpo y **con un mechón terminal (4.0 mm)**; *pelo suave*. Cráneo: *mastoideos proyectándose posteriormente más*

17. Few long hairs as bristles on the hip; ear length usually less than 10.0 mm (coastal plains of southern Baja California Peninsula. NOM***) ....
.... *Chaetodipus ammophilus*
(Dorsal pelage medium gray with little blackish hair interspersed; lateral line usually absent; underparts whitish; tail greater than the body length; **coarse hairs on hips but not as a bristles**; *hair rough in general*. Skull: *mastoid not projecting posteriorly beyond the occipital*. Total length 148.0 to 180.0 mm, skull 24.2 to 26.0 mm).

17a. Abundant and well-developed bristles on the hip; ear length usually greater than 10.0 mm (restricted to the slopes of the Sierras de San Pedro Mártir and Sierras de Juárez in Baja California) .... *Chaetodipus californicus*
(Dorsal pelage sandy brown interspersed with blackish, flanks lighter; lateral line orange and very distinguishablet; underparts whitish yellow; ears large approximately half of the hind foot length; tail bicolor with one tuft ant the end; **coarse whitish hairs (bristles) on hips**; *hair rough in general*. Skull: *mastoids short not projecting posteriorly beyond the occipital*; braincase in arc-shaped; mastoid bone reduced; first lower molariform slightly larger than the last. Total length 190.0 to 235.0 mm, skull 28.3 mm).

18. Tail with wide dark dorsal line and few long hairs as a crest. Premaxilla extending beyond the posterior border of the nasal; auditory bullae length averaging less than 6.0 mm (Sinaloa, sourtheastern Sonora and Chihuahua) .....
.... *Chaetodipus artus* (part)
(Dorsal pelage brown at the shoulders, darker on the back and blackish on the hips; lateral line yellow very distinguishable; underparts whitish; **ears small and rounded at the tip, its length generally greater than 10.0 mm**; tail greater than the body length with few hairs as a crest, dorsal blackish and ventral whitish; footpads naked; no coarse hairs (bristles) on hips; *hair rough in general*. Skull: *mastoid not projecting posteriorly beyond the occipital*; posterior nasal edges less than 1.0 mm; supraoccipital greater than 6.0 mm

18a. Tail with narrow dark dorsal line with long hair as a crest. Premaxilla extending at the same level of the nasal; auditory bullae length averaging greater than 6.5 mm (north of Sinaloa, south of Sonora and southwestern Chihuahua) .... *Chaetodipus goldmani*
(Dorsal pelage brown at the shoulders, darker on the back and blackish on the hips; lateral line yellow very distinguishable; underparts whitish; **tail greater than the body length and heavily crested, dorsal blackish, in dorsal view the whitish coloration can be seen; the antitragal lobe is prominent and wide; a few coarse hairs (bristles) on hips**; *hair rough in general*. Skull: *mastoids short not projecting posteriorly beyond the occipital*; posterior margin of the nasal greater than 1.0 mm; supraoccipital less than 6.0 mm. Total length 139.0 to 203.0 mm, skull 23.3 to 26.8 mm).

Perognathus

1. Postauricular spot whitish. First lower premolar distinctly larger than the last molar (northern Baja California Peninsula and sandy coastal areas of Sonora) ..
.... *Perognathus longimembris*
(Dorsal pelage from light to dark grayish brown, lateral line orange, which can be distinguishable or not; light orange spots above the eyes and **whitish behind the ears**; underparts whitish; tail greater than body length, bicolor with a long tuft at the tip (3.5 mm); *hair soft*. Skull: *mastoid projecting posteriorly beyond the occipital*; **first lower molariform distinctly larger than the last one**. Total length 110.0 to 151.0 mm, skull 18.6 to 23.1 mm).

1a. Postauricular spot, if present not whitish. First lower premolar equal to or smaller than the last molar 2

2. Small tuft in the tail tip. Total length greater than 130.0 mm (restricted to northeastern Sonora. NOM*** ssp.) .... *Perognathus amplus*
(Dorsal pelage from yellowish to light ocher, grizzly blackish in relation to the population; lateral line yellow very distinguishable; light orange spots above and under the eyes; a large orange spot at the back of the ear; underparts whitish; tail greater than body length, **with a tuft at the tip (4.0 mm)**; *hair silky*. Skull: *mastoid*

allá del occipital; hueso interparietal pequeño; hueso mastoideo muy desarrollado; primer molariforme inferior igual o menor que el último. Longitud total 130.0 a 170.0 mm, del cráneo 21.5 a 26.0 mm).

2a. Sin un mechón terminal en la cola. Longitud total menor de 130.0 mm 3

3. Manchas subauriculares postauriculares amarillentas. Anchura del interparietal mayor de 4.0 mm; anchura mastoidea mayor de 80 % de la longitud basilar (restringido al norte de Chihuahua) .... *Perognathus flavescens*

(Coloración dorsal varía mucho en función de las subespecies, de pardo anaranjado a pardo grisáceo con entrepelado negruzco, línea lateral anaranjada bien marcada; manchas arriba, debajo de los ojos y atrás de las orejas anaranjadas; región ventral blanquecino; cola bicolor poco notoria, con un mechón de pelo pequeño al final (2.0 mm); *pelo suave.* Cráneo: *mastoideos proyectándose posteriormente más allá del occipital;* primer molariforme inferior igual o menor que el último. Longitud total 113.0 a 154.0 mm).

3a. Manchas subauriculares. Anchura del interparietal menor de 4.0 mm; anchura mastoidea menor de 80 % de la longitud basilar 4

4. Sin manchas postauriculares amarillentas, sin subauriculares; cola ligeramente más larga que el cuerpo. Anchura interorbital mayor de 4.6 mm; curvatura rostro-zigomática poco marcada (todo el Altiplano, tierras bajas de Sonora y el estado de Tamaulipas) .... *Perognathus flavus*

(Coloración dorsal jaspeada en pardo ocráceo, línea lateral ocrácea muy poco notoria; manchas grandes anaranjadas arriba, debajo de los ojos **y atrás de las orejas**; región ventral blanquecino; cola ligeramente más larga que el cuerpo, **casi desnuda y sin mechón de pelo terminal;** *pelo suave.* Cráneo: *mastoideos proyectándose posteriormente más allá del occipital;* primer molariforme inferior igual o menor que el último. Longitud total 100.0 a 122.0 mm, del cráneo 19.7 a 24.1 mm).

4a. Cola ligeramente más corta que cuerpo. Anchura interorbital menor de 4.6 mm; curvatura rostro-zigomática marcada (Tamaulipas, Nuevo León y Coahuila) .... *Perognathus merriami*

(Coloración dorsal jaspeada de amarillenta a ocráceo amarillento, línea lateral amarilla muy poco notoria; manchas anaranjada pálido arriba, debajo de los ojos y **atrás de las orejas es pequeña;** región ventral blanquecina; cola ligeramente más corta que cuerpo, **casi desnuda y sin mechón de pelo terminal;** *pelo suave.* Cráneo: *mastoideos proyectándose posteriormente más allá del occipital;* primer molariforme inferior igual o menor que el último. Longitud total 105.0 a 120.0 mm, del cráneo 19.1 a 21.7 mm).

Familia Muridae

(Introducidas)

1. Longitud total menor de 250.0 mm; cola menor de 112.0 mm. Primer molar superior más grande que el segundo y tercero juntos; longitud occipitonasal menor de 34.0 mm (Antropocéntrica, sólo asociada a sitios con actividad humana y algunas islas del Golfo de California) .... *Mus musculus*

1a. Longitud total mayor 250.0 mm; cola mayor de 112.0 mm. Primer molar superior menor que el segundo y tercero juntos; longitud occipitonasal mayor de 34.0 mm (Antropocéntrica, sólo asociada a sitios con actividad humana, presentes en algunas islas) .... *Rattus rattus*

projecting posteriorly beyond the occipital; reduced interparietal bone; mastoid bone very developed; first lower molar equal to or smaller than the last one. Total length 130.0 to 170.0 mm, skull 21.5 to 26.0 mm).

2a. No tuft in the tail. Total length less than 130.0 mm 3

3. Subauricular spots postauricular yellowish. Interparietal breadth greater than 4.0 mm; mastoid breadth greater than 80 % of the basilar length (restricted to northern Chihuahua) .... *Perognathus flavescens*

(Dorsal pelage with much variation in relation to the subspecies from orange brown to grayish brown, grizzly with blackish, lateral line orange very distinguishable; light orange spots above and under the eyes, and at the back of the ears; underparts whitish; tail greater than body length, bicolor with the dorsal dark and ventral light; *hair silky*. Skull: *mastoid projecting posteriorly beyond the occipital*; first lower molar equal to or smaller than the last one; mastoid breadth greater than 80 % of the basilar length. Total length 113.0 to 154.0 mm).

3a. Subauricular spots. Interparietal breadth less than 4.0 mm; mastoid breadth less than 80 % of the basilar length 4

4. Without subauricular spots yellowish without postauricular spots; length of tail greater than body length. Interorbital breadth greater than 4.6 mm; curvature rostrum-zygomatic slightly (all over the Mexican Plateau, lowlands of Sonora and in Tamaulipas) .... *Perognathus flavus*

(Dorsal pelage grizzle in brown ocher tones, lateral line yellowish not very distinguishable; large light orange spots above and under the eyes and **behind the ears**; underparts whitish; length of tail greater than body length, **naked and without a tuft at the tip**; *hair silky*. Skull: *mastoid projecting posteriorly beyond the occipital*; first lower molar equal to or smaller than the last one. Total length 100.0 to 122.0 mm, skull 19.7 to 24.1 mm).

4a. Tail slightly less than body length. Interorbital breadth less than 4.6 mm; rostrum-zygomatic curvature marked (Tamaulipas, Nuevo León, and Coahuila) .... *Perognathus merriami*

(Dorsal pelage grizzle in yellowish to yellow ocher, lateral line yellowish not very distinguishable; light yellow spots above and under the eyes and **small behind the ears**; underparts whitish; tail lengh less than body length **with few hairs and without a tuft at the tip**; *hair silky*. Skull: *mastoid projecting posteriorly beyond the occipital*; first lower molar equal to or smaller than the last one. Total length 105.0 to 120.0 mm, skull 19.1 to 21.7 mm).

Family Muridae

(Introduced)

1. Total length less than 250.0 mm; tail length less than 112.0 mm. First upper molar greater than the second and third together; occipitonasal length less than 34.0 mm (Anthropocentric, only associated to areas with human activity, present in some islands of the Gulf of California) .... *Mus musculus*

1a. Total length greater than 250.0 mm; tail length greater than 112.0 mm. First upper molar less than the second and third together; occipitonasal length greater than 34.0 mm (Anthropocentric, only associated to areas with human activity, present in some islands) .... *Rattus rattus*

Familia Sciuridae

Familia constituida por las ardillas, perritos de las praderas y marmotas, representados por más de 50 géneros en cinco Subfamilias. Se caracteriza por tener el cuerpo de forma delgada (de 70.0 a 1,000.0 mm); la cola puede ser corta o larga, frecuentemente con mucho pelo; la pina puede ser muy pequeña o relativamente grande, sin un trago; proceso postorbital grande. Son de distribución prácticamente cosmopolita. Pertenecen al Orden Rodentia, Suborden Sciuromorpha.

Las especies presentes en México pertenecen a dos Subfamilias Pteromyinae que incluye a la ardilla voladora (*Glaucomys volans*) y Sciurinae que incluye al resto de las ardillas arborícolas y de tierra.

1. Pliegue dérmico presente entre el miembro anterior y posterior; cola con los pelos laterales muy largos dando la apariencia de ser aplanada. Placa zigomática casi horizontal (Figura S1); anchura de la caja craneal más del 44 % de la longitud del cráneo (Sierras Madres y Eje Volcánico Transversal de Chiapas hacia el Norte) .... Pteromyinae: *Glaucomys volans*

(Coloración dorsal pardo grisáceo, con el borde de la membrana negruzco; región ventral blanco; con las mejillas blancas hasta debajo de los ojos; *cola con pelos laterales muy largos dando la apariencia de ser aplanada* de color pardo en la parte superior y crema o amarillentos en la inferior; orejas desnudas; *con una membrana lateralmente a los costados que se une anteriormente al brazo desde la muñeca hasta el tobillo en las patas traseras*; el pelo es muy sedoso. Cráneo: En relación a los otros sciuridos es muy aplanado; nasales con terminación recta; la punta de los nasales a la región interorbital es recto, posteriormente curvo hasta el occipital; anchura interorbital estrecha; foramen interorbital de forma oval. Longitud total 210.0 a 253.0 mm, del cráneo 32.0 a 36.0 mm).

1a. Sin pliegue dérmico entre las patas; cola con pelos largos o cortos, pero no proyectándose lateralmente. Placa zigomática casi vertical (Figura S2); anchura de la caja craneal menos del 44 % de la longitud del cráneo ... Sciurinae (pag. 382)

Subfamilia Sciurinae

1. Coloración dorsal con cinco bandas oscuras, igualmente separadas y subiguales en anchura; las dos laterales más cortas y difusas. Sin canal anteroinfraorbital (Figura S4) .... *Neotamias* (pag. 388)

1a. Coloración dorsal cuando mucho con dos bandas claras o con puntos, pero nunca como se describe a continuación. Con canal anteroinfraorbital (Figura S3) ..2

2. Longitud de la cola mayor al 30 % de la longitud total; cuerpo elongado. Primer molariforme superior más delgado que el incisivo superior; hilera de molariformes superiores no convergiendo en la parte posterior, considerando el borde lingual 3

2a. Longitud de la cola menor al 30 % de la longitud total; cuerpo robusto. Primer molariforme superior mucho más ancho que el incisivo superior; hilera de molariformes superiores convergiendo en la parte posterior, considerando el borde lingual .... *Cynomys* (pag. 386)

3. Coloración ventral rojiza. Bula auditiva con tres septos que se distinguen bien externamente (Figura S5); margen anterior del arco zigomático a la altura de la parte media del cuarto molariforme superior, contándolos de atrás hacia adelante (extremo norte de Baja California. NOM**) .... *Tamiasciurus mearnsi*

(La coloración varía mucho en función de la época del año; dorsal entrecano con pelos grisáceos y pardo mate; con una banda media en el lomo en tono de avellana; región ventral de amarillenta grisácea a rojos ocráceos

Family Sciuridae

Family Sciuridae consists of squirrels, prairie dogs, and marmots represented by more than 50 genera in five Subfamilies. They are characterized by thin body shape (70.0 to 1,000.0 mm); the tail may be short or long, often with much hair; ears can be very small or relatively big, without a tragus; postorbital process large. They are practically cosmopolitan and belong to the Order Rodentia, Suborder Sciuromopha.

The species in Mexico belong to two Subfamilies Pteromyinae including the flying squirrel (*Glaucomys volans*) and Sciurinae that include the rest of the arboreal and ground squirrels.

1. Skinfold present between the anterior and posterior limb; tail with very long lateral hair giving the appearance of being flattened. Zygomatic plate nearly horizontal (Figure S1); braincase breadth greater than 44 % of the skull length (both Sierra Madre Oriental and Occidental and the Trans-Mexican Volcanic Belt from Chiapas northward) .... Pteromyinae: *Glaucomys volans*
(Dorsal pelage grayish brown with blackish edge of the membrane; underparts white; white cheeks to the part below the eyes; *tail with very long lateral hair giving the appearance of being flattened* brown color on top and cream or yellow in the lower part; naked ears *with a lateral membrane attached frontward to the arms from the wrist to the ankle in hind limbs*; hair is very silky. Skull: In relation to the other sciurids the skull is very flat; nasals end up very straight; tip of the nose straight from the interorbital to the occipital regions; narrow interorbital breadth; interorbital foramen oval. Total length 210.0 to 253.0 mm, skull 32.0 to 36.0 mm).

1a. No skinfold between the anterior and posterior limbs; tail with short or long hair but not giving the appearance of being flattened. Zygomatic plate nearly vertical (Figure S2); braincase breadth less than 44 % of the skull length .... Sciurinae (p. 383)

Subfamily Sciurinae

1. Dorsal coloration with five dark bands equally spaced and subequal in breadth; the two lateral ones shorter and diffuse. No anteroinfraorbital channel (Figure S4) .... *Neotamias* (p. 389)

1a. Dorsal coloration at the most with two light bands or dots but not as described below. With an anteroinfraorbital channel (Figure S3) 2

2. Tail length greater than 30 % of the total length; body elongated. First upper molariform thinner than the upper incisor; upper toothrow not converging on the back, considering the lingual edge 3

2a. Tail length less than 30 % of the total length; body robust. First upper molariform wider than the upper incisor; upper toothrow converging on the back, considering the lingual edge .... *Cynomys* (p. 387)

3. Ventral pelage reddish. Auditory bullae with three septa well distinguished externally (Figure S5); anterior margin of the zygomatic arch at the level of the fourth upper molariform, counting them from back to front (northern of Baja California. NOM**) .... *Tamiasciurus mearnsi*
(Pelage varies depending on the season of the year; dorsal grizzly with gray and brown hair; a middle hazelnut band on the back; underparts grayish yellow to red with black grizzly ocher; the tail has the same dorsal pelage color in the first two thirds and the rest blackish, ventrally grayish. Skull: inner part of the

S1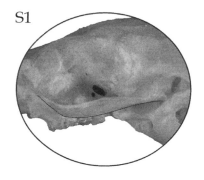

S2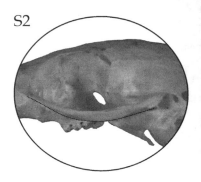

con entrepelado negro; cola tiene en sus dos terceras proximales del mismo color del dorso y el resto distal es más negruzca, ventralmente es entrecana. Cráneo: margen interno anterior del arco zigomático a la altura de la parte media de la cara anterior del cuarto molariforme superior; **bula auditiva con tres septos que se distinguen bien externamente.** Longitud total 270.0 a 348.0 mm, del cráneo 52.0 mm).

3a. Coloración ventral de diferentes colores, sí es rojiza no se distribuye al norte de Baja California. Bula auditiva con dos o menos septos visibles, nunca con tres; margen anterior del arco zigomático a la altura del tercero o segundo molariforme superior contándolos de atrás hacia adelante 4

4. Cola larga y esponjada. Premolares superiores dos o uno a cada lado, cuando dos, el primero reducido a una espícula; cara exterior de los arcos zigomáticos generalmente no torcidos hacia un plano horizontal .... *Sciurus* (pag. 394)

(NOTA: Varias de las especies de este género pueden presentar gran variaciones entre individuos, poblaciones o temporadas del año, por lo que se menciona el patrón general, pero este difícilmente puede ser un criterio para la identificación de las especies, al menos que así se especifique en la clave).

4a. Cola generalmente corta, cuando larga no esponjada. Premolares superiores dos a cada lado; cara exterior de los arcos zigomáticos generalmente torcidos hacia un plano horizontal 5

5. Con dos bandas blancas bien marcadas en los costados, una de cada lado, que no están delimitadas por líneas negruzcas. Bula auditiva grande, su longitud es una y media veces más larga que la hilera de dientes maxilares; primer premolar superior muy pequeño .... *Ammospermophilus* (pag. 386)

5a. Pueden existir diferentes marcas dorsales, pero no dos bandas blancas a los costados, si las presentan están delimitadas por líneas negruzcas. Bula auditiva de tamaño normal, su longitud menor o ligeramente más grande que la de la hilera de dientes maxilares; primer premolar superior bien desarrollado, de forma de clavija 6

6. Cola comparativamente larga, su relación al cuerpo mayor de 70 % 7

6a. Cola comparativamente corta, su relación al cuerpo menor de 70 % 8

7. Con seis pezones; longitud de la oreja menor de 18.0 mm; cola usualmente con anillos. Foramen supraorbital cerrado (Figura S6) .... *Notocitellus* (pag. 392)

7a. Con más de seis pezones; longitud de la oreja mayor de 18.0 mm; cola usualmente sin anillos. Foramen supraorbital abierto .... *Otospermophilus* (parte, pag. 392)

8. Longitud total menor de 370.0 mm; longitud de la cola menor de 150.0 mm 9

8a. Longitud total mayor de 370.0 mm; longitud de la cola mayor de 150.0 mm .. .. *Otospermophilus* (parte, pag. 392)

S3　　　　　　　　　S4　　　　　　　　　S5

anterior margin of the zygomatic arch at the middle of the fourth upper molariform; **auditory bullae with three septa well distinguished externally.** Total length 270.0 to 348.0 mm, skull 52.0 mm).

3a. Ventral pelage of different colors, if reddish without range in northern Baja California. Auditory bullae with two septa well distinguished externally, never three; anterior margin of the zygomatic arch at the level of the second or third upper molariform, counting them from back to front 4

4. Tail long and fluffy. Upper premolars two or one on each side, when two, the first one is reduced to a spicule; outer face of the zygomatic arches usually not twisted into a horizontal plane .... *Sciurus* (p. 395)

(NOTE: Several species of this genus may exhibit strong variations among individuals, populations, or seasons of the year, so the overall pattern is mentioned, but it can hardly be a criterion for species identification unless specified in the key).

4a. Tail usually short, when long not fluffy. Two upper premolars on each side; outer face of the zygomatic arches usually twisted into a horizontal plane 5

5. Two well-marked white stripes at the flank, one on each side, not defined by blackish line. Auditory bulla large, its length is one half longer than the upper toothrow; first upper premolar very small .... *Ammospermophilus* (p. 387)

5a. Many types of dorsal marks, but never two well-marked white bands on the flanks; if present, they are defined by a blackish line. Auditory bulla normal size, its length is less or slightly greater than the length of the upper toothrow; first upper premolar well developed and in peg-shape 6

6. Tail comparatively long; its relationship to the body length is greater than 70 % 7

6a. Tail comparatively short; its relationship to the body length is less than 70 % 8

7. Six nipples; ear length less than 18.0 mm; tail usually ringed. Supraorbital foramen closed (Figure S6) .... *Notocitellus* (p. 393)

7a. More than six nipples; ear length greater than 18.0 mm; tail usually ringed. Supraorbital foramens open .... *Otospermophilus* (part, p. 393)

8. Total length less than 370.0 mm; tail length less than 150.0 mm 9

8a. Total length greater than 370.0 mm; tail length greater than 150.0 mm ....
.... *Otospermophilus* (part, p. 393)

9. Longitud de la oreja mayor de 15.0 mm; con dos franjas claras y oscuras dorsales continuas de 8.0 mm de anchura, pero sin franjas en el rostro (endémico de Chihuahua. NOM***) .... *Callospermophilus madrensis*

(El pelaje dorsal es de color marrón con gris entrepelado; en el flanco tiene una franja del cuello a la cadera color crema que contrasta con la coloración dorsal, esta franja de color marrón pálido está delimitado por dos líneas negruzcas; parte superior de la cabeza tiene pelos de color naranja pardusco; partes inferiores en el mismo tono; cabeza marrón y sin flecos, a excepción de dos rayas crema estrechas que delinean los ojos; cola corta con el pelo corto y entrepelado negruzco. Longitud total 215.0 a 243.0 mm, del cráneo 44.1 a 44.4 mm).

9a. Longitud de la oreja menor de 15.0 mm; sin franjas 10

10. Manchas dorsales claras ubicadas en series lineales longitudinales .. *Ictidomys* (pag. 388)

10a. Coloración dorsal con o sin manchas claras, cuando existen no están ubicadas en series longitudinales .... *Xerospermophilus* (pag. 398)

Ammospermophilus

1. Área media ventral de la cola con una combinación de pelos blancos, grises y negros. Longitud de los molariformes superiores mayor de 7.0 mm (restringido a Sonora) .... *Ammospermophilus harrisii*

(Coloración varía mucho en la región, de un color ante claro a un pardo muy oscuro con entrepelados negros; región ventral gris claro; *en los costados tienen unas* líneas blancas que corren desde el hombro hasta arriba de la cadera; sin líneas faciales en la cabeza; pelo híspido; ojos delineados con una mancha blanca; área media ventral de la cola con una combinación de pelos blancos, grises y negros. Cráneo: región interorbital más angosta que la constricción postorbital; en vista lateral el cráneo se ve con un perfil en forma de arco; molariformes con la corona baja. Longitud total 216.0 a 267.0 mm, del cráneo 37.6 a 41.9 mm).

1a. Área media ventral de la cola por lo menos en su primera mitad blanca. Longitud de los molariformes superiores menor de 7.0 mm 2

2. Pelos de la cola blancos, con dos anillos negros en la punta. Rostro ancho; perfil de la caja craneal recto (restringido a Coahuila, Chihuahua y Durango) .... *Ammospermophilus interpres*

(Coloración varía mucho en la región, de un color ante claro a un pardo muy oscuro; ventral blanquecino; *en los costados tienen unas* líneas blancas que corren desde el hombro hasta arriba de la cadera; sin líneas faciales en la cabeza; pelo híspido; los ojos delineados con una mancha blanca; **con dos anillos negros en la punta de la cola.** Cráneo: región interorbital más angosta que la constricción postorbital; en vista lateral el cráneo se ve con un perfil circular; molariformes con la corona baja. Longitud total 220.0 a 235.0 mm).

2a. Pelos de la cola blancos, con un sólo anillo negro en la punta. Rostro delgado; perfil de la caja craneal arqueado (Península de Baja California y noroeste de Sonora. *A. insularis* de la Isla Espíritu Santo se considera como sinónimo. NOM** ssp.) .... *Ammospermophilus leucurus*

(Coloración varía mucho en la región, de un color ante claro a un pardo muy oscuro; región ventral blanco; *en los costados tienen una líneas blancas que corren desde el hombro hasta arriba de la cadera;* sin líneas faciales en la cabeza; pelo híspido; los ojos delineados con una mancha blanca; **con anillos negros en la cola.** Cráneo: región interorbital más angosta que la constricción postorbital; en vista lateral el cráneo se ve con un perfil circular; molariformes con la corona baja. Longitud total 194.0 a 239.0 mm, del cráneo 36.7 a 41.5 mm).

Cynomys

1. Más de la mitad distal de la cola negra. Inflexión del borde posterior de la mandíbula casi en ángulo recto al eje principal de la misma (Figura S7; Altiplano en San Luis Potosí, Nuevo León y Coahuila. NOM***) .... *Cynomys mexicanus*

(Coloración dorsal pardo a grisáceo con entrepelado negruzco y ventral blanquecino; **cola con entrepelado negruzca en la base y la segunda mitad.** Cráneo: masivo; *cresta sagital bien desarrollada en la parte posterior de la caja craneal a poco en la anterior;* arco zigomático robusto; *espacio entre al arco zigomático y el cráneo dando una apariencia triangular;* tercer molar superior con una serie de crestas más que los otros molares superiores; molariformes elípticos; nasales anchos y la parte frontal redondeada; placa triangular del yugal poco desarrollada; **inflexión del borde posterior de la mandíbula casi en ángulo recto al eje principal de la misma.** Longitud total 390.0 a 430.0 mm, del cráneo 59.0 a 61.0 mm).

9. Ear length greater than 15.0 mm; two continuous light and dark dorsal stripes of 8.0 mm in width, but without stripes on the rostrum (endemic to Chihuahua. NOM***) .... *Callospermophilus madrensis*

(*Dorsal pelage brown interspersed with gray; a stripe from neck to hip on the flank cream contrasting with dorsal coloration, this pale brown stripe is bordered by two blackish lines*; top of the head with brownish orange hair; underparts in the same shade; brown head without fringe, except for two narrow cream stripes that outline the eyes; tail short with long hair and interspersed with blackish hair. Total length 215.0 to 243.0 mm, skull 44.1 to 44.4 mm).

9a. Ear length less than 15.0 mm; no stripes 10

10. Back with light spots in a series of longitudinal lines .... *Ictidomys* (p. 389)

10a. Dorsal pelage with or without light spots; when present, they are not in series of longitudinal lines .... *Xerospermophilus* (p. 399)

Ammospermophilus

1. Middle ventral area of the tail grizzly with white gray and blackish hair. Upper thootrow length greater than 7.0 mm (restricted to Sonora) .... *Ammospermophilus harrisii*

(Color variations within the region, a clear buff to a very dark brown with black grizzly; underparts light gray; *flanks with white lines from the shoulder to the hip*; no facial lines on the head; hair is bushy; a white spot around the eyes; **ventral half of the tail area with a combination of white, gray and black hairs**. Skull: interorbital region narrower than postorbital constriction; in side view the skull is arch shaped; molariform short crown. Total length 216.0 to 267.0 mm, skull 37.6 to 41.9 mm).

1a. Middle ventral area of the tail white at least in its first half. Upper thootrow length less than 7.0 mm 2

2. Tail hair white with two black rings at the tip. Rostrum wide; braincase profile straigth (restricted to Coahuila, Chihuahua and Durango) .... *Ammospermophilus interpres*

(Color variations within the region, a clear buff to a very dark brown with black grizzly; underparts whitish; *flanks with white lines from the shoulder to the hip*; no facial lines on the head; hair is bushy; a white spot around the eyes; **two black rings om the tip of the tail**. Skull: interorbital region narrower than postorbital constriction; in side view the skull is arch shaped; molariform short crown. Total length 220.0 to 235.0 mm).

2a. Tail hair white, one black ring on the tip. Rostrum thin; braincase profile arched (Baja California Peninsula and northeastern Sonora. *A. insularis* from Espíritu Santo Island is considered as synonym. NOM** ssp.) .... *Ammospermophilus leucurus*

(Color variations within the region, a clear buff to a very dark brown with black grizzly; underparts whitish; *flanks with white lines from the shoulder to the hip*; no facial lines on the head; hair is bushy; a white spot around the eyes; **one black ring on the tip of the tail**. Skull: interorbital region narrower than postorbital constriction; in side view the skull is arch shaped; molariform short crown. Total length 194.0 to 239.0 mm, skull 36.7 to 41.5 mm).

Cynomys

1. More than half of the tail black. Back edge inflection of the jaw almost at right angle in relation to its main axis (Figure S7; Mexican Plateau in San Luis Potosí, Nuevo León, and Coahuila. NOM***) .... *Cynomys mexicanus*

(Dorsal pelage brown to grayish with grizzly blackish; underparts whitish; **tail grizzly blackish at the base and second half**. Skull: massive; *sagittal crest well developed in the posterior part of the braincase a little in the anterior*; zygomatic arch robust; *space between the zygomatic arch and the skull giving a triangular appearance*; upper third molar with one more series of ridges than the other upper molars; molariform elliptical; nasal wide and rounded at the anterior edge; triangular shaped plate of the jugal underdeveloped; **back edge inflection of the jaw almost at right angle to its main axis**. Total length 390.0 to 430.0 mm, skull 59.0 to 61.0 mm).

1a. Solo el tercio distal de la cola negro. Inflexión del borde posterior de la mandíbula a 45° en relación al eje de la misma (Figura S8; Altiplano en el noroeste de Chihuahua y Sonora. NOM**) .... *Cynomys ludovicianus*

(Coloración dorsal pardo anaranjado con entrepelado blanco, costado y ventral más pálido a anaranjado intenso; **cola larga con la un tercio de la parte terminal negruzca**. Cráneo: masivo; *cresta sagital bien desarrollada en la parte posterior a poco en la anterior*; arco zigomático robusto; *espacio entre al arco zigomático y el cráneo dando una apariencia triangular*; tercer molar superior con una serie de crestas más que los otros molares superiores; molariformes triangulares; nasales anchos y la parte frontal roma; placa triangular del yugal bien desarrollada; **inflexión del borde posterior de la mandíbula a 45° en relación al eje de la misma**. Longitud total 355.0 a 415.0 mm, del cráneo 57.0 a 65.0 mm).

S6

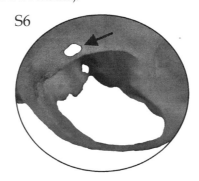

Ictidomys

1. Longitud total menor de 320.0 mm; longitud de la pata menor de 46.0 mm. Longitud total del cráneo menor de 45.0 mm; longitud de la cola menor de 130.0 mm (norte del Altiplano en Coahuila, Nuevo León y Tamaulipas) .... *Ictidomys parvidens*

(*Coloración dorsal es pardo medio y tiene nueve líneas dorsales de manchas en la espalda de color ante*; la cabeza es parda; región ventral es blancuzco o amarillento; cola corta y con poco pelo; los ojos los tiene delineados con una mancha blanca; región anterior del hocico color canela. Cráneo: en vista lateral el cráneo se ve con un perfil circular; bulas auditivas proporcionalmente grandes. Longitud total 276.0 a 312.0 mm, del cráneo 41.1 a 45.3 mm).

1a. Longitud total mayor de 320.0 mm; longitud de la pata mayor de 46.0 mm. Longitud total del cráneo mayor de 45.0 mm; longitud de la cola mayor de 120.0 mm (región xerófila del norte del Eje Volcánico Transversal) .... *Ictidomys mexicanus*

(*Coloración dorsal es pardo medio y tiene nueve líneas dorsales de manchas en la espalda de color ante*, la cabeza es parda; región ventral es blancuzco o amarillento; cola corta y con poco pelo; los ojos los tiene delineados con una mancha blanca; región anterior del hocico color canela. Cráneo: en vista lateral el cráneo se ve con un perfil circular; caja craneal proporcionalmente más alargada y el arco zigomático más expandido. Longitud total 322.0 a 380.0 mm, del cráneo 45.3 a 52.5 mm).

Neotamias

1. Forámenes anteriores del palatino paralelos (Figura S9) 2

1a. Forámenes anteriores del palatino divergiendo posteriormente (Figura S10) 5

2. Bandas dorsales oscuras con tonos rojizos, lo que hace que no sean muy notorias (restringido a la Península de Baja California) .... *Neotamias obscurus*

(Coloración dorsal pardo anaranjado con los miembros en tono pardo grisáceo, en el dorso presentan dos franjas del cuello a la cadera pardo grisáceo que contrastan poco con la coloración dorsal; **sin franja media dorsal negra**; cabeza grisácea con pardo oscuro, con dos franjas blancas, la primera de la nariz a la coronilla, pasando por arriba del ojo y la segunda de los bigotes a la base de la oreja, incluyendo esta, entre ambas franjas una de color pardo anaranjado y por debajo de la inferior otra pardo anaranjada, siendo en toda su longitud muy delgada; región ventral blancuzco a crema; cola con mucho pelo, negruzca en la punta, entrepelado de crema y amarillento, pero ventral anaranjado intenso. Cráneo: proceso postorbital pequeño y poco desarrollado; *foramen infraorbital careciendo de canal*. Longitud total 208.0 a 240.0 mm, del cráneo 33.3 a 40.0 mm).

1a. Only 1/3 of the tail black. Back edge inflection of the jaw almost at 45° in relation to its main axis (Figure S8; Mexican Plateau in northeastern Chihuahua and Sonora. NOM**) .... *Cynomys ludovicianus*

(Dorsal pelage orange brown with grizzly white, sides and underparts lighter to intense orange; **tail long with one third of the tip blackish**. Skull: massive; *sagittal crest well developed in the posterior part of the braincase to a little in the anterior*; zygomatic arch robust; *space between the zygomatic arch and the skull giving a triangular appearance*; upper third molar with one more series of ridges than the other upper molars; molariform elliptical; nasal wide and rounded at the anterior edge; jugal plate underdeveloped and triangular shaped; **back edge inflection of the jaw almost at 45° in relation to its main axis**. Total length 355.0 to 415.0 mm, skull 57.0 to 65.0 mm).

S7

S8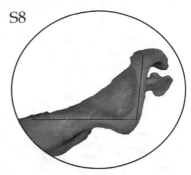

Ictidomys

1. Total length less than 320.0 mm; length of hind foot less than 46.0 mm. Skull length less than 45.0 mm; length of tail less than 130.0 mm (north of the Mexican Plateau in Coahuila, Nuevo León, and Tamaulipas) .... *Ictidomys parvidens*

(*Dorsal pelage medium brown with nine dorsal lines of light brown spots*; head is brown; underparts whitish or yellowish; tail short with little hair; eyes are outlined with a white spot; anterior muzzle tan. Skull: in side view is arch shaped; auditory bullae proportionally large. Total length 276.0 to 312.0 mm mm, skull 41.1 to 45.3 mm).

1a. Total length greater than 320.0 mm; hind limb length greater than 46.0 mm. Skull length greater than 45.0 mm; tail length greater than 120.0 mm (arid lands north of the Trans-Mexican Volcanic Belt) .... *Ictidomys mexicanus*

(*Dorsal pelage medium brown with nine dorsal lines of light brown spots*; head is brown; underparts whitish or yellowish; tail short and with little hair; eyes are outlined with a white spot; anterior muzzle tan. Skull: in side view is arch shaped; auditory bullae proportionally large. Total length 322.0 to 380.0 mm mm, skull 45.3 to 52.5 mm).

Neotamias

1. Anterior palatine foramina parallel (Figure S9) 2

1a. Anterior palatine foramina diverging posteriorly (Figure S10) 5

2. Dorsal bands dark with reddish shades, which make them not very noticeable (restricted to the Baja California Peninsula) .... *Neotamias obscurus*

(Dorsal pelage orange-brown with grayish brown shades in the legs; the back has two grayish brown stripes from neck to hip contrasting slightly with dorsal coloration; **no middle dorsal and black stripes**; head gray with dark brown *with two white stripes*, the first one from the nose to the crown passing above the eye and the second one from the whiskers to the ear base, including an orange-brown stripe between both and below the lower one another orange brown stripe very thin along its length; underparts white to cream; tail with long hair, blackish at the tip, cream and beige grizzly but intense orange ventrally. Skull: small and underdeveloped postorbital process; *without an anteroinfraorbital channel*. Total length 208.0 to 240.0 mm, skull 33.3 to 40.0 mm).

2a. Bandas dorsales oscuras con tonos grisáceos o cafés, pero no rojizos, contrastando con la coloración dorsal 3

3. Banda dorsal blanca; coloración ventral de la cola pálido amarillento; coloración de la cadera grisácea (Sierra Madre Occidental al sur de Durango y Zacatecas) .... *Neotamias bulleri*

(Coloración dorsal anaranjado a pardo canela con los miembros en tono pardo grisáceo; **dorso con bandas blanquecinas**; en el dorso presentan cinco franjas del cuello a la cadera la central, la primera lateral negruzcas, separadas por una grisácea que contrastan con la coloración dorsal, la más externa es blancuzca, todas estas franjas están bordeadas por pelos pardos rojizos; **caderas grisáceas**; cabeza grisácea, *con dos franjas blancas*, la primera de la nariz a la coronilla, pasando por arriba del ojo y la segunda de los bigotes a la base de la oreja, incluyendo esta, entre ambas franjas una de color grisáceo, y por debajo de la inferior otra anaranjada con entrepelado negro; orejas medianas con manchas blancuzcas; cola con mucho pelo, negruzca en la punta, entrepelado de crema y amarillento, **pero ventral anaranjado;** región ventral blancuzco;. Cráneo: proceso postorbital pequeño y poco desarrollado; *foramen infraorbital careciendo de canal.* Longitud total 222.0 a 248.0 mm, del cráneo 35.7 a 40.0 mm).

3a. Banda dorsal con tonos canela pálidos; coloración ventral de la cola con tonos canela; coloración de la cadera ocre amarillento 4

4. Báculo mayor de 4.5 mm (endémico de Durango, sur de Chihuahua) ....
.... *Neotamias durangae*

(Coloración dorsal canela pardo a beige, siendo más intensa en la cadera y los muslos, en el dorso presentan cinco franjas del cuello a la cadera la central y la primera lateral negruzcas, separadas por una grisácea que contrastan con la coloración dorsal, la más externa es blancuzca, todas estas franjas están bordeadas por pelos pardos rojizos; caderas ocráceas; cabeza grisácea, *con dos franjas blancas*, la primera de la nariz a la coronilla, pasando por arriba del ojo y la segunda de los bigotes a la base de la oreja, incluyendo esta, entre ambas franjas una de color grisáceo, y por debajo de la inferior otra anaranjada con entrepelado negro; orejas medianas con manchas blancuzcas; región ventral blancuzco a crema; cola negruzca con entrepelado amarillento, pero ventral amarillento intenso. Cráneo: proceso postorbital pequeño y poco desarrollado; *foramen infraorbital careciendo de canal.* Longitud total 215.0 a 253.0 mm, del cráneo 36.0 a 39.5 mm).

4a. Báculo menor de 4.5 mm (endémico de las Sierras al sur de Coahuila y Nuevo León) .... *Neotamias solivagus*

(Coloración dorsal canela pardo a beige, siendo más intensa en la cadera y los muslos, en el dorso presentan cinco franjas del cuello a la cadera la central y la primera lateral negruzcas, separadas por una grisácea que contrastan con la coloración dorsal, la más externa es blancuzca, todas estas franjas están bordeadas por pelos pardos rojizos; caderas ocráceas; cabeza grisácea, *con dos franjas blancas*, la primera de la nariz a la coronilla, pasando por arriba del ojo y la segunda de los bigotes a la base de la oreja, incluyendo esta, entre ambas franjas una de color grisáceo, y por debajo de la inferior otra anaranjada con entrepelado negro; orejas medianas con manchas blancuzcas; región ventral blancuzco a crema; cola negruzca con entrepelado amarillento, pero ventral amarillento intenso. Cráneo: proceso postorbital pequeño y poco desarrollado; *foramen infraorbital careciendo de canal.* Longitud total 208.0 a 246.0 mm, del cráneo 35.4 a 38.2 mm).

5. Cola larga, más del 79 % de la longitud del cuerpo; líneas dorsales grisáceas oscuras (extremo norte de Baja California. NOM***) .... *Neotamias merriami*

(Coloración dorsal pardo anaranjado con los miembros en tono pardo grisáceo, en el dorso presentan dos franjas del cuello a la cadera pardo grisáceo que contrastan con la coloración dorsal; **sin franja media dorsal negra, pero con poco entrepelado negro en las líneas laterales anaranjadas**; cabeza grisácea con pardo oscuro, con dos franjas blancas, la primera de la nariz a la coronilla, pasando por arriba del ojo y la segunda de los bigotes a la base de la oreja, incluyendo esta, entre ambas franjas una de color pardo anaranjado y por debajo de la inferior otra pardo anaranjada, siendo en toda su longitud muy delgada; región ventral blancuzco

S9

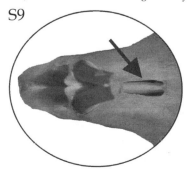

2a. Dorsal bands dark with grayish or brown shades but not reddish, contrasting with dorsal pelage 3

3. Dorsal band white; hip grayish coloration; ventral pelage of the tail light yellowish (Sierra Madre Occidental in southern Durango and Zacatecas) .... *Neotamias bulleri*

(Dorsal pelage orange to cinnamon brown with grayish brown shades in the legs, **dorsal bands whitish shades**; the back has five stripes from neck to hip, the first lateral one is blackish, separated by a grayish one that contrasts with dorsal coloration; the outer one is whitish and all the stripes have reddish brown hair at the edges; **hip grayish coloration**; head gray, *with two white stripes*, the first one from the nose to the crown passing above the eye and the second one from the whiskers to the ear base, including it between the two grayish stripes and below the lower one another stripe orange grizzly with blackish; ear medium size with one white spot; tail with long hair, blackish at the tip, cream and beige grizzly but intense orange ventrally; **ventral pelage of the tail light yellowish;** underparts whitish;. Skull: small and underdeveloped postorbital process; *without an anteroinfraorbital channel.* Total length 222.0 to 248.0 mm, skull 35.7 to 40.0 mm).

3a. Dorsal band with light cinnamon shades; hip ocher; ventral pelage of the tail cinnamon 4

4. Baculum greater than 4.5 mm (endemic to Durango and south of Chihuahua) .... *Neotamias durangae*

(Dorsal pelage with the dorsal band in light cinnamon shades from cinnamon brown to beige more intense on hips and thighs; the back has five stripes from neck to hip, the first lateral stripe is blackish separated by a grayish one that contrasts with dorsal coloration; the outer one is whitish and all the striped have reddish brown hair at the edges; hip ocher; underparts whitish to cream; head from chestnut to brown, *with two whitish yellow stripes,* the first one from the nose to the crown passing above the eye and the second one from the whiskers to the ear base,, including it between the two cinnamon stripes; ear medium size with a cinnamon fringe of hairs; tail with long hair, blackish grizzly with yellow, ventral pelage of the tail cinnamon. Skull: small and underdeveloped postorbital process; *without an anteroinfraorbital channel.* Total length 215.0 to 253.0 mm, skull 36.0 to 39.5 mm).

4a. Baculum less than 4.5 mm (endemic to the mountain ranges from the southern part between Coahuila and Nuevo Leon) .... *Neotamias solivagus*

(Dorsal pelage with the dorsal band in light cinnamon shades from cinnamon brown to beige more intense on hips and thighs; the back has five stripes from neck to hip, the first lateral stripe is blackish separated by a grayish one that contrasts with dorsal coloration; the outer one is whitish and all the striped have reddish brown hair at the edges; hip ocher; underparts whitish to cream; head from chestnut to brown, *with two whitish yellow stripes,* the first one from the nose to the crown passing above the eye and the second one from the whiskers to the ear base,, including it between the two cinnamon stripes; ear medium size with a cinnamon fringe of hairs; tail with long hair, blackish grizzly with yellow, ventral pelage of the tail cinnamon. Skull: small and underdeveloped postorbital process; *without an anteroinfraorbital channel.* Total length 208.0 to 246.0 mm, skull 35.4 to 38.2 mm).

5. Tail long, beyond 79 % of body length; dorsal lines dark gray (northern Baja California. NOM***) .... *Neotamias merriami*

(Dorsal pelage orange-brown with grayish brown shades in the legs; the back has two stripes from neck to hip grayish brown some contrast with dorsal coloration; **no black mid-dorsal stripe but few interspersed black hairs in the lateral orange stripes**; head gray with dark brown, *with two white stripes,* the first one from the nose to the crown passing above the eye and the second one from the whiskers to the ear base, including an orange-brown stripe between both and below the lower one another orange brown stripe very thin along its

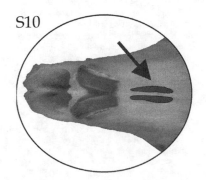

S10

a crema; cola con mucho pelo, negruzca en la punta, entrepelado de crema y amarillento, pero ventral anaranjado intenso. Cráneo: proceso postorbital pequeño y poco desarrollado; *foramen infraorbital careciendo de canal*. Longitud total 233.0 a 277.0 mm, del cráneo 35.5 a 40.7 mm).

5a. Cola corta, menor del 79 % de la longitud del cuerpo; líneas oscuras dorsales negruzcas o café oscuro (norte de la Sierra Madre Occidental en Durango, Sonora, Chihuahua y Coahuila, y en las montañas del oeste de Sonora) .... *Neotamias dorsalis*
(**Coloración dorsal y de los costados grisácea, en el dorso presentan dos franjas del cuello a la cadera pardo grisáceo que poco contrastan con la coloración dorsal**, incluso no se aprecian bien, franja media dorsal negra; cabeza grisácea, con dos franjas blancas, la primera de la nariz a la coronilla, pasando por arriba del ojo y la segunda de los bigotes a la base de la oreja, incluyendo esta, entre ambas franjas una de color grisácea, y por debajo de la inferior otra pardo anaranjada, con la parte posterior al ojo casi tan ancha como entre las dos franjas blancas; orejas grandes bicolor, en la parte frontal pardas y en la posterior blancuzcas; región ventral blancuzco; cola con mucho pelo amarillo en el borde, pero ventral anaranjado intenso. Cráneo: proceso postorbital pequeño y poco desarrollado; *foramen infraorbital careciendo de canal*; forámenes del incisivo divergen posteriormente; parte superior de la caja craneal aplanada. Longitud total 208.0 a 277.0 mm, del cráneo 35.5 a 40.1 mm).

Notocitellus

1. Cola con aproximadamente 15 anillos negros; longitud de la cola mayor de 180.0 mm. Longitud mayor del cráneo mayor de 52.0 mm; región interorbital del 45 % de la anchura zigomática (Planicie Costera del Pacífico de Nayarit a Guerrero) .... *Notocitellus annulatus*
(Coloración dorsal jaspeado por pelos negros, canela amarillento y amarillento claro, en algunos ejemplares predomina el negro en el lomo y la cabeza; *pelaje dorsal áspero*; barbilla, garganta y lados de la nariz amarillento ocráceo; el cuello, hombros, miembros anteriores, orejas y miembros posteriores color avellana, aunque los dos últimos pueden ser leonados; región ventral amarillento; **cola casi del mismo tamaño que el cuerpo y con aproximadamente 15 anillos negros en su longitud;** *con seis pezones*. Cráneo: redondeado visto de perfil; procesos supraorbitales bien desarrollados; rostro más largo y angosto; región interorbital el 45 % de la anchura zigomática. Longitud total 383.0 a 470.0 mm, del cráneo 51.6 a 57.0 mm).

1a. Cola sin anillos negros; longitud de la cola menor de 180.0 mm. Longitud mayor del cráneo menor de 52.0 mm; región interorbital del 49 % de la anchura zigomática (endémico de la cuenca del Balsas) ...... *Notocitellus adocetus*
(Coloración dorsal jaspeado por pelos negros, canela amarillento y amarillento claro, en algunos ejemplares predomina el negro en el lomo y la cabeza; *pelaje dorsal áspero*; barbilla, garganta y lados de la nariz amarillento ocráceo; el cuello, hombros y miembros anteriores, orejas y miembros posteriores color avellana, aunque los dos últimos pueden ser leonados; región ventral amarillento; **cola casi del mismo tamaño que el cuerpo y sin anillos negros en su longitud;** *con seis pezones*. Cráneo: redondeado visto de perfil; procesos supraorbitales bien desarrollados; rostro más corto y ancho; región interorbital el 49 % de la anchura zigomática. Longitud total 315.0 a 353.0 mm, del cráneo 41.6 a 46.2 mm).

Otospermophilus

1. Hombros y nuca de coloración diferente al resto del cuerpo, generalmente negro (Península de Baja California) .... *Otospermophilus beecheyi*
(*Coloración dorsal jaspeada en negro y blanco*, dependiendo de la proporción es el tono general que presentan; **con grandes manchas claras en la región de la nuca a hombros**; región ventral gris pálido; la cola es la más peluda, siendo grisáceo dorsalmente y más pálidos ventral, aparentando estar anillada; *tamaño grande*. Cráneo: constricción postorbital más ancha que la anchura interorbital; superficie oclusal del primer y segundo molar superiores subcuadradas; tercer molar superior poco más grande que el segundo. Longitud total 357.0 a 500.0 mm, del cráneo 51.6 a 62.4 mm).

1a. Hombros y nuca del mismo color que el resto del dorso (Altiplano de Oaxaca al norte) .... *Otospermophilus variegatus*
(*Coloración dorsal jaspeada en negro y blanco*, dependiendo de la proporción, es el tono general que presentan, en ocasiones pueden presentar la parte central del lomo con una mayor cantidad de pelo negro; **sin grandes manchas claras en la región de la nuca a hombros**; región ventral disminuye la presencia de los pelos negros; la cola es la más peluda para todas las ardillas de tierra; *tamaño grande*. Cráneo: constricción postorbital más ancha que la anchura interorbital; superficie oclusal del primer y segundo molar superiores subcuadradas; tercer molar superior poco más grande que el segundo. Longitud total 430.0 a 525.0 mm, del cráneo 56.0 a 67.7 mm).

length; underparts white to cream; tail with long hair, blackish at the tip, cream and beige grizzly but intense orange ventrally. Skull: small and underdeveloped postorbital process; *without an anteroinfraorbital channel*. Total length 233.0 to 277.0 mm, skull 35.5 to 40.7 mm).

5a. Tail short, less than 79 % of body length; dorsal lines blackish or dark brown (north of the Sierra Madre Occidental in Durango, Sonora, Chihuahua, and Coahuila, and in the mountains of western Sonora) .... *Neotamias dorsalis*

(**Dorsal and flank pelage gray, the back has two stripes from neck to hip with very low contrast, separated by a grayish stripe not contrasting with dorsal coloration**; a mid-dorsal black stripe; head gray *with two white stripes*, the first one from the nose to the crown passing above the eye and the second one from the whiskers to the ear base, including it between the two grayish stripes and below the lower one another orange grizzly with grayish stripe; ear large size with one white spot at the base; tail with long hair, yellowish at the sides but ventrally intense orange. Skull: small and underdeveloped postorbital process; *without an anteroinfraorbital channel*; incisor foramina diverge posteriorly; upper part of the braincase flattened. Total length 208.0 to 277.0 mm, skull 35.5 to 40.1 mm).

Notocitellus

1. Tail with approximately 15 black rings; tail length greater than 180.0 mm. Skull length greater than 52.0 mm; interorbital region 45 % of the zygomatic breadth (Pacific Coastal Plains of Nayarit to Guerrero) .... *Notocitellus annulatus*

(Dorsal pelage grizzled by black hairs, yellowish cinnamon, and light yellow, in some specimens black predominates on the back and head; *dorsal fur is rough*; chin, throat, and sides of the nose yellowish ocher; neck, shoulders, forefoot, ears, and hind foot hazel although the last two can be tawny; underparts yellowish; **tail almost the same size as the body and with approximately 15 black rings in its length;** *with six niples*. Skull: rounded in profile; supraorbital processes well developed; rostrum longer and narrower; interorbital region 45 % of the zygomatic breadth. Total length 383.0 to 470.0 mm, skull 51.6 to 57.0 mm).

1a. Tail without black rings; tail length less than 180.0 mm. Skull length less than 52.0 mm; interorbital region 49 % of the zygomatic breadth (endemic to the Balsas Basin) .... *Notocitellus adocetus*

(Dorsal pelage grizzled by black, yellowish cinnamon, and light yellow hair; in some specimens black predominates on the back and head; *dorsal fur is rough*; chin, throat, and sides of the nose yellowish ocher; neck, shoulders, forefoot, ears and hind foot hazel although the last two can be tawny; underparts yellowish; **tail almost the same size as the body and without black rings in its length;** *with six niples*. Skull: rounded in profile; supraorbital processes well developed; rostrum longer and narrower; interorbital region 49 % of the zygomatic breadth. Total length 315.0 to 353.0 mm, skull 41.6 to 46.2 mm).

Otospermophilus

1. Shoulders and nape of different color than the rest of the body, generally blackish (Baja California Peninsula) .... *Otospermophilus beecheyi*

(*Dorsal pelage grizzled in white and black*, the overall tone is in relation to the proportion of each color, **with a lighter large spots from the nape to shoulders**; underparts light gray; the tail is bushy, gray dorsally and paler ventrally, looking as ringed; *large size*. Skull: postorbital constriction wider than interorbital width; occlusal surface of the first and second upper molar square shaped; third upper molar slightly larger than the second one. Total length 357.0 to 500.0 mm, skull 51.6 to 62.4 mm).

1a. Shoulders and nape of the same color as the rest of the back (Mexican Plateau from Oaxaca northward) .... *Otospermophilus variegatus*

(*Dorsal pelage grizzled in white and black*, the overall tone is in relation to the proportion of each color; occasionally the central part of the back could show a larger amount of black hair. **without lighter large spots from neck to shoulders**; underparts light gray; the tail is the most bushy of all land squirrels; *large size*. Skull: postorbital constriction wider than interorbital width; occlusal surface of the first and second upper molar square shaped; third upper molar slightly larger than the second one. Total length 430.0 to 525.0 mm, skull 56.0 to 67.7 mm).

Sciurus

1. Un premolar superior 2

1a. Dos premolares superiores 6

2. Coloración ventral leonada pálida; longitud basal 49.0 mm (restringida al norte de Coahuila) .... *Sciurus niger*

(Coloración dorsal varía mucho, se reconocen tres fases de color roja, amarillenta o grisácea y negra; región ventral igual de variable; **por lo general independientemente del color del individuo la región nasal, orejas y dedos de las patas blanquecinos**. Cráneo: foramen infraorbital siempre formando un canal; primero y segundo molar superior con cuatro crestas transversales; paladar amplio; longitud basal 49.0 mm; parte posterior del yugal torcida; margen interno anterior del arco zigomático a la altura de la parte media de la cara anterior del primer molar superior. Longitud total 454.0 a 698.0 mm).

2a Coloración ventral ocrácea o blanca. Longitud basal mayor de 49.0 mm 3

3. Coloración ventral de ocrácea a amarillenta 4

3a. Coloración ventral blanquecina 5

4. Coloración dorsal gris, con el área media más oscura; longitud total generalmente menor de 550.0 mm; longitud de la cola generalmente menor de 270.0 mm; longitud de la pata generalmente menor de 75.0 mm. Anchura zigomática menor de 37.5 mm (sureste del Altiplano. NOM***) .... *Sciurus oculatus*

(Coloración dorsal entrecano en gris o con una banda media dorsal o fuertemente entrepelado con negro; región ventral varía de blancuzco amarillento a ocrácea; orejas y mancha que delinea el ojo de blanco amarillento a color ante; cola con entrepelado negro y blanco en la parte dorsal; una mancha atrás de las orejas que puede ser amarilla a blanca. Cráneo: foramen infraorbital siempre formando un canal; primero y segundo molar superior con cuatro crestas transversales; paladar amplio; parte posterior del yugal torcida; margen interno anterior del arco zigomático a la altura de la parte media de la cara anterior del primer molar superior; anchura zigomática menor de 37.5 mm. Longitud total 530.0 a 560.0 mm, del cráneo 61.5 mm).

4a. Coloración dorsal jaspeada en amarillo, negro y blanco; longitud total generalmente mayor de 550.0 mm; longitud de la cola generalmente mayor de 270.0 mm; longitud de la pata generalmente mayor de 75.0 mm. Anchura zigomática mayor de 37.1 mm (en la Sierra Madre de Occidente de Jalisco al norte) .... *Sciurus nayaritensis*

(Coloración dorsal grisácea entrecano con amarillento o ante o blanco; **región ventral y patas anaranjado intenso**; mancha que delinea el ojo y partes dístales de los miembros de ocráceo a blanco amarillento; **cola mucho más larga que el cuerpo**. Cráneo: foramen infraorbital siempre formando un canal; primero y segundo molar superior con cuatro crestas transversales; paladar amplio; parte posterior del yugal torcida; margen interno anterior del arco zigomático a la altura de la parte media de la cara anterior del primer molar superior; anchura zigomática mayor de 37.1 mm. Longitud total 530.0 a 575.0 mm, del cráneo 65.0 mm).

5. Coloración dorsal grisácea o café amarillenta; longitud total generalmente menor de 500.0 mm; longitud de la pata generalmente menor de 68.0 mm. Longitud basal menor de 50.0 mm; anchura interorbital menor de 18.5 mm (Sierra Madre del Oriente en San Luis Potosí, Tamaulipas, Nuevo León y Coahuila) .... *Sciurus alleni*

(Coloración dorsal pardo amarillento, poco entrecano, siendo más oscura en el lomo que en los costados; región ventral blanquecina; manchas postauriculares débilmente grisáceas; cola con la parte dorsal negruzca con entrecano, en ocasiones con la base amarillenta; región ventral de amarillenta parda a amarillenta grisácea. Cráneo: foramen infraorbital siempre formando un canal; primero y segundo molar superior con cuatro crestas transversales; paladar amplio; parte posterior del yugal torcida; margen interno anterior del arco zigomático a la altura de la parte media de la cara anterior del primer molar superior. Longitud total 145.0 a 493.0 mm).

5a. Coloración dorsal grisácea con mezcla de amarillo en los hombros; longitud total generalmente mayor de 500.0 mm; longitud de la pata generalmente mayor de 68.0 mm. Longitud basal mayor de 50.0 mm; anchura interorbital mayor de 18.5 mm (restringido al norte de Sonora. NOM**) .... *Sciurus arizonensis*

Sciurus

1. One upper molar 2

1a. Two upper molars 6

2. Ventral pelage light tawny; basal length less than 49.0 mm (restricted to north of Coahuila) .... *Sciurus niger*

(Dorsal pelage varies widely; three colors are recognized, red, yellowish or grayish, and black; underparts variable also; **regardless of individual color usually nasal region, ears, and fingers are whitish**. Skull: infraorbital foramen always forming a channel; first and second upper molar with four transversal ridges; broad palate; basal length 49.0 mm; back part of the jugal crooked; inner anterior margin of the zygomatic arch at the level of the middle anterior face of the first upper molar. Total length 454.0 to 698.0 mm).

2a Ventral pelage ocher or white; basal length greater than 49.0 mm 3

3. Underparts from ocher to yellowish 4

3a. Underparts whitish 5

4. Dorsal pelage gray with middle area darker; total length usually less than 550.0 mm; tail length generally smaller than 270.0 mm; hind foot length less than 75.0 mm. Zygomatic breadth less than 37.5 mm (southeastern of the Mexican Plateau. NOM***) .... *Sciurus oculatus*

(Dorsal pelage grizzled in gray or with a medium dorsal stripe or heavily interspersed with black; underparts vary from whitish yellow to ocher; ears and spot around the eye from white to yellowish or buff; tail with grizzly black and white; a dorsal spot behind the ears may be yellow to white. Skull: infraorbital foramen always forming a channel; first and second upper molar with four transversal ridges; broad palate with one premolar; back part of the jugal crooked; inner anterior margin of the zygomatic arch at the level of the middle anterior face of the first upper molar; zygomatic breadth less than 37.1 mm. Total length 530.0 to 560.0 mm, skull 61.5 mm).

4a. Dorsal pelage grizzly with yellow, black, and white; total length usually greater than 550.0 mm; tail length generally greater than 270.0 mm; hind foot length greater than 75.0 mm. Zygomatic breadth greater than 37.1 mm (in the Sierra Madre de Occidente from Jalisco northward) .... *Sciurus nayaritensis*

(Dorsal pelage gray grizzly with yellowish or buff or white; **underparts and limbs bright orange**; spot around the eye and limbs ocher to yellowish white; **tail length much longer than the body length**. Skull: infraorbital foramen always forming a channel; first and second upper molar with four transversal ridges; broad palate with one premolar; back part of the jugal crooked; inner anterior margin of the zygomatic arch at the level of the middle anterior face of the first upper molar; zygomatic breadth greater than 37.1 mm. Total length 530.0 to 575.0 mm, skull 65.0 mm).

5. Dorsal pelage gray or yellowish brown; total length usually less than 500.0 mm; hind foot length generally less than 68.0 mm. Basal length less than 50.0 mm; interorbital breadth less than 18.5 mm (Sierra Madre del Oriente in San Luis Potosí, Tamaulipas, Nuevo León and Coahuila) .... *Sciurus alleni*

(Dorsal pelage yellowish brown, slightly grizzly, darker on the back than on the flanks; underparts whitish; postauricular spots weakly gray; tail dorsally grizzly blackish with yellowish hair at the base sometimes; underparts yellowish brown to grayish yellow. Skull: infraorbital foramen always forming a channel; first and second upper molar with four transversal ridges; broad palate with one premolar; back part of the jugal crooked; inner anterior margin of the zygomatic arch at the level of the middle anterior face of the first upper molar. Total length 145.0 to 493.0 mm).

5a. Dorsal pelage grayish with a mixture of yellow at the shoulders; total length generally greater than 500.0 mm; hind foot length generally greater than 68.0 mm. Basal length greater than 50.0 mm; interorbital breadth greater than 18.5 mm (restricted to northern Sonora. NOM**) .... *Sciurus arizonensis*

(Dorsal pelage gray grizzled with silver and in less proportion brownish yellow on the nape and back,and

(**Coloración dorsal gris con entrepelado plateado y en menor cantidad amarillo pardos en la nuca y el lomo** con una mancha rojiza en el lomo en verano; orejas en ocasiones amarillo rojizo; región ventral blanquecina; **cola gris con entrecano plateado, los pelos laterales blanco y con pelos amarillos en la parte ventral**. Cráneo: foramen infraorbital siempre formando un canal; primero y segundo molar superior con cuatro crestas transversales; paladar amplio; parte posterior del yugal torcida; margen interno anterior del arco zigomático a la altura de la parte media de la cara anterior del primer molar superior. Longitud total 506.0 a 568.0 mm, del cráneo 60.1 a 66.1 mm).

6. Longitud total menor de 447.0 mm; longitud de la cola menor de 195.0; coloración dorsal ocre oscura con tonos café o rojizos; vientre blanco o amarillento con tonos rojizos. Longitud basal menor de 43.6 mm; anchura zigomática menor de 30.1 mm (Planicie Costera del Golfo, de Tamaulipas al sur, incluyendo la Península de Yucatán) .... *Sciurus deppei*

(**Coloración** dorsal varía de pardo ocráceo a rojizo oxido, parte externa de los miembros y patas gris oscuro; región ventral varía de blanco amarillento a rojo amarillento, pero **siempre manchas amarillentas en la región inguinal de las axilas y del cuello**; la cola es dorsalmente negruzca con entrepelado blanco y ventral de ocráceo a un rojizo oxido. Cráneo: foramen infraorbital siempre formando un canal; primero y segundo molar superior con cuatro crestas transversales; paladar amplio; dos premolares superiores; parte posterior del yugal torcida; margen interno anterior del arco zigomático a la altura de la parte media de la cara anterior del primer molar superior. Longitud total 343.0 a 387.0 mm, del cráneo 49.5 a 53.0 mm).

6a. Longitud total mayor de 447.0 mm; longitud de la cola mayor de 195.0; coloración no como la descrita anteriormente. Longitud basal mayor a 43.5 mm; anchura zigomática mayor a 30.0 mm 7

7. El yugal en vista dorsal es recto de tal manera que no se ve su parte media (restringido a la región montañosa del norte de Baja California. NOM**) .... *Sciurus griseus*

(**Coloración dorsal gris con entrecano plateado**, en verano puede presentar un entrepelado canela rojizo en el lomo; región ventral blanca; con una mancha blanca alrededor del ojo; parte dorsal de las patas delanteras grisáceo y las traseras gris oscuro; **cola gris con entrecano plateado y los pelos laterales blanco, sin pelos amarillento**. Cráneo: foramen infraorbital siempre formando un canal; primero y segundo molar superior con cuatro crestas transversales; paladar amplio; los yugales son relativamente delgados y torcidos del plano vertical; caja craneal ancha al nivel del parietal; sutura de los dos nasales con el frontal no al mismo nivel; molares proporcionalmente grandes; margen interno anterior del arco zigomático a la altura de la cara anterior del segundo molar superior. Longitud total 510.0 a 770.0 mm, del cráneo 65.2 mm).

7a. El yugal en vista dorso es retorcido de tal manera que se ve su parte media 8

8. Orejas con un pincel terminal. Anchura postorbital menor que la anchura interorbital; anchura interorbital igual a la longitud de los nasales (Sierra Madre Occidental de Durango al norte. NOM*** ssp) .... *Sciurus aberti*

(**Coloración dorsal entrecana con tono de gris metálico** con una banda más oscura al centro del lomo; en los costados una franja negruzca; región ventral blanca; **orejas con un gran con mechones de pelo en la punta**; cola dorsal grisácea con entrepelado negro y ventral blanca; existen ejemplares de fase negruzca. Cráneo: foramen infraorbital siempre formando un canal; primero y segundo molar superior con cuatro crestas transversales; paladar amplio; margen interno anterior del arco zigomático a la altura de la cara anterior del primer molar superior; el cráneo es proporcionalmente más corto y ancho; la región frontal es aplanada; la caja craneal es ancha y más baja; anchura postorbital menor de anchura interorbital; anchura interorbital igual a la longitud de los nasales. Longitud total 463.0 a 584.0 mm, del cráneo 58.1 a 62.9 mm).

8a. Orejas sin pincel terminal. Anchura postorbital aproximadamente igual a la interorbital; anchura interorbital generalmente menor de longitud de los nasales 9

9. Longitud total generalmente menor de 500.0 mm; longitud de la cola menor de 225.0 mm; longitud de la pata menor de 65.0 mm; coloración ventral gris pálida u oscura. Anchura interorbital menor de 17.0 mm; longitud del cráneo menor de 57.3 mm (Tabasco, Chiapas y Península de Yucatán) ...... *Sciurus yucatanensis*

(**Coloración dorsal grisáceo negruzco con entrepelado de amarillento ocráceo**; región ventral varía de gris blancuzco a jaspeado amarillento con gris a negro; **cola con el mismo patrón de coloración de pelo presente en el cuerpo**. Cráneo: foramen infraorbital siempre formando un canal; primero y segundo molar superior con cuatro crestas transversales; paladar amplio con dos premolares; parte posterior del yugal torcida; margen interno anterior del arco zigomático a la altura de la parte media de la cara anterior del primer molar superior. Longitud total 450.0 a 500.0 mm, del cráneo 49.6 mm).

a reddish spot on the back in summer; ears reddish yellow sometimes; underparts whitish; **tail gray grizzled with silver; lateral hair white and with yellow hair in the ventral part of the tail.** Skull: infraorbital foramen always forming a channel; first and second upper molar with four transversal ridges; broad palate with one premolar; back part of the jugal crooked; inner anterior margin of the zygomatic arch at the level of the middle anterior face of the first upper molar. Total length 506.0 to 568.0 mm, skull 60.1 to 66.1 mm).

6. Total length less than 447.0 mm; tail length less than 195.0 mm; dorsal pelage dark ocher with reddish or brown shades; underparts white or yellowish with reddish shades. Basal length less than 43.6 mm; zygomatic breadth less than 30.1 mm (Gulf Coastal Plains from Tamaulipas southward, including the Yucatan Peninsula) .... *Sciurus deppei*

(**Dorsal pelage from brown ocher to oxide red, external part of the legs and feet dark gray**; underparts vary from yellowish white to yellowish red **but always yellow spots on the groin, armpits, and neck**; the tail is dorsally blackish grizzled with white and ventrally with reddish oxide to ocher. Skull: infraorbital foramen always forming a channel; first and second upper molar with four transversal ridges; broad palate with two premolars; back part of the jugal crooked; inner anterior margin of the zygomatic arch at the level of the middle anterior face of the first upper molar. Total length 343.0 to 387.0 mm, skull 49.5 to 53.0 mm).

6a. Total length greater than 447.0 mm; tail length greater than 195.0mm; dorsal pellage defferent from that previously described. Basal length greater than 43.5 mm; zygomatic breadth greater than 30.0 mm 7

7. Jugal straight in dorsal view in such a way that its middle part cannot be seen (restricted to the mountains of northern Baja California. NOM**) ...... *Sciurus griseus*

(**Dorsal pelage gray grizzled with silver**, in summer it may have grizzled reddish cinnamon on the back; underparts white; with a white spot around the eye; dorsal part of the fore foot gray and of the hind foot dark gray; **tail gray grizzled with silver and lateral hair white without yellow hair.** Skull: infraorbital foramen always forming a channel; first and second upper molar with four transversal ridges; broad palate; jugals are relatively thin and crooked in the vertical plane; inner anterior margin of the zygomatic arch at the level of the middle anterior face of the first upper molar; braincase broad at the parietal level; suture of both nasals with the frontal not at the same level; molars proportionally large. Total length 510.0 to 770.0 mm, skull 65.2 mm).

7a. Jugal twisted in dorsal view in such a way that its middle part can be seen 8

8. Ears with terminal brush. Postorbital breadth smaller than interorbital breadth; interorbital breadth equal to the nasal length (Sierra Madre Occidental of Durango northward. NOM*** ssp.) .... *Sciurus aberti*

(**Dorsal pelage grizzled in metallic gray shades with a darker band on the central part of the back**; on the flanks a blackish stripe; underparts white; **ears with a large tuft of hair at the tip**; tail gray with grizzled with black dorsally and ventrally with white; Some specimens are blackish. Skull: infraorbital foramen always forming a channel; first and second upper molar with four transversal ridges; broad palate; inner anterior margin of the zygomatic arch at the level of the middle anterior face of the first upper molar; the skull is proportionally shorter and wider; the frontal region is flattened; braincase is wide and lower; postorbital breadth less than interorbital breadth; interorbital breadth equal to the nasal length. Total length 463.0 to 584.0 mm, skull 58.1 to 62.9 mm).

8a. Ears without terminal brush. Postorbital breadth approximately equal to interorbital breadth; interorbital breadth generally smaller than nasal length 9

9. Total length generaly less than 500.0 mm; tail length less than 225.0 mm; hind foot length less than 65.0 mm; underpart pelage light or dark gray. Interorbital breadth less than 17.0 mm, skull length less than 57.3 mm (Tabasco, Chiapas and Yucatan Peninsula) .... *Sciurus yucatanensis*

(**Dorsal pelage blackish gray grizzled with yellowish ocher**; underparts from whitish gray to grizzled with yellowish gray to black; **tail with the same pelage color pattern on the body.** Skull: infraorbital foramen always forming a channel; first and second upper molar with four transversa ridges; broad palate with two premolars; back part of the jugal crooked; inner anterior margin of the zygomatic arch at the level of the middle anterior face of the first upper molar. Total length 450.0 to 500.0 mm, skull 49.6 mm).

9a. Total length generaly greater than 500.0 mm; tail length greater than 225.0

9a. Longitud total generalmente mayor de 500.0 mm; longitud de la cola mayor de 225.0 mm; longitud de la pata mayor a 65.0 mm; coloración ventral muy variable. Anchura interorbital mayor de 17.0 mm; longitud del cráneo mayor de 57.3 mm 10

10. Coloración ventral no blanca, pudiendo ser de prácticamente cualquier tono de amarillo, pardo y grises, incluso melánicos (desde Nayarit en la Sierra Madre Occidental y Tamaulipas en la Sierra Madre Oriental hasta Centro América, incluyendo el Eje Volcánico Transversal) .... *Sciurus aureogaster*

(Esta es la especie de ardilla que presenta la mayor variación en la coloración en general, la dorsal desde un gris claro entrecano con blanco a rojizo oxido con gris, puede tener manchas de diferentes colores en las caderas, dorso, hombros y costados, incluso son frecuentes los ejemplares melánicos; región ventral presenta mucha variación en color, pero la mayoría tienden a ser en tonos rojizos; **orejas pequeñas**. Cráneo: foramen infraorbital siempre formando un canal; primero y segundo molar superior con cuatro crestas transversales; paladar amplio, con dos premolares superiores; parte posterior del yugal torcida; margen interno anterior del arco zigomático a la altura de la parte media de la cara anterior del primer molar superior. Longitud total 418.0 a 573.0 mm, del cráneo 57.9 a 61.9 mm).

10a. Coloración ventral blanca, cuando no, por lo menos existen manchas de este color en la región inguinal, axila y parte del cuello 11

11. Borde superior de la orejas negro; mancha posterior a las orejas grande; longitud total generalmente mayor de 525.0 mm; longitud de la cola generalmente mayor de 275.0 mm; coloración dorsal de gris amarillento oscuro a plateado (restringida al sureste de Chiapas. NOM***) .... *Sciurus variegatoides*

(Coloración dorsal muy variable de negruzca hasta a grisácea entrecano con amarillo, **con una marcada banda gris o negra en la parte media del dorso; con un área de color uniforme atrás de las orejas**; región ventral blancuzca, patas blancas; cola en el dorso negruzca con gran cantidad de entrepelado blanquecino y ventral es leonado o rojizo; sin manchas en hombros y caderas usualmente; borde superior de la orejas negro; mancha postauricular grande. Cráneo: foramen infraorbital siempre formando un canal; primero y segundo molar superior con cuatro crestas transversales; paladar amplio; parte posterior del yugal torcida; margen interno anterior del arco zigomático a la altura de la parte media de la cara anterior del primer molar superior. Longitud total 510.0 a 560.0 mm).

11a. Borde superior de la oreja no negro; mancha posterior a las orejas pequeña o no definida; longitud total generalmente menor de 525.0 mm; longitud de la cola generalmente menor de 275 mm; coloración dorsal amarillenta pálida o café grisácea (en la Sierra Madre Occidental de Colima a Sonora) .... *Sciurus colliaei*

(Coloración dorsal amarillentas grisáceas con entrecano blanco y negro en mayor proporción, costados más pálidos que la dorsal; la cadera, hombros, miembros y orejas pueden variar en coloración, por lo general son gris oscuro a rojizos; región ventral blancuzco; base de la cola negruzca; el resto negruzca con entrepelado blanco en diferentes proporcione; Borde superior de la orejas no negro; mancha postauricular pequeña o no definida. Cráneo: foramen infraorbital siempre formando un canal; primero y segundo molar superior con cuatro crestas transversales; paladar amplio, con uno o dos premolares superiores, cinco o cuatro molariformes totales; parte posterior del yugal torcida; margen interno anterior del arco zigomático a la altura de la parte media de la cara anterior del primer molar superior. Longitud total 440.0 a 578.0 mm).

Xerospermophilus

1. Coloración dorsal con manchas claras numerosas, principalmente en las caderas (Altiplano y costa de Tamaulipas) .... *Xerospermophilus spilosoma*

(Coloración dorsal varía en diversas combinaciones que están asociadas mucho al sustrato por lo que pueden ser desde color canela hasta un gris humo oscuro, pasando por varios tonos de pardos, **en todos los casos tienen una serie de manchas en el dorso y parte de los costados, el número puede varían geográficamente**, la cabeza es más oscura que el lomo y sin manchas; región ventral es gris claro en un tono uniforme; tiene una mancha blanca que delinea los ojos; la punta de la cola es negruzca; *patas relativamente cortas en proporción a la longitud del cuerpo; orejas y cola relativamente cortas*. Cráneo: en vista lateral el cráneo se ve con un perfil circular; el rostro y la región interorbital tienden a ser más ancho; bulas auditivas proporcionalmente grandes. Longitud total 185.0 a 253.0 mm, del cráneo 34.1 a 42.7 mm).

mm; hind foot length greater than 65.0 mm; underparts pelage varies. Interorbital breadth greater than 17.0 mm, skull length greater than 57.3 mm 10

10. Underpart pelage not white, could be practically any shade of yellow, brown and gray, even melanic (from Nayarit in the Sierra Madre Occidental and Tamaulipas in the Sierra Madre Oriental southward, including the Trans-Mexican Volcanic Belt) .... *Sciurus aureogaster*

(This species of squirrel shows the greatest variation in coloration in general, the dorsal from a light gray grizzled white to oxide grayish red, can have spots of different colors on the hips, back, shoulders, and flanks, frequently including melanistic specimens; underparts show much variation in color, but most tend to be reddish; **ears small**. Skull: infraorbital foramen always forming a channel; first and second upper molar with four transversal ridges; broad palate with two upper premolars; back part of the jugal crooked; inner anterior margin of the zygomatic arch at the level of the middle anterior face of the first upper molar. Total length 418.0 to 573.0 mm, skull 57.9 to 61.9 mm).

10a. Underpart pelage white, if not, at least there are patches of this color on the groin, armpit, and part of the neck 11

11. Upper edge of the ears black; a big spot at the back of the ear; total length usually greater than 525.0 mm; tail length generally greater than 275.0 mm; dorsal pelage dark yellowish gray to silver (restricted to southern Chiapas. NOM***) .... *Sciurus variegatoides*

(Dorsal pelage varies from blackish to grayish grizzly yellow but **with a marked gray or black band on the middle part of the back with a monocolor area behind the ears**; underparts whitish; limbs white; tail dorsally blackish with a large amount of grizzly white and ventrally fawn or reddish; usually no spots on shoulders and hips; top edge of the ears black; large postauricular spot. Skull: infraorbital foramen always forming a channel; first and second upper molar with four transversal ridges; broad palate with two premolars; back part of the jugal crooked; inner anterior margin of the zygomatic arch at the level of the middle anterior face of the first upper molar. Total length 510.0 to 560.0 mm).

11a. Upper edge of the ears not black; spot at the back of the ear small or undefined; total length usually less than 525.0 mm; tail length generally less than 275.0 mm; dorsal pelage light yellowish or grayish brown (in the Sierra Madre Occidental from Colima to Sonora) .... *Sciurus colliaei*

(Dorsal pelage yellowish gray with grizzly black and white, flanks lighter than dorsal; hips, shoulders, limbs and ears can vary in color, usually dark gray to reddish; underparts whitish; tail base blackish; the rest blackish with grizzly white in different proportion; top edge of the ears not black; postauricular spot small or undefined. Skull: infraorbital foramen always forming a channel; first and second upper molar with four transversal ridges; broad palate with one or two upper premolars, four or five total molariforms; back part of the jugal crooked; inner anterior margin of the zygomatic arch at the level of the middle anterior face of the first upper molar. Total length 440.0 to 578.0 mm).

Xerospermophilus

1. Dorsal pelage with many light spots, mainly on the hips (Mexican Plateau and coast of Tamaulipas) .... *Xerospermophilus spilosoma*

(Dorsal pelage varies in different combinations associated to the substrate of its range from cinnamon to dark smoke gray through various shades of brown, **in all cases they have a series of spots on the back and part of the flanks, which may vary geographically**, the head is darker than the back and spotless; underparts are light gray in an even tone; a white spot outlining the eyes; the tip of the tail is blackish; *legs relatively short in relation to the body length; ears and tail are relatively short.* Skull: in lateral view the skull is arch shaped; rostrum and interorbital region tend to be wider; auditory bullae proportionally large. Total length 185.0 to 253.0 mm, skull 34.1 to 42.7 mm).

1a. Dorsal pelage without spots but if present, they are not numerous and are not

1a. Coloración dorsal sin manchas, pero sí existen, no son numerosas ni se concentran en la región de las caderas (noroeste de la Península de Baja California y noroeste de Sonora) .... *Xerospermophilus tereticaudus*

(**Coloración dorsal sin manchas en ningún caso**, se presenta en dos tonos principales, los color canela y los pardo claro pálidos, en ambos casos son amarillo blancuzco en los costados; región ventral blanquecino; la cola tiene el mismo color que el dorso, tiene unos pelos negruzcos en la punta y parte ventral varía de amarillenta a canela; cachetes blancos, parte superior de la cabeza oscura, *patas relativamente cortas en proporción a la longitud del cuerpo; orejas y cola relativamente cortas*. Cráneo: en vista lateral el cráneo se ve con un perfil circular, sin caracteres particulares. Longitud total 204.0 a 266.0 mm, del cráneo 34.9 a 39.3 mm).

concentrated on the hips (northwestern part of the Baja California Peninsula and northeastern Sonora) .... *Xerospermophilus tereticaudus*

(**Dorsal pelage uniform without spots in any case;** two main shades, pale cinnamon and light brown, in both cases flanks are whitish yellow; underparts whitish; tail has the same color as the back, blackish hairs at the tip and ventral part varies from yellowish to tan; white cheeks, top of the head dark; *legs relatively short in relation to the body length; ears and tail are relatively short.* Skull: in lateral view the skull is arch shaped with no special characters. Total length 204.0 to 266.0 mm, skull 34.9 to 39.3 mm).

Orden que incluye a los manatíes y el dugón, son el único mamífero acuático herbívoro. Tiene dos Familias Dugongidae (dugón) y Trichechidae (manatíes) con especies vivientes y tres con extintas Anthracobunidae†, Prorastomidae† y Protosirenidae†. Se caracteriza por que todos los miembros vivientes son grandes, alcanzando pesos que exceden de 1.5 toneladas; casi carecen de pelo, excepto por las cerdas en el hocico y tienen una piel gruesa, áspera o finamente arrugada; los nostrilos son valvulares, la apertura nasal se extiende desde el borde posterior al borde anterior de los orbitales. Se distribuyen en varias costas de características tropicales del mundo. En México solamente está representado por la Familia Trichechidae.

Literatura utilizada para las claves, taxonomía y nomenclatura del Orden Sirenia. Se utiliza el Mammalian species Husar (1978).

Familia *Trichechidae*

Familia del manatí, actualmente representado por un género (*Trichechus*) y tres especies. Aleta caudal regularmente redonda y margen posterior no lobulado; el labio superior profundamente dividido. Se distribuyen en América y África. En México se encuentra *Trichechus manatus*, se caracteriza por tener una coloración dorsal y ventral pardo grisácea; sin aleta dorsal; cuerpo alargado, con la aleta caudal y anteriores redondeada; belfos bien desarrollados; con nostrilos cortos y redondos. Cráneo: sólo presenta molariformes; apertura nasal se extiende hasta la zona interorbital; hueso premaxilar muy grande y desarrollado; cráneo pesado y masivo. Longitud total 2,500.0 a 4,000.0 mm).

The Order Sirenia includes manatees and dugong, which are the only herbivorous aquatic mammals. It has two Dugongidae (dugong) and Trichechidae (manatees) families with living species and three extint Anthracobunidae†, Protosirenidae†, and Prorastomidae†. All living members are large, reaching weights exceeding 1.5 tonnes; almost hairless except for the bristles on the muzzle and a thick, rough, or finely wrinkled skin; nostrils are valves; the nasal aperture extends from the posterior to the anterior margin of the orbital rim. They are distributed in several coasts around the world with tropical characteristics. In Mexico the order is only represented by the Family Trichechidae.

Literature used for the keys, taxonomy and nomenclature of the Order Sirenia. We used the Mammalian species Husar (1978).

Family *Trichechidae*

The Manatee family is currently represented by one genus (*Trichechus*) and three species. All its living members are large and reaching weights exceeding 1.5 tonnes; almost hairless except for the bristles on the muzzle and have a thick, rough or finely wrinkled skin; caudal fin regularly rounded, posterior margin not lobbed; upper lip deeply divided. They are distributed in America and Africa. In Mexico *Trichechus manatus* is characterized by a grayish brown dorsal and ventral coloration; no dorsal fin; elongated body, with rounded caudal and anterior fins; muzzles well developed; short, round nostrils. Skull: only features molariforms; nasal opening extends to the interorbital area; premaxillary bone very large and developed; heavy and massive skull. Total length from 2,500.0 to 4,000.0 mm).

Orden de mamíferos que incluye a los topos y musarañas, que está representado por tres Familias: Soricidae, Talpidae y Solenodontidae, además de una extinta Nesophontidae†. Se caracterizan por tamaño del cuerpo de muy pequeño a mediano; hocico generalmente alargado; hemisferios cerebrales suaves, sin dobleces complejos. Son prácticamente cosmopolitas. En México el Orden solamente está representado por dos Familias Soricidae y Talpidae. Claves están basadas, con su autorización, en la publicación de Carraway (2007).

Literatura utilizada para las claves, taxonomía y nomenclatura del Orden Soricomorpha, Familia Soricidae. *Notiosorex cockrumi* (Baker *et al.* 2003b) y *Notiosorex villai* (Carraway y Timm 2000) son nuevas especies. Se utiliza la especie *Cryptotis tropicalis* previamente identificada como *C. parvus tropicalis; Sorex mediopua* anteriormente conocida como *S. saussurei* de Jalisco, Guerrero, Michoacán, y el Estado de México (Carraway 2007); y *Sorex salvini* previamente identificada como *S. saussurei cristobalensis, S. s. oaxacae, y S. s. veraecrusis* (Woodman *et al.* 2012). Se utilizaron las revisiones de los géneros *Cryptotis* (Choate 1970), *Notiosorex* (Merriam 1895b), y *Sorex* (Jackson 1928), y las revisiones de Ohdachi *et al.* (2006) y Carraway (2007). Familia Talpidae. Se utiliza la especie *Scapanus anthonyi* previamente identificada como *S. latimanus anthonyi* (Yates y Salazar–Bravo 2005). Los Mammalian species: Armstrong y Jones (1972); Choate (1973); Choate y Fleharty (1974); Gillihan y Foresman (2004); Lee y Hoffmeister (2003); Owen y Hoffmann (1983); Robertson y Rickart (1976); Simons y Hoffmeister (2003); Smith y Belk (1996); Verts y Carraway (2001); Whitaker (1974).

1. Arco zigomático presente .... Soricidae (pag. 408)
1a. Arco zigomático ausente .... Talpidae (pag. 430)

Familia Soricidae

Familia Soricidae de las musarañas, actualmente representado por tres Subfamilias Crocidurinae, Soricinae y Myosoricinae. Se caracteriza por el proceso condiloideo de la mandíbula inferior con dos cóndilos; tamaño pequeño (6.0 a 30.0 cm); primer incisivo superior grande, ganchudo, con una cúspide en la base proximal del diente. Son prácticamente cosmopolitas y pertenecen al Orden Soricomorpha. En México solamente están representados por una Subfamilia Soricinae.

Order of mammals including moles and shrews is represented by three Families: Soricidae, Talpidae, and Solenodontidae plus an extinct Nesophontidae†. They are characterized by a body size from very small to medium; generally elongated snout; mild cerebral hemispheres, without complex folds. They are practically cosmopolitan. In Mexico the Order is only represented by two Families Soricidae and Talpidae. Keys are based on Carraway (2007) with publishing permission.

Literature used for the keys, taxonomy and nomenclature of the Order Soricomorpha, Family Soricidae. *Notiosorex cockrumi* (Baker *et al.* 2003b) and *Notiosorex villai* (Carraway and Timm 2000) as new species. We used the species *Cryptotis tropicalis* previously identified as *C. parvus tropicalis*; *Sorex mediopua* previously identified as *S. saussurei* from Jalisco, Guerrero, Michoacán, and the state of México (Carraway 2007); and *Sorex salvini* previously identified as *S. saussurei cristobalensis, S. s. oaxacae, and S. s. veraecrusis* (Woodman *et al.* 2012). We used the genus *Cryptotis* (Choate 1970), *Notiosorex* (Merriam 1895b), and *Sorex* (Jackson 1928), and the recviews of Ohdachi *et al.* (2006) and Carraway (2007). Family Talpidae. We used the species *Scapanus anthonyi* previously identified as *S. latimanus anthonyi* (Yates and Salazar-Bravo 2005). The mammalian species: Armstrong and Jones (1972); Choate (1973); Choate and Fleharty (1974); Gillihan and Foresman (2004); Lee and Hoffmeister (2003); Owen and Hoffmann (1983); Robertson and Rickart (1976); Simons and Hoffmeister (2003); Smith and Belk (1996); Verts and Carraway (2001); Whitaker (1974).

1. Zygomatic arch present .... Soricidae (p. 409)

1a. Zygomatic arch absent .... Talpidae (p. 431)

Family Soricidae

The Soricidae Family of shrews is currently represented by three Subfamilies: Crocidurinae, Soricinae, and Myosoricinae characterized by the condyloid process with two condyles in the lower jaw; small size (6.0 to 30.0 cm); the first upper incisor large, hooked, with a cusp at the proximal base of the tooth. They are practically cosmopolitan and belong to the Order Soricomorpha. In Mexico they are the only species representing the Subfamily Soricinae.

1. La cola es larga, mayor o igual del 40 % de la longitud del cuerpo. Incisivo superior con unas pequeñas crestas internas (entre los dos incisivos Figura X1); cinco dientes unicúspides en la maxilar superior (Figura X2); todos los dientes pigmentados .... *Sorex* (pag. 420)

1a. La cola es corta, menor o igual del 34 % de la longitud del cuerpo. Incisivo superior sin crestas internas (Figura X3); tres o cuatro dientes unicúspides superiores; los dientes con o sin pigmentación (Figura X4) 2

2. Hilera de dientes superiores con tres dientes unicúspides; sin cúspides secundarias; no todos los dientes están pigmentados 3

2a. Hilera de dientes superiores con tres o cuatro dientes unicúspides; los tres primeros dientes unicúspides tienen cúspides secundarias; todos los dientes pigmentados .... *Cryptotis* (pag. 410)

3. Sin una glándula de olor en el costado; longitud total de mayor de 105.0 mm; longitud del cuerpo grande, entre 81.0 y 87.0 mm; cola entre 38.0 y 50.0 mm de largo. Cuatro unicúspides superiores; ninguno de los dientes pigmentado (Figura X5; endémica de la Planicie Costera del Pacífico del sur de Sinaloa a Guerrero. NOM**) .... *Megasorex gigas*

(Coloración dorsal gris claro con pardo; región ventral con la punta de los pelos blanquecinos, cola bicolor, **tamaño grande, más de 105.0 mm**. Cráneo: **todos los dientes sin pigmentos; cuatro dientes unicúspides superiores**. Longitud total 81.0 a 87.0 mm, condilobasal 22.8 a 23.8 mm).

3a. Con una glándula de olor en el costado; longitud total menor de 105.0 mm; longitud del cuerpo pequeño, entre 50.0 y 74.0 mm; cola entre 19.0 y 35.0 mm de largo del mismo color que el dorso. Tres unicúspides superiores; con pigmento tenue en distintos dientes unicúspides y molares (Figura X6) .... *Notiosorex* (pag. 418)

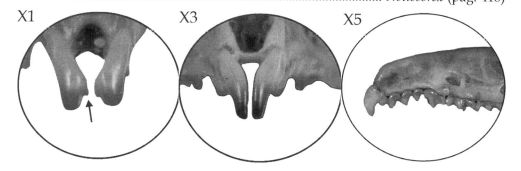

Cryptotis

1. Cola ligeramente bicolor. Cuarto diente unicúspide completamente visible en la vista lateral 2

1a. Cola no bicolor. Cuarto diente unicúspide oculto o ausente 4

2. Anchura craneal mayor de 9.7 mm; longitud de garra en dígito medio de mano mayor de 2.5 mm, equivalente a más del 2.5 % de la longitud total; procesos zigomáticos bulboso (Figura X7; endémica de una región al sur de la ciudad de Oaxaca, Oaxaca. NOM***) .... *Cryptotis peregrina*

1. Tail long, equal to or greater than 40 % of body length. First upper incisor with small internal ridges (between the two; Figure X1); five unicuspids in the upper toothrow (Figure X2); all teeth pigmented .... *Sorex* (pag. 421)

1a. Tail short, equal to or less than 34 % of body length. First upper incisor without internal ridges (Figure X3); three or four unicuspids; not all teeth pigmented (Figure X4) 2

2. Upper toothrow with three unicuspids; no secondary cusps; not all teeth pigmented 3

2a. Upper toothrow with three or four unicuspids; the three first upper unicuspid with secondary cusps; all teeth pigmented .... *Cryptotis* (pag. 411)

3. No scent gland on flanks; total length greater than 105.0 mm; body large from 81.0 to 87.0 mm in length; tail from 38.0 to 50.0 mm in length and slightly bicolored. Four unicuspids in upper toothrow; all teeth unpigmented (Figure X5; endemic of the Pacific Coastal Plains from southern Sinaloa to Guerrero. NOM**) .... *Megasorex gigas*

(Dorsal pelage light gray with brown; underparts with hair tips whitish; bicolor tail; **large size greater than 105.0 mm**. Skull: **all teeth unpigmented;** four unicuspids in upper tooth row. Total length 81.0 to 87.0 mm, condylobasal 22.8 to 23.8 mm).

3a. Scent gland on flanks; total length less than 105.0 mm; body small from 50 to 74.0 mm long; tail 19.0 to 35.0 mm long and unicolored the same as dorsal pelage. Three unicuspids in upper toothrow; light pigment on different unicuspids and molars (Figure X6) .... *Notiosorex* (pag. 419)

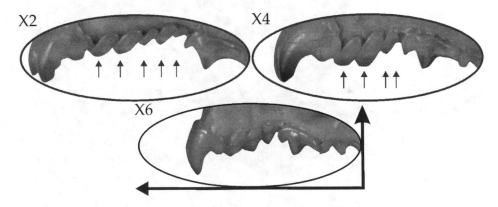

Cryptotis

1. Tail slightly bicolored. Fourth upper unicuspid completely visible in lateral view 2

1a. Tail not bicolored. Fourth upper unicuspid hidden or absent 4

2. Cranial breadth greater than 9.7 mm; length of claw on middle fore foot digit greater than 2.5 mm, equivalent to more than 2.5 % of the total length; zygomatic processes bulbous (Figure X7; endemic to southern area of Oaxaca City, Oaxaca. NOM***) .... *Cryptotis peregrina*

(Coloración dorsal pardo oscuro; región ventral ligeramente más pálido; *cola menor del 50 % de la longitud del cuerpo* y ligeramente bicolor; longitud de la uña del dedo medio de la mano entre el 2.5 y 3.1 % de la longitud total; *orejas muy pequeñas cubiertas por el pelaje*. Cráneo: puntas de los dientes rojas (30 dientes); cuatro unicúspides superiores es visible en vista lateral; los unicúspides superiores con una cúspide secundaria; **procesos zigomáticos bulboso**. Longitud total 19.3 a 20.3 mm, condilobasal 18.4 a 19.9 mm).

2a. Anchura craneal menor de 9.7 mm; longitud de garra en dígito medio de mano menor de 2.0 mm, equivalente a menos del 2.6 % de la longitud total; procesos cigomáticos puntiagudo (Figura X8) 3

3. Pelaje en el dorso de color gris oscuro; en el vientre el pelo es ligeramente gris más claro; longitud de la uña en medio dígito de la mano entre 1.5 y 1.6 mm, siendo entre el 1.2 % a 1.6 % de la longitud total. Longitud del palatino mayor de 7.5 mm; longitud de primer diente unicúspide superior al último molariforme igual o mayor de 7.0 mm (Campeche, Chiapas, Quintan Roo y Yucatán, un registro de Guerrero. NOM***) 15

3a. Pelaje del dorso de pardo claro a medio; en el vientre el pelo es blanco hacia las puntas; longitud de la uña en el medio dígito de la mano entre 1.0 y 1.8 mm, siendo entre el 1.4 % a 2.4 % de la longitud total. Longitud del palatino menor de 7.5 mm; longitud de primer diente unicúspide superior al último molariformes menor a los 7.0 mm (es la más ampliamente distribuida, todas las partes altas de la Sierra Madre Oriental y Sierra Madre Occidental desde Nayarit y Zacatecas al sur, Eje Volcánico Transversal, Chiapas y Oaxaca, en general por arriba de los 2,750 m. NOM***ssp) .... *Cryptotis parvus* (Parte)

(Coloración dorsal de pardo claro a oscuro; región ventral más pálido que la dorsal; *cola menor del 50 % de la longitud del cuerpo; orejas muy pequeñas cubiertas por el pelaje*. Cráneo: puntas de los dientes rojas (30 dientes); cuatro unicúspides superiores es visibles en vista lateral [en algunas poblaciones puede no ser visible]; los unicúspides superiores con una cúspide secundaria. Longitud total 67.0 a 103.0 mm, condilobasal 15.2 a 17.7 mm).

4. Longitud total mayor de 123.0 mm; longitud de la cola mayor de 40.0 mm. Longitud condilobasal mayor de 22.0 mm; longitud del palatino mayor de 9.4 mm; longitud del primer unicúspide superior al último molariforme mayor de 8.4 mm (endémica del norte de Oaxaca, entre 1,500 y 2,800 m. NOM***) ....
.... *Cryptotis magnus*

(Coloración dorsal pardo oscuro; región ventral poco más pálido que el dorso; *cola menor del 50 % de la longitud del cuerpo* y pardo oscuro uniforme; *orejas muy pequeñas cubiertas por el pelaje*. Cráneo: puntas de los dientes rojas (30 dientes); incisivo inferior con tres cúspides y marcados valles entre ellas; cuatro unicúspides superiores estando el ultimo oculto en vista lateral; los unicúspides superiores con una cúspide secundaria. Longitud total 123.0 a 141.0 mm, condilobasal 21.6 a 23.6 mm).

4a. Longitud total menor de 123.0 mm; longitud de la cola de menor de 40.0 mm. Longitud condilobasal por lo general menor de 21.0 mm; Longitud del palatino menor de 9.4 mm; longitud del primer unicúspide superior al último molariforme menor de 8.4 mm 5

5. Longitud de la cola suele ser menor de 24.0 mm. Longitud del palatino igual o menor de 7.2 mm; anchura del cráneo igual o menor de 8.8 mm; anchura interorbital igual o menor de 4.4 mm; primer incisivo inferior con tres crestas y valles entre ellas muy poco profundas (Figura X10; es la más ampliamente distribuida, todas las partes altas de la Sierra Madre Oriental y Occidental desde Nayarit y Zacatecas al sur, Eje Volcánico Transversal, Chiapas y Oaxaca, en general por arriba de los 2,750 m. NOM***ssp) .... *Cryptotis parvus* (parte)

(Coloración dorsal de pardo claro a oscuro; región ventral más pálida que la dorsal; *cola menor del 50 % de la longitud del cuerpo; orejas muy pequeñas cubiertas por el pelaje*. Cráneo: puntas de los dientes rojas (30 dientes); cuatro unicúspides superiores; pero el último no visible en vista lateral [en algunas poblaciones puede ser visible]; los unicúspides superiores con una cúspide secundaria. Longitud total 68.0 a 98.0 mm, condilobasal 15.2 a 17.7 mm).

5a. Longitud de la cola suele ser mayor de 26.0 mm. Longitud del palatino mayor de 7.2 mm; anchura del cráneo mayor de 8.8 mm; anchura interorbital mayor

(Dorsal pelage dark brown; underparts slightly paler; *tail length less than 50 % of body length* and slightly bicolor; length of claw of the middle digit from 2.5 to 3.1 % of the total length; *ears very small covered by pelage*. Skull: tips of teeth red (30 teeth); four upper unicuspids visible in side view; upper unicuspids with a secondary cusp; **zygomatic processes bulbous**. Total length 19.3 to 20.3 mm, condylobasal 18.4 to 19.9 mm).

2a. Cranial breadth less than 9.7 mm; length of claw on middle fore foot digit less than 2.0 mm, equivalent to less than 2.6 % of total length; zygomatic processes sharply pointed (Figure X8) 3

3. Pelage on dorsum dark gray; abdomen slightly lighter gray; length of claw on middle fore foot digit from 1.5 to 1.6 mm and 1.2 % to 1.6 % of total length. Palatine length greater than 7.5 mm; length of first upper unicuspid greater than the last molar equal to or greater than 7.0 mm (Campeche, Chiapas, Quintan Roo and Yucatán, one record from Guerrero. NOM***) 15

3a. Pelage on dorsum from light to medium brown; hair on abdomen white distally; length of claw on middle fore foot digit from 1.0 to 1.8 mm and 1.4 % to 2.4 % of total length. Palatine length less than 7.5 mm; length from the first upper unicuspid to the last molar less than 7.0 mm (the most widely distributed throughout the highlands of the Sierra Madre Oriental and Sierra Madre Occidental from Nayarit and Zacatecas southward, Trans-Mexican Volcanic Belt, Chiapas, and Oaxaca, in general over 2,750 m NOM***ssp.) .... *Cryptotis parvus* (part)

(Dorsal pelage from dark to light brown; underparts paler than dorsal; *tail length less than 50 % of body length*; *ears very small covered by pelage*. Skull: tips of teeth reddish (30 teeth); four upper unicuspids visible in side view [not visible in some populations]; upper unicuspids with a secondary peak. Total length 67.0 to 103.0 mm, condylobasal 15.2 to 17.7 mm).

4. Total length greater than 123.0 mm; tail length greater than 40.0 mm. Condylobasal length greater than 22.0 mm; palatine length greater than 9.4 mm; length of first upper unicuspid to the last molar greater than 8.4 mm (endemic to northern Oaxaca from 1,500 to 2,800 m NOM***) .... *Cryptotis magnus*

(Dorsal pelage dark brown; underparts slightly paler than the back; *length of tail less than 50 % of body length*; uniform dark brown; *ears very small covered by pelage*. Skull: tips of teeth reddish (30 teeth); lower incisor with three cusps and marked interdenticular spaces between them; four upper unicuspids visible but the last one not visible in side view; upper unicuspids with a secondary peak. Total length 123.0 to 141.0 mm, condylobasal 21.6 to 23.6 mm).

4a. Total length less than 123.0 mm; tail length less than 40.0 mm. Condylobasal length usually less than 21.0 mm; palatine length less than 9.4 mm; length from first upper unicuspid to third upper molar less than 8.4 mm 5

5. Tail length usually less than 24.0 mm. Palatine length equal to or less than 7.2 mm; cranial breadth equal to or less than 8.8 mm; interorbital breadth equal to or less than 4.4 mm; first lower incisor with three denticles and very shallow interdenticular spaces (Figure X10; throughout the highlands of the Sierra Madre Oriental and Sierra Madre Occidental from Nayarit and Zacatecas southward, Trans-Mexican Volcanic Belt, Chiapas, and Oaxaca in general over the 2,750 m. NOM***ssp.) .... *Cryptotis parvus* (part)

(Dorsal pelage from light to dark brown; underparts slightly paler than the back; *tail length less than 50 % of body length*; *ears very small covered by pelage*. Skull: tips of teeth reddish (30 teeth); four upper unicuspid visible in side view except for the last one [might be visible in side view in some populations]; upper unicuspid with a secondary peak. Total length 68.0 to 98.0 mm, condylobasal 15.2 to 17.7 mm).

5a. Tail length usually greater than 26.0 mm; palatine length greater than 7.2 mm; cranial breadth greater than 8.8 mm; interorbital breadth greater than 4.4 mm;

de 4.4 mm; primer incisivo inferior dos crestas y valles entre ellas profundas (Figura X10) 6

6. Longitud condilobasal mayor de 21.0 mm; ancho craneal mayor de 11.0 mm; longitud de primer unicúspide mayor al último molariforme superior mayor de 8.0 mm (endémica del sureste de Chiapas, de entre 900 y 3,400 m) ....
.... *Cryptotis goodwini*

(Coloración dorsal pardo oscuro; región ventral pardo más pálido con tonos plata; *cola menor del 50 % de la longitud del cuerpo* y ligeramente bicolor; *orejas muy pequeñas cubiertas por el pelaje.* Cráneo: puntas de los dientes rojas (30 dientes); cuatro unicúspides superiores estando el último oculto en vista lateral; los unicúspides superiores con una cúspide secundaria; incisivo inferior con dos crestas. Longitud total 103.0 a 128.0 mm, condilobasal 21.0 a 22.8 mm).

6a. Longitud condilobasal menor de 20.7 mm; ancho craneal usualmente menor de 10.6 mm, longitud de primer unicúspide superior al último molariforme superior menor de 8.0 mm 7

7. Longitud palatilar generalmente menor de 8.1 mm y la anchura maxilar menor de 6.4 mm 8

7a. Longitud palatilar generalmente mayor de 8.1 mm y la anchura maxilar mayor de 6.4 mm 10

8. La parte proximal de los pelos en el dorso gris plateado oscuro, con una banda blanca en la parte media y la punta de color pardo rojizo oscuro; pelos de vientre con la parte proximal gris plateado oscuro y las puntas color rubio (en las tierras altas de Chiapas) .... *Cryptotis tropicalis*

(Coloración dorsal varía en función de la longitud del pelo, que tiene tres bandas de color, grisáceo oscuros con tonos plateados en la base, blancuzco en la parte media y pardo rojizo en la punta; región ventral con dos bandas, grisáceo oscuros con tonos plateados en la base, y las puntas pardo amarillento claro; *cola menor del 50 % de la longitud del cuerpo* ligeramente bicolor; *orejas muy pequeñas cubiertas por el pelaje.* Cráneo: puntas de los dientes rojas (30 dientes); tres o cuatro unicúspides superiores; los unicúspides superiores con una cúspide secundaria. Longitud condilobasal 18.7 a 18.9 mm).

8a. Pelaje del dorso marrón oscuro, sin una división clara a lo largo de su longitud; el pelo del vientre tiene la base gris plateado y las parte distal color pardo oscuro o negro 9

9. Los pelos del vientre con las puntas pardo oscuro. Los procesos cigomáticos bulbosos, compacto lateralmente y por lo general se proyecta posteriormente al borde posterior del tercer molar superior (Figura X7; sólo de las partes altas de Sierra Madre Oriental, de Hidalgo y Veracruz al sur hasta Chiapas) ....
.... *Cryptotis mexicanus*

(Coloración dorsal pardo oscura; región ventral con las puntas de los pelos más oscuras; *cola menor del 50 % de la longitud del cuerpo* y ligeramente bicolor; *orejas muy pequeñas cubiertas por el pelaje.* Cráneo: puntas de los dientes rojas (30 dientes); cuatro unicúspides superiores; el último parcial o totalmente cubierto en vista lateral; los unicúspides superiores con una cúspide secundaria; incisivo inferior con dos cúspides con valles marcados. Longitud total 83.0 a 112.0 mm, condilobasal 17.7 a 19.9 mm).

X7

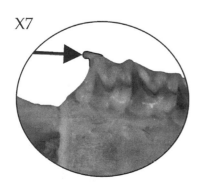

X8

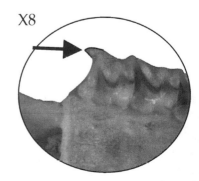

first lower incisor with two denticles and interdenticular spaces usually deep (Figure X10) 6

6. Condylobasal length greater than 21.0 mm; cranial breadth greater than 11.0 mm; length from first upper unicuspid to the third upper molar greater than 8.0 mm (endemic to southeastern Chiapas from 900 to 3,400 m) .... *Cryptotis goodwini*

(Dorsal pelage dark brown; underparts lighter in silvery shades; *tail length less than 50 % of body length* and slightly bicolor; *ears very small covered by pelage.* Skull: tips of teeth reddish (30 teeth); four upper unicuspids visible but not the last one in side view; upper unicuspids with a secondary peak; first lower incisor with two crests. Total length 103.0 to 128.0 mm, condylobasal 21.0 to 22.8 mm).

6a. Condylobasal length less than 20.7 mm; cranial breadth usually less than 10.6 mm; length from the first upper unicuspid to the last upper molar less than 8.0 mm 7

7. Palatine length usually less than 8.1 mm and maxillary breadth less than 6.4 mm 8

7a. Palatine length usually greater than 8.1 mm and maxillary breadth greater than 6.4 mm 10

8. Hair on dorsum dark silvery gray with a white stripe in the proximal half and dark reddish brown tips; hair on venter dark silvery gray proximally with blond tip (Highlands of Chiapas) .... *Cryptotis tropicalis*

(Dorsal pelage changes in relation to hair length, which has three color stripes silver gray with silvery shades on the base, whitish in the middle, and reddish brown at the tip; ventral hair with two stripes silver gray at the base and light yellowish brown at the tip; *tail length less than 50 % of body length* slightly bicolor; *ears very small covered by pelage.* Skull: tips of teeth reddish (30 teeth); three or four upper unicuspids; upper unicuspid with a secondary peak. Condylobasal length 18.7 to 18.9 mm).

8a. Pelage on dorsum dark brown; no light division along its length; hair on venter dark silvery gray on the base and distal part dark brown or black 9

9. Hair on venter with tips dark brown; zygomatic processes bulbous and flaring laterally, usually projecting to the posterior edge of the third upper molar (Figure X7; only in the highlands of the Sierra Madre Oriental, from Hidalgo to Veracruz southward to Chiapas) .... *Cryptotis mexicanus*

(Dorsal pelage dark brown; underparts with tips of hair darker; *tail length less than 50 % of body length* slightly bicolor; *ears very small covered by pelage.* Skull: tips of teeth reddish (30 teeth); four upper unicuspids but the last one partially or totally covered in side view; upper unicuspids with a secondary peak; first lower incisor with two crests and deep valleys. Total length 83.0 to 112.0 mm, condylobasal 17.7 to 19.9 mm).

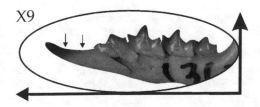
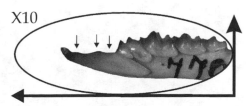

9a. Los pelos del vientre con las puntas blanco. Los procesos cigomáticos proyectándose a la mitad del segundo molar superior, tercer molar superior (parte norte de la Sierra Madre Occidental desde Tamaulipas a Querétaro y Hidalgo, entre 1,040 a 2,500 m. NOM***) .... *Cryptotis obscurus*

(Coloración dorsal con pelos con dos bandas, la de la base es grisáceo oscuro con tonos plateados y la de la punta pardo; región ventral con dos bandas, la base gris oscuro con tonos plateados y la de la punta plateados; *cola menor del 50 % de la longitud del cuerpo* y ligeramente bicolor; *orejas muy pequeñas cubiertas por el pelaje*. Cráneo: puntas de los dientes rojas (30 dientes); cuatro unicúspides superiores, el último parcial o totalmente cubierto en vista lateral; los unicúspides superiores con una cúspide secundaria; primer incisivo inferior con dos cúspides con valles marcados. Longitud total 89.0 a 99.0 mm, condilobasal 17.2 a 19.6 mm).

10. Pelaje en la parte media del dorso de gris a gris oscuro. Tres o cuatro dientes unicúspides superiores 11

10a. Pelaje en la parte media del dorso de pardo a pardo oscuro. Cuatro dientes unicúspides superiores; (procesos cigomáticos se extienden por detrás y por debajo de la superficie oclusal ventrolateralmente de los dientes) 13

11. Pelaje del dorso gris muy oscuro con parte distal en tonos plateado dando una apariencia de estar escarchada. Con tres o cuatro dientes unicúspide superiores (sólo conocida de la sierra centro sur de Oaxaca, entre 1,060 y 2,600 m) .... *Cryptotis phillipsii*

(Coloración dorsal gris oscuro con las puntas plateadas, dando aspecto cenizo; región ventral más clara que la dorsal, pero con un incremento en la presencia de los tonos plateados; *cola menor del 50 % de la longitud del cuerpo; orejas muy pequeñas cubiertas por el pelaje*. Cráneo: puntas de los dientes rojas (30 dientes); tres o cuatro unicúspides superiores; cuando presentes cuatro este último oculto en vista lateral; los unicúspides superiores con una cúspide secundaria; primer incisivo inferior con dos cúspides con valles marcados, además presenta un "bump» en la base del espacio entre los dientes. Longitud total 104.0 a 108.0 mm, condilobasal 17.9 a 20.0 mm).

11a. Pelaje del dorso de color uniforme en tonos de negruzcos o pardos, pero sin la apariencia de escarchado. Con cuatro dientes unicúspide superiores 12

12. Pelaje del dorso gris-negruzco y el vientre gris pálido. Longitud condilobasal menor de 20.0 mm; longitud palatilar de 7.5 a 8.2 mm; el procesos cigomáticos se extiende dorsolateralmente a nivel de los alvéolos del segundo y tercer molar superior, y de tamaño similar al tercer molar superior; longitud de la mandíbula menor de 8.5 mm; longitud del primer unicúspide al último molariforme inferiores menor de 5.6 mm (restringido a la Mesa Central de Chiapas, entre 975 y 1,650 m) .... *Cryptotis merriami*

(Coloración dorsal gris negruzco; región ventral gris pálido; *cola menor del 50 % de la longitud del cuerpo* y bicolor siguiendo el patrón del cuerpo; *orejas muy pequeñas cubiertas por el pelaje*. Cráneo: puntas de los dientes rojas (30 dientes); tres o cuatro unicúspides superiores; los unicúspides superiores con una cúspide secundaria. Longitud total 87.0 a 107.0 mm, condilobasal 18.8 a 19.8 mm).

12a. Pelaje del dorso y el vientre pardo-grisáceo oscuro. Longitud condilobasal igual o mayor de 20 mm, longitud palatilar entre 8.5 y 9.5 mm; procesos zigomáticos son de tamaño grande y elípticas, más grande que el tercer molar superior; longitud de la mandíbula mayor de 8.5 mm; longitud del primer unicúspide al último molariforme inferior mayor de 5.6 mm (en Chiapas por arriba de los 2,400 m) .... *Cryptotis griseoventris*

(Coloración dorsal pardo grisáceo oscuro; región ventral parda grisácea oscura; *cola menor del 50 % de la longitud del cuerpo* y ligeramente bicolor; *orejas muy pequeñas cubiertas por el pelaje*. Cráneo: puntas de los dientes rojas (30 dientes); tres o cuatro unicúspides superiores; los unicúspides superiores con una cúspide secundaria; primer incisivo inferior con dos cúspides con valles marcados. Longitud total 100.0 a 110.0 mm, condilobasal 19.4 a 20.7 mm).

13. Pelaje del dorso pardo; pelos del vientre con las punta blancas. Procesos zigomáticos puntiagudo (endémica del Eje Volcánico Trasversal desde Colima a Veracruz, entre 2,400 y 4.500 m. NOM***) .... *Cryptotis alticola*

(Coloración dorsal pardo; región ventral gris oscuro con las puntas blanquecinas; *cola menor del 50 % de la longitud del cuerpo; orejas muy pequeñas cubiertas por el pelaje*. Cráneo: puntas de los dientes rojas (30 dientes);

9a. Hair on venter white tipped; zygomatic processes project at the second upper molar (northern part of the Sierra Madre Occidental from Tamaulipas southward to Querétaro and Hidalgo, from 1,040 to 2,500 m. NOM***) .... *Cryptotis obscurus*

(Dorsal pelage with two bands, at the base dark gray with silver shades and the tips brown; underparts with two bands, base dark gray with silver shades and the tips silvery; *tail length less than 50 % of body length* and slightly bicolor; *ears very small covered by pelage.* Skull: tips of teeth reddish (30 teeth); four upper unicuspids the last one partially or totally covered in side view; upper unicuspids with a secondary peak; first lower incisor with two crests and deep valleys. Total length 89.0 to 99.0 mm, condylobasal 17.2 to 19.6 mm).

10. Pelage on middle part of the dorsum from gray to dark gray; three or four unicuspids in upper toothrow 11

10a. Pelage on middle part of the dorsum from brown to dark brown; four unicuspids in upper toothrow (zygomatic processes extend posteriorly and ventrolaterally below the occlusal surface of teeth) 13

11. Pelage on dorsum very dark gray with silvery shades distally giving a frosted appearance. Three or four upper unicuspids (Only known in the Sierra Central southern Oaxaca from 1,060 to 2,600 m) .... *Cryptotis phillipsii*

(Dorsal pelage dark gray with silver tips, giving ashy appearance; underparts lighter than dorsal but with an increase in the presence of silver shades; *tail length less than 50 % of body length; ears very small covered by pelage.* Skull: tips of teeth reddish (30 teeth); three or four upper unicuscpids; when four are present, the last one is not visible in side view; upper unicuspids with a secondary peak; first lower incisor with two crests and deep valleys besides a bump on the basis of the interdenticular spaces. Total length 104.0 to 108.0 mm, condylobasal 17.9 to 20.0 mm).

11a. Pelage on dorsum uniformly in blackish or brown shades but without the appearance of frosted. Four upper unicuspids always present 12

12. Pelage on dorsum blackish gray and venter pale gray. Condylobasal length less than 20.0 mm; palatine length 7.5 to 8.2 mm; zygomatic processes extend dorsolaterally at the level of the second and third upper molar alveoli and similar in size to the third upper molar; length of mandible less than 8.5 mm; length from first uniscuspid to the last lower molar less than 5.6 mm (restricted to the central tableland of Chiapas from 975 and 1,650 m) .... *Cryptotis merriami*

(Dorsal pelage blackish gray; underparts paler gray; *tail length less than 50 % of body length* and bicolor following the body pattern; *ears very small covered by pelage.* Skull: tips of teeth reddish (30 teeth); three or four upper unicuspidsupper unicuspid with a secondary peak. Total length 87.0 to 107.0 mm, condylobasal 18.8 to 19.8 mm).

12a. Pelage uniformly dark brownish gray on dorsum and venter. Condylobasal length equal to or greater than 20.0 mm; palatilar length from 8.5 to 9.5 mm; zygomatic processes are large and elliptic, larger than the third upper molar; length of mandible greater than 8.5 mm; length from first uniscuspid to the last lower molar greater than 5.6 mm (in Chiapas over the 2,400 m) .... *Cryptotis griseoventris*

(Dorsal pelage dark grayish brown; underparts dark grayish brown; *tail length less than 50 % of body length* and slightly bicolor; *ears very small covered by pelage.* Skull: tips of teeth reddish (30 teeth); three or four upper unicuspids; upper unicuspids with a secondary peak; first lower incisor with two crests and deep valleys. Total length 100.0 to 110.0 mm, condylobasal 19.4 to 20.7 mm).

13. Pelage on dorsum medium brown; hair on venter white tipped. Zygomatic processes pointed (endemic to the Trans-Mexican Volcanic Belt from Colima to Veracruz from 2,400 to 4,500 m. NOM***) .... *Cryptotis alticola*

(Dorsal pelage brown; underparts dark gray with the tips whitish; *tail length less than 50 % of body length; ears very small covered by pelage.* Skull: tips teeth reddish (30 teeth); four unicuspids present in upper toothrow; the

cuatro unicúspides superiores; el último parcial o totalmente cubierto en vista lateral los unicúspides superiores con una cúspide secundaria; primer incisivo inferior con dos cúspides con valles marcados. Longitud total 95.0 a 117.0 mm, condilobasal 19.4 a 20.7 mm).

13a. Pelaje del dorso pardo oscuro, pelos del vientre con o sin las punta de color claro. Procesos cigomáticos de forma elíptica.. 14

14. Pelaje del vientre poco más pálidos que el pardo del dorso; longitud de garra en medio dígito de la mano menor de 2.8 mm y menor del 2.8 % de la longitud total (endémica del volcán de Tuxtla en Veracruz. NOM***) ... *Cryptotis nelsoni*

(Coloración dorsal pardo oscuro incluyendo la cola; *cola menor del 50 % de la longitud del cuerpo; orejas muy pequeñas cubiertas por el pelaje.* Cráneo: puntas de los dientes rojas (30 dientes); cuatro unicúspides superiores; el último parcial o totalmente cubierto en vista lateral los unicúspides superiores con una cúspide secundaria; primer incisivo inferior con dos cúspides con valles marcados. Longitud total 100.0 a 110.0 mm, condilobasal 19.2 a 20.2 mm).

14a. Pelaje del vientre mucho más pálido que el dorsal; la longitud de la uña en medio dígito de la mano mayor de 2.8 a 3.8 y mayor del 2.9 % de la longitud total (endémica de la Sierra Madre del Sur de Guerrero a Chiapas. NOM***) ... . *Cryptotis goldmani*

(Coloración dorsal pardo oscuro; región ventral gris oscuros con las puntas más claras (varía con las subespecies); *cola menor del 50 % de la longitud del cuerpo* y ligeramente bicolor; *orejas muy pequeñas cubiertas por el pelaje.* Cráneo: puntas de los dientes rojas (30 dientes); cuatro unicúspides superiores; el último parcial o totalmente cubierto en vista lateral los unicúspides superiores con una cúspide secundaria, primer incisivo inferior con dos cúspides con valles marcados. Longitud total 93.0 a 110.0 mm, condilobasal 18.7 a 20.7 mm).

15. Coloración dorsal grisácea; longitud del cuerpo grande entre 78.0 y 81.0. Longitud del cráneo grande entre 20.1 y 20.5 (solo conocida de una localidad en la Selva Lacandona en Chiapas) .... *Cryptotis lacandonensis*

(Coloración dorsal gris con tonos vineaceos oscuro a gris grafito oscuro; región ventral más pálida que el dorsal; cola en promedio 42.5 % de la longitud del cuerpo con el mismo color que la ventral; orejas muy pequeñas cubiertas por el pelaje. Cráneo: puntas de los dientes rojas (30 dientes); cuatro unicúspides superiores es visibles en vista lateral; los unicúspides superiores con una cúspide secundaria. Longitud del cuerpo 78.0 a 81.0 mm, condilobasal 20.1 a 20.5 mm).

15a. Coloración dorsal gris pálido, longitud del cuerpo entre pequeño 55.0 a 76.0 mm. Longitud del cráneo menor pequeño entre 18.2 a 20.0 (de la Península de Yucatán y un registro de Guerrero) .... *Cryptotis mayensis*

(Coloración dorsal gris oscuro; región ventral más pálida que el dorsal; *cola menor del 50 % de la longitud del cuerpo* con el mismo color que la ventral; *orejas muy pequeñas cubiertas por el pelaje.* Cráneo: puntas de los dientes rojas (30 dientes); cuatro unicúspides superiores es visibles en vista lateral; los unicúspides superiores con una cúspide secundaria. Longitud total 64.0 a 102.0 mm, condilobasal 18.9 mm).

Notiosorex

1. El pelaje del dorso y vientre con tonos plateados. Techo de la fosa glenoidea no se extiende lateralmente cuando el cráneo es visto en cara dorsal (endémica de las partes altas del oeste de Tamaulipas. NOM**) .... *Notiosorex villai*

(Coloración dorsal gris de medio a oscuro, **con tonos plateados**; región ventral con las puntas claras; el pelo tiene una banda ancha de gris muy oscuro en el dorso; cola no bicolor del mismo tono que la coloración dorsal; *cola corta y orejas grandes; con una glándula de olor en el costado.* Cráneo: *tres unicúspides superiores*; primer incisivo y unicúspides uno a tres poco pigmentados y ocasionalmente el premolar superior cuatro y de los inferiores el incisivo y el primer premolar superior; en vista lateral la parte más posterior del incisivo inferior al mismo nivel o por atrás de la primer cúspide [paraconidio] del primer molar inferior; placa zigomática angosta, ~8 % longitud condilobasal; **techo de la fosa glenoidea no se extiende lateralmente desde cráneo cuando se ve desde la cara dorsal**. Longitud condilobasal 16.9 a 17.2 mm).

1a. Cada pelo del dorso tiene la parte inferior blanquecina y la superior pardo-grisáceo oscuro; pelos ventrales blancos en su mitad distal. El techo de la fosa glenoidea se extiende lateralmente cuando el cráneo es visto en cara dorsal 2

2. Anchura de la placa zigomática mayor de 2.1 mm; con una combinación de la altura de corónides generalmente igual o mayor de 4.5 mm; la anchura

last one partially or totally covered in side view; upper unicuspid with a secondary peak; first lower incisor with two crests and deep valleys. Total length 95.0 to 117.0 mm, condylobasal 19.4 to 20.7 mm).

13a. Pelage on dorsum dark brown; hair on venter with or without light-colored tips. Zygomatic processes elliptic 14

14. Pelage on venter only slightly lighter brown than that of dorsum; length of claw on middle digit of fore foot less than 2.8 mm and less than 2.8 % of total length (endemic to Tuxtla Volcano in Veracruz. NOM***) .... *Cryptotis nelsoni*

(Dorsal pelage dark brown including the tail; *tail length less than 50 % of body length; ears very small covered by pelage.* Skull: tips teeth reddish (30 teeth); four unicuspids present in upper toothrow; the last molar partially or totally covered in side view; upper unicuspid with a secondary peak; first lower incisor with two crests and deep valleys. Total length 100.0 to 110.0 mm, condylobasal 19.2 to 20.2 mm).

14a. Pelage on venter much lighter than that of dorsum; length of claw on middle digit of fore foot usually greater than 2.8 to 3.8 mm and greater than 2.9 % of total length (endemic to the Sierra Madre del Sur from Guerrero to Chiapas. NOM***) .... *Cryptotis goldmani*

(Dorsal pelage dark brown; underparts dark gray with the tips lighter (variation among subspecies); *tail length less than 50 % of body length* and slightly bicolor; *ears very small covered by pelage.* Skull: tips teeth reddish (30 teeth); four unicuspids present in upper toothrow; the last one partially or totally covered in side view; upper unicuspids with a secondary peak, first lower incisor with two crests and deep valleys. Total length 93.0 to 110.0 mm, condylobasal 18.7 to 20.7 mm).

15. Dorsal coloration grayish; large body size from 78.0 to 81.0 mm.   Large skull length from 20.1 to 20.5 mm (only know from one locality from the Lancandona Forest in Chiapas) .... *Cryptotis lacandonensis*

(Dorsal pelage deep vinaceous-gray to dark plumbago gray; underparts paler than dorsal; tail in average 42.5 % of body length with the same color as the ventral; ears very small covered by pelage. Skull: tips teeth reddish (30 teeth); four upper unicuspids visible in side view; upper unicuspid with a secondary peak. Length body 78.0 to 81.0 mm, condylobasal 20.1 to 20.5 mm).

15a. Dorsal coloration light grayish; small body size from 55.0 to 76.0 mm. Small skull length from 18.2 to 20.0 mm (Yucatan Peninsula and one record from Guerrero) .... *Cryptotis mayensis*

(Dorsal pelage dark gray; underparts paler than dorsal; tail less than 50 % of body length with the same color as the ventral; ears very small covered by pelage. Skull: tips teeth reddish (30 teeth); four upper unicuspids visible in side view; upper unicuspid with a secondary peak. Total length 64.0 to 102.0 mm, condylobasal 18.9 mm).

Notiosorex

1. Pelage on dorsum and abdomen with silvery shades. Roof of glenoid fossa not extending laterally from cranium in dorsal view (endemic of eastern Tamaulipas highlands. NOM**) .... *Notiosorex villai*

(Dorsal pelage from medium to dark gray with **silvery shades**; underparts with light hair tips; a very dark gray broad stripe on the back; tail not bicolor the same color as dorsal pelage; *short tail and large ears; scent gland on flanks.* Skull: *three unicuspids in upper toothrow*; first incisor and unicuspids one to three slightly pigmented and occasionally the fourth upper premolar, the lower incisor, and the first premolar; in side view the most posterior part of the lower incisor at the level of or behind the first cusp [paraconid] of the first lower molar; narrow zygomatic plate, ~ 8 % condylobasal length; **roof of glenoid fossa not extending laterally from cranium when skull viewed dorsally**. Condylobasal length 16.9 to 17.2 mm).

1a. Hair on dorsal pelage has the lowest part whitish and dark grayish brown tips; hair on venter white on distal half. Roof of glenoid fossa extending laterally from cranium when skull viewed dorsally 2

2. Breadth of zygomatic plate greater than 2.1 mm; a combination at the level of the coronoid process usually equal to or greater than 4.5 mm; cranial

craneal en generalmente igual o mayor de 8.2 mm (endémico de Sinaloa a Michoacán. NOM**) .... *Notiosorex evotis*

(Coloración dorsal gris de medio a oscuro; región ventral con las puntas claras; cola no bicolor del mismo tono que la dorsal; *cola corta y orejas grandes; con una glándula de olor en el costado.* Cráneo: *tres unicúspides superiores;* primer incisivo y unicúspides uno a tres poco pigmentados y ocasionalmente el premolar superior cuatro y de los inferiores el incisivo y el primer premolar superior; en vista lateral la parte más posterior del incisivo inferior al mismo nivel o por atrás de la primer cúspide [paraconidio] del primer molar inferior; **anchura de la placa zigomática mayor de 2.1 mm ~13 a 15 % de la longitud condilobasal.** Longitud total 84.0 a 88.0 mm, condilobasal 16.4 a 18.4 mm).

2a. Anchura de la placa zigomática menor de 2.1 mm; con una combinación de la altura de corónides igual o menor a 4.4 mm y la anchura craneal usualmente igual o menor de 8.5 mm 3

3. Longitud total entre 78.0 y 86.0 mm; longitud de la uña en dígito medio de la mano menos de 1.0 a 1.2 mm, que equivale entre el 1.28 y 1.52 % de la longitud total (restringida a centro de Sonora) .... *Notiosorex cockrumi*

(Coloración dorsal gris de medio a oscuro; región ventral con las puntas claras, cola no bicolor del mismo tono que la dorsal; *cola corta y orejas grandes; con una glándula de olor en el costado.* Cráneo: *tres unicúspides superiores;* incisivo inferior y superior, y unicúspides uno a tres poco pigmentados, y ocasionalmente el cuarto premolar; en vista lateral la parte más posterior del incisivo inferior al mismo nivel o por atrás de la primer cúspide [paraconidio] del primer molar inferior; placa zigomática ancha ~10 a 13 % de la longitud condilobasal. Longitud total 78.0 a 86.0 mm, condilobasal 15.7 a 16.5 mm).

3a. Longitud total usualmente entre 84.0 y l00.0 mm, la mayoría de los individuos son mayores a 88.0 mm; longitud de la uña en medio dígito de mano mayor de 1.3 mm, que equivale entre el 1.57 y 1.82 % de la longitud total (Península de Baja California, noroeste de Sonora y norte del Altiplano. NOM**) ....
.... *Notiosorex crawfordi*

(Coloración dorsal gris de medio a oscuro; región ventral con las puntas claras; cola no bicolor del mismo tono que la dorsal; *cola corta y orejas grandes; con una glándula de olor en el costado.* Cráneo: *tres unicúspides superiores;* primer incisivo y unicúspides uno a tres poco pigmentados y ocasionalmente el premolar superior cuatro y de los inferiores el incisivo y el primer premolar superior; en vista lateral la parte más posterior del incisivo inferior al mismo nivel o por atrás de la primer cúspide [paraconidio] del primer molar inferior; placa zigomática ancha ~10 a 13 % de la longitud condilobasal. Longitud total 84.0 a 100.0 mm, condilobasal 14.9 a 17.2 mm).

Sorex

1. En vista lateral, tercer unicúspide superior más grande que el cuarto; primer incisivo inferior con una tira larga de pigmento presente en el borde anteromedial 2

1a. En vista lateral, cuarto unicúspide superior más grande que el tercero 4

2. Longitud total mayor de 120.0 mm; longitud de la cola mayor de 50.0 mm; longitud de la pata trasera mayor de 13.0 mm. Longitud condilobasal mayor de 18.0 mm; ancho craneal mayor de 8.3 mm; ancho maxilar igual o mayor de 5.5 mm; longitud del primer diente unicúspide al tercer molar superior igual o mayor de 7.0 mm (endémica de Chiapas. NOM**) .... *Sorex sclateri*

(Coloración dorsal, incluyendo la cola pardo negruzco; región ventral ligeramente más pálida; en las caderas pelos largos que se extienden sobre los de cobertura; *patas relativamente largas y angostas; cola mayor del 50 % de la longitud del cuerpo* con pelo pardo uniforme. Cráneo: *cinco unicúspides superiores,* en vista lateral la parte más posterior del incisivo inferior por delante de la primer cúspide [paraconidio] del primer molar inferior; 32 dientes pigmentados; primer primer incisivo inferior con tres crestas con valles someros entre ellas. Longitud total 120.0 a 126.0 mm, condilobasal 18.4 a 19.9 mm).

2a Longitud total menor de 115.0 mm; longitud de la cola de menor de 50.0 mm; longitud de la pata trasera menor de 13.0 mm. Longitud condilobasal menor de 18.0 mm; ancho craneal menor de 8.1 mm; ancho maxilar menor de 5.4 mm;

breadth usually equal to or greater than 8.2 mm   (endemic from Sinaloa to Michoacán. NOM**) .... *Notiosorex evotis*

(Dorsal pelage from dark to medium gray; underparts with light tips; tail not bicolor the same color as dorsal; *short tail and large ears; scent gland on flanks*. Skull: *three unicuspids in upper toothrow;* first incisor and unicuspid slightly pigmented one to three and occasionally fourth upper premolar, the lower incisor, and the first premolar; in side view the most posterior part of the lower incisor at the level of or behind the first cusp [paraconid] of the first lower molar; **breadth of zygomatic plate great than 2.1 mm ~ 13 to 15 % of the length condilobasal**. Total length 84.0 to 88.0 mm, condylobasal 16.4 to 18.4 mm).

2a. Zygomatic plate breadth less than 2.1 mm; a combination at the level of the coronoid process equal to or less than 4.4 mm and cranial breadth usually equal to or less than 8.5 mm 3

3. Total length from 78.0 to 86.0 mm; length of claw on fore foot middle digit from 1.0 to 1.2 mm, equivalent from 1.28 % to 1.52 % of total length (restricted to central Sonora) .... *Notiosorex cockrumi*

(Dorsal pelage from dark to medium gray; underparts with bright tips; tail not bicolor the same color as dorsal; *short tail and large ears; scent gland on flanks*. Skull: *three upper unicuspids;* upper and lower incisor and unicuspids one to three slightly pigmented and occasionally the fourth upper premolar; in side view the most posterior part of the lower incisor at the same level or behind the back of the first cusp [paraconid] of the first lower molar; breadth of zygomatic plate ~ 10 to 13 % of the condylobasal length. Total length 78.0 to 86.0 mm, condylobasal 15.7 to 16.5 mm).

3a. Total length usually from 84.0 to 100.0 mm, most individuals are greater than 88.0 mm; length of claw on fore foot middle digit from 1.0 to 1.2 mm and 1.57 % to 1.82 % of total length (Baja California Peninsula, northeastern Sonora, and north of the Mexican Plateau. NOM**) .... *Notiosorex crawfordi*

(Dorsal pelage from dark to medium gray; underparts with light tips, tail not bicolor the same color as dorsal; *short tail and large ears; scent gland on flanks*. Skull: *three upper unicuspids;* first incisor and unicuspids one to three slightly pigmented and occasionally the fourth upper premolar, the lower incisor, and the first upper premolar; in side view the most posterior part of the lower incisor at the same level or behind the first cusp [paraconid] of the first lower molar; breadth of zygomatic plate ~ 10 to 13 % of the condylobasal length. Total length 84.0 to 100.0 mm, condylobasal 14.9 to 17.2 mm).

Sorex

1. Third upper unicuspid greater than the fourth one; first lower incisor with a long strip of pigment present on anteromedial edge 2

1a. Fourth upper unicuspid greater than the third one 4

2. Total length greater than 120.0 mm; tail length greater than 50.0 mm; length of fore foot greater than 13.0 mm. Condylobasal length greater than 18.0 mm; cranial breadth greater than 8.3 mm; maxillary breadth equal to or greater than 5.5 mm; length from the first upper unicuspid to the third upper molar equal to or greater than 7.0 mm (endemic to Chiapas. NOM**) .... *Sorex sclateri*

(Dorsal pelage, including the tail blackish brown; underparts slightly paler; long hair on the hips extending over those on the coverage; *feet relatively long and narrow; tail length greater than 50 % of the body length* with uniform brown hair. Skull: *five upper unicuspids*, in side view the most posterior part of the first lower incisor in front of the first cusp [paraconid] of the first lower molar; 32 teeth pigmented; first lower incisor with three crests and shallow valleys between them. Total length 120.0 to 126.0 mm, condylobasal 18.4 to 19.9 mm).

2a Total length less than 115.0 mm; tail length less than 50.0 mm; length of fore foot less than 13.0 mm. Condylobasal length less than 18.0 mm; cranial

longitud de del primer diente unicúspide al tercer molar superior menor de 6.5 mm 3

3. Pelos en el dorso con una banda estrecha de color rubio y una punta color pardo oscuro, el pelaje en conjunto de un aspecto de pardo medio a oscuro; los pelos en el vientre tienen las puntas rubias. En el primer diente unicúspide inferior se observa con espacios interdenticulares someros (Figura X10; endémica de Durango, Jalisco y Zacatecas) .... *Sorex emarginatus*

(Coloración dorsal dando una apariencia de pardo oscuro, los pelos tienen una banda pardo claro en la parte media y oscuro en la punta; *patas relativamente largas y angostas; cola mayor del 50 % de la longitud del cuerpo* y marcadamente bicolor. Cráneo: *cinco unicúspides superiores*, en vista lateral la parte más posterior del incisivo inferior por delante de la primer cúspide [paraconidio] del primer molar inferior; 32 dientes pigmentados; primer incisivo inferior con dos crestas con valles someros entre ellas. Longitud total 100.0 a 113.0 mm, condilobasal 18.4 a 19.9 mm).

3a. Pelos en el dorso con una banda ancha media de color rubio y la punta de color pardo oscuro, dando la apariencia general de un pelaje color pardo; pelos del vientre con la punta blanca. En el primer diente unicúspide inferior se observa un profundo espacio interdenticulares (restringida a Chihuahua. NOM*) .... *Sorex arizonae*

(Coloración dorsal dando una apariencia de pardo oscuro, los pelos tienen una banda pardo claro en la parte media y oscuro en la punta, los pelos ventrales tienen la punta blanquecina; *patas relativamente largas y angostas; cola mayor del 50 % de la longitud del cuerpo* y marcadamente bicolor. Cráneo: *cinco unicúspides superiores*, en vista lateral la parte más posterior del incisivo inferior por delante de la primer cúspide [paraconidio] del primer molar inferior; 32 dientes pigmentados; primer incisivo inferior con dos crestas con valles profundos entre ellas. Longitud total 93.0 a 114.0 mm, condilobasal 18.4 a 19.9 mm).

4. Longitud condilobasal menor de 17.9 mm 5

4a. Longitud condilobasal mayor de 17.9 mm; longitud del primer unicúspide superior al último molariforme mayor de 6.5 mm 12

5. Primer unicúspide superior con crestas medias, por lo general por encima de pigmento; el pigmento de las crestas separado siempre del pigmento en el cuerpo 6

5a. Primer unicúspide superior con crestas medias incluidas dentro del pigmento del diente; el pigmento en una larga franja en el borde antero-medial 8

6. Anchura del cráneo mayor de 8.7 mm; anchura maxilar mayor de 5.5 mm; ancho interorbital mayor de 4.0 mm; pigmento en los dientes de color amarillo-anaranjado pálido (sólo conocida de San Cristóbal de las Casas Chiapas. NOM**) .... *Sorex stizodon*

(Coloración dorsal pardo grisáceo; ventral pardo; *patas relativamente largas y angostas; cola mayor del 50 % de la longitud del cuerpo*, pelos de guarda en la cadera proyectándose hacia atrás a manera de "espinas". Cráneo: *cinco unicúspides superiores*, en vista lateral la parte más posterior del incisivo inferior por delante de la primer cúspide [paraconidio] del primer molar inferior; 32 dientes pigmentados; incisivo inferior con tres cúspides con valles poco marcados. Longitud total 120.0 a 126.0 mm, condilobasal 18.4 a 19.9 mm).

6a. Anchura del cráneo mayor de 8.5 mm; ancho maxilar menor de 5.5 mm; ancho interorbital menor de 4.0 mm; pigmento en los dientes de color rojo oscuro ... 7

7. Pelos con una banda rojiza blanquecina clara en la parte media y la punta pardo oscuro; las caderas y la grupa con pelos de guarda uniformemente oscuras, excepto por unos pelos blancos dispersos; pelos del vientre con las puntas rojizos claros. Anchura maxilar mayor de 5.0 mm; quinto unicúspide superior grande; incisivo inferior con dos dentículos y el pigmento en una sección (del Eje Volcánico Trasversal y sur de la Sierra Madre de occidental) .. *Sorex oreopolus*

(Coloración dorsal con el pelo con dos bandas, la basal rojiza pálida con blanco y la punta pardo oscuro, vientre con los pelos en la base gris oscuro y las puntas rojo claro; *patas relativamente largas y angostas; cola mayor del 50 % de la longitud del cuerpo*. Cráneo: *cinco unicúspides superiores*, en vista lateral la parte más posterior del incisivo inferior por delante de la primer cúspide [paraconidio] del primer molar inferior; cuarto unicúspide superior mayor al tercero; 32 dientes pigmentados. Longitud total 90.0 a 117.0 mm, condilobasal 16.8 a 18.5 mm).

breadth less than 8.1 mm; maxillary breadth less than 5.4 mm; length from the first upper unicuspid to the third upper molar less than 6.5 mm 3

3. Pelage on dorsum with a narrow band of blond hair and dark brown tips giving the pelage an overall medium-dark brown appearance; hair on venter blond tipped. Shallow interdenticular spaces on first lower incisor (Figure X10; endemic to Durango, Jalisco, and Zacatecas) .... *Sorex emarginatus*

(Dorsal pelage gives the appearance of dark brown; hair has a light brown band in the middle and the tip is dark; *feet relatively long and narrow; length of tail greater than 50 % of the body length* and bicolor. Skull: *five upper unicuspids*, in side view the most posterior part of the first lower incisor in front of the first cusp [paraconid] of the first lower molar; 32 teeth pigmented; first lower incisor with two crests and shadow valleys between them. Total length 100.0 to 113.0 mm, condylobasal 18.4 to 19.9 mm).

3a. Pelage on dorsum with a wide band of blond hair medially and dark brown tips giving an overall appearance of brown pelage; hair on venter white tipped. Deep interdenticular space on first lower incisor (retricted to Chihuahua. NOM*) .... *Sorex arizonae*

(Dorsal pelage gives the appearance of dark brown; hair has a light brown band in the middle and the tips dark: ventral hair has a whitish tip; *feet relatively long and narrow; tail length greater than 50 % of the body length* and bicolor. Skull: *five upper unicuspids*, in side view the most posterior part of the first lower incisor in front of the first cusp [paraconid] of the first lower molar; 32 teeth pigmented; first lower incisor with two crests and deep valleys between them. Total length 93.0 to 114.0 mm, condylobasal 18.4 to 19.9 mm).

4. Condylobasal length less than 17.9 mm 5

4a. Condylobasal length greater than 17.9 mm; length from the first upper unicuspid to the third upper molar greater than 6.5 mm 12

5. First upper unicuspid with median crest usually above the pigment; pigment always separated from body pigment 6

5a. First upper unicuspid with median crest included within the tooth pigment; pigment in a long stripe at the antero-medial edge 8

6. Cranial breadth greater than 8.7 mm; maxillary breadth greater than 5.5 mm; interorbital breadth greater than 4.0 mm; pigment on teeth pale orange-yellow (endemic to San Cristóbal de las Casas, Chiapas. NOM**) .... *Sorex stizodon*

(Dorsal grayish brown; ventral brown; *feet relatively long and narrow; tail length greater than 50 % of the body length*; guard hair on the hip projecting backward as "thorns". Skull: *five upper unicuspids* in side view the most posterior part of the first lower incisor in front of the first cusp [paraconid] of the first lower molar; 32 teeth pigmented; first lower incisor with three cusps and very shallow valleys between them. Total length 120.0 to 126.0 mm, condylobasal 18.4 to 19.9 mm).

6a. Cranial breadth greater than 8.5 mm; maxillary breadth less than 5.5 mm; interorbital breadth less than 4.0 mm; pigment on teeth dark red 7

7. Fur with a band of light reddish white hair medially and dark brown tips; hips and rump with guard hair uniformly dark except for scattered white ones present on sides; hair on venter light red tipped. Maxillary breadth greater than 5.0 mm; fifth upper unicuspid large; first lower incisor with two denticles and pigment in one section (from the Trans-Mexican Volcanic Belt and Sierra Madre de Occidental) .... *Sorex oreopolus*

(Dorsal fur with two bands, basal pale reddish with white and tips dark brown; venter with base dark gray and tips light red; *feet relatively long and narrow; tail length greater than 50 % of the body length*. Skull: *five upper unicuspids*, in side view the most posterior part of the first lower incisor in front of the first cusp [paraconid] of the first lower molar; fourth upper unicuspid larger than the third one; 32 teeth pigmented. Total length 90.0 to 117.0 mm, condylobasal 16.8 to 18.5 mm).

7a. Pelos dorsales con una banda blanquecina ancha en la parte media y la punta parda oscura; las caderas y la grupa con pelos de guarda con la mitad proximal oscuros y plata para la distal; con algunos dispersos, pero en la región lumbar todos los pelos oscuros; pelos del vientre con la punta blanca. Anchura maxilar menor de 5.0 mm; quinto unicúspide superior muy pequeño; incisivo inferior con tres dentículos y el pigmento en dos secciones (en el Eje Volcánico Trasversal) .... *Sorex orizabae*

(Coloración dorsal con el pelo con bandas una blanquecina media y una pardo oscura en la punta, dando una apariencia de jaspeado; región ventral es con la parte media gris oscuro y las puntas blanquecinas; *patas relativamente largas y angostas; cola mayor del 50 % de la longitud del cuerpo* y bicolor. Cráneo: *cinco unicúspides superiores*, en vista lateral la parte más posterior del incisivo inferior por delante de la primer cúspide [paraconidio] del primer molar inferior, cuarto unicúspide más grande que el tercero; 32 dientes pigmentados; incisivo con tres cúspides, con valles marcados. Longitud total 92.0 a 108.0 mm, condilobasal 16.2 a 17.2 mm).

8. Distribución geográfica en Península de Baja California; incisivo inferior con pigmento en una sección (Península de Baja California. NOM**ssp.) ....
.... *Sorex ornatus*

(Coloración dorsal pardo claro; región ventral más claro que la dorsal, pelo de guarda se extiende en la región de la cadera a manera de pequeñas "espinas"; *patas relativamente largas y angostas; cola mayor del 50 % de la longitud del cuerpo.* Cráneo: *cinco unicúspides superiores*, en vista lateral la parte más posterior del incisivo inferior por delante de la primer cúspide [paraconidio] del primer molar inferior; 32 dientes pigmentados; incisivo inferior con tres crestas y valles bien marcados. Longitud total 80.0 a 110.0 mm, condilobasal 15.6 a 17.2 mm).

8a. Distribución geográfica sin incluir Península de Baja California 9

9. Pelaje dorsal rojo claro o rubio; caderas y la grupa con pelos de guarda pardo a pardo oscuros que se extienden más allá de 0.75 mm pelaje dorsal de cobertura. Anchura maxilar mayor de 4.95 mm; incisivo inferior con dos dentículos con los espacios interdenticular poco profundos; incisivo inferior con pigmento en la primera sección 10

9a. Pelaje dorsal marrón claro; caderas y la grupa con pelos de guarda pardo oscuros que se extienden más allá de 0.33 mm del pelaje dorsal de cobertura. Amplitud maxilar menor de 4.95 mm; incisivo inferior con tres dentículos con los espacios interdenticular profundos 11

10. Los pelos del dorso en la parte media rojo claro con la punta pardo oscuro; caderas y grupa con pelos de guarda pardos oscuros que se extienden más allá de 0.75 mm del pelaje dorsal de cobertura; pelos en el vientre con los dos tercio proximales de color gris oscuro y el último tercio rubio; la cola es bicolor (endémica del oeste del Eje Volcánico Trasversal y partes altas de Veracruz, Puebla y Oaxaca) .... *Sorex ventralis*

(Coloración dorsal tiene el pelo con la parte media rojizo claro con las puntas pardo oscuro, pelo de guarda se extiende en la región de la cadera a manera de pequeñas "espinas"; región ventral con los pelos con la punta clara; *patas relativamente largas y angostas; cola mayor del 50 % de la longitud del cuerpo* con el mismo patrón del cuerpo. Cráneo: *cinco unicúspides superiores*, en vista lateral la parte más posterior del incisivo inferior por delante de la primer cúspide [paraconidio] del primer molar inferior; cuarto unicúspide de mayor tamaño que el tercero; 32 dientes pigmentados; incisivo inferior con dos crestas y los valles entre ellas poco profundos. Longitud total 97.0 a 104.0, condilobasal 16.6 a 18.2 mm).

10a. Los pelos del dorso en la parte media rubio con punta entre pardo y pardo oscuro; caderas y grupa con pelos de guarda pardos que se extienden más allá de 1.0 a 1.5 mm del pelaje dorsal de cobertura; pelos en el vientre con los dos tercio proximales de color gris plateado medio y el último tercio blanquecino; la cola puede ser uniforme en color o ligeramente bicolor (endémica del Eje Volcánico Trasversal y sur de Chiapas entre 2,100 y 3,650 m) ..... *Sorex saussurei*

(Coloración dorsal pardo en apariencia, con los pelos con una banda media gris plateado en la base, una pardo clara en la parte media y las puntas pardo oscuro; *patas relativamente largas y angostas; cola mayor del 50 % de la longitud del cuerpo.* Cráneo: *cinco unicúspides superiores*, en vista lateral la parte más posterior del incisivo inferior por delante de la primer cúspide [paraconidio] del primer molar inferior; 32 dientes pigmentados. Longitud total 100.0 a 110.0 mm, condilobasal 17.8 a 18.2 mm).

7a. Fur on dorsum with a wide band of white hair medially and dark brown tips; hips and rump with guard hair with the proximal half dark and silver on the distal half; some scattered, but all-dark hair in the lumbar region; hair on venter white tipped. Maxillary breadth less than 5.0 mm; fifth upper unicuspid very small; first lower incisor with three denticles and pigment in two sections (Trans-Mexican Volcanic Belt) .... *Sorex orizabae*

(Dorsal fur with two bands, one with whitish hair in the middle and the other with tips dark brown giving the appearance of speckled; underparts with hair base dark gray and light whitish tips; *feet relatively long and narrow; tail length greater than 50 % of the body length* and bicolor. Skull: *five upper unicuspids*, in side view the most posterior part of the first lower incisor in front of the first cusp [paraconid] of the first lower molar; fourth unicuspid larger than the third one; 32 teeth pigmented; incisors with three cusps with marked valleys. Total length 92.0 to 108.0 mm, condylobasal 16.2 to 17.2 mm).

8. Geographic distribution in the Baja California peninsula; first lower incisor with pigment in one section (Baja California Peninsula. NOM**ssp) .... *Sorex ornatus*

(Dorsal and ventral dark brown; underparts lighter than dorsal; cover hair on the hip proyecting backward as small "thorns"; *feet relatively long and narrow; tail length greater than 50 % of the body length*. Skull: *five upper unicuspids*, in side view the most posterior part of the first lower incisor in front of the first cusp [paraconid] of the first lower molar; 32 teeth pigmented; lower incisor with three crests and deep valleys between them. Total length 80.0 to 110.0 mm, condylobasal 15.6 to 17.2 mm).

8a. Geographic distribution not including the Baja California Peninsula 9

9. Dorsal pelage blond or light red; hips and rump with brown to dark brown guard hairs extending 0.75 mm beyond dorsal pelage. Maxillary breadth greater than 4.95 mm; first lower incisor with two denticles and shallow interdenticular spaces; first lower incisor with pigment in the first section 10

9a. Dorsal pelage light brown; hips and rump with dark brown guard hairs extending 0.33 mm beyond dorsal pelage. Maxillary breadth less than 4.95 mm; first lower incisor with three denticles and deep interdenticular spaces 11

10. Pelage on dorsum light red medially with dark brown tips; hips and rump with dark brown guard hairs extending 0.75 mm beyond dorsal pelage; hair on venter proximal two-thirds dark gray and on distal one-third blond; tail is distinctly bicolored (endemic to the Trans-Mexican Volcanic Belt and highlands of Veracruz, Puebla and Oaxaca) .... *Sorex ventralis*

(Dorsal pelage with two bands, middle part reddish and tips dark brown; underparts whitish; cover hair on the hip projecting backward as small "thorns"; *feet relatively long and narrow; tail length greater than 50 % of the body length* with the same color that the body. Skull: *five upper unicuspids*, in side view the most posterior part of the first lower incisor in front of the first cusp [paraconid] of the first lower molar; fourth unicuspid larger than the third one; 32 teeth pigmented; first lower incisor with two crests and very shallow valleys between them. Total length 97.0 to 104.0, condylobasal 16.6 to 18.2 mm).

10a. Pelage on dorsum blond medially with dark brown tips; hips and rump with brown guard hairs extending 1.0 to 1.5 mm beyond dorsal pelage; hair on venter with proximal two-thirds silvery gray medially and distally one-third white; tail may be uniform in color or slightly bicolored (endemic to the Trans-Mexican Volcanic Belt and southern Chiapas from 2,100 and 3,650 m) ... . *Sorex saussurei*

(Dorsal pelage with three stripes silver gray at the base, in the middle light brown, and in the tip dark brown; *feet relatively long and narrow; tail length greater than 50 % of the body length*. Skull: *five upper unicuspids*, in side view the most posterior part of the first lower incisor in front of the first cusp [paraconid] of the first lower molar; 32 teeth pigmented. Total length 100.0 to 110.0 mm, condylobasal 17.8 to 18.2 mm).

11. Anchura maxilar menor de 4.5 mm; ancho a través de los segundos molares superiores menor de 4.0 mm; longitud del primer unicúspide superior al tercer molariforme menor de 4.0 mm; longitud de los dientes de la mandíbula menor de 4.5 mm; altura de la apófisis coronoides menor de 3.5 mm (endémica de Coahuila y Nuevo León. NOM***) .... *Sorex milleri*

(Coloración dorsal pardo claro; región ventral con las puntas de los pelos blanquecinas, *patas relativamente largas y angostas; cola mayor del 50 % de la longitud del cuerpo* y bicolor. Cráneo: *cinco unicúspides superiores*, en vista lateral la parte más posterior del incisivo inferior por delante de la primer cúspide [paraconidio] del primer molar inferior, cuarto unicúspide mayor que el tercero, 32 dientes pigmentados, incisivo inferior con tres crestas y valles profundos entre ellas. Longitud total 93.0 a 107.0 mm, condilobasal 14.7 a 16.0 mm).

11a. Anchura maxilar mayor de 4.5 mm; ancho a través de los segundos molares superiores mayor de 4.0 mm; longitud del primer unicúspide superior al tercer molariforme mayor de 4.0 mm; longitud de los dientes de la mandíbula mayor de 4.5 mm; altura de la apófisis coronoides mayor de 3.5 mm (en la Sierra Madre Occidental de Durango hacia el norte. NOM**) .... *Sorex monticola*

(Coloración dorsal pardo oscuro; región ventral con las puntas blanquecinas, pelo de guarda se extiende en la región de la cadera a manera de pequeñas "espinas"; *patas relativamente largas y angostas; cola mayor del 50 % de la longitud del cuerpo* y bicolor. Cráneo: *cinco unicúspides superiores*, en vista lateral la parte más posterior del incisivo inferior por delante de la primer cúspide [paraconidio] del primer molar inferior; 32 dientes pigmentados; incisivo inferior con valles profundos entre ellas. Longitud total 86.0 a 128.0 mm, condilobasal 16.3 a 17.1 mm).

12. Cola ligeramente bicolor. Incisivo superior con crestas encima de la mediana pigmento (en las partes altas entre 1,200 y 2,900 m, desde Sinaloa al oeste y Tamaulipas al este hasta Chiapas. NOM**ssp.) .... *Sorex veraepacis* (parte)

(Coloración dorsal varía según la subespecie de pardo oscuro a pardo rojizo oscuro; región ventral de tonos más pálidos que los dorsales; *patas relativamente largas y angostas; cola mayor del 50 % de la longitud del cuerpo* y bicolor. Cráneo: *cinco unicúspides superiores*, en vista lateral la parte más posterior del incisivo inferior por delante del primer cúspide [paraconidio] del primer molar inferior; cuarto más grande que el tercero; 32 dientes pigmentados; incisivo inferior con tres crestas y valles bien marcados. Longitud total 100.0 a 135.0, condilobasal 18.4 a 18.8 mm).

12a. Los pelos de la cola no bicolor y del mismo color del dorso 13

13. En general, ejemplares grandes; longitud condilobasal mayor de 19.0 mm; anchura craneal mayor de 9.6 mm; incisivo inferior con tres dentículos y sin la franja de pigmentación en el borde anteromedial; incisivo superior con crestas por encima de la franja de pigmento 14

13a. En general, ejemplares pequeños; longitud condilobasal menor de 19.0 mm; anchura craneal menor de 9.6 mm; incisivo inferior con dos o tres dentículos; la franja de pigmentación en el borde anteromedial puede o no estar presente 15

14. Pelaje en el dorso pardo muy oscuro; pelaje en vientre poco más pálido que el del dorso; caderas y grupa con pelos de guarda pardo oscuro, que se extiende menor de 1.8 mm del pelaje de cobertura dorsal. Incisivo superior con crestas encima de la banda de pigmento (endémica de los límites de Veracruz con Oaxaca y Puebla. NOM**) .... *Sorex macrodon*

(Coloración dorsal pardo muy oscura; región ventral más pálido que la dorsal; pelo de guarda se extiende en la región de la cadera a manera de pequeñas "espinas"; *patas relativamente largas y angostas; cola mayor del 50 % de la longitud del cuerpo.* Cráneo: *cinco unicúspides superiores*, en vista lateral la parte más posterior del incisivo inferior por delante de la primer cúspide [paraconidio] del primer molar inferior; 32 dientes pigmentados; incisivo inferior con tres crestas y valles bien marcados. Longitud total 126.0 a 131.0 mm, condilobasal 19.1 a 19.9 mm).

14a. Pelaje en el dorso rubio rojizo en la parte media y pardo oscuro en la punta; pelaje en el vientre más pardo rojizo; caderas y grupa con pelos de guarda rubio rojizo pálido que se extiende más de 1.8 mm del pelaje de cobertura dorsal. Incisivo superior con crestas dentro de la banda de pigmento (en las partes

11. Maxillary breadth less than 4.5 mm; breadth across the second upper molars less than 4.0 mm; length from the first upper unicuspid to the third upper molar less than 4.0 mm; length of lower canine to third lower molar less than 4.5 mm; height of coronoid process less than 3.5 mm (endemic to Coahuila and Nuevo León. NOM***) .... *Sorex milleri*

(Dorsal pelage light brown; underparts with the tips of the hair whitish; *feet relatively long and narrow; tail length greater than 50 % of the body length* and bicolor. Skull: *five upper unicuspids* in side view the most posterior part of the first lower incisor in front of the first cusp [paraconid] of the first lower molar; fourth unicuspid larger than the third one; 32 teeth pigmented; first lower incisor with three crests and deep valleys between them. Total length 93.0 to 107.0 mm, condylobasal 14.7 to 16.0 mm).

11a. Maxillary breadth greater than 4.5 mm; breadth across the second upper molars greater than 4.0 mm; length from the first upper unicuspid to the third upper molar greater than 4.0 mm; length of lower canine to third lower molar greater than 4.5 mm; height of coronoid process greater than 3.5 mm (in the Sierra Madre Occidental from Durango northward. NOM**) .... *Sorex monticola*

(Dorsal pelage dark brown; underparts with hair tips whitish; cover hair on the hip projecting backward as "thorns"; *feet relatively long and narrow; tail length greater than 50 % of the body length* and bicolor. Skull: *five upper unicuspids,* in side view the most posterior part of the first lower incisor in front of the first cusp [paraconid] of the first lower molar; 32 teeth pigmented; first lower incisor with deep valleys between them. Total length 86.0 to 128.0 mm, condylobasal 16.3 to 17.1 mm).

12. Tail slightly bicolored. First upper incisor with median tine above pigment (highlands from 1,200 to 2,900 m, from from Sinaloa in the west and from Tamaulipas to Chiapas in the east. NOM**ssp.) .... *Sorex veraepacis* (part)

(Dorsal pelage varies in the subspecies from dark brown to dark reddish brown; underparts lighter than the dorsal; *feet relatively long and narrow; tail length greater than 50 % of the body length* and bicolor. Skull: *five upper unicuspids* in side view the most posterior part of the first lower incisor in front of the first cusp [paraconid] of the first lower molar; fourth unicuspid larger than the third one; 32 teeth pigmented; first lower incisor with three crests and deep valleys between them. Total length 100.0 to 135.0, condylobasal 18.4 to 18.8 mm).

12a. Hair on tail uniform same color as dorsal pelage 13

13. Overall, large specimens; condylobasal length greater than 19.0 mm; cranial breadth greater than 9.6 mm; first lower incisor with three denticles and no long strip of pigment present at anteromedial edge; first upper incisor with median tine above pigment 14

13a. Overall, small sized specimens; condylobasal length less than 19.0 mm; cranial breadth usually less than 9.6 mm; first lower incisor with two or three denticles; the long strip of pigment may or may not be present at anteromedial edge 15

14. Pelage on dorsum very dark brown; on venter only sightly paler than dorsum; hips and rump with dark brown guard hairs extending less than 1.8 mm beyond dorsal pelage. First upper incisor with median tine above pigment (endemic to the boundaries of Veracruz, Oaxaca, and Puebla. NOM**) ....
.... *Sorex macrodon*

(Dorsal pelage very dark brown; underparts lighter than dorsal; guard hair on the hip projecting backward as "thorns"; *feet relatively long and narrow; tail length greater than 50 % of the body length.* Skull: *five upper unicuspids,* in side view the most posterior part of the first lower incisor in front of the first cusp [paraconid] of the first lower molar; 32 teeth pigmented; first lower incisor with three crests and deep valleys between them. Total length 126.0 to 131.0 mm, condylobasal 19.1 to 19.9 mm).

14a. Hair on dorsum reddish blond medially with dark brown tips; pelage on venter light reddish brown; hips and rump with pale reddish blond and dark brown guard hairs extending greater than 1.8 mm beyond dorsal pelage; first upper incisor with median tine within pigment band (highlands from 1,200 to

altas entre 1,200 y 2,900 m, desde Sinaloa al oeste y Tamaulipas al este hasta Chiapas. NOM**ssp.) .... *Sorex veraepacis* (parte)

(Coloración dorsal varía según la subespecie de pardo oscuro a pardo rojizo oscuro; región ventral de tonos más pálidos que los dorsales; *patas relativamente largas y angostas; cola mayor del 50 % de la longitud del cuerpo* y bicolor. Cráneo: *Cinco unicúspides superiores*, en vista lateral la parte más posterior del incisivo inferior por delante de la primer cúspide [paraconidio] del primer molar inferior; cuarto más grande que el tercero; 32 dientes pigmentados; incisivo inferior con tres crestas y valles bien marcados. Longitud total 100.0 a 135.0, condilobasal 18.4 a 18.8 mm).

15. Anchura craneal mayor de 9.0 mm 16

15a. Anchura craneal menor de 9.0 mm 17

16. Incisivo superior con crestas en la interfaz de áreas no pigmentadas y pigmentados; incisivo inferior con espacios profundos interdenticular (endémica de Jalisco, Michoacán, Guerrero y estado de México, entre los 1,875 y 3,048 m) .... *Sorex mediopua*

(Coloración dorsal con los pelos con una banda media gris plateada la media más clara y la puntas pardo oscuro; región ventral con la banda de la base gris plateada y las puntas más pálidas; *patas relativamente largas y angostas; cola mayor del 50 % de la longitud del cuerpo;* de color uniforme. Cráneo: *cinco unicúspides superiores,* en vista lateral la parte más posterior del incisivo inferior por delante de la primer cúspide [paraconidio] del primer molar inferior; cuarto unicúspide más grande que el tercero, 32 dientes pigmentados. Longitud total 102.0 a 120.0 mm).

16a. Incisivo superior con crestas por encima de la mediana de pigmento (en la Sierra Madre Oriental desde Coahuila hasta Chiapas, entre 1,600 y 3,650 m. NOM***ssp.) .... *Sorex salvini* (parte)

(Coloración dorsal pardo pálido; región ventral con el pelo con las puntas claras; pelo de guarda se extiende en la región de la cadera a manera de pequeñas "espinas"; *patas relativamente largas y angostas; cola mayor del 50 % de la longitud del cuerpo* de color uniforme, aunque hay ejemplares en las que puede ser ligeramente bicolor. Cráneo: *cinco unicúspides superiores,* en vista lateral la parte más posterior del incisivo inferior por delante de la primer cúspide [paraconidio] del primer molar inferior; cuarto unicúspide mayor que el tercero; 32 dientes pigmentados; incisivo inferior con valles entre crestas bien marcados. Longitud total 100.0 a 126.0 mm, condilobasal 17.8 a 18.4 mm).

17. Los pelos en el dorso con la banda media rubio rojizo oscuro y con punta pardo oscuro; caderas y grupa con pelos de guarda rubios rojizos pálidos y pardo oscuro que se extiende allá de 1.9 del pelaje dorsal de cobertura; pelos de vientre con las puntas de color pardo rojizo claro. Incisivo inferior con tres dentículos (endémica de Guerrero y Oaxaca, desde 1,920 hasta por arriba de los 3,000 m) .... *Sorex ixtlanensis*

(Coloración dorsal, el pelo tiene una banda rojiza pálida en la parte media con las puntas pardo oscuro; región ventral pardo rojizo claro; pelo de guarda se extiende en la región de la cadera a manera de pequeñas "espinas"; *patas relativamente largas y angostas; cola mayor del 50 % de la longitud del cuerpo* y de color uniforme. Cráneo: *cinco unicúspides superiores,* en vista lateral la parte más posterior del incisivo inferior por delante de la primer cúspide [paraconidio] del primer molar inferior; 32 dientes pigmentados. Longitud total 117.0 a 135.0 mm, condilobasal 18.2 a 19.7 mm).

17a. Los pelos en el dorso con la banda de tres cuartos gris oscuro, el penúltimo octavo pardo claro y el último octavo pardo oscuro, con una apariencia de pelaje medio oscuros pardo rojizo; caderas y grupa con pelos de guarda pardo claro que se extienden menos de 1.9 mm del pelaje dorsal de cobertura; pelos de vientre con las puntas blanquecinas. Incisivo inferior con dos dentículos (con amplia distribución en la Sierra Madre Oriental, desde Coahuila hasta Chiapas, entre 1,600 y 3,650 m. NOM***ssp.) .... *Sorex salvini* (parte)

(Coloración dorsal pardo pálido; región ventral con el pelo con las puntas claras; pelo de guarda se extiende en la región de la cadera a manera de pequeñas "espinas"; *patas relativamente largas y angostas; cola mayor del 50 % de la longitud del cuerpo* de color uniforme, aunque hay ejemplares en las que puede ser ligeramente bicolor. Cráneo: *cinco unicúspides superiores,* en vista lateral la parte más posterior del incisivo inferior por delante de la primer cúspide [paraconidio] del primer molar inferior; cuarto unicúspide mayor que el tercero; 32 dientes pigmentados; incisivo inferior con valles entre crestas bien marcados. Longitud total 100.0 a 126.0 mm, condilobasal 17.8 a 18.4 mm).

2,900 m, from from Sinaloa in the west and from Tamaulipas to Chiapas in the east. NOM**ssp) .... *Sorex veraepacis* (part)

(Dorsal pelage varies in the subspecies from dark brown to dark reddish brown; underparts lighter than the dorsal; *feet relatively long and narrow; tail length greater than 50 % of the body length.* Skull: *five upper unicuspids,* in side view the most posterior part of the first lower incisor in front of the first cusp [paraconid] of the first lower molar; fourth unicuspid larger than the third one; 32 teeth pigmented; first lower incisor with three crests and deep valleys between them. Total length 100.0 to 135.0, condylobasal 18.4 to 18.8 mm).

15. Cranial breadth greater than 9.0 mm 16

15a. Cranial breadth less than 9.0 mm 17

16. First upper incisor with median tine at interface of unpigmented and pigmented areas; first lower incisor with deep interdenticular spaces (endemic to Jalisco, Michoacán, Guerrero, and Estado de México from 1,875 to 3,048 m) .. .. *Sorex mediopua*

(Dorsal pelage with two color bands silver gray medially and tips dark brown; underparts with the base silver gray and tips lighte; *feet relatively long and narrow; tail length greater than 50 % of the body length* and with uniform color. Skull: *five upper unicuspids* in side view the most posterior part of the first lower incisor in front of the first cusp [paraconid] of the first lower molar; fourth unicuspid larger than the third one; 32 teeth pigmented. Total length 102.0 to 120.0).

16a. First upper incisor with median tine above pigment (in the Sierra Madre Oriental from Coahuila southward to Chiapas from 1,600 to 3,650 m. NOM***ssp.) .... *Sorex salvini* (part)

(Dorsal pelage pale brown; underparts with the tip of the hair lighter; guard hair on the hip projecting backward as "thorns"; *feet relatively long and narrow; tail length greater than 50 % of the body length* and uniform color although some specimens can have it slightly bicolor. Skull: *five upper unicuspids* in side view the most posterior part of the first lower incisor in front of the first cusp [paraconid] of the first lower molar;; fourth unicuspid larger than the third one; 32 teeth pigmented; first lower incisor with deep valleys between them. Total length 100.0 to 126.0 mm, condylobasal 17.8 to 18.4 mm).

17. Hair on dorsum reddish blond medially with dark brown tips; hips and rump with pale reddish blond and dark brown guard hairs extending more than 1.9 mm beyond dorsal pelage; hair on venter with light reddish brown tips; first lower incisor with three denticles (endemic to Guerreo and Oaxaca from 1,920 to over the 3,000 m) .... *Sorex ixtlanensis*

(Dorsal pelage with two color bands, one pale reddish medially and the tip dark brown; underparts light reddish brown; guard hair on the hip projecting backward as "thorns"; *feet relatively long and narrow; tail length greater than 50 % of the body length* and with uniform color. Skull: *five upper unicuspids,* in side view the most posterior part of the first lower incisor in front of the first cusp [paraconid] of the first lower molar; 32 teeth pigmented. Total length 117.0 to 135.0 mm, condylobasal 18.2 to 19.7 mm).

17a. Pelage on dorsum with the proximal three-fourths-band dark gray, the medial one-eighth light brown, and the distal one-eighth dark brown giving pelage an overall medium-dark reddish brown appearance; hips and rump with light brown guard hairs extending less than 1.9 mm beyond dorsal pelage; hair on venter with white tips; first lower incisor with two denticles (in the Sierra Madre Oriental from Coahuila southward to Chiapas from 1,600 to 3,650 m. NOM***ssp.) .... *Sorex salvini* (part)

(Dorsal pelage pale brown; underparts with the tip of the hair ligther; guard hair on the hip projecting backward as "thorns"; *feet relatively long and narrow; tail length greater than 50 % of the body length* and with uniform color although some specimens can have the tail slightly bicolor. Skull: *five upper unicuspids,* in side view the most posterior part of the first lower incisor in front of the first cusp [paraconid] of the first lower molar; fourth unicuspid larger than the third one; 32 teeth pigmented; first lower incisor with deep valleys between crests. Total length 100.0 to 126.0 mm, condylobasal 17.8 to 18.4 mm).

Familia *Talpidae*

La familia Talpidae incluye a los topos, actualmente representado por tres Subfamilias Talpinae, Desmaninae y Uropsilinae. Se caracteriza por su vida subterránea; tamaño pequeño (2.4 a 20.0 cm). Su distribución se restringe a las regiones boreales, en México sólo se conocen de tres regiones y cada una de ella con diferente especie. Pertenecen al Orden Soricomorpha. Las especies de México solamente están representadas por una Subfamilia Talpinae.

1. Cola delgada y desnuda; dedos con membrana interdigital. Dos incisivos inferiores, dando un total de ocho dientes inferiores (restringido a la Sierra del Carmen en Coahuila. NOM*) .... *Scalopus aquaticus*

(Coloración variable de plateados a negruzco; *cola delgada y desnuda; dedos con membrana interdigital.* Cráneo: foramen intraorbital muy reducido; interparietal grande, pero no de forma rectangular; *dos incisivos inferiores, dando un total de ocho dientes inferiores.* Longitud total hembras 129.0 148.0 mm, machos142.0 a 164.0 mm, cráneo hembras 30.9 a 32.9 mm, machos 31.0 a 33.8 mm).

1a. Cola carnosa y con poco pelo; dedos sin membrana interdigital. Tres incisivos inferiores, dando un total de 10 ó 11 dientes inferiores ..... *Scapanus* (pag. 430)

Scapanus

1. Dos o tres premolares, pero nunca cuatro; longitud total del cráneo menos de 32.5 mm (endémico de la Sierra de San Pedro Mártir, Baja California. NOM*) .... *Scapanus anthonyi*

(Coloración dorsal pardo claro a negro rojizo; región ventral más claro que la dorsal, la coloración varía mucho en función de la época del año; *cola carnosa y peluda; dedos con membrana interdigital.* Cráneo: foramen infraorbital pequeño; interparietal grande de forma rectangular; *tres incisivos inferiores*; **con dos o tres premolares**, pero nunca cuatro; **longitud total del cráneo menos de 32.5 mm**. Longitud total 141.0 a 146.0 mm, cráneo 30.3 a 31.9 mm).

1a. Cuatro premolares; longitud total del cráneo mayor de 32.5 mm (restringido a la Sierra de Juárez, Baja California. NOM**) .... *Scapanus latimanus*

(Coloración general pardo pálido; región ventral más clara. La coloración varía mucho en función de la época del año; *cola carnosa y peluda; dedos sin membrana interdigital.* Cráneo: foramen infraorbital pequeño; interparietal grande de forma rectangular, *tres incisivos inferiores*; **con cuatro premolares**; **longitud total del cráneo mayor de 32.5 mm**. Longitud total 132.0 a 147.0 mm, cráneo 30.9 a 32.6 mm).

Family *Talpidae*

The Talpidae Family includes moles currently represented by three Subfamilies Talpinae, Desmaninae, and Uropsilinae. They are characterized by subterranean life; small size (2.4 to 20.0 cm). Their distribution is restricted to the northern regions in Mexico known only from three regions and each of them with different species. They belong to the Order Soricomorpha. The species in Mexico only represent the Subfamily Talpinae of the Subfamily Scalopinae.

1. Tail thin and naked; webbed fingers. Two lower incisors, eight lower teeth in total (restricted to Sierra del Carmen in Coahuila. NOM*) ....
.... *Scalopus aquaticus*

(Dorsal pelage from silver to blackish; *tail thin and naked; webbed digits*. Skull: intraorbital foramen very small; interparietal large but not rectangular; *two lower incisors, eight lower teeth in total*. Total length females 129.0 to 148.0 mm, males 142.0 to 164.0 mm, skull females 30.9 to 32.9 mm, males 31.0 to 33.8 mm).

1a. Tail fleshy and little hair; without webbed digits. Three lower incisors, 10 or 11 lower teeth in total .... *Scapanus* (pag. 431)

Scapanus

1. Two or three premolars but never four; skull total length less than 32.5 mm (endemic to Sierra San Pedro Mártir, Baja California. NOM*) ....
.... *Scapanus anthonyi*

(Dorsal pelage light brown to reddish black; underparts lighter than dorsal; color varies in relation to the season; *tail fleshy and hairy; without webbed digits*. Skull: intraorbital foramen small; interparietal large with a rectangular shape; *three lower incisors; two or three premolars* but never four; **skull length less than 32.5 mm**. Total length 141.0 to 146.0 mm, skull 30.3 to 31.9 mm).

1a. Four premolars; skull total length more than 32.5 mm (restricted to Sierra de Juárez, Baja California. NOM**) .... *Scapanus latimanus*

(Dorsal pelage light brown; underparts lighter than the dorsal; color varies in relation to the season; *tail fleshy and hairy; without webbed digits*. Skull: intraorbital foramen small; interparietal large with a rectangular shape; *three lower incisors;* **four premolars; skull length greater than 32.5 mm**. Total length 132.0 to 147.0 mm, skull 30.9 to 32.6 mm).

Anexo I medidas
Appendix I measurements

Para el estudio de los mamíferos es necesario tomar una serie de medidas, ya sean externas o somáticas, del cráneo o craneales y del resto del esqueleto o axiales. En la gran mayoría de los trabajos taxonómicos se definen las medidas que se utilizan, así como la de su obtención. Es importante que todas las medidas siempre se tomen con la mayor precisión posible.

Medidas

A continuación, se citan las medidas más comúnmente utilizadas en el estudio de los mamíferos terrestres, también se proporcionan algunas que son específicas para ciertos grupos, como son las de los insectívoros y murciélagos. Para la realización de esta lista, se consultaron diferentes trabajos que se mencionan en la sección de literatura.

Medidas somáticas

Las medidas somáticas deberán tomarse antes de ser preparados los ejemplares en taxidermia, ya que pueden cambiar después de realizado el proceso. Todas las medidas se toman en milímetros (mm) y el peso en gramos (g). Las medidas consideradas como somáticas estándar son las longitudes totales del cuerpo, de la cola, de la pata, de la oreja y el peso (Figura AP 1).

Longitud total. Con el ejemplar colocado en una superficie plana, con el vientre hacia arriba y sin estirarlo, se mide desde la punta de la nariz hasta la punta de la cola vertebral, esto es sin incluir los pelos de la punta de la cola.

Longitud de la cola. Desde la base de la cola (se recomienda en posición dorsal, colocar la cola perpendicular al cuerpo del ejemplar) hasta la punta de la cola, sin incluir los pelos de la punta.

Longitud de la pata. Se toman las medidas de las patas posteriores, que incluye desde el tobillo hasta el dedo más largo. Algunas personas consideran la uña dentro de esta medida, pero por lo general debe de excluirse.

Longitud de la oreja. Desde la comisura de la oreja hasta la punta de la oreja (algunos autores también consideran dentro de esta medida la longitud del pelo de la punta de la oreja).

Peso. El peso de los ejemplares en gramos (g). Para los pequeños mamíferos se incluyen décimas de gramo.

To study mammals it is necessary to take a series of measurements, either external or somatic, as those from the skull or cranial to the rest of the skeleton or axial. In the great majority of the taxonomic works, the measurements to be used are defined, as well as how to obtain them. It is important to always take all of the measurements with the highest precision possible.

Measurements

The most commonly used measurements in the study of land mammals, as well as some that are specific for certain groups as those of bats and insectivorous mammals are listed below. This list was made by consulting different works that are mentioned in the literature.

Somatic measurements

Somatic measurements should be taken before preparing the specimens for taxidermy because they could change after the process has been carried out. All measurements are taken in millimeters (mm) and the weight in grams (g). The measurements considered as somatic standard parameters are the total body, tail, limb, and ear lengths and weights (Figure AP 1).

Total length. With the specimen set on a flat surface with the abdomen upward and without stretching it, measure from the tip of the nose to the tip of the caudal vertebrae, that is, without including hair at the tip of the tail.

Tail length. Measure from the base of the tail (dorsal position is recommended placing the tail perpendicular to the specimen's body) to the tip of the tail without including hair on the tip.

Hind limb length. Measure the hind limbs including from the ankle to the longest finger. Some persons consider the toe nail within this measurement, but it should be excluded in general.

Ear length. Measure from the corner to the tip of the ear (some authors consider hair length from the tip of the ear within this measurement).

Weight. Express weight of the specimens in grams (g). For smaller mammals include tenths of a gram.

Medidas somáticas en seco

Como se mencionó anteriormente, lo ideal es la obtención de las medidas directamente del organismo en fresco (vivo o recién sacrificado). Sin embargo, hay ocasiones en que se encuentra el ejemplar ya en taxidermia albergado en colecciones científicas y éste no presenta el dato de las medidas somáticas registrado en la etiqueta, o se tienen que tomar los datos para su identificación. Es en estas circunstancias cuando se pueden considerar las siguientes medidas en seco:

Longitud de la oreja en seco. Desde la comisura de la oreja hasta la punta de la oreja, siempre es menor que la misma longitud en fresco.

Longitud del tragus. Desde la base hasta la punta del tragus.

Longitud del antebrazo. Desde el codo hasta los metacarpales, esta medida no varía en fresco o seco, ya que es la medida de los huesos y éstos no se retiran durante la taxidermia.

Longitud de las falanges. Esta medida es usada en los murciélagos y consiste en medir la longitud de las falanges primera, segunda o tercera del dedo segundo al cuarto de los miembros anteriores. Desde la diáfisis anterior hasta la diáfisis posterior.

Longitud de los metacarpianos. Esta medida es usada en los murciélagos y consiste en medir la longitud de los metacarpianos de los miembros anteriores, desde la diáfisis anterior hasta la diáfisis posterior.

Medidas craneales

Las medidas craneales son muy importantes en los mamíferos pequeños, debido a que muchas veces su identificación se basa en ellas, mientras que para los mamíferos de talla mayor son más utilizadas para las variaciones poblacionales.

Una vez que se tienen limpios los cráneos, se procede a su medición. Esto deberá de realizarse con un vernier, que tenga hasta milésimas de milímetro. Las medidas son de muchos tipos y hay algunas que son específicas para algunos grupos, por lo que solamente se dan las más significativas y comunes.

Longitudes craneales

Longitud total. Desde la parte más anterior del cráneo hasta la más posterior, incluyendo los dientes y los cóndilos occipitales.

Longitud basilar. Desde el borde anterior del foramen magnum hasta la cara posterior de los incisivos.

Longitud basal. Desde el borde anterior del foramen magnum hasta la cara anterior de los incisivos.

Nota: Existen medidas que terminan con el sufijo basilar o basal. En ambos casos, siempre se tomarán desde el borde posterior del primer hueso nombrado en la medida, hasta la cara posterior de los incisivos, en los basilares, y la anterior en los basales. E. g. condilobasal (desde los cóndilos a la cara anterior de los incisivos), occipito-basilar (desde el occipital a la cara posterior de los incisivos), palatobasal (desde el palatino a la cara posterior de los incisivos), vomerobasal (desde el vomer a la cara posterior de los incisivos), etc.

Longitud de los alvéolos de los molariformes. Es la longitud que existe entre el borde anterior del alvéolo del primer molariforme hasta el borde posterior del alvéolo del último molariforme. En muchas especies esta debe de ser equivalente a la longitud de la hilera de dientes maxilares, para evitar el efecto del desgaste.

Longitud del alvéolo. Es la longitud que existe entre el borde anterior y exterior del alvéolo de una pieza dentaría.

Longitud occipitonasal. Desde el borde posterior del occipital hasta la margen más anterior de los nasales. En muchas especies esta medida es similar a la longitud total.

Longitud palatal. Desde el margen posterior del paladar hasta el borde posterior de los incisivos.

Dry somatic measurements

As previously mentioned, measures should be obtained ideally directly from the organism in fresh (live or recently sacrificed). However, there are times when the specimen is already in taxidermy hosted in a scientific collection, and it does not show data of the body measurements recorded in the tag, or data has to be taken for its identification. In these circumstances the following dry measurements could be considered:

Dry ear length. From the corner to the tip of the ear; it is always less than the same length in fresh.

Tragus length. From the base to the tip of the tragus.

Forearm length. From the elbow to the metacarpals; this measurement does not vary in fresh or dry length since it is taken from the bones and they are not removed during taxidermy.

Phalange length. This measurement is used in bats and consists of measuring the length of the first, second, or third phalange from the second to the fourth finger of the forelimbs from the anterior to the posterior diaphysis.

Metacarpal length. This measurement is used in bats and consists of measuring the length of the metacarpals of the forelimbs from the anterior diaphysis to the posterior diaphysis.

Cranial measurements

Cranial measurements are very important in small mammals because their identification is mostly based on them while for larger mammals they are mostly used for population variations.

Once skulls are clean, measurement follows. It should be performed with a caliper up to thousandths of a millimeter. Measurements are of different types, and there are some that are specific for some groups, which is why only those that are most significant and common are provided.

Cranial length

Total length. From the most anterior part of the skull to the most posterior one including teeth and occipital condyles.

Basilar length. From the anterior border of the foramen magnum to the posterior part of the incisors.

Basal length. From the anterior border of the foramen magnum to the anterior part of the incisors.

Note: There are measurements that end with the basilar or basal suffixes. In both cases, they will always be taken from the posterior border of the first bone named to the posterior part of the incisors for basilar measurements and to the anterior part of the incisors for basal measurements; for example, condylobasal (from the condyles to the anterior part of the incisors), occipito-basilar (from the occipital bone to the posterior part of the incisors), palatobasal (from the palatine to the posterior part of the incisors), vomerobasal (from the vomer to the posterior part of the incisors), etc.

Alveolar length of the tooth row. It is the length from the anterior border of the first molariform to the posterior border of the last molariform. In many species it should be equivalent to the maxillary tooth row to avoid wear effect.

Alveolar length. It is the length from the anterior to the exterior border of the tooth socket.

Occipitonasal length. From the posterior border of the occipital to the most anterior margin of the nasals. In many species it is similar to total length.

Palatal length. From the posterior margin of the palate to the posterior border of the incisors.

Postpalatal length. From the posterior border of the palatines to the posterior border of the occipital.

Longitud postpalatal. Desde el borde posterior de los palatinos hasta el borde posterior del occipital.

Longitud del diastema maxilar. Desde el borde posterior del alvéolo del incisivo hasta el borde anterior del primer molariforme (molar o premolar) de la maxila.

Longitud del diastema mandibular. Desde el borde posterior del alvéolo del incisivo hasta el borde anterior del primer molariforme (molar o premolar) de la rama mandibular.

Longitud de foramen incisivo. La longitud total del foramen anterior del paladar (también conocido como foramen palatal).

Longitud del foramen palatal. Ver longitud del foramen incisivo.

Longitud del arco palatal. La distancia que existe entre el borde posterior del foramen incisivo (palatino) y el borde anterior de la fosa pterigoidea.

Longitud de la bula. Esta medida es muy particular de heterómidos (Rodentia) por el gran tamaño de la bula. Se considera desde la proyección mastoidea más posterior de la bula hasta el punto anterior.

Longitud de los nasales. Desde la punta anterior de los nasales hasta la sutura más posterior de los nasales con el maxilar.

Longitud del rostro. Se toma desde la unión anterior de los nasales hasta el proceso hamular del lacrimal (dentro de la fosa orbital).

Longitud condilocigomático. Desde el cóndilo occipital hasta la rama posterior del arco cigomático del mismo lado.

Longitud frontonasal. En la línea media del cráneo desde la punta de los nasales hasta la sutura del hueso frontal con el occipital.

Longitud orbital. Longitud desde la parte interna de la rama maxilar del arco cigomático hasta la parte interna de la rama occipital del arco cigomático.

Longitud orbitonasal. Desde el borde anterior de los nasales hasta la base del proceso postorbital del frontal.

Longitud interparietal. Sobre el eje sagital del cráneo desde la sutura occipito-parietal hasta la sutura parietal-parietal-interparietal.

Longitud de los dientes maxilares (molariformes). En la maxila, desde el borde anterior del canino hasta el borde posterior del último molar.

Longitud de los dientes mandibulares (molariformes). En la mandíbula, desde el borde anterior del canino hasta el borde posterior del último molar.

Longitud de los dientes molariformes maxilares. En la maxila, desde el borde anterior de los molariformes hasta el borde posterior del último molar (generalmente en ratones, que carecen de caninos). También conocida como: longitud de los dientes de la mejilla.

Longitud de los dientes molariformes mandibulares. En la mandíbula, desde el borde anterior del molariforme hasta el borde posterior del último molar.

Longitud de los alvéolos de los dientes maxilares. En la maxila, desde el borde anterior del alvéolo del primer molariforme hasta el borde posterior del alvéolo del último molar (esta medida se toma en roedores con dientes del tipo braquiodontos que están en continuo crecimiento, como Heteromyidae y Geomyidae).

Longitud de los alvéolos de los dientes mandibulares. En la mandíbula, desde el borde anterior del alvéolo del primer molariforme hasta el borde posterior del alvéolo del último molar.

Longitud de la hilera de dientes (Insectívoros). Medida que se toma en los insectívoros, comprende desde el margen anterior del primer diente unicúspide (el primer diente del premaxilar no se toma en cuenta) al margen posterior del último diente de la maxila.

Longitud de los dientes unicúspides (Insectívoros). Medida que se toma en los insectívoros, comprende desde el margen anterior del primer diente unicúspide (el primer diente del premaxilar no se toma en cuenta) al margen posterior del último unicúspide.

Postpalatal length. From the rear edge of the palatal to the rear edge of the occipital.

Maxillary diastema length. From the posterior border of the incisive alveolus to the anterior border of the first maxillary molariform (molar or premolar).

Mandibular diastema length. From the posterior border of the incisive alveolus to the anterior border of the first molariform (molar or premolar) of the mandibular branch.

Incisor foramen length. The total length of the anterior palatine foramen (also known as palatal foramen).

Palatal foramen length. See incisive foramen length.

Palatal arch length. The distance from the posterior border of the incisive foramen (palatine) to the anterior border of the pterygoid fossa.

Bulla length. This measurement is very particular of Heteromyidae (Rodentia) because of the large size of their bullae. It is considered from the most posterior mastoid projection of the bulla to the anterior tip.

Nasal length. From the anterior tip of the nasals to the most posterior suture of the nasals with the maxilla.

Rostral length. From the anterior merging point of the nasals to the lachrymal humulus process (within the orbital pit).

Condylo-zygomatic length. From the occipital condyle to the posterior branch of the cygomatic arch in the same side.

Frontonasal length. On the middle line of the skull from the tip of the nasals to the suture of the frontal with the occipital bone.

Orbital length. From the internal part of the maxillary branch of the zygomatic arch to the internal part of the occipital branch of the zygomatic arch.

Orbital-nasal length. From the anterior border of the nasals to the base of the frontal postorbital process.

Interparietal length. On the sagittal axis of the skull from the occipital-parietal to the parietal-parietal-interparietal suture.

Maxillary tooth length (molariforms). On the maxillary bone from the anterior canine border to the posterior border of the last molar.

Mandibular tooth length (molariforms). In the mandible from the anterior canine border to the posterior border of the last molar.

Maxilla-molariform tooth length. In the maxilla from the anterior molariform border to the posterior border of the last molar (usually in mice that lack canines). It is also known as cheek-tooth length.

Mandibular-molariform tooth length. In the mandible from the molariform anterior border to the posterior border of the last molar.

Maxillary tooth alveolus length. In the maxilla from the alveolar anterior border of the first molariform to the alveolar posterior border of the last molar (this measurement is taken in rodents with brachyodont teeth that are in continuous growth as in Heteromyidae and Geomyidae).

Mandibular tooth alveolus length. In the mandible from the alveolar anterior border of the first molariform to the alveolar posterior border of the last molar.

Tooth row length (Insectivores). Measurement taken in insectivores from the anterior margin of the first unicuspid (the first premaxillary tooth is not taken into account) to the posterior margin of the last maxillary tooth.

Unicuspid tooth length (Insectivores). Measurement taken in insectivores from the anterior margin of the first unicuspid (the first tooth of the premaxilla is not taken into account) to the posterior margin of the last unicuspid.

Anchuras craneales

Anchura del cráneo. La máxima anchura de la caja craneal, posterior al arco zigomático.

Anchura zigomática. La máxima anchura dentro los márgenes exteriores del arco zigomático. Se tiene que revisar que los arcos estén completos ya que es muy frecuente que estén rotos en algunos ejemplares de murciélagos y roedores.

Anchura mastoidea. Es la anchura del cráneo considerando la apófisis mastoidea del basioccipital. En muchos casos es similar a la anchura del cráneo.

Anchura del paladar. Distancia entre el borde interno de los alvéolos de los molares.

Anchura de los nasales. Esta medida se toma normalmente en el borde más anterior de los nasales.

Anchura del rostro a la altura de los incisivos. El ancho de los huesos del rostro al nivel de los caninos (sin incluir los caninos cuando éstos abren hacia afuera).

Anchura del rostro a la altura de los molares. El ancho de los huesos del rostro al nivel de los molariformes (sin incluir los molares, cuando éstos abren hacia afuera). Por lo general, se especifica a la altura de qué molar se toma la medida y la más común es al nivel del tercer molar.

Anchura interorbital. Es la anchura más corta entre las regiones orbitales sobre el frontal.

Anchura de la bula. Es el ancho de la bula, perpendicular a la longitud mayor de la bula.

Anchura del alvéolo. Es la longitud que existe entre el borde externo e interno del alvéolo.

Otras craneales

Altura del cráneo. Desde la parte más inferior del cráneo a la parte más alta. Para esta medida (en mamíferos pequeños), se recomienda colocar el cráneo sobre un portaobjetos y a la medida final restarle el grueso del portaobjetos.

Altura de la bula. La máxima altura entre la parte más ventral de la bula auditiva y el basiesfenoides.

Medidas axiales

Estas medidas son aquellas que se refieren al resto de los huesos que no están comprendidos dentro del cráneo. La variedad de medidas dentro de este rubro es inmensa. La mayoría de los investigadores se han centrado en la medición de los huesos largos, que son los de los miembros, de ahí que se tome el nombre de medidas axiales, aunque deberían de ser mejor conocidas como medidas esqueléticas o postcraneales.

Longitud del radio. De la punta más anterior a la punta más posterior.

Longitud de la ulna. De la punta más anterior a la punta más posterior.

Longitud del húmero. De la punta más anterior a la punta más posterior.

Ancho distal del húmero. Anchura de la cabeza del húmero con la articulación del radio y de la ulna.

Anchura proximal del húmero. Anchura de la cabeza del húmero con la articulación de la escápula.

Longitud de la clavícula. De la punta más anterior a la punta más posterior.

Longitud de la escápula. De la punta más anterior a la punta más posterior.

Anchura de la escápula. De la articulación a la punta distal de la escápula.

Profundidad de la escápula. En la parte media de la escápula, la máxima distancia de la cara ventral a la dorsal.

Longitud de la tibia. De la punta más anterior a la punta más posterior.

Ancho distal de la tibia. Anchura de la cabeza de la tibia con la articulación del tobillo.

Anchura proximal de la tibia. Anchura de la cabeza de la tibia con la articulación del fémur.

Cranial breadth

Cranial breadth. The maximum brain case breadth posterior to the zygomatic arch.

Zygomatic breadth. The maximum breadth within the exterior margins of the zygomatic arch. It is important to check if the arches are complete as it is very frequent to find them broken in some bat and rodent specimens.

Mastoid breadth. Skull breadth considering the basioccipital mastoid apophysis. In many cases it is similar to skull breadth.

Palatal breadth. Distance between the internal borders of the molar alveoli.

Nasal breadth. This measurement is taken normally in the most anterior nasal border.

Rostral breadth at the level of the incisors. Rostral bone breadth at the level of the canines (without including the canines when they open outward).

Rostral breadth at the level of the molars. Rostral bone breadth at the level of the molariforms (without including the molars when they open outward). In general, it is specified which molar and at what level the measurement is taken; the most common one is at the level of the third molar.

Interorbital breadth. It is the shortest breadth between the orbital regions on the frontal bone.

Bulla breadth. Is perpendicular to the greatest bulla length.

Alveolar breadth. It is the length from the external to the internal borders of the alveolus.

Other cranial measurements

Cranial height. From the most inferior part of the skull to the highest one. For this measurement (in small mammals), the skull should be placed on a slide and the slide thickness should be subtracted from the final measurement.

Bulla height. The maximum height from the most ventral side of the bullae to the basisphenoid.

Axial measurements

These measurements are those that refer to the rest of the bones that are not included within the skull. The variety of measures within this part of the body is immense. The majority of the researchers have centered in measuring the long bones, which are those from the limbs, and thus the name of axial measurements although they should be better known as skeleton or postcranial measurements.

Radius length. From the most anterior tip to the most posterior one.

Ulna length. From the most anterior tip to the most posterior one.

Humerus length. From the most anterior tip to the most posterior one.

Humerus distal breadth. Breadth of the humeral head with the radius and ulna joint.

Humerus proximal breadth. Breadth of the humeral head with the scapular joint.

Clavicle length. From the most anterior tip of the collar bone to the most posterior one.

Scapular length. From the most anterior tip to the most posterior one.

Scapular breadth. From the joint to the distal tip of the scapula.

Scapular depth. In the middle part of the scapula, the maximum distance from the ventral to the dorsal side.

Tibia length. From the most anterior tip to the most posterior one.

Tibia distal breadth. Breadth of the tibial head with the ankle joint.

Tibia proximal breadth. Breadth of the tibial head with the femur joint.

Longitud del fémur. De la punta más anterior a la punta más posterior.

Ancho distal del fémur. Anchura de la cabeza del fémur con la articulación de la tibia y la fíbula.

Anchura proximal del fémur. Anchura de la cabeza del fémur con la articulación de la pelvis.

Longitud de la pelvis. De la punta más anterior a la punta más posterior.

Anchura de la pelvis. De la articulación a la punta distal de la pelvis.

Profundidad de la pelvis. En la parte media de la pelvis, la máxima distancia de la cara ventral a la dorsal.

Longitud del foramen de la pelvis. La máxima distancia entre el borde anterior y posterior del foramen presente en la pelvis.

Anchura del foramen de la pelvis. De manera perpendicular al eje mayor del foramen de la pelvis, la máxima distancia entre los bordes.

Longitud del báculo. Es la longitud mayor del báculo.

Anchura de la base del báculo. Es el ancho de la base del báculo, que es la parte más proximal del hueso.

Femur length. From the most anterior tip to the most posterior one.

Femur distal breadth. Breadth of the femur head with the tibia and fibula joint.

Femur proximal breadth. Breadth of the femur head with the pelvis joint.

Pelvis length. From the most anterior tip to the most posterior one.

Pelvis breadth. From the joint to the most distal pelvis tip.

Pelvis depth. In the medial pelvis, the maximum distance from ventral to dorsal side.

Pelvis foramen length. The maximum distance from the anterior to the posterior border of the pelvis foramen.

Pelvis foramen breadth. Perpendicular to the greatest pelvis foramen axis, the maximum distance between the borders.

Baculum length. It is the greatest length of the baculum.

Baculum base breadth. It is the breadth of the baculum base that is the most proximal to the bone.

Ap1

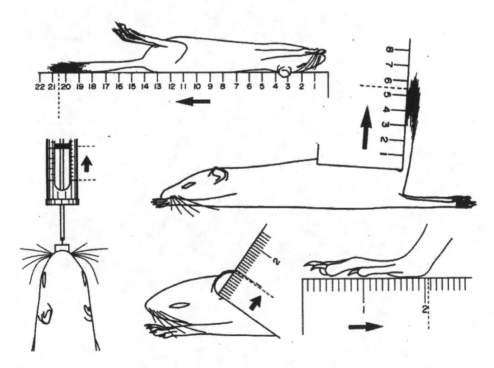

Anexo II colecta
Appendix II collection

En el mundo existen más de 4,600 especies de mamíferos, por lo que explicar un método de coleta para cada uno de ellos es prácticamente imposible, además de que la misma especie puede tener diferentes métodos, ya sea en función del colector o del hábitat. Por esta razón, en la siguiente sección se hablará de la colecta de mamíferos en grupos que comparten el mismo tipo de técnicas y que sirven para una evaluación general, dejando de lado todas las metodológicas específicas, así como el caso de los mamíferos marinos. Para una fácil explicación de las metodologías, éstas se dividirán en: mamíferos pequeños, medianos, grandes y murciélagos.

El trabajar con animales vivos siempre es un riesgo, tanto físico como de contagio de diferentes enfermedades, por lo que se recomienda que durante todo el trabajo de campo se utilicen guantes de carnaza y siempre se tenga la mayor precaución posible, ya que todos los animales estarán a la defensiva y en cualquier momento pueden causar heridas a los colectores. Es necesario el uso de botas de campo y camisas de manga larga.

Todos los colectores deberán de portar siempre una mochila que contenga los siguientes artículos de seguridad, manta térmica, cerillos, navaja, lámpara, extractor de veneno de serpientes, silbato, botella con agua, botiquín de primeros auxilios básico, un pequeño recipiente con brandy y algún alimento energético.

Mamíferos pequeños

En este grupo se consideran desde los insectívoros de escasos cinco gramos hasta los roedores grandes, como son las ratas, tuzas y ardillas. En general para este caso existen varias metodológicas básicas, entre las que destacan: trampas de golpe, de caja, tipo pitfall y las que son para animales fosoriales.

Trampas de golpe. Este tipo de trampa es el más utilizado de todos, aunque uno de los inconvenientes es que colecta a los ejemplares muertos y en muchos de los casos rompe el cráneo en partes, por lo que hay que tener este punto en cuenta para el tipo de estudio que se pretende realizar. En este grupo se encuentran las llamadas ratoneras. Existen de diferentes tamaños y con variación en la fuerza de los resortes, lo que permite utilizarlas para roedores pequeños o incluso para ratas y ardillas de tierra.

More than 4,600 mammal species exist in the world, which is the reason why explaining a collection method for each one of them would be practically impossible. Besides, the same species could have different methods in function of the collector or habitat. Therefore, in the following section we will discuss mammal collection in groups that share the same type of techniques and that are used for a general assessment, leaving aside all the specific methodologies as well as marine mammals. For an easier explanation of the methodologies, mammals will be divided in: small, medium, large, and bats.

Working with live animals is always a risk of both physical harm and infection caused by different diseases. Thus it is highly recommended to use hide gloves at all times when working in the field and always proceed with caution, as most animals will assume a defensive posture and could harm the collectors at any moment. The use of boots and long-sleeve shirts are necessary.

All collectors should carry a backpack containing the following safety items: thermal blanket, matches, pocket knife, lamp, snake bite kit extractor, whistle, water bottle, first aid kit, a small bottle of brandy, and any energetic food.

Small mammals

This group considers from insectivores of scarce five grams to big rodents as rats, moles, and squirrels. In general several basic methodologies can be used in this case, among those that stand out are: snap, metal box, pitfall traps, and those for fossorial animals.

Snap traps. This type of trap is the most used of all although one of its inconveniences is it collects dead specimens and breaks the cranium in parts, which is why this point should be taken into account when considering the type of study to be performed. Rodent traps are found in this group in different sizes and variation in spring strength, allowing its use for small rodents or even for rats and land squirrels.

Las ratoneras se colocan por lo general a manera de transectos, con una separación entre ellas de cinco metros, la que puede variar, ya que en zonas con poca vegetación se recomienda que la distancia se amplíe hasta 10 metros, y en áreas que tengan mucha vegetación, principalmente terrenos de cultivo, la distancia puede ser menor. Se recomienda que cada transecto tenga como mínimo 50 trampas para que tenga una longitud de aproximadamente 250 metros. Lo más conveniente es colocar más de un transecto por área de muestreo. En zonas con gran diversidad de hábitats, es conveniente colocar varios transectos, por más de una noche de colecta, para poder capturar un mayor número de especies y sobre todo las que son menos abundantes.

Colocación de las trampas. Está en función de las especies que se quieran colectar, debido a que muchas de ellas tienen un hábitat específico (*e. i.* pastizales, suelos pedregosos, rocas, arbustos, etc.) y hábitos particulares (arborícolas, rastreros). Cuando se realiza un muestreo en general, como puede ser un inventario de las especies presentes en la región, se recomienda que las trampas se distribuyan en la mayor cantidad de microhábitats posibles. En los casos en los que se conoce cuáles son las especies que se quieran colectar, la mayoría de las trampas deben de ser puestas mayormente en el micro hábitat específico de la especie deseada.

Para la colocación de las trampas se recomiendan los siguientes pasos:

1) Quitar la vegetación y aplanar con el pie el sitio en el que se colocará la trampa, por precaución se recomienda no empezar este proceso con las manos.

2) Preparar la trampa. En el caso de las ratoneras, primero se coloca el cebo, que puede ser una mezcla de hojuelas de avena con esencia de vainilla, se toma una pequeña porción y se hace una bolita de masa de aproximadamente un centímetro de diámetro. Después se carga y con la mano sobre el marco de fierro que se mueve, tomar la ratonera desde su base y colocarla en el sitio indicado.

3) Marcar el punto donde se colocó la trampa. Si estas se van a revisar de noche es conveniente colocar una cinta fluorescente de diez centímetros de longitud.

4) Medir la distancia al sitio de la colocación de la próxima trampa.

Trampas de caja. El término de trampas de caja se utiliza para todas aquellas que son en forma de caja (tipo Sherman o jaula) y que sirven para la colecta de ejemplares vivos. Son las más efectivas para la colecta de mamíferos sin que éstos sean dañados. En general, son trampas que cuentan con una o dos puertas, se cerrarán por medio de resortes cuando el animal llega al cebo.

En estas trampas los individuos pueden permanecer vivos durante cierto tiempo, pero como en la mayoría de los casos son de aluminio o algún tipo de metal, en el invierno son muy frías y en el día se pueden calentar muy rápido, por lo que si no son revisadas temprano por la mañana, los roedores pueden morir por el calor o frío.

Para su colocación, se recomienda que también sean en forma de transectos a una distancia similar que las trampas de golpe, con la salvedad de que esta trampa es mucho menos efectiva que la de golpe.

Las trampas de caja más conocidas son las llamadas "Sherman", pero de esta misma marca existen de diferentes tamaños, así como trampas similares de distinta marca y que se pueden plegar cuando no se estén utilizando. Las trampas de caja tienen manera de ajustar la sensibilidad del disparador, por lo que es necesario revisar que la sensibilidad que se tenga sea la adecuada para las especies que se desean capturar, así como revisar que no exista artículos que obstruyan la activación de la trampa.

In general rodent traps are placed as transects with a separation of five m between them, which may vary because the distance should be up to 10 m in areas with scarce vegetation, and it may be less in areas with much vegetation, mainly in cultivation land. Each transect should have a minimum of 50 traps in an approximate length of 250 m. It is more convenient to set more than one transect by sampling area. In areas with great habitat diversity, several transects should be placed for more than one sampling night to be able to capture a larger number of species especially those that are less abundant.

Setting the traps is in function of the species to be collected because many of them have a specific habitat (e.g. pasture, rocky soil, rocks, bushes, etc.) and particular habits (arboreal, crawler). In general when a sampling is performed, as an inventory of the species in the region, traps should be distributed in the largest number of possible microhabitats. In the case when the species to be collected is known, the majority of the traps should be placed mostly in the specific habitat of the ideal specimen.

In setting the traps the following steps should be followed:

1) Remove vegetation and press the site by foot where the trap will be placed; for safety reasons it is recommended not to start this process by hand.

2) Prepare the trap. In the case of rodent traps, first place the bait, which could be a mixture of oats with vanilla; take a small portion and make a ball of dough of approximately one centimeter in diameter. Then, carry it, and with the hand on the iron frame that moves, take the trap from the base, and place it on the indicated site.

3) Mark the point where the trap was placed. If they will be checked over night, it is convenient to place a fluorescent tape of 10 cm in length.

4) Measure the distance to the setting site of the next trap.

Box-like traps. The term box trap is used for all those that are in a box shape (type Sherman or cage) and they serve for collecting live specimens. They are the most effective for collecting mammals without harming them. In general, they are traps with one or two doors that close by means of levers when the animal gets to the bait.

In these traps individuals may stay live for a certain period of time; however, because they are made of aluminum or any kind of metal in most of the cases, they are very cold in the winter and may get hot rapidly during the day. Rodents may die due to the hot or cold weather, so they should be checked early in the mornings.

To set the traps, transects should also be used at a distance similar to that of snap traps with the provision that this type of trap is much less effective than a snap trap.

The most known box-like traps are those called "Sherman"; this same trademark has different sizes, as well as those of different mark but similar and can be folded when not in use. Box-like traps have a way of adjusting the lever sensitivity, so it is necessary to check it to see if it is adequate for the species to be captured and if anything is blocking the trap activation system.

Colocación de las trampas. Se recomienda seguir los mismos pasos que se mencionan para las trampas de golpe, con la variación de que generalmente las "Sherman" vienen en cajas con 40 unidades, por lo que para fines prácticos, los transectos lineales pueden ser de este mismo número de trampas. Adicionalmente, como siguiente paso en la colocación es muy importante dirigir la puerta de la trampa hacia el sitio en el que se observe la mayor actividad de los roedores. Como cebo, suelen utilizarse hojuelas de avena solas o en mezcla con esencia de vainilla, semillas de girasol o crema de cacahuate. Hay que considerar que entre más húmeda sea la mezcla más sucia quedará la trampa y si permanece así varios días pueden generarse hongos. Algunos colectores colocamos un poco de cebo sobre la trampa para que el olor del mismo pueda ser dispersado por el aire y se aumente el área de influencia de la trampa.

Trampas para animales fosoriales. De este tipo de trampas se pueden encontrar diferentes modelos y marcas, pero prácticamente existen sólo dos modelos comerciales. Las más comunes conocidas como tuceras o toperas, consiste en un disparador que es empujado por el animal y que activa unas pinzas que se cierran y capturan al ejemplar por la región ventral o torácica. Existen dos tamaños de trampas, por lo que se debe de seleccionar el tamaño adecuado, ya que si son chicas no alcanzan a capturar al animal y las grandes no se pueden cerrar dentro del túnel.

El segundo grupo es el de los cepos, conocidos también como trampas de resorte o de plancha. Consisten en dos aros que se cierran cuando se pisa al centro de ellas. Los cepos se clasifican numéricamente, siendo los números bajos los más chicos: para el caso de los animales fosoriales o hipogeos usualmente se utilizan del número "0", que son los usados generalmente.

Regularmente, en el área donde abundan mamíferos de hábitos fosoriales, se les puede capturar eficazmente en poco tiempo, por lo que se recomienda que se coloquen varios juegos de trampas y que cuando se termine de colocar el último se comience a revisar el primero y los subsecuentes.

Colocación de las trampas. Antes de colocar las trampas para tuzas o cepos es necesario hacer juegos de trampas en pares, con una cadena de aproximadamente un metro y medio de distancia, cada juego será considerado como un set de trampas.

Con los juegos armados, se debe de encontrar una salida del túnel de la madriguera del organismo, usualmente es un montículo de tierra fresca, recién excavada, que queda sobre la superficie del suelo. Una vez encontrada, se deberá cavar con una pala en busca de la intersección más próxima, siguiendo el túnel de salida que presentará una forma de "Y". Cuando se localice, se debe de revisar el diámetro del túnel y determinar cuál tamaño de trampa es el adecuado. En caso de que el túnel sea pequeño y la trampa no tenga el suficiente espacio para que se dispare, es recomendable abrir el diámetro del túnel con una pala pequeña o de jardinería. Una vez que se tiene preparado el túnel, se colocan las trampas en cada uno de los túneles, procurando que éstas queden al menos unos 15 centímetros por dentro, y entonces, la cadena deberá ser afianzada a una estaca para evitar que el organismo se lleve las trampas arrastrando hacia el interior de su madriguera. No es necesaria la utilización de algún cebo como atrayente.

Dependiendo de la experiencia de los colectores hay diferentes trucos para incrementar la efectividad de colecta. Existen versiones de si debe de taparse la salida del túnel con un poco de tierra o plantas, por otro lado hay quien considera que se debe dejar abierta. En la experiencia de nosotros, lo mejor es dejarlas abiertas, para que entre luz y aire, por lo que el individuo llega al lugar a cerrar la posible entrada de intrusos.

Setting the traps. The steps mentioned previously for the snap traps should be followed with the variation that "Sherman" traps generally come in boxes with 40 units, so for practical purposes, the number of lineal transects could be the same number of traps. Additionally, in the next collecting step it is very important to direct the trap door toward the side indicating the largest rodent activity. As bait, it is common to use plain or mixed oats with vanilla extract, sunflower seeds, or peanut butter. A good point to consider is the more humid the mixture is the dirtier the trap will be, and if it stays there for several days, it may generate fungus. Some collectors, including us, place little bait on the trap so the smell can be dispersed by the air and increase the area of influence in the collection.

Traps for fossorial animals. In this type of traps different models and makes can be found, but there are practically only two commercial models. The most common are mole traps that consist on a lever pushed by the animal which activates tongs that close and capture the specimen by the ventral or thoracic region. There are two types of traps, so the adequate size is important; if they are small, they may not have enough space to capture the animal, and the big ones cannot close within the tunnel.

The second group is the clamp trap known as spring traps, consisting of two hoops that close when they are stepped on. Clamp traps are classified numerically where low numbers are smaller; in the case of fossorial or hypogeal animals number "0" is usually used.

Regularly, mammals with fossorial habits can be trapped efficiently in little time in areas where they are abundant; thus several sets of traps should be placed; start checking the first set and then the subsequent sets at the end.

Setting the traps. Before placing mole or clamp traps it is necessary to make sets of traps in pairs with a chain approximately one meter and a half in distance; each set will be considered as a trap set.

When the sets are made, the exit tunnel of the animal's burrow should be located; it is usually a mound of fresh soil recently excavated laying on the soil surface. Once found, the exit tunnel should be dug with a shovel searching for the most proximal intersection in "Y" shape. When the intersection is located, the tunnel diameter should be checked to determine the adequate trap size. In case the tunnel is small and the trap does not have enough space to shoot, the tunnel diameter should be opened with a small garden shovel. After the tunnel has been prepared, the traps are placed in each one of the open tunnels making sure they are at least 15 cm inside, and then the chain should be fastened to a stake to avoid the animal drags the trap to inner parts of its burrow. The use of bait is not necessary.

Depending on the collectors' experience, different tricks may be used to increase collection efficiency; for example, some may consider whether the tunnel exit should be covered with a little soil, or plants, or leave it open. According to our experience the best option is leaving them open so light and air enters and makes the individual come out to close the possibility of intruders entering the burrow.

Trampas del tipo pitfall. Este tipo de trampa es el mejor método para la captura de mamíferos pequeños terrestres de menos de 15 g, como es el caso de las musarañas. Estas trampas consisten en enterrar un contenedor con el bisel a la altura de la superficie, y se captura a los animales que caen accidentalmente en la trampa. Las trampas pitfall pueden ser construidas de diferentes maneras, con frascos de plástico o vidrio, tubos de PVC o cualquier tipo de contenedor de forma cilíndrica o cónica, pero todos deben tener un diámetro entre 10 y 40 centímetros y cuando menos 15 centímetros de profundidad, ya que muchos de los pequeños mamíferos brincan relativamente grandes alturas y podrían escapar fácilmente.

Se recomienda que se coloque un techo sobre la trampa que sobresalga al menos cinco centímetros del bisel del contenedor, con la finalidad de que si llueve no se llene de agua la trampa, además de proteger al organismo contra el sol cuando haya caído alguno y aún no haya sido retirado.

Colocación de las trampas. Se debe de hacer un hueco en el suelo de manera que la trampa quede enterrada con el bisel a la altura del substrato. Si la trampa se quiere para la captura de animales muertos, se colocará a aproximadamente dos centímetros de agua o de preferencia glicerina, lo que impide que los animales puedan brincar y sirve para que el material se conserve por más tiempo. En caso de que se quiera el material vivo, no debe de colocarse ningún líquido, pero las trampas han de ser revisadas continuamente, ya que las musarañas son muy voraces y pueden comerse entre ellas.

Para aumentar la efectividad de las trampas de este tipo es recomendable poner un cerco de aproximadamente cinco centímetros de alto por la longitud que se quiera en forma de "X" con la trampa al centro, de manera que los mamíferos tengan mayor probabilidad de caer en ella siguiendo el cerco.

Cebo. En muchas de las trampas que se utilizan para mamíferos pequeños no es necesario poner algún tipo de cebo, aunque su presencia incrementa la captura de mamíferos. Si se desea, para las trampas tipo "pitfall" se puede utilizar un cebo que quede suspendido sobre la trampa, en este caso se recomienda que sea carne, ya que las musarañas son carnívoras. Hay autores que también utilizan olores como cebo como es el caso de orina, heces o atrayentes químicos.

El cebo más utilizado para la colecta de roedores son los granos, y el más común de ellos es la avena, aunque también se utilizan semillas de girasol, granola, semillas mixtas, crema de cacahuate, plátano o granos con frutas. Con el fin de hacer más eficiente el uso del cebo se puede utilizar vainilla como atrayente. Para un estudio de inventario se recomienda la variación de cebos dentro de un mismo transecto, de manera que se pueda incrementar el número de especies capturadas. Para la captura de las especies raras, los productos que se utilizan como cebos convencionales no funcionan, por lo que deben de utilizarse materiales específicos para este caso.

La utilización del cebo puede ser, tanto para las trampas de captura de ejemplares vivos como la de muertos, pero en ambos casos hay que considerar que durante el transcurso de la noche los insectos pueden comerse el cebo, por lo que es recomendable colocar suficiente cantidad para que el cebo perdure hasta la llegada de un mamífero.

Una vez que ha terminado la sesión de trabajo, es sumamente importante que todas las trampas se laven con jabón o detergente, de preferencia no perfumados, y secarlas perfectamente, ya que para muchas especies el olor de la orina, heces y sangre de otras especies o de ellas mismas pueden ser repelentes, por lo que disminuye el índice de colecta. Además, es conveniente la limpieza para el mantenimiento del equipo, ya que pueden proliferar hongos en algunos tipos de trampas o éstas se pueden oxidar por el tipo de ambiente en el que han sido utilizadas.

Pitfall traps. This type of trap is the best capture method for small terrestrial mammals of less than 15 g, as in the case of muskrats. These traps consist of burying a container with the bevel at surface level, so animals that fall accidentally on the trap are captured. Pitfall traps can be made differently with plastic or glass bottles, PVC pipes, or any type of cylindrical or conical container, but they all should have a diameter from 10 to 40 cm and at least 15 cm in depth, as many of the small mammals jump relatively high and could escape easily.

A roof should be placed overhanging the trap at least five centimeters of the container bevel, so the trap does not fill with water in case it rains and to protect the organism from the sun if it has fallen and has not been removed yet.

Setting the traps. A hole should be made in the soil, so the trap is buried with the bevel at the substrate level. If the trap is for capturing dead animals, approximately two centimeters of water or preferably glycerol should be placed to prevent animals from jumping, and it helps to conserve the material for a longer time. In case of live animals, no liquids should be placed, but the traps should be checked continuously because muskrats are very voracious and could eat one another.

To increase effectiveness of this type of trap a fence of approximately five centimeters in height times the length needed should be placed in "X" shape with the trap in the center in such a way that mammals have the highest probability of falling in it following the fence.

Bait. In many of the traps used for small mammals, it is not necessary to place any type of bait although its presence increases mammal capture. In case of using bait in "pitfall" type traps it can be suspended above the trap, in which case it should be meat because muskrats are carnivore. Some authors also use smell as bait, as in the case of urine, feces, or chemical allurements.

Grains are the most used bait for rodent collection, and oats are the most common among them although sunflower seeds, granola, mixed seeds, peanut butter, banana, or grains with fruits are also used. To make the use of bait more efficient vanilla can be used as allurement. For an inventory study, it is recommended to use a variety of bait within the same transect as a means of increasing the number of species captured. For the capture of rare species, the products used as conventional bait do not work, so specific materials should be used in this case.

Bait can be used for both live and dead capture. However, it is important to consider in both cases that insects could eat the bait during the night, so enough quantity should be placed to last until a mammal arrives.

Once the working session has ended, it is a priority to wash all the traps with soap or detergent, preferably not perfumed, and dry them perfectly as for many species their urine, feces, and blood odor or from others might be a repellent and decrease the collection index. Besides, cleanliness is convenient to maintain the equipment from fungus in some types of traps or to prevent corrosion depending on the type of environment where they have been used.

Mamíferos medianos

De talla mediana se consideran desde las ardillas hasta el tamaño de los coyotes aproximadamente. La metodología básica empleada corresponde a trampas de caja, los cepos y las armas de fuego. Para hacer más efectiva la colecta es necesario pre-cebar el sitio en el que se colocaran las trampas, además de que se recomienda que las trampas estén por muchos días en un mismo sitio.

Trampas de caja. Las trampas para mamíferos medianos tienen el mismo principio que para los pequeños, en general están hechas de algún tipo de malla y no son cerradas, se pueden encontrar con una o dos puertas que son cerradas al activar el disparador. Muchas de estas trampas son plegadizas, lo que hace más fácil su transportación.

En este tipo de trampa existen varios tamaños y diferentes marcas, por lo que hay que manejar la que más se ajuste a la especie que se desea colectar. En general, estas trampas son conocidas como "Tomahawk", por ser la marca más reconocida que fabrica de este tipo.

Colocación de las trampas. Se recomienda colocarlas en sitios donde exista la evidencia de la presencia del animal que se pretende colectar (rastros o huellas). Las trampas se colocan a distancias de cientos de metros una de otra, al menos de que se tenga localizada una población en particular. Son muy importantes las precauciones para la manipulación de estas trampas, ya que deben de manejarse con guantes de látex, para evitar la impregnación de olores en ellas, puesto que muchos animales serán repelidos por la presencia humana.

Cepos o trampas de cono. Estas trampas tienen gran variedad de nombres, entre las que destacan de comal, de pata, de resorte, coyoteras, entre otros. Consisten en dos aros que se cierran cuando la pieza al centro de ellas es activada. Esta es la trampa más utilizada por los colectores de mamíferos medianos y se recomienda que siempre se pongan por pares de manera que el animal quede atrapado por dos patas y esto evite que se lastime al momento de intentar escapar. Los cepos denominados como suaves tienen una cubierta de neopreno en las tenazas, lo que suaviza el golpe y disminuye la probabilidad de que se rompan las extremidades de los animales capturados, que a su vez evita que escapen de la trampa.

Debido a que los animales son colectados vivos, debe de revisarse frecuentemente cada juego de trampas y escoger el número de trampa adecuado para el tamaño de la especie que se desea. Entre más bajo sea el número, dentro de la clasificación de los cepos, menos fuerza tendrá la trampa y el animal podría escapar, o por el contrario, si es un número muy grande puede amputarle el miembro.

Colocación de las trampas. La colocación debe de realizarse en sitios en los que se observan rastros y que han sido previamente pre-cebados, es recomendable que sean lugares por donde los animales acostumbren pasar. Los cepos deberán de ser fijados a un poste o una estaca fuerte por medio de una cadena que soporte los jalones que van a recibir por parte de la presa al momento de ser capturada. Se recuerda que debe evitar al máximo el contacto de las trampas con las manos, ya que el olor humano repele a los carnívoros.

Snares. Consisten en un cable de acero que se coloca en los senderos por los que los animales a capturar pasan con frecuencia, de manera que al pasar el cable pasa por el cuello del organismo y queda atrapado. Hay algunas trampas de este tipo que facilitan el desnucamiento del individuo capturado en el momento que éste se inserta en el cable, tal tipo es recomendable sobre los demás por evitar el sufrimiento del animal.

Medium mammals

Medium size mammals are considered from squirrels to coyotes, approximately. The basic methodology employed corresponds to box-like and clamp traps and guns. To make the collection more effective it is necessary to pre-bait the site where the traps will be placed. Besides, it is recommended to leave the traps for many days in the same site.

Box-like traps. Traps for medium mammals have the same principles as those for small ones. In general, they are made of some kind of mesh and are not closed; they can be found with one or two doors that close when the lever is activated. Many of these traps can be folded making their transportation easier.

In this type of traps many sizes and different marks are available, so the one that most adjusts to the species to be collected should be used. These traps are usually known as "Tomahawk" because this trademark is the most widely known in its type.

Setting the traps. Traps should be placed where presence (trace or footprint) of the animal to be collected is evident. They are placed at distances of hundreds of a meter from one to the other unless a population in particular has been located. Preventive measures are very important when manipulating these traps, such as wearing latex gloves to avoid impregnating odors in them because many animals will be repelled by human presence.

Leg-hold or conibear traps. These traps have a great variety of names; those that stand out are body-gripping, steel, spring, and coyote traps, among others. They are formed by two rings that close when the center piece is activated. This is the most used trap by medium size mammal collectors and should always be placed in pairs, so the animal is trapped by two legs to avoid the animal hurts itself when trying to escape. Soft claps are covered with neoprene in the tongs to make them softer and decrease the probability of breaking the captured animal's legs, and in turn keep it from escaping.

Because the animals are collected live, the set of traps should be checked frequently; the trap number should also be chosen according to the species size. The lower the number within the leg-hold-trap classification, the less strength the trap will have, and the animal could escape. On the contrary, if the number is higher, it could cut its limb.

Setting the traps. It should be performed in sites where traces are observed and that have been previously baited. It is recommended to choose places where animals usually pass by. The leg-hold traps should be fixed to a pole or stake with a chain to support the pulls by the prey at the moment of capture. Remember that touching the traps should be avoided at the maximum as human odors repel carnivores.

Snares. This type of trap consists of a steel cable placed on the pathways used frequently by the animals in a way that when the animal crosses, the cable passes by the organism's neck and traps it. There are some traps of this type that easily break the neck of the captured individual at the moment it is inserted on the cable. Such type is recommended to avoid the animal from suffering.

Colocación de las trampas. Este tipo de trampas se coloca por los senderos o corredores de las especies, las que se ubican por la presencia de huellas. Se recomienda un lugar angosto donde se pueda colocar el lazo de alambre. Generalmente, los mamíferos intentarán pasar por el aro, por lo que fácilmente quedarán atorados por el cuello. Es importante que cuando se coloquen estas trampas no se deje algún olor que permita a la presa percatarse de una presencia ajena, lo que lo pondrá en alerta y por consiguiente puede evitar la trampa.

Armas. Para muchas de las especies este es el sistema más fácil de colecta, y es aplicable a todos los tamaños de mamíferos. En el caso de los mamíferos pequeños debe de usarse la mostacilla, que está constituida por muchos balines pequeños menores de un milímetro y que sirven para la coleta sin lacerar considerablemente las pieles de los ejemplares. Este tipo de munición se consigue para pistolas .22 o el colector hace sus propios cartuchos para los diferentes calibres de escopetas.

Para animales más grandes como el caso de ardillas hasta coyotes se recomienda el uso de escopeta, recordando dos principios básicos, entre más grande sea el número del cartucho que se utilice, de menor tamaño son las postas, pero mayor cantidad de ellas se tiene. Por lo que con cartuchos de números grandes, ejemplo del 8, se tienen muchas postas pequeñas y con poco alcance, por lo que debe de usarse en animales pequeños. En el caso de cartuchos de número bajo, ejemplo el 2, tienen pocas postas, pequeñas y de más largo alcance, por lo que debe de usarse en animales medianos. Para algunos tipos de calibres de escopetas existe el cartucho 00, que sólo tienen una posta y que equivale a un rifle.

Respecto a los calibres de las escopetas, lo calibres más bajos son los más grandes, así que una escopeta 12 es de calibre más alto que una 410. En este caso, se tiene que entre más bajo sea, ejemplo una escopeta calibre 12, el alcance, potencia y número de postas será mayor, en comparación con una escopeta calibre 410.

Para los animales mayores, en general se utilizan rifles, los cuales consisten de una bala sólida y los hay en diferentes calibres, siendo los dos más usados el .257 y el .3006, estos se consideran armas de alto poder. Para el caso de México, el uso y transportación de estas armas necesita permisos especiales de la Secretaría de la Defensa Nacional (SEDENA).

Cebo. Para la colecta de mamíferos se recomiendan los mismos cebos que los utilizados para los mamíferos pequeños, pero en este caso hay que destacar el uso de carne para las diferentes especies de carnívoros, y es recomendable el uso de ejemplares vivos, que además produzcan vocalizaciones para atraer a los depredadores. Hay colectores que utilizan grabadoras con las vocalizaciones de presas específicas. Existe un grupo de carnívoros, con los cuales el uso de frutas aromáticas como cebo puede ser mucho más efectivo para su colecta, tal es el caso del cacomixtle, mapache y zorrillo.

Mamíferos grandes

Como mamíferos grandes se consideran a partir de la talla de los coyotes hasta animales de mayor talla. El método de colecta que predomina, es el uso de arma de fuego, aunque también se utilizan trampas de caja, cepos y otros tipos. Es recomendable que no se altere el ambiente de colecta y se mantengan en lo posible "las condiciones naturales" del sitio, debido a que se requiere de varios días para lograr un éxito en la colecta.

Setting the traps. These traps are placed on the pathways or runways used by the species and located by the presence of footprints. A narrow place is recommended to place the cable. Generally, mammals will try to pass by the ring, so they will easily be trapped by the neck. It is important not to leave any odor that could allow the prey to sense something strange, which would prevent it from falling on the trap.

Weapons. For many of the species, guns are the easiest collection system that applies to all mammals. In the case of small ones the dust shot, constituted of small pellets less than 1 mm, is used for collecting specimens without damaging their skin. This type of ammunition is found for .22 guns, or the collector makes its own cartridges for the different shotgun calibers.

For larger animals as is the case of squirrels up to coyotes, a shotgun should be used. It is important to remember two basic principles, the larger the cartridge number is, the smaller the size of the slug used will be but in a larger quantity. For example, number 8 will have many small slugs and short range, so it should be used with small animals. In the case of number 2, it will have few slugs and longer range, so it should be used with medium size animals. For some shotgun caliber types, a 00 cartridge is available with only one slug equivalent to a rifle.

With respect to shotgun calibers, the lowest are the longest, so a 12 shotgun is a higher caliber than a 410. In this case the lower the number, for example caliber 12, the range, power and number of slugs will be higher compared to a caliber 410 shotgun.

In general, rifles are used for larger animals and consist of one solid bullet found in different calibers of which the two most used are .257 and .3006 considered high-power guns. In the case of Mexico, gun use and transportation need special permits from the National Defense Ministry (SEDENA Secretaría de la Defensa Nacional).

Bait. The same baits used for small mammal collection are recommended, but in this case we should highlight the use of meat for the different carnivore species, which should be live specimens that could produce sounds and attract predators. Some collectors use recorders with sounds of the specific prey. There is a group of carnivores for which the use of aromatic fruit could be used as more effective bait for their collection, as in the case of the ring-tailed cat, raccoon, and skunk.

Large mammals

Large mammals are those considered from the size of coyotes to larger sizes. The predominant collection method is the use of guns although box, bait, and other types of traps are also used. The collection environment should not be altered and should be maintained as much as possible in its "natural conditions" as many days are needed to achieve a successful collection.

Redes.   Una de las técnicas más usadas para la captura de grandes mamíferos vivos es el uso de redes, a través de varias de sus modalidades, como son de cañón, de caída, de cerco, de sensores, etc. Las redes son usualmente de cabos de nylon con un margen más grueso y algunos con alambre, el tamaño es muy variable y mucho de este está en función de cómo se va a colocar la red.

Colocación de las trampas.   Redes de caída, que son de las más utilizadas, como primer paso se localiza un área abierta más grande que la red y se ceba durante varios días, de manera que el animal a capturar se acostumbre a llegar a ese sitio (debe comprobarse que el organismo sujeto de estudio está asistiendo periódicamente al sitio de colecta).   Posteriormente, se coloca la red sobre postes que puedan ser abatidos rápidamente, y se continúa con el cebo del animal por otro periodo de tiempo.   Pasado este periodo de familiarización del animal a colectar con la trampa, se coloca el dispositivo de disparo, que puede ser automático o manual, pero consistirá en que cuando el animal está abajo de la red ésta le caiga encima y entonces el grupo de colectores afianzarán al ejemplar.

Para el caso de las redes de cañón, hay de dos tipos principales, las portátiles y las estáticas.   Las portátiles se utilizan usualmente para la captura de animales desde vehículos en movimiento, destacando el uso de helicópteros.   El alcance de estas redes es de unos cuantos metros.   En las estáticas, lo que se hace es que un extremo de la red se ancla al piso y el otro extremo se amarra a dos o más guías que van a salir disparadas por dos o más cañones en el momento que se active la red, realizando un disparo parabólico en el que se envuelve al organismo a colectar.

Las redes de cerco funcionan a manera de embudos en los que se arrean a los animales hasta un corral, donde son capturados.   En muchos casos las redes de cerco se combinan con las de caída o las de cañón.

Trampas de caja.   Son de tipo similar a las de pequeños y medianos mamíferos, con la diferencia de su mayor tamaño y que tienen que ser manejados por varias personas.   En general, su uso es para los grandes carnívoros y en muchos casos son cebadas con carnada viva.

Cebo.   Para la colecta de mamíferos grandes, se recomiendan los mismos cebos que para los pequeños y los medianos, pero para el caso de artiodáctilos, se sugieren los bloques de sal, lo que los atraen mucho son un muy buen cebo.

Murciélagos

Debido a la biología de este grupo de mamíferos se pueden emplear métodos directos e indirectos para su captura.   Para el caso de los murciélagos las técnicas más difundidas son el uso de redes (neblina y arpas) y diversas formas de captura manual.   El colector debe tomar en cuenta la condiciones del clima, hábitat debido a las características propias de cada especie y a la alta diversidad que emplean en la búsqueda de alimento se deben de considerar para su muestreo por localidad varios días para tener una muestra representativa de las especies.   En el caso de entrar a cuevas se deben de tomar precauciones, como es el uso de cascos, gafas protectoras, mascarilla y/o paño que cubra nariz y boca, es conveniente que se respire por la nariz evitando hacerlo con la boca, debe incluirse una lámpara por persona.

Nets. One of the most used techniques for capturing large live mammals is the use of nets in several modalities, as cannon, drop, drive, sensor nets, and so on. Nets are usually nylon thread with a thicker margin and some with wire; size is variable and much depends on the function of how the net will be set.

Setting the traps. Drop nets are the most used in this type of traps. First, locate an open area larger than the net and place bait for several days in a way that the animal to be captured gets used to the site (it should be confirmed if the organism subject of study is attending the collection site periodically). Then, place the net on poles that can drop easily and continue baiting for another period of time. After the animal is familiar with the setting, the shooting device is placed, which could be automatic or manual but will make the net fall on the animal; then, the collectors will secure the specimen.

In the case of cannon nets, there are two main types, portable and static. The portable ones are commonly used for capturing animals from vehicles in movement of which the use of helicopters stand out. The range of these nets is a couple of meters. In the static ones, one extreme of the net is fixed to the ground and the other one is tied to two or more guides propelled by two or more cannons at the moment the net is activated, performing a parabolic shooting that covers the organism to be collected.

The drive nets function as a way of a funnel enclosure directing animals into the corral where they are captured. In many cases drive nets are combined with drop or cannon nets.

Box traps. This type of traps is similar to those for small and medium mammals with the difference in size, and they have to be handled by several persons. Its use is generally for large carnivores, and in many cases the bait is live.

Bait. For large mammal collection the same type of bait for small and medium size mammals should be used; however, in the case of artiodactyla they are very much attracted to salt blocks, which makes them very good bait.

Bats

Due to the biology of this group of mammals, direct and indirect capture methods can be used. For bats, the most spread techniques are the use of nets (mist and Hart) and several ways of manual capture. The collector should take into account climate and habitat conditions due to the characteristics of each species and the high diversity they employ in searching for food. It is also important to consider several days for sampling per locality to have a good representative sample of the species. In the case of getting inside de caves, precaution should be taken, such as the use of helmets, protective eyeglasses, masks, and/or cloth to cover the nose and mouth; breathing should be done by the nose and avoid doing it by mouth; a lamp per person should be included.

Métodos directos

Mist net o redes de niebla. Estas también son conocidas como redes de seda. Están hechas de nylon muy delgado con tirantes, por lo general cinco de ellos. Estas redes son muy delgadas y en la noche son poco perceptibles. Las fabrican de diferentes tamaños, las más comerciales son de 6 y 12 metros de longitud por 2.6 de alto y la luz de la malla también es variable, siendo las más comunes de 24, 30 y 36 mm. La luz de la malla debe de escogerse en función de las especies que se piensan colectar. Respecto al color, se recomienda que sean negras, ya que también están disponibles en otros colores. Es importante mencionar que en todos los sistemas de colecta para los murciélagos se debe causar la menor cantidad de ruido posible, ya que esto ahuyenta a los ejemplares.

Colocación de las trampas. La colocación de las redes es muy variada y como en todos los tipos de trampas, depende mucho del colector. Por lo general, se recomienda que se coloquen en sitios utilizados por los murciélagos como de tránsito y donde busquen su alimento. Es común que las redes se coloquen asociadas a mantos de agua, ya sea ríos, arroyos o piletas, a causa de que por lo general una de las primeras y últimas actividades que realizan los murciélagos es la toma de agua, por lo que cuando se colocan las redes en estos sitios se tendrán muchas colectas al momento del crepúsculo del atardecer y amanecer.

En el caso de las redes colocadas en mantos acuíferos, deben ubicarse tratando que la mayor cantidad de la red quede sobre el agua y de preferencia perpendicular a la corriente de ésta, pues por lo general, los murciélagos pueden seguir el túnel de vegetación o entrar a beber aprovechando la corriente.

Otra metodología muy usada en las áreas con vegetación muy cerrada, es colocar las redes perpendiculares a brechas para autos, personas o animales, ya que son utilizadas como vías de tránsito de murciélagos y se facilita su colecta.

En las entradas de cuevas también se colocan redes, pero en estos sitios es importante estar al pendiente de la red todo el tiempo, ya que en cierto momento la salida de ejemplares es tan intensa que la red se puede romper o saturar y tendría que quitarse para que el resto de los murciélagos pudieran salir.

Una red, independientemente de donde se sitúe, se puede colocar de diversas formas ya sea sobre postes de aluminio o sobre palos que se corten en el sitio a colectar, o bien con un sistema de poleas entre las ramas altas de los árboles. La más recomendable de todas es colocarla por medio de postes de aluminio sobre el agua o en una brecha, aunque si se desea tener la mayor diversidad de especies de murciélagos se sugiere poner en la mayor cantidad de sitios posibles, ya que al existir tantos tipos de hábitos alimentarios, las especies pueden ser encontradas en diferentes sitios.

Redes de mano. Estas redes son similares a las redes de golpe que utilizan los entomólogos, que consisten en un palo con un aro de metal y una red de manta cónica. Muchas de estas redes son de fabricación casera, por lo que el diámetro y la longitud del cono son muy variables.

Colocación de las trampas. Las redes de mano, no se colocan en ningún sitio, sino que se utilizan dentro de las cuevas, cuando lo murciélagos están volando, capturándolos al aire. Si el colector entra a la cueva con el suficiente sigilo, la gran mayoría de los murciélagos estarán colgados de las paredes y techo, por lo que con la red de mano podrán ser capturados, colocando la red entre los ejemplares y la pared o el techo.

Direct methods

Mist or fog nets. This type of nets is also known as silk nets made of very thin nylon with straps, generally five of them. These nets are very thin, so they are not easily noticeable at night. They are made of different sizes; the most commercial ones are from 6 to 12 m in length by 2.6 m in height; mesh light is also variable and should be chosen in function of the species to be collected; the most common are 24, 30, and 36 mm. With respect to color although they come in several colors, black is recommended. It is important to mention that in all bat collection systems, the least amount of noise should be made as it frightens the specimens away.

Setting the traps Setting the traps is varied, and as with all types it mostly depends on the collector. In general, they should be placed in sites used by bats as transit and where they search for food. Nets are commonly placed associated to aquifers, as rivers, streams, or basins because one of the first or last activities performed by bats is drinking water, so if they are placed in these sites, many specimens can be captured at dawn or dusk.

In the case of nets placed in aquifers, they should be located in a way the majority of the net is placed on water and preferably perpendicular to its current because bats can follow the vegetation tunnel or get in to drink taking advantage of the current.

Another highly used method in areas with closed vegetation is placing the nets perpendicularly to pathways for cars, persons, or animals because they are runways for bats which facilitates their collection.

In cave entrances, nets are also placed; however, it is very important to keep an eye on the net at all times because at a certain moment the exit of specimens is so intense that the net could break or get saturated and would have to be removed, so the rest of the bats could be set free.

A net, independently of its location, could be set differently, be it on aluminum poles or on branches cut in the collection site, or with a system of pulleys between high tree branches. The most recommended of all is placing it on aluminum poles in water or on a pathway. However, if a greater diversity of species is expected, they should be placed on as many sites as possible because species can be found in different places due to their many types of feeding habits.

Hand-held nets. These nets are similar to beating nets used by entomologists, which consist of a stick with a metal ring and a conical coarse cotton cloth. Many of these nets are homemade, so the cone length and diameter are variable.

Setting the traps. Hand nets are not placed in any site, but they are used inside the caves when the bats are flying capturing them in the air. If the collector enters the cave silently, the majority of the bats will be hanging from walls and roof, so they can be captured with the hand net placing it among the specimens on the wall or roof.

Redes de arpa. Las redes de arpa también son conocidas como "redes de Constantino". Están formadas por un marco de madera o metal que tiene varios alambres, o cuerdas de nylon de pesca, tensados de arriba hacia abajo separadas por un espacio de 2.0 - 2.5 cm, de manera que el murciélago pega en el alambrado y cae a una bolsa recolectora. Estas redes están diseñadas para la captura de gran cantidad de murciélagos en poco tiempo, con la ventaja de causar un menor grado de estrés a los murciélagos y son usadas principalmente para la captura y marcaje de ejemplares. La desventaja es por su tamaño se dificulta la transportación.

Colocación de las trampas. Estas trampas se colocan en los sitios en los que se espera un afluente de murciélagos en poco tiempo, como es el caso de las salidas de las cuevas o refugios que se tengan detectados, como también podrían ser construcciones abandonadas, árboles huecos, tiros de minas, entre otros.

Captura manual. Esta se realiza dentro de los refugios (troncos, construcciones, cuevas) de los murciélagos, por lo que es fácil la captura cuando están descansando y más cuando están hibernando. En este caso, los ejemplares se colectan directamente con la mano y se guardan en bolsas de manta. Se debe de recordar que dentro de una cueva o refugio existe una estratificación del área de descanso de las especies, así por ejemplo las especies hematófagas siempre se encuentra en la parte de obscuridad total y algunas de las insectívoras en los sitios de obscuridad parcial.

Métodos indirectos

Uno de los atributos que destaca en el grupo de los quirópteros es la ecolocalización, misma que puede utilizarse para obtener información del grupo y tener un referente de su distribución. La detección acústica de las especies se logra mediante el uso de detectores ultrasónicos los cuales ayudan a transformar e interpretar los llamados de ecolocalización en sonidos audibles al humano. Es un método mayormente utilizado para identificar a las especies de murciélagos insectívoros, este método es útil en los inventarios de especies, así como la obtención de información ecológica. La desventaja es que aun no se cuenta con información suficiente de librerías de referencia, además de los altos costos de los detectores.

Manejo en general de ejemplares

En general el manejo de los especímenes debe de ser de la manera más humanitaria posible y evitar al máximo el sufrimiento de los mismos. Una vez capturado el organismo, deberá de ser sacrificado lo antes posible, para lo cual se pueden utilizar diferentes métodos.

El uso de cloroformo es efectivo para ejemplares de pequeño tamaño. Debe de hacerse una cámara letal la cual consiste de un frasco de dos litros o más en el que se colocan algodones con cloroformo y se introducen los ejemplares uno por uno, y al cabo de unos minutos estarán muertos. Esta técnica tiene además la ventaja de que al mismo tiempo de que mata al ejemplar en cuestión de pocos segundos, también a todos los ectoparásitos, por lo que facilita la colecta de los mismos. Si se utiliza esta técnica, hay que probar primero el frasco de la cámara letal ya que el cloroformo solubiliza algunos tipos de plásticos. Hay que tener cuidado de manejar la cámara en sitios ventilados y no inhalar directamente hacia la misma, ya que el cloroformo es tóxico.

Hart nets. This type of nets is also known as "Constantine nets". They are formed by a wood or metal frame crossed by several wires or nylon fishing lines tensed from top to bottom and separated with a gap from 2.0 - 2.5 cm, in such a way that when the bat hits the series of wires, it falls into a collecting bag. They are designed for capturing a great number of specimens in little time and are mainly used for marking them with the advantage of causing the least degree of stress to the bats. The disadvantage is its size making its transportation difficult.

Setting the traps. These traps are placed on the sites where an abundant flow of bats would be expected in little time, as the case of cave or refuge exits detected, same as abandoned constructions, hollow trees, and mineshafts, among others.

Manual capture. This type of capture is performed within refuges (tree trunks, constructions, caves) making it easier when they are resting and more when they are hibernating, in which case the specimens are collected directly by hand and kept in coarse cotton bags. It is important to remember that a cave or refuge has a species stratified resting area. For example, hematophagus species are always found in the total darkness area and some insectivores in sites of partial darkness.

Indirect methods

One of the attributes that stands out in the order Chiroptera is echolocation, which can be used to obtain information from the group and have a reference of their distribution. The species acoustic detection is achieved by using ultrasonic detectors that help transform and interpret echolocation calls in audible sounds for humans. It is a highly used method to identify insectivore bat species and useful in species inventories, as well as to obtain ecological information. The disadvantage is that available information in reference libraries is still not sufficient apart from the high cost of the detectors.

Sampling handling

In general handling specimens should be in the most humanitarian way possible to avoid their suffering at maximum. Once captured the organisms should be sacrificed as soon as possible. Different methods may be used.

The use of chloroform is effective for small size specimens. A lethal chamber should be made with a 2-L bottle or more where some cotton balls with chloroform are placed; the specimens are introduced one by one dying in a couple of minutes. This technique has also the advantage of killing the specimen at the same time it kills all the ectoparasites making their collection easier. If this technique is used, the bottle for the lethal chamber should be tested as chloroform dissolves several types of plastics. The chamber should be handled carefully in ventilated sites and avoid inhaling it directly as chloroform is toxic.

Para animales más grandes, se recomienda la inyección letal de alguno de los químicos utilizados por los veterinarios. Un buen ejemplo es el pentobarbital sódico en una concentración de 2 ml/kg, lo que es una sobre dosis de anestesia y el individuo muere con el menor sufrimiento posible.

Otra metodología es la dislocación de la columna vertebral, la cual es práctica para ejemplares pequeños (menos de 300 g), pero para ejemplares de mayor tamaño es complicada. Cabe hacer la aclaración que para trabajos taxonómicos sacrificar de esta manera a los individuos puede modificar su longitud total. En el caso de animales muy pequeños, pueden ser sacrificados por asfixia.

Preservación y conservación

Para la preservación de mamíferos, el método más adecuado es el de la taxidermia de museo (disecación), en la que se realiza una disección de los individuos para sacar cráneo, esqueleto y tejidos blandos, rellenando la piel con algodón, por lo que se conserva al final del proceso todo este material por separado para los diferentes estudios. Otros métodos como la fijación en formol y alcohol son buenos, pero modifican la coloración del pelo, lo que demerita el material biológico con el tiempo. Además, el uso de formol no permite que en un futuro se puedan tomar muestras de tejido para estudios moleculares.

Con relación a las colecciones de tejidos. Estas deben estar preservadas en alcohol al 95%, en tubos plásticos que contengan trozos pequeños de tejido, se deben almacenar de preferencia a una temperatura no mayor de 15°C, pero lo ideal es en refrigeración, para evitar la evaporación del alcohol y la luz de forma directa. Todo el material debe estar preferentemente almacenado en gavetas que resguarden de polvo, insectos, luz y otros factores que pueda dañar o alterar sus características físicas.

For larger animals, a lethal injection of chemicals used by veterinarians is recommended. A good example is sodium pentobarbital in a concentration of 2 ml/kg, an anesthesia overdose and the individual dies with the least suffering possible.

Another method is dislocating the spine, which is practical for small specimens (less than 300 g), but it is complicated for larger size mammals. It is worth mentioning that for taxonomic work, sacrificing individuals in this manner could modify its total length. In the case of very small animals, they can be sacrificed by suffocation.

Preservation and conservation

To preserve mammals, the most adequate method is museum taxidermy (dissecting), in which individuals are dissected to remove the cranium, skeleton, and soft tissues, stuffing the skin with cotton. At the end of the process all material is preserved separately for the different studies. Other methods as fixing in formaldehyde and alcohol are good, but they modify skin color causing damage to the biological material with time. Besides, the use of formaldehyde does not allow taking tissue samples for future molecular studies.

In relation to tissue collection, they should be preserved in alcohol at 95%, in plastic tubes containing small pieces of tissue, preferably stored at a temperature not higher than 15°C, but ideally they should be refrigerated to avoid direct light and alcohol from evaporating. All materials should be preferably stored in drawers to keep them away from dust, insects, light, and other factors that could harm or alter their physical characteristics.

Anexo III preparación

Appendix III preparation

L a preparación de los ejemplares se debe realizar dentro de una charola de metal o madera, preferentemente poco profunda. Ésta se coloca frente a usted sobre la mesa. Cuando la preparación se realice en el campo, se puede colocar sobre las piernas. Posteriormente, ponga el equivalente a un puño de aserrín, tenga a la mano una regla, aguja con hilo, bisturí, pinzas y tijeras.

La primera incisión se realiza en el vientre con las tijeras. Con los dedos se pellizca la piel del abdomen, para evitar que se corte la pared del cuerpo. Se recomienda el uso de tijeras en lugar del bisturí. El corte debe de ser en la línea media del vientre, desde la abertura anal hasta la mitad de la región abdominal. Se debe extender aserrín sobre el área del corte para ir separando la piel del cuerpo con las pinzas o de preferencia con el dedo índice. El aserrín ayuda a que la piel no se adhiera nuevamente al cuerpo, da tracción a los dedos y absorber la grasa, para que no se ensucie el pelo. Al llegar a las patas traseras, sostenga con una mano la piel con el pulgar y el índice, y con la otra empuje la rodilla del ejemplar hacia la línea media del cuerpo, tomándola desde la tibia. Con el pulgar de la misma mano se empuja la piel del vientre y el costado en dirección contraria al movimiento previo. Sujete la rodilla expuesta con la otra mano y con el dedo índice y el pulgar de la mano libre separe la piel de la espinilla y empújela hasta el tobillo, coloque una de las hojas de las tijeras en el tobillo, de tal forma que los huesos de la parte baja de la pierna estén entre las tijeras y con un movimiento de éstas quite la carne y con un movimiento de ésta quite la carne para liber la parte baja de la pierna. Corte la pata por debajo de la articulación de la rodilla repitiendo el proceso en la otra pata trasera (excepto en los murciélagos).

La razón por la cual se dejan los huesos de la parte baja de la pierna (tibia y perone) adheridos a la piel, en lugar de removerlos cortando desde el tobillo, se debe a que en ocasiones es necesario medir la longitud de la pata trasera. El mantener estos huesos presentes permite la fácil localización del talón.

Durante todo el proceso de preparación, se recomienda mantener al espécimen cubierto de aserrín tanto como sea posible, ya que éste absorberá la grasa y cualquier otro fluido corporal evitando, que éstos lleguen a la piel o a las manos del preparador. Si la grasa llega a las manos, ésta será transferida a la piel, lo que causará una modificación en la coloración del pelaje y la pérdida de pelos, además de que se extiende eventualmente a la etiqueta del ejemplar y a otros especímenes. La grasa, donde sea que se encuentre en la preparación, se oxida y con el tiempo

Preparation of the samples should be performed in a metal or wooden tray, preferably shallow. Place it in front of you on the table. When preparation is performed in the field, it can be placed on your lap. Then, spread an equivalent to a handful of sawdust; have a ruler, thread and needle, surgery knife, tweezers, and scissors at hand.

The first incision is performed on the abdomen with the scissors. With the fingers, pinch the abdomen skin to avoid cutting the body wall. Scissors should be used over the surgery knife. The cut should be in the middle line of the abdomen from the rectal opening to the mid-abdominal region. Sawdust should be extended over the cutting area to separate the skin from the body with the tweezers or preferably with the index finger. Sawdust avoids the skin adhering again to the body, helps the fingers move, and absorbs fat, so hair does not get dirty. When reaching the hind-limbs, hold the skin with one hand with the thumb and index finger; with the other hand push the sample's knee toward the middle line of the body taking it from the tibia with the thumb of the same hand; push the abdomen and the side contrary to the previous movement. Hold the exposed knee with the other hand, and with the index finger and the thumb of the free hand separate the skin from the shank and push it down to the ankle; place one of the scissor blades on the ankle in such a way that the bones of the lower part of the limb are between the scissors, and with one movement take off the meat and free the lower part of the limb. Cut the limb under the knee joint repeating the process on the other hind limb (except for bats).

The bones of the lower part of the limb are left adhered to the skin instead of cutting them from the ankle to remove them because it is sometimes necessary to measure the hind limb length. Maintaining these bones allows locating the heel easily.

During the whole preparation process, the specimen should be covered with sawdust as much as possible because it will absorb fat and any type of body fluid, avoiding they reach the skin or the preparer hands. If the fat reaches the hands, it will transfer to the skin causing changes in pelage color and loss of hair besides extending eventually to the sample tag and to other specimens. Wherever fat is found in the preparation, it oxidizes and with time destroys

destruye la piel. Para mantener al espécimen inmerso en aserrín, se requiere que el preparador aprenda a trabajar más por el tacto que por la vista. El aserrín debe de ser remplazado constantemente y nunca dejar que se impregne de grasa.

Cuando las dos patas traseras han sido liberadas, con las uñas de sus dedos, o unas tijeras, separe el intestino y conductor reproductivos de la piel. Cuando la piel que rodea la base de la cola se encuentre libre, sostenga al ejemplar fuertemente de la base de la cola con una mano, coloque los dedos de la otra mano detrás de la piel y jale la cola hacia afuera. Un sólo movimiento será suficiente para llevar a cabo el proceso. Tenga cuidado de mantener las uñas en contacto contra las vértebras de la cola y detrás de la piel, para que no se voltee la cola al revés, lo que causaría un retraso en la preparación. En caso de que la piel de la cola se encuentre muy seca y ésta no pueda salir por el proceso anterior, se recomienda hacer una incisión en la parte ventral de la cola. En ejemplares de tamaño pequeño, se puede dejar la cola tratando de introducir un alambre para que ésta quede recta.

Cuando la piel de la cola y las patas traseras se encuentren liberadas, separe la piel de la pared corporal de la parte anterior de la incisión inicial que fue hecha en el vientre. Posteriormente, voltee la piel hacia abajo alrededor del cuerpo y empújela (no la jale) fuera del cuerpo (como si se quitara una camiseta), asegurándose de que la piel se encuentre hacia abajo tanto en el vientre como en cualquier parte o en caso contrario la piel gradualmente se rasgaría hacia adelante de la parte frontal de la incisión inicial. Lo anterior provocaría que la piel no ajuste al cuerpo de algodón y en consecuencia el espécimen seco quede deformado. Empuje la piel hacia abajo hasta que los codos del ejemplar sean visibles, rasgue o corte el músculo delgado que se asoma y empuje la piel hacia abajo hasta la muñeca. Abra el antebrazo cerca de la muñeca con las hojas de las tijeras desde arriba de la muñeca hasta casi llegar al codo, remueva la carne de la parte baja del miembro y corte los huesos justo arriba de la articulación del codo y haga lo mismo con la otra pata delantera (en los murciélagos la medida del antebrazo es muy importante), por lo que el corte deberá de realizarse en el brazo y no en el antebrazo.

Siga empujando la piel descubriendo el cráneo. Empuje aún más, pero con mucho cuidado, hasta que las bases de las orejas sean visibles, con la ayuda de las uñas de los dedos sólidamente sujete el tubo auditivo de los dos lados donde emerge del hueso y corte el conducto cartilaginoso (con el bisturí, aunque hay quienes prefieren mejor las tijeras). Cuando los dos oídos estén libres, empuje la piel hasta alcanzar los ojos, levante el bisturí o las tijeras y haga dos cortes en cada ojo, uno que atraviese la parte inferior del ojo, para separar la mayoría de las uniones de la piel al cráneo y el segundo corte en plano transverso con la hoja del bisturí contra el hueso para separar el entrecejo del ojo del cráneo. Éste último corte deberá efectuarse con sumo cuidado, sino los párpados, en el ángulo del ojo, serán cortados y en consecuencia la abertura ocular lucirá más larga de lo natural larga en el animal rellenado.

Empuje la piel hacia la punta de la quijada inferior, separando la piel de cada cachete y luego haga lo mismo con la de la parte frontal de la quijada con la ayuda de tres cortes del bisturí o tres rasguños hechos con las uñas. Utilizando la uña del pulgar, empuje la piel de cada lado del rostro (parte delantera del cráneo) hacia la punta de la nariz y con un trazo del bisturí libere la piel cuidando cortar adecuadamente la punta delantera de los nasales. Hay quienes frecuentemente cortan el final de los nasales con las tijeras en lugar de con el bisturí.

the skin. In order to keep the specimen immersed in sawdust, the preparer should learn to work more by touch than by sight. Sawdust should be replaced constantly and never allowed to impregnate with fat.

When the two hind limbs have been set free, separate the intestine and reproductive conductor from the skin with your fingernails or scissors. When the skin surrounding the tail base is set free, hold the sample strongly from the tail base with one hand; place the fingers of the other hand behind the skin and pull the tail outward. One movement only will be enough to perform the process. Make sure to keep your fingernails in contact against the tail vertebrae and behind the skin, so the tail does not turn backward causing a delay in the preparation. In case the tail skin is very dry and cannot go through the last process, we recommend making an incision in the ventral part of the tail. In small size samples, the tail can be left inserting a wire to keep it straight.

When the skin of the tail and hind limbs are set free, separate the skin from the body wall from the initial incision made on the abdomen. Then, turn the skin downward, surrounding the body and push it (do not pull it) out of the body (as if taking off a t-shirt) making sure the skin is found downward on the abdomen as in any other part. Otherwise, the skin will gradually tear frontward from the frontal part of the initial incision, which would cause the skin not adjusting to the cotton body and consequently the dry specimen would be deformed. Push the skin downward until the sample's elbows are visible; tear or cut the thin muscle that shows and push the skin downward to the wrist. Open the forearm close to the wrists with the scissor blades from above the wrist to almost reaching the elbow; remove the meat from the low part of the limb and cut the bones just above the elbow joint and do the same with the other forelimb (in bats the forearm measurement is very important), which is why the cut should be performed in the arm and not in the forearm.

Keep pushing the skin until the cranium shows. Push a little more but very carefully until the ear bases are visible. With the help of the fingernails and fingers solidly hold the auditory tube of both sides where the bone emerges and cut the cartilaginous conduct (with the surgical knife although some prefer the scissors). When both ears are free, push the skin until reaching the eyes; lift the surgical knife or the scissors and make two cuts on each eye, one that goes through the lowest part of the eye to separate the majority of parts where the skin is joint to the cranium, and the second cut in transversal plane with the surgical knife blade against the bone to separate the space between the eyebrows and the cranium. This last cut should be done with extreme care or the eyelids will be cut on the eye angle, and consequently the eye opening will look unnaturally long in the stuffed specimen.

Push skin toward the tip of the lower jaw, separating the skin from each cheek and then do the same with the frontal part of the jaw with the help of three cuts with the surgical knife or three scratches made with the fingernails. With the thumbnail, push the skin from each side of the rostrum (frontal part of the cranium) toward the tip of the nose; with a trace from the surgical knife free the skin taking care of cutting the front tip of the nasals adequately. Some preparers frequently cut the end of the nasals with the scissors instead of the surgical knife.

Si el espécimen es hembra, anote la presencia o ausencia de embriones. Si los hay anote el número y largo desde la coronilla hasta la parte trasera. Si es macho, mida la longitud de los testículos. Complete los registros tanto en las etiquetas como en el catálogo. Si se van a tomar tejidos para estudios genéticos, corte una porción de músculo que esté libre de aserrín, aproximadamente de 1 cm^2, colóquelo en un vial con alcohol al 95% y con las tijeras limpias introdúzcalas en el vial para hacer varios cortes del tejido, de tal forma que éste llegue a ser fijado en su totalidad. De igual forma, si se van a conservar órganos o gónadas, éste es el momento para extraerlos. Coloque la etiqueta del cuerpo alrededor del abdomen y la del cráneo amárrela a la mandíbula.

Coloque la piel sobre el aserrín para remover toda la grasa. Si se trata de un ejemplar grande, ayúdese con el bisturí o las tijeras, recuerde que es necesario remover los pedazos de músculo. En caso que el ejemplar se haya impregnado mucho de grasa durante la preparación, es recomendable que sea lavado con agua y detergente hasta que la grasa desaparezca. Esto se puede realizar también cuando el ejemplar se encuentre manchado por sangre. Para el secado, presione la piel para retirar el exceso de agua (nunca la exprima), y a continuación, colóquela en aserrín limpio, para que ésta absorba la mayor cantidad de agua. En estos casos es recomendable contar con una secadora de pelo, de lo contrario, déjela secar a la sombra y después proceda con la técnica normal.

Tome una aguja ensartada y cosa la boca con tres puntadas, una en la parte inferior y dos en la superior. Realice este proceso al revés de la piel, asegure con un nudo para evitar que la puntada se deshaga y corte el hilo arriba del nudo. Hay quienes también cosen la boca después de terminar el relleno de todo el ejemplar. Ate un nudo con una mano al final del hilo y coloque la aguja donde sea fácil de tomar para la siguiente vez que la necesite. En algunos museos se acostumbra la utilización de arsénico para la mejor conservación de la piel, en caso que se desee utilizar esta técnica aplique jabón arsenical por medio de un cepillo o polvo arsenical por medio de una bolita de algodón, sostenida con las pinzas, sobre todas las partes carnosas de la piel.

Doble un cuadrado de algodón, al tamaño y forma deseados similar al cuerpo que se extrajo y colóquelo a un lado. El relleno con un cuerpo demasiado grande o chico causará problemas, pero un cuerpo más ancho que alto y de forma cónica dará mejores resultados para comenzar. Haga el cuerpo un cuarto más largo que el del animal (el cuarto extra que será cortado más adelante). La espalda y los lados deben ser lisos pues pequeñas irregularidades en el cuerpo dan irregularidades mayores en los especímenes secos. La orilla externa del algodón debe ser lisa, debe removerse la fibra suficiente para estirar el algodón hasta lograr una orilla fina. Cuando el último doblez ha sido efectuado arrastre el cuerpo a través de la tabla para desollar, o de la superficie de la mesa, para lograr que la fina orilla del algodón se adhiera a la capa anterior; al hacer esto se evita que el algodón se desenrolle mientras se voltea sobre él; si se desenrolla parcialmente se provoca que la piel se enrosque haciéndola lucir desagradable. El objetivo, cualesquiera que sea el método utilizado para formar el cuerpo, es lograr un cuerpo simétrico, firme y aún elástico que mantenga su forma mientras la piel se esté secando.

Con las pinzas, tome el cuerpo de algodón por la parte anterior del cono, y colóquelo sobre la almohadilla nasal de la piel (todavía con la parte carnosa hacia afuera) contra la punta terminal del cuerpo de algodón, voltee la piel sobre el algodón hasta alcanzar las patas delanteras manteniendo apretadas con las pinzas

If the specimen is a female, note the presence or absence of embryos. If there are any, take note of the number and length from the tip of the crown to the back part. If it is a male, measure the length of the testicles. Complete the records both on the tag and the catalogue. If tissues are going to be taken for genetic studies, cut a portion of the muscle that is free from sawdust, approximately 1 cm², place it in a vial with alcohol at 95% and with clean scissors introduce it in the vial to make several tissue cuts, in such a way that it gets to be fixed in its totality. Likewise, if organs or gonads will be preserved, it is the right moment to extract them. Place the body tag around the abdomen and tie the one for the cranium to the jaw.

Put the skin on the sawdust to remove all the fat. If it is a big sample, help yourself with the surgical knife or the scissors. Remember it is necessary to remove the pieces of muscle. In case the sample has been impregnated much from fat during preparation, it should be washed with water and detergent until fat disappears and also when the sample is found spotted with blood. For drying, press the skin to withdraw water excess (never wring it), and then place it on clean sawdust, so it absorbs the majority of the water. In these cases, it is good to have a hair dryer, or let it dry on the shade and then proceed with the usual technique.

Take a needle and thread and stitch the mouth with three stitches, one on the lower part and two in the upper one. Perform this process on the back part of the skin, tying a knot to avoid the stitch to undo and cut the thread above the knot. Some preparers stitch the mouth after they finish stuffing the whole sample. Tie a knot with one hand at the end of the thread and put the needle where it will be easy to take it the next time you need it. Some museums use arsenic for better skin conservation; in case you wish to use this technique apply arsenical soap with a brush or arsenical powder with a cotton ball holding it with tweezers on all the meaty parts of the skin.

Fold a piece of cotton to the size and shape wanted similar to the body that was extracted and place it to the side. Stuffing a very large or small body will cause problems, but a body wider than taller and of conical shape will give better results to start with. Make the body one fourth larger than that of the animal (the extra fourth that will be cut later). The back and the sides should be ready because small irregularities in the body give greater irregularities in dry specimens. The external cotton rim should be smooth; enough fiber should be removed to stretch the cotton until a fine rim is achieved. When the last fold has been done, drag the body through the skinner table or table surface to make the fine cotton rim adhere to the anterior layer; by doing so it avoids the cotton to unfold while turning it over; if it unfolds partially, it causes the skin to curl making it look unpleasant. The objective, whichever method is used to shape the body, is to end up with a symmetrical, firm, and still elastic body that maintains its shape while the skin is drying.

With the tweezers, take the cotton body by the anterior side of the cone and place it on the nasal pillow (still with the meaty part outward) against the terminal tip of the cotton body; turn the skin over the cotton until reaching the forelimbs keeping it tight with the tweezers on the terminal tip of the cotton

en la punta terminal del cono de algodón. Coloque en su lugar la piel de la cabeza y el cuello tirando de la piel en el área de cada ojo (evitando rasgar la piel), la piel de la garganta, alrededor de cada oreja y la piel del pecho. Asegurándose que la punta del algodón ha recorrido todo el camino hasta la punta de la nariz, que las dos aberturas de los ojos se encuentran simétricamente colocadas, que las orejas se encuentran exactamente opuestas una de la otra y que la piel de la cabeza se encuentra completamente rellena. Ahora, afloje el apretón de las pinzas y sáquelas; si la parte final de la cabeza de algodón se fue tomando en forma adecuada, el algodón se expandirá rellenando completamente la piel de la cabeza lográndose una simetría bilateral.

Con la menor manipulación posible del cuerpo rellenado y la piel, voltee la parte restante de piel sobre el cuerpo de algodón, que será ligeramente más largo que el cuerpo natural. Con unas tijeras corte el excedente del cuerpo de algodón dejando una delgada extensión en la parte posterior (superior), checando que el corte sea exactamente vertical y transverso. Deje que la pequeña extensión de algodón de la parte posterior cubra la parte cortada al final.

Después de que se ha introducido el cuerpo de algodón a la piel, seleccione alambre de plata alemana o Monel del calibre adecuado (alambre que no se oxide y no tenga elementos que alteren la química de la piel), en caso de no contar con el material adecuado puede sustituirse por acero inoxidable. El alambre debe ser previamente estirado para que se encuentre derecho. Corte cuatro tramos similares para las patas y uno para la cola. Los alambres deberán de se ser tan largos como una vez y media la longitud de la estructura ósea del miembro, ya sea éste de las patas delanteras, posteriores o la cola. Para las tuzas (*Thomomys*) y las ratas magueyeras (*Neotoma*) utilice alambre del calibre 10; para un ratón de campo (*Peromyscus*) utilice del calibre 16; para un ratón pequeño de abazones (*Perognathus*) del calibre 20 y para las colas de los murciélagos más pequeños también del calibre 24 o hasta del 26. Los murciélagos únicamente llevan alambre en las extremidades traseras y en la cola, si la presenta. Si no se encuentra accesible el alambre adecuado utilice bambú, y en cualquier caso, para patas de mamíferos más largos que la rata maguyera use bambú o madera dura y de grano continuo en lugar de alambre. Los zorrillos, tlacuaches y otros mamíferos de igual tamaño o menores pueden rellenarse o mandar curtir las pieles. Tejones (*Taxidea*), zorras (*Urocyon*) y animales más grandes o largos deben ser desollados para que la piel pueda ser curtida apropiadamente y ser preservada sin rellenar.

En cada pata delantera introduzca un alambre por el lado del hueso del antebrazo, que atraviese la palma y llegue hasta la base de la uña del dedo medio, teniendo la precaución de no perforar la piel. Repita con la otra pata. Posteriormente, gire cada pata trasera media vuelta hacia afuera y luego introduzca un alambre como se describió anteriormente para las patas delanteras. Jale las patas traseras hacia afuera y atrás. Las plantas deberán estar hacia abajo. La piel de la pata trasera deberá ser rellenada de tal forma que la circunferencia de la parte baja de la pata y el muslo sean las mismas que cuando estaba vivo el ejemplar.

Tome el alambre que corresponde a la cola, humedezca la punta y dele vueltas (rotando el alambre) sobre un fino y delgado pedazo de algodón; continúe dándole vueltas hasta envolver el algodón de tal forma que gradualmente incremente su diámetro en el alambre. La cola en el cuerpo desollado, es una guía para el tamaño. Recuerde que los extremos salientes de las fibras causarán que la cola artificial sea funcionalmente más larga de lo que aparenta, consecuentemente el alambre de la

cone. Put the head and neck skin in their place pulling the skin in the area of each eye (avoid tearing the skin), the throat skin around each ear, and the breast skin. Make sure the tip of the cotton has run all the way from the tip of the nose; check that the two eye openings are symmetrically set; the ears are found exactly opposite to one another; and the head skin is found completely stuffed. Now loosen the tightness of the tweezers and take them out; if the final part of the cotton head was shaped adequately, the cotton will expand stuffing the head skin completely achieving a bilateral symmetry.

With the least manipulation possible of the stuffed body and skin, turn the remaining skin on the cotton body, which should be slightly larger than the natural body. Cut the exceeding cotton body with scissors leaving a thin extension in the posterior (upper) part checking the cut is exactly vertical and transversal. Let a small cotton extension in the posterior part cover the cut part at the end.

After the cotton body has been introduced to the skin, select the German silver wire or Monel of the adequate caliber (stainless wire that does not have an element that alters the skin chemistry) which should have been previously stretched to be straight. Cut four similar sections for the limbs and one for the tail. The wires should be as long as one and one half of the limb bone structure length either from the hind or forelimbs or the tail; for gophers (*Thomomys*) and *Neotoma* rats use wire caliber 10; for a country mouse (*Peromyscus*) use caliber 16; for a small *Perognathus* mouse use caliber 20; and for smaller bat tails use caliber 24 or up to 26. Bats only carry wire in the hind limbs or in the tail if they have one. The wire used should also be type German wire or Monel (it should be a stainless wire); in case of not finding the adequate material, it can be substituted by stainless steel but never with other kinds of wire (not even copper or galvanized) because they eventually corrode or oxidize destroying the specimen. If the adequate wire is not available, use bamboo and in any case, for mammal limbs larger than Neotoma rats use bamboo or hardwood and with continuous grain instead of wire. Skunks, opposums, and other mammals of the same size or larger can be stuffed or have their skins sent to be tanned. Badgers (*Taxidea*), foxes (*Urocyon*), and larger animals should be skinned so their skins can be tanned appropriately and be preserved without stuffing.

Introduce wire in each forelimb on the bone side of the forearm, going through the palm and to the middle digit nail, being careful of not piercing the skin. Repeat with the other limb. Then rotate each hind limb half turn outward and introduce a wire as described previously for the forelimbs. Pull the hind limbs outward and backward. The soles should be downward. The skin of the hind limbs should be stuffed in such a way that the circumference of the lower part of the limb and thigh is the same as when the specimen was alive.

Take the wire corresponding to the tail, moisten the tip, and turn it (rotating the wire) over a fine and thin piece of cotton; continue turning until it is covered with cotton in such a way that it gradually increases its diameter on the wire. The tail of the skinned body is a guide for the size. Remember that the extreme projecting fibers will cause the artificial tail to be functionally larger than what

cola envuelto deberá ser de un diámetro ligeramente menor que la cola verdadera que ha sido sacada de la piel. Si el algodón es firmemente afianzado en cada extremo del alambre de la cola, y si el diámetro es el correcto, el resultado será el adecuado. Coloque la cola sin rellenar hacia abajo cerca de la orilla de la tabla para desollar, coloque la punta del alambre de la cola dentro de la base abierta de la cola y posteriormente con un movimiento continuo deslice el alambre hasta la punta de la piel de la cola, pues cualquier parte sin rellenar se secará y se romperá. Con las pinzas para cortar alambre corte solamente aquel tramo de éste que no pueda pasar por la abertura en la piel del vientre. El alambre deberá descansar en la línea media entre la parte baja del cuerpo de algodón y la piel.

Ajuste las cuatro patas de tal forma que los pares estén situados simétricamente y de tal forma que los alambres de las patas descansen paralelamente a la línea media y tan cerca de ésta como la tensión de la piel lo permita. Revise que el alambre de la cola esté alineado adecuadamente, esto es paralelo con los de las patas y en la línea media del vientre entre los alambres de las dos patas traseras. Todo lo anterior deberá efectuarse sin estar levantando la piel sin rellenar, una manipulación innecesaria en éste paso deformará el cuerpo. Ahora deberá coserse la abertura en el vientre. Esto deberá ser hecho prendiendo primero la orilla extrema de la abertura de la piel con la aguja; luego ocho o diez puntadas cruzadas serán suficientes. Después de la última, jale apretando fuertemente, haga una lazada en el hilo y por medio de las puntas de las tijeras lleve la lazada hacia abajo de la parte peluda de la piel para formar un nudo que evite que se deshagan las puntadas mientras la piel se seca. Corte el hilo por arriba del nudo. Coloque el animal ya relleno con el vientre hacia abajo con las patas traseras saliendo cerca de cada orilla de la tabla para desollar. Ate la etiqueta sobre la pata derecha; dele dos vueltas al hilo y jale éste hasta apretar tanto como sea posible sin romper la pata, termine con un nudo cuadrado o un nudo ciego. Corte posteriormente las puntas del hilo a un centímetro de distancia del nudo. Los objetivos son, primero atar el nudo tan ajustado que no resbale por el diámetro del talón y el pie después de haber decrecido debido al secado y, segundo, atar el nudo tan seguro que tenga que ser cortado para remover la etiqueta.

Utilice un cepillo de dientes con cerdas suaves para peinar el pelaje de todo el cuerpo. En caso de que el ejemplar se encuentre todavía con sangre en alguna parte esta podrá ser retirada frotando suavemente con un algodón impregnado de alcohol o agua oxigenada, recordar que esta última decolora el pelo.

Secado de los ejemplares

Seleccione ocho alfileres con cabeza, no más largos que lo profundo de la tabla para secado, con éstos se fijará el ejemplar a la tabla para el proceso de secado. Esta técnica es para todos los mamíferos pequeños excepto los murciélagos. Primero fije las patas delanteras a la altura del hocico, checando que queden por debajo de la cabeza y en la línea media del cuerpo. Cada pata debe tener la palma sobre la base. Incline los alfileres de tal forma que no arruguen la piel o el pelaje que rodea la cabeza y que sirvan a su vez para que la cabeza quede fija. A continuación clave los alfileres de las patas traseras, a la altura de la planta. Observe al animal por la parte posterior para revisar que las dos patas traseras sean equidistantes de la nariz y observe lateralmente al ejemplar para checar que los dedos de cada par de patas estén correctamente colocados en posición anterior y posterior. Proceda a colocar dos alfileres cruzados en la base de la cola. En este punto, con la parte posterior de las pinzas o tijeras acomode la parte posterior del cuerpo para que quede lo más

it seems; consequently the tail wire covered should be one diameter slightly less than the real tail that has been extracted from the skin. If the cotton is firmly secured on each end of the tail wire and if the diameter is the correct one, the result must be adequate. Put the tail without stuffing downward close to the end of the skinner table; place the tip of the wire inside the open base of the tail and then with a continuous movement slip the wire all the way to the tip of the tail as any unstuffed part will dry and break. With the tweezers for cutting wire cut only the piece that cannot go through the skin opening of the abdomen. The wire should rest in the middle line between the lowest part of the cotton body and skin.

Adjust the four limbs in such a way that the pairs are located symmetrically and the wires of the limbs lie parallel to the middle line and as close to it as the skin tension allows. Check the tail wire is aligned adequately, in other words, parallel to those of the limbs and in the middle line of the abdomen between the two hind limbs. It should be done without lifting the unstuffed skin because an unnecessary manipulation in this step would deform the body. Now the abdomen opening should be stitched, first the extreme edge of the skin opening with the needle; then eight or ten crossed stitches will be enough. After the last one, pull pressing tightly; make a loop with the thread, and with the tips of the scissors take the loop downward from the hairy part of the skin to make a knot and avoid the stitches to undo while the skin dries up. Cut the thread above the knot. Place the stuffed animal with the abdomen downward with the hind limbs going over the skinner table. Tie the tag on the right limb; turn the thread twice and pull it until it tightens as much as possible without breaking the limb; finish with a square or blind knot. Then cut the tips of the thread to 1 cm in distance from the knot. The objectives are first, to tie the knot so tight that it does not slide from the diameter of the heel and foot after decreasing due to drying; and second, tie the knot so securely that it would need to be cut to remove the tag.

Use a toothbrush with soft bristles to comb the body pelage. In case the first specimen is still with blood in any part of the body, it can be removed by rubbing softly with a cotton impregnated with alcohol or hydrogen peroxide, but remember this last one bleaches hair.

Drying the samples

Select eight headpins, no larger than the depth of the drying table and use them to fix the sample to the table for the drying process. This technique is for all small mammals except for bats. First, fix the forelimbs at the level of the snout, checking they are under the head and in the middle line of the body. Each limb should have the palm on the base. Tilt the pins in such a way they do not wrinkle the skin or pelage surrounding the head and at the same time help to fix the head. Then nail the pins to the hind limbs at the level of the sole. Observe the animal from the back to check that the two hind limbs are at the same distance from the nose; observe laterally to check that the digits on each pair of limbs are correctly placed in anterior and posterior position. Proceed to place two pins crossed on the base of the tail. At this point with the back part of the tweezers or scissors set the posterior part of the body, so it is as "square" as

"cuadrado" posible. Clave la punta de la cola de igual forma. Verifique que el ejemplar quede alineado desde la punta de la nariz hasta la cola.

En el caso de los murciélagos, los alfileres delanteros deberán de colocarse en las muñecas y estas se pondrán a la altura de la nariz, lo más cerca de la cabeza que sea posible. El siguiente par se colocará por el lado interno del codo, despegándolo un poco del cuerpo del ejemplar, esto se realiza para poder tomar fácilmente la medida del antebrazo. Si se separan mucho los codos del cuerpo, los ejemplares ocuparán demasiado espacio en la colección. El tercer par de alfileres deberá de colocarse en la región dorsal de las patas; este par será el que estire a todo el ejemplar para la buena observación de las características. El cuarto, se colocará cerca del extremo distal del calcar (hueso que se encuentra en el tobillo). En caso de que el ejemplar tenga cola y ésta recorra todo el uropatagio, los alfileres se pondrán a media distancia entre la pata y la cola. Este par tiene la función de extender lo más posible al uropatagio.

Los ejemplares que presenten un uropatagio muy grande posiblemente necesiten otro par de alfileres, mientras que los que no lo presentan se puede evitar la colocación de ellos. Un último par de alfileres se coloca sobre el tercer dedo del ala, preferentemente entre la primera y la segunda falanges. Esto tiene como función pegar el ala al cuerpo, por lo que se sugiere que los alfileres tensen el ala, cuidando de que ninguna de las partes del ala quede por arriba del antebrazo, ya que esto dificultaría la toma de la medida del antebrazo; además, los dedos deben quedar separados y fácilmente accesibles, pues en algunas especies la longitud de las falanges de los dedos tienen importancia taxonómica.

La parte posterior de los ejemplares debe tratar de redondearse con el mango del cepillo de dientes o el de las pinzas, recorriendo cada uno de los costados y el dorso. Cuando se realice este último movimiento, procure al momento de bajar sobre la base de la cola empujar esta parte hacia adelante de manera que el cuerpo del ejemplar quede un poco cuadrado en su parte posterior.

Con la ayuda de un par de pinzas, o por medio del pulgar y el dedo índice, comprima cada oreja de tal forma que se arruguen de forma similar. Lo anterior ayudará a que descansen en forma plana mientras se secan, y si el tratamiento se repite al siguiente día las orejas tenderán a ser más simétricas cuando estén completamente secas.

Utilice un alfiler de metal, la parte posterior del bisturí o la orilla de las pinzas para suavizar el pelaje. Coloque la tabla donde se secarán las pieles en un lugar aireado, sombreado y resguardado de las lluvias y los animales. De dos días a dos semanas posteriores, cuando la piel se encuentre completamente seca, el animal puede ser desclavado. La cantidad de humedad en el ambiente tiene gran influencia en el tiempo que requiera para secarse. En un desierto caliente y seco la piel de un roedor puede secar en 24 horas, pero en un lugar tropical y húmedo las pieles nunca secarán a menos que se utilice calor artificial para eliminar la humedad.

Una excepción al método de rellenado descrito anteriormente es hecha para ejemplares de talla media como los conejos, liebres o carnívoros menores. En los cuales los cuerpos de relleno son preparados en forma diferente. Los pasos son los siguientes: corte una pieza de cartón corrugado para el centro del cuerpo (con las flautas en sentido longitudinal). Cubra el cartón con una delgada capa de algodón suave (un cm) juntando los dos extremos del algodón en la línea media de la parte ventral del cuerpo; gire la piel preparada en la forma acostumbrada sobre el cuerpo aplastado, con unas tijeras grandes corte los extremos posteriores del cartón dándole una forma adecuada. Utilice alambre de plata alemana o monel para cada una de las

possible. Nail the tip of the tail likewise. Verify the sample stays aligned from the tip of the nose to the tail.

In the case of bats, the front pins should be placed on the wrists, and they should be at the level of the nose, as close to the head as possible. The next pair of pins should be placed on the internal side of the elbows, separating them a little from the body of the sample, which is done to take the forearm measurements easily. If the elbows are far more separated from the body, the samples will occupy too much space in the collection. The third pair of pins should be placed in the dorsal region of the limbs; this pair will be the one stretching the whole sample to have a good observation of its characteristics. The fourth pair should be placed close to the extreme calcar distal bone (found in the ankle). In case the sample has a tail and it runs through all the uropatagium, the pins should be at a middle distance between the limb and the tail. This pair has the function of extending the uropatagium as much as possible.

The samples that have a very large uropatagium possibly need another pair of pins while those that do not have one will not need them. This last pair of pins is placed under the third wing digit, preferably between the first and second phalange. Its function is to stick the wing to the body; thus the pins should tense the wing taking care that none of its parts is above the forearm because it will make taking forearm measurement difficult; besides, the digits should be separated and easily accessible because the length of the digit phalanges have taxonomic importance in many species.

The posterior part of the specimens should be rounded with the toothbrush handle or with the tweezers, running it over each one of the sides and back. When this last step is performed, try to lower the base of the tail by pushing this part frontward, so the body of the sample stays a little squared.

With the help of a pair of tweezers or with the thumb and the index finger, press each ear in such a way they get wrinkled similarly. It will help to let them rest flat while they dry; if the treatment is repeated the next day, the ears will tend to be more symmetrical when they are completely dry.

Use a metal pin, the back part of the surgical knife, or the rim of the tweezers to smoothen up the pelage. Set the table where the skins will dry up in an airy, shady, and protected place from rain and animals. From two days to two weeks later when the skin is found completely dry, the animal can be unnailed. The amount of humidity in the environment influences greatly the time required for drying. In a hot and dry desert the skin of a rodent can dry in 24 h, but in a tropical and humid place the skin will never dry unless artificial heat is used to eliminate humidity.

An exception to the stuffing method previously described is made for medium size samples as rabbits, hares, or small carnivores whose stuffed bodies are prepared differently. The steps are as follows: cut a piece of corrugated cardboard for the central body (with the flutes in longitudinal direction). Cover the cardboard with a thin layer of soft cotton (one cm) joining the extremes of the cotton and the middle line of the ventral part of the body; turn the prepared skin and with big scissors cut the back extremes of the cardboard shaping it adequately. Use German silver wire or Monel for each one of the limbs leaving

patas, dejando una cantidad de alambre después de la pata tan largo como el que se introdujo a ésta. Cosa la abertura del vientre; coloque un alfiler (que será removido al secarse la piel) a través de la punta de cada oreja con el objeto de asegurarlas en la posición deseada. Ate la etiqueta en la pata trasera derecha y deje la piel secar. La piel no necesita ser clavada con alfileres. Algunas de las ventajas de éste método son que provee un soporte máximo para las largas patas traseras que son temblorosas y susceptibles a romperse de ser preparadas de otra forma. Un cuerpo aplanado que es fuerte, permite almacenar al espécimen en un menor espacio que el requerido si el cuerpo tuviese un volumen mayor, además de que el método requiere un tiempo mínimo para ser rellenado. Cuando los ejemplares son de tamaño muy grande, las patas traseras pueden fijarse ventralmente. Esto se realiza doblando el alambre de las patas traseras y amarrándolas al abdomen mientras se secan.

Es deseable aplanar los cuerpos de todos los especímenes para optimizar espacio. Entre más largo el animal, su cuerpo será más delgado, lo cual se encuentra también en relación a su ancho. La ventaja para almacenaje es una de las razones por las que los cuerpos se aplanan. En muchas colecciones las cajas de colección poseen cinco centímetros entre las gavetas. Las charolas de cartón desmontables son utilizadas para especímenes de tamaño pequeño (musarañas, murciélagos y ratones), lo cual reduce el espacio vertical disponible a 4.5 cm o ligeramente menos. Debido al reducido espacio vertical entre los cajones, los cuerpos artificiales de los mamíferos como las ardillas son preparados de tal tamaño que no sobrepasen la altura antes mencionada. Las tablas para sujetar a los animales con alfileres en las repisas de colecta (parte del equipo de campo) deben de poseer piezas extremas de cuatro cm. de alto. Cuando los cajones de los especímenes rellenos más recientes son apilados en la repisa, cualquier espécimen que sea ligeramente mayor que la altura especificada es de una vez comprimido para que adquiera la altura de cuatro cm. Una vez que la piel se ha secado, la altura no se incrementará mucho, lo que permite que sean guardados en las gavetas sin mayor problema.

Los especímenes tan largos, como las liebres, conejos, carnívoros menores y los tlacuaches pueden requerir cajones ligeramente más altos que cuatro cm; aunque el cuerpo artificial haya sido muy aplanado. La altura de ese tipo de especímenes no deberá exceder los seis cm, porque la altura del cuerpo es casi el máximo que puede ser acomodado en un mueble de colección con gavetas. La manera de cuidar de éstos especímenes en los cajones de la repisa de colecta es apilando un cajón para clavar vacío al revés sobre otro que contenga los tlacuaches y las liebres. No obstante, ya en la práctica, algunos colectores mantienen la altura en cuatro cm. aún para éstos animales.

En la preparación de especímenes de mamíferos en estudio, igual que en cualquier otro trabajo, podrán encontrar diversos métodos para obtener el mismo resultado; con solo una ligera modificación de sus métodos año con año, dos preparadores que utilizaron los mismos métodos al inicio, presentaron métodos considerablemente diferentes al paso de muchos años. Es comprensible el hecho de que no hay dos preparadores experimentados que utilicen exactamente los mismos métodos, siempre y cuando se cumpla con el objetivo de obtener pieles firmes, simétricas y libres de toda grasa.

El preparador debe sentir orgullo por sus ejemplares, ya que existe la posibilidad de que uno o muchos de ellos, particularmente bien preparados, dentro de un tiempo den de que hablar dignamente de el y logren que sea recordado más favorable que por cualquier otro logro que de momento sea más apreciado por sus asociados.

an amount of wire extending from the limb, as long as the one that has been introduced. Stitch the opening in the abdomen; place a pin (which will be removed when the skin dries up) through the tip of each ear, so they are secured in the position desired. Tie the tag in the right hind limb and let the skin dry up. The skin does not need to be pinned. Some of the advantages of this method are that it provides the maximum support for larger hind limbs that are shaky and susceptible to breaking if they are prepared differently. A flat body that is strong allows storing the specimen in a smaller place than that required if the body had a greater volume. Besides, the method requires a minimum time to stuff the sample. When the samples are very large, the hind limbs can be fixed ventrally, which is done by folding the wires of the hind limbs and tying them to the abdomen while they dry up.

Flattening the bodies of all the specimens is desirable to optimize space. The larger the animal, the thinner its body will be, which is found also in relationship with its width. The advantage for storing is one of the reasons why the bodies are flat. In many collections the boxes have a space of five cm between the drawers. The detachable trays are used for smaller size specimens (muskrats, bats, and mice), reducing the vertical space available to 4.5 cm or slightly less. Due to the reduced vertical space between drawers, the artificial bodies of mammals as squirrels are prepared in such a way they do not go over the height previously mentioned. The table to support the animals with pins in the collection shelves (part of field equipment) should have extreme pieces of four cm in height. When the drawers of the recently stuffed animals are piled up on the shelves, any specimen slightly larger than the specified height is compressed at once to reach the height of four cm. Once the skin has dried up, the height will not increase much, allowing the specimen to be kept in the drawers without major problems.

Specimens as large as hares, rabbits, smaller carnivores, and opposums may require drawers a little over four cm even if the artificial body has been very flat. The height of this type of specimens should not exceed six cm because their body height is almost the maximum that can be kept in a collection cabinet with drawers. Notwithstanding, practically some collectors maintain the height of four cm even for these animals.

When preparing mammal specimens in study, same as with any other type of work, different methods will be found to obtain the same result; by only modifying their methods slightly year by year, two preparers that used the same methods when they started, showed methods considerably different after many years. It is understandable that two experienced preparers use exactly the same methods as long as they comply with the objective of obtaining firm, symmetrical, and fat-free skins.

Preparers should be proud of their samples as one or many of them, particularly those well prepared, within time might speak out in a dignified way about themselves than with any other achievement highly appreciated by their associates.

Método para limpiar los cráneos

Una vez que los cráneos se encuentren secos en el laboratorio, éstos se llevan a la colonia de derméstidos para que sean limpiados del exceso de carne. Se recomienda que las cajas de los derméstidos sean de lámina, con una o varias capas o cajones en donde se separen los cráneos. Estas capas deben tener pequeñas divisiones para poner un cráneo en cada una. El período de limpieza de los cráneos varía dependiendo de la cantidad de derméstidos que se tengan y de las condiciones en que se encuentren. Cabe hacer la aclaración que aquellos cráneos que se hayan encontrado en formol o que se hayan llenado de hongos, no serán limpiados por los derméstidos.

Ya que los derméstidos han limpiado los cráneos, éstos son colocados en pequeños frascos según su tamaño y se les pone una solución de amoniaco al 30 %. En caso que los cráneos se vean muy grasosos es recomendable adicionarles un poco de detergente. Los frascos con el cráneo y la solución se ponen en baño María. El tiempo es diferente para cada tipo de cráneo. Se deben retirar del baño María cuando la carne se despegue fácilmente del cráneo. No debe permanecer en baño María más tiempo del necesario, porque hay peligro de que se separen los huesos del cráneo, principalmente en aquellas especies de huesos frágiles como murciélagos o algunos ratones.

Una vez cocido el cráneo, con unas pinzas muy finas se quita toda la carne. Se recomienda que ésto se realice bajo una caída ligera de agua. Para esta última operación, es recomendable tener instalado un tubo con una salida muy delgada, por la cual sale agua caliente. Cuando uno está limpiando un cráneo debe de haber por debajo un cedazo fino para evitar la pérdida de piezas, en especial los dientes. Abajo de ésta hay otra bandeja con el cedazo más grueso para evitar se vayan al caño los pedazos de carne. Una vez limpios los cráneos se dejan secar y se acomodan en sus frascos o cajitas correspondientes.

Variación a la técnica de preparación

Algunos colectores sumergen las pieles en un baño salado o las tratan sólo con sal para preservar las pieles hasta el momento en que puedan desollarse. La sal o las soluciones saladas alteran el color del pelaje. Se recomienda no utilizar estos agentes conservadores, aún cuando se trate del sacrificio de cierta cantidad de especímenes. Al menos, lo que se debe hacer cuando no se puede evitar que las pieles sean sujetas a un tratamiento de salado, o a cualquier otro tratamiento que produzca un cambio en el color, es etiquetar las pieles con una clara indicación de las características de coloración naturales del pelaje previas a la preparación.

Cuando se tiene un ejemplar con gran acumulación de grasa, como sucede con especies colectadas en las regiones frías, previo a la invernación, se puede colocar la piel en gasolina blanca para remover el excedente de grasa, que no pudo ser eliminado raspando la parte carnosa de la piel. El tiempo estimado es entre 12 y 18 horas en baño de gasolina, una inmersión más prolongada tiende a deshidratar la piel, dificultando el darle una forma adecuada y haciéndola tan quebradiza que después de secar puede romperse. Una investigación profunda sobre las pieles de los mamíferos preparados para invernar muestra que las células adiposas se encuentran tanto en la piel como en la parte carnosa de ésta. Raspar y utilizar un absorbente tal como el aserrín remueve la mayor parte de la grasa, pero no toda. En primavera, para esos mismos mamíferos flacos, no es necesario sumergir la piel en gasolina o en cualquier otro compuesto líquido, de hecho, es indeseable.

Method for cleaning craniums

Once the craniums are found dry in the laboratory, they are taken to a colony of Dermestidae (skin beetles) to clean meat excess. We recommend metal boxes for the skin beetles with one or several layers or shelves to separate the craniums. These layers must have small divisions to place one cranium on each one. The cranium cleaning period depends on the number of Dermestidae and their conditions. It is worth mentioning that those craniums that have been placed in formaldehyde or have fungi will not be cleaned by the skin beetles.

When the skin beetles have cleaned the craniums, they are placed in small jars according to their size with a solution at 30% ammonia. In case the craniums are very greasy, a little detergent should be added. The jars with the cranium and the solution are placed in bain-marie (water bath). The time differs for each type of cranium. It should be removed from the bain-marie when the meat detaches easily from the cranium. It should not stay in the bath longer than necessary because the cranial bones might separate, mainly in those species with fragile bones as in bats or some mice.

Once the cranium is cooked, take off all the meat with fine tweezers. It should be performed under a light flow of water. For this last step, a pipe should be installed with a very thin outlet for hot water. When cleaning a cranium, a fine sieve should be placed underneath to avoid losing pieces, especially teeth, and another tray with a thicker sieve should be placed to avoid chunks of meat going down the drain. Once the craniums are clean, they are left to dry and placed in their corresponding jars or boxes.

Variation of the preparation technique

Some collectors submerge the skins in a salt bath or treat them only with salt to preserve the skins until they can be skinned. Salt or saline solutions alter pelage color. These preservation agents should not be used even when dealing with the sacrifice of a certain number of specimens. At least, what should be done when skins are subjected to salt treatment or to any other treatment that could cause change in color is to tag the fur with a clear indication of the natural color characteristics of the pelage previous to its preparation.

When the sample has a large accumulation of fat, as it happens with species collected previous to hibernating in cold regions, the skin can be placed in white gasoline to remove fat excess that could not be eliminated by scraping off the meaty part of the skin. The time estimated is from 12 to 18 h in a gas bath, a longer immersion tends to dehydrate the skin making it difficult to shape it adequately and making it brittle, which may break after drying. A deep research on skins of mammals prepared for hybernation shows that fatty cells are found both in the skin and meaty part. Scraping off and using an absorbent as sawdust removes most of the fat but not all of it. In spring, for these same mammals but now skinny, it is not necessary to submerge the skin in gasoline or in any other liquid compound, in fact, it is undesirable.

When skin needs to be washed with soap and water to remove dirt, blood

Cuando una piel debe ser lavada con jabón y agua para remover tierra, manchas de sangre o algo similar, puede ser secada más rápido si el último baño se efectúa en gasolina blanca en vez de agua. Esto es porque la gasolina desplaza al agua, y al ser más volátil es más rápidamente removida por el aserrín con que se cubre la piel o es repetidamente espolvoreada. Dicha piel deberá estar completamente seca, hasta que el pelaje se halle mullido en cualquier parte, antes de ser rellenada, de otra forma el pelaje siempre tenderá a ceñirse en piezas y será desagradable a la vista.

Pieles de mamíferos que serán curtidas

Las pieles por curtir o rellenar en fechas posteriores deben ser encajonadas. La piel se abre desde la pata trasera hacia abajo por la parte interior de las patas hasta la base de la cola y se retira la cola en su longitud total. No deben abrirse los cojinetes de las patas de los carnívoros y en los venados se abren las patas delanteras desde los codos hasta las pezuñas.

La grasa de las pieles deberá ser raspada y eliminada antes de que la piel sea estirada para el secado; no es necesario sumergir dicha piel en gasolina. No aplique sal, alumbre o formalina a las pieles que serán relajadas posteriormente. Estire las pieles para secarlas con la parte peluda hacia afuera sobre una tabla de cartón, un marco de alambre o dos varas. Cuando ya estén casi secas, las pieles tan largas como las de los venados deberán enrollarse para ser empacadas. Las pieles de los carnívoros deberán empacarse planas y con la cola doblada sobre el cuerpo si así se desea, con un manojo de virutas entre las pieles. Asegúrese de que las pieles estén secas y que no haya huevos de moscas al ser empacadas. Etiquete las pieles secas sólo con la identificación del cráneo.

Preparación de los cráneos

Los cráneos deberán ser separados de la columna vertebral con sumo cuidado para no dañarlos. Los que sean de tamaño similar o mayores a los de una ardilla de tierra, deberán tener la mayor parte del músculo masetero retirado para que la carne del cráneo pueda secar rápidamente. Tan pronto como sea posible, los cráneos deberán ser colocados en un recipiente de vidrio con agua fría por 12 horas, para remover la sangre y aflojar el cerebro. En climas muy cálidos será necesario cambiar el agua para evitar la fermentación. Después de quitar los cráneos del agua, introduzca aire a la bóveda con la ayuda de una aguja hipodérmica de punta roma o de un bulbo atomizador con un corto tubo de plástico y una aguja hipodérmica.

Para el secado de los cráneos, es usual ensartar varios de ellos con un alambre, así pueden ser transportados y colgarse para su secado. No deberán colocarse cráneos chicos y grandes en el mismo alambre; si por ejemplo, los cráneos de ardillas y ratones, son atados juntos, seguramente los cráneos más pequeños se romperán. Las larvas dañan al decolorar el hueso, perdiendo las suturas y borrando los datos de las etiquetas de los cráneos. Nunca deben de colgarse los cráneos al sol, siempre bajo la sombra y de ser posible donde haya brisa. Cuando los cráneos secan rápido, los huevos de las moscas no incuban. Si a causa de un clima húmedo los cráneos permanecen empapados, protéjalos con estopa (cuando estén colgados) para evitar las ovoposiciones de las moscas. Cuando se empaquen los cráneos para embarcarlos o al mover un campamento, utilice un recipiente con muchos agujeros para la circulación del aire. Nunca coloque los cráneos ya sea húmedos ó secos en un recipiente con poco aire pues causará exudación y maceración.

spots, or anything similar, it can be dried faster if the last bath is done with white gasoline instead of water. The reason is gas displaces water, and because it is more volatile, it is removed more rapidly by the sawdust covering the skin or when it is repeatedly sprinkled. Skin must be completely dried up until the pelage is fluffy in any part before being stuffed, otherwise, it will tend to stick into pieces and it will not look well.

Mammal skins to be tanned

Skins to be tanned or stuffed later should be boxed. The skin should be opened from the back part downward from the inner part of the limbs to the base of the tail and the tail extracted totally in its length. The pads in carnivores' feet should not be opened, and deer forelimbs are opened from the elbows to the hoods.

The fatty tissue from skins should be scraped off and eliminated before the skin is stretched for drying; it is not necessary to submerge the skin in gasoline. Do not apply alum or formaldehyde to the skins that will be relaxed later. Stretch the skins to dry with the hairy side outward on a cardboard table, a wire frame, or two sticks. Skins as long as those of deer should be rolled to pack them when they are almost dry. Carnivore skins should be packed flat and with the tail folded over the body if so desired, with a handful of shaving among the skins. Make sure the skins are dry and no fly eggs are present when packing. Tag the dry skins only with the cranium identification.

Cranium Preparation

The craniums should be separated from the backbone very carefully to avoid damaging them. Those with a size similar to or greater than that of a land squirrel should have the greatest part of the masseter muscle detached, so the cranial meat can dry rapidly. The craniums should be placed in a glass container with cold water for 12 h as soon as possible to remove blood and loosen up the brain. In very hot weather, it will be necessary to change water to avoid fermentation. After removing the craniums from water, introduce air to the brain case with the help of a Roman point hypodermic needle or an atomizer bulb with a short plastic tube and a hypodermic needle.

For drying the craniums it is common to string them together with a wire, so they can be transported and hung up to dry. Small and large craniums should not be placed together in the same wire; for example, if squirrel and mouse craniums are tied together, surely the smallest ones will break. Larvae harm the bone when they discolor it, losing sutures and erasing data from the cranial tags. Craniums should never be hung in the sun, always under the shade and if possible where there is dew. When the craniums dry quickly, fly eggs do not incubate. If in case of humid weather the craniums stay wet, protect them with burlap (when hanging) to avoid over-position of flies. When the craniums are packed for shipping or moving to a campsite, use a container with many holes for air circulation. Never place the craniums either humid or dry in a container with little air as it will cause exudation and maceration.

Preparación de esqueletos

Cuando se prepara un esqueleto éste deberá ser totalmente descarnado, incluyendo la punta de la cola y las garras de las patas. Las almohadillas de las patas de los mamíferos son poco consumidas por los derméstidos. Siempre remueva los músculos largos. Etiquete los esqueletos en la misma forma que los cráneos. Procure conservar el báculo, el hioides, los huesos marsupiales, rótulas y punta de la cola, pues son fáciles de perder. No quite la lengua o los ojos pues contienen huesos importantes.

Cuando un esqueleto ha sido limpiado superficialmente, envuélvalo con hilo para que la cabeza y las extremidades no se rompan, ya que cuando se seque se hará quebradizo y frágil. Las piernas se estiran a lo largo del cuerpo y la cabeza se coloca hacia el abdomen. La envoltura con hilo será la mínima posible. No utilice mucho hilo debido a que los derméstidos tendrán dificultad para llegar a la carne en el proceso de limpieza. Tampoco ate tan fuerte los huesos frescos, ya que fácilmente se doblan. Entre mayor sea la humedad, más será necesario el retiro de los principales músculos. Asegúrese de remover el corazón y los pulmones. El esqueleto de un mamífero de la talla de una ardilla o más grande, deberá tener su cráneo independiente del esqueleto y el cerebro debe ser removido. Asegúrese de atar el cráneo al cuerpo. Un esqueleto con su cráneo y huesos de sus patas deberán ser empacados tomando la caja torácica como base, pudiendo colocar algunos huesos dentro de ésta como es el caso de las extremidades posteriores. Mantenga los esqueletos libres de aserrín y ate una etiqueta adicional, en esqueletos de animales sumamente jóvenes prestándoles especial atención para que tengan un cuidado extra en la limpieza. Revise que cada parte separada tenga una etiqueta.

Preparación de ejemplares en piel y esqueleto

En esta técnica se repite la antes mencionada, la única variación es que en el caso del lado izquierdo del ejemplar preferentemente (ya que en el derecho se coloca la etiqueta) se retiran completamente, los huesos de la pata delantera y trasera, incluyendo hasta los dedos, quedando en la piel los huesos de las patas del lado derecho únicamente. El esqueleto queda entonces constituido por el cráneo, el esqueleto axial incluyendo la cola y los miembros del lado izquierdo, éste se prepara con la técnica ya mencionada para esqueletos.

En el rellenado de la piel, se sigue el proceso ya descrito con la variación de que no se colocan alambres en los miembros retirados. En el caso de los murciélagos, el ala queda sin sostén, por lo que se recomienda que se enrolle en una etiqueta de las utilizadas para las pieles y en el momento en que se fije el ejemplar con los alfileres, dos de ellos deberán de sujetar a la etiqueta con el ala enrollada. Una vez seco el ejemplar, puede manejarse como cualquier otro ya que el ala queda fija en su lugar.

Skeleton Preparation

When a skeleton is prepared, flesh should be removed totally including the tip of the tail and the claws of the paws. Mammal pads are little consumed by the Dermestidae. Always remove the larger muscles. Tag the skeletons in the same manner as the craniums. Try to conserve the baculum, hyodes, marsupial bones, knee caps, and tip of the tail as they are easy to lose. Do not take the tongue or eyes out because they contain important bones.

When a skeleton has been cleaned superficially, wrap it with thread so the head and limbs do not break because when it dries up, it will be fragile and brittle. The limbs are stretched along the body, and the head is placed toward the abdomen. The thread cover will be the least possible. Do not use much thread as it will make it difficult for the skin beetles to reach the meat in the cleaning process. Also, do not tie the fresh bones so strongly that they easily bend. The more the humidity, the more it will be necessary to extract the main muscles. Make sure to remove the heart and lungs. The skeleton of a mammal the size of a squirrel or larger should have its cranium independent from their skeleton, and the brain should be removed. Make sure to tie the cranium to its body. A skeleton with its cranium and bones from the limbs should be packed taking into account the thoracic cage as the base, placing some bones within it as in the case of hind limbs. Keep the skeletons free from sawdust and tie an additional tag in the skeletons of extremely young animals, paying special attention they are handled with extreme care in their cleaning. Check that each separated part has a tag.

Preparing the skin and skeleton of the samples

This preparation technique repeats the usual way that was previously mentioned. The only variation is that in the case of the left side of the sample, the fore and hind limbs are preferably removed completely, including the digits (as the tag is placed on the right side) leaving skin and bones of the right side only. The skeleton is then constituted by the cranium, and the axial skeleton including the tail and the limbs of the left side are prepared with the technique already mentioned for skeletons.

In stuffing the skin, the same process previously described is followed with the variation that no wires are placed in the extracted limbs. In case of bats, the wing is left without support, so it should be rolled with a tag used for skins, and at the moment of fixing the sample with pins, two of them should hold the tag with the wing rolled. Once the sample is dry, it can be handled as any other one because the wing is fixed in its place.

Glosario

Glossary

Abazones. Sacos o bolsas que se encuentran a los lados de la boca. Pueden ser internos o externos, estos últimos se aprecian sobre los carillos como una abertura o rajada.

Ala de los murciélagos. Ver figura 5.

Alux. Primer dedo de los miembros posteriores (pata).

Alveolar. Distancia entre la cara más anterior a la posterior de los alvéolos donde se insertan los dientes.

Ángulo entrante. Repliegue del esmalte que se marca del exterior al interior de un molar y es evidente en la superficie oclusal del diente.

Ángulo reentrante. Ver Ángulo entrante.

Anterior del cigomático. Distancia entre los bordes externos de la parte anterior del arco cigomático.

Arcada de molares superiores. Figura formada por la posición de los dientes maxilares de uno y otro lado.

Arco cigomático. Huesos que delimitan la parte inferior de la fosa orbital y temporal. Está formado por la prolongación posterior del maxilar, jugal y la prolongación anterior del escamoso.

Asta. Prolongaciones frontales de los cérvidos (Artiodactyla: Cervidae). Están formadas por una prolongación del frontal y son completamente óseas. Coloquialmente denominados cuernos.

Basal. Distancia entre la cara anterior de los incisivos al borde anterior del foramen magnum cara posterior de los cóndilos occipitales.

Basilar. Distancia entre la cara posterior de los incisivos al borde anterior del foramen magnum.

Basioccipital. Parte del hueso occipital que está en la base del cráneo y que delimita al foramen magnum.

Borde supraorbital. Borde exterior de los huesos frontales, que delimita la parte superior de la órbita.

Braquiodontos. Piezas dentarias que tienen las raíces muy cortas, generalmente igual o menores en longitud que la corona, o sea, la parte por arriba del alveolo dentario.

Bula auditiva o timpánica. Cápsula del hueso petroso, que envuelve el oído. Se encuentra por debajo y posteriormente del cráneo.

Bulbosa. Cualidad de los dientes de ser en forma de bulbo o abultadas (en musarañas).

Bunodonto. Diente triturador. Dotado de puntas o protuberancias romas, donde se presentan las tres cúspides del tribosfénico y en la parte posterior lingual el hipocono. Este patrón se encuentra en el humano, cerdo y gorila.

Caja craneal. Conjunto de huesos que envuelven la masa encefálica o cerebro.

Canal aliesfenoides. Pasaje bajo el arco del aliesfenoides.

Canal infraorbital. Pasaje entre la parte anterior de la órbita hacia los lados del rostro.

Caninos. Dientes generalmente cónicos, situados posterior a los incisivos y anterior a los premolares. Si existe siempre es uno por cada mandíbula y maxila.

Cara oclusal. Superficie de los dientes, opuesta a su par y donde se efectúa el macerado del alimento.

Carnasia. Diente especializado para cortar

Alisphenoid channel. Passage under the alisphenoid arch.

Alveolar. Distance from the most anterior to the posterior part of the alveolus (cavity) where the tooth is inserted.

Anterior orbital foramen. Small hole found in the posterior and superior zygomatic plate.

Anterior zygomatic. Distance from the external borders of the anterior zygomatic arch.

Antler. Frontal projection of cervids (Artiodactyla: Cervidae). They are formed by a frontal projection and are completely made of bone. They are commonly called horns.

Auditory bulla. Capsule of the petrous bone covering the ear. It is found posterior to and under the skull.

Auditory meatus. Passage where sound waves penetrate to the internal ear.

Basal. Distance from the anterior side of the incisors to the anterior foramen magnum border in the posterior side of the occipital condyles.

Basilar. Distance from the posterior side of the incisors to the anterior edge of the foramen magnum.

Basioccipital fossa. Small opening at the sides of the occipital basioccipital region.

Basioccipital. Part of the occipital bone on the cranial base limiting the foramen magnum.

Bicolor tail. Characteristic of the tail showing a dark color dorsally and a light one ventrally.

Brachyodont. Dental pieces with very short roots, usually equal to or less than the crown length, in other words, the upper part of the tooth alveolus.

Brain case. Set of bones that cover the encephalon or brain.

Bristles. Thick and coarse hair. These characteristics are usually noticed more when compared with the rest of the pelage or fur of the same animal.

Brushtail. Tail where terminal hair goes beyond the tip of the tail vertebrae giving the appearance of a brush.

Bulbous. Quality of the teeth to be in the shape of a bulb or bulky (in shrew).

Bunodont. Grinding tooth with pointed or rounded protuberances showing the three tribosphenic cusps and the hypocone in the posterior lingual part. This pattern is found in humans, pigs, and gorillas.

Canine. Tooth usually conical, situated posterior to the incisors and anterior to the premolars. If present, it is one for each mandibula and maxilla.

Carnassial. Specialized tooth for cutting meat. It is formed by the fusion of the fourth premolar and the first molar in mammals that have it.

Cheek pouch. Sac or pocket found on both sides of the mouth. They can be internal or external; these last ones can be seen on the cheeks as a slit-like opening.

Condylobasal. Distance from the anterior side of the incisors to the posterior edge of the occipital condyles.

Condylopremaxilla. Distance from the most anterior border of the premaxilla to the occipital condyles.

Coronoid process. Mandibullar region as a bone extension above the joint process and frontward.

carne. En los mamíferos que lo poseen se forma por la fusión del cuarto premolar y el primer molar.

Carnasial. No es un patrón de diente como los casos anteriores, sino que es un diente laminar y especializado para cortar y triturar carne, propio de carnívoros y se forma por la fusión del último premolar y el primer molar superiores.

Cavidades esfenopalatinas. Pequeñas fosas que se encuentran una a cada lado del hueso esfenopalatino.

Cerdas. Pelos gruesos y duros. Generalmente estas cualidades se notan más al compararlas con el resto del pelaje del mismo animal.

Cola bicolor. Característica de la cola, que presenta un color obscuro dorsal y uno claro ventralmente.

Cola crestada. Aquella en que los pelos terminales dorsales son más largos que los ventrales.

Cola penicilada. Aquella en que los pelos terminales se prolongan más hacia atrás que la punta de la cola vertebral, dando la apariencia de un pincel.

Cola unicolor. Aquella en que tanto la región dorsal como la ventral son del mismo color, aunque en varios ejemplares la ventral es ligeramente más clara.

Coloración de arlequín. Combinación de color negro y blanco, formando figuras caprichosas, como la de un arlequín.

Condilobasal. Distancia entre la cara anterior de los incisivos al borde posterior de los cóndilos occipitales.

Condilopremaxilar. Distancia entre el borde más anterior de la premaxilar al posterior de los cóndilos occipitales.

Constricción interorbital. El espacio mínimo que existe entre el borde superior de ambas órbitas.

Cráneo globoso. Aquellos que la caja craneal se observa ligeramente inflada, dando la apariencia de tener forma de un globo.

Cresta del paladar. Aquella que se presenta en el palatino.

Cresta labial. En los molares, la cresta que se encuentra del lado externo, o del labio.

Cresta lamboidal. Aquella que se presenta en la zona de sutura de los huesos occipital con el parietal.

Cresta occipital. Cresta que se presenta en el hueso supraoccipital.

Cresta sagital. Aquella que se presenta a la mitad superior externa de la caja craneal, que se prolonga desde la parte posterior de los huesos frontales hasta la cresta occipital.

Cresta supraorbital. Aquella que se presenta en el borde superior de los ojos. Puede ser una simple prolongación del hueso frontal y las paredes internas de la órbita del ojo ó dicha prolongación puede estar abultada como si tuviera un cordón a lo largo de toda el área entre el hueso frontal y la órbita e inclusive prolongarse más hacia atrás, generalmente en la parte interna entre la mencionada formación acordonada y el frontal, existe una pequeña depresión o surco, a este tipo lo denominamos cresta supraorbital acordonada.

Cresta temporal. Aquella que se encuentra en los huesos temporales, inmediatamente arriba de la bula timpánica.

Cuernos. Son las estructuras óseas de los frontales que constan de una prolongación del hueso frontal, cubierta por una envoltura cornea mucho más larga y gruesa que la región ósea, propia de los bovinos. Con frecuencia se le denomina erróneamente como asta.

Del molar. Distancia entre el borde externo (labial) y el interno (lingual) del molar.

Depresión frontal. Pequeño hundimiento del hueso frontal en medio y por detrás de los nasales, o sea en la región interorbital.

Diastema. Espacio entre dos dientes que se encuentran separados por ausencia natural de piezas dentarias, o por elongación del hueso maxilar.

Diente unicúspide. Aquella pieza que solamente tiene una cúspide.

Dientes superiores. Distancia entre el borde anterior del canino y el posterior del último molar (en algunas especies no existe el canino, entonces se toma del borde anterior del primer molariforme al posterior de la serie de dientes). En los insectívoros se considera desde la cara anterior del primer diente hasta la posterior del último molar.

Dilambdodonto. Diente cortador. Dientes en forma de "W" en el que las cúspides se une a través de crestas del metaestilo-metacono-mesoestilo-paracono-paraestilo. El protocono no queda incluido en el patrón de crestas. El patrón es

Crest-tail. A tail where terminal dorsal hair is longer than ventral hair.

Dental formula. Combination of numbers that express teeth position and quantity. They are classified as: incisors (I), canines (C); premolars (PM); and molars (M). For example, the cat's formula is I 3/3, C 1/1, PM 2/2, M 1/1. The numeral in the fraction indicates upper teeth and the denominator indicates lower teeth.

Dermal fold. Skin folds.

Diastema. Space between two teeth found separated due to a natural absence of dental pieces or by elongation of the maxillary tooth.

Dilambdodont. Cutting tooth. Teeth in "W" shape where the cusps are joined by the metastile-metacone, mesostile-parcone-parastile crests. The protocone is not included in the crest pattern. The pattern is characteristic of small insectivore mammals as Soricidae, Talpidae, Dermoptera, and some Chiroptera.

Facial marks. Bands of distinct color, usually white, found on the rostrum. Characteristic found mainly in bats.

Fenestra. Small hole or window of the bone.

Fontanele. Same as fenestra.

Foramen magnum. Opening found in the posterior side of the skull where the spinal chord passes, located in the middle of the two occipital condyles.

Fossa. Small bone opening.

From the molar. Distance from the external border (labial) to the internal (lingual) border of the molar.

Frontal depression. Small frontal bone depression in the middle and behind the nasals, in other words, in the interorbital region.

Frontal. Medium dorsal bone found between the two eye orbits.

Fronto-maxillary suture. Contact between the maxillary and frontal bones in the skull dorsal part.

Frontonasal maxillary expansions. Same as maxillary expansion.

Glenoid fossa. Squamosal cavity where the mandibulla is inserted.

Hallux. First digit of the hind limbs (legs).

Haplodont. Retention teeth are conical pieces lacking tubercles in the contact surface which is why their trigone crests are not identified. Present in dolphins.

Harlequin color. Combination of black and white forming whimsical shapes as those of a harlequin.

Horns. Horns are bony structures that protrude from the frontal with a larger and thicker corneal covering than the bone region in bovine. They are frequently but mistakenly called antlers.

Hypocone. In the upper molars, the posterior lingual cusp of the triconid is sometimes located in the talon.

Hypoconid. Equivalent to the hypocone but in lower molars.

Hypsodont. Dental pieces without roots and thus have a continuous growth as rodent's incisors.

Incisors. Teeth found in front, anterior to the canines. Their number varies according to the genus.

Inflated cranium. Slightly inflated brain case in spherical shape.

Infraorbital channel. Passage from the anterior part of the orbit toward the rostrum sides.

Infraorbital foramen. Opening through the maxillary zygomatic process.

Interdigital membrane. Dermal extension joining digits among themselves.

Interorbital constriction. The minimum space between both upper orbital crests.

Interorbital. Distance between the external frontal borders, that is, the supraorbital borders.

Interparietal. Bone found in the dorsal posterior part of the skull between the two parietal and occipital bones. Distance between the bone borders from the anterior to the posterior parts of the bone.

Jugal. Small bone in the zygomatic arch between the posterior extension of the maxilla and anterior of the squamos.

Labial crest. In molars, the external or labial side of the crest.

Lacerated foramen. Posterior opening of the alisphenoid channel.

Lachrymal fossa. Small opening in the lachrymal bone.

Lachrymal. Small bone found in the upper and anterior angle of the eye orbit.

Lamboidal crest. Crest in the suture area of the occipital and the parietal bones.

Lateral line. Lateral color in the shape of a band generally contrasting between the dorsal and ventral color.

característico de pequeños mamíferos que comen insectos como los Soricidae, Talpidae, Dermóptera y algunos Chiroptera.

Ectoconidio. Equivalente al entocono en los molares inferiores.

Escamoso. Hueso en la parte media ventral del cráneo donde se articula la mandíbula, por medio de la fosa glenoidea.

Escuamosal. Distancia entre los bordes externos de los huesos escuamosos.

Expansión del maxilar. Prolongaciones del hueso maxilar hacia atrás, en la zona dorsal del cráneo.

Expansiones frontonasales del maxilar. Igual a expansión del maxilar.

Fenestra. Pequeño agujero o ventana en el hueso.

Fontanela. Igual a fenestra.

Foramen anterior del palatino. Ventana u orificio que se encuentra en la parte anterior del palatino. En roedores es muy marcada (foramen incisivo).

Foramen anterorbital. Pequeño orificio que se encuentra en la región posterior y superior de la placa zigomática.

Foramen infraorbital. Abertura a través del proceso zigomático de la maxila.

Foramen lacerado. Abertura posterior del canal aliesfenoides.

Foramen magnum. Abertura que se encuentra en la parte posterior del cráneo por donde pasa la medula espinal, situada en medio de los dos cóndilos occipitales.

Foramen oval. Agujero en el hueso pterigoideo. En vista ventral se observa ligeramente adelante de la bula.

Foramen postmandibular. Pequeño orificio que se encuentra en la parte posterior de la mandíbula.

Foramen supraorbital. Pequeño orificio que se encuentra en los huesos frontales, arriba de la órbita del ojo.

Formula dentaria. Combinación de números que expresan la cantidad y posición de los dientes. Los cuales se dividen en: incisivos (I); caninos (C); premolares (PM) y molares (M). Por ejemplo la fórmula del gato: I 3/3, C 1/1, PM 2/2, M 1/1. Los números arriba del quebrado indican dientes superiores y los de abajo inferiores.

Fosa basioccipital. Pequeña abertura a los lados de la región basioccipital del occipital.

Fosa glenoidea. Cavidad del escamoso donde se inserta la mandíbula.

Fosa lacrimal. Pequeña abertura en el hueso lacrimal.

Fosa mesopterigoidea. Distancia de los bordes internos de la fosa.

Fosa mesopterigoidea. Espacio que se encuentra entre los huesos pterigoides e inmediatamente posterior al palatino.

Fosa. Pequeña abertura en un hueso.

Foseta temporal. Cavidad por detrás de la órbita ocular, generalmente se une a esta, a veces se indica la separación entre las dos por el proceso postorbital y en algunas especies este proceso se une a un proceso del cigomático formando una barra.

Frontal. Hueso medio dorsal que se encuentra entre las dos órbitas oculares.

Hallux. Ver Alux.

Haplodonta. Dientes de retención. Son piezas cónicas con la superficie de contacto carente de tubérculos, por lo que no se identifican las crestas del trígono. Presentes en delfines.

Hipoconidio. Equivalente al hipocono, pero en molares inferiores.

Hipocono. En los molares superiores, cúspide posterior lingual del triconido, algunas veces situado en el talón.

Hipsodontos. Piezas dentarias que no poseen raices, por lo tanto son de crecimiento continuo, como los incisivos de los roedores.

Incisivos. Dientes que se encuentran al frente anteriores a los caninos. Su número varía de acuerdo con el género.

Interorbital. Distancia entre los bordes externos del frontal, o sea, los bordes supraorbitales.

Interparietal. Hueso que se encuentra en la parte dorsal posterior del cráneo entre los dos parietales y el occipital. Distancia entre los bordes del hueso. Del borde anterior al posterior del hueso.

Lacrimal. Pequeño hueso que se encuentra en el ángulo superior y anterior de la órbita ocular.

Línea lateral. Coloración lateral en forma de una banda que generalmente contrastante entre la dorsal y la ventral.

Lóbulos de los premolares. Figuras en los dientes premolares que se marcan por los ángulos reentrantes interno y externo que coinciden en su fondo.

Lofodonto. Dientes especializados para

Lophodont. Specialized teeth for grinding grass. In the occlusal surface cusps merge and form transversal, straight, or curved crests, which is why they are named lophos; Protolopho, lopho or anterior transversal crest. Metalophos, posterior lopho of the upper molars. Paralopho, lopho or intermediate crest between the protolopho and the metalopho. Ectolopho, lopho extending from the paracone to the metacone. In the case of the lower molars, the names change to protolophid, metalophid, and ectolophid. This pattern is characteristic of Perissodactyla.

Lophos. Molar crests.

Lophoselenodont. Grinding tooth. It is considered the intermediate tooth between the selenodont and the lophodont.

Loxodont. Grinding tooth. It shows small depressions between transversal enamel crests on the occlusal side alternating with dentine pairs, as in elephants.

Mandibulla. Cranial bone found in the skull ventral region and merged with its pair forming one bone only where lower teeth are inserted.

Mandibullar angular process. Mandibullar region found posteriorly and ventrally.

Marsupial. Bag that some primitive mammals have in the posteroventral region.

Mastoid. Distance between the external borders of the mastoid process.

Mastoid. Mastoid process, petrous extension posterior to the bulla.

Maxillary bone. Forms part of the upper mandibulla with its pair where the canine and molariforms are inserted. The premaxilla, maxilla, and jugal are found at each side from the front toward the back.

Maxillary dorsal extension. Rising branch of the maxilla on the skull dorsal surface on the external side of the nasal.

Maxillary expansion. Backward extensions of the maxillary bone in the dorsal region of the skull.

Mesopterygoid fossa. Space found between the pterygoid bones and immediately posterior to the palatine.

Metacone. Upper molar cusps located in the posterior side of the trigonid.

Molar tubercles. Conical projections of the molars in their occlusal side.

Molar. Dental piece posterior to the premolars usually with two roots and a complicated occlusal face; they can be one, two, or three.

Molariform. Denomination used to name the dental pieces posterior to the canines formed by the premolars and molars; in some cases it is very difficult to distinguish them by their morphology.

Nasals. Dorsal bone that forms the roof of the nasal conducts with its pair.

Occipital crest. Crest in the supraoccipital bone.

Occipitonasal. From the most anterior border of the nasals to the posterior side of the skull.

Occlusal surface. Contact side between the lower and upper molars.

Occlusal surface. Tooth surface opposed to its pair and where food grinding is performed.

Oval foramen. Hole in the pterygoid bone. In side view it is observed slightly further from the bulla.

Palatal crest. A prominence in the palatine.

Palatine anterior foramen. Hole or window found in the anterior part of the palatine. In rodents it is strongly marked (incisive foramen).

Palatine. Bone that forms the mouth roof arch and the floor of the nasal fossae found posteriorly to the incisors and in the middle of the two tooth rows.

Paraoccipital process. Extension of the temporal parietal bone above the occipital.

Parastilo. The accessory cusp of the upper molars most anterior to the protocone.

Paravertebral. In this case it refers to a dark line found in the middle part of the tail.

Parietal. Distance between the external borders of both parietal bones.

Parietotemporal region. Area between the parietal and temporal bones.

Polex. First (hand) digit of the forelimbs.

Postmandibular foramen. Small hole found in the posterior part of the mandibulla.

Postorbital process. Posterior extensión of the frontal bone limiting the temporal eye orbit.

Premaxilla. Bone and its pair found in the most anterior part of the skull between the two maxillae where the upper

triturar pasto. En la superficie oclusal se fusionan las cúspides y forman crestas transversales, rectas o curvas, por lo que se utilizan los nombres de lofos. Protolofo, lofo o cresta transversa anterior. Metalofo, lofo posterior de los molares superiores. Paralofo, lofo o cresta intermedia entre el protolofo y el metalofo. Ectolofo, lofo que se extiende desde el paracono hasta el metacono. Para el caso de los molares inferiores los nombres cambian a protolofidio, metalofidio, paralofidio y ectolofidio. Este patrón es característico de los perisodáctilos.

Lofos. Crestas de los molares.

Lofoselenodonto. Diente moledor. Se considera el diente intermedio entre el selenodonto y el lofodonto.

Loxodonto. Diente moledor. En la cara oclusal presenta pequeñas depresiones entre crestas transversales de esmalte que se intercalan con pares de dentina, como en elefantes.

Mandíbula. Hueso craneal par que se encuentra en la región ventral del cráneo y que está fusionado formado por un sólo hueso, en él se insertan los llamados dientes inferiores.

Marcas faciales. Bandas de color distinto, generalmente blancas, que se encuentran en la cara. Carácter principalmente de murciélagos.

Marsupio. Bolsa que poseen algunos mamíferos primitivos en la región posteroventral.

Mastoidea. Distancia entre los bordes externos del proceso mastoideo.

Mastoideo. Proceso mastoideo, prolongación del petroso posterior a la bula.

Maxilar. Hueso par que forma parte de la mandíbula superior, en él se insertan los dientes caninos y molariformes. A cada lado se encuentran, de adelante hacia atrás, premaxilar, maxilar y yugal.

Meato auditivo. Agujero por donde penetran las ondas sonoras al oído interno.

Membrana interdigital. Prolongación dérmica que une los dedos entre sí.

Metacono. Cúspide en los molares superiores situada en la parte posterior labial del trigónido.

Molar. Pieza dentaria posterior a los premolares. Generalmente con cuatro raíces y cara oclusal complicada, pueden ser uno, dos o tres.

Molariformes. Denominación que se usa para llamar a las piezas dentarias posteriores a los caninos, formados por premolares y molares que en algunos casos es muy difícil distinguir por su morfología.

Nasales. Huesos dorsales pares que forman el techo de los conductos nasales.

Occipitonasal. Del borde más anterior de los nasales al posterior del cráneo.

Palatino. Hueso que forma la bóveda de la boca y el piso de las fosas nasales y que se encuentra posteriormente a los incisivos y en medio de las dos series de dientes.

Parastilo. En los molares superiores una cúspide accesoria más anterior al protocono.

Paravertebral. Referida en este caso, a una línea obscura que se encuentra en la región media de la cola.

Parietal. Distancia entre los bordes externos de ambos huesos parietales.

Perfil dorsal del cráneo. Silueta que da la línea dorsal continúa del cráneo desde la punta de los huesos nasales hasta el occipital; generalmente se observa viendo el cráneo de lado.

Placa zigomática. Región del maxilar de donde parte el arco zigomático.

Pliegue dérmico. Dobles de la piel.

Polex. Primer dedo de los miembros anteriores (mano).

Premaxilar. Hueso par que se encuentra en la parte más anterior del cráneo, entre los dos maxilares y lleva cuando existe insertos los incisivos superiores.

Premolar. Pieza dentaria generalmente con una o dos raíces que se encuentra posterior a los caninos y anterior a los molares.

Proceso angular de la mandíbula. Región de la mandíbula que se encuentra posterior y ventral.

Proceso coronoide. Región de la mandíbula, que se presenta como una prolongación del hueso, por arriba y adelante del proceso articular.

Proceso paraoccipital. Prolongación del hueso parietal temporal sobre el occipital.

Proceso postorbital. Prolongación posterior del hueso frontal que delimita la órbita ocular de la temporal.

Proceso pterigoideo. Prolongación del pterigoides que delimita lateralmente la fosa mesopterigoidea.

incisors are inserted.

Premolar lobes. Figures in premolars that are marked by the internal and external reentrant angles and that coincide in the bottom.

Premolar. Dental piece usually with one or two roots found posterior to the canines and anterior to the molars.

Propatagium. Bat wing membrane found in front of the arm and forearm.

Protocone. Cusp in the upper molars located on the lingual side in the trigone vertex.

Pterygoid process. Extension of the pterygoid limiting the mesopterygoid fossa laterally.

Re-entrant angel. See entrant angle.

Rinary. Dermal region covering the extreme anterior of the nasal fossae.

Rostrum. Frontal region of the orbits.

Saggital crest. Crest in the external middle upper part of the brain case extending from the posterior part of the frontal bones to the occipital crest.

Secodont. See Zalambdont

Selenodont. Grinding tooth. The cusps have changed as crests in moon or semi-moon shape and usually with a high crown. The pattern is characteristic of Artiodactyla.

Septo of the anterior palatine foramen. Very thin bone dividing the two anterior palatine fossae.

Skull dorsal profile. Contour of the continuous dorsal line of the skull from the tip of the nasal bones to the occipital usually by observing the skull in side view.

Sole tubercles. Dermal callus found in the ventral side of the limbs.

Sphenopalatine fossa. Small cavities found one at each side of the sphenopalatine bone.

Squamosal. Distance from the external borders of the squamous.

Squamous. Bone in the middle ventral part of the skull where the mandibulla articulates by the glenoid fossa.

Supraorbital border. Exterior border of the frontal bones limiting the upper part of the orbit.

Supraorbital crest. Crest in the upper border of eyes. It may be a simple frontal bone projection, and the internal eye orbits or that projection could be bulky as if a cord ran along the whole area between the frontal bone and the orbit inclusively extending beyond and backward; there is usually a small depression or groove in the internal part between the cord formation and the frontal called supraorbital ribbed crest.

Supraorbital foramen. Small hole found in the frontal bones, above the eye orbit.

Supraorbital process. Orbital bone projection above the orbit.

Suture between the nasals and frontals. Union between the posterior border of the nasals and the anterior of the frontal.

Talonoid. Posterior part of some molars behind the trigone.

Tarsal union. Region between the tarsus and the tibia. Usually used as point of reference for comparing dorsal pelage of the limb.

Temporal crest. Crest found in the temporal bones immediately above the auditory bullae.

Temporal fosset. Cavity behind the eye orbit, generally joined sometimes indicating the separation between the two by the postorbital process, and in some species this process is joint to a zygomatic process forming a barrier.

Unicolor/Monocolor tail. Tail where both dorsal and ventral regions are the same color although several specimens show a lighter color ventrally.

Unicuspid. A tooth with one cusp only.

Upper teeth. Distance from the anterior canine border to the posterior one of the last molar (some species do not have a canine, so the measurement is taken from the anterior border of the first molariform to the posterior one of the tooth row). In insectivores it is considered from the anterior side of the first tooth to the posterior one of the last molar.

Zalambdont. Cutting teeth in "V" shape with the vertex at the lingual part. The lingual crest is the protocone and the middle one is the paracone. The meta-cone is slightly developed. It is found in insectivores of the groups Tenrecidae and Chrysochloridae

Zygodont. Grinding tooth. The crests are in pairs.

Zygomatic arch. Bones limiting the upper

Proceso supraorbital. Saliente del hueso orbital por encima de la órbita.

Prolongación dorsal de los maxilares. Rama ascendente del maxilar sobre la superficie dorsal del cráneo al lado externo del nasal.

Propatagio. Membrana del ala de los murciélagos que se encuentra por enfrente del brazo y antebrazo.

Protocono. Cúspide en los molares superiores situada en el lado lingual en el vértice del trigono.

Región parietotemporal. Zona comprendida entre el hueso parietal y el temporal.

Rinario. Región dérmica que cubre el extremo anterior de las fosas nasales.

Rostro. Región comprendida por delante de las órbitas.

Secodonto. Ver Zalambdonto

Selenodonto. Diente moledor. Las cúspides se han modificado a manera de crestas en forma de lunas o semilunares y generalmente con la corona alta. El patrón es característico de los Artiodactyla.

Secodonto. Ver Zalambdonto

Septo del foramen anterior del palatino. Hueso muy delgado que divide las dos fosas anteriores del palatino.

Superficie oclusal. Cara de contacto entre los molares inferiores y superiores.

Sutura entre nasales y frontales. Unión entre el borde posterior de los nasales y el anterior del frontal.

Sutura fronto-maxilar. Contacto entre el maxilar y el hueso frontal en la parte dorsal del cráneo.

Talonoide. Parte posterior de algunos molares por detrás del trígono.

Toros. Ver tubérculos plantares.

Tubérculos de los molares. Prolongaciones cónicas de los molares en la cara oclusal de los mismos.

Tubérculos plantares. Callosidades dérmicas que se encuentran en la parte ventral de las patas.

Unicúspide. Que posee una sola cúspide.

Unión tarsal. Región entre el tarso y la tibia. Generalmente se usa como punto de comparación para la coloración del pelo dorsal de la pata.

Yugal. Pequeño hueso en el arco zigomático, entre la prolongación posterior del maxilar y la anterior del escamoso.

Zalambdonto. Dientes cortadores. Dientes en forma de "V", con el vértice a la parte lingual. La cresta lingual es el protocono y la media es el paracono. El metacono está muy poco desarrollada. Presente en insectívoros del grupo Tenrecidae y Chrysochloridae

Zigodonto. Diente Moledor. Las crestas se presentan a manera de pares.

Zigomático. Ver cigomático.

part of the orbital and temporal fossae. The arch is formed by the posterior extension of the maxilla, jugal, and anterior extension of the squamosal.

Zygomatic plate. Maxillary region where the zygomatic arch starts.

Literatura citada Bibliography

Allen, L. A. 1901. A preliminary study of the North Americas opossum of the Genus *Didelphis*. Bulletin of the American Museum of Natural History 14:149-188.

Alonso-Mejía, A., y R. A. Medellín. 1991. *Micronycteris megalotis*. Mammalian Species 376:1-6.

Almendra A. L., D. S. Rogers, y F. X. González-Cózatl. 2014. Molecular phylogenetics of the *Handleyomys chapmani* complex in Mesoamerica. Journal of Mammalogy, 95:26–40.

Álvarez, T. 1960. Sinopsis de las especies mexicanas del género *Dipodomys*. Revista de la Sociedad Mexicana de Historia Natural, 21:391-424.

Álvarez, T., S. T. Álvarez-Castañeda, y J. C. LópezVidal. 1994. Claves para los murciélagos de México. Publicación Especial, Centro de Investigaciones Biológicas de Baja California Sur y Escuela Nacional de Ciencias Biológicas, Instituto Politécnico Nacional. La Paz, México.

Álvarez-Castañeda, S. T. 1998. *Peromyscus pseudocrinitus*. Mammalian species 601:1-3.

Álvarez-Castañeda, S. T. 2001. *Peromyscus sejugis*. Mammalian Species 658:1-3.

Álvarez-Castañeda, S. T. 2002. *Peromyscus hooperi*. Mammalian Species 709:1-3.

Álvarez-Castañeda, S. T. 2005a. *Peromyscus melanotis*. Mammalian Species 764:1-4.

Álvarez-Castañeda, S. T. 2005b. *Peromyscus winkelmanni*. Mammalian Species 765:1-3.

Álvarez-Castañeda, S. T. 2007. Systematics of the antelope ground squirrel (*Ammospermophilus*) from islands adjacent to the Baja California Peninsula. Journal of Mammalogy 88:1160–1169.

Álvarez-Castañeda, S. T. 2010. Phylogenetic structure of the *Thomomys bottae–umbrinus* complex in North America. Molecular Phylogenetics and Evolution 54:671–679.

Álvarez-Castañeda, S. T., y M. Bogan. 1998. *Myotis peninsularis*. Mammalian Species 573:1-2.

Álvarez-Castañeda, S. T., y P. Cortés-Calva. 2002. *Peromyscus slevini*. Mammalian Species 705:1-2.

Álvarez-Castañeda, S. T., y P. Cortés-Calva. 2003a. *Peromyscus pembertoni*. Mammalian Species 734:1-2.

Álvarez-Castañeda, S. T., y P. Cortés-Calva. 2003b. *Peromyscus eva*. Mammalian Species 738:1-3.

Álvarez-Castañeda, S. T., y P. Cortés-Calva. 2011. Genetic evaluation of the Baja California rock squirrel *Otospermophilus atricapillus* (Rodentia: Sciuridae. Zootaxa 3138:35-51.

Álvarez-Castañeda, S. T., P. Cortés-Calva, y C. Gómez-Machorro. 1998. *Peromyscus caniceps*. Mammalian species 602:1-3.

Álvarez-Castañeda, S. T., W. Z. Lidicker, y E. Ríos. 2009. Revision of the *Dipodomys merriami* complex in the Baja California, Peninsula, México. Journal of Mammalogy 90:992-1008.

Álvarez-Castañeda, S. T., y L. Méndez. 2003. *Oryzomys nelsoni*. Mammalian Species 735:1–2.

Álvarez-Castañeda, S. T., y L. Méndez. 2005. *Peromyscus madrensis*. Mammalian Species, 774:1-3.

Álvarez-Castañeda, S. T., y J. L. Patton. 1999. Mamíferos del Noroeste Mexicano. Centro de Investigaciones Biológicas del Noroeste, S. C., 1:1-583.

Álvarez-Castañeda, S. T., y J. L. Patton. 2000. Mamíferos del Noroeste Mexicano II. Centro de Investigaciones Biológicas del Noroeste, S. C., 2:584-873.

Álvarez-Castañeda, S. T., y E. Ríos. 2010. A phylogenetic analysis of *Neotoma varia* (Rodentia: Cricetidae), a rediscovered, endemic, and threatened rodent from Datil Island, Sonora, Mexico. Zootaxa 2647:51–60.

Álvarez-Castañeda, S. T., y E. Rios. 2011. Revision of *Chaetodipus arenarius* (Rodentia: Heteromyidae). The Zoological Journal of the Linnean Society 160:213–228.

Álvarez-Castañeda, S. T., y E. Yensen. 1999. *Neotoma bryanti*. Mammalian species 619:1-3.

Álvarez-Castañeda, S. T., y N. González–Ruiz. 2009. *Peromyscus levipes*. Mammalian Species 824:1-6.

Andersen, K. 1906. On the bats of the genera *Micronycteris* and *Glyphonycteris*. Magazine Natural History ser. 7 18:50-65.

Anderson, S., y C. E. Nelson. 1965. A systematic revision of *Macrotus* (Chiroptera). American Museum Novitates 2212:1-39.

Armstrong, D. M., y J. K. Jones, Jr. 1972. *Notiosorex crawfordi*. Mammalian Species 17:1-5.

Ashley, M., J. Norman, y L. Stross. 1996. Phylogenetic analysis of the Perissodactyla family Tapiridae using mitochondrial cytochrome c oxidase (COII) sequences. Journal of Mammalian Evolution 3:315–326.

Ávila–Valle, Z. A., A. Castro–Campillo, L. León–Paniagua, I. H. Salgado–Ugalde, A. G. Navarro–Sigüenza, B. E. Hernández–Baños, y J. Ramírez–Pulido. 2012. Geographic variation

and molecular evidence of the blackish deer mouse complex (*Peromyscus furvus*, Rodentia: Muridae). Mammalian Biology 77:166–177.

Ávila–Flores, R., J. J. Flores–Martínez, y J. Ortega. 2002. *Nyctinomops laticaudatus*. Mammalian Species 697:1–6.

Bailey, V. 1900. Revision of American voles of the genus *Microtus*. North American Fauna 17:1-88.

Bailey, V. 1902. Synopsis of the North American species of *Sigmodon*. Proceeding of the United States National Musum 15:101-116.

Baird, A. B., D. M. Hills, J. C. Patton, y J. W. Bickham. 2008. Evolutionary history of the genus Rhogeessa (Chiroptera: Vespertilionidae) as revaluated by mitochondrial DNA sequences. Journal of Mammalogy 89:744–754.

Baird, A. B., M. R. Marchán–Rivadeneira, S. G. Pérez, y R. J. Baker. 2012. Morphological analysis and description of two new species of *Rhogeessa* (Chiroptera: Vespertilionidae) from the neotropics. Occasional Papers of the Museum, Texas Tech University 307:1–25.

Baker, R. H. 1969. Cotton rat of the *Sigmodon fulviventer* group. Pp. 177-232. In Contribution in Mammalogy (Jones Jr., J. K. ed.). Miscelaneous Publication, Museum of Natural History, University of Kansas 51:1-428.

Baker, R. J., M. B. O'Neill, y L. R. McAliley. 2003. A new species of desert shrew, *Notiosorex*, based on nuclear and mitochondrial sequence data. Occasional Papers of the Museum, Texas Tech University 222: 1–12.

Baker, R. J., S. Solari, y F. G. Hoffmann. 2002. A new Central American species from the *Carollia brevicauda* complex. Occasional Papers of the Museum, Texas Tech University 217:1-12.

Best, T. L. 1996. *Lepus californicus*. Mammalian Species 530:1-10.

Best, T. L., y T. H. Henry. 1993. *Lepus alleni*. Mammalian Species 424:1-8.

Best, T. L., J. L. Hunt, L. A. Williams, y K. G. Smith. 2002. *Eumops auripendulus*. Mammalian Species 708:1–5.

Birney, E. C. 1973. Systematics of three species of woodrats (genus *Neotoma*) in central North America. Miscellaneous Publications of the Museum of Natural History, University of Kansas, 58: 1-173.

Bogan, M. A. 1997. On the status of *Neotoma varia* from Isla Datil, Sonora. Pp. 81–88 in: Life among the muses: papers in honor of James S. Findley (Yates, T. L., W. L. Gannon, y D. Wilson, eds.). Special Publication, The Museum of Southwestern Biology 3:1-290.

Bradley, R. D., y M. R. Mauldin. 2016. Molecular data indicate a cryptic species in *Neotoma albigula* (Cricetidae: Neotominae) from northwestern México. Journal of Mammalogy 97:187-199.

Bradley, R. D., D. S. Carroll, M. L. Haynie, R. Muñíz Martínez, M. J. Hamilton, y W. L. Kilpatrick. 2004. A new species of *Peromyscus* from western México. Journal of Mammalogy 85:1184–1193.

Bradley, R. D., N. D. Durish, D. S. Rogers, J. R. Miller, M. D. Engstrom, y C. W. Kilpatrick. 2007. Toward a molecular phylogeny for *Peromyscus*: evidence from mitochondrial cytochrome–*b* sequences. Journal of Mammalogy 88:1146–1159.

Bradley, R. D., N. Ordóñez-Garza, C. G. Sotero-Caio, H. M. Huynh, C. W. Kilpatrick, L. I. Iñiguez-Dávalos, y D. J. Schmidly. 2014. Morphometric, karyotypic, and molecular evidence for a new species of *Peromyscus* (Cricetidae: Neotominae) from Nayarit, Mexico. Journal of Mammalogy 95:176–186.

Bradley, R. D., D. J. Schmidly, y C. W. Kilpatrick. 1996. The relationships of *Peromyscus sagax* to the *P. boylii* and *P. truei* species groups in Mexico based on morphometric, karyotipic, and allozymic data. Pp. 95-106 en Contributions in Mammalogy: A memorial volume honoring Dr. J. K. Jones, Jr. (Genoways, H. H., y R. J. Baker, eds.). Museum Texas Tech University. Lubbock, EE. UU.

Bradley, R. D., I. Tiemann–Boege, C. W. Kilpatrick, y D. J. Schmidly. 2000. Taxonomic status of *Peromyscus boylii sacarensis*: interferences from DNA sequences of the mitochondrial cytochrome–*b* gene. Journal of Mammalogy 81:875–884.

Braun, J. K., Q. D. Layman, y M. A. Mares. 2009. *Myotis albescens*. Mammalian Species 846:1–9.

Braun, J. K., y M. A. Mares. 1989. *Neotoma micropus*. Mammalian Species 330:1–9.

Burnett, S. E., J. B. Jennings, J. C. Rainey, y T. L. Best. 2001. *Molossus bondae*. Mammalian Species 668:1-3.

Carleton, M. D., y J. Arroyo–Cabrales. 2009. Review of the *Oryzomys couesi* complex (Rodentia: Cricetidae: Sigmodontinae) in western Mexico. Pp. 93–127 in: Systematic Mammalogy: contributions in honor of Guy G. Musser (Voss. R. S., y M. D. Carleton, eds.). Bulletin of the American Museum of Natural History 331:1–450.

Carleton, M. D., R. D. Fisher, y A. L. Gardner. 1999. Identification and distribution of cotton rats, genus *Sigmodon* (Muridae: Sigmodontinae), of Nayarit, México. Proceedings of the Biological Society of Washington 112:813–856.

Carleton, M. D., D. E. Wilson, A. L. Gardner, y M. A. Bogan. 1982. Distribution and systematics of *Peromyscus* (Mammalia: Rodentia) of Nayarit, Mexico. Smithsonian Contributions in Zoology 352:1–46.

Carraway, L. N. 2007. Shrews (Eulypotyphla: Soricidae) of México. Monographs of the Western North American Naturalist 3:1–91.

Carraway, L. N., y R. M. Timm. 2000. Revision of the extant taxa of the genus *Notiosorex* (Mammalia: Insectivora: Soricidae). Proceeding Biological Society of Washington 113:302–318.

Carroll, D. S., L. L. Peppers, y R. D. Bradley. 2005. Molecular systematics and phylogeography of the *Sigmodon hispidus* species group. Pp. 87–100 in: Contribuciones mastozoológicas en homenaje a Bernardo Villa (Sánchez–Cordero, V., y R. A. Medellín, eds.). Instituto de Biología, UNAM; Instituto de Ecología, UNAM; CONABIO. Ciudad de México, México.

Castro-Arellano, I., H. Zarza, y R. A. Medellín. 2000. *Philander opossum.* Mammalian Species 638:1-8.

Ceballos, G., y R. A. Medellín. 1988. *Diclidurus albus.* Mammalian Species 316:1-4.

Ceballos, G., H. Zarza, y M. A. Steele. 2002. *Xenomys nelsoni.* Mammalian Species 704:1-3.

Cervantes, F. A. 1993. *Lepus flavigularis.* Mammalian Species 423:1-3.

Cervantes, F. A., y C. Lorenzo. 1997. *Sylvilagus insonus.* Mammalian Species 568:1-4.

Cervantes, F. A., C. Lorenzo, y R. S. Hoffmann. 1990. *Romerolagus diazi.* Mammalian Species 360:1-7.

Chapman, J. A. 1974. *Sylvilagus bachmani.* Mammalian Species 34:1-4.

Chapman, J. A., J. G. Hockman, y M. M. Ojeda. 1980. *Sylvilagus floridanus.* Mammalian Species 136:1-8.

Chapman, J. A., y G. Willner. 1978. *Sylvilagus audubonii.* Mammalian Species 106:1-4.

Choate, J. R. 1970. Systematics and zoogeography of Middle Americas shrews of the genus *Cryptotis*. University of Kansas Publications, Museum of Natural History 19:195-317.

Choate, J. R. 1973. *Cryptotis mexicana.* Mammalian Species 28:1-3.

Choate, J. R., y E. D. Fleharty. 1974. *Cryptotis goodwini.* Mammalian Species 44:1-3.

Cole, F. R., y D. E. Wilson. 2006. *Leptonycteris yerbabuenae.* Mammalian Species 797:1-7.

Cortés-Calva, P., y S. T. Álvarez–Castañeda. 2001. *Peromyscus dickeyi.* Mammalian Species 659:1–2.

Cortés-Calva. P., S. T. Álvarez–Castañeda y E. Yensen. 2001a. *Neotoma anthonyi.* Mammalian Species 663:1-3.

Cortés-Calva, P., E. Yensen, y S. T. Álvarez–Castañeda. 2001b. *Neotoma martinensis.* Mammalian Species 657:1-3.

Cramer, M. J., M. R. Willig, y C. Jones. 2001. *Trachops cirrhosus.* Mammalian Species 656:1-6.

Cudworth N. L., y J. L. Koprowski. 2010. *Microtus californicus.* Mammalian Species 868:230-243.

Currier, M. J. P. 1983. *Felis concolor.* Mammalian Species 200:1-7.

Czaplewski, N. J. 1983. *Idionycteris phyllotis.* Mammalian Species 208:1-4.

Davis, W. B. 1984. Review of the large fruit-eating bats of the *"Artibeus lituratus"* complex (Chiroptera: Phyllostomidae) in Middle America. Occasional Papers, Museum of Texas Tech University 93:1–16.

Davis, W. B. 1968. Revision of the genus *Uroderma.* Journal of Mammalogy 49:676-698.

Davis, W. B., y A. L. Gardner. 2008. Genus *Eptesicus* Rafinesque, 1820. Pp. 440–450 in: Mammals of South America. Vol. 1: Marsupials, xenarthrans, shrews, and bats (Gardner, A. L., ed.). University of Chicago Press. Chicago, EE. UU.

De la Torre, J. A., y R. A. Medellín. 2010. *Pteronotus personatus.* Mammalian Species 42:244-250.

Desmastes, J. W., A. L. Butt, M. S. Hafner, y J. E. Light. 2003. Systematics of a rare species of pocket gopher *Pappogeomys alcorni.* Journal of Mammalogy 84:753–761.

Domínguez-Castellanos, Y., y J. Ortega. 2003. *Liomys spectabilis.* Mammalian Species 718:1-3.

Dragoo J. W., y R. L. Honeycutt 1997. Systematics of Mustelid-like Carnivores. Journal of Mammalogy 78:426-443.

Dragoo, J. W., R. L. Honeycutt, y D. J. Schmidly. 2003. Taxonomic status of the white-backed hog-nosed skunks, genus *Conepatus* (Carnivora: Mephitidae). Journal of Mammalogy 84:159-176.

Dragoo, J. W., y S. R. Sheffield. 2009. *Conepatus leuconotus* (Carnivora: Mephitidae). Mammalian Species 827:1-8.

Eger, J. L. 1977. Systematic of the genus *Eumops* (Chiroptera: Molossidae). Royal Ontario Museum, Life Sciences Contribution 110:1-69.

Eger, J. L. 2008. Family Molossidae P. Gervais, 1856. Pp. 399–439 in: Mammals of South America. Vol. 1: Marsupials, xenarthrans, shrews, and bats (Gardner, A. L., ed.). University of Chicago Press. Chicago, EE. UU.

Ellerman, J. R. 1940. The familieas and genera of living rodents. British Museum (Natural History) 1:1-689, 2:1-669.

Engstrom, M. D., O. Sánchez-Herrera, y G. Urbano-Vidales. 1992. Distribution, geographic variation, and systematic relationships within *Nelsonia* (Rodentia: Sigmodontinae). Proceedings of the Biological Society of Washington 105:867-881.

Escobedo–Morales, L. A., L. León–Paniagua, J. Arroyo–Cabrales, y F. Greenaway. 2006. Distributional records for mammals from Chiapas, México. The Southwestern Naturalist 51:269–272.

Espinoza, J., C. Lorenzo, y E. Rios. 2011. Variación morfológica y morfométrica de *Heteromys desmarestianus* en Chiapas, México. Therya 2:139–154.

Fernández, J. A. 2014. Mitochondrial phylogenetics of a rare Mexican endemic Nelson´s woodrat, *Neotoma nelsoni* (Rodentia: Cricetidae), with comments on its biogegraphic history. The Southwestern Naturalist 59:81-90.

Fernández, J. A. 2012. Phylogenetics and biogeography of the microendemic rodent *Xerospermophilus perotensis* (Perote ground squirrel) in the Oriental Basin of Mexico. Journal of Mammalogy 93:1431-1439.

Fernández, J. A., F. A. Cervantes, y M. S. Hafner. 2012. Molecular systematics and biogeography of the Mexican endemic kangaroo rat, *Dipodomys phillipsii* (Rodentia: Heteromyidae). Journal of Mammalogy 93:560-571.

Fernández, J. A., F. García–Campusano, y M. S. Hafner. 2010. *Peromyscus difficilis*. Mammalian Species 867:220–229

Gannon, M. R., M. R. Willig, y J. K. Jones. 1989. *Sturnira lilium*. Mammalian Species 333:1-5.

Gardner, A. L. 1973. The systematic of the genus *Didelphis* (Marsupialia: Didelphidae) in North and Middle America. Specieal Publications Museum Texas Tech University 4:1-81.

Gardner, A. L. 2008b. Tribe Sturnirini [Miller, 1907]. Pp. 363–376 in: Mammals of South America. Vol. 1: Marsupials, xenarthrans, shrews, and bats (Gardner, A. L., ed.). University of Chicago Press. Chicago, EE. UU.

Genoways. H. H. 1973. Systematic and evolutionary relationships of spiny pocket mice, genus *Liomys*. Specieal Publications Museum Texas Tech University 5:1-368.

Genoways, H. H., y J. H. Brown. 1993. Biology of the Heteromyidae. American Society of Mammalogists, Special Publication 10:1-719.

Genoways, H. H., y J. K. Jones, Jr. 1969. Taxonomic status of certain long-eared bats (genus *Myotis*) from the southwestern United States and Mexico. Southwestern Naturalist 14:1-13.

Genoways, H. H. y J. K. Jones, Jr. 1971. Systematics of southern banner-tailed kangaroo rats of the *Dipodomys phillipsii* group. Journal of Mammalogy 52: 265-287.

Guevara, L., V. Sánchez-Cordero, L. León-Paniagua, y M. Woodman. 2014. A new species of small-eared shrew (Mammalia, Eulipotyphla, *Cryptotis*) from the Lacandona rain forest, Mexico. Journal of Mammalogy 95:739-753.

Gillihan, S. W., y K. R. Foresman. 2004. *Sorex vagrans*. Mammalian Species 744:1-5.

Goldman, E. A. 1910. Revision of the wood rat of the genus *Neotoma*. North American Fauna 31:1-124.

Goldman, E. A. 1911. Revision of the spiny pocket mice (genera *Heteromys* and *Liomys*) North American Fauna 34:1-70.

Goldman, E. A. 1918. The rice rats of North America (genus *Oryzomys*). North American Fauna 43:1-100.

Goldman, E. A. 1932. Revision of the wood rats of *Neotoma lepida* group. Journl of Mammalogy 13:59-67.

Goldman, E. A. 1950. Raccon of North and Middle America. North American Fauna 60:1-153.

Goodwin, G. G. 1942. A summary of recognizable species of *Tonatia*, with descriptions of two new species. Journal of Mammalogy 23:204-209.

González-Ruiz, N., y S. T. Álvarez-Castañeda. 2005. *Peromyscus bullatus*. Mammalian Species 770:1-3.

González-Ruiz, N., J. Ramírez-Pulido, y J. Arroyo-Cabrales. 2011. A new species of mastiff bat (Molossidae: *Molossus*) from Mexico. Mammalian Biology 76:461-469.

González-Ruiz, N., S. T. Álvarez-Castañeda y J. Ramírez-Pulido. *in litt. Neotoma nelsoni* [with keys of Genus *Neotoma*] (Rodentia: Cricetidae). Mammalian Species.

Goodwin, G. G. 1942. A summary of recognizable species of *Tonatia*, with description of two New species. Journal of Mammalogy 23:204-209.

Gregorin, R., G. L. Capusso, y V. R. Furtado. 2008. Geographic distribution and morphological variation in *Mimon bennettii* (Chiroptera, Phyllostomidae). Iheringia, Série Zoologia, Porto Alegre 98:404-411.

Groves, C. P. 2005. Order Primates. Pp. 111-184 in: Mammal species of the world. A taxonomic and geographic reference (Wilson, D. E., y D. A. M. Reeder, eds.). Third edition. The Johns Hopkins University Press. Baltimore, EE. UU.

Groves, C., y P. Grubb. 2011. Ungulate taxonomy. The Johns Hopkins University Press. Baltimore, EE. UU.

Grubb, P. 1993. Order Artiodactyla. Pp. 377-414 in: Mammal species of the world. A taxonomic and geographic reference (Wilson, D. E., y D. A. M. Reeder, eds.). Third edition. The Johns Hopkins University Press. Baltimore, EE. UU.

Grubb, P. 2005. Order Artiodactyla. Pp. 637-722 in: Mammal species of the world. A taxonomic and geographic reference (Wilson, D. E., y D. A. M. Reeder, eds.). Third edition. The Johns Hopkins University Press. Baltimore, EE. UU.

Gwinn, R. N., G. H. Palmer, y J. L. Koprowski. 2011. *Sigmodon arizonae*. Mammalian Species 43:149-154.

Hafner, M. S., A. R. Gates, V. Mathis, J. W. Demastes, y D. J. Hafner. 2011. Redescription of the pocket gopher *Thomomys atrovarius* from the Pacific coast of mainland Mexico. Journal of Mammalogy 92:1367-1382.

Hafner, M. S., D. J. Hafner, J. W. Demastes, G. L. Hasty, J. E. Light, y T. A. Spradling. 2009. Evolutionary relationships of pocket gophers of the genus *Pappogeomys* (Rodentia: Geomyidae). Journal of Mammalogy 90:47-56.

Hafner, M. S., J. E. Leight, D. J. Hafner, S. V. Brant, T. A. Spradling, y J. W. Demastes. 2005. Cryptic species in the Mexican pocket gopher *Cratogeomys merriami*. Journal of Mammalogy 86:1095-1108.

Hafner, M. S., J. E. Light, D. J. Hafner, M. S. Hafner, E. Reddington, D. S. Rogers, y B. R. Riddle. 2007. Basal clades and molecular systematic of heteromyid rodents. Journal of Mammalogy 88:1129-1145.

Hafner, M. S., T. A. Spradling, J. E. Light, D. J. Hafner, y J. R. Demboski. 2004. Systematic revision of pocket gophers of the *Cratogeomys gymnurus* species group. Journal of Mammalogy 85:1170-1183.

Hall, E. R. 1951. American weaseley. University of Kansas Publications, Nuseum of Natural History 4:1-466.

Hall, E. R., y E. L. Cockrum. 1953. A synopsis of the North American microtine rodents. University of Kansas Publications, Museum of Natural History 5:373-498.

Hall, E. R., y W. W. Dalquest 1950. Synopsis of the American Bat of the genus *Pipistrellus*. University of Kansas Publications, Museum of Natural History 1:591-602.

Handley, C. O., Jr. 1959. A revision of American bats of the genera *Euderma* and *Plecotus*. Proceedings of the United States National Museum 110:95-246.

Hanson, J. D., J. L. Indorf, V. J. Swier, y R. D. Bradley. 2010. Molecular divergence within the *Oryzomys palustris* complex: evidence for multiple species. Journal of Mammalogy 91:336-347.

Helgen, K. M., F. R. Cole, L. E. Helgen, y D. E. Wilson. 2009. Generic revision in the Holartic

ground squirrel genus *Spermophilus*, Journal of Mammalogy 90:270–305.

Helgen, K. M., y D. E. Wilson. 2005. A systematic and zoogeographic overview of the raccoons of Mexico and Central America. Pp. 221–236 in: Contribuciones mastozoológicas en homenaje a Bernardo Villa (Sánchez–Cordero, V., y R. A. Medellín, eds). Instituto de Biología, UNAM; Instituto de Ecología, UNAM; CONABIO. Ciudad de México, México.

Herd, R. M. 1983. *Pteronotus parnellii*. Mammalian Species 209:1-5

Hernández–Meza, B., Y. Domínguez–Castellanos, y J. Ortega. 2005. *Myotis keaysi*. Mammalian Species 785:1-3.

Hershkovitz, P. 1954. Mammals of northern Colombia, preliminary report No. 7: Tapir (genus *Tapirus*) with a systematic review of the Americasn species. Proceeding of the United States National Musum 103:165-496.

Hollister, N. 1914. A systematic account of the grasshopper mice. Proceeding of the United States National Museum 47:427-489.

Holloway, G. I., y R. M. R. Barclay. 2001. *Myotis ciliolabrum*. Mammalian Species 670:1-5.

Hood, C. S., y A. L. Gardner. 2008. Family Emballonuridae Gervais, 1856. Pp. 188–207 in: Mammals of South America. Vol. 1: Marsupials, xenarthrans, shrews, and bats (Gardner, A. L., ed.). University of Chicago Press. Chicago, EE. UU.

Hood, C. S., y J. K. Jones. 1984. *Noctilio leporinus*. Mammalian Species 216:1-7.

Hoofer, S. R., y R. A. Van den Bussche. 2003. Molecular phylogenetics of the chiropteran family Vespertilionidae. Acta Chiropterologica 5 (supplement): 1-63.

Hooper, E. T. 1952. A systematic review of the harvest mice (genus *Reithrodontomys*) of Latin America. Miscellaneous Publications of the Museum of Zoology, University of Muchigan 77:1-255.

Hooper, E. T. 1954. A synopsis of the cricetine rodents genus *Nelsonia*. Occasional Papers Museum Zoology, University of Muchigan 550:1-12.

Howell, A. H. 1906. Revision of the skunks of the genus *Spilogale*. North American Fauna 26: 1-55.

Howell, A. H. 1914. Revision of the harvest mice (genus *Reithrodontomys*). North American Fauna 36:1-97.

Howell, A. H. 1918. Revision of the flying squirrels. North American Fauna 44:1-64.

Howell, A. H. 1929. Revision of the American chipmunks (genera *Tamias* and *Eutamias*). North American Fauna 52:1-64.

Howell, A. H. 1938. Revision of the North American ground squirrels, with a classification of the North American Sciuridae. North American Fauna 56:1-256.

Hrachovy, S. K., R. D. Bradley, y C. Jones. 1996. *Neotoma goldmani*. Mammalian species 545:1-3.

Huckaby, D. G. 1980. Species limits in the *Peromyscus mexicanus* group (Mammalia: Rodentia: Muroidea). Contributions in Science, Natural History Museum of Los Angeles County 326:1–24.

Hunt, J. L., J. E. Morris, y T. L. Best. 2004. *Nyctomys sumichrasti*. Mammalian Species 754:1–6.

Hunt, J. L., L. A. McWilliams, T. L. Best, y K. G. Smith. 2003. *Eumops bonariensis*. Mammalian Species 733:1-5.

Husar, S. L. 1978. *Trichechus manatus*. Mammalian Species 93:1-5.

Hwang, Y. T., y S. Larivière. 2001. *Mephitis macroura*. Mammalian Species 686:1-3.

Indorf, J. L., y M. S. Gaines. 2013. Genetic divergence of insular marsh rice rats in subtropical Florida. Journal of Mammalogy 94:897–910.

Iudica, C. A. 2000. Systematic revision of the neotropical fruit bats of the genus *Sturnira*: a molecular and morphological approach. Unpublished Ph.D. dissertation, University of Florida. Gainsville, EE. UU.

Jackson, H. H. T. 1928. A taxonomical revision of the American long-tailed shrew (genera *Sorex* and *Microsorex*). North American Fauna 51:1-238.

Jackson, H. H. T. 1951. Clasification of the races of coyote. Pp 227-341 in: The clever coyote (Young, S. P., y H. H. T. Jackson, eds.). North American Wildlife Management Institute. Washington, EE. UU.

Jennings, J. B., T. L. Best, S. E. Burnett, y J. C. Rainey. 2002. *Molossus sinaloae*. Mammalian Species 691:1–5.

Jones, C. A., y C. N. Baxter. 2004. *Thomomys bottae*. Mammalian Species 742:1-14.

Jones, J. K., Jr., H. H. Genoways y L. C. Watkins. 1970. Bats of the genus *Myotis* from western Mexico, with a key to the species. Transactions of the Kansas Academy of Sciences 73:409-418.

Kenneth, T. W. 1987. *Lasiurus seminolus*. Mammalian Species 280:1-5.

Kinlaw, A. 1995. *Spilogale putorius*. Mammalian Species 511:1-7.

Kiser, W. M. 1995. *Eumops underwoodi*. Mammalian Species 516:1-4.

Kurta, A., y R. H. Baker. 1990. *Eptesicus fuscus* Mammalian Species 356:1-10.

Kwiecinski, G. G. 2006. *Phyllostomus discolor*. Mammalian Species 801:1-11.

Larivière S. 1999. *Lontra longicaudis*. Mammalian Species 609:1-5

Larivière S., y L. R. Walton. 1997. *Lynx rufus*. Mammalian Species 563:1-8.

Larivière S., y L. R. Walton. 1998. *Lontra canadensis*. Mammalian Species 587:1-8

Larivière, S. 2001. *Ursus americanus*. Mammalian Species 647:1-11.

Larry G. M. 1978. *Chironectes minimus*. Mammalian Species 109:1-6.

Larsen, P. A., S. R. Hoofer, M. C. Bozeman, S. C. Pedersen, H. H. Genoways, C. J. Phillips, D. E. Pumo, y R. J. Baker. 2007. Phylogenetics and phylogeography of the *Artibeus jamaicensis* complex based on cytochrome-*b* DNA sequences. Journal of Mammalogy 88:712–727.

Larsen, P. A., M. R. Marchán–Rivadeneira, y R. J. Baker. 2010. Taxonomic status of Andersen's fruit–eating bat (*Artibeus jamaicensis aequatorialis*) and revised classification of *Artibeus* (Chiroptera: Phyllostomidae). Zootaxa 2648:45–60.

LaVal, R. K. 1973a. A revision of the Neotropical bats of the genus *Myotis*. Natural History Museum, Los Angeles Co. Sciences Bulletin 15:1-54

LaVal, R. K. 1973b. Systematic of the genus *Rhogeessa* (Chiroptera:Vespertilionidae). Occasional papers Museum of Natural History, University of Kansas 19:1-47.

Lawlor, T. E. 1969. A systematic study of the rodent genus *Ototylomys*. Journal of Mammalogy 50:28-42.

Lee H. S., y D. F. Hoffmeister. 2003. *Sorex arizonae*. Mammalian Species 732:1-3.

Lee, T. E., Jr., B. R. Riddle y P. L. Lee. 1996. Speciation in the desert pocket mouse (*Chaetodipus penicillatus* Woodhouse). Journal of Mammalogy 77: 58–68.

León, L., T. V. Monterrubio y M. S. Hafner. 2001. *Cratogeomys neglectus*. Mammalian Species 685:1-4.

Levenson, H. R., R. S. Hoffman, C. F. Nadler, L. Deutsch, y S. D. Freeman. 1985. Systematics of the holartic chipmunks (*Tamias*). Journal of Mammalogy 66:219–242.

Lim, B. K., W. A. Pedro, y F. C. Passos. 2003. Differentiation and species status of the Neotropical yellow-eared bats *Vampyressa pusilla* and *V. thyone* (Phyllostomidae) with a molecular phylogeny and review of the genus. Acta Chiropterologica 5:15-29.

López-González, C., y S. J. Presley. 2001. Taxonomic status of *Molossus bondae* J. A. Allen, 1904 (Chiroptera: Molossidae), with description of a new subspecies. Journal of Mammalogy 82:760-774.

MacSwiney G. M. C., S. Hernández–Betancourt, y R. Avila–Flores. 2009. *Otonyctomys hatti*. *Mammalian Species* 825:1-5.

Mantilla-Meluk, H., y J. Muñoz-Garay. 2014. Biogeography and taxonomic status of *Myotis keaysi pilosatibialis* LaVal 1973 (Chiroptera: Vespertilionidae). Zootaxa 3793:60–70.

Mantooth, S. J., y T. L. Best. 2005a. *Chaetodipus eremicus*. Mammalian Species 768:1-3.

Mantooth, S. J., y T. L. Best. 2005b. *Chaetodipus penicillatus*. Mammalian Species 767:1-7.

Marchán–Rivadeneira, M. R., P. A. Larsen, C. J. Phillips, R. E. Strauss, y R. J. Baker. 2012. On the association between environmental gradients and skull size variation in the great fruit–eating bat, *Artibeus lituratus* (Chiroptera: Phyllostomidae). Biological Journal of the Linnean Society 105:623–634.

Mathis, V. L., M. S. Hafner, D. J. Hafner, y J. W. Demastes. 2013a. Resurrection and redescription of the pocket gopher *Thomomys sheldoni* from the Sierra Madre Occidental of Mexico. Journal of Mammalogy 94:544–560.

Mathis, V. L., M. S. Hafner, D. J. Hafner, y J. W. Demastes. 2013b. *Thomomys nayarensis*, a new species of pocket gopher from the Sierra del Nayar, Nayarit, Mexico. Journal of Mammalogy 94:983–994.

Mantooth, S. J., D. J. Hafner, R. W. Bryson, y B. R. Riddle. 2013. Phylogeographic diversification of antelope squirrels (*Ammospermophilus*) across North American deserts. Biological Journal of the Linnean Society 109:949-967.

Mayer, J. J., y R. M. Wetzel. 1987. *Tayassu pecari*. Mammalian Species 293:1-7.

McBee, K., y R. J. Baker. 1982. *Dasypus novemcinctus*. Mammalian Species 162:1-9.

Mcdonough, M. M., L. K. Ammerman, R. M. Timm, H. H. Genoways, P. A. Larsen, y R. J. Baker. 2008. Speciation within bonneted bats (Genus *Eumops*): the complexity of morphological, mitochondrial, and nuclear data sets in systematics. Journal of Mammalogy 89:1306-1315.

McKenna, M., y S. K. Bell. 1997. Classification of mammals above species level. Columbia University Press. New York, EE. UU.

McKnight, M. L. 2005. Phylogeny of the *Perognathus longimembris* species group based on mitochondrial cytochrome–*b*: how many species? Journal of Mammalogy 86:826–832.

Medellín, R. A., y H. T. Arita. 1989. *Tonatia evotis* and *Tonatia silvicola*. Mammalian Species 334:1-5.

Medellín, R. A., H. T Arita, y O. Sánchez H. 1997. Identificación de los murciélagos de México, clave de campo. Asociación Mexicana de Mastozoología, A. C. Publicación especial 2:1-83.

Medellín, R. A., H. T. Arita, y O. Sánchez. 2008. Identificación de los murciélagos de México, clave de campo, segunda edición. Instituto de Ecología, Universidad Nacional Autónoma de México – Comisión para el Conocimiento y Uso de la Biodiversidad. Ciudad de México, México.

Medellín, R. A., A. L. Gardner, y J. M. Aranda. 1998. The taxonomic status of the Yucatán brown brocket, *Mazama pandora* (Mammalia: Cervidae). Proceedings of the Biological Society of Washington 111:1–14.

Menu, H. 1984. Révision du statut de *Pipistrellus subflavus* (F. Cuvier, 1832). Proposition d'un taxon generique noveau: *Perimyotis nov. gen.* Mammalia, 48: 409−416.

Merriam, C. H. 1889. Preliminary revision of North American pocket mice (genra Perognathus et *Cricetodipus* auct.) with description of new species and subspecies and a key to the known forms. North American Fauna 1:1-29.

Merriam, C. H. 1895a. Monographyc revision of the pocket gophers Family Geomyidae (exclusive of the species *Thomomys*). North American Fauna 8:1-258.

Merriam, C. H. 1895b. Revision of the shrews of the American genera *Blarina* and *Notiosorex*. North American Fauna 10:1-34.

Merriam, C. H. 1901. Synopsis of the rice rats (genus *Oryzomys*) of the United States and Mexico. Proceedings of the Washington Academy of Sciences 3:273-295.

Miller, G. S., Jr. 1914. The generic name of the collared peccaries. Proceedings of the Biological Society of Washington 27:215.

Miller, J. S., Jr. 1897. Revision of the North American bats of the Family Vespertilionidae. North American Fauna 13:1-135.

Miller, J. S., Jr. 1907. The families and genera of bats. Bulletin of the Unites Sates Natural Museum 57:1-282.

Miller, J. S., Jr. 1913. Revision of the bats of the genus *Glossophaga*. Proceeding of the United States National Museum 46:413-429.

Miller, J. S., Jr. 1896. The genera and subgenera of voles and lemmings. North American Fauna 12:1-84.

Miller, J. S., Jr., y G. M. Allen. 1928. The American bats of the genus *Myotis* and *Pizonyx*. Bulletin of the Unites Sates Natural Museum 144:1-209.

Murray J. L., y G. L. Gardner. 1997. *Leopardus pardalis* Mammalian Species 548:1-10.

Navarrete, D., y J. Ortega. 2011. *Tamandua mexicana*. Mammalian Species 43:56-63.

Nelson, E. W. 1909. The rabbits of North America. North American Fauna 29:1-278.

Norma Oficial Mexicana. 2010. NOM–059–SEMARNAT–2010, Protección ambiental–Especies nativas de México de flora y fauna silvestres–Categorías de riesgo y especificaciones para la inclusión, exclusión o cambio–Lista de especies en riesgo. Diario Oficial de la Federación, 30 de diciembre de 2010. Ciudad de México. México.

Ohdachi, S. D., M. Hasegawa, M. A. Iwasa, P. Vogel, T. Oshida, L.-K. Lin, y H. Abe. 2006. Molecular phylogenetics of soricid shrews (Mammalia) based on mitochondrial cytochrome–*b* gene sequences: with special reference to the Soricinae. Journal of Zoology 270:177-191.

Oliveira T. G. 1998. *Leopardus wiedii*. Mammalian Species 579:1-6.

Oliveira T. G. 1998a. *Herpailurus yagouaroundi*. Mammalian Species 578:1-6.

Ordóñez-Garza, N., y R. D. Bradley. 2010. *Peromyscus schmidlyi*. Mammalian Species 43:31-36.

Ordoñez-Garza, N., C. W. Thompson, M. K. Unkefer, C. W. Edwards, J. G. Owen, y R. D. Bradley. 2014. Systematics of the *Neotoma mexicana* species group (Mammalia: Rodentia: Cricetidae) in

Mesoamerica: new molecular evidence on the status and relationships of *N. ferruginea* Tomes, 1862. Procceeding of the Biological Society of Washington 127:518–532.

Ortega, J., B. Vite–De Leon, A. Tinajero–Espitia, y J. A. Romero–Meza. 2009. *Carollia subrufa*. Mammalian Species 823:1-4.

Ortega, J., y H. T. Arita. 1997. *Mimon bennettii*. Mammalian Species 549:1-4.

Ortega, J., y I. Alarcón–D. 2008. *Anoura geoffroyi*. Mammalian Species 818:1-7.

Ortega, J., y I. Castro–Arellano. 2001. *Artibeus jamaicensis*. Mammalian Species 662:1-9.

Osgood, W. H. 1909. Revision of the mice of the genus *Peromyscus*. North American Fauna 28:33-252.

Owen J. G., y R. S. Hoffmann. 1983. *Sorex ornatus*. Mammalian Species 212:1-5.

Packard, R. L. 1960. Speciation and evolution of the pygmy mice, genus *Baiomys*. University of Kansas Publications, Nuseum of Natural History 9:579-670.

Pasitschniak-Arts, M. 1993. *Ursus arctos*. Mammalian Species 439:1-10.

Patton, J. L. 2005. Family Geomyidae. Pp. 859–870 in: Mammal species of the world. A taxonomic and geographic reference (Wilson, D. E., y D. A. M. Reeder, eds.). Third edition. The Johns Hopkins University Press. Baltimore, EE. UU.

Patton, J. L., D. G. Huckaby, y S. T. Álvarez–Castañeda. 2007. The evolutionary history and a systematic revision of woodrats of the *Neotoma lepida* Group. University of California Publications in Zoology 135:1–411.

Peppers, L., D. S. Carroll, y R. D. Bradley. 2002. Molecular systematics of the genus *Sigmodon* (Rodentia: Muridae): evidence from the mitochondrial cytochrome–*b* gene. Journal of Mammalogy 83:396–407.

Peppers, L., y R. D. Bradley. 2000. Cryptic species in *Sigmodon hispidus*: evidence from DNA sequence. Journal of Mammalogy 81:332–343.

Peters, S. L., B. K. Lim, y M. D. Engstrom. 2002. Systematics of dog-faced bats (*Cynomops*) based on molecular and morphometric data. Journal of Mammalogy 83: 1097–1110.

Piaggio, A. J., y G. S. Spicer. 2001. Molecular phylogeny of the chipmunks inferred from mitochondrial cyotochome *b* and cytochrome oxidaxa II gene sequences. Molecular Phylogenetics and Evolution 20:335–350.

Piaggio, A. J., y S. L. Perkins. 2005. Molecular phylogeny of North American long–eared bats (Vespertilionidae: *Corynorhinus*); inter–and intraspecific relationships inferred from mitochondrial and nuclear DNA sequences. Molecular Phylogenetics and Evolution 37:762–775.

Pine, R. H. 1972. The bats of the genus *Carollia*.Technical Monography, Texas A&M University, Texas Agriculture Experimental Station 8:1-125.

Poglayen-Neuwall, I., y D. E. Toweill. 1988. *Bassariscus astutus*. Mammalian Species 327:1-8.

Porter, C. A., S. R. Hoofer, C. A. Cline, F. G. Hoffmann, y R. J. Baker. 2007. Molecular phylogenetics of the phyllostomid bat genus *Micronycteris* with descriptions of two new subgenera. Journal of Mammalogy 88:1205-1215.

Presley, S. J. 2000. *Eira barbara*. Mammalian Species 636:1-6.

Redondo, R. A. F., L. P. S. Brina, R. F. Silva, A. D. Ditchfield, y F. R. Santos. 2008. Molecular systematics of the genus *Artibeus* (Chiroptera: Phyllostomidae). Molecular Phylogenetics and Evolution 49:44–58.

Reich, L. M. 1981. *Microtus pennsylvanicus*. Mammalian Species 159:1-8.

Reid, F. A. 2006. A field guide to Mammals of North America north of Mexico. Cuarta edición. Peterson Field Guides. Houghton Mifflin Company. New York, EE. UU.

Riddle, B. R., D. J. Hafner, y L. F. Alexander. 2000a. Comparative phylogeography of Baileys' pocket mouse (*Chaetodipus baileyi*) and the *Peromyscus eremicus* species group: historical vicariance of the Baja California Peninsular desert. Molecular Phylogentic and Evolution 17:161–172.

Riddle, B. R., D. J. Hafner, y L. F. Alexander. 2000b. Phylogeography and systematics of Peromyscus eremicus species group and historical biogeography of North American warm regional deserts. Molecular Phylogentic and Evolution 17: 145–160.

Rios, E., y S. T. Álvarez-Castañeda. 2010. Phylogeography and systematics of the San Diego pocket mouse (*Chaetodipus fallax*). Journal of Mammalogy 91:293–301.

Rios, E., y S. T. Álvarez-Castañeda. 2011. *Peromyscus guardia*. Mammalian Species 43:172-176.

Rios E., y S. T. Álvarez-Castañeda. 2013. Nomenclatural change of *Chaetodipus dalquesti*. Western

North America Naturalist 73:399-400.

Roberts, H. R., D. J. Schmidly, y R. D. Bradley. 2001. *Peromyscus simulus*. Mammalian Species 669:1-3.

Robertson, P. B., y E. A. Rickart. 1976. *Cryptotis magna*. Mammalian Species 61:1-2.

Rogers, D. S., y J. A. Skoy. 2011. *Peromyscus furvus*. Mammalian Species 43:209-215.

Rogers, D. S., y M. W. González. 2010. Phylogenetic relationships among spiny pocket mice (*Heteromys*) inferred from mitochondrial and nuclear sequence data. Journal of Mammalogy 91:914-930.

Romo-Vázquez, E., L. León-Paniagua, y O. Sánchez. 2005. A new species of *Habromys* (Rodentia: Neotominae). Proceedings of the Biological Society of Washington 118:605-618.

Roots, E. H., y R. J. Baker. 2007. *Rhogeessa parvula*. Mammalian Species 804:1-4.

Rossi, R. V., R. S. Voss, y D. P. Lunde. 2010. A revision of the didelphid marsupial genus *Marmosa*. Part 1. The species in Tate's "*mexicana*" and "*Mitis*" sections and other closely related forms. Bulletin of the American Museum of Natural History 334:1-83.

Ruedas, L. A. 1998. Systematics of *Sylvilagus* Gray, 1867 (Lagomorpha: Leporidae) from Southwestern North America. Journal of Mammalogy 79:1355-1378.

Ruedas, L. A., y J. Salazar-Bravo. 2007. Morphological and chromosomal taxonomic assessment of *Sylvilagus brasiliensis gabbi* (Leporidae). Mammalia 71:63-67.

Russell, R. J. 1968a. Evolution and classification of the pocket gophers of the subfamily Geomyinae. University of Kansas Publications, Museum of Natural History 16:473-579.

Russell, R. J. 1968b. Revion of the pocket gophers of the genus *Pappogeomys*. University of Kansas Publications, Museum of Natural History 16:581-776.

Shamel, H. H. 1931. Notes in the North American bats of the genus *Tadarida*. Proceeding of the United States National Museum 78:1-27.

Simmons, N. B. 2005. Order Chiroptera. Pp. 312-529 en Mammal species of the world. A taxonomic and geographic reference (Wilson, D. E., y D. A. M. Reeder, eds.), Third edition. The Johns Hopkins University Press. Baltimore, EE. UU.

Simmons, N. B. y C. O. Handley, Jr. 1998. A revision of *Centronycteris* Gray (Chiroptera: Emballonuridae) with notes on natural history. American Museum Novitates 3239:1-28.

Simons, L. H., y D. F. Hoffmeister. 2003. *Sorex arizonae*. Mammalian Species 732:1-3.

Simpson, G. G. 1945. The principles of classification and a classification of mammals. Bulletin American Museum Natural History 85:1-350.

Smith, J. D. 1972. Systematics of the chiropteran Family Mormoopidae. University of Kansas Publications, Museum of Natural History 56:1-132.

Smith, M. E., y M. C. Belk. 1996. *Sorex monticolus*. Mammalian Species 528:1-5.

Soler-Frost, A., R. A. Medellín, y G. N. Cameron. 2003. *Pappogeomys bulleri*. Mammalian Species 717:1-3.

Solmsen, E.-H., y H. Schilemann. 2007. *Choeroniscus minor*. Mammalian Species 822:1-6.

Spradling, T. A., J. W. Demastes, D. J. Hafner, P. L. Milbach, F. A. Cervantes, y M. S. Hafner. 2016. Systematic revision of the pocket gopher genus *Orthogeomys*. Journal of Mammalogy 97:405-423.

Stewart, B. S., y H. R. Huber. 1993. *Mirounga angustirostris*. Mammalian Species 449:1-10.

Sullivan, J., J. A. Markert, y C. W. Kilpatrick. 1997. Phylogeography and molecular systematics of the *Peromyscus aztecus* species group (Rodentia: Muridae) inferred using parsimony and likelihood. Systematic Biology 46:426-440.

Tate, G. H. H. 1933. A systematics revision of the marsupial genus *Marmosa*, with discussion of the adaptive radiation of the murine opossums (*Marmosa*). Bulletin of the American Museum of Natural History 66:1-250.

Tejedor, A. 2005. A new species of funnel-eared bat (Natalidae: *Natalus*) from Mexico. Journal of Mammalogy 86:1109-1120.

Tejedor, A. 2006. The type locality of *Natalus stramineus* (Chiroptera: Natalidae): implications for the taxonomy and biogeography of the genus *Natalus*. Acta Chiropterologica 8:361-380.

Tejedor, A. 2011. Systematics of funnel-eared bats (Chiroptera: Natalidae). Bulletin of the American Museum of Natural History 353:1-140.

Tiemann-Boege, I., C. W. Kilpatrick, D. J. Schmidly, y R. D. Bradley. 2000. Molecular phylogenetics of *Peromyscus boylii* species group (Rodentia: Muridae) based on mitichondrial cytochrome b

sequences. Molecular Phylogenetics and Evolution 16:366–378.

Trujano–Álvarez, A. L., y S. T. Álvarez-Castañeda. 2010. *Peromyscus mexicanus*. Mammalian Species 42:111-118.

Trujano-Alvarez, A. L., y S. T. Álvarez-Castañeda. 2013. Phylogenetic structure among pocket gopher populations, genus *Thomomys* (Rodentia: Geomyidae), on the Baja California Peninsula. Zoological Journal of the Linean Society 168:873-891.

Tumlison, R. T. 1991. Bats of the genus *Plecotus* in Mexico: discrimination and distribution. Occasional Papers, Museum of Texas Tech University 140:1–19.

Van den Bussche, R. A., J. L. Hudgeons, y R. J. Baker. 1998. Phylogenetic accuracy, stability, and congruence. Relationships within and among the New World bat genera *Artibeus, Dermanura,* and *Koopmania*. Pp. 59–71 en Bat biology and conservation (Thomas H., K., y P. A. Racey, eds.). Smithsonian Institution Press. Washington, EE. UU.

Van Gelder, R. G. 1959. A taxonomic revision of the spotted skunks (genus *Spilogale*). Bulletin of the American Museum of Natural History 117:229-392.

Vázquez, L. B., G. N. Cameron, y R. A. Medellín. 2001. *Peromyscus aztecus*. Mammalian Species 649:1-4.

Velazco, P. M., y N. B. Simmons. 2011. Systematics and taxonomy of great striped–faced bats of the genus *Vampyrodes* Thomas, 1900 (Chiroptera: Phyllostomidae). American Museum Novitates 3710:1–35.

Velazco, P. M., y B. D. Patterson. 2013. Diversification of the yellow-shouldered bats, genus *Sturnira* (Chiroptera, Phyllostomidae), in the New World tropics. Molecular Phylogenetics and Evolution 68:683–698.

Verts, B. J., L. N. Carraway, y A. Kinlaw. 2001. *Spilogale gracilis*. Mammalian Species 674:1-10.

Verts, B. J., y L. N. Carraway. 2001. *Scapanus latimanus*. Mammalian Species 666:1-7.

Verts, B. J., y L. N. Carraway. 2002. *Neotoma lepida*. Mammalian Species 699:1-12.

Vonhof, M. J. 2000. *Rhogeessa tumida*. Mammalian Species 633:1-3.

Voss, R. S., y S. A. Jansa. 2003. Phylogenetic studies on didelphid marsupials II. Nonmolecular data and new IRBP sequences: separateand combined analyses of didelphine relationships with denser taxon sampling. Bulletin American Museum of Natural History 276:1–82.

Wade-Smith J., y B. J. Verts. 1982. *Mephitis mephitis* Mammalian Species 173:1-7.

Webster, Wm. D. 1993. Systematics and evolution of the bats of the genus *Glossophaga*. Special Publications The Museum, Texas Tech University 36:1–184.

Weksler, M., A. R. Percequillo, y R. S. Voss. 2006. Ten new genera of oryzomyine rodents (Cricetidae: Sigmodontinae). American Museum Novitates 3537:1–29.

Whitaker, J. O. Jr. 1974. *Cryptotis parva*. Mammalian Species 43:1-8.

Wilson, D. E., y D. A. M. Reeder. 1993. Mammal species of the World. A taxonomic and geographic reference (Wilson, D. E., y D. A. M. Reeder, eds.). Second edition. The Smithsonian Institution Press. Washington, EE. UU.

Woodburne, M. O. 1968. The cranial myology and osteology of *Dicotyles tajacu* the collared peccary, and its bearing on classification. Memoirs of the Southern California Academy of Sciences 7:1-48.

Woodman, N., J. O. Matson, J. J. McCarthy, R. P. Eckerlin, W. Bulmer, y N. Ordóñe-Garza. 2012. Distributional records of shrews (Mammalia, Soricomorpha, Soricidae) from northern Central America with the first records of *Sorex* from Honduras. Annals of Carnegie Museum 80:207-237.

Wozencraft, W. C. 2005. Order Carnivora. Pp. 512–628 en Mammal species of the world. A taxonomic and geographic reference (Wilson, D. E., y D. A. M. Reeder, eds.). Third edition. The Johns Hopkins University Press. Baltimore, EE. UU.

Yates, T. L., y J. Salazar–Bravo. 2005. A revision of *Scapanus latimanus*, with the revalidation of a species of Mexican mole. Pp. 489–506 en Contribuciones mastozoológicas en homenaje a Bernardo Villa (Sánchez–Cordero, V., y R. A. Medellín, eds.). Instituto de Biología, UNAM; Instituto de Ecología, UNAM; CONABIO. Ciudad de México, México.

Yee, D. A. 2000. *Peropteryx macrotis*. Mammalian Species 643:1-4.

Yeen, T. H., y S. Larivière. 2001. *Mephitis macroura*. Mammalian Species 686:1-3.

Yensen, E., y T. Tarifa. 2003. *Galictis vittata*. Mammalian Species 727:1-8.

Zarza, H., G. Ceballos, y M. A. Steele. 2003. *Marmosa canescens*. Mammalian Species 725:1-4.

Indice   Index